노화의 생물학

분자생물학적 원인에 대하여

오 상 진 지음

탐 구 당

머리말

PREFACE

필자가 2005년에 발표한 '인체노화'는 일반인을 위한 책이었다면 10년이 지난 시점에서 노화에 대한 더욱 자세한 설명이 필요한 때가 되었습니다. 노화에 관하여 피상적인 지식은 많이 찾을 수 있으나 깊이 있는 내용을 찾아보기는 어려운 실정입니다. 이에 필자는 최근의 과학논문에 발표되는 자료들을 참고로 하여 현재까지 알려진 노화의 분자생물학적 원인들에 대하여 알아보고자 합니다.

성경의 창세기 6장 3절에는 인간의 수명이 '120년이 될 것이다'라고 적고 있는데 필자는 이를 읽고 경이로움을 느낍니다. 현재 인간의 최대수명이 120년 정도로 생각되기 때문입니다. 수천 년 전의, 그리고 평균수명도 길지 않았을 시대의 성경 기자가 인간의 수명이 120년 이라고 적은 것이 현재 상황과 거의 일치하기 때문입니다. 지금까지 역사적으로 가장 오래 살았던 사람은 프랑스의 '잔느 깔망'이라는 할머니가 122세까지 생존했던 것이 기록입니다. 현재도 수많은 100세 노인들이 생존하고 있지만 120세라는 나이는 인간이 쉽게 넘을 수 없는 한계라고 생각이 됩니다. 우리나라도 여성의 평균 생존 연령이 80대 중반에 근접하고 있습니다. 그런데 평균적으로 생애의 마지막 십년은 병치레를 하다가 다 지나간다고 합니다. 앞으로 '100세 시대'가 도래한다고 하는데 최대수명의 연장에 목표를 두기 보다는 살아있는 동안 건강하게 살다가 2~3일만 앓고 세상을 떠나는 것에 목표를 두어야 한다고 생각합니다. 사실상 건강에 좋다는 것들을 다 지킨다고 하여도 인간의 의도대로 수명을 연장할 수 있는 것은 아닐 것이며 오직 하나님만이 인간 생사의 주관자일 것입니다.

노화의 원인은 크게 두 가지로 나눕니다. 첫 번째는 이미 인간의 생체 내에 노화의 기작이 내재하고 있다는 것이며, 두 번째는 살아가면서 인체가 접하는 많은 위해요인들 때문에 노화가 일어난다는 것입니다. 첫 번째는 '프로그램설'로 설명할 수 있으며 수정란이 발생을 통하여 성체가 되듯이 노화과정도 인간 내부에 내재되어 있다는 것입니다. 프로그램설에는 텔로미어이론, 호르몬이론, 면역이론 등이 포함될 수 있을 것입니다. 두 번째로는 '과오설'인데 살아가는 과정에서 필연적으로 접하게 되는 환경 요인들에 의하여 인체가 손상되어 노화가 초래된다는 것입니다. 고무 및 플라스틱류가 사용하지 않더라도 오랜 시간이 지나면 산화가 일어나 딱딱해지고 쉽사리 부스러지는 현상과 유사합니다. '과오설'에는 DNA 손상설, 활성산소설, 크로스링크이론 등이 포함됩니다. 프로그램설과 과오설, 두 가지 다 인간의 노화에 관련이 있는 것으로 생각이 됩니다. 그 자세한 내용은 이 책의 본문에서 더 살펴보기로 하겠습니다. 이 책은 생물학을 전공하는 대학생 및 대학원생 그리고 노화에 관심이 있는 모든 사람들을 위하여 쓰여졌습니다. 현재 노화에 대한 기작이 완전히 밝혀진 것은 아니며 앞으로도 지속적으로 노화에 관한 내용이 새롭게 밝혀져 나갈 것입니다. 이 책이 독자들에게 노화를 이해하는데 도움이 되기를 기대하며 책 출판에 정성을 기울여 주신 탐구당에 감사의 말씀을 전하고자 합니다.

차 례
CONTENTS

Chapter 1 노화란 무엇인가?

1.1 노화개념의 정의 ··· 2
1.2 노화에 따른 신체의 변화 ··· 4
1.3 노화를 촉진하는 원인 ··· 9
1.4 노화의 이론 ··· 12
1.5 세포노화와 개체의 최대 수명 ··· 18
■ 참고문헌 ··· 20

Chapter 2 활성산소종(ROS)과 노화

2.1 활성산소종이란 무엇인가? ··· 24
2.2 활성산소종의 생성기전 ··· 29
2.3 활성산소종과 세포손상 ··· 36
2.4 활성산소종과 세포신호전달 ··· 43
2.5 활성산소종과 항산화제 ··· 48
■ 참고문헌 ··· 54

Chapter 3 세포주기 조절과 노화

3.1 세포주기 ··· 57
3.2 세포주기의 조절 ··· 58
3.3 제한지점(Restriction point)과 pRb 단백질 ··· 64
3.4 유사분열 ··· 68

3.5 CDK 저해인자(inhibitor)와 노화 ······ 70
3.6 p53과 노화 ······ 71
■ 참고문헌 ······ 74

Chapter 4 텔로미어와 노화

4.1 텔로미어는 무엇인가? ······ 78
4.2 텔로미어의 구조 ······ 85
4.3 텔로미어-연합단백질(telomere-associated proteins) ······ 91
4.4 텔로미어와 텔로머라제 ······ 96
4.5 텔로미어 단축과 복제노화 ······ 103
4.6 텔로미어 연관 질병 ······ 108
■ 참고문헌 ······ 111

Chapter 5 세포노화와 노화

5.1 세포노화란 무엇인가? ······ 117
5.2 세포노화를 일으키는 원인들 ······ 124
5.3 종양억제유전자와 세포노화 ······ 135
5.4 노화세포의 분비활성(SASP) ······ 139
5.5 세포노화와 개체노화 ······ 146
■ 참고문헌 ······ 150

Chapter 6 아폽토시스와 노화

6.1 아폽토시스와 괴사 ······ 154
6.2 아폽토시스 기작 ······ 158
6.3 아폽토시스와 노화 ······ 173
■ 참고문헌 ······ 177

Chapter 7 DNA 손상과 노화

7.1 DNA의 손상 ······ 181
7.2 DNA 수선(repair) 기작 ······ 189
7.3 DNA 손상 반응(damage response) ······ 200
7.4 노화와 DNA 손상 ······ 205
■ 참고문헌 ······ 209

Chapter 8 유전체 불안정성과 노화

8.1 조로증 ········· 213
8.2 DNA 복제기작에서 WRN 단백질의 역할 ········· 216
8.3 DNA 수선기작에서 WRN 단백질의 역할 ········· 218
8.4 텔로미어에서 WRN 단백질의 역할 ········· 226
■ 참고문헌 ········· 236

Chapter 9 면역계 퇴행과 노화

9.1 우리 몸의 면역체계 ········· 238
9.2 노화에 따른 면역기능의 변화 ········· 241
9.3 염증반응 ········· 244
9.4 염증반응과 NF-κB 전사인자 ········· 249
9.5 NF-κB와 노화 ········· 257
9.6 NF-κB와 죽상동맥경화증 ········· 266
■ 참고문헌 ········· 272

Chapter 10 열량제한과 노화

10.1 식이제한의 효과 ········· 275
10.2 식이제한의 매개자: 시르투인 ········· 280
10.3 시르투인1과 대사 ········· 285
10.4 시르투인1과 콜레스테롤 이화작용 ········· 288
10.5 시르투인1과 스트레스 저항성 ········· 290
10.6 시르투인1과 DNA 수선 ········· 294
10.7 시르투인1과 암 ········· 300
■ 참고문헌 ········· 301

Chapter 11 호르몬과 노화

11.1 호르몬과 노화 ········· 307
11.2 인슐린과 포도당 대사 ········· 311
11.3 노화의 동물모델 ········· 316
■ 참고문헌 ········· 326

Chapter 12 최종당화산물과 노화

12.1 당화반응(glycation)이란 무엇인가? ······ 330
12.2 교차결합설 ······ 338
12.3 최종당화산물과 당뇨병 ······ 342
12.4 최종당화산물과 혈관노화 ······ 345
■ 참고문헌 ······ 350

Chapter 13 신경계 퇴행과 노화

13.1 인간 뇌의 구조 ······ 356
13.2 파킨슨병 ······ 362
13.3 알츠하이머병 ······ 365
13.4 알츠하이머병의 원인 ······ 370
■ 참고문헌 ······ 391

Chapter 14 스트레스와 노화

14.1 스트레스의 의미 및 원인 ······ 395
14.2 스트레스의 신경생리학적 기전 ······ 396
14.3 신경가소성과 스트레스의 작용기전 ······ 399
14.4 산화 스트레스와 뇌질환 ······ 408
14.5 스트레스와 노화 ······ 412
■ 참고문헌 ······ 413

CHAPTER 01

노화란 무엇인가?

생명체는 영원히 살지 못하며 일정한 수명을 가진다. 인간은 태어나서 죽을 때까지 지속적으로 변화하는데 **노화**(Ageing, Aging)란 생명체가 태어나서 성장(growth), 성숙(maturation) 단계를 거쳐 죽음(death)에 이르는 과정 중 마지막 단계를 말한다. 늙어 가는 것(becoming older), 즉 노화는 누구도 원치 않는다. 고대로부터 늙지 않고 영원히 살고 싶은 것은 모든 인간이 가지는 변함없는 공동의 소망일 것이다. 수천 년 전 중국의 진시황이 불로초를 찾고자 강한 집착을 보였던 일화를 우리는 잘 알고 있다. 인간의 경우 노화라고 하면 먼저 신체의 변화를 떠올릴 것이다. 허리는 구부정해지고, 관절이 불편해지고, 피부에 주름과 검버섯이 피고, 심장, 신장, 위장관 기능에서도 퇴행적 변화가 초래된다. 이러한 변화 패턴은 시간적으로 약간 먼저 오는 사람과 더 늦게 오는 사람의 차이가 있지만 모든 사람에게 유사하게 나타나기 때문에 **노화현상의 기본기전**(basic mechanism)은 보편적(universal)이고 일정한 생명체의 작동원리에 근거해서 일어나고 있음이 분명해 보인다. 예를 들어 고대 이집트의 상형문자에서 지팡이를 짚은 노인의 그림은 '고령(senex)'을 의미하듯이 5000년이 지난 현대에서도 지팡이를 짚은 노인은 유사하게-비록 더 늦은 나이에 나타나긴 하지만-나타나고 있는 것이다. 현대의 과학자들은 이제 노화의 수수께끼를 하나씩 풀어가고 있어 모델 동물(model animals)에 있어서는 회춘(rejuvenation)과 수명연장(생쥐에서는 2.5배, 효모와 예쁜꼬마선충에서는 10배까지)이 가능하게 되었다. 복지사회를 지향하는 현대사회에서는 노화과정에 대하여 구체적으로 이해하는 일이 생물과 의학 분야에 국한된 문제가 아니라 인류사적인 면으로도 더욱 중요한 문제가 되어 갈 것임이 분명하다.

1.1 노화개념의 정의

노화를 사전적 의미로 정의하자면 "세포와 신체조직 전 기관에 걸쳐 일어나는 기능적, 구조적, 생화학적 변화로 체내의 항상성(homeostasis)이 붕괴되어 궁극적으로 죽음에 도달하는 일련의 과정이다."라고 말할 수 있다. 노화는 우리를 둘러싼 환경인자들과 개인의 행동양식에 의하여 영향을 받지만 근본적으로는 각자가 지닌 유전인자에 의해 규정되어 있다(환경적 요인, 개인의 생활습관 요인, 유전인자들이 각각 1/3 정도씩 관련이 있다고 가정해 볼 수 있다). 노화가 진행됨에 따라 환경변화에 관한 정보량의 감소와 정보 전도율의 저하가 일어나고, 그 결과로 환경변화에 대한 반응성이 낮아진다. 이것이 노화에 따른 순응성(adaptability)의 저하이며, 젊은 시기에는 상해를 입은 후 회복이 가능하나 노인시기에는 한 번 상해를 입으면 그 회복이 점점 어려워지게 되어 궁극적으로는 항상성을 유지할 수 없는 상태에 도달하게 된다.

노화라는 것은 생명이라는 현상과 버금가는 매우 원초적인 현상이므로 이에 대한 연구가 다각도에서 수행되고 있으나 그 자체가 매우 복합적이므로 이를 설명하는 학설만도 300여 가지가 넘는다. 이와 같은 노화학설이 난무하는 것은 노화현상에 대한 본질적 이해가 부족하다는 것을 반증하는 것이며, 각 이론 나름대로는 타당한 부분들을 가지고 있음을 의미한다. 이러한 학설들은 300여 종에 이르지만 그 요지를 보면 크게 두 부류로 나눌 수 있다. 첫째는 노화현상이 생물개체의 발육(development) 및 성장(growth)과 연계되어 아직은 잘 알지 못하지만 생명체내에 내재하는 어떤 생물학적 시계(biological clock) 또는 프로그램(program)에 의하여 조절되고 있다는 이론으로 '**예정설**(Programmed theory)' 또는 '**프로그램 가설**'이라 한다. 둘째는 개체가 살아가는 과정에서 필연적으로 접하게 되는 환경적 위해요인(environmental factors)에 의하여 생물체의 조직, 세포 및 분자가 손상되어 노화가 초래된다는 '**과오설**(Error theory)'이 그것이다. 예정설은 우리 몸에는 노화를 조절하는 노화유전자(gerontogene, longevity gene)라는 존재가 내재하고 있다는 것인데, 여기에는 노화가 진행됨에 따라서 호르몬분비가 생물학적 리듬에 따라 제어된다는 호르몬설(hormone theory)과 예정된 면역기능의 감퇴로 인하여 감염에 취약해진다는 면역설(immune theory) 등을 예로 들 수 있다. 반면에, 과오설에는 환경적 위해 요인들에 대한 생체의 반응에 따라 여러 가지가 제안되고 있다. 즉 우리가 기계를 오래 사용하면 고장이 나듯이 세포나 조직의 중요부분이 오랜 세월을 거치면서 마모되어 버린다는 마모설(disposable soma theory), 기초대사율이 높으면 수명이 짧아진다는 대사설(metabolism theory), 세월이 감에 따라 단백질간의 교차결합이 증가되어 세포와 조직의 기능이 지장을 받게 된다는 교차결합설(crosslink theory), 유해산소의 발생으로 손상을 준다는 활성산소설(oxidative stress theory), 유전자의 돌연변이가 누적되어 세포의 기능을 저하한다는 돌연변이설(mutation theory), 단백질 생합성 등이 변화되어 변형단백질들이 축적된다는 과오충격설(error theory) 등으로 매우 다양하다. 이러한 노화현상에 대한 다양한 가설들이 노화현상과 그 원인의 다양성을 설명하는데 한 몫을 하고 있으나, 노화연구의 가장 중요한 흐름은 크게 노화유도 유전자, 활성산소(활성질소)의 작용, 텔로미어 그리고 미토콘드리아의 역할, 유전체의 불안정성 등으로 크게 요약되어 진행되고 있다. 아래에 기술한 노화시계이론이나 텔로미어설은 예정설(Programmed theory)에 속하며, 크로스링크이론과 손상이론은 과오설(Error theory)에 해당된다. 그렇지만 텔로미어 이론이나 미토콘드리아 이론 등은 예정설과 과오설에 동시에 관련이 있을 가능성도 내포하고 있다.

▌노화시계이론(Aging clock theory)

모든 개체의 유전자 내에 일종의 생물학적 시계(biological clock, circadian clock)가 어떤 형태로든 내재되어 있다는 것으로 그 유전적 프로그램의 순서에 따라 개체의 발달(development) 및 성장(growth) 그리고 노화(aging)가 일어나는 것으로 설명한다. 이 유전적 프로그램에는 성숙한 개체로의 과정뿐만 아니라 성숙한 개체에서 노쇠한 개체로의 변화과정도 포함하는 것이다. 즉 노화의 시계가 유전형질의 본체인 염색체(chromosome)에 이미 프로그램화 되어 있어서 인간세포의 경우를 예로 들면, 세포가 50번 정도 분열했을 때 더 이상 분열이 일어나지 못하고 노화된 상태에 있다가 사멸하게 된다는 견해이다. 실제 인체 세포를 젊은 세포와 늙은 세포로 나누어 배양했을 때 늙은 세포는 빨리 죽으며, 젊은 세포를 30번만 분열시키고 동결했다가 다시 배양할 경우, 해동한 후 20번 정도 더 분열한 후 죽는 것을 관찰할 수 있었다고 한다. 또 HeLa 세포와 같은 암세포(비정상적 세포)는 적당한 조건을 맞춰줄 경우 무한히 지속적으로 분열할 수 있으나, 정상적인 세포는 어떤 종류이든 50회 정도로 분열하다가 그 이후는 모두 소실되어 버린다(생식세포 및 일부 줄기세포는 예외). 생물체에 발생(development)이 일어나는 과정이 유전자에 의하여 조절이 되듯이 노화가 일어나는 과정도 유전자의 조절을 받는다는 것이다. 이것은 세포내 DNA에 노화 및 생체의 수명에 영향을 주는 부분이 존재하고 있음을 알려주는 것이다. 뿐만 아니라, 노화의 시계가 면역계 및 내분비계에 상당한 영향을 끼치는 것으로 간주되고 있다.

▌크로스링크 이론(Cross-linkage theory)

식품, 음료수, 오염된 공기, 중금속, 체내 대사 생성물 등이 체내 특히, 단백질과 단백질(protein to protein), DNA와 단백질(DNA to protein) 등과 같은 거대분자 사이에서 크로스링크를 형성하게 되는데 연령이 증가함에 따라 유동성이 감소하고 뻣뻣해(stiffness)지는 것은 결합조직 속에 크로스-링크 분자가 많이 생성되기 때문이다. 이와 같이 생체내 거대분자의 교차결합(crosslink)은 생체 구조단백질의 구조적인 변화와 기능성 단백질의 활성 저하, 각종 신호전달체계의 오작동을 유도하여 여러 퇴행성질환의 병인으로 작용하게 된다. 당화반응(glycation)에 의한 수정체 크리스탈린(crystalline)단백질의 산화 및 응집(aggregation)은 백내장의 중요 원인으로 밝혀지고 있으며, 신장 사구체의 콜라겐이 당화반응에 의해 교차결합이 일어날 경우 투과장애에 의한 신장 기능장애를 일으키는 것으로 알려지고 있다.

▌손상이론(Damage theory)

생명체는 살아가면서 계속적으로 여러 환경적 위해 요인에 노출되어 여러 손상을 입게 된다. 또한 외부의 요인뿐 아니라 생물체 자체의 에너지 생산과정에서 부산물로 생성되는 활성산소에 의해서도 여러 손상을 입게 된다. 이러한 손상은 대부분 생물체 내에 존재하는 수복(repair) 과정을 통하여 복구가 가능하다. 그러나 손상의 정도가 과도하고 수복이 제대로 일어나지 않을 경우 지속적으로 손상의 축적이 일어날 수 있으며, 세포막 지질이나 여러 단백질 등에 변성을 일으켜 그 기능을 저하시키고, 직접 또는 간접적으로 DNA에 손상을 입히기도 하며, 미토콘드리아에도 영향을 미쳐 미토콘드리아의 기능 장애를 초래하기도 한다. 인체 내의 복합적인 장애요인인 이와 같은 손상이 일생 동안 축적되어 복구가 불능일 때 노화의 가속이 일어나 사망에 이르게 한다는 이론이다. 즉 세포에 물리적 혹은 화학적 손상이 가해지면 유전자 복제, RNA 전사, 리보솜의 단백질 합성 등에 오류가 발생하게 되어 노화와 질병을 촉진한다고 보는 견해이다. 실제로 노화가 일어나면서 나타나는 변화는 인간 질병의 큰 위험요소로 생각된다.

1 2 노화에 따른 신체의 변화

노화가 진행됨에 따라서 나타나는 신체의 변화는 다양한 방법으로 관찰될 수 있다. 노화에 의한 신체 기능 감소는 각종 질병에 걸릴 확률을 높이고 사망 위험을 크게 한다.

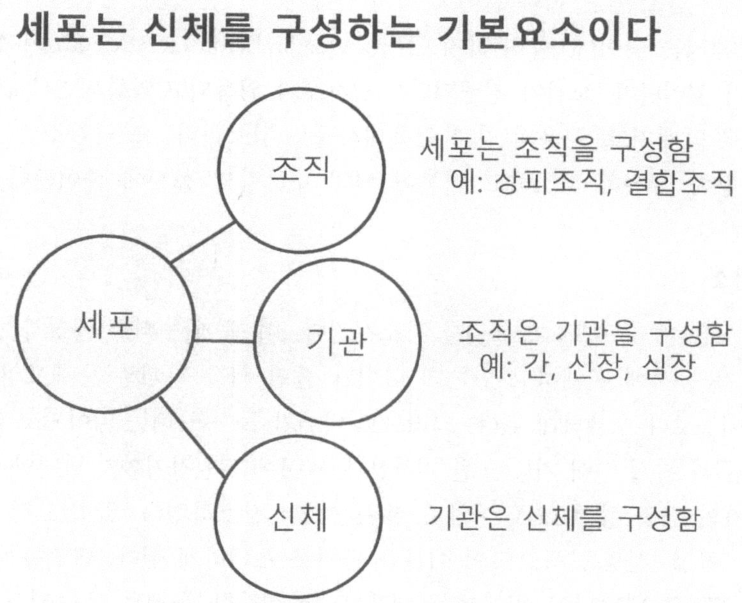

〈그림 1.1〉 인체의 기본 단위는 세포이다.
세포는 조직을 구성하고, 조직은 기관을 구성하며, 각 기관들이 합쳐져 신체를 만든다.

〈표 1.1〉
노화에 따른 신체기관 기능의 감소. 30대의 기능을 100%로 가정했을 때 노화했을 때 가지는 기능을 표시함.

기능	30세	60세	80세
최대 호흡능력	100	80	42
신장 혈장 흐름 속도	100	89	51
사구체 여과 속도	100	96	61
심장지수	100	82	70
기초대사량	100	96	84
신경 전달 속도	100	96	88
세포 수분량	100	94	81

▌근육조직의 감소

연령이 증가하면 신체 근육조직의 감소율이 증가한다. 근육은 줄어들고 대신에 지방조직(adipose tissue)은 증가하는 경향을 보인다. 노인은 전반적으로 근섬유의 수와 크기가 감소하면서 근육량(muscle mass)은 25세 때의 20~25%가 줄어든다. 근력(muscle strength)은 25세 이후로 매년 2%씩 감소한다. 이와 같이 근력이 약해지는 것은 일부 근육이 죽고 근육세포의 수축 능력이 약해지는 탓이다. 특히 하지 근력(lower limb muscle strength)이 상지 근력보다 현저하게 저하가 일어난다. 노화가 진행되면서 근세포가 위축되고 약화되면서 근력과 근 긴장도가 점차적으로 약해지고, 근육의 양과 근육대사율도 감소한다. 또 근감소증(sarcopenia)이 심화되어 근육량이 급속히 감소하고 더불어 체내 수분량도 동시에 줄어든다.

▌골밀도의 감소

신체 노화현상은 뼈의 밀도(density)를 감소시킨다. 뼈 속에는 뼈를 생성하는 세포와 뼈를 파괴하는 세포가 동시에 존재하고 있는데 나이가 들면 뼈를 파괴하는 세포의 기능이 뼈를 생성하는 세포기능보다 우세하게 된다. 그러므로 나이가 들수록 뼈는 얇아지고 관절의 탄력성은 감소하며 연골과 관절 인대 기능 또한 저하한다. 80세에 도달하기까지 남녀의 골밀도 감소를 예로 들면, 남자의 경우 평균 12%, 여자의 경우는 25% 감소하였다. 골밀도 감소는 골다공증(osteoporosis), 골절, 신경통 등으로의 이환율 증가를 초래하게 된다. 골절율의 경우 남자는 9.5%, 여자는 27%로 나타나고 있어 여성에게 더욱 심각한 문제로 대두되고 있다.

▌단백질 생성의 감소

성장기의 어린이는 단백질을 왕성하게 합성하여 인체가 성장하는데 사용하는 반면, 노인은 나이가 들어감에 따라 단백질의 사용이 줄어들기 때문에 자연히 단백질 합성율은 감소한다.

▌조직기능과 순환기계 기능의 감퇴

노화과정이 진행됨에 따라서 30대와 80대 사이에 기능의 비교를 할 때, 호흡능력이 60%가 감소하고, 심장의 박출량은 30%, 신장의 혈류량은 50%가 감소하는 것으로 나타났다. 또한 동맥의 탄력성이 저하되고 동맥의 경직화 현상이 나타나서 수축기 혈압의 상승, 말초 혈관의 저항 상승으로 각 장기에 도달하는 혈액 양이 감소한다. 연령의 증가에 따라서 동맥벽이 두꺼워지며 혈액 성분 중 특히 변화가 심한 지방으로서 가장 문제가 되는 콜레스테롤이 내막에 침착된다. 따라서 동맥은 점차로 딱딱해져 동맥경화(atherosclerosis)나 심근경색(myocardial infarction) 등을 빈번히 초래한다.

▌면역기능의 저하

각종 병원균에 의한 질병을 방지하는 면역기능과 질병회복에 관여하는 면역기능이 감소하여 세균 감염(bacterial infection) 및 암(cancer) 등 질병에 걸릴 확률이 증가한다. 100세가 넘는 장수인들의 사망원인은 대부분 폐렴이다. 폐렴의 직접적 원인은 노화에 따른 면역기능의 저하로 감염에 대해 효과적으로 적응하지 못하기 때문이다. 노화과정에 따라 면역기능은 감소하게 되며 생명을 위협하는 인자들의 위협은 더 증가하게 된다.

▌뇌기능의 저하

30세부터 70세 사이에 뇌의 무게가 10% 정도 감소가 나타나며, 특히 60세 이후에는 학습능력과 기억능력의 급격한 저하가 일어나고, 우울증, 위축감 및 시야의 경직성이 나타난다. 이외에도 뇌척수막이 두꺼워지고 뇌의 신경전달물질의 생산량도 감소하게 된다.

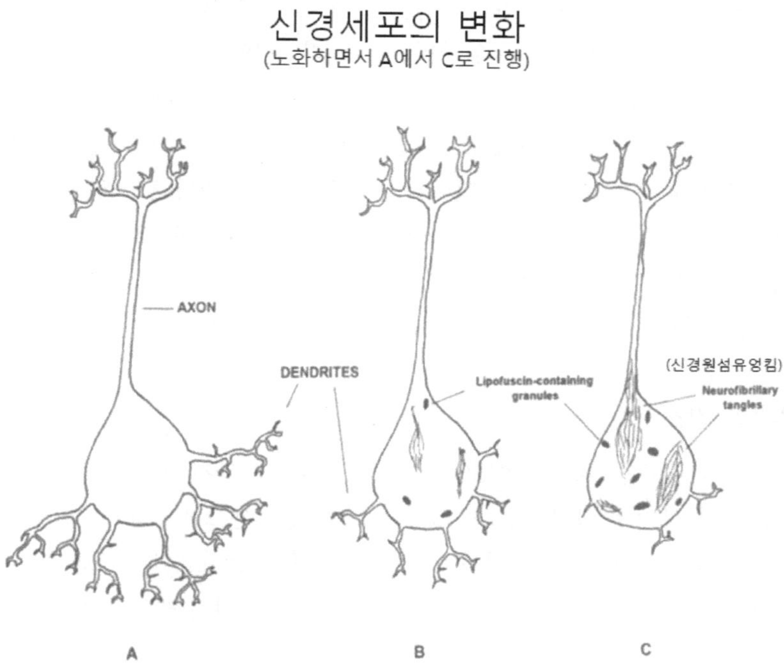

〈그림 1.2〉 노화에 따른 뉴런의 변화.
정상 뉴런(A). 뉴런의 수상돌기(dendrite)는 점차로 감소하며 세포 내에는 리포퓨신색소가 축적된다(B, C). (C)의 경우 거의 죽음에 도달했을 때 뇌의 상태를 나타낸다. 노화할수록 수상돌기가 사라져 다른 뉴런과의 상호작용은 감소한다.

▌내분비 기능의 감퇴

노화가 진행됨에 따라서 신체대사율과 갑상선 기능이 저하되고 인체의 에너지 소모율이 떨어지므로 체조직 중 지방이 차지하는 비율이 증가한다. 또한 포도당 내성의 감소로 당뇨병으로의 이환율이 증가하고 이는 골밀도 감소를 촉진하며 골다공증을 유발하기도 한다. 내분비 기능의 가장 특징적인 변화는 프로락틴 등과 같이 큰 변화가 없는 호르몬이 있는 반면 성선자극호르몬(여포 자극 호르몬, 황체 형성 호르몬)이나 췌성(pancreatic) 폴리펩티드는 노화와 함께 감소한다. 또한 원인 불명의 양성 전립선 비대증이 증가하고 결과적으로 배뇨 곤란을 초래하며 전립선암의 발병률은 높아진다. 또한 조직세포 중 인슐린을 수용하는 특수한 세포막 수용체의 숫자 또는 기능의 감소와 인슐린에 대한 항체 생산으로 인하여 당뇨병이 증가한다.

▌소화 흡수율의 저하

치아 및 잇몸조직이 손상되어 생기는 저작기능의 장애, 소화효소 분비의 저하, 심리적 고독감 등으로 인하여 소화흡수율이 저하된다. 노인의 경우 미각의 감퇴, 치아의 상실 등이 식욕을 저하시켜 영양분 섭취가 부실해질 우려가 높아진다. 소화기 질환은 한국인에게 가장 많이 나타나는 것으로 위암을 포함한 상부 위장질환이 많다. 원인으로는 담배, 술, 맵고 짠 음식, 과식, 탄수화물 과다 의존성, 지질과의 불균형 섭취 등을 꼽을 수 있다. 그러나 노인층의 소화기 질환 및 증세로는 주로 위산 분비의 감소를 들 수 있으며, 이는 위벽의 점막세포가 노화되어 위산분비가 감소하기 때문이다. 소화에 관여하는 각종 효소 분비가 감소하여 소화율이 떨어지게 된다. 노인의 장은 위축, 연동운동이 약화되고, 장벽의 근육이 약화되고 음식물의 통과 시간이 길어진다. 특히 복강에 지방의 저장량이 높을 때 장관 운동, 소화 활동이 나빠지게 되며, 이로 인해 설사와 변비가 발생하게 된다.

▌영양소 섭취의 감소

혼자 사는 사람의 경우를 예를 들어보면, 70세부터 80세 까지 10년 사이에 전체 에너지의 섭취량이 19%가 감소하며 단백질은 24%, 칼슘은 18%, 철분은 29% 그리고 비타민 C 섭취량은 31%가 감소한 것으로 조사되었다. 이외에도 체내 비타민 D 합성량이 감소한 것으로 나타났다. 이런 제반의 영양소 섭취의 감소가 인체조직의 기능을 저하시키는데 큰 영향을 미칠 것으로 보인다.

▌항상성의 저하

다세포 생체에서는 혈액을 매개로 하여 외부환경과의 물질교환이 이루어진다. 신체 기능의 유지에는 생체내의 크게 변동이 없는 지속적인 환경의 유지가 절대적으로 요구되는데 이러한 성질을 항상성(homeostasis)이라 부른다. 세포로 출입하는 물질의 이동을 담당하는 혈액에는 물질의 이동, 운반, 소모, 대사활동 등이 끊임없이 일어나지만 성분이 일정하게 조절되어야 한다. 40세 이후부터는 장기의 생리적인 기능저하와 장기의 적응력, 저항력, 회복력 등 체내 항상성의 전반적인 감소가 관찰된다.

노화에 따른 세포의 생화학적 변화

세포가 노화하게 되면 여러 가지 기능적 변화가 나타나기 시작한다. 미토콘드리아에서의 산화적 인산화의 감소, 핵산 생합성 기능 저하, 단백질 합성능력 감소 등이 나타난다. 세포 노화의 형태적 특성으로는 핵(nucleus)이 비정상적으로 굴곡(lobed)이 일어나며, 액포(vacuole)를 갖는 다양한 형태의 미토콘드리아, 소포체의 감소 그리고 골지체의 변형 등이 나타난다. 이와 동시에 노화된 세포에서는 산화적 손상(oxidative damage)의 축적이 두드러지는데 이는 단백질, 지방, DNA 등에 손상을 일으키며 리포퓨신(lipofuscin)색소의 축적이 관찰된다. 노화와 관련되어 축적이 일어나는 단백질로는 p15, p16, p21, p53 등의 세포주기(cell cycle) 관련 단백질이 있으며 이외에도 카베올린-1의 축적, 트랜스글루타미나제 C의 증가, p42/44 ERK 인산화 증가 등이 관찰된다.

1.3 노화를 촉진하는 원인

노화에 영향을 주는 요인은 크게 유전적 요인, 환경적 요인, 개인의 life style 등의 세 가지 요인으로 구분할 수 있는데 각각 1/3 정도의 영향을 미친다고 볼 수 있다.

〈표 1.2〉
노화에 영향을 주는 요인

요인	내용
유전적 요인	인종, 성별, 유전인자
환경적 요인	대기오염, 수질오염, 빈곤 정도, 보건의료의 질
개인의 생활습관 요인	영양관리, 식습관, 운동, 담배, 음주, 휴식 및 수면, 스트레스 관리, 체중관리, 약물남용, 비만

생물체 내부적 요인

- 활성산소종

활성산소종(reactive oxygen species, ROS)이란 산소 라디칼(oxygen free radical) 및 이것으로부터 파생된 여러 가지 산소화합물들을 통칭하는 것으로, 이들은 모두 반응성이 높은 특징을 가지고 있다. 자유라디칼(또는 자유기, free radical)이란 화학적으로 최외각 전자궤도에 쌍을 이루고 있지 않은 전자를 지닌 원자나 분자를 의미한다. 자유기는 쌍을 이루고 있지 않은 전자를 잃거나 또는 주위로부터 전자 하나를 더 얻어 보다 더 안정된 상태로 가려고 하는 성질을 가지고 있기 때문에 반응성이 높고 불안정하다. 모든 분자가 라디칼을 형성할 수 있지만, 특히 산소 라디칼이 문제시되는 것은 호기성 생명체에서 산소의 이용은 필수불가결한 것이며 세포내 전자전달계(electron transport system)로부터 이탈된 전자가 산소에 전달되어 쉽게 산소 라디칼이 형성되기 때문이다. 산소 분자가 전자를 받게 되면 $O_2^{\bullet -}$ 이 되며 이를 '수퍼옥사이드 음이온(superoxide anion)'이라고 하며 이것은 곧 다른 전자 한 개와 2개의 H^+와 결합하여 H_2O_2인 과산화수소가 된다. H_2O_2에 또 하나의 전자가 들어가면 산소-산소 결합이 끊어지며 수산이온(OH)과 $^{\bullet}OH$이 생성되는데 후자를 수산화라디칼(hydroxyl radical)이라 부른다.

$$O_2 + e^- \rightarrow O_2^{\bullet -}$$
$$O_2^{\bullet -} + e^- + 2H^+ \rightarrow H_2O_2$$
$$H_2O_2 + Cu^+ \rightarrow OH + {}^{\bullet}OH + Cu^{2+}$$

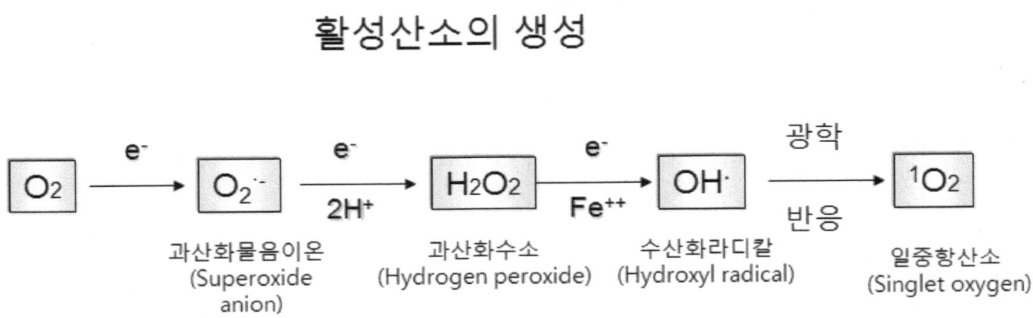

〈그림 1.3〉
산소의 대사 과정 가운데 생성되는 활성산소.

• 유전체의 불안정성

유전자의 손상, 예를 들면 점돌연변이(point mutation), 재조합(rearrangement), 염색체 돌연변이(chomosomal mutation) 등이 일어났을 때 DNA 수선(DNA repair)에 의하여 원상으로 회복되지 못하면 유전체(genome)의 불안정성(instability)을 초래하게 되고 이러한 유전체 불안정성은 암(cancer) 또는 노화의 원인이 된다. 나이가 들어가면서 유전자의 손상은 증가하고 DNA 수선 능력은 감소하게 된다.

▌외부의 환경적 요인

생물체 외부의 환경적 요인들에 의한 오염이 생물체의 노화에 어떻게 영향을 미치는가를 알아내는 것은 현재도 큰 숙제로 남아있다. 유해산소에 의한 생체분자의 산화성 손상뿐 아니라, 콜라겐 단백질의 교차결합, 비정상적 당(sugar)결합이 세포의 신호전달 기작을 교란시키며 이 중에서 특히 부각되고 있는 몇 가지를 살펴보면 다음과 같다.

• 유해산소

X선과 같은 방사선 그리고 UV(자외선)은 체내에 도달하여 활성산소 발생을 유도하거나 DNA에 손상을 줄 수 있다. 자연 상태에서도 연간 방사선 노출량이 3.1 밀리시버트(mSv)에 이르며 컴퓨터 단층촬영(CT)이나 PET 검사를 통해 더 많은 방사선 노출이 일어날 수 있다.

• 교차결합(cross-linkage)

화학적 반응에 의하여 정상적으로 분리되어 있어야 하는 분자구조 사이에 강한 연결 띠(bond)가 형성되어 그 기능에 변화를 초래할 수 있다. 당(sugar)은 생체 에너지원으로 가장 중요한 물질이나, 과량 존재할 경우 산화되어 여러 가지 분자들과 교차결합을 형성하여 분자의 기능을 변조하고 세포활성을 저하시킬 수 있다. 특히 이러한 최종당화산물(advanced glycosylation end products, AGEs)은 생체를 구성하는 기본물질인 콜라겐(collagen)과 같은 결합조직(connective tissues) 단백질에 작용하여 동맥경화, 백내장, 신경과 신장기능 부조를 일으키는 요인으로 지목되고 있다.

• 스트레스 단백질

생체는 외부에서 스트레스를 받으면 이러한 스트레스에 대응하는 일련의 단백질들을 생성한다. 그 중 대표적인 예가 열충격 단백질(heat shock protein, HSP)이다. HSP는 열(heat) 뿐 아니라, 중금속, 독성물질, 또는 심리적 자극에 의해서도 유도된다. 그러나 이러한 HSP가 노화 연구에서 관심을 끌게 된 것은 나이가 들어감에 따라 열충격단백질(HSP) 생성이 저하된다는 점 때문이다. HSP 단백질의 기능이 세포 내에서 손상된 단백질의 처리, 단백질 생합성과 운반의 지원 등으로 알려져 있고, 글루코코르티코이드 호르몬이나 카테콜아민 등의 분비기능과의 관련성도 알려져, 이러한 스트레스 단백질들의 유도와 노화와의 연관성이 대두되었다.

1.4 노화의 이론

노화는 정자와 난자의 수정으로부터 시작되어 사람이 사망할 때까지 일어나는 전 과정을 포함하며 인체를 구성하는 세포들과 신체조직 전체에서 일어난다.

출생 → **성장** → **죽음**

〈그림 1.4〉
사람은 난자와 정자의 수정으로 발생을 시작하고, 출생한 후 일정 기간 동안 성장을 지속한다. 30세 정도 부터는 성장이 더 이상 지속되지 않으며 서서히 기능의 감소가 일어나 궁극적으로는 죽음에 이르게 된다.

모든 다세포 생물들의 다양한 생리적 시스템이 성숙기 동안 점진적인 손상을 겪고, 항상성을 유지하는 능력이 감소되어 결국 죽음에 도달하게 되는 것이 노화과정의 일반적 특징이다. 다양한 가설들이 노화현상을 설명하고 있지만 노화의 특징인 복합적 요인으로 인하여 아직까지 확정된 노화이론은 존재하지 않으며 노화이론 마다 타당한 근거를 내포하고 있다. 다양한 측면으로 이루어지는 노화연구의 방향은 크게 두 가지로 분류될 수 있다. 먼저 노화는 생애를 통하여 무작위로 일어난 유해한 기작들이 합쳐져 퇴행적 변화(degenerative change)를 일으키는 것이라는 이론과 이미 계획된 바대로 발생성장 단계의 마지막 종착지로서 철저하게 조절이 되는 마스터플랜에 의하여 일어난다는 것(programmed mechanism)으로 나눌 수 있다. 이러한 마스터플랜이 담겨있는 곳은 유전정보가 있는 염색체이다. 노화에 대하여 300여 가지가 넘는 여러 가지 학설이 있으나 어떤 한 가지 이론으로 노화현상을 다 설명할 수는 없다. 현재까지 노화이론으로 대표적인 것들은 다음과 같다.

▌자유라디칼 이론

미토콘드리아가 세포내에서 대부분의 에너지를 생성하는 과정에서 부수적으로 일부의 ROS(활성산소종, reactive oxygen species)이 만들어지고 이러한 ROS에 의하여 생체 성분들이 손상을 받아 지속적으로 축적이 일어나면 노화와 죽음에 이르게 된다는 이론이다. '**자유라디칼 이론**(free radical theory)' 또는 '**산화적 스트레스 이론**(oxidative stress theory)'이라고도 한다. 에너지를 생산하는 미토콘드리아에서 뿐만 아니라 다른 세포기관 및 효소들로 부터도 ROS는 생성될 수 있다. 생물체는 항산화시스템(anti-oxidative system)이라는 방어체계를 구축하고 있지만 100% 완벽하지 못하므로 일부의 활성산소종(ROS)에 의한 유해(toxic) 작용을 받게 된다. 이러한 유해 작용은 천천히, 경우에 따라서는 수년 내지 전 일생을 통해 만성적으로 누적되어 세포나 조직의 기능을 저하시키며(degeneration) 이것이 곧 질병 및 노화의 원인으로 작용한다.

생체내에서 활성산소(ROS)의 유독성

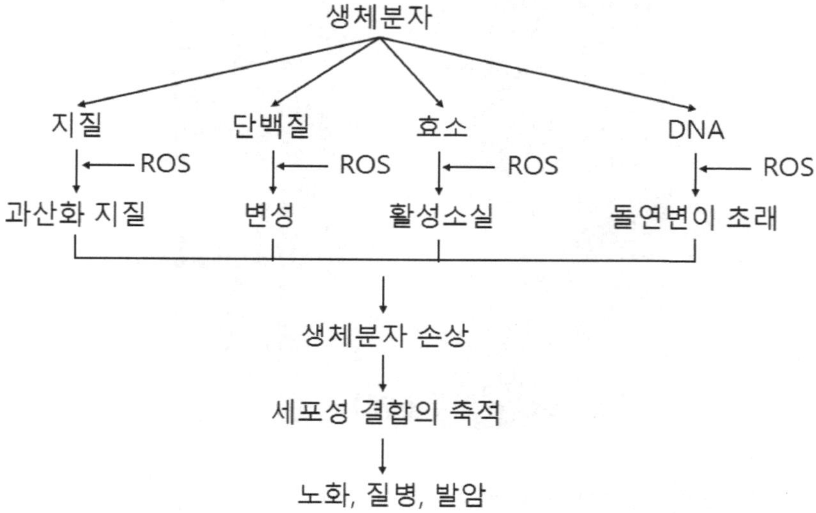

〈그림 1.5〉
생체물질, 지질, 단백질, 효소, DNA에 대한 활성산소종의 영향과 이에 따른 생체분자의 손상은 노화 및 질병의 원인이 된다.

자유라디칼 이론에서는 원래 ROS의 표적이 무작위적이고 무차별적이며 축적되는 것이라고 언급하고 있으나, 특정 분야에서 ROS의 생성은 항상성을 유지시키기 위해 오히려 필수불가결한 것으로 알려진다. 예를 들어, 대식세포에서 생성되는 ROS는 감염에 대항하는데 필요한 숙주 방어 기작을 유지시킨다. 또 같은 이치로 세포질의 ROS는 생체 세포의 증식(proliferation)에 중요한 역할을 수행한다. 세포의 신호전달기작을 적당히 유지하기 위해서는 적당량의 ROS는 필요하지만, 너무 많거나 적은 양의 ROS는 노화나 노화 관련 질병에 영향을 끼칠 수 있다.

텔로미어 이론

인체는 100조 개 이상의 세포로 구성되며 각각의 세포에는 유전정보의 설계도가 존재한다. 유전체(게놈, genome)란 생물 한 개체를 구성하는 데 필요한 모든 유전자 세트(set)를 말한다. 인간의 모든 유전정보는 23쌍, 즉 46개의 염색체(chomosome)에 나누어 기록되며, 22쌍은 보통염색체(autosome)이고 나머지 1쌍은 성을 결정하는 성염색체(sex chromosome)이다.

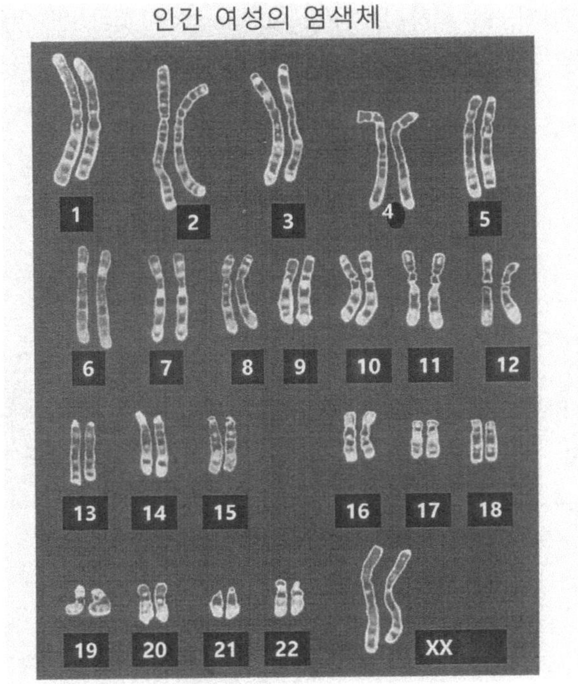

〈그림 1.6〉
인간을 구성하는 23쌍의 염색체. 22쌍은 보통염색체(상염색체)이고 1쌍은 성염색체(sex chromosome)이다.

각각의 염색체는 DNA와 히스톤 단백질들이 결합하여 응축된 복합체로서 DNA 복제와 관련된 복제원점(origin)과 중심부위(centromere), 말단부위(telomere)로 구성된다. 세포분열시 중심부위에 방추사가 결합하여 염색체를 양쪽으로 끌어당겨 염색체가 절반으로 나뉜다. DNA는 생물의 모든 구성요소를 만드는 제조 명령에서부터 본능적인 생존방법까지 기록된 생명정보의 수록장치(recorder)이자 생물변천의 블랙박스(black box)이다. 인간의 유전체(genome)는 4종류의 염기(A, G, C, T)가 30억 개 모여 구성하고 있으며, 유전자 발현(gene expression)이 일어나는 부위는 2만~3만 개(약 2만 9천 개) 정도로 추정하고 있다. 인간은 46개의 염색체를 가지므로 92개의 텔로미어 말단이 존재한다. 사람의 텔로미어는 6개의 염기서열, TTAGGG쌍이 수천 번 반복해서 배열되어 있다. 한번 세포분열이 일어날 때마다 말단에서 약간의 염기쌍들의 소실이 일어나, 인간의 정상세포는 50-100회 정도 분열이 가능하고, 실험실의 조직배양 세포의 경우는 약 50회 가량 분열하면 더 이상의 분열이 일어나지 못하게 되는데 이것을 '헤이플릭 한계(Hayflick's limit)'라 부른다. 다시 말해 인간의 세포는 분열할 때마다 그 텔로미어 말단의 일부가 복제되지 않아 분열이 진행될수록 텔로미어 길이는 조금씩 짧아지고 일정기준 이하가 되면 세포분열이 멈춘 상태로 남아 있다가 궁극적으로 죽음을 맞이하게 된다는 것이다. 그러므로 텔로미어 길이가 짧아지는 것은 식물의 나이테처럼 세포가 얼마나 앞으로 더 분열이 가능한지를 말해 주는 '세포분열 시계(cell division clock)'로 생각할 수 있다. 또한, 충분히 짧아진 텔로미어는 정상 세포가 더 이상 분열을 못하게 하는 신호를 주고 있다. 그런데 텔로미어 이론은 postmitotic(세포의 증식기가 모두 지난) 세포가 관련된 노화에 대해서는 설명하기가 어렵다는 단점이 있다. 노화는 분열하는 세포에서만 일어나는 것은 아니다. 예를 들어 근육세포나 중추신경계의 뉴런세포는 성체에서 분열하지는 않으나 노화의 증상을 경험한다. 그리고 생쥐의 경우도 텔로미어 이론으로는 설명이 어려운데, 텔로미어 길이가 사람보다 길고 텔로미어를 만드는 텔로머라제 활성을 가지고 있어 사람의 경우처럼 텔로미어가 점점 짧아지지 않았다. 텔로미어 이론은 체세포에 텔로머라제 활성이 없는 사람의 경우에 적용이 가능하다.

미토콘드리아 이론

미토콘드리아 이론은 미토콘드리아가 활성산소종(ROS)을 생성하는 주된 기관이며 또한 ROS의 영향을 받는 주된 대상(target)이 된다. ROS에 의해 미토콘드리아가 포함하는 DNA와 단백질이 공격을 받으면 미토콘드리아 기능의 퇴화가 일어나고, 산화적 인산화 그리고 에너지 대사에서 초래되는 불균형이 노화와 수명에 영향을 미친다는 것이다. 즉 ATP 생산은 적게 하고 ROS 생성은 늘어나는 비효율을 초래하게 된다는 것이다. 미토콘드리아 DNA(mtDNA)는 핵(nucleus) 속에 존재하는 DNA보다 더 돌연변이에 민감하며, 돌연변이가 생기는 경우 관련 단백질 기능이 소실될 가능성이 매우 높다. 미토콘드리아 유전자의 돌연변이는 에너지를 생산하는 미토콘드리아의 기능장애를 초래하며 이러한 미토콘드리아에서의 손상 축적은 광범위한 세포사멸(apoptosis)을 유도할 수 있기 때문에 조직의 기능소실과 개체노화를 일으킬 수 있다는 것이다. 미토콘드리아 유전자의 손상은 노화 뿐 아니라 노화에 따라 발생하는 여러 종류의 퇴행성질환과도 밀접한 관련이 있다. 노화에 따라 나타나는 신경퇴행성질환인 파킨슨질환과 알츠하이머질환에서 미토콘드리아 유전자의 손상이 보고되고 있다.

교차결합 이론

살아가는 과정에 어떤 이유로 여러 생체 고분자들 간에 교차결합이 형성되고 그로 인한 물리적, 화학적 성상의 변화가 세포 노화를 초래한다는 것이다. 예를 들어 콜라겐(collagen)은 기관(organ)의 강도나 탄탄함, 탄력성 등을 정하고 있는 결합조직의 주성분인데 콜라겐 섬유간의 교차결합이 형성되면 탄력성을 잃게 된다. 예를 들면 노화함에 따라 혈관에서 나타나는 혈관 탄력성의 감소는 바로 콜라겐의 변형에 의한 것이다. 노화에 따른 콜라겐의 변형은 흥미로운 주제이며 이렇게 한번 교차결합이 일어난 단백질은 달걀 프라이의 흰자가 다시 원상으로 회복될 수 없듯이 원상태로 돌아갈 수 없으며 당연히 원래의 기능을 수행할 수 없게 된다.

활성산소종(ROS)에 의한 산화 스트레스(oxidative stress)는 교차결합 형성의 중요한 원인이 되며, 특히 당산화(sugar oxidation)의 결과로 초래되는 최종당화산물(AGEs, advanced glycosylation end products)의 역할에 주목하고 있다. 고도당화가 초래된 콜라겐이나 섬유성 단백질들은 형태의 변화는 물론 기능적 손상을 가져와 혈관의 세포내벽의 유연성을 빼앗으며 동맥경화와 같은 결과를 초래할 수 있다는 것이다.

당화반응 이론(Glycation theory)

혈당이 신체세포에서 만들어진 단백질과 결합하여 신체의 단백질 기능과 유전자 발현 조절의 왜곡을 초래하여 노화를 초래한다는 이론이다. 이와 같은 이론의 근거에는 당뇨병 환자들이 비교적 젊은 나이에도 백내장이나 동맥경화와 같은 노화 관련 질병을 많이 겪는다는 점을 들 수 있다. 지나치게 높은 포도당 농도의 폐해가 당뇨병에서 그대로 나타난다. 당뇨병에서는 혈당의 조절 능력을 상실하며, 적절히 치료받지 않을 경우 과도하게 높은 혈당이 눈(eye), 신장(kidney), 신경(neuron), 심장(heart) 등과 같이 상처받기 쉬운 기관들의 기능을 손상시킨다. 또 높은 당의 대사과정에서 생기는 자유기는 노화변화의 기초가 될 수 있을 것이다. 즉 높은 혈당은 건강에 해로운 역할을 하며 높은 혈당 수준 때문에 단백질의 당화반응이 초래되고 또 단백질 사이의 교차결합이 증가하게 되며 이것이 신체 기능의 손상을 초래한다는 이론이다.

DNA 손상 이론(DNA damage theory)

DNA 손상 이론은 생애과정에서 발생하는 DNA 손상이 적절히 수선되지 못하고 이것이 축적되어 노화를 촉진한다는 것이다. 미토콘드리아 DNA와 핵 DNA 손상이 모두 노화에 영향을 줄 수 있지만 이 이론에서는 핵 DNA가 주된 대상이다. 핵 DNA의 손상은 세포사멸 또는 세포노화를 유도하는 것과 같이 간접적으로 영향을 미칠 수 있고, 세포의 기능 이상(dysfunction)을 초래하는 것과 같이 직접적으로 영향을 미칠 수 있다. 사람과 다른 포유동물에서 DNA 손상은 자주 일어나는 사건이며 이에 대응하기 위해 진화적으로 DNA 수복(수선, repair)기능이 나타나게 되었다. 한 연구에 의하면 각각의 생쥐 세포에서 1시간에 발생하는 DNA 손상부위(lesion)는 1500~1700곳에 달하며, 하루로 계산하면 36,000~160,000 곳에 달한다(Vilenchik and Knudson, 2000). 어떤 세포에서도 repair 과정을 포함하고 있다하더라도 손상이 100% 회복되지 않고 일부는 손상된 채로 남아있다. 특정 세포들, 예를 들면 뇌세포와 골격근 세포처럼 분열하지 않거나 또는 천천히 분열하는 세포에 있어서는 노화함에 따라서 수선되지 않은 DNA 손상이 축적되는 경향이 더욱 강하다. DNA 손상의 축적은 세포의 상실을 초래하거나 또는 살아있는 세포에서는 유전자 발현 중지를 초래하게 되며 이것은 노화를 촉진하는 결과를 일으킨다.

▌신경내분비 이론

노화과정을 난자와 정자의 수정(fertilization)으로부터 시작하여 사망에 이르기까지 신경호르몬의 신호에 의하여 조절되는 일생에 걸친 프로그램의 한 부분으로 설명하는 이론이다. 즉, 성장기와 노화기에 고등기능을 담당하는 뇌중추의 신경원이 생체시계를 조절하는 박동기로 작용하는데 이 신경원의 활동이 균형을 잃거나 둔화되어 노화현상이 나타나게 된다. 생명체는 각 장기와 조직간의 상호작용을 조절하는 신경과 내분비 계통의 다양한 조절기전을 통하여 균형을 유지하는데 이러한 능력이 감소하게 되면 정상적인 생체기능을 통한 환경과의 적응에 실패하게 되고 궁극적으로 사망에 이르게 된다. 즉, 나이가 들면서 호르몬의 분비량이 감소하고 호르몬간의 균형이 깨지면서 노화가 일어난다는 이론이다. 특히 남성 및 여성 호르몬, DHEA 등은 나이가 들면서 급격히 줄어들며, 반면에 스트레스 호르몬이라 불리는 코티졸은 나이가 많아지면서 오히려 증가한다.

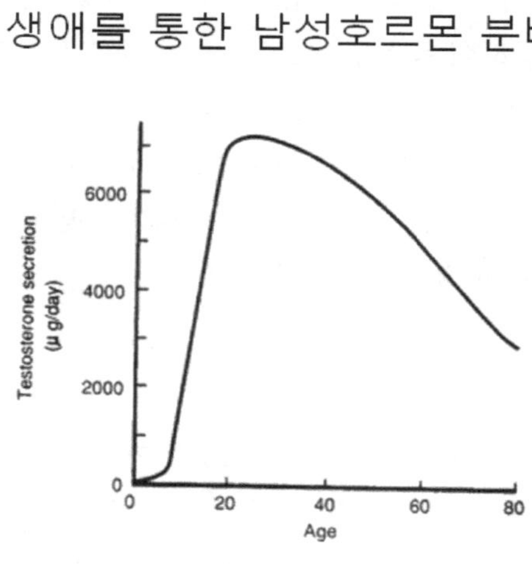

〈그림 1.7〉 사람에서 나이에 따른 남성호르몬의 분비 패턴

남성호르몬은 20세 부근에서 최대치로 분비되며 이후 서서히 감소한다.

▌면역 이론

노화 하면서 면역기능의 감소로 인하여 바이러스나 세균 등의 외부 침입자들을 막는 능력이 감소하거나, 잘못된 면역기능이 나타나 자기세포를 공격하게 된다. 노년에 이르면 면역력이 감퇴하여, 감염(infection), 자가면역질환(autoimmunity), 암(cancer) 등의 발생률이 증가하고 심맥관질환, 류마티스 등도 증가한다.

1 5 세포노화와 개체의 최대 수명

세포노화

1961년 헤이플릭(Hayflick)과 무어헤드(Moorhead)는 섬유아세포(fibroblast)의 조직배양 실험을 통하여 정상세포는 일정한 횟수의 분열(division)이 일어나면 더 이상 분열하지 못한다는 연구결과를 보고하였다. 이와 같은 유한한 세포분열 현상은 다른 연구자들에 의해서 계속적으로 확인되었다. 대부분의 정상세포에서는 일정한 회수의 세포분열이 일어난 다음에는 더 이상 분열하지 않는 비가역적 정지(irreversible arrest)상태로 들어간다. 이러한 상태를 다른 용어로 노화(aging 또는 senescence)라고 한다. 생명체(organism)는 수많은 세포들이 모여서 구성하고 있는데, 노화된 세포가 축적되면 결국 생명체 전체적으로 노화를 초래하게 된다. 노화가 일어난 세포는 분열은 더 이상 일어나지 못하지만 대사(metabolism) 작용은 지속적으로 수행하면서 오랜 기간 생존할 수 있다. 노화세포(senescent cell)는 휴지기 세포(quiescent cell)와는 달리, 성장인자(growth factor)를 통하여 증식(proliferation)을 유도하더라도 세포분열을 다시 시작하지는 못한다. 헤이플릭은 태아의 섬유아세포 배양에서 최대 분열수는 동물의 최대수명(maximum lifespan)과 비례한다고 했다. 예를 들어 생쥐는 10번 내외의 분열을 하는데 최대수명은 3.5년이고, 말의 섬유아세포는 30번 분열하는데 최대수명은 45년이다. 인간의 섬유아세포 최대분열 수는 50~70번이며 최대 수명은 120년이다.

최대수명의 한계

생명체의 수명은 1일(하루살이)부터 1만년(식물의 경우)에 이르기까지 현저한 차이가 있다. 일반적으로 식물의 수명은 길고, 동물의 수명은 상대적으로 짧다. 동물의 최대 수명은 종(species)에 따라 한계가 존재한다. 사람의 경우는 120세 정도를 최대 한계수명으로 생각하고 있지만 과학이 발전하면서 이러한 한계를 뛰어 넘을 수 있을지는 아직은 미지수로 남아있다. 아래 표는 다양한 포유동물의 종(species)에 따른 최대수명의 차이를 나타낸다.

〈표 1.3〉
동물의 최대 수명

동물 명	대략적인 최대 수명
예쁜꼬마선충	3주
초파리	80일
생쥐	3.5년
개	20년
고양이	30년
말	45년
코뿔소	55년
침팬지	55년
코끼리	70년
인간	120년
거북이	150년

이것은 삶의 환경이 최적의 조건으로 유지된다 하더라도 쉽사리 넘을 수 없는 '한계'로 생각할 수 있다. 최대수명은 자연 상태에서 측정되어야 하지만 현실적으로는 이것의 정확한 측정은 어렵기 때문에 장수동물의 최대수명 자료는 정확하다고는 말할 수 없다. 최대수명의 비교표에 의하면 체중의 증가와 수명의 증가가 어떤 관련이 있음을 알 수 있다. 포유류는 1년 내내 체온을 일정하게 유지하는데, 체온의 유지는 세포의 호흡작용에 의하여 생성된 에너지를 이용한다. 체중이 가벼운 동물일수록 체중에 대한 체표면적의 비율이 더 커지게 되므로 체온을 빨리 잃게 되고 이것을 보충하기 위해서는 체내의 대사율(metabolic rate)이 높아지게 되며, 반대로 몸무게가 큰 동물일수록 단위체중당 대사율은 작아지게 된다. 대사율이 높을수록 생성되는 활성산소는 증가하기 때문에 활성산소의 해로운 영향으로 인하여 체중이 가벼운 동물일수록 수명은 짧아지게 된다는 것이다. 예를 들어 쥐의 경우는 몸무게가 작으면서 움직임이 활발하기 때문에 사람이나 코끼리와 비교하여 단위체중당 대사율이 큰 경향을 나타낸다. 그러나 이것은 동물 종(species)간의 대체적 경향을 나타낸 것으로서, 사람의 경우에 체중이 많이 나간다고 오래 사는 것은 아닐 것이다.

100세인들의 공통적인 특징

사람의 수명의 결정의 1/3은 대개 유전자에 의하여 결정이 되고 나머지는 후천적 요인이 결정한다고 보통 이야기한다. 따라서 성공적인 노화현상은 나머지 60~70%를 차지하는 생활습관을 포함한 환경적 요인이 큰 부분을 차지하는 것이다. 100세인들의 경우는 당연히 유전적으로 좋은 유전자를 타고 난 것으로 생각이 되며 거기에 덧붙여 후천적인 요인도 건강에 좋은 습관을 가졌다고 볼 수 있다. 이러한 중요한 습관을 살펴보면 다음과 같다.

- 평상시 몸을 활발하게 움직인다. 평소에도 걷기나 다른 형태의 운동을 거르지 않는다.
- 가공된 식품보다는 자연적 식품으로 균형이 잡힌 식사를 한다.
- 신선한 과일이나 야채를 충분히 섭취한다.
- 대인관계가 원만하고 주위에 친구나 이웃이 많다.
- 금연을 한다.
- 노년에도 활동적이며 유익한 생활을 지속한다.

참고문헌

1. Avogaro, A., S. V. de Kreutzenberg, et al. (2010). "Insulin signaling and life span." *Pflugers Arch Eur J Physiol* 459:301-314.
2. Barger, J. L., R. L. Walford, et al. (2003). "The retardation of aging by calorie restriction: its significance in the transgenic era." *Exp Gerontol* 38:1343-1351.
3. Bjorksten, J. (1968). "The crosslinkage theory of aging." *J Am Geriatr Soc* 16:408-27.
4. Bjorksten, J. (1976). "The crosslinkage theory of aging: clinical implications." *Compr Ther* 2:65-74.
5. Bjorksten, J. (1977). "Some therapeutic implications of the crosslinkage theory of aging." *Adv Exp Med Biol* 86B:579-602.
6. Bjorksten, J. and H. Tenhu. (1990). "The crosslinking theory of aging-added evidence." *Exp Gerontol* 25:91-5.
7. Blackburn, E. H., C. W. Greider, et al. (2006). "Telomeres and telomerase: the path from maize, Tetrahymena and yeast to human cancer and aging." *Nat Med* 12:1133-1138.
8. Cerami, A. (1985). "Hypothesis glucose as a mediator of aging." *J Am Geria Soc* 33:526-632.
9. Cerami, A., H. Vlassara, et al. (1987). "Glucose and aging." *Scientific American* 256:90-96.
10. Clark, W. R. (2002). "Means to an end." Oxford University Press.
11. Dai, D. F., Y. A. Chiao, et al. (2014). "Mitochondrial oxidative stress in aging and healthspan," L*ongevity and Healthspan* 3:6.
12. Dillon, L. M., S. L. Williams, et al. (2012). "Increased mitochondrial biogenesis in muscle improves aging phenotypes in the mtDNA mutator mouse." *Hum Mol Genet*

21:2288-97.

13. Dyer, D. G., J. A. Dunn, et al. (1993). "Accumulation of Maillard reaction products in skin collagen in diabetes and aging." *J Clin Invest* 91:2463-2469.

14. Gensler, H.L. and Bernstein H. (1981). "DNA damage as the primary cause of aging." *Q Rev Biol* 56(3):279-303.

15. Gilley, D., H. Tanaka, et al. (2005). "Telomere dysfunction in aging and cancer." *IJBCB* 37:1000-1013.

16. Harman, D. (1956). "Aging: a theory based on free radical and radiation chemistry." *J Gerontol* 11:298-300.

17. Harman, D. (1972). "The biologic clock: the mitochondria?" *J Am Geriatr Soc* 20:145-147.

18. Hart, R. W. and R. B. Setlow. (1974). "Correlation between deoxyribonucleic acid excision-repair and life-span in a number of mammalian species." Proc Natl Acad Sci U. S. A. 71(6):2169-73.

19. Hayflick, L. and P. S. Moorhead. (1961). "The serial cultivation of human diploid cell strains." *Exp Cell Res* 25:585-621.

20. Hayflick, L. (1998). "How and why we age." *Exp Gerontol* 33:639-65.

21. Hart, R. W. and R. B. Setlow. (1974). "Correlation between deoxyribonucleic acid excision-repair and life-span in a number of mammalian species." *Proc Natl Acad Sci USA* 71:2169-73.

22. Joseph, A. M., P. J. Adhihetty, et al. (2013). "Dysregulation of mitochondrial quality control contribute to sarcopenia in a mouse model of premature aging." *PLoS One* 8:e69327.

23. Lambert A. J. and M. D. Brand. (2007). "Research on mitochondria and aging." *Aging Cell* 6:607-618.

24. Lombard, D. B., K. F. Chua, et al. (2005). "DNA repair, genome stability, and aging." *Cell* 120:497-512.

25. Lu, B., H. D. Chen, et al. (2012). "The relationship between apoptosis and aging." *Advances in Biosci Biotech* 3:705-711.

26. Miller, D. B. and J. P. O'Callaghan. (2005). "Aging, stress and hippocampus." *Ageing Research Reviews* 4:123-140.

27. Mother, M. and H. Rottenberg. (2000). "Aging enhances the activation of the permeability transition pore in mitochondria." *Biochem Biophys Res Commun* 273:603-608.

28. Multani, A. S., S. Chang. (2007). "WRN at telomere: implication for aging and cancer." *J Cell Sci* 120(5):713-721.

29. Muradian, K. and D. O. Schachtschabel. (2001). "The role of apoptosis in aging and age-related disease: update." *Z Gerontol Geriatr* 34:441-6.

30. Partridge, L. and D. Gems. (2002). "Mechanisms of aging: public or private?" *Nature Reviews* 3:165-175.

31. Peppa, M., J. Uribarri, et al. (2008). "Aging and glycoxidant stress." *Hormone* 7:123-132.

32. Pollack, M. and C. Leeuwenburgh. (2001). "Apoptosis and aging: Role of the mitochondria." *J Gerontol* 11:B475-B482.

33. Salminen, A., J. Ojala, et al. (2011). "Apoptosis and aging: increased resistance to apoptosis enhances the aging process." *Cell Mol Life Sci* 68:1021-1031.

34. Sohal,R. S. and W. C. Orr. (2012). "The redox stress hypothesis of aging." *Free Radic Biol Med* 52:539-555.

35. Trifunovic, A. and N. G. Larsson. (2007). "Mitochondrial dysfunction as a cause of aging." *J Intern Med* 263:167-178.

36. Vilenchik, M. M. and A. G. Knudson. (2000). "Inverse radiation dose-rate effects on somatic and germ-line mutations and DNA damage rates." *Proc Natl Acad Sci* 97:5381-5386.

37. Xi, H., C. Li, et al., (2013). "Telomere, aging and age-related diseases." *Aging Clin Exp Res* 25:139-146.

38. 오상진. (2005). "인체노화." 탐구당.

39. 이수정. (2010). "노화를 정복하는 삶." 글누림출판사.

CHAPTER 02

활성산소종(ROS)과 노화

노화는 시간의 흐름에 따라 생물의 신체 기능이 퇴화하는 현상인데, 노화의 원인으로는 다양한 인자들이 있으며 그 가운데서도 활성산소종(ROS)은 가장 주목을 받고 있는 것 중 하나이다. **노화의 자유라디칼 이론**(free radical theory of aging)은 1950년대 중반에 하만박사(Denham Harman)가 최초로 제시한 이후 자유기(free radical)를 포함한 활성산소종이 노화에 미치는 영향이 주목을 받고 있는 것이다. 산소를 이용하는 생물체의 정상적인 대사 과정에서는 지속적으로 수퍼옥사이드(superoxide anion), 수산화라디칼(hydroxyl radical), 과산화수소(hydrogen peroxide) 등의 반응성이 큰 활성산소종이 부산물로 생성되고 있다는 것은 잘 알려져 있는 사실이다. 하만박사가 제안한 노화의 '자유기 이론'이란 생체내 대사에서 지속적으로 생성되는 산소 라디칼들이 생체내의 주요 거대분자들(macromolecules)을 손상시키고 그 손상물이 시간과 함께 누적됨으로써 노화(aging)와 암(cancer)을 초래한다는 이론이다. 라디칼에 의해 손상을 받는 생체 내 물질로는 당(sugar), 지질(lipid), 단백질(protein), 핵산(nucleic acid) 등이 있으나 체세포(somatic cells)의 세대간 정보전달의 주된 기능을 가지는 DNA 손상이 대부분의 암 유발과 관련이 있고, 이와 더불어 노화가 진행되면서 암 발생은 함께 증가한다는 사실은 과학계에서 널리 인정되고 있는 사실이다.

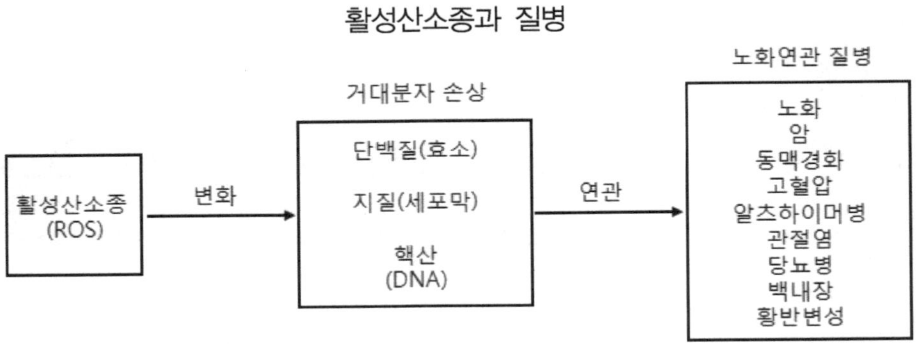

〈그림 2.1〉 활성산소종과 노화관련 질병.
활성산소종은 단백질, 지질, DNA 등의 거대분자에 손상을 입히고 이것이 축적될 때 노화와 암에 관련된 질병을 유발할 수 있다.

2.1 '활성산소종'이란 무엇인가?

'활성산소종(reactive oxygen species, ROS)'이란 자유기(free radical) 및 이것으로부터 파생된 여러 가지 비자유기(non-radical) 산소화합물 등을 총칭하는 것으로, 이들은 모두 반응성이 높은 산소라는 특징을 가지고 있다. 활성산소종(ROS)의 대표적 예로는 수퍼옥사이드(superoxide, $O_2^{\bullet -}$), 수산화라디칼(hydroxyl radical, $^{\bullet}OH$), 일중항 산소(singlet oxygen, $^1O_2$) 등이 포함된다.

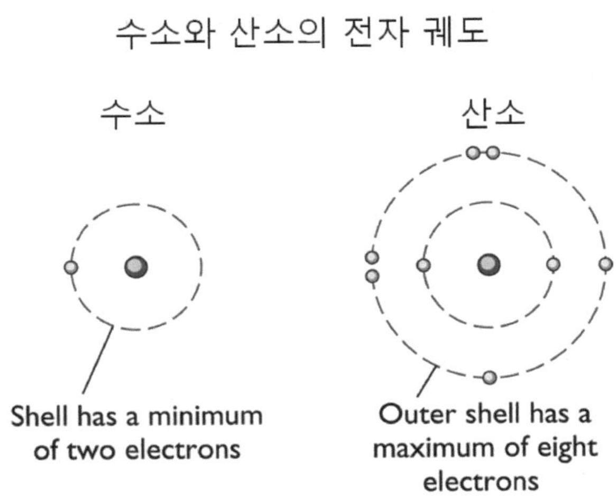

〈그림 2.2〉 전자 궤도(electron shell)
가장 안쪽 전자궤도는 2개의 전자, 그 다음부터의 바깥쪽 궤도는 8개의 전자가 채우고 있어야 안정된 상태이다.

일반적으로 모든 물질을 구성하는 분자는 원자(atom)로 되어 있는데, 원자는 양성자(proton)와 그 외곽의 궤도를 선회하는 전자(electron)로 구성되어 있다. 전자는 하나의 궤도에서 2개씩 쌍(pair)을 구성하여야 안정된 상태이지만 하나의 궤도에 전자가 하나인 경우에는 매우 불안정한 상태에서 안정된 상태를 위해 다른 외부로부터 전자를 흡수하려는 반응이 일어나 프리라디칼(free radical, 한국어로는 '유리기' 또는 '자유기'라고 부른다)을 발생시킨다. 결국 '유리기' 또는 '자유기'란 전자를 지닌 원자나 분자에서 전자의 결합이 쌍을 이루고 있지 않은 상태를 의미한다(쌍을 이루지 않는 전자를 화학식에서 점으로 표기한다). 그러므로 자유기는 쌍을 이루지 않은 전자를 주위의 화합물에 주거나, 또는 주위의 화합물로부터 전자를 받음으로써 안정화하려는 경향이 있기 때문에 높은 반응성을 가지며 여러 가지 화합물과 반응성이 높은 것이 특징이다. 이와 같이 불안정한 **'자유기(유리기)'**는 공격성이 강해서 다른 원자로부터 전자를 빼앗게 되고, 빼앗긴 쪽에서는 또다시 자유기(유리기)가 되어 다른 것으로부터 전자를 연쇄적으로 빼앗게 되는 연쇄반응(cascade reaction)이 확산되어 일어나게 된다. 이와 같은 활성산소종(reactive oxygen species, ROS)으로는 자유기(radical ROS)인 수퍼옥사이드(superoxide: $O_2^{\bullet -}$), 수산화라디칼(hydroxyl radical: $^{\bullet}OH$)과, 자유기는 아니지만 반응성이 큰 오존(O_3)과 과산화수소(hydrogen peroxide)는 **비라디칼 활성산소종**(non-radical ROS)으로 구분된다.

〈표 2.1〉
라디칼과 비라디칼

라디칼(자유기)	비라디칼
수퍼옥사이드($O_2^{\bullet -}$)	과산화수소(H_2O_2)
수산화라디칼($^{\bullet}OH$)	하이포아염소산(HOCl)
퍼옥실($RO_2^{\bullet}$)	오존(O_3)
하이드로퍼옥실($HO_2^{\bullet}$)	퍼옥시나이트라이트($ONOO^-$)
알콕실($RO^{\bullet}$)	

자유기는 DNA, 단백질, 지질 등을 손상시킬 수 있는데, 특히 생물학적 시스템에서는 수퍼옥사이드($O_2^{\bullet -}$), 산화질소($^{\bullet}NO$), 수산화라디칼($^{\bullet}OH$) 등의 산소로부터 유래한 자유기가 중요하다. 산화질소($^{\bullet}NO$)는 자유기이긴 하지만 비교적 반응성이 적은 자유기로 생각되고 있으나 산화질소가 수퍼옥사이드와 만나게 되면 활성이 더 큰 퍼옥시나이트라이트(peroxynitrite, $ONOO^-$)가 만들어진다. 활성산소종과 유사하게 퍼옥시나이트라이트와 같은 활성질소종(reactive nitrogen species, RNS)도 세포에 손상을 초래한다. 퍼옥시나이트라이트는 혈관 내피세포(endothelial cell)에 손상을 주며 수산화라디칼만큼 해로운 영향을 준다. 수산화라디칼은 지질과 반응하여

지질라디칼을 생성하며, 지질라디칼은 산소분자와 반응하여 과산화지질(지질 퍼옥실-산소 두 개를 포함한 지질-라디칼, ROO•)을 만든다. 과산화지질은 전이금속이 존재하는 상태에서 펜톤 반응을 일으켜 alkoxyl(RO•)기를 생성하며 이것은 과산화지질보다 더욱 활성이 크다.

〈그림 2.3〉 산화질소(NO)의 구조

퍼옥시나이트라이트는 분해되어 강력한 활성산소인 수산화라디칼(•OH)을 생성하는데, 퍼옥시나이트라이트는 수산화라디칼과 마찬가지로 단백질 및 다른 거대분자와 반응하여 카보닐기, 교차결합, 지질과산화 등의 반응을 유도한다. 하이포아염소산(hypochlorite, OCl^-)은 그 자체로서 자유기는 아니지만 자유기 생성을 촉진하며 과산화수소나 수퍼옥사이드보다 독성이 강한 것으로 알려진다.

- 수퍼옥사이드

세포에서 미토콘드리아는 $O_2^{\bullet-}$를 생성하는 주된 장소이며 이곳에서 산소분자는 전자전달경로의 말단에서 전자수용체로 작용해 $O_2^{\bullet-}$를 생성한다. 이것은 자발반응이나 효소의 촉매반응을 통해 H_2O_2로 전환된다.

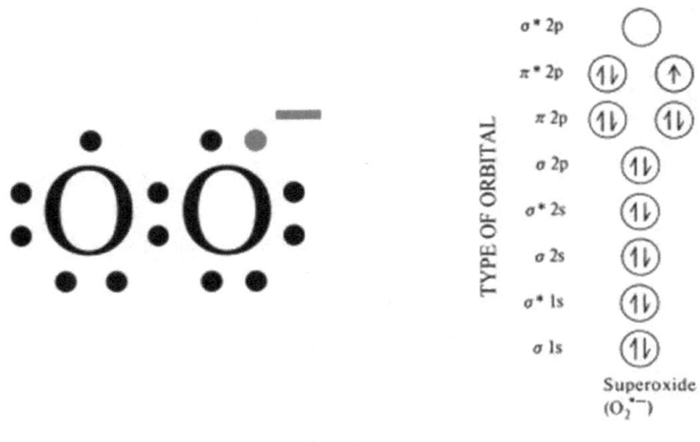

〈그림 2.4〉 수퍼옥사이드의 구조와 전자배열

- 수산화라디칼

수산화라디칼(hydroxyl radical)의 생성에 가장 큰 원천은 H_2O_2와 산화환원이 활발한 전이금속(Fe^{3+} 또는 Cu^{2+})들이 참여하는 펜톤(Fenton)반응[반응1]이다. 이 반응에서 전자를 잃은 전이금속(transition metal)들은 $O_2^{\bullet -}$와의 반응을 통해 다시 환원되면[반응2], 두 반응을 합해서 보통 하버바이스반응(Superoxide-driven Haber Weiss reaction, 반응3)이라고 부른다. 수산화라디칼($^{\bullet}OH$)은 활성산소 중 가장 반응성이 크고(typical rate constant: $10^{9} \sim 10^{11} M^{-1}s^{-1}$), 수명(half-life: 10^{-10}초)이 짧다.

$$Fe^{2+} + H_2O_2 \rightarrow Fe^{3+} + {}^{\bullet}OH + OH^- \quad [반응1]$$
$$Fe^{3+} + O_2^{\bullet -} \rightarrow O_2 + Fe^{2+} \quad [반응2]$$
$$H_2O_2 + O_2^{\bullet -} \rightarrow O_2 + {}^{\bullet}OH + OH^- \quad [반응3]$$

〈그림 2.5〉 수산화라디칼과 수퍼옥사이드의 구조

- 과산화수소

과산화수소(Hydrogen peroxide, H_2O_2)는 중심적인 산소 대사물로 세포내의 여러 곳에서 생성되며, 특히 $O_2^{\bullet -}$의 자발반응이나 SOD 효소촉매반응에 의한 불균등화 반응(dismutation)에 의해 주로 생성된다. 따라서 $O_2^{\bullet -}$처럼 미토콘트리아에서 많이 축적되지만 $O_2^{\bullet -}$와 달리 막투과성을 이용해 세포 전역으로 확산될 수 있다. 과산화수소(hydrogen peroxide)는 생물학적으로 반응성($10^{1} \sim 10^{3} M^{-1}s^{-1}$)은 약하지만 주요 효소의 활성부위에 있는 thiol group(SH기)을 산화시켜 불활성을 초래하거나, 10~100uM 이상의 농도일 경우 세포에 직접적인 손상을 유도할 수 있다. 전이금속(Fe^{2+} 또는 Cu^{2+})이 존재할 때는 펜톤반응에 의하여 반응성이 매우 큰 $^{\bullet}OH$로 환원될 수 있다. 그리고 이러한 세포수준의 독성이외에 신호전달경로에도 관계함으로써 H_2O_2 분석에 대한 중요성이 더욱 커지고 있다.

- 일중항 산소(singlet oxygen)

생물 시스템에서 $^{1}O_2$는 광민감화반응(photosensitization)에 의해 생성될 수 있는데, 측정이 매우 어렵다. $^{1}O_2$는 $10^{-5} \sim 10^{-6}$초의 반감기를 가지고 주요 ROS 중에서 $^{\bullet}OH$보다는 반응성이 약하지만 $O_2^{\bullet -}$와 H_2O_2보다는 반응성이 큰 것으로 알려져 있다

산소 화합물

·O-O·	삼중항 산소(triplet oxygen)
O-O :	일중항 산소(singlet oxygen)
·O-O :	수퍼옥사이드(superoxide)
H : O-O : H	과산화수소(hydrogen peroxide)
H : O·	수산화 라디칼(hydroxyl radical)
H : O :	수산화 이온(hydroxyl ion)
H : O : H	물(water)

〈그림 2.6〉 다양한 산소 화합물의 구조

그러면 정상의 산소분자($^{3}O_2$, 삼중항 산소)가 산소 자유기(oxygen free radical)로 전환되는데 어떤 특성을 가지는지 알아보자. 산소는 원래 쌍을 이루고 있지 않는 전자를 두 개나 가지고(이 때문에 산소를 'a double-radical'이라고도 부른다) 있지만 다른 free radical과는 달리 반응성은 아주 낮다. pi(π)-결합은 p-오비탈의 중첩으로 형성된다. 그러나 삼중항산소의 경우 하나의 전자를 가지는 두 개의 p-오비탈로부터 두 개의 pi(π)-결합이 형성된다. 두 개의 전자는 세 개의 조합이 가능하다; (둘 다 모두 up-spin, 둘 다 모두 down-spin, 하나는 up-spin, 다른 하나는 down-spin). 이러한 구조는 삼중항 산소를 안정화시킨다. 그런데 에너지의 부가(22.5 kcal/mole)로 인해 두 개의 전자가 하나의 p-오비탈로, 그리고 반대의 스핀을 가진 채 옮겨올 수 있게 되는데 이런 상태는 더 활성화된 상태를 이룬다. 이 상태를 일중항 산소(singlet oxygen, $^{1}O_2$)라 부른다. 일중항 산소는 자유기(free radical)는 아니지만 전자가 홍분상태에 있어 다른 자유기처럼 DNA와 단백질의 손상반응을 일으킬 수 있다. 자외선 조사로부터 생성된 일중항 산소($^{1}O_2$)는 피부에 '광노화'를 일으키는 주범으로 생각되고 있다. 다른 한편으로 정상 산소분자에 하나의 전자가 전달되어 하나의 p-오비탈을 채우게 되면 반응성이 높은 자유기인 수퍼옥사이드(superoxide, $O_2^{\bullet -}$)를 형성하게 된다. 전자전달계에서 이탈한 전자가 산소에 전달됨으로써 과량의 수퍼옥사이드가 미토콘드리아에서 생성된다. 모든 분자의 라디칼(자유기)이 생성될 수 있지만, 특히 산소의 라디칼이 중요한 것은 호기성 생명체에서 산소의 이용이 필수불가결하며 세포내 전자전달계로부터 이탈된 전자가 산소에 전달되어 생명이 있는 한 지속적으로 산소라디칼이 부산물로서 생성되기 때문이다.

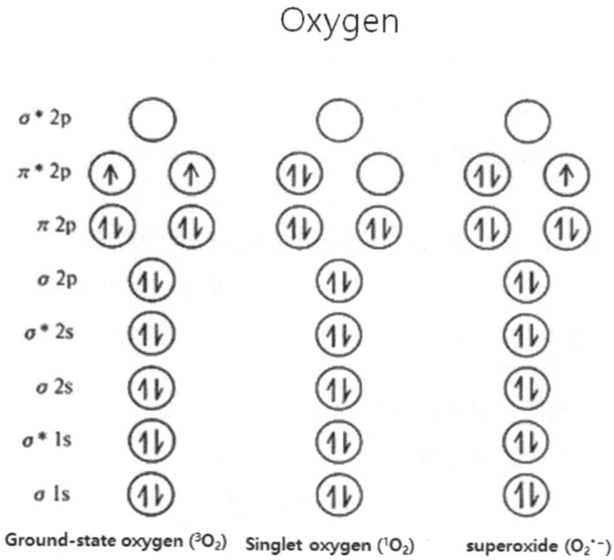

〈그림 2.7〉
정상산소인 삼중항 산소(triplet oxygen, $^3O_2$), 일중항 산소(singlet oxygen, $^1O_2$), 수퍼옥사이드의 전자 배치 모식도.

2.2 활성산소종의 생성기전

체내에서 활성산소종이 만들어지는 기전에는 여러 가지가 있는데 크게 3가지로 나눌 수 있다. 첫 번째는 생리학적 원인, 두 번째는 물리학적 원인, 세 번째는 정신적 원인을 들 수 있다. 그 중 물리학적인 생성이란 자외선(UV)이나 방사선(ionizing radiation)에 노출되었을 때 활성산소종이 발생될 수 있으며, 정신적인 생성원인은 스트레스에 의해서도 활성산소종이 발생할 수 있다. 생리학적인 생성원인으로 활성산소종은 체내 각종 세포들의 여러 대사(metabolism)과정에서 끊임없이 생성되고 있다. 그 예로서 미토콘드리아(mitochondria)의 전자전달계(electron transport system), 퍼옥시좀(peroxisome)의 지방산 대사과정, 시토크롬 P450 반응 그리고 포식세포(phagocytic cell)들에 의한 '호흡폭발(respiratory burst) 또는 산화적 폭발(oxidative burst)' 과정 등을 들 수 있다.

▌미토콘드리아와 활성산소종

세포내의 소기관인 미토콘드리아(mitochondria)는 기능적으로는 세포가 요구하는 에너지의 대부분을 생산하는 주요기관이다. 대부분의 동물 세포는 그 종류에 따라서 수백~수천 개의 미토콘드리아를 하나의 세포에 포함하고 있다. 더욱이 다른 소기관들과는 달리 자신의 미토콘드리아 DNA를 포함하고 있어, 전자전달계 복합체의 일부 단백질들의 합성에 관여하고 있다(나머지는 핵 DNA에 의해 합성된다). 그러므로 미토콘드리아에서의 에너지 생성에 필요한 효소합성 및 조절을 위해 핵, 세포질의 미토콘드리아 사이의 긴밀한 조절이 요구되고 있음을 알 수 있다.

암, 노화를 비롯한 퇴행성 질환에 있어서의 미토콘드리아 기능의 손상에 대해서는 40여 년 전부터 많은 연구들이 진행되어오고 있다. 그 중 현재까지 밝혀진 미토콘드리아의 생물학적인 작용 기전으로는 크게 다음과 같은 세 가지 기능으로 요약할 수 있다.

① 세포가 사용할 에너지를 생산(ATP 생성)한다.
② 부산물로 활성산소가 만들어진다.
③ cytochrome *c* 방출과 세포사멸(apoptosis)과 관계있다.

미토콘드리아 전자전달계에서는 NADH나 숙신산(succinate)으로부터 받은 전자가 각 전자전달 복합체를 따라 단계별로 전달되어 결국 O_2를 환원시켜 물(H_2O)이 생성된다. 그러나 높은 에너지를 갖는 전자가 각 단계마다 다음 단계로 완벽하게 전달되지 못하고 유출되는 일이 빈번하게 일어나는데, 이 때 유출된 전자는 주변에 존재하는 산소와 쉽게 결합하여 $O_2^{\bullet-}$(수퍼옥사이드)를 형성할 수 있는 것이다.

미토콘드리아는 두 개의 막으로 둘러싸여 있다. 미토콘드리아 외막(mitochondria outer membrane)은 포린(또는 VDAC라고 불리는 채널)을 가지고 있어 10kDa보다 작은 물질들은 자유롭게 통과가 가능하다. 미토콘드리아 내막(mitochondria inner membrane)은 양성자(proton, H^+ ion)를 통과시키지 않는 불투과성 성질을 가진다. 따라서 미토콘드리아 외막과 내막 사이에 양성자가 축적되어 양성자 농도구배(proton gradient)를 형성하며 이것은 ATP 합성효소(ATP synthase)를 이용하여 ATP를 생성하는데 사용된다. 미토콘드리아 내막은 여러 수송채널을 포함하며 이 가운데는 인산운반체(phosphate carrier)와 adenine nucleotide transporter(ANT)가 있다. ANT는 미토콘드리아 기질(matrix)로 ADP를 수송하는 역할을 한다. 미토콘드리아 내막에는 전자전달계에 관여하는 복합체 I, 복합체 II, 복합체 III, 복합체 IV 등, 4종류의 단백질 복합체(protein complexes)를 지닌다. 복합체 I과 복합체 II는 복합체 III에 독립적으로 전자를 전달한다. 그리고 복합체 III는 복합체 IV로 다시 전자를 전달한다. 복합체 I에서 복합체 III로, 또 복합체 II에서 복합체 III로 전자의 전달은 용해성 운반자(soluble carrier)인 Coenzyme Q(CoQ)가 담당한다. 복합체 III에서 복합체 IV로 전자의 전달은 용해성 운반자인 시토크롬 *c*(cytochrome *c*)가 담당한다. 복합체 IV는 cytochrome C oxidase라 불리는데, 전자를 산소에 전달하여 물을 생성한다. 호흡사슬에서 산화반응에 의하여 방출되는 에너지는 미토콘드리아 외막과 내막 사이로 양성자(proton)를 품어내는데 사용된다. 미토콘드리아 내막은 양성자에 대하여 불투과성이며, 복합체 I, III, IV는 전자전달 과정 가운데 양성자를 내막 밖으로 이동시킴으로써 양성자 구배(proton gradient)를 형성한다. 미토콘드리아 내막을 사이에 두고 형성된 **양성자 동력**(proton motive force, PMF)은 복합체 V(F_0F_1-ATP synthase)를 통해 양성자가 미토콘드리아 내막과 외막 사이로부터 미토콘드리아 기질로 들어오면서 ADP와 Pi를 중합시켜 ATP를 생산하게 된다. 이와 같은 반응은 산화반응과 인산화반응이 함께 이루어지기 때문에 **산화적 인산화반응**(oxidative phosphorylation)이라 부른다. 산화적 인산화에 사용되는 산소의 1～2%는 전자전달계로부터 이탈하여 산소에 전자를 전달함으로써 수퍼옥사이드를 생산하고 이렇게 생성된 수퍼옥사이드는 미토콘드리아 내막을 손상시키는 악순환을 반복한다. 특히 복합체 I과 복합체 III으로부터 수퍼옥사이드 생성이 두드러지고, 이러한 수퍼옥사이드는 미토콘드리아 내막의 지질과산화, 미토콘드리아 DNA, 핵 DNA 등에 손상을 준다.

미토콘드리아의 전자전달계 복합체

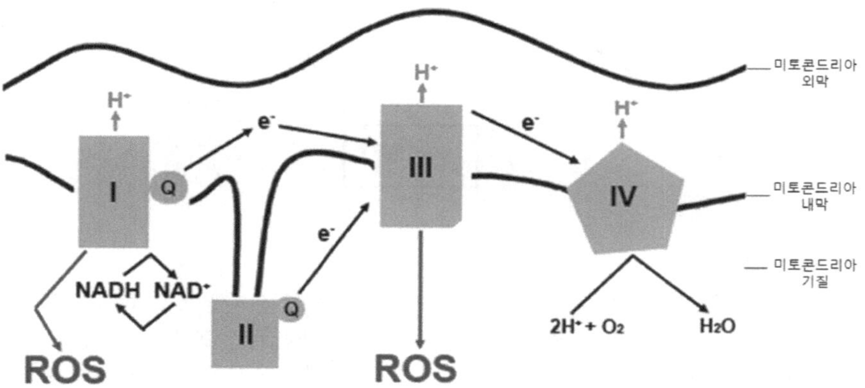

〈그림 2.8〉

미토콘드리아 전자전달계의 구성. 복합체 I, II, III, IV로 구성되며 미토콘드리아 내막에 위치한다.

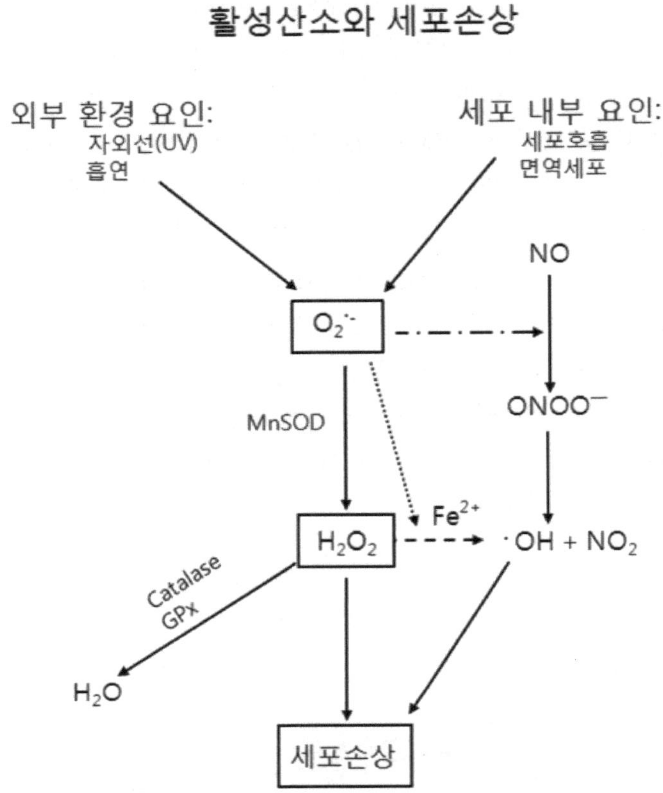

〈그림 2.9〉 세포호흡

면역세포의 'oxidative burst', 자외선, 흡연 등은 수퍼옥사이드를 생성할 수 있다. 이것은 SOD에 의하여 H_2O_2로 전환되며, H_2O_2는 세포내에 존재하는 항산화 시스템인 카탈라제(catalase)와 GPx(글루타치온 퍼옥시다제)에 의하여 H_2O로 전환될 수 있다. 수퍼옥사이드가 가지는 전자를 산화질소($NO^{\bullet}$)에 전달하면 활성산소의 일종인 peroxynitrite($O{=}NOO^-$)가 만들어진다. 산화질소($NO^{\bullet}$)는 자유기이며 짝이 없는 전자를 한 개 가지고 있다. H_2O_2는 Fe^{2+}가 있는 상태에서 펜톤반응(Fenton reaction)에 의하여 수산화라디칼($^{\bullet}OH$)을 형성할 수 있다. H_2O_2와 수산화라디칼($^{\bullet}OH$)은 강력한 활성산소종(ROS)으로서 세포에 손상을 입힌다.

활성산소종(ROS)과 연관된 주요반응

$$2\,{}^{\bullet}O_2^- + 2H^+ \longrightarrow H_2O_2 + O_2 \qquad \text{(SOD 반응)}$$

$${}^{\bullet}O_2^- + Fe^{3+} \longrightarrow Fe^{2+} + O_2 \qquad \text{(펜톤 반응)}$$

$$Fe^{2+} + H_2O_2 \longrightarrow Fe^{3+} + {}^{\bullet}OH + OH^- \qquad \text{(펜톤 반응)}$$

$$2H_2O_2 \longrightarrow 2H_2O + O_2 \qquad \text{(CAT, GPX 반응)}$$

$$H_2O_2 + {}^{\bullet}O_2^- \xrightarrow{Fe^{2+}} O_2 + {}^{\bullet}OH + OH^- \qquad \text{(Haber-Weiss 반응)}$$

〈그림 2.10〉 활성산소종과 연관된 주요반응

▌활성산소종을 생성하는 세포반응

NADPH oxidase는 전자를 NADPH로부터 막을 가로질러 O_2에 전달하여 수퍼옥사이드를 생성할 수 있다.

$$NADPH + 2O_2 \leftrightarrow NADP^+ + 2O_2^{\bullet -} + H^+$$

고혈당환경에서 리포옥시게나제(Lipooxigenase)는 아라키돈산과 리놀레익산의 산화를 촉진하고 산화된 물질은 자유기 생성을 촉진한다. 젠틴산화효소(xanthine oxidase, XO)는 하이포젠틴(hypoxanthin)과 젠틴(xanthine)에서 전자를 NAD^+(nicontineamide adenine dinucleotide)에 운반하는 효소로서 휴식 시 조직에 미량존재 하지만, 격렬한 운동으로 인하여 젠틴산화효소 촉매(xanthine oxidase catalyzed) 반응이 활성화되어 자유기 생성이 증가되는 것으로 알려져 있다. eNOS(endothelial NO synthase)도 활성산소종(ROS) 생성을 촉진한다.

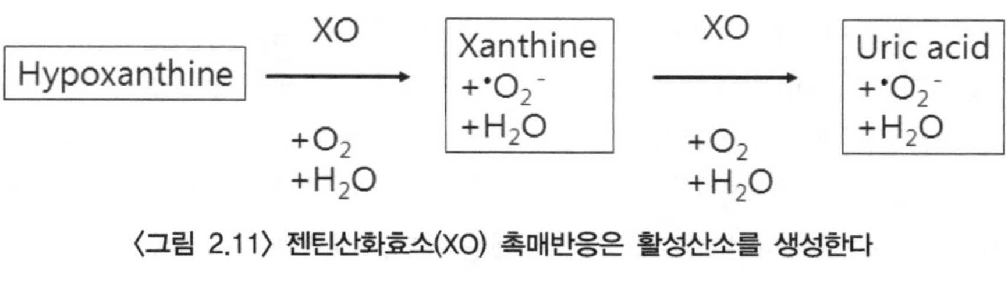

〈그림 2.11〉 젠틴산화효소(XO) 촉매반응은 활성산소를 생성한다

세포 반응과 활성산소종

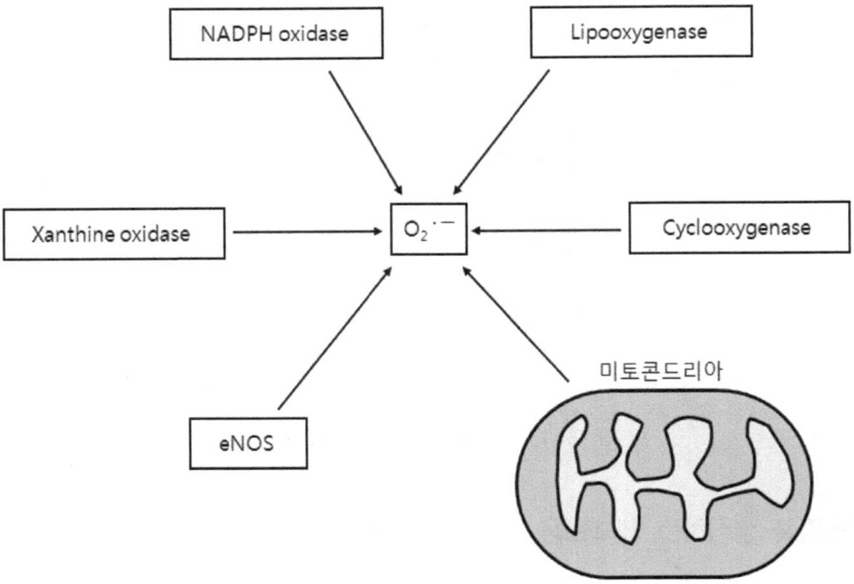

〈그림 2.12〉 생체 내에는 다양한 ROS 생성반응이 있다

또한 퍼옥시좀(peroxisome)의 지방산 대사과정에서도 활성산소가 생성된다. 그러나 퍼옥시좀에는 고농도의 카탈라제가 존재하므로 퍼옥시좀에서 생성된 H_2O_2가 유리되는지 또는 세포질의 산화스트레스(oxidative stress)에 얼마만큼 의미있게 기여하는지는 확실하지 않다. 그러나 일부 돌연변이성 발암물질들은 퍼옥시좀의 숫자를 증가시키는데, 이들은 간암을 유발시키며 산화스트레스에 의한 손상을 증가시킨다. 뿐만 아니라, 미크로솜(microsome)에 존재하는 시토크롬 P450 관련 효소들은 외인성 물질들을 대사하는 과정에서 직접 산소를 $O_2^{\bullet-}$로 전환시키거나 또는 시토크롬 P450로부터 전자를 산화환원순환(redox cycling)에 관여하는 분자를 거쳐서 산소에 전달한다. 이 경우 $O_2^{\bullet-}$ 생성과 함께 전자전달체가 동시에 재생되므로 지속적인 $O_2^{\bullet-}$ 생성이 이루어질 수 있다. 비록 정상상태에서 시토크롬 P450에 의한 반응이 어느 정도 일어나는지는 확실치 않지만, 이러한 만성적인 P450에 의한 $O_2^{\bullet-}$ 생성은 갑자기 높은 농도로 독소(toxin)가 주어졌을 때 해독작용을 담당하는 능력에 영향을 줄 수 있을 것이다.

마지막으로 대식세포(macrophage)등에 의하여 활성산소가 생성된다. 호중구(neutrophil)나 대식세포와 같은 식세포는 활성산소종을 생성함으로써 몸속에 침입해온 병원체나 이물질 제거를 위한 방어기전으로 이용한다. 이외에도 여러 효소들에 의하여 활성산소들이 생성될 수 있으며 이는 종종 조직에 따라 다르다. 그 한 예를 들면, 일부 뉴런(neuron)에서 모노아민산화

효소(monoamine oxidase, MAO)에 의하여 도파민이 탈아미노화될 때 H_2O_2가 생성되며 이는 파킨슨질환의 원인이 되기도 한다.

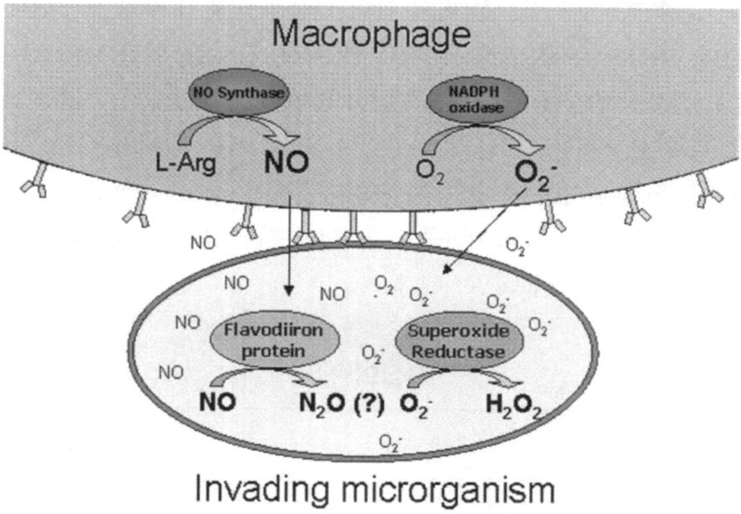

〈그림 2.13〉

대식세포(macrophage)가 포식작용(phagocyte)을 한 후 '호흡폭발(respiratory burst)'이라는 작용을 증가시키는데 이때 산소 사용이 증가되면서 ROS와 RNS의 생성이 증가한다. 이 때 생성된 ROS(활성산소종)와 RNS(활성질소종)는 항미생물(antimicrobial) 작용에 이용된다.

▌자외선과 활성산소종

자외선은 그 파장에 따라 UVA, UVB, UVC로 나누는데, UVB는 홍반반응, 색소반응, 피부노화, 피부암 등의 다양한 피부반응을 일으킨다. 기존 보고에 따르면 자외선은 피부세포에 손상을 입히거나, 다양한 경로를 통하여 활성산소종(ROS)의 생성을 유도하는 것으로 알려진다. ROS의 과도한 생성은 직접적인 DNA 손상과 세포의 손상 및 사멸을 유발하게 된다. 또한 ROS는 여러 신호전달기작의 활성화를 통하여 염증을 촉진시키는 사이토카인의 분비를 촉진하여 염증을 유도한다.

2.3 활성산소종과 세포손상

생성된 활성산소종(ROS)은 언급 한 바와 같이 반응성이 높기 때문에 주변의 어떤 물질들과도 쉽게 반응한다. 따라서 주된 생체 구성성분인 지질, 단백질, 핵산 등에 쉽게 활성산소종이 작용하며, 이들의 산화적 손상에 관하여는 수없이 많이 보고되고 있다. 지질의 산화는 활성산소에 의한 손상으로서 오랫동안 잘 알려져 있으며, 지방 썩는 냄새가 나는 것이 지질 과산화반응(lipid peroxidation)에 의한 것이다. 지질의 과수산기(hydroperoxyl radical, $HO_2^{\bullet}$)는 이웃한 불포화지질(unsaturated lipids)의 이중 결합쇄로부터 수소원자를 하나 빼앗아 과산화수소(H_2O_2)와 알킬라디칼(alkyl radical)로 된다.

지질의 산화

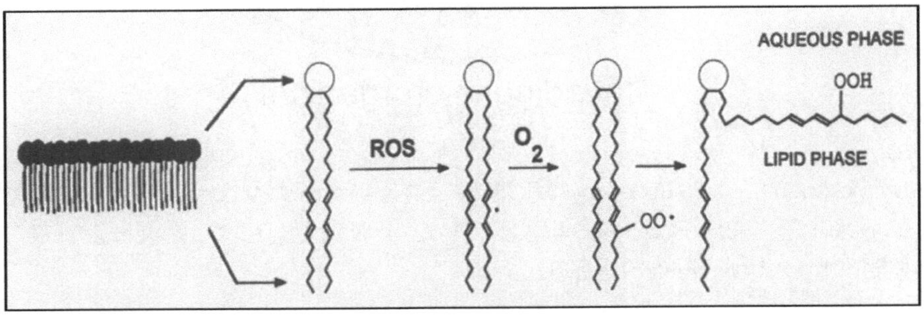

〈그림 2.14〉 ROS는 지질을 산화시킴으로써 막 구조의 변형을 초래한다.

활성산소종이 지질과 반응하면 과산화지질을 만들게 되는데 이렇게 만들어진 과산화지질은 체외로 잘 배출도 되지않고 장기간 세포나 장기의 기능에 영향을 미치게 된다. 그 예로써 과산화지질은 '리포퓨신'이라는 노랑 또는 갈색의 색소입자를 형성하기도 하는데 이것은 심장근육(heart muscle)이나 간(liver), 신경세포(nerve cells) 등에서 축적이 일어나기도 한다. 심장근육세포(heart muscle cell)에 축적된 리포퓨신의 양을 비교할 경우, 젊은이의 경우 약 1% 정도에 지나지 않았으나 노인의 경우는 5% 이상으로 증가한 것으로 관찰되었다.

심장근육에 축적된 리포퓨신

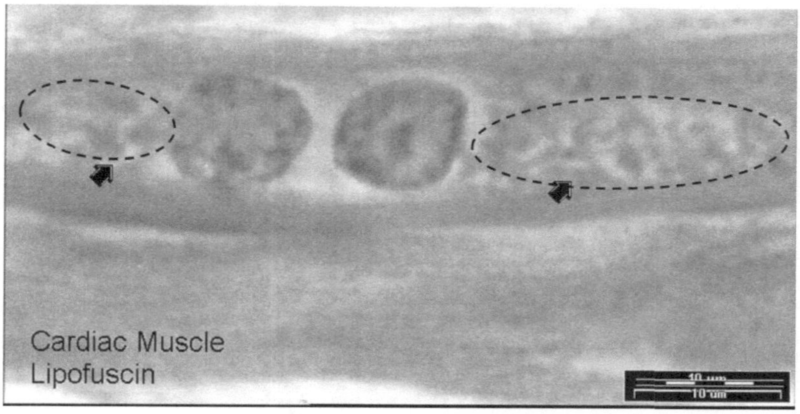

〈그림 2.15〉 심장근육에 지질과산화로 인하여 축적된 리포퓨신색소.

그리고 알킬라디칼은 산소와 결합하면 새로이 과수산기(hydroperoxyl radical, $HO_2^{\bullet}$)로 되고 이는 연쇄적 산화반응을 유도할 수 있다. 이때 불포화된 알데히드를 비롯한 여러 가지 부산물들이 만들어지고 이들은 활성을 가지며 돌연변이원으로 작용하거나 효소들의 활성을 억제할 수 있고 또는 단백질이나 핵산과 작용하여 교차결합(cross-linkage)을 생성하기도 한다. 더욱이 지질과산화에 의하여 세포막(cell membrane)의 유동성(flexibility)이 감소되고 막단백질의 손상이 초래되기도 한다. 지질과산화 지표(marker)로는 4-히드록시-노네날(4-Hydroxy-Nonenal, HNE)이나 말론디알데히드(Malondialdehyde, MDA)가 주로 이용된다.

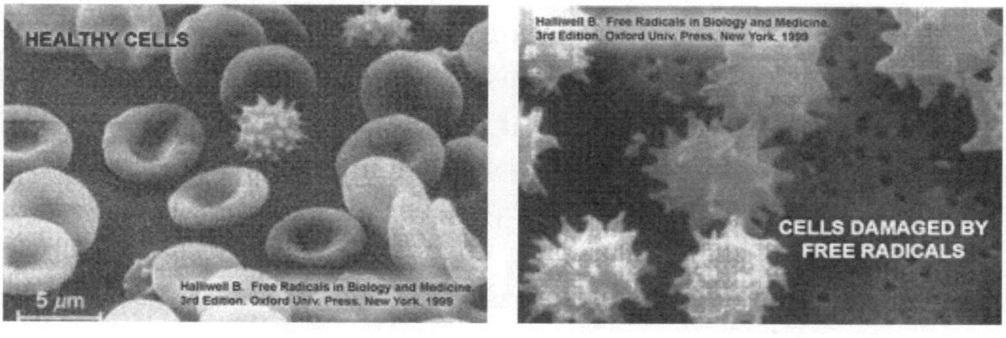

건강한 세포(왼쪽)와 활성산소에 의해 손상된 세포(오른쪽). (참고문헌: Halliwell B.)

〈그림 2.16〉 활성산소는 건강한 세포(왼쪽)를 손상된 세포(오른쪽)로 만들 수 있다

또한 활성산소종은 여러 단백질의 산화를 초래하여 단백질 기능의 저하나 기능 상실을 초래한다. 단백질에 대한 산화적 손상은 수용체, 효소, 항체, 운송단백질, 신호전달경로 등에 영향을 미칠 수 있다.

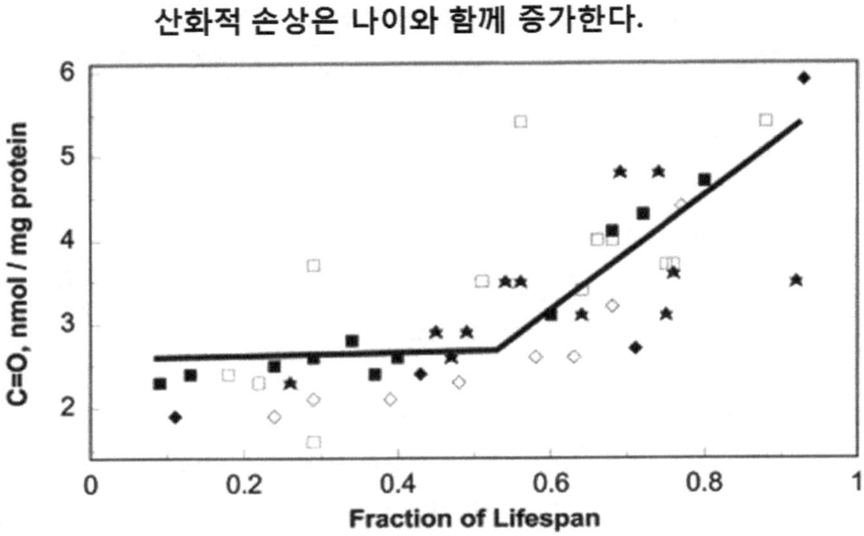

인간, 고양이, 초파리에서 채취한 단백질의 산화 (카보닐화) 정도. 전체 수명의 후반부(인간의 경우 40대 이후)에 단백질의 카보닐화가 급상승하였다.
■ human dermal fibroblast; □ human brain; ★ human lens; ◆ rat liver; ◇ fly (자료 출처; Levine and Stadtman 2001)

〈그림 2.17〉 단백질의 산화(카보닐화)가 노화하면서 증가한다

DNA가 산화적 손상을 받으면 8-hydroxy-deoxyguanosine(8-OHdG) 등을 비롯한 여러 가지 DNA 부가물(DNA adduct)들이 생성되거나, DNA의 외가닥절단(strand break)을 일으키거나, 단백질 등의 다른 분자들과 교차결합이 일어날 수 있다. 이러한 반응들은 유전자 돌연변이나 정상적인 유전자발현에 있어서의 변화를 초래한다. 한편, 단백질이 산화적 손상을 받게 되면 단백질 분자내의 티올(-SH)기의 산화 또는 디설파이드(disulfide)의 환원, 아미노산 잔기의 산화적 변형, 알데히드와의 반응, 단백질간의 교차결합 그리고 펩티드의 손상 등이 일어날 수 있다. 활성부위에 철(Fe)과 같은 금속을 함유한 효소들은 $O_2^{\bullet-}$에 의하여 특히 쉽게 손상된다. 또한 각 단백질들은 산화적 손상에 대한 민감도에 차이가 있는데 이는 노화현상중 하나인 항상성을 잃어버릴 가능성을 제시하는 것이다. 이상과 같은 활성산소종에 의한 세포 구성성분들의 손상은 금속이온(metal ion) 존재할 때나 높은 산소분압 하에서 증가될 수 있다. 예를 들어 Fe^{2+}와 Cu^{2+}와 같은 금속 이온(metal ion)들은 펜톤(Fenton)반응을 거치면서 많은 활성산

소종을 생성할 가능성이 있다. 또한 사람은 노화될수록 체내 철분 함량이 증가되는데 이는 나이가 많을수록 산화적 손상을 받을 위험도가 증가하는 것과 연관될 수 있다. 현대인의 질병 중 대다수가 활성산소가 직 · 간접으로 관여하고 있다고 알려져 있으며, 구체적으로 그러한 질병에는 암(cancer), 동맥경화증(atherosclerosis), 당뇨병(diabetes), 뇌졸중, 심근경색증, 간염, 신장염, 아토피, 파킨슨병 등 다양한 질병을 포함한다.

활성산소종과 DNA 손상

세포의 단백질, 지질, 핵산의 손상 가운데 핵산(DNA)의 손상은 중대한 결과를 초래한다. 생체내 세포에서 만들어진 라디칼이 핵의 DNA 손상을 유도하는 과정에서 다음과 같은 세 가지 형태의 방어기구를 더 생각해 볼 수 있다. 즉 DNA는 핵막으로 둘러싸여 있으므로 미토콘드리아나 퍼옥시좀(peroxisome) 등 라디칼의 주 발생원으로부터 핵막에 의하여 분리되어 있고, DNA와 결합하고 있는 히스톤(histones) 단백질에 의한 라디칼 방어를 생각해 볼 수 있으며, 또 이러한 방어기제에도 불구하고 손상이 일어나더라도 DNA 수선효소(DNA repair enzyme)의 활성에 의해 원래의 형태로 복구가 가능하다. 노화, 암, 라디칼에 의한 DNA 손상의 상관관계는 이러한 여러 단계의 방어기제가 존재함에도 불구하고 이 방어체계가 완벽하지 않거나 또는 나이가 듦에 따라 방어기제의 효율성이 점차 감소함으로써 손상물의 누적이 일어나 노화나 암의 유도가 발생한다.

라디칼에 의한 DNA 손상은 *in vitro* 조건에서 전리 방사선(ionizing radiation)이나 산화촉진제(prooxidants) 처리에 의한 실험결과로 추정되어 왔다. DNA를 H_2O_2로 처리하여도 라디칼에 의한 DNA 손상의 생화학적 표지로 이용되는 가닥절단(strand break)이 발견되지 않았고 $O_2^{\bullet-}$ 단독으로는 역시 DNA 가닥절단을 유도하지 못했다. 이 두 활성산소종(H_2O_2, $O_2^{\bullet-}$)을 동시에 처리하면 가닥절단이 발생하여 $^{\bullet}OH$(hydroxy radical)가 이러한 가닥절단의 최종 공격물임을 알았다. $^{\bullet}OH$는 H_2O_2나 $O_2^{\bullet-}$ 에 비하여 그 반응성이 매우 크므로 실제 DNA 손상은 이 라디칼에 의해 주로 발생함을 짐작할 수 있다.

활성산소종과 DNA 손상

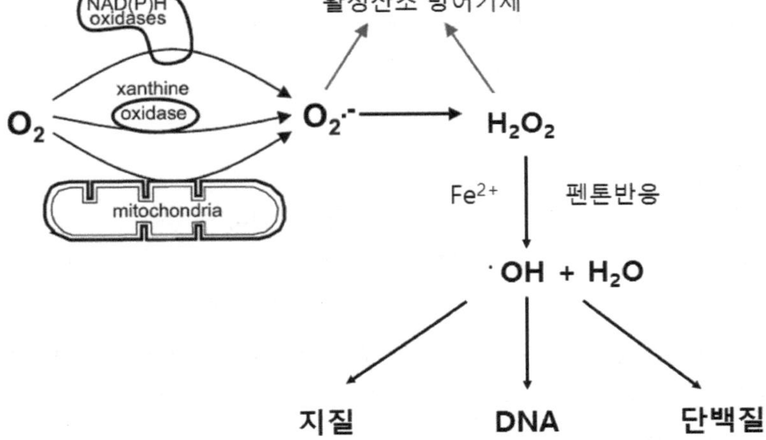

〈그림 2.18〉
다양한 대사에 의하여 발생한 활성산소는 항산화방어기제에 의하여 제거되지 않으면 지질, DNA, 단백질 등에 손상을 입힐 수 있다

•OH가 DNA에 어떠한 손상을 주는지에 대해서 여러 결과들이 보고되어 있으나 크게 데옥시리보스(deoxyribose)의 손상이 유도됨으로서 궁극적으로 DNA 골격이 붕괴되거나 퓨린 및 피리미딘 염기들의 화학적 변환 등이 확인되었다. 8-Hydroxyadenine, 8-Hydroxyguanine과 이 손상물의 환(ring)이 열린 4, 6-diamino-5-formamidopyrimidine, 2, 6-diamino-4-hydroxy-5-formamidopyrimidine 등을 비롯한 약 20여 종류 정도의 염기 손상물들이 DNA의 방사선 조사(ionizing irradiation) 결과로 확인이 되었다. 노화된 세포에서 증가된 DNA 손상은 결국 유전자의 기능저하, 기능이상(dysfunction), 돌연변이(mutation)에 의한 단백질의 변형, 단백질 발현이상, 효소기능이상, 대사 기능 및 조절기능에서의 이상 등으로 나타나서 결국 세포기능의 소실 및 이상, 조직기능의 소실 및 이상, 노화, 암 세포화 등을 초래한다. 결국 노화된 세포에서 유전자 손상이 증가되어 기관과 조직의 기능이 점차 감소되어 노화의 현상이 인체에 나타나고, 노화된 세포에서는 암발생 확률도 높아진다.

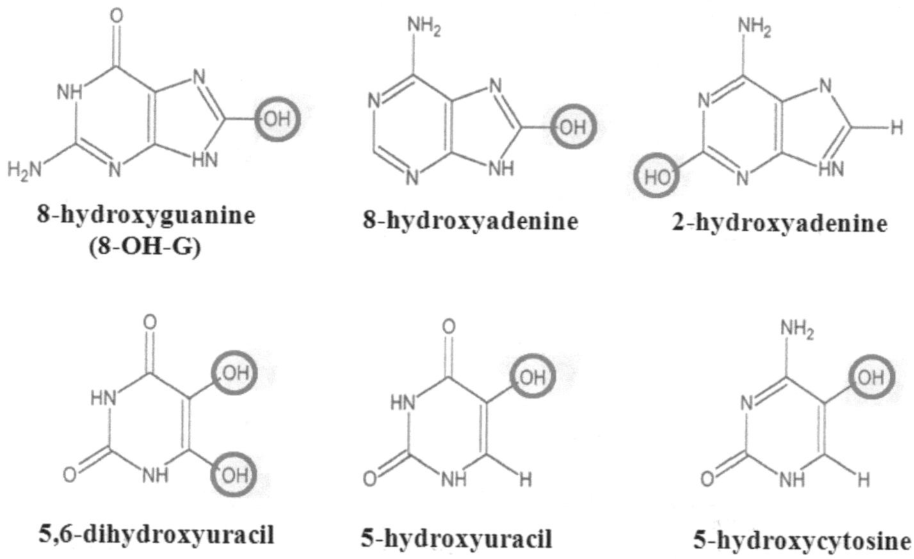

〈그림 2.19〉 ROS에 의해 산화가 일어난 핵산 성분들.

DNA 수선기작

사람의 각 세포는 유전자에 매일 약 50만 번의 손상이 일어나는데, 대부분의 손상은 세포가 가지고 있는 다양한 유전자 손상복구 시스템(DNA repair system)에 의해 수선된다. DNA 손상이 일어나는 양과 DNA 수선(repair)이 일어나는 속도가 균형이 유지될 때 세포는 건강한 상태를 유지하고, DNA 손상 속도가 DNA 수선 속도보다 더 빠를 때 손상의 축적으로 인하여 세포는 결국 노화나 암으로 진행하게 된다. 포유동물의 DNA 수선(repair) 기작의 종류에는 DNA 염기의 치환, 염기의 소실 등이 일어난 경우에 염기를 바꾸어주는 **염기절제수선**(base excision repair, BER), 자외선에 의해 생성된 T-T dimer(이량체) 등을 주로 치환해주는 **뉴클레오티드절제수선**(nucleotide excision repair, NER), DNA의 절단 (strand break)을 고쳐주는 **이중가닥절단수선**(double strand break repair, DSBR)이 있으며, DNA 이중가닥에 불일치(mismatch)가 있을 때 고쳐주는 **불일치수선**(mismatch repair, MMR), DNA 복제가 일어날 때 가닥 교환(strand exchange)에 의해 잘못된 부분을 수정하는 **재조합수선**(recombinational repair, RR), DNA 중합효소가 복제할 때 인식되지 못하는 뉴클레오티드가 존재할 때 일단 임의로 뉴클레오티드를 집어넣은 후에 지나가는 TR(translesion repair) 등이 존재한다.

자유기(Free radical)에 의한 DNA 염기변형에는 여러 종류가 있지만 구아닌(guanine) 염기의 8번 위치에 수산화반응(hydroxylation)으로 생산되는 8-hydroxy-deoxyguanosine (8-OHdG)이 가장 많이 연구가 되었다. 그 이유는 8-OHdG는 자유기에 의하여 가장 많이 생성되는 변형염기이고 아데닌(A)과 미스매치(mismatch)하여 결국 GC→TA 돌연변이를 초래하고 이로 인하여 발암을 유도하기 때문이다. 또한 8-OH-dG는 비교적 정량이 간편하여 산화스트레스(oxidative stress, OS)의 지표(marker)로서 많이 사용되어 왔다.

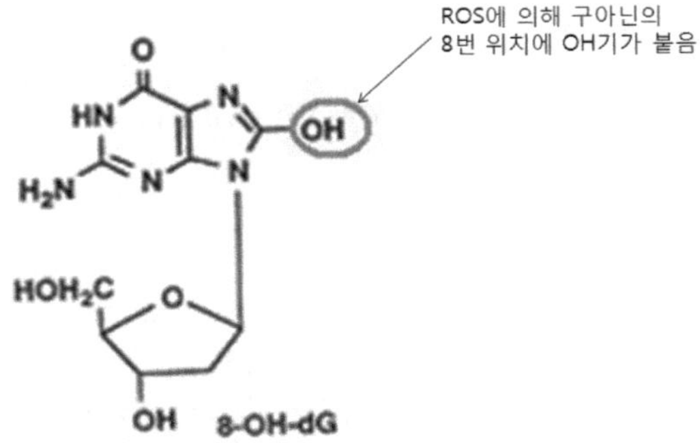

〈그림 2.20〉 8-히드록시-데옥시구아닌의 구조(8-OHdG)

이런 의미에서 볼 때 DNA에 존재하는 8-OHdG에 대한 연구들은 DNA에 존재하는 8-OHdG의 발암가능성 여부와 산화스트레스의 마커로써의 유용성에 대한 것으로 대변할 수 있다. 결론적으로 DNA내의 8-OHdG는 돌연변이/발암작용을 가지고 있어 자유기에 의한 발암매개요인으로 작용하고, 동시에 그 함량은 산화스트레스 정도를 알리는 유용한 지표(marker)가 될 수 있다는 것이다.

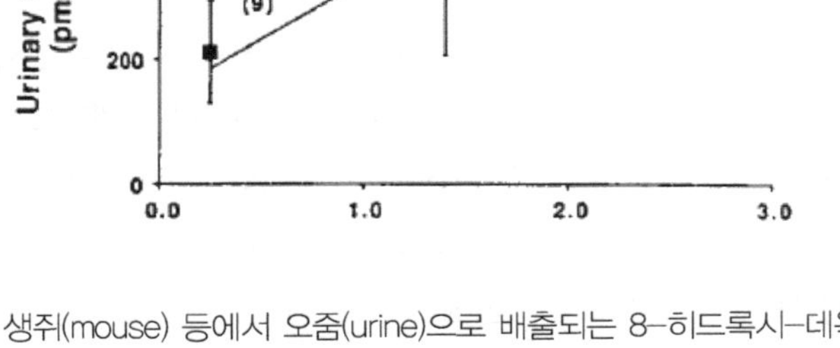

〈그림 2.21〉

사람(human), 랫드(rat), 생쥐(mouse) 등에서 오줌(urine)으로 배출되는 8-히드록시-데옥시구아닌(8-OHdG) 양의 비교. 사람에서 단위양당 8-OHdG의 배출이 가장 작았는데 이것은 생체내 DNA 수선 기작의 효율성이 랫드(Rat)와 생쥐(Mouse)보다 효율적임을 반영하는 것이다.

1974년 Hart 등은 수명이 긴 동물의 섬유아세포(fibroblast)는 수명이 짧은 동물의 섬유아세포보다 자외선에 의한 DNA 손상을 더 빨리 회복한다고 보고하였다. 자외선 조사(UV irradiation)는 대부분 T-T 이량체(dimer) 등의 교차결합(cross-linking)을 수반하는 손상을 유발하는데 이러한 손상은 우리 몸에서는 주로 뉴클레오티드절제수선(NER, nucleotide excision repair)에 의해 고쳐진다. NER은 수명이 긴 동물의 섬유아세포에서 더 효율적으로 일어난다는 것이 밝혀졌다. 그 이후에 생쥐(mouse), 랫드(rat), 개(dog), 사람(human)의 섬유아세포를 사용하여 수명이 긴 동물의 섬유아세포가 NER 뿐 아니라 BER (base excision repair), DSBR (double strand break repair) 등의 DNA 수선도 더 효율적으로 일어난다는 사실도 밝혀졌다. 즉 수명이 긴 동물은 미토콘드리아에서 만들어내는 ROS에 의해 일생동안 지속적으로 발생하는 DNA 손상을 더 효율적으로 복구함으로써 노화의 진행 속도를 늦추고 암의 발생률도 낮추어 결과적으로 수명이 길게 나타나는 것으로 생각할 수 있다.

2.4 활성산소종과 세포신호전달

세포내에 활성산소종이 쌓이면 다양한 신호전달과정의 조절을 통하여 세포의 기능에 영향을 줄 수 있다. 예를 들면, 자유기(free radical)는 세포내 칼슘이온(Ca^{2+})양을 조절하고, 인슐린수용체 인산화효소(insulin receptor kinase), Src 단백질인산화효소(Src protein kinase), 티로신인산화효소(tyrosine kinase) 등의 활성 조절을 통하여 티로신 인산화, PKC(protein kinase C) 그리고 PLA2의 활성 유도 등 세포내에서 역동적으로 신호전달계에 영향을 줄 수 있는 것으로 알려져 있다. 더욱이, 자유기(free radical)는 c-fos와 c-jun과 같은 AP-1 전사인자(transcription factor)의 발현을 증가시키며, NF-κB 전사인자 활성을 유도할 수 있다. 구체적인 예로서는, 최근 PDGF receptor가 활성화되거나 자외선 조사(UV-irradiation)가 일어날 때 H_2O_2나 수퍼옥사이드(superoxide, $O_2^{\bullet -}$)가 발생되며, 이들이 2차 메신저(secondary messenger)로 작용하여 단백질인산화효소나 탈인산효소(phosphatase) 같은 산화환원-민감 효소(redox-sensitive enzyme)들의 활성을 조절할 가능성이 제기되었다.

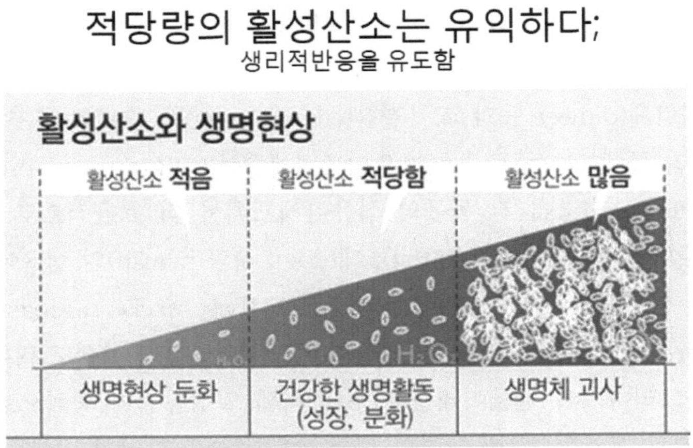

〈그림 2.22〉

활성산소는 무조건 나쁜 것이 아니며 적당량의 활성산소는 생명활동에 유익하다. 활성산소가 너무 적으면 세포 증식이 둔화될 수 있고 너무 많은 경우는 세포노화나 세포사멸을 일으킬 수 있다.

또한, 특정 탈인산화 효소(phosphatase)의 경우 그 활성부위에 있는 thiol기(-SH)로 인해 산화에 매우 민감하다는 것이 밝혀지면서 이들을 조절함으로써 활성산소종에 의한 신호전달기작(signal transduction)이 유발될 수 있는 모델이 제시되고 있다. 한편, 활성산소종에 의해서 하위(downstream)에 존재하는 특유의 신호전달기작이 활성화되는데 다양한 PKC(protein kinase C) 이외에도 H_2O_2에 의해 MAPK나 JNK가 활성화되는 것이 알려져 있으며, 이와 같은 작용은 세포내 글루타치온(GSH) 상태와 연관된 것으로 생각되고 있다. 현재까지 연구된 바로는 과도하게 축적된 산화스트레스(oxidative stress)는 노화 또는 조기노화(premature senescence)를 유도하는 잠재적인 매개자(potential mediator) 역할을 하지만 과도하지 않은 정도의 ROS는 다양한 생명활동에 있어서 필수적인 역할을 하는 것으로 알려진다.

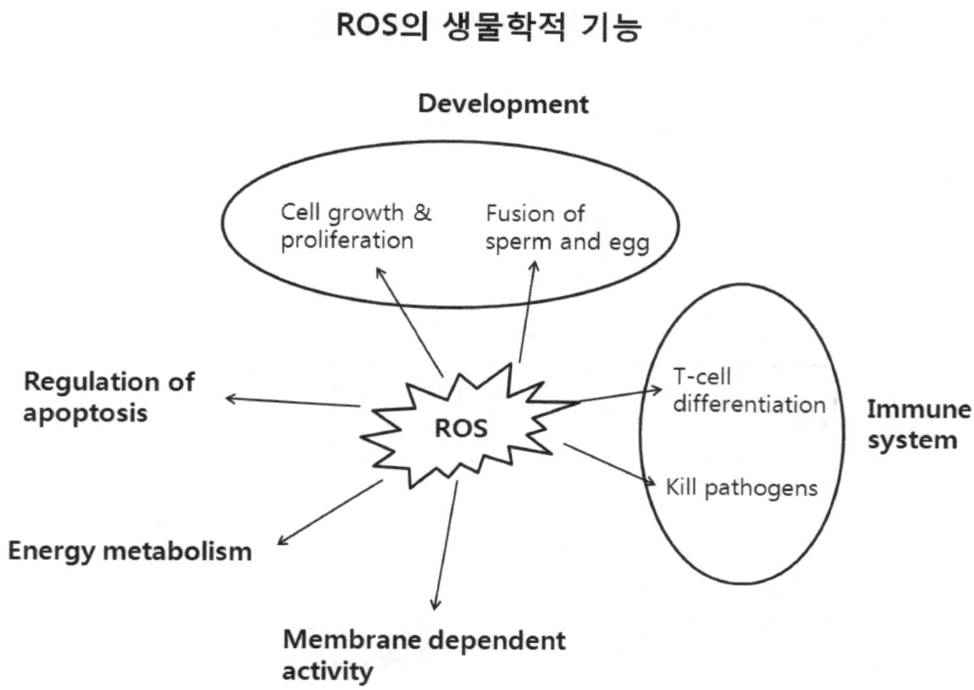

〈그림 2.23〉 ROS의 생물학적 기능
ROS는 정상적인 발생과정과 면역기능에 관여한다.

▌활성산소종과 유전자 발현조절

활성산소종(ROS)이 직접적으로 전사인자(transcription factor)의 활성을 조절할 수 있는 것으로 생각되고 있는데 가장 잘 알려진 것이 NF-κB의 경우이다. 수퍼옥사이드 디스뮤타제(SOD)나 카탈라제를 이용한 실험을 통해 NF-κB의 활성화에 관여하는 활성산소종이 H_2O_2임이 밝혀졌다.

ROS는 전사인자를 조절하여 생체반응을 조절할 수 있다

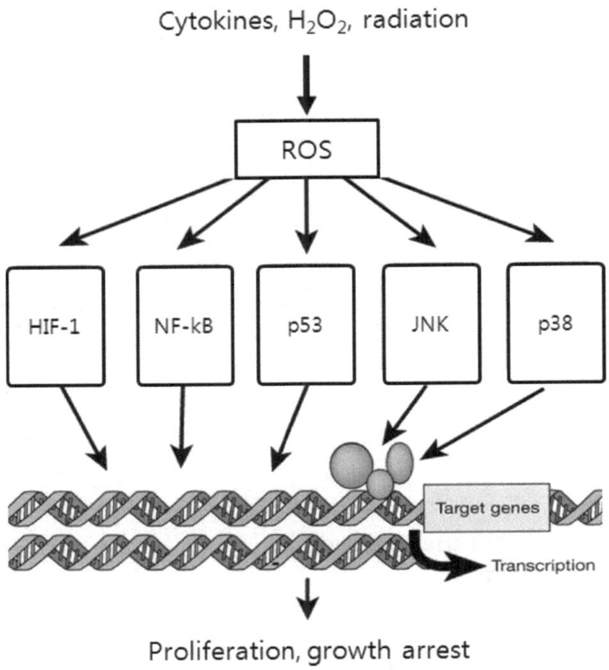

〈그림 2.24〉
ROS는 다양한 전사인자를 조절함으로써 증식 및 성장 중지에 관여할 수 있다.

활성산소종에 의해 발현의 조절이 일어나는 또 다른 예로 HIF-1이 있다. 저산소(Hypoxia) 상태에서 HIF-1 단백질 양이 증가하는 것이 알려져 있으며 H_2O_2를 전처리(pre-treatment) 하여 줄 경우 이런 증가가 억제되는 것이 알려졌다. 정상적인 상태(Normoxia)에서 HIF-1은 hydroxylase에 의해 히드록실화(hydroxylation)가 일어나고 이에 따라 유비퀴틴화가 일어나면서 HIF-1의 분해가 일어난다. 이 때 H_2O_2에 의해 유비퀴틴화가 조절될 수 있으므로 H_2O_2의 농도가 낮은 hypoxia(저산소) 상태에서는 HIF-1의 유비퀴틴화가 억제되면서 HIF-1의 양이 증가하는 것으로 생각되고 있다. 이와 같은 예는 활성산소종이 유전자 발현 조절에 영향을 미칠 수 있다는 증거가 된다.

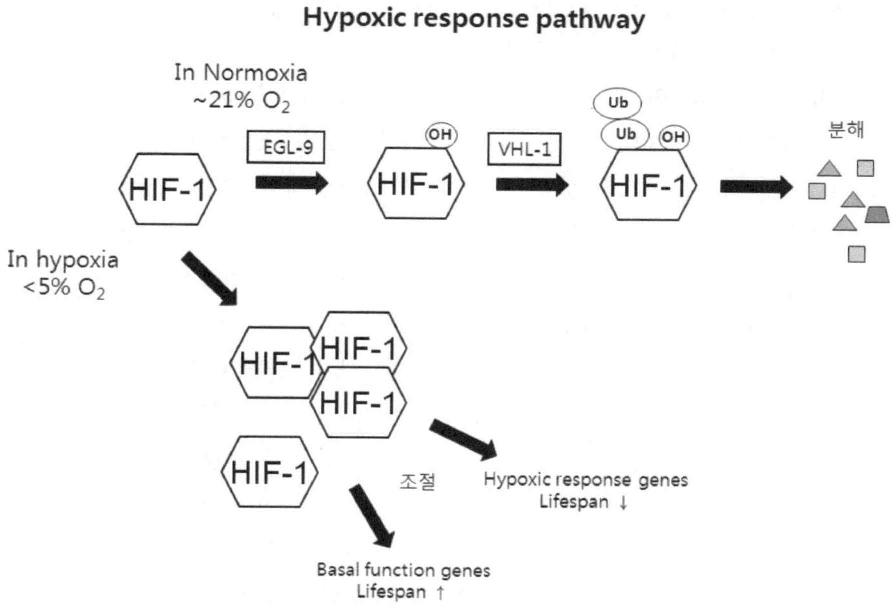

〈그림 2.25〉 HIF-1의 활성은 산소농도의 차이에 따라 달라진다.

산소 농도가 20%인 정상 산소 상태에서는 HIF-1은 빠르게 분해된다. 결과적으로 HIF-1은 낮은 농도로 유지되며 불활성화 상태에 남아있다. von-Hippel-Lindau(VHL) 암억제단백질은 HIF-1 분해를 조절하는 중요한 물질이다. 조직이 Normoxia(정상적 산소농도)상태에서는 hydroxylase에 의하여 수산화기가 HIF-1에 붙는다. VHL 단백질은 수산화된 HIF-1에 부착한 뒤 유비퀴틴을 붙이는 역할을 하는 단백질 복합체를 활성화시키며, 유비퀴틴이 붙은 HIF-1은 프로테아좀에 의해 분해된다. 저산소상태(Hypoxia)에서는 hydroxylase가 불활성화되어 HIF-1에 수산화기를 붙일 수 없다. 이로 인해 VHL 단백질은 HIF-1과 결합하지 못하며 HIF-1은 분해되지 않는다. 분해되지 않은 HIF-1은 신속하게 안정화되어 핵으로 이동하여 유전자 발현에 관계한다. HIF-1이 유도하는 유전자 중에는 암에서 혈관신생(angiogenesis)을 유도하는 종류처럼 수명을 단축하거나, 반대로 수명연장에 도움을 주는 종류도 있을 것이다.

▮ 노화와 활성산소의 연관성

노화에 활성산소가 관여한다는 것은 다음과 같은 사실로 뒷받침된다. 우선 기초대사율(basal metabolic rate)과 수명이 반비례 관계에 있다는 것이다. 이에 관하여 좀 더 자세히 살펴보면, 몸집이 큰 동물이 적은 동물보다 오래 살며 동물이 클수록 단위 체중 당 대사율(metabolic rate) 즉, 산소 소비량이 적다는 것이다. 다시 말하면 기초대사율이 높으면 높을수록 그만큼 단위 시간당 소모되는 산소량이 많으며, 이에 따라 생성되는 활성산소량도 증가하게 되어 활성산소에 의한 유해작용을 더 많이 받는다는 것이다. 더욱이 음식물 섭취를 제한하거나 운동량을 감소시키거나 또는 사육온도를 조절하여 대사율을 저하시켜 본 결과 몇 가지 종류의 동물에서는 평균수명이 연장되는 것도 관찰되었다. 쥐의 경우 먹고 싶은 데로 먹게 하여(*ad libitum*) 사육한 경우 평균수명은 약 24개월인데 비해, 음식 섭취량을 60%로 줄여서 사육하면 36개월로써 거의 1.5배로 평균수명이 증가됨이 관찰되었다. 또한 곤충과 파충류와 같은 변온동물도 낮은 온도에서 사육하면 수명의 연장이 확인되었다. 예를 들면 초파리의 경우 10℃에서의 수명은 120일인데 반하여 30℃에서는 14일에 지나지 않는다. 이와 같은 결과들은 대사율(metabolic rate)에 변화를 줄 수 있는 요인이 수명 연장에도 영향을 줄 수 있다는 사실을 보여주는 것이다. 뿐만 아니라, 활성산소에 의한 산화적 손상산물들인 지방갈색소(리포퓨신), 지질과산화물(lipid hydroperoxides), 말론디알데히드(malondialdehyde), 카르보닐(carbonyl)기 및 히드록시데옥시구아노신(8-hydroxy-2'-deoxyguanosine) 등이 실험동물에서 노화가 진행됨에 따라 이들의 조직에서 증가된다는 것이 밝혀졌다. 한편 나이가 들어 늙어감에 따라 활성산소종에 대한 방어능력은 오히려 감소한다는 사실도 보고되었는데, 늙은 쥐의 간에서 분리된 SOD는 젊은 쥐의 그것보다 열에 약하고 활성도(activity)도 낮았다. SOD 이외의 방어기전인 글루타치온(glutathione)의 농도 및 글루타치온 환원효소(glutathione reductase)의 활성 역시 늙은 쥐에서는 저하되어 있음이 관찰되었다. 어떤 학자들은 어떤 종의 최대수명이 그 종의 항산화능력과 비례한다고 주장하였는데, 특히 초파리에는 항산화효소인 수퍼옥사이드디스뮤타제(superoxide dismutase, SOD)와 카탈라제의 활성을 높였을 때 수명이 30% 정도까지 증가하는 실험적 결과를 얻었다.

2.5 활성산소종과 항산화제

생체 내에는 항상성을 유지하기 위하여 다양한 방어기제가 존재하여 생체 내에서 생성되는 자유기를 효율적으로 제거할 수 있는데, 수퍼옥사이드디스뮤타제(SOD), 카탈라제, 글루타치온퍼옥시다제(GPX), 글루타치온-S-트랜스퍼라제(GST), 글루타치온 환원효소(glutathione reductase)와 같은 인체 내의 자체적인 항산화 효소계들과 글루타치온, 아스코르브산, 베타카로틴, 비타민E 등과 같은 비효소성 항산화계가 있다.

활성산소의 유해성을 막기 위하여 우리의 신체는 항산화 비타민, 비효소적 항산화 물질, 그리고 항산화 효소로 구성되어 있는 효율적인 항산화 방어체계를 가지고 있는데 이러한 항산화 체계 각각의 역할은 독특할 뿐 아니라, 기능적으로 상호 보완적 그리고 중복적으로 작용할 수 있다. 일반적으로 항산화 비타민은 직접적으로 자유기를 제거하는 역할에 관여하며, 항산화 물질인 글루타치온(glutathionine)과 다른 티올(thiol) 물질들은 세포의 산화-환원상태를 유지하는데 중요한 역할을 하고, SOD(수퍼옥사이드 디스뮤타제), CAT(카탈라제) 그리고 GPX(글루타치온 퍼옥시다제)와 같은 항산화 효소는 활성산소의 하나인 전자 환원반응을 촉매한다.

SOD는 수퍼옥사이드를 분해해서 과산화수소와 산소를 만들고, 카탈라제(catalase) 효소는 과산화수소를 물과 산소로 분해한다. GPX는 과산화수소를 소멸시키며, 이때 글루타치온의 도움을 받는다.

SOD(Superoxide dismutase)

세포의 산화작용에 대한 첫 번째 방어체계는 SOD효소이며, 과산화수소(H_2O_2)와 산소(O_2)를 형성시키기 위하여 산화물을 균질화(dismutation)시킨다.

$$2O_2^{\bullet -} + 2H^+ \rightarrow H_2O_2 + O_2$$

세포에서 SOD의 활성분포는 조직들 사이에 다양하게 나타나는데, 쥐의 간에 있어서는 대략적으로 SOD의 활성의 2/3이 세포질에서 나타나며, 1/3은 미토콘드리아에서 나타난다. 포유동물의 경우 가장 높은 SOD의 활성은 간(liver)에서 나타나고, 그 다음이 신장(kidney), 뇌(brain), 부신(adrenal gland) 그리고 심장(heart)에서 나타난다. 거의 모든 진핵세포의 세포질에는 구리(Cu)와 아연(Zn)을 가지는 SOD가 존재하며 대부분의 미토콘드리아에는 망간(Mn)을 가지는 SOD가 존재한다.

CAT(Catalase)

Catalase의 주요 기능은 과산화수소(H_2O_2)의 분해를 촉진시키는 것이다.

$$2H_2O_2 \rightarrow 2H_2O + O_2$$

비록 CAT(카탈라제)와 GPX(글루타치온 퍼옥시다제)의 기능이 중복되는 부분이 있지만, 두 효소는 기질로서 H_2O_2에 대한 친화도가 다르게 나타나는데, 즉 포유동물의 GPX는 CAT와 비교해서 낮은 농도의 H_2O_2에 대한 친화도가 더 크게 나타난다. 이는 낮은 H_2O_2 농도에서 GPX는 근육세포로부터 H_2O_2를 제거하는데 있어 더욱 활발한 역할을 한다고 볼 수 있다. CAT의 경우 급격한 운동 후에 쥐의 심장, 간 그리고 골격근에서 활성이 증가하는 현상을 보인다.

GPX(glutathione peroxidase)

GPX는 지방산 과산화물과 핵산에서 파생된 과산화물을 포함하여 과산화수소에서부터 복합조직 과산화물까지 낮은 특수성을 가지고 있기 때문에 세포에서 왕성하게 과산화물을 억제하는 역할을 한다. GPX는 세포질과 세포의 미토콘드리아 기질에 많이 분포되어 있다. GPX는 셀레늄(Se)를 포함하는 효소이다. 글루타치온(GSH)은 H_2O_2를 H_2O로 전환시키는 GPX의 반응에 전자를 주면서 글루타치온 디설파이드(GSSG)로 산화가 일어난다. GSSG는 glutathione reductase에 의하여 GSH로 다시 환원이 일어난다. 이때 전자공여체로 사용되는 것은 NADPH이다.

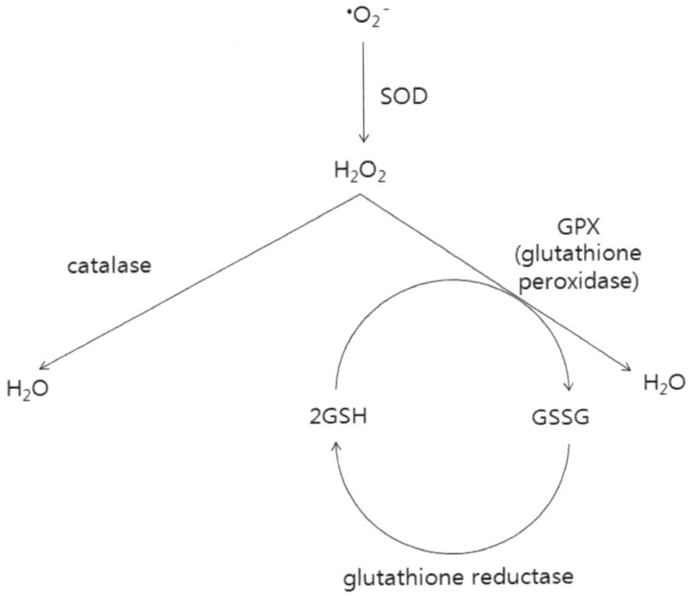

〈그림 2.26〉
수퍼옥사이드는 SOD에 의하여 과산화수소로 전환된다. 카탈라제와 GPX는 과산화수소를 물로 전환시킨다. 글루타치온은 GPX의 반응에 전자를 주면서 글루타치온 디설파이드로 전환되며, 이것은 글루타치온환원효소(glutathione reductase)에 의하여 글루타치온으로 전환된다.

▌식이성 항산화제

• 비타민C

비타민C는 열에 불안정하기 때문에 조리 시에 쉽게 파괴되고 물에는 쉽게 녹기 때문에 식품이나 식품의 원료에서 쉽게 녹아서 빠져나간다. 강한 환원제로서 콜라겐 합성효소 활성화에 기여한다. 노화과정에서 결정적인 변화를 나타내는 피부구조에서 진피층 콜라겐 함량 및 합성증가는 피부보습과 탄력의 증가를 의미하는데 비타민C는 silicon, 철분과 함께 조효소로 작용하여 전구 콜라겐(procollagen) 합성을 돕는 역할을 한다. 이후 Hydroxylase는 2가 상태의 철분(Fe^{2+})과 느슨하게 결합함으로써 활성화 되고 3가의 철분(Fe^{3+})으로 산화가 되면 효소의 활성을 잃게 되는데 이 과정에서 비타민C는 산화된 철분을 다시 환원시켜 효소를 활성화시키는 것으로 알려져 있어 피부노화방지를 위한 연구도 활발히 진행되고 있다.

비타민 C 구조

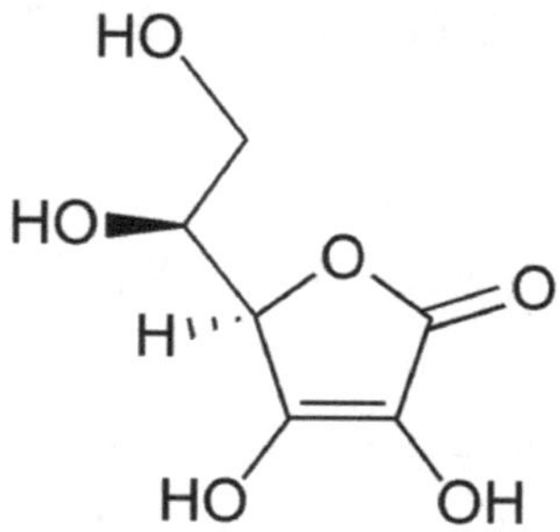

〈그림 2.27〉 비타민C의 구조

• 비타민E

비타민E는 과산화물에 의해서 파괴되는 세포막을 보호하도록 작용하는 지용성 항산화제이다. 비타민E는 격렬한 운동으로 유발되는 과산화물에 의한 적혈구와 근육의 손상을 감소시키는 것으로 알려져 있는데 에너지 소비가 많은 신체활동과 노동에 있어서 일관성 있는 연구결과를 얻지 못하고 있다. 어떤 연구는 체력과 지구력을 향상시킨 결과를 얻었는가 하면 어떤 연구는 영향이 없었다는 결과를 보고하고 있다.

비타민 E 구조

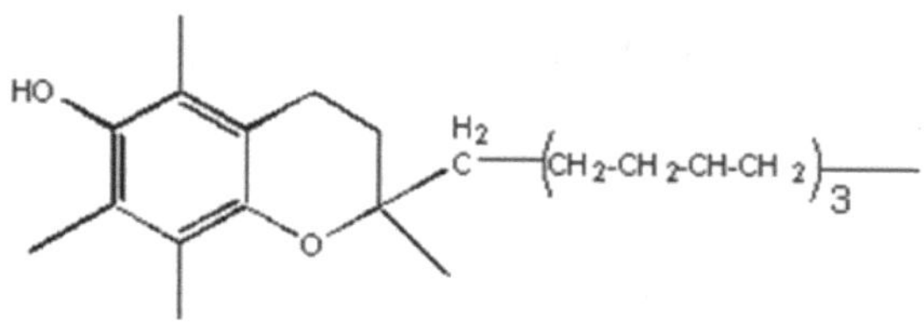

〈그림 2.28〉 비타민E의 구조

• 베타카로틴

베타카로틴(β-carotene)은 비타민A의 전구물질이긴 하나 비타민A와는 다르게 과량을 섭취해도 독성은 거의 없다. 그러나 계속해서 과량을 섭취하면 피부가 황염이 된다. 일반적인 식단대로 과일과 야채의 양을 섭취하면 충분한 베타카로틴을 섭취하게 된다. 베타카로틴은 일중항 산소(singlet oxygen, $^1O_2$) 또는 프리라디칼의 유독한 독성을 제어하는 기능을 가진다.

베타 카로틴 구조

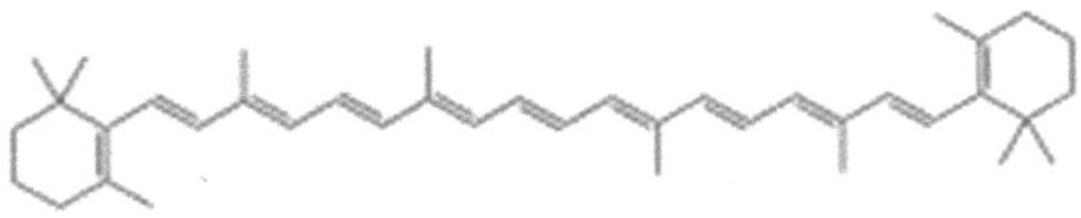

〈그림 2.29〉 베타 카로틴의 구조

- 라이코펜(토마토의 색소성분)

라이코펜(lycopene)은 카로틴의 일종으로 강력한 항산화 작용이 있다. 하버드대 공중보건대학에서 발표한 연구에 의하면 1주일에 10회 이상 식단단위의 토마토를 섭취하면 전립선암의 발병률 약 45% 예방할 수 있는 것으로 시사되고 있다.

라이코펜의 구조

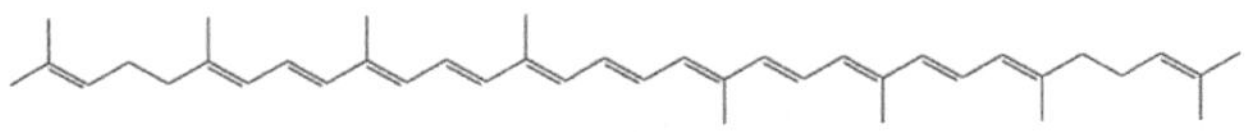

〈그림 2.30〉 라이코펜의 구조

- 카테킨

카테킨은 페놀고리 구조를 가진 천연물질로서 에피갈로카테킨 갈레이트(EGCG), 에피카테킨 갈레이트(ECG), 에피갈로카테킨(EGC), 에피카테킨(EC) 등을 포함한다. 녹차잎의 주성분인 EGCG는 녹차 한잔에 200~300mg 포함되어 있다. 녹차는 5000년 이상 인류와 함께 해왔으며 특유의 페놀고리와 고유의 작용기로 인한 항산화 효과로 여러 가지 유익한 효과를 주는 것으로 알려진다. 유익한 역할로 항암작용, 혈관세포 보호, 당뇨병 예방 및 지연 체중감소 등의 효과가 알려진다.

카테킨 구조

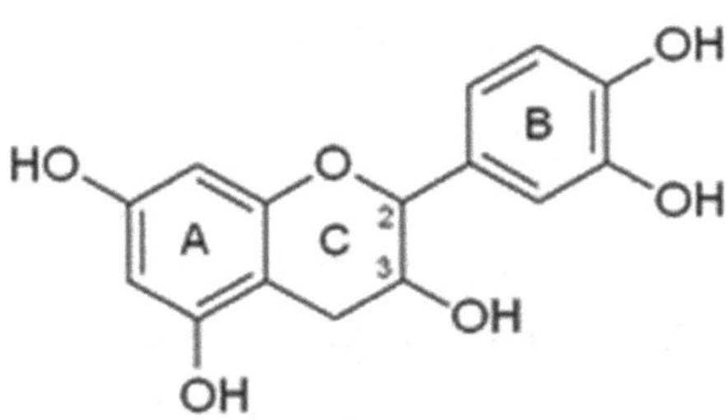

〈그림 2.31〉 카테킨의 구조

• 커큐민

커큐민은 심황(turmeric)이라는 생강과 식물의 성분으로 '카레'의 주성분이라고 잘 알려진 화합물이다. 1815년에 염료로 발견되어 1910년 구조가 밝혀지고 합성이 가능하게 되었다. 지질친화성이 높고 활성산소종 뿐만 아니라 2,2-diphenyl-1-picrylhydrazyl(DPPH), 2,2′-azino-bis(3-ethylbenzothiazoline-6-sulphonic acid)(ABTS) 등과 같은 라디칼과 반응성을 가져 지질성분의 산화를 효과적으로 억제할 수 있는 것으로 밝혀졌다. 항산화 능력에 중요한 작용기는 양쪽의 페놀고리 구조보다 가운데 위치한 메틸렌기가 중요한 것으로 알려졌으며, 조건에 따라 산화촉진제로도 작용하여 암세포의 사멸을 유도할 수 있음이 밝혀졌다. 활성산소종(ROS)와 활성질소종(RNS)에 대한 반응성이 있는 것으로 알려져 있으며 간에서의 대사속도가 빨라 섭취 후 1시간 이내에 체외로 배출된다.

커큐민 구조

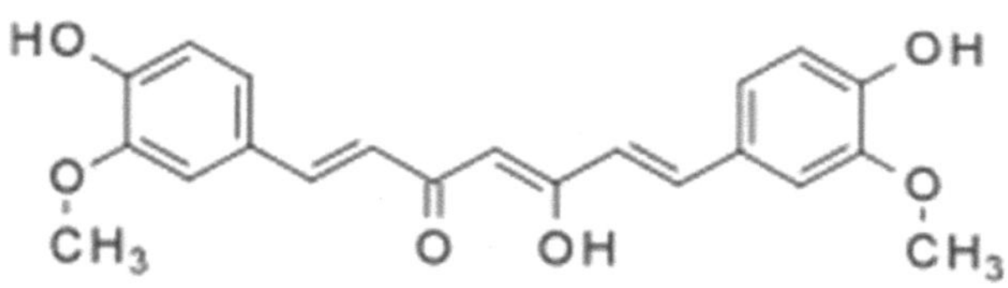

〈그림 2.32〉 커큐민의 구조

• 레스베라트롤(resveratrol)

레스베라트롤은 폴리페놀계 화합물로서 적포도주의 성분 중 하나이다. "프렌치 패러독스"라고 하는 심혈관질환의 유병률과 적포도주의 섭취의 역관계성에 대한 역학조사결과에서 처음으로 주목받기 시작했다. 레스베라트롤은 그 자체의 항산화능력과 질산화물(nitric oxide, NO)생성 증가를 통해 혈관을 확장시킴으로써 심장의 재관류 손상과 부정맥을 억제하는 것으로 확인되었다. 그 외에도 Akt, ERK1/2 등의 활성화를 통해 활성산소종의 처리에 관련된 효소들이 Nrf2-ARE(antioxidant response element)를 통해 발현 증가됨이 확인되었다. 레스베라트롤은 sirtuin 단백질량을 증가시켜 미토콘드리아의 기능을 증진시키고 당대사 흐름을 개선시킬 수 있다고 알려졌다. 실험동물을 이용하여 실험한 결과로 볼 때 수명연장 효과를 보기위해서는 하루에 수십 병의 포도주를 마셔야 한다는 계산이 나오는데 이것은 좋은 방법이 아니다. 그렇지만 레스베라트롤이 건강한 삶을 사는데 도움을 줄 수 있다는 보고들은 계속되고 있다. 또한 레스베라트롤은 여전히 암의 발병, 심혈관질환, 당뇨병, 뇌질환 등에 대한 치료제로서의 가능성을 가지고 실험들이 진행되고 있다.

레스베라트롤의 구조

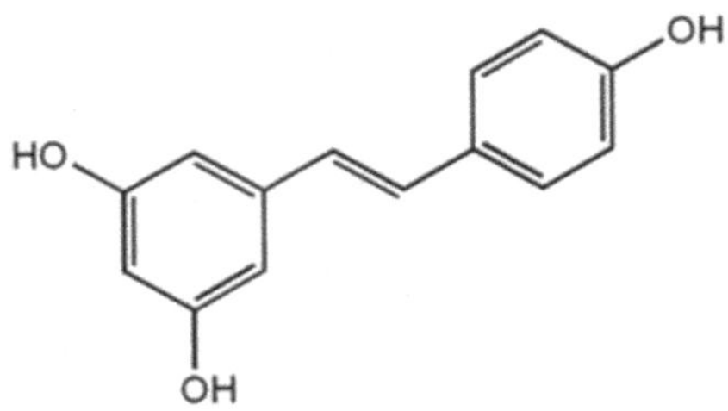

〈그림 2.33〉 레스베라트롤의 구조

• 플라보노이드, 스쿠알렌, 인삼, 멜라토닌 등의 항산화 영양제

신선한 과일과 야채에는 위에서 언급된 항산화제 이외에도 플라보노이드, 스쿠알렌, 인삼, 멜라토닌 등의 항산화 영양제들이 풍부하게 들어있어서 신선한 과일과 야채를 권장식대로 충분하게 섭취하면 이들 효능이 복합적으로 작용하여 인체에 이롭게 작용된다. 아연과 셀레늄의 섭취가 부족하게 되는 경우는 드물지만 항산화 효과는 크게 나타나는 것으로 알려져 있다.

참고문헌

1. Cavallucci, V., A. Nobili, et al. (2014). "Emerging role of mitochondria dysfunction in the onset of neurodegenerative diseases." *J Biol Regul Homeost Agents* 27:1-9.
2. Gotz, J., F. Chen, et al. (2001). "Formation of neurofibrillary tangles in P301l tau transgenic mice induced by Abeta 42 fibrils." *Science* 293:1491-1495.
3. Halliwell, B., J. M. Gutteridge. (1999). "Free radicals in biology and medicine(3rd ed.)", Oxford University Press, USA
4. Halliwell, B. (1997). "Antioxidants and human disease: A general introduction." *Nutrition reviews* 55:267-277.
5. Harman, D. (1956). "Aging: a theory based on free radical and radiation chemistry." *J Gerontol* 11:298-300.
6. Hart, R. W. and R. B. Setlow. (1974). "Correlation between deoxyribonucleic acid excision-repair and life-span in a number of mammalian species." *Proc Natl Acad Sci USA* 71:2169-73.
7. Kellner, V., N. Menkes-Caspi, et al. (2014). "Amyloid-β alters ongoing neuronal activity and excitability in the frontal cortex." *Neurobiology of Aging* 35:1982-1991.

8. Lambert, A. J. and M. D. Brand. (2007). "Research on mitochondria and aging." *Aging Cell* 6:607-618.

9. Levine, R. L. and E. R. Stadtman. (2001). "Oxidative modification of proteins during aging." *Exp Gerontol* 36:1495-1502.

10. Nystrom, T. (2005). "Role of oxidative carbonylation in protein quality control and senescence." *EMBO J.* 24:1311-1317.

11. Rhein, V., X. Song, et al. (2009). "Amyloid-beta and tau synergistically impair the oxidative phosphorylation system in triple transgenic Alzheimer' s disease mice." *Proc Natl Acad Sci* 106:20057–20062.

12. Santos, R. X., S. C. Correia, et al. (2013). "Mitochondrial DNA oxidative damage and repair in aging and Alzheimer's disease." *Antioxid Redox Signal* 18:2444-57.

13. Thomas, P., D. G. Herberl, et al. (1992) "Production of reactive oxygen by mitochondria from normoxic and hypoxic rat heart tissue." *Free Radical Biol Med* 13:289-297.

14. Toescu, E. C., and M. Vreugdenhil. (2010). "Calcium and normal brain aging." *Cell Calcium* 47:158-164.

15. Watson, S. N., J. R. Lee, et al. (2014). "Diminishing glutathione availability and age-associated decline in neuronal excitability." *Neurobiology of Aging* 35:1074-1085.

16. Webster, K. (2012). "Mitochondrial membrane permeabilization and cell death during myocardial infarction: role of calcium and reactive oxygen species." *Future Cardiol* 8:863-884.

17. Yao, J., R. W. Erwin, et al. (2009). Mitochondrial bioenergetic deficit precedes Alzheimer's pathology in female mouse model of Alzheimer's disease." *Proc Natl Acad Sci* 106:14670–14675.

CHAPTER 03

세포주기 조절과 노화

세포는 생물의 몸을 구성하는 가장 작은 기본 단위로서 하나의 세포가 두 개의 딸세포로 나누어지는 분열을 통하여 증식을 한다. 세포들은 일반적으로 초기 세포크기의 2배가 되면 분열이 일어나게 되며 이러한 과정은 세포 내부의 시계에 따라서 조절된다. 이와 같이 반복적으로 일어나는 정교한 기작을 '**세포주기(cell cycle)**'라고 부른다. 세포는 세포주기를 계속 진행할 것인가 아니면 그만둘 것인가를 결정하는 중요한 문제에 직면하게 된다. 정상적으로 분열이 일어나기 위해서는 분열이 시작되기 전에 유전물질이 완전히 복제가 이루어져야 하는데, 세포주기는 G_1, S, G_2, M 및 G_0라 불리는 다섯 단계로 나누어진다. 분열하지 않는 세포는 G_1이나 G_0 단계에 머물러 있다. 하나의 세포주기는 G_1기에서 시작하여 M기의 종결과 함께 종결된다. 유전물질의 복제가 일어나는 S(synthesis, 합성)기와 유전물질의 분리가 일어나 두 개의 딸세포(daughter cell)가 형성되는 M기(mitosis) 그리고 이 두 단계사이에 존재하는 G_1(gap 1)기와 G_2기(gap 2) 이다. M기에서 일어나는 급격한 구조 변화와 구분하기 위하여 종종 G_1, S, G_2기를 합쳐서 간기(interphase)라고 부른다. gap 기간은 실제로 매우 중요한 역할을 수행하는데, G_1기에서는 S기를 위한 준비를, G_2기에서는 M기를 위한 준비가 이루어진다.

G_1 (간기 1): DNA 복제전의 세포생장기
S기: DNA 복제가 일어나는 기간
G_2 (간기 2): S기가 지난 후 M기로 바로들어가지 않고 3~5시간 정도 두 번째 gap
M기: 핵분열 후 세포질의 분리

3.1 세포주기

세포가 분열이 일어나면 두 개의 딸세포가 만들어진다. 또 딸세포는 두 개의 딸세포를 다시 만들고 이 과정은 계속 반복이 된다. 이런 의미에서 세포의 재생산은 주기성을 가지고 있다. 세포가 분열하기 시작해 다음 분열 전까지를 세포주기(cell cycle)라 하며 세포주기는 G_1기, S기, G_2기, M기 및 G_0기의 다섯 단계로 구분된다. M기는 실제적인 세포의 분열(cell division)이 일어나는 기간이며, G_1기, S기, G_2기는 간기(interphase)라고 부르는데 이 기간 동안에는 세포 분열에 필요한 여러 효소 및 세포내 구성성분들이 합성이 일어나고 세포의 크기가 증대되는 성장(growth)이 일어난다. 세포분열이 일어나 2개의 딸세포가 만들어지고 다음 DNA 합성이 일어나는 S기 이전의 기간을 G_1기라 부른다. G_1기 동안 세포는 염색체 복제에 필요한 효소들과 기타 필요한 단백질들을 증가시킴으로써 DNA 복제를 준비하는 기간이다. 또 G_1기의 말기에는 DNA 복제의 조건이 적당한지 여부를 판별하여 세포주기를 계속 진행할 것인지를 판단하게 된다. S기는 실제적으로 DNA 복제가 일어나는 기간이며, 많은 포유동물 세포배양의 경우 6~8시간 정도가 소요된다. G_2기는 G_1기와 유사하게 다음 단계인 유사분열(mitosis)을 준비하는 기간이며 여기에는 세포가 다음 단계인 유사분열을 진행해도 좋은지를 판단하는 단계가 포함된다. M기에서는 세포주기의 마지막 기간으로서 하나의 세포가 두 개의 세포로 분열이 일어나며 약 1시간 정도 소요된다. 세포주기를 나와 G_0(휴지기)기로 들어간 세포는 대사적으로는 활성을 가지나 세포분열은 하지 않는 상태로 머문다.

DNA 복제는 S기에서 일어난다

DNA는 세포분열이 일어나기 전에 복제가 되어야 한다. 진핵세포의 DNA 염기쌍은 염색체 안에 포함된 길고, 선형의 이중나선 가닥으로 구성된다. DNA 이중나선은 양 가닥 사이에 수소결합 형성을 통하여 붙어있는데, 하나의 수소결합은 약한 결합이지만 수많은 수소결합에 의하여 DNA 이중나선은 안정적으로 구조를 형성하고 있다. DNA에서 이중결합이 처음으로 풀려서 bubble이 형성되는 부위를 replication origin(복제원점)이라 부른다. 복제원점 주위에는 A-T 염기쌍이 여럿 존재하여 이중나선이 풀리기 쉬운 특성을 가지고 있다. 복제원점 부위에서는 G_1 말기에 origin recognition complexes(ORC)라는 특별한 단백질들이 복합체를 형성하게 된다. 인산화효소(kinase)는 ORC를 인산화시켜 DNA에서 떨어지게 하며 이것은 복제원점의 이중가닥이 풀리게 하는 결과를 초래한다.

▌세포분열은 M기 동안 일어난다

일단 G_2기의 세포분열 조절단백질이 적절한 세포신호를 받으면 세포는 M기로 진행하여 새로운 두 개의 세포를 생성함으로써 세포주기를 완료한다. M기는 핵분열을 의미하는 유사분열(mitosis)과 세포질이 나뉘는 세포질분열(cytokinesis)로 구분된다. 유사분열은 전기(prophase), 중기(metaphase), 후기(anaphase), 말기(telophase)의 단계로 이루어진다. 유사분열이 일어나기 전 간기 동안에 핵 내에는 느슨한 형태의 풀어진 염색체가 존재한다. 전기(prophase) 동안에 느슨한 염색체의 응축이 일어나고 핵막이 파괴된다. 중기(metaphase)에서 세포의 가운데로 염색체가 배열을 하게 되며 염색체를 이루고 있는 각각의 염색분체(sister chromatids)는 서로 다른 극으로부터 유래하는 방추사(mitotic spindle)와 결합한다. 후기(anaphase)에서 각각의 염색분체가 서로 연결되었던 결합은 방추사에 의해 끊어지게 되고, 양쪽 말단으로 염색분체의 이동이 이루어진다. 말기(telophase)에는 응축되었던 염색체가 다시 풀리며 이들 주위로 핵막이 다시 형성된다. 세포질분열(cytokinesis)은 유사분열 이후 바로 일어나도록 되어 있다. 세포질분열은 염색체의 분리 이후 생성되는 딸세포가 각각 하나의 핵을 갖는 서로 다른 두 개의 세포로 분리가 되도록 물리적인 분리가 일어나게 한다. 세포질분열(cytokinesis)은 유사분열에서 핵이 서로 분리된 이후에 세포질이 분리가 되는 것인데 동물세포의 경우 세포의 중앙부분에 액틴과 미오신으로 구성된 수축링(contractile ring)이 수축하면서 세포질의 분리가 일어난다.

▌ "휴지기" 세포는 G_0에 머문다

세포주기의 다섯 번째 단계인 G_0기는 정상적인 세포주기회로의 일부를 구성하는 것은 아니며 '휴지' 상태를 나타낸다. 일부세포의 경우 영양분 결핍 등의 환경적 상황에 의하여 G_0기로 들어갔다가 이것이 해결되면 다시 세포주기를 진행할 수 있다. 다른 세포의 경우에는 분열을 억제하는 보호조치로서 G_0기로 들어가게 된다.

3 2 세포주기의 조절

세포주기의 조절은 매우 중요한 의미를 가진다. S기에서는 DNA가 정확히 배가되어 염색분체를 가진 2배의 DNA를 합성해야 한다. M기 역시 정확히 이루어져야 하는 과정으로 염색분체들은 각각 분리되어 딸세포로 이동하여 염색체를 구성한다. 세포분열로 귀결되는 세포주기의 진행은 조금의 실수가 일어날 틈을 보여서는 안되는데, 그 이유는 유전의 특성상 대부분의 유전자 오류는 자손에게 그대로 전달이 일어나기 때문이다. 예를 들어 딸세포의 한쪽으로 염색체가 더 들어가거나 덜 들어가면 결과적으로 딸세포는 일부 염색체를 얻거나 상실하게 된다. 만약 S기에서 정확한 DNA 합성 그리고, M기에서 염색체의 이동 과정에 문제가 발생할 경우 세포에 치명적 손상을 일으킬 수 있는데 그 중 하나가 암의 발생이다.

따라서 진핵세포에서는 각각의 세포주기 단계가 완벽하게 이루어졌는가를 확인하는 감시체계를 가지고 있다. 그렇게 하여 앞의 단계가 완벽히 이루어졌을 때만 다음 단계로 진행하도록 하고 있다. 만약 어떤 단계에서 문제가 있을 경우(DNA에 손상이 있거나 방추사가 염색분체에 제대로 연결이 되지 않았을 경우 등) 이와 같은 잘못(error)이 완벽히 복구될 때 까지 세포주기의 다음 단계로 진행되지 않도록 정지시킨다. 예를 들어 DNA 복제 시(S기) 발생한 잘못이 수정되지 않으면 이러한 감시체계는 잘못이 수정될 때까지 DNA 응축(G_2기)을 막는다. 또 다른 감시체계는 한번 지나간 세포주기 단계를 역으로 재진입하지 못하도록 한다. 이와 같은 감시가 이루어지는 기간을 '**검문지점(checkpoints)**'이라고 한다. 지금까지 수십 개의 검문지점(checkpoint)이 확인되었으며 checkpoint의 기능은 암의 발생에도 영향을 미친다. DNA의 손상, 염색체의 잘못된 배열은 세포주기의 진행을 막기 때문에, 검문지점의 감시를 느슨하게 만드는데 관여하는 여러 유전자 돌연변이를 발생시킴으로써 암화(oncogenesis)를 촉진하기도 한다.

세포주기의 중요한 checkpoints와 점검사항

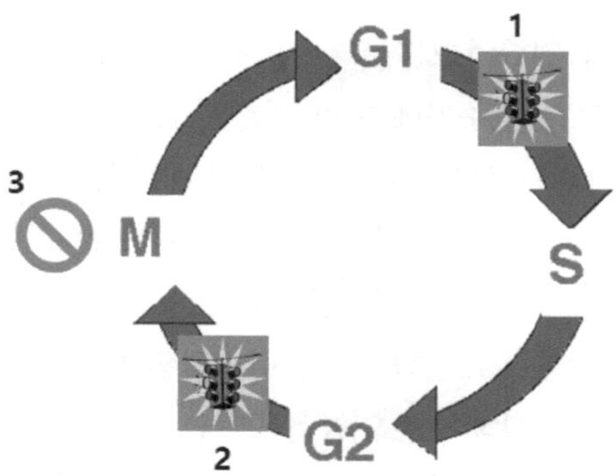

1. G1기와 S기 사이;
   세포 크기는 적당한가?
   DNA에 손상이 존재하는가?
2. G2기와 M기 사이;
   DNA 복제가 완전히 일어났는가?
3. M기 동안;
   방추사가 형성되었나?
   방추사가 염색체에 정확히 연결됐나?

〈그림 3.1〉 세포주기의 검문지점

G_1/S 검문지점은 다시 되돌릴 수 없는 시점이다

앞에서 지금까지 발견된 검문지점(checkpoint)이 수십 개가 존재한다고 했는데, 모든 검문지점이 동등한 영향력을 보이지는 않는다. 모든 검문지점이 세포주기를 멈추게 할 수는 있지만 대부분의 경우 문제를 해결될 때까지만 세포주기를 멈추게 한다. 그러나 G_1/S의 경계에 위치한 검문지점은 세포주기를 시작하여 완료할지 여부를 결정하는 지점으로 '**제한지점(restriction point)**'이라고도 불린다.

이 제한지점의 영향력은 효모를 이용한 실험을 통하여 알 수 있다. 저영양 상태이거나 교배인자가 존재할 경우 오직 초중기의 G_1기에서만 세포주기의 진행을 멈추게 할 수 있다. 만약 영양이 공급되거나 교배인자가 제거되면 세포주기 진행을 재개할 수 있다. 그러나 G_1기 말기의 특정 지점에 도달하게 되면 영양분이 제거되거나 교배인자가 더해져도 세포주기 진행이 중단되지 못하게 된다. 이러한 실험은 세포주기에 돌아갈 수 없는 시점이 존재하며 이 지점이 G_1기 말기(late G_1)에 존재하고 있음을 보여준다. 일단 이 시점을 지나면 세포주기가 완료되도록 결정된다.

▌G_2/M 검문지점은 세포구조의 대규모 재배열을 위한 시점이다

G_2기에서 M기로 진행하는 동안에는 세포골격의 재배열, 핵막의 붕괴 등 쉽게 관찰할 수 있는 변화가 나타난다. 수년에 걸쳐 과학자들은 M기로 진입 여부를 결정하는 복합체가 세포주기의 특정 시점에만 활성을 나타내는 단백질들로 구성되어 알아내고, 초기에는 이들의 이름을 '유사분열촉진인자(mitosis promoting factor, MPF)'라고 불렀다.

▌사이클린과 CDK가 DNA 복제를 시작한다

이후의 실험에서는 MPF 복합체의 기능을 분리하는데 초점이 맞추어졌는데, 과학자들은 MPF가 두 개의 단백질로 구성이 되어 있으며 서로가 결합하고 있을 때만 활성을 나타낸다는 것을 알아내었다. 이 중의 하나가 **사이클린(cyclin)**으로 세포주기에 따라 발현정도가 크게 변하고 필요할 때만 가장 많이 만들어진다. 효모에서는 하나의 사이클린이 전체 세포주기를 조절할 수도 있지만 포유동물의 경우는 세포주기의 각 단계를 조절하는 다양한 사이클린이 존재한다. 사이클린은 다양한 단백질을 인산화시킬 수 있는 **사이클린 의존성 인산화효소**(**C**yclin-**D**ependent **K**inase, CDK)에 결합하여 CDK 활성을 조절한다. 다시 말하면 인산화효소는 혼자서는 기능을 못하고 반드시 사이클린(cyclin)과 결합해야만 기능을 할 수 있다(사이클린과 CDK가 결합해야만 세포주기의 진행을 하여 세포의 증식과 분열을 일으킬 수 있다). 일부에서는 사이클린활성화 인산화효소(Cyclin-activating kinase, CAK)라는 효소를 부가적으로 필요로 하기도 한다. 인간의 경우 최소 12종의 사이클린-CDK 복합체가 존재하는데, 세포주기의 각 단계로 진입하기 위해서는 특정한 사이클린과 CDK의 결합이 이루어져야 한다.

초기 사이클린과 CDK에 의한 세포분열 조절은 개구리와 성게의 배발생의 유사분열에서 연구되었는데, 이러한 연구에서 B형 사이클린의 양이 유사분열 시기에 급격히 증가하고 M기로의 진입은 사이클린 B와 CDC2의 결합이 생성되어야 가능함을 보여주었다(CDK1은 CDC2라고 도 불린다). M기가 끝나면 사이클린 B의 양은 급격히 감소한다. G_1기로 들어가면서 사이클린 D가 CDK4나 CDK6와 결합하며, 이 두 CDK 기능은 기능이 유사하므로 CDK4/6로 표시한다. 사이클린D-CDK4/6 복합체는 초기 G_1기가 시작되도록 한다. 사이클린 E는 G_1 말기부터 증가했다가 S기가 들어가면서 감소가 일어난다. 사이클린 A는 S기의 진행과 함께 증가하여 사이클린 A-CDK2 복합체를 형성한 후 사이클린 E의 전사인자 기능을 억제하여 더 이상 사이클린 E가 생성되지 못하게 한다. S기의 후반부와 G_2기 초기에는 사이클린 A-CDC2가 사이클린 B와 CDC2 복합체 형성을 도와주어 M기로의 진입을 돕는다.

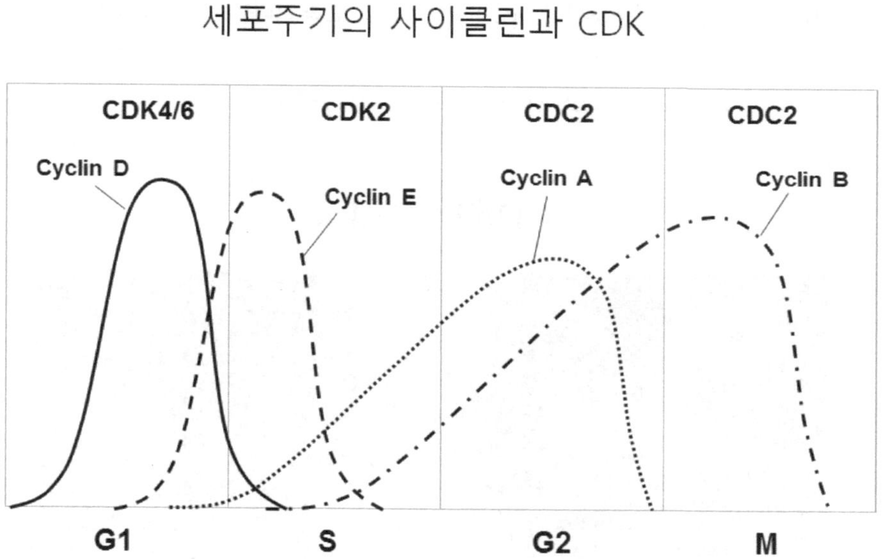

〈그림 3.2〉 세포주기에 따라 사이클린이 합성되고 분열하는 주기를 가진다.
사이클린 D는 G1기의 초중기에 만들어진다. G1 말기에는 사이클린 E의 합성이 나타난다. M기로의 진입은 사이클린 B가 중요한 역할을 한다.

사이클린이 세포주기의 진행에 따라 급격히 분해되는 기전은 유비퀴틴 리가제(ubiquitin ligase)에 의한 단백질 분해방법이다. 유비퀴틴 리가제는 사이클린에 폴리유비퀴틴 사슬을 결합시켜 프로테아좀(proteasome)에 의하여 분해되도록 한다. 이러한 방식은 세포주기가 앞으로만 진행하고 뒤로 되돌아가지는 못하게 하는 주요한 역할을 담당한다. 예를 들어 세포가 M기에서 빠져 나오면 다시 M기로 역방향으로 되돌아가지 못하고 반드시 $G_1 \rightarrow S \rightarrow G_2$기를 진행해야 하고, 사이클린 B와 CDC2가 결합하여 활성을 가지면 M기로 진입할 수 있게 된다.

▌인산화효소 억제단백질의 결합

세포주기의 조절에 사이클린-CDK 복합체의 활성을 억제하는 CDK 억제제(CDKI, CDK inhibitor)가 관여하고 있는데, 포유류의 경우 최소한 2개의 CDKI 그룹이 존재한다. 인산화효소 억제단백질은 초기에는 분자량 뒤에 각각의 표적 및 기능을 나타내는 머리글자를 활용해서 이름을 붙였다. 여기에는 CDK 억제자(INhibitor of cdKinase, INK), CDK 작용단백질(CDK Interacting Protein, CIP) 그리고 사이클린 의존성 인산화효소 억제자(Kinase Inhibitor Protein, KIP) 등이 있다. 첫 번째로 INK4 단백질은 CDK4와 CDK6와 결합함으로써 원래의 파트너(partner)인 D형의 사이클린과의 결합을 저해하는데, INK4 단백질은 다른 CDK2나 CDC2에 대한 저해 기능은 없다. INK4 단백질은 반복되는 ankyrin motif에 의하여 특징지어지는데 여기에는 $p16^{INK4A}$, $p15^{INK4B}$, $p18^{INK4C}$, $p19^{INK4D}$ 등이 포함된다. 두 번째의 CDKI 그룹으로는 $p21^{Cip1}$(또는 $p21^{WAF1}$이라고도 함), $p27^{Kip1}$, $p57^{Kip2}$ 등이 포함되는데 상호간에 아미노산서열의 유사성을 나타내며 다양한 종류의 사이클린-CDK 복합체에 결합할 수 있다.

CDKIs(CKIs)

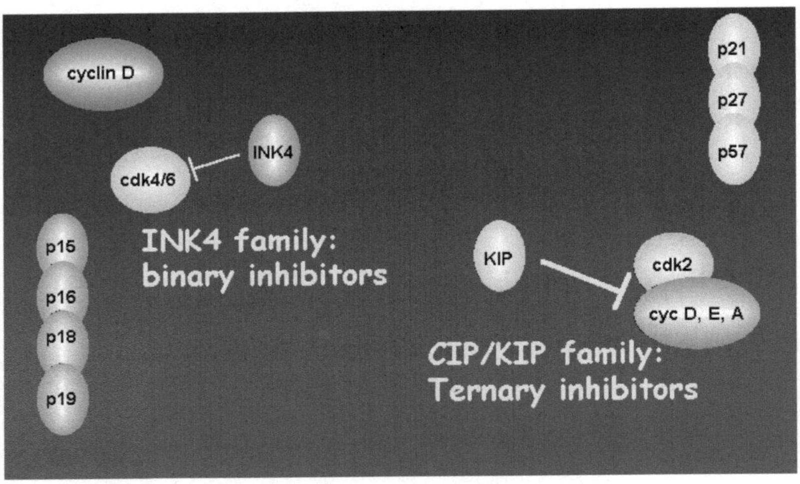

〈그림 3.3〉 CDK 활성을 억제하는 CDK 억제제(CDKI)는 두 부류로 나누어진다.

하나는 INK4 family인데 여기에는 p15, p16, p18, p19가 포함된다. 다른 하나는 CIP/KIP family인데 여기에는 p21, p27, p57이 포함된다. INK4 family는 CDK4/6와 직접 결합해 활성을 억제하며, KIP family는 CDK-사이클린 복합체에 작용함으로써 그 활성을 저해한다.

DNA 복제에는 많은 단백질들이 관여한다

일단 DNA의 정확도 점검이 완료되고 CDK 활성화가 일어나게 되면 DNA 복제가 시작할 수 있다. DNA 복제에는 몇 가지 특별한 기능을 하는 단백질들을 필요로 한다. 그 첫 번째는 이중나선을 풀어주는 헬리카제(helicase)가 있는데, ATP 분해로부터 방출되는 에너지를 사용하여 DNA 이중나선을 단일가닥으로 풀어준다. 단일가닥결합단백질(SSB, single-strand binding proteins))은 일단 풀어진 단일 가닥을 그대로 단일가닥으로 유지해준다. 프리마제(primase)라 불리는 효소는 짧은 RNA 가닥을 주형에 상보적으로 합성한다. 프리마제는 여러 단백질과 보조인자의 도움을 필요로 하는데 이와 같은 복합체를 '프리모솜(primosome)'이라 부른다. DNA 가닥이 풀리고 프리마제에 의하여 짧은 RNA primer가 생성되면 그 3' 말단에 뉴클레오티드를 중합함으로써 DNA 합성을 시작한다. DNA 합성은 복제원점의 양쪽 방향으로 진행될 수 있으며, 복제원점(replication fork)이 움직이는 방향으로 연속적인 합성이 일어나는 가닥은 '선도가닥(leading strand)'이라고 불리며, 다른 가닥은 '지연가닥(lagging strand)'이라고 부른다. 선도가닥에서는 3' 말단에 새로운 뉴클레오티드가 첨가될 수 있는 3'-OH기를 가지므로 일단 시작되면 복제원점의 이동에 따라 연속적으로 DNA가 연속적으로 합성이 일어날 수 있다. 그러나 지연가닥은 복제 분기점에 3'-OH기를 가지지 못하므로 반복적으로 RNA primer가 합성되고 짧은 DNA 가닥이 합성이 일어난 후 이것이 연결되는 방식으로 DNA 합성이 일어나야 한다.

세포주기의 일부 세포는 세포주기에서 빠져나와 G_0기로 진입할 수 있다

다세포 생물체에서 세포주기가 시작되기 위해서는 분열촉진인자인 미토겐(mitogen)의 자극을 필요로 한다. 미토겐은 호르몬, 스테로이드 등 다양한 성분이 그 역할을 할 수 있다. 세포가 적절한 시간 내에 충분한 양의 분열촉진 신호를 받지 못한다면 세포주기를 떠나 G_0기(휴지기)라 하는 단계로 들어갈 수 있다(G_0기에 있다가 다시 적절한 분열신호를 받게 되면 다시 세포주기로 재진입할 수 있다). G_0기로 들어가면 세포는 증식(proliferation)을 할 수 없는 상태로 들어가지만 세포의 생리적 기능의 수행은 가능하다. G_0기에 있다가 세포분열신호를 받으면 다시 세포주기로 재진입하는 것이 가능하다. G_0기에서 G_1기로의 전환은 교환율(turnover rate)이 3일~4일에 이르는 인간의 내장세포(intestinal cell)에서 관찰이 되듯이 지속적 그리고 반복적(fully mitotic)으로 일어날 수도 있는 경우도 있지만, 간세포(liver cell) 같은 경우는 대부분의 기간 동안 G_0기로 존재하다가 1년에 한번 정도만 분열(semi-mitotic)을 한다. post-mitotic cell이란 세포주기에서 빠져나온 세포로 다시는 세포주기로 진입하지 못한다. 포유동물 생물체에서는 분열 가능 세포(mitotic cell)들이 분열이 끝난 세포(postmitotic cell)들보다 수적으로 우위에 있지만, 다세포 생물체에서 분열 가능 세포 대부분은 G_1 또는 G_0기로 존재하며 세포주기를 거치는 세포 수보다 더 많다.

〈표 3.1〉
mitotic cell과 postmitotic cell

fully mitotic cell	semi-mitotic cell	post-mitotic cell
섬유아세포(fibroblasts) 각질형성세포(keratinocytes) 내피세포(endothelial cells) 내장세포(intestinal cells) 줄기세포(stem cells) 생식세포(germ cells) 림프구(lymphocytes) 신경교세포(glial cells) 혈관평활근세포(vascular smooth muscle cells)	간세포(liver cell) 모낭(hair follicles)	심장 세포 뇌 세포 골격근 세포

3 3 제한지점(Restriction point)과 pRb 단백질

세포주기를 계속 진행할 것인지 아니면 휴지기(G_0기)에 들어갈 것인지를 결정하는 단계가 G_1기의 말기에 결정이 일어난다는 것이 그동안의 연구에 의하여 밝혀졌다. 배양하는 세포에서 혈청(serum)과 여기에 포함된 성장인자(growth factors)들을 G_1기가 끝나기 전에 제거하면 세포는 더 이상 세포주기를 진행하지 못하고 G_0기(휴지기)에 있게 된다. 만약 G_1 말기의 이 결정단계를 지나친 후에 혈청이나 성장인자들을 제거할 경우는 세포주기 진행을 멈추지 못하고 G_1, S, G_2, M기까지 진행하고 중단을 한다. 이와 같이 환경 자극의 영향이 G_1기 후반기 어떤 시점을 넘어서면 영향을 끼치지 못한다는 사실은 G_1기의 끝부분에 세포주기를 결정하는 중요한 단계가 있음을 나타내는 것이다. 이와 같이 G_1 말기에서 세포주기를 계속 진행할 것인지 아니면 G_0기로 들어갈 것인지를 결정하는 중요한 시점이 restriction point(제한지점) 또는 R point이다. 현재까지 연구된 모든 세포에서 R point는 G_1에서 S로 전환되기 수 시간 전에 나타난다. 만약 세포가 R point에서 세포주기를 계속 진행할 것을 결정한다면 그 이후에 성장인자가 제거되더라도 세포주기의 완료가 일어나 결국 두 개의 세포를 생성한다. 따라서 많은 관심이 G_1기 말기의 R point와 G_0기로 들어갔다가 다시 G_1기로 전환을 하는 조절기작에 초점이 맞추어져 있다. 많은 암세포의 경우에서 G_1 말기의 R point에서의 조절에 문제가 있음이 알려진 바 있다.

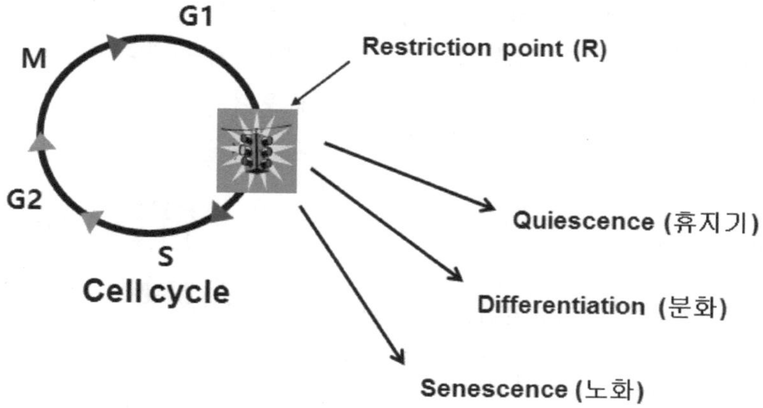

〈그림 3.4〉

세포주기의 G1기 말기의 restriction point(R)에서는 세포주기를 계속 돌 것인지, 아니면 휴지기로 들어갈 것인지, 아니면 분화를 할 것인지 등의 세포운명을 결정하게 된다.

▌Rb 단백질(pRb)

G_1기 초기에서 사이클린 D와 CDK4/6의 복합체가 형성이 되면 G_1기 말기에 있는 R point를 지날 수 있게 한다. 일단 R point를 지나면 자동으로 세포주기의 M기 끝까지 진행되도록 한다. 만약 사이클린D-CDK4/6의 활성이 없으면 R point를 지나 세포주기를 진행할 수 없다. R point에서의 조절기작은 망막모세포종(retinoblastoma, Rb) 유전자가 분리되면서 알려지게 됐다. Rb 유전자는 105kD의 단백질을 코딩하고 있으며 핵내에서 인산화되는 인단백질(phosphoprotein)이다. Rb 단백질은 포켓단백질(pocket protein)로 불리며, 종양세포에서 종종 발견되는 조절되지 않는 제한지점의 통과를 멈추게 할 수 있으므로 **종양억제 유전자**(tumor suppressor gene)라 불린다. Rb 유전자에 기능이상이 있으면 망막암(retinoblastoma)이 발생한다. Rb 단백질에 대한 초기 연구에서 Rb 단백질은 세포주기가 진행에 따라 인산화가 일어나는 것이 밝혀졌다. Rb 단백질은 G_0기에서는 인산화 되어있지 않고 G_1기에 들어서면 낮은 수준 인산화(hypophosphorylated)되었다가, R point를 지나면서 매우 높은 수준으로 인산화(hyperphosphorylated)가 일어나게 된다. R point가 지난 후에는 계속적으로 높은 수준의 인산화 상태를 유지하게 된다. M기(유사분열)가 끝나면 Rb 단백질에 붙어있는 인산기가 탈인산화효소(phosphatase)에 의해 제거되고 Rb 단백질은 다시 인산화되지 않은 상태로서 세포주기를 맞이하게 된다. 이러한 사실들을 종합해 볼 때 Rb 단백질의 인산화가 R point를 지나는데 중요한 조절인자로서 작용하며, Rb 단백질이 인산화가 일어나면서 세포주기 진행을 억제하는 종양억제자(tumor suppressor)의 기능을 상실하게 됨을 나타내는 것이다. 즉 Rb 단백질은 R point를 지키는 조절자로서 세포주기 진행을 억제하는 능력이 Rb 단백질의 인산화에 의해

없어질 때까지 세포주기의 R point를 막는 역할을 수행하는 것이다. 따라서 R point에서 성장억제 능력이 상실되었을 경우는 E2F 전사인자가 pRb의 세포주기 억제로부터 벗어나 S기 진입을 위한 유전자 발현을 통하여 나머지 세포주기를 돌게 된다.

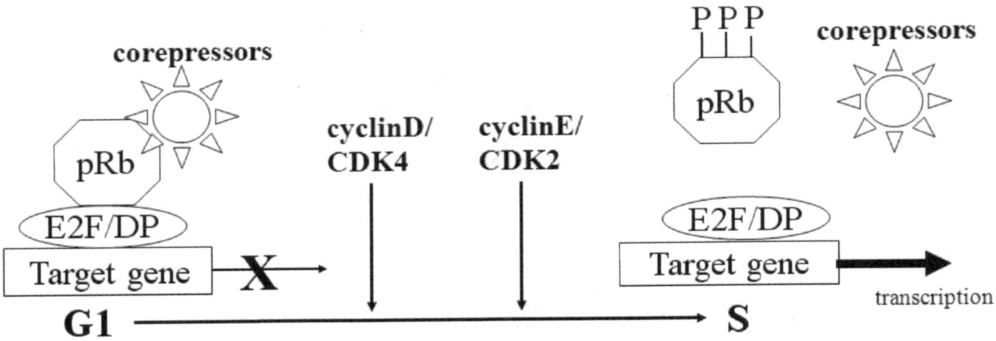

〈그림 3.5〉
인산화되지 않은 pRb는 E2F와 결합하여 E2F 전사인자 기능을 차단한다. 사이클린D/CDK4와 사이클린E/CDK2에 의해 인산화가 일어난 pRb는 E2F와 분리가 일어난다. 자유롭게 된 E2F는 S기로 진입하기 위한 유전자들의 전사를 촉진함으로써 세포주기를 진행할 수 있다.

E2F 단백질

앞에서 설명한 바와 같이 인산화되지 않은 Rb 단백질은 세포주기가 진행하지 못하도록 하는 역할을 수행할 수 있지만 인산화가 일어난 Rb 단백질은 이러한 억제 기능을 상실하게 되는데 이것은 전사인자(transcription factor)인 E2F를 통한다는 것이 밝혀졌다. E2F 전사인자는 S기로 진입하기 위해 필요한 DNA 중합효소α, 티미딘키나제(thymidine kinase), ribonucleotide reductase, 사이클린 E, 사이클린 A 등의 목표(target) 유전자 전사를 촉진하는 역할을 한다. E2F family (E2F-1, -2, -3, -4, -5)는 DP family (DP-1, -2, -3)와 heterodimer(이형이량체)를 형성함으로써 특정한 DNA 부분에 결합하여 전사를 촉진할 수 있다. 평상시에는 E2F 전사인자는 전사를 억제하는 Rb family protein(pRB, p107, p130)과 결합되어 있기 때문에 이들 target 유전자 전사는 일어나지 못한다. CDK에 의해 pRb가 인산화되면 포켓단백질의 모양을 변화시켜 E2F를 풀어주게 된다. 포유동물은 8종류의 E2F 유전자를 가지며, 여기서 9종류의 다른 E2F 단백질들이 생산된다. 따라서 pRb와 E2F는 세포주기의 가장 중요한 의사결정 단계를 조절하는 결정인자가 되는 셈이다. R point의 통과에는 우선적으로 사이클린 D-CDK4/CDK6가 필요하고, 그 다음으로 사이클린E-CDK2 복합체가 필요한 것으로 생각되는데 그것은 사이클린D가 사이클린E보다 앞서서 생성이 일어나기 때문이다.

R point와 사이클린-CDK 복합체의 조절

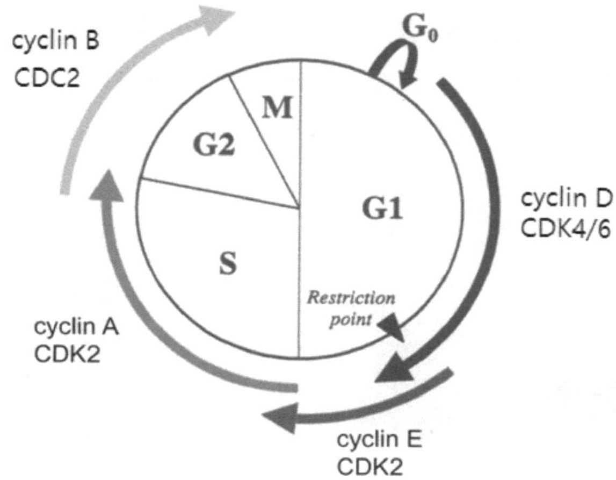

〈그림 3.6〉
세포주기의 R point와 사이클린-CDK복합체의 조절

다양한 종류의 미토겐은 사이클린D의 발현을 우선적으로 증가시킨다. CDK4와 CDK6는 오직 D형 사이클린과만 복합체를 형성할 수 있으며, 반면 CDK2는 사이클린D, 사이클린A, 사이클린E와 복합체를 형성할 수 있다. CDK4와 CDK6는 INK4 저해제인 p15, p16, p18, p19과 결합함으로써 기능의 저해가 일어난다. INK4a 단백질은 CDK4/6 활성을 저해함으로써 S기로 들어가는 것을 막는데, 많은 암에서 $p16^{INK4a}$(앞으로 p16으로 표기) 유전자의 상실(deletion)이 발견되며 이것은 p16 유전자가 암의 발생을 막아주는 종양억제유전자(tumor suppressor gene)임을 나타내는 것이다.

G_1기와 S기 사이에 R point라는 곳을 지나야 하는데 이 지점에서 새로운 분열의 시작 여부에 대한 결정이 내려진다. 또한 S기와 M기로 진행할 때에 준비는 다 갖추어져 있는지, 또는 전 단계에서 잘못은 없었는지를 점검하는 검문지점(checkpoint)이 존재한다. 만약 이 단계에서 잘못된 점, 특히 DNA의 손상이 발견되면, 다음 단계로의 진행은 중지되고 잘못의 수선(repair)이 이루어질 때까지 세포주기의 진행을 정지시킨다. 세포주기를 조절하는 기작은 매우 정교한 기작으로서 수많은 조절단백질들이 관여하고 있으며 지금까지도 새로운 조절단백질들이 계속해서 발견되고 있다. 이것은 세포주기에서의 사소한 실수는 생명까지 위협할 수 있는 심각한 문제를 일으킬 수 있기 때문이다. 사이클린E는 S기를 시작하는데 있어 중요한 조절자로 작용한다. 실험에 의하면 E2F 결여로 인하여 세포주기 진행이 정지된 세포에 외부적으로 사이클린E 단백질을 도입할 경우 세포주기 정지가 극복되는데, 이 사실은 $G_1 \rightarrow S$ 전환에 E2F와 함께

사이클린E가 필요하다는 것을 나타내는 것이다. S기를 시작하기 위하여 사이클린E-CDK2 복합체 형성이 필요하다는 것을 알게 되었는데 이것은 anti-CDK2 항체를 이용하거나 dominant-negative CDK2를 이용하여 CDK2 작용을 억제하였을 때 DNA의 복제도 억제되었기 때문이다. 많은 포유류 세포에서 사이클린E를 과발현시키면 G_1기가 짧아지는 것이 관찰되는데 이것은 사이클린E가 $G_1 \rightarrow S$ 진행을 결정하는 중요한 조절자임을 나타낸다. 포유류 세포의 DNA 복제에는 사이클린E-CDK2 복합체 외에도 사이클린A-CDK2 복합체도 필요한 것으로 알려진다. anti-sense 사이클린A mRNA나 anti-사이클린A 항체를 미세주입(microinjection) 하였을 때 DNA 복제가 저해되는 현상은 사이클린A와 DNA복제가 관련이 있음을 나타내는 것이다.

3 4 유사분열

유사분열(mitosis)은 우리 몸을 구성하는 모든 기관을 이루는 체세포가 분열하는 방법이다. 정자와 난자와 같은 생식세포는 유사분열이 아니라 감수분열(meiosis) 과정을 통하여 일어난다. 세포주기의 S기에서 DNA 복제가 일어난 다음 G_2기에서는 세포의 크기가 커지며, 세포가 유사분열 하기 전 DNA 잘못(error)을 바로 잡을 수 있는 마지막 기회를 가지게 된다. DNA 수선기구는 G_2기에도 활성상태로 남아있어 복제된 DNA가 유사분열의 전기에 응축이 일어나기 전까지 구조적으로 완전한 상태를 유지하도록 한다. 이와 더불어 사이클린 B/CDC2의 활성화는 G_2/M 검문지점을 통과할 수 있도록 유도한다.

DNA 완전성(integrity)은 검문지점과 수선기작의 작용으로 일어난다

세포에는 합성되는 DNA 가운데 잘못(error)을 찾아내고 수선하는 체계를 가지고 있는데 이들이 작용하여 잘못을 바로 잡을 때까지 검문지점을 지나쳐서 진행하는 것을 차단한다. 예를 들어 DNA 이중나선 및 단일나선의 수선은 ATM(ataxiatelangiectasia mutated) 및 ATR (ataxiatelangiectasia and Rad3-related)이라 불리는 두 개의 단백질 인산화효소에 의하여 유도되는데, 이들은 DNA 수선과 유지를 조절하는 단백질들을 인산화하는 역할을 한다. 정확히 어떻게 DNA 손상이 감지되는지는 여전히 잘 알려지지 않으나 DNA 수선을 상실한 돌연변이체를 통해 DNA가 손상된 즉시 ATM이나 ATR과 상호작용하는 몇 개의 단백질들을 밝혀냈다. 그 중에 하나인 MRN 복합체(MRN complex)는 DNA 이중나선과 단일나선의 절단(breakage)을 감지한 다음 결합하고, 여기에 ATM 이량체가 붙어서 자가인산화(autophosphorylation)를 통해 활성화가 일어난다. 이 후 ATM은 H2AX라 불리는 histone 2A를 인산화하는데, 이것은 수리기구 조립을 위한 결합부위로 작용한다. 수리가 일어나는 동안 세포주기를 멈추는 것이 중요한데 이것은 잘못을 확대 생산되지 않도록 해준다. 활성화된 ATM 및 ATR 그리고 세린/트레오닌 인산화효소의 두 가지 중요한 기질은 각각 Chk2 및 Chk1이다. 이들은 DNA 수리가 끝날 때까지 다음 단계로 진행하는 것을 막는다.

염색체 정렬은 유사분열 방추사조립 검문지점에 의해 보증된다

유사분열 기간 동안 가장 중요한 단계중의 하나는 복제된 염색체의 동원체에 유사분열 방추사의 미세소관이 결합하는 것이다. 모든 염색체에 적절히 방추사가 결합하여 중기판에 배열될 때까지, 후기로의 진행이 방추사 조립 검문지점(spindle assembly checkpoint)으로 알려진 기작에 의하여 활발히 억제된다. 이 검문지점은 복제된 염색체가 적절히 분리되도록 도와준다. 이러한 기능에 결함이 있으면 이수성(aneuploidy)으로 알려진 상태가 되며 이수성 세포는 죽거나 암세포화하는 특징을 가지고 있다. 어떻게 이러한 기작이 이루어지는가 하는 것은 자세히 알려져 있지 못하지만 공통적인 한 가지는 **후기-촉진 복합체(anaphase-promoting complex, APC)**라는 커다란 복합체가 존재한다는 것이다. 한 가지 학설은 유사분열-검문지점 복합체(mitotic checkpoint complex, MCC)는 cdc20이라 불리는 필수적인 APC 구성성분을 포함하는데, 아직 동원체에 연결되지 않은 동원체미세소관에 결합한다. 동원체미세소관이 완전히 부착되면, 중기 동안 염색체의 당김으로써 발생하는 장력에 의하여 cdc20을 포함하는 MCC 단백질이 방출됨으로써, cdc20은 APC에 결합하여 이를 활성화시킨다. 활성화가 일어난 후기-촉진복합체(APC)는 여러 조절단백질들에 유비퀴틴이 부착되도록 도와주어 세포가 후기로 진행이 되도록 도와준다.

세포질분열은 유사분열이 끝난 후에만 일어난다

세포질분열은 수축환(contractile ring)의 수축이 필요한데 수축환은 원형질막 아래에 존재하며 유사분열 방추사의 긴 축에 수직으로 놓여있다. 여기서 중요한 점은 핵막의 재조립 과정 등 유사분열이 완전히 끝날 때까지는 수축환에 있는 미오신 모터가 활성화가 일어나지 않아야 한다는 것이다. 세포질분열의 조절에 관한 자세한 내용은 아직 잘 밝혀져 있지 않으나 몇 가지 중요한 패턴이 효모에서 포유류에 이르기까지 공통적으로 나타나고 있다. 한 가지는 유사분열 말기에서 세포질분열로 전환하는 것이 단백질의 탈인산화에 의존적이라는 것인데, 특히 사이클린B/CDC2의 기질이 그러하다. 이것이 사이클린의 유비퀴틴화에 의한 것인지, 탈인산화효소의 활성 증가에 의한 것인지, 혹은 이 두 가지가 모두 관여해 일어나는 것인지는 확실치 않다. 유비퀴틴화가 일어나지 않은 돌연변이형의 사이클린을 발현하는 세포는 상당히 지연된 시간 뒤에 세포질분열로 진입하는데, 이것은 사이클린 분해가 세포질분열 개시를 위한 엄격한 필요조건이 아니라, 세포질분열의 시간을 조절하기 위한 것임을 나타낸다. 다른 하나는

CDK 기질의 탈인산화가 특이적 순서에 의하여 일어나는데, 이는 세포질분열이 세포가 검문지점(checkpoint)을 통과하도록 해주는 인산화 연쇄반응(cascade)에서 발견되는 것과 유사한 탈인산화 패턴을 따른다는 점이다.

3.5 CDK 저해인자(inhibitor)와 노화

세포의 노화는 세포주기의 G1기에서 정지가 일어난 후 아직 알려지지 않은 다른 종류의 신호전달계와 협력하여 영구적으로 세포분열 중지가 일어나고 서서히 노화가 진행되어 궁극적으로 죽음을 맞이한다. 대부분의 노화세포(senescent cell)에서는 G_1 사이클린-CDK 복합체의 활성이 억제되고, 증식 촉진인자(mitogen)로 자극을 준 이후에도 사이클린-CDK복합체의 활성의 회복이 일어나지 않는다는 점에서 휴지기(quiescent)의 세포와는 차이가 있다. 따라서 G_1 사이클린-CDK 복합체의 활성을 억제하는 시스템이 노화를 일으키는데 중요한 역할을 하는 것으로 추측하고 있다. 앞서 언급한 바와 같이 사이클린-CDK 복합체의 활성을 억제하는 물질로 **CDK 저해단백질**(cyclin-dependent kinase inhibitor, **CDKI**)이 있는데 2개의 그룹으로 분류된다. 그 하나는 INK4a family로서 CDK4/6만을 특이적으로 저해하며 여기에는 p15, p16, p18, p19 등이 포함된다. 다른 하나는 p21 family 로서 다양한 사이클린-CDK 복합체를 폭넓게 저해하며 p21, p27, p57을 포함한다.

정상세포의 G_1기에서 사이클린D와 CDK4/6는 복합체를 구성함으로써 활성화가 일어나 Rb 단백질에 인산기를 붙여준다. Rb가 인산화 되면 Rb는 E2F와 분리가 되므로 E2F의 전사활성이 회복되며 세포주기의 진행을 촉진할 수 있다. 그러나 CDK 저해인자(CDKI, CDK inhibitor))의 활성이 클 때에 Rb 단백질의 인산화(phosphorylation)는 억제되고, 따라서 Rb 단백질이 계속 E2F와 결합하게 하면서 세포주기의 진행이 일어나지 않도록 한다. p16 그리고 p21과 같은 CDKI는 세포주기 진행을 억제함으로써 세포의 증식(proliferation)을 억제한다. 많은 암에서는 세포주기를 조절하는 Rb 단백질(pRb) 그리고 p16과 같은 CDKI의 불활성화가 발견되고 있다. SV40나 아데노바이러스 그리고 HPV와 같은 종양 바이러스(tumor virus)의 경우 Rb 단백질을 불활성화시킴으로써 암을 일으키는 기작을 가지고 있다. 반대로 pRb, CDKI의 기능 활성을 강화할 경우 암(cancer)은 효과적으로 억제할 수 있지만 노화는 더욱 가속화시킬 가능성이 크다.

CDKI인 p16과 p21은 사이클린 D-CDK4, 그리고 사이클린 E-CDK2 복합체 등의 활성을 억제함으로써 세포주기가 R point를 지나 S기로 진입하는 것을 억제한다. 노화가 많이 진행된 세포에서는 CDK 억제자(CDKI)인 p16의 발현 증가가 확인이 되고 있다. p16은 암억제 단백질

로 알려져 있으며, 노화하면서 축적이 일어나는 노화 마커(senescent marker)로 밝혀진 바 있다

3.6 p53과 노화

암과 관계있는 유전자들

전통적으로 암에 관련된 유전자를 세 가지로 나눌 수 있다. 첫째로 원발성 암유전자(proto-oncogene)라고 불리는 유전자들은 평상시에는 세포에 유익을 주는 기능을 정상적으로 수행함으로써 도움을 주지만, 여기에 돌연변이가 발생하게 되면 암유전자(oncogene)로 변하여 세포증식을 무분별하게 일어나게 하여 암을 발생하게 한다. 마치도 평상시는 부드러우며 지적인 지킬박사의 모습을 하고 있다가, 나중에는 과격하며 잔인한 하이드의 모습으로 변하는 두 얼굴을 갖고 있는 것이다. 이러한 종류로 분류되는 것으로는 성장인자(growth factor)나 성장인자의 수용체(growth factor receptor)가 있다. 두 번째로는 종양억제유전자 또는 암억제유전자라는 것이 있는데, 이들의 정상적인 기능은 세포주기의 음성조절자(negative regulator)로서 작용하며 세포사멸, 분화, 노화 등의 작용에 관여한다. 대표적인 종양억제유전자로 p53, $p21^{WAF1/CIP}$, pRb, p16 등을 들 수 있는데, 많은 암세포에서 종양억제유전자의 불활성화가 관찰되고 있다. 세 번째 부류로 DNA 수선에 관여하고 있는 유전자에 돌연변이가 일어나면 유전체의 불안정성을 촉진하여 암의 발생을 촉진하게 된다.

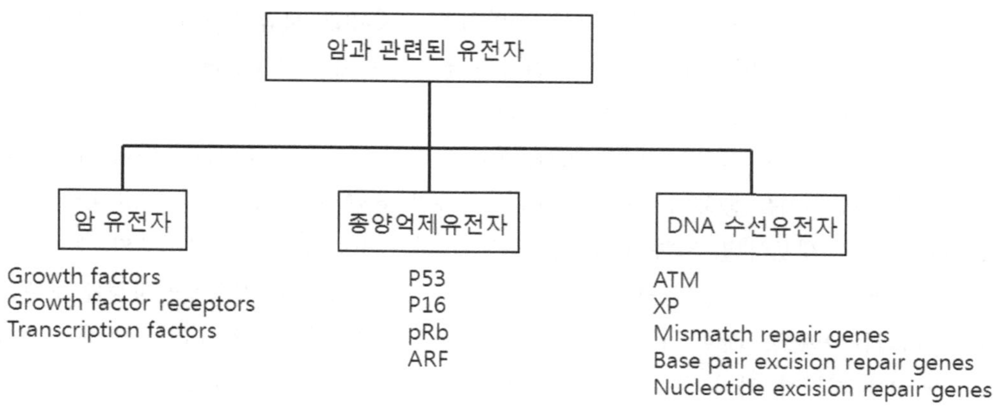

〈그림 3.7〉 암과 관련있는 유전자

암유전자와 종양억제유전자가 세포주기에 미치는 역할

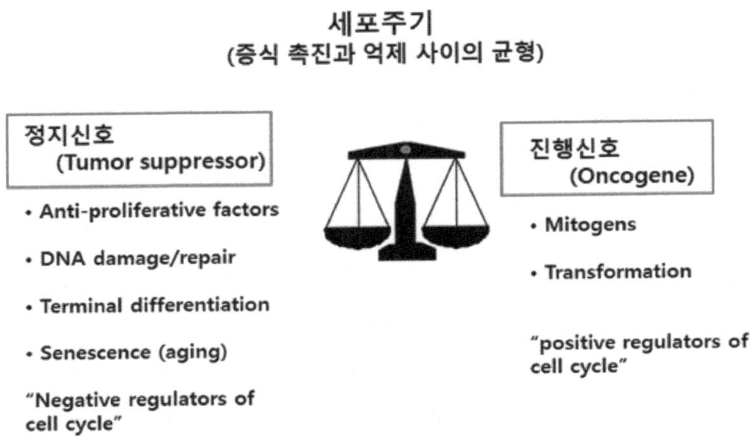

〈그림 3.8〉
암유전자는 세포주기를 촉진하는 역할을 하여 'positive regulators of cell cycle' 이라고 불린다. 종양억제유전자는 세포주기를 정지하게 하는 브레이크로서의 역할을 하기 때문에 'negative regulators of cell cycle' 이라고 불린다. 종양억제유전자는 세포주기의 정지와 노화를 촉진하는 기능을 한다.

▌p53 종양억제유전자

p53 유전자는 1979년 처음 발견되었는데 처음에는 암을 일으키는 암유전자(oncogene)인줄 알았다가 나중에 암을 억제하는 종양억제유전자(tumor suppressor gene)로서 밝혀지게 되었다. p53의 돌연변이가 인간에 발생하는 모든 암의 55% 이상에서 발견된다는 것은 p53 단백질이 암의 억제에 중요한 역할을 하고 있음을 뒷받침하는 것이다. 사람의 p53 단백질은 393개의 아미노산으로 구성되어 있으며 그 기능은 전사를 조절하는 전사인자(transcription factor)로서 여러 종류의 유전자 발현 조절에 관여하고 있다. 세포가 받는 여러 가지 스트레스들은 다음과 같은 것들을 예로 들 수 있다. 자외선 조사, 산화적 스트레스, 텔로미어의 손상, 암유전자의 발현, 항암요법제 처리를 통하여 DNA 손상이 일어나면 p53의 수준을 증가시키고, p53은 다시 세포주기의 정지, 세포사멸, 노화 등에 관여하는 유전자 발현을 증가시킴으로써 세포분열을 정지시키고 DNA 손상을 수선하는데 모든 힘을 집중하게 하므로 유전체의 안정성을 보존하도록 한다. 이러한 이유로 p53에 '유전체의 수호자' 또는 '유전체의 수호천사'라는 별명을 붙이게 되었다. p53을 제거한 쥐의 경우 발육은 정상적으로 일어나지만, 암의 발생이 정상 쥐보다 훨씬 증가하는 것으로 보아 p53이 개체수준에서도 암을 억제함을 나타낸다. 최근의 다른 연구 결과에 의하면 p53을 정상보다 높은 수준으로 발현했을 경우 조로현상(premature aging)을 초래하였는데, 이것은 과발현된 p53이 노화기작을 한층 강화함으로써 암을 억제함을 의미한

다. 따라서 정상의 경우 p53의 수준이 균형을 맞춰주고 있으나 돌연변이를 통하여 p53이 부족하면 암을 발생시키고, 지나친 스트레스 상황으로 말미암아 p53이 지나치게 발현되면 노화가 촉진될 수 있음을 의미한다.

p53은 다기능(multi-functional) 단백질인데 그 중 가장 중요한 역할의 하나는 사이클린-의존적 키나제(cyclin-dependent kinase, CDK)의 저해제인 $p21^{WAF1/Cip}$을 유도하는 것이다. 다양한 종류의 인간 세포주(cell line)에서 노화가 일어나면 $p21^{WAF1/Cip}$의 발현 역시 증가하고 있음이 관찰되었다. $p21^{WAF1/Cip}$은 PCNA(proliferating cell nuclear antigen)에 결합하여 DNA복제를 억제하는 기능을 하며, $p21^{WAF1/Cip}$을 대량으로 발현시키면 p53 수준을 증가시켰을 때와 유사하게 세포주기의 정지를 일으켰다. 세포주기의 정지는 유전체가 안정성을 갖도록 하는데 중요한 역할을 한다. 예를 들어 세포분열을 시작하는 세포에 DNA손상이 포함되어 있을 경우, 그대로 놔두면 잘못된 DNA를 복제할 것이며 이것은 매우 치명적인 결과를 초래할 수 있다. 이것을 방지하기 위해서는 분열 전에 점검할 기회를 주고 수선을 하도록 해야 한다. 이것은 검문지점(checkpoint) 단백질에 의하여 수행되는데 그 대표적인 예가 p53 단백질이다. p53은 사이클린D-CDK4, 사이클린E-CDK2, 사이클린A-CDK2, 사이클린B-CDK1(사이클린B-Cdc2) 복합체의 활성을 저해함으로써 세포주기 진행을 정지시키는 $p21^{WAF1/Cip-1}$(p21로 표기)의 발현을 증가시킨다.

아래 그림은 G_2 arrest에서의 p21의 다양한 역할을 보여준다. 사이클린 B-CDK1의 활성을 억제한다. 이것은 사이클린 B의 분해를 유도함으로써 유사분열을 촉진하는 조절자 발현을 억제함으로써 G_2 arrest를 유지시킬 수 있다. 이것은 마침내는 G_2에서 비가역적인 세포주기 출구(cell cycle exit)를 유도하여 노화로 들어간다.

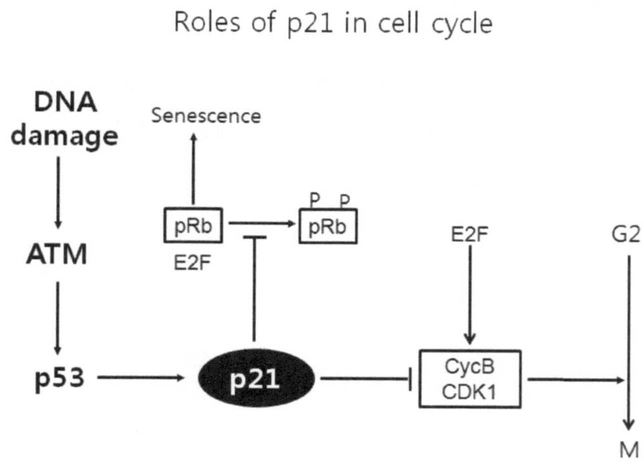

〈그림 3.9〉
p53은 p21을 유도함으로써 세포주기 정지를 일으킨다. p21은 pRb의 인산화를 저해함으로써 노화를 촉진할 수 있다.

참고문헌

1. Classon, D. and E. Harlow. (2001). "p107 and p130: versatile proteins with interesting pockets." *Exp Cell Res* 264:135-147.
2. Dyson, N. (1998). "The regulation of E2F by RB-family proteins." *Genes Dev* 12:2245-2262.
3. Harbour, J. W. and D. C. Dean. (2000). "The Rb/E2F pathway: expanding roles and emerging paradigms." *Genes Dev* 14:2293-2409.
4. Hunter, T. and J. Pines. (1994). "Cyclins and cancer II: cyclin D and CDK inhibitors come of age." *Cell* 79:573-582.
5. Levine, A. J. (1997). "p53, the cellular gatekeeper for growth and division." *Cell* 88:323-331.
6. Lossaint, G., E. Besnard, et al. (2011). "Chk1 is dispensable for G2 arrest in response to sustained DNA damage when the ATM/p53/p21 pathway is functional." *Oncogene* 30:4261-4274.
7. Massague, J. (2004). "G1 cell-cycle control and cancer." *Nature* 432:298-307.
8. Michael, D. and M. Oren. (2003). "The p53-Mdm2 module and the ubiquitin system." *Semin Cancer Biol* 13:49-59.
9. Sherr, C. J. (1993). "Mammalian G1 cyclins." *Cell* 73:1059-1065.
10. Sherr, C. J. and J. M. Roberts. (1999). "CDK inhibitors: positive and negative regulators." *Genes Dev* 13:1501-1512.
11. Vogelstein, B., B. Lane, et al. (2000). "Surfing the p53 network." *Nature* 408:307-310.
12. 김준철 등. (2013). "플로퍼 세포생물학." 범문에듀케이션.
13. 오상진. (2005). "인체노화." 탐구당.

CHAPTER 04

텔로미어와 노화

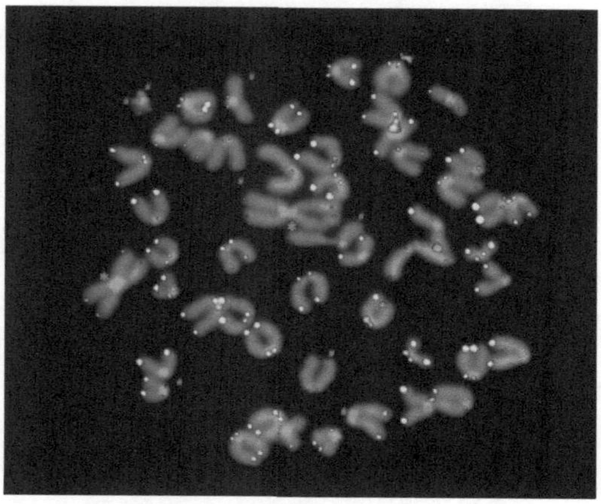

〈그림 4.1〉 텔로미어
밝게 빛나는 부위가 사람 염색체의 텔로미어 자리

아주 긴 DNA 분자들이 꼬여있는 염색체의 말단에는 '텔로미어'라는 특별한 구조물이 존재한다. '**텔로미어(telomere)**'란 염색체 양 끝에 존재하는 말단 부위를 의미하는 단어('텔로=말단'을, '미어=부분, 소체'를 의미한다)이다. 텔로미어(Telomere)의 처음발견은 1978년 블랙번(Blackburn)과 Joseph Gall에 의해 처음 발견되었다. 이들은 보고서에서 원생생물(Protists)의 유전자에 텔로미어가 반복되는 염기서열이 있다고 제안했다. 그 이래로 이 분야에 많은 연구가 계속되어 왔으나, 텔로미어의 세포 내에서의 진정한 역할이나 세포내 조절에 관하여 알려진 것은 거의 없었다. 텔로미어의 길이(telomere length)는 **텔로머라제(telomerase)**라는 효소 및 여러 부속 단백질들과의 상호작용을 통해 유지된다. 세포노화에 있어서 텔로미어-텔로머라제 학설(telomere-telomerase theory)은 노화와 암의 발생을 여러 방면에서 설명할 수 있는 이론적 근거를 제공하고 있다. 노화의 텔로미어-텔로머라제 학설은 다음의 세 가지 중요한 최근의 발견을 바탕으로 하고 있다. 첫째, 정상 세포에서 세포가 나이가 들어감에 따라 텔로미어가 지속적으로 짧아져가는 현상이 관찰된다는 것이다. 둘째, 대부분의 암조직에서 텔로머라제 효소의 활성이 발견된다는 것이다. 셋째, 인간의 노화가 진행되어 갈수록 암 발생의 위험이 증가하고 있다는 것이다.

척추동물(vertebrate animal)에서 텔로미어는 "TTAGGG" 염기 배열이 수백에서 수천 번 계속해서 직렬로 연결되어 있으며 여기에 텔로미어 관련 단백질들이 결합되어 있는 구조를 하고 있다. 세포는 한 번 분열이 일어날 때마다 약 50~200개 사이의 텔로미어 뉴클레오티드(nucleotide)를 잃게 된다. 그러므로 텔로미어 길이가 짧아지는 것은 식물의 나이테처럼 세포가 몇 번 분열했는지, 그리고 앞으로 얼마나 더 분열이 가능한지 등을 말해 주는 '세포분열 시계(cell division clock)'로 생각될 수 있다. 또한, 충분히 짧아진 텔로미어는 정상 세포가 더 이상 분열을 못하게 하는 신호를 줄 수 있는 것이다.

텔로미어 길이를 연장시켜주는 텔로머라제는 **텔로머라제 RNA**(telomerase RNA, TR)와 **텔로머라제 단백질**(telomerase reverse transcriptase, TERT)의 복합체(Nucleoprotein complex)로 구성되며, 이 효소는 RNA를 주형(template)으로 삼아 염색체의 끝에 "TTAGGG" 라는 텔로미어 염기서열을 계속해서 붙여 주는 역할을 한다. 그러므로 텔로머라제 효소는 정상 세포로 하여금 염색체 끝의 텔로미어가 짧아지는 것을 막아주는 역할을 한다. 또한 텔로머라제의 활성은 아마도 세포의 불멸화(immortalization)와 밀접한 관련이 있는 것으로 생각된다. 대부분의 정상 세포는 텔로머라제 활성이 없는 반면에 대략 90% 이상의 암세포는 텔로머라제 활성이 활발하다(나머지 5~10%의 암에서는 텔로머라제가 아닌 다른 방법으로 텔로미어 말단을 연장한다). 따라서 텔로머라제 효소의 활성 측정은 암을 진단하는데 유용한 지표가 되고 암을 치료하는 중요한 target가 될 수 있다. 그러나 항상 예외는 있듯이 비록 무한하게 분열할 수 있는 불멸의 세포에도 텔로머라제 활성이 음성인 세포들도 존재한다.

텔로미어는 특수화한 DNA-단백질(DNA-protein) 복합체가 선형(linear)의 DNA 말단을 씌우고 있는 구조를 하고 있다, 마치 구두끈의 말단이 풀어지지 말라고 존재하는 구두끈 말단의 플라스틱에 비유할 수 있다.

〈그림 4.2〉 텔로미어는 구두끈 말단에 있는 플라스틱(화살표)에 비유할 수 있다.
이 플라스틱은 구두끈이 풀어지는 것을 방지하는데 텔로미어도 염색체의 유지에 중요한 역할을 한다.

텔로미어 구조는 선형의 염색체(linear chromosome)가 세포의 재조합(recombination) 수선기작(repair mechanism)에 의하여 서로 융합(fusion)이 되는 것을 방지한다. 그러므로 텔로미어는 유전체(genome)의 온전함(integrity)과 안정성(stability)을 유지하는데 기여하고 있으며 유전체(genome)를 안정적으로 유지하는데 필수적이라고 말할 수 있다. 이것을 다른 말로 말하면 기능장애를 지닌 텔로미어(dysfunctional telomere)의 경우 유전체를 불안정하게 만드는 요인이 될 수 있다는 것이다. 유전체의 불안정성(genome instability)은 가장 흔한 cancer(암)의 유발 원인이자 특징이다. 이러한 텔로미어 기능장애(telomere dysfunction)에 대하여 포유동물 세포(mammalian cell)는 두 가지의 기작-즉, 세포사멸(apoptosis)과 세포노화(cellular senescence)-으로 대응한다. 이와 같은 종양억제(tumor suppressor) 기작은 암을 강력히 억제하는 것과 더불어 최근의 연구결과에서는 노화 표현형(aging phenotype)에도 길항적으로 관여할 수 있음을 보여주고 있다. 그러므로 텔로미어가 염색체, 그리고 더 나아가서 유전체(genome)를 어떻게 보존하는가 하는 점이 암(cancer)과 노화(aging)에 영향을 주는 것이다.

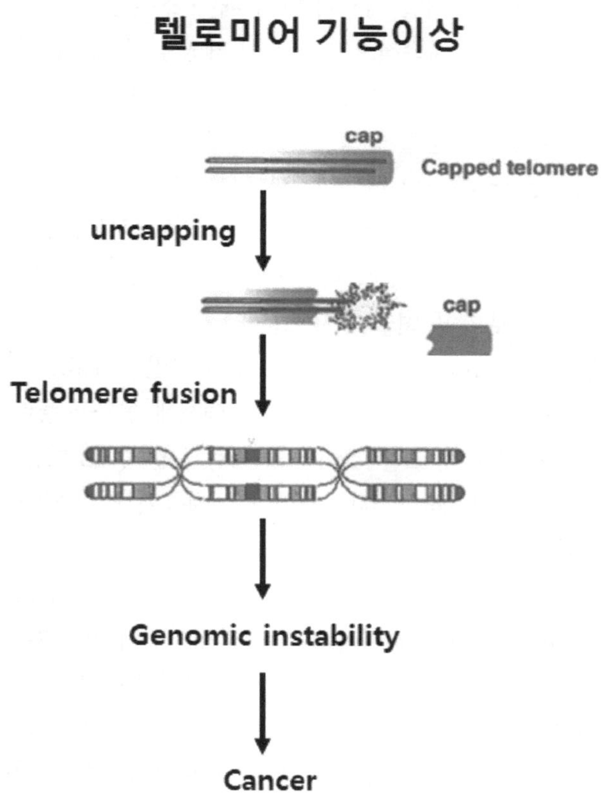

〈그림 4.3〉 텔로미어 기능 장애와 암의 유발
텔로미어의 기능 이상은 텔로미어 말단을 uncapping하고 염색체 말단의 융합을 유발할 수 있으며 이것은 유전체를 불안정하게 한다. 유전체의 불안정성(genomic instability)은 중요한 암 유발인자에 해당한다.

4.1 '텔로미어'는 무엇인가?

1900년대 중반까지 과학자들은 척추동물의 세포를 *in vitro*(시험관 실험)에서 키우면 영원히 죽지 않고 분열할 수 있지만, 다세포 생물체의 구성원으로 작용하게 되면 유한한 생명을 갖는다는 개념이 널리 받아들여지고 있었다. 알렉시 카렐(Alexis Carrel)은 닭의 세포를 34년 동안이나 배양했다고 주장한데 반하여, 헤이플릭(Leonard Hayflick)은 정상적인 세포라면 그 어떤 방법으로도 세포를 영원히 자라게 할 수는 없다고 주장했다. 헤이플릭은 세포가 분열 횟수를 기억하고 있는 것처럼 50~60번 세포분열을 하면 분열을 정지한다고 주장했으며, 나중에 그는 이러한 현상이 노화와 관계있을 것이라 추측했다. 카렐의 실험에 심각한 오류가 있었다는 사실은 나중에 드러났는데, 당시 카렐은 매일 세포에 닭의 배아 조직을 갈아서 양분으로 제공했는데, 이렇게 하면 새로운 줄기세포가 지속적으로 배양에 제공될 수 있기 때문에 배양중인 세포가 암세포처럼 끊임없이 분열하는 것처럼 보인 것이다. 실험실에서 세포 배양시 일정 횟수 이상 계대 배양하게 되면 더 이상 세포분열과 성장이 일어나지 않는 상태를 관찰하게 되는데, 이를 **'복제 노화(replicative senescence)'**라고 부른다. 생식세포와 종양세포 등의 일부 세포를 제외한 모든 세포는 무한정 분열할 수 있는 것이 아니라 일정 횟수 이상 분열 후에는 더 이상 분열할 수 없는 세포 수명(life span)의 한계성을 나타낸다. 그렇다면 동물의 정상세포는 왜 영원히 분열할 수 없는 것일까? 텔로미어 연구가 세포분열 횟수에 대한 실마리를 제공할 수 있다. 1930년대에 헤르만 뮐러(Hermann Muller)와 바바라 맥크린톡(Barbara McClintock)은 텔로미어의 안정성에 대한 의문을 제시했다. 뮐러는 초파리 염색체 연구를 통하여 텔로미어가 염색체 전체의 안정성(stability)에 매우 중요할 것이라고 예측하였다. 또 맥클린톡은 옥수수 연구를 통하여 텔로미어에 염색체를 보호하는 역할이 있다고 예측했다. 하지만, 당시 그들은 왜 이런 현상이 나타나는지는 알지 못했다. 1953년 왓슨(James Watson)과 크릭(Francis Crick)에 의해 DNA 구조가 밝혀진 뒤로 유전정보가 DNA를 통해서 어떻게 보존(maintain), 전달(transfer), 해석(express)되는지 밝혀졌다. 관련된 여러 기전이 밝혀지면서 한편으론 다른 의문도 생겼다. 1972년 왓슨은 그동안 밝혀진 지식을 토대로 DNA의 '말단 복제 문제 (end replication problem)'를 제시했다. 지연가닥(lagging strand)의 말단 RNA 프라이머(primer)가 제거되고 그 부분은 복제되지 않고 빈 공간(gap)으로 남음으로써 말단 염기서열의 소실이 일어나기 때문에, 세포분열이 지속될수록 염색체가 짧아진다는 것이었다. 세포분열을 통해 염색체가 짧아진다는 사실은 세대가 거듭될수록 생물체의 유전정보가 없어진다는 것을 의미한다. 그러나 실제로는 세대가 거듭된다고 해서 유전정보가 없어지지는 않는다. 이것을 통해 기존의 이론에 대하여 무언가 보완해야 할 필요가 생겼다. 텔로미어에 대한 이런 발견은 당시 생물학자들은 몰랐지만, 세포노화와 깊은 관련이 있었다.

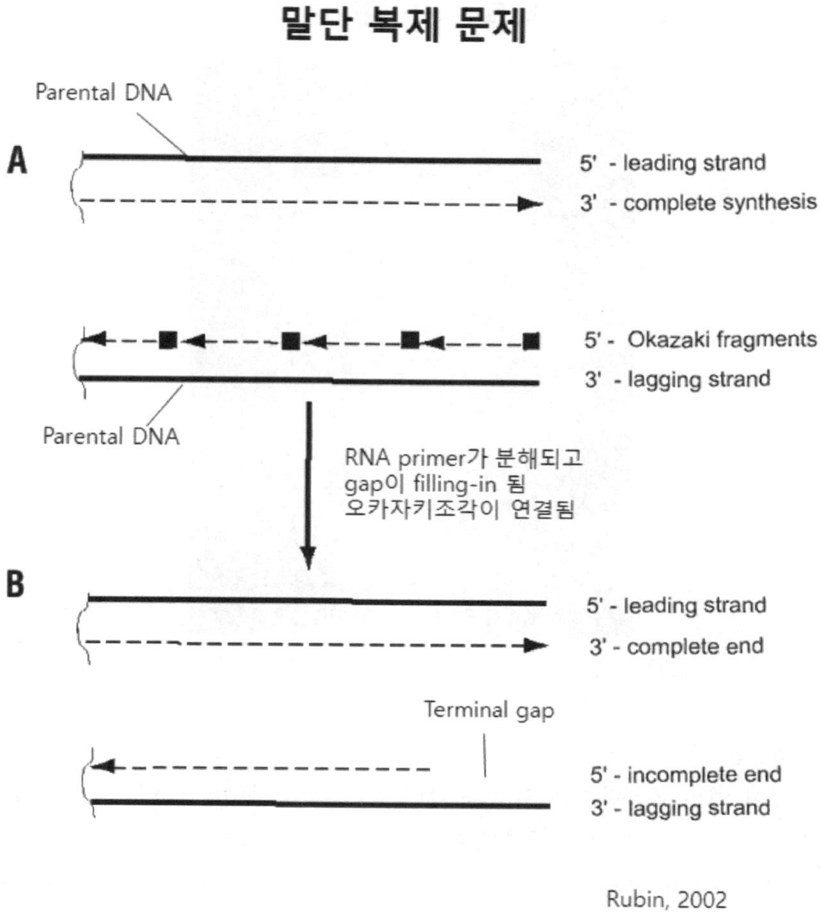

〈그림 4.4〉

5'→3' 방향으로 방향이 정해진 DNA 복제는 필연적으로 선형 DNA의 말단에 손실을 가져온다. 이것은 DNA가 복제가 시작될 때는 RNA 프라이머라는 짧은 가닥이 필요하다. 그런데 복제가 끝나면 RNA 프라이머는 DNA로 치환되어야 하는데 말단에 있는 RNA 프라이머가 제거된 이후에 5' 쪽에는 dNTP를 중합할 3'-OH가 존재하지 않기 때문에 RNA 프라이머가 있던 자리만큼 복제할 때마다 짧아지게 된다(incomplete end).

텔로미어의 발견

염색체와 세포분열에 대한 여러 의문들은 엘리자베스 블랙번(Elizabeth Blackburn)에 의해 풀렸다. 그녀는 '테트라하이메나(tetrahymena)'라는 작은 원생생물(Protist, 미생물의 한 종류)의 DNA를 연구하고 있었다.

테트라하이메나

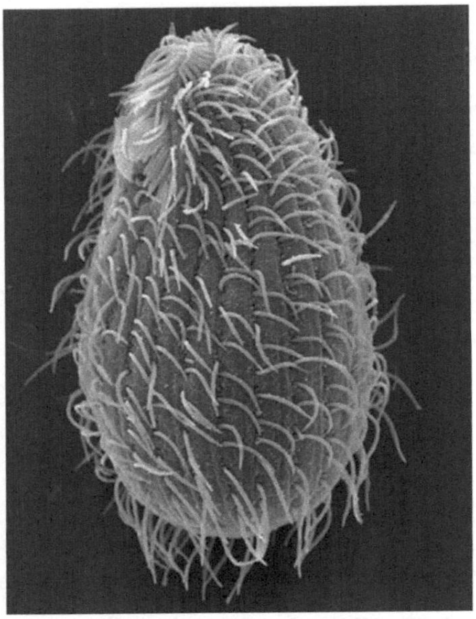

〈그림 4.5〉 텔로미어 연구에 이용되었던 테트라하이메나

1978년 블랙번은 테트라하이메나 염색체 텔로미어를 생거(Sanger)방법으로 염기서열 분석해 그 염기서열이 매우 독특하다는 사실을 밝혀냈다. 이후 블랙번의 연구에 동참한 잭 쇼스택(Jack Szostak)은 이 특정서열이 어떤 역할을 하는지를 밝혀냈다. 테트라헤이메나의 DNA 조각을 효모(yeast)에 넣으면 쉽게 조각조각으로 분해된다. 그러나 테트라하이메나의 텔로미어가 붙은 DNA 조각은 분해되지 않았다. 텔로미어가 DNA를 보호하는 역할을 한다는 사실을 밝힌 것이다. 쇼스택은 효모에서도 테트라하이메나와 똑같이 텔로미어가 존재한다는 사실을 알아냈다. 효모와 테트라하이메나의 텔로미어 염기서열은 상당히 유사했다. 그것은 진화 과정에서 멀리 떨어져 있는 두 종(種)이 같은 방법으로 염색체의 말단을 보호하고 있다는 의미를 가지는 것이다. 블랙번 실험실의 대학원생이었던 캐롤 그라이더(Carol Greider)가 인공적으로 합성된 텔로미어 DNA 조각에 세포 추출물을 넣자 텔로미어가 추가로 합성되는 놀라운 일이 일어났다. 이는 세포 추출물에 텔로미어를 합성하는 효소, 즉 텔로머라제(telomerase)가 존재한다는 사실을 의미하는 것이다. 그라이더와 블랙번은 수년 동안 노력해 텔로미어를 합성하는 효소인 텔로머라제(telomerase)를 분리했다. 놀랍게도 텔로머라제 효소 가운데에는 자체 RNA 조각을 포함한다. 2009년 스웨덴 노벨위원회는 텔로미어와 텔로머라제 연구 공로로 블랙번, 그라이더, 쇼스택을 노벨 생리의학상 수상자로 선정했다.

▌세포노화와 텔로미어

어떻게 생물체에서 텔로미어가 종양생성의 억제나 노화 및 수명과 연관이 되는가 하는 것은 아직 충분한 해답을 주기에 부족하기는 하지만 많은 연구결과들이 축적되어 있다. 텔로미어의 길이는 종(種)에 따라 다양하다. 효모에서는 약 200~300개의 염기쌍으로 이루어져있고, 인간의 경우는 수 킬로베이스(kilo base) 정도로 이루어져 있다. 인간의 경우 텔로미어 길이가 짧아짐에 따라서 세포분열이 영구적으로 정지되는 노화(senescence)현상을 유발할 수 있다. 텔로미어의 특징을 살펴보면, 세포가 한 번 분열할 때마다 각 염색체 말단으로부터 50~200개의 텔로미어 DNA 뉴클레오티드(nucleotide)를 잃어버린다. 텔로미어의 길이가 어떤 한계점(point)보다 짧아지게 되면 세포분열의 정지인 노화(senescence)상태로 들어가게 된다. 세포분열이 정지된 노화세포(senescent cell)는 세포사멸(apoptosis)에 대해 내성을 갖게 되며, 형태적, 생리적으로 노화세포의 독특한 특성을 갖게 된다. 이러한 상태를 '**복제 노화**(replicative senescence)' 또는 '**세포 노화**(cellular senescence)'라고 부른다.

〈표 5.1〉

다른 종(species)에 있어서 텔로미어의 길이와 텔로미어 DNA 서열

종(Species)	텔로미어 길이	텔로미어 서열	참고문헌
섬모충류(cillates)			
원생생물(*Tetrahymena thermophila*)	120-420 bp	TTGGGG	Blackburn, 1978
효모(*S. cerevisiae*)	200-300 bp	$TG_{1\text{-}3}/C_{1\text{-}3}A$	Shampay, 1984
척추동물(vertebrate)			
Human	5-15 kb	TTAGGG	Moyzis, 1988
Mice	up to 150 kb	TTAGGG	Hemann, 2000
Rats	20-100 kb	TTAGGG	Cherif, 2003
Birds	5-20 kb	TTAGGG	Hayflick, 1961
무척추동물(invertebrate)			
Ants	9-13 kb	TTAGG	Lorite, 2002
식물(plant)			
(*Arabidopsis thaliana*)	2-5 kb	TTTAGGG	Richards, 1988

인간 세포의 유전자는 23개의 부(父) 유전자와 23개의 모(母) 유전자가 합쳐 46개(23쌍)의 염색체로 구성되므로 염색체의 양쪽 말단부위에 위치하는 텔로미어는 세포 당 92개가 존재한다. 여러 개의 텔로미어는 다양한 길이를 나타낼 수 있는데, 다양한 길이를 지닌 텔로미어 중에서 가장 짧은 텔로미어가 결정적으로 기능장애(dysfunction)를 초래할 수 있을 것이다. 생쥐(mice)의 경우 평균적인 텔로미어 길이에 상관없이 가장 짧은 텔로미어가 염색체 안정성에

결정적인 역할을 한다고 알려져 있다. 텔로미어의 길이는 개체의 상태(갓 태어난 어린 아이인지, 나이든 노인인지), 그리고 장기(organs)나 조직(tissues)의 종류에 따라 차이가 있는데 어린 아이에게서는 길고, 나이든 고령자에서는 짧아져 텔로미어는 나이가 들어가면서 짧아져 간다는 것이 확인되었다. 이와 같은 사실은 시험관 내(*in vitro*)의 배양세포 수준이 아닌 인간의 체세포에서도 세포분열을 거듭할 때마다 길이 축소가 일어난다는 것을 입증하는 것이다. 대부분의 체세포(somatic cell) 경우에는 DNA 중합효소(polymerase)가 염색체 말단의 단일가닥 유전정보를 복제(replication)하지 못하기 때문에 세포 분열에 따라 텔로미어는 짧아지게 되며, 일정 길이 이하로 짧아진 경우 더 이상의 세포분열은 일어날 수 없다. 그러나 생식세포(germ cell)나 종양세포(tumor cell)의 경우 텔로머라제(telomerase) 활성을 가지기 때문에 일정 길이 이상의 텔로미어를 유지할 수 있게 된다. 골수(bone marrow)에 있는 혈구의 줄기세포(stem cell)들은 정상 세포임에도 불구하고 텔로머라제 활성을 지니고 있다.

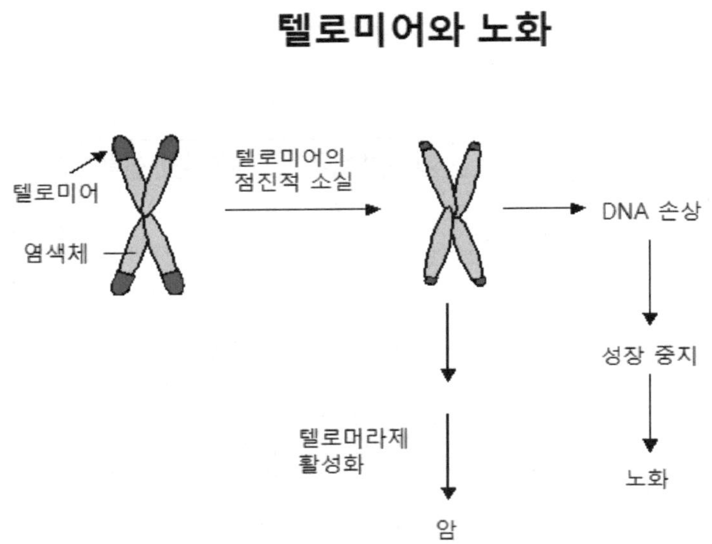

〈그림 4.6〉 텔로미어는 복제할 때마다 조금씩 짧아지며, 짧은 텔로미어는 궁극적으로 노화를 유도한다. 암세포는 텔로미어를 복구할 수 있는 텔로머라제를 활성화하여 증식을 계속할 수 있다.

▌텔로머라제 발견의 역사

텔로머라제는 텔로미어의 DNA를 복구하는 효소(enzyme)인데 이 효소 덕분에 짧아진 텔로미어의 길이를 어느 정도의 이상의 길이로 유지할 수 있다. 텔로머라아제는 텔로미어의 DNA 염기서열과 상보적인 염기쌍을 가지는 텔로머라제 RNA를 주형(template)으로 이용하여 텔로미어 DNA를 만들어내는 일종의 역전사효소(reverse transcriptase)이다. 텔로머라제에 RNase

를 처리하면 텔로머라제가 불활성되는데, 이것은 RNA가 중합반응의 주형(template)으로 사용된다는 것을 의미한다. 1989년에 텔로머라제 RNA(telomerase RNA, TR로 호칭함)가 cloning되었을 때 테트라하이메나 텔로미어 서열과 상보적인 CAACCCCAA 서열이 TR에서 발견된 것은 이러한 기작을 뒷받침하는 것이다. Thomas Cech 등은 텔로머라제 RNA와 함께 catalytic component인 두 개의 단백질(p123과 p43)을 테트라하이메나(Tetrahymena) 시스템에서 발견했다. 효모 시스템에서 Lundblad 등은 효모 돌연변이 가운데 EST(ever-shorter telomere) 표현형을 나타내는 3개의 유전자를 찾았는데, 그 가운데 *EST2*는 p123과 함께 역전사효소 도메인(reverse transcriptase domain)을 가지고 있음을 발견했다. 그 후 1년 뒤 사람의 텔로머라제(human telomerase reverse transcriptase, hTERT)가 발견되었다.

▌텔로미어와 개체 수명

텔로미어 길이와 인간수명이 어느 정도 관계가 있는지에 대해서 아직 명확한 결론이 나지 않았으나 텔로미어의 길이가 짧아진 것은 조직이나 장기의 기능저하와 연관될 수 있다. 조직이나 장기의 기능저하 또는 쇠퇴는 그것을 구성하는 세포의 상태와 일맥상통한다는 점에서 이해가 가능하다. 인간 이외의 다른 동물에서도 세포분열이 가능한 횟수나 개체의 수명과는 상관관계가 있는 것으로 밝혀졌다. 이를테면 실험실에서 세포를 배양할 때 수명이 3년 정도의 쥐는 15회 정도, 150년 정도의 거북이는 125회 정도의 세포분열을 한다고 한다. 그러나 동물에 따라서는 상관관계가 없는 경우도 발견되고 있다. 마우스는 최대수명이 인간의 1/30에 지나지 않지만 의외로 마우스의 텔로미어(telomere)는 인간의 텔로미어보다 대체적으로 길다. 일반적으로 인간도 나이가 들어감에 따라 텔로미어는 짧아지고 있지만 개인마다 그리고 각 장기나 기관의 세포에서의 텔로미어의 길이는 각각 다르고, 나이가 들었다고 해서 모든 장기나 기관의 세포에서의 텔로미어가 일괄적으로 단축되지는 않는다.

▌텔로미어 기능장애의 결과

텔로미어 기능장애(Telomere dysfunction)로 인해 일어날 수 있는 가장 중요한 결과 중 하나는 유사분열세포(mitotic cell)로부터 유래되는 암(cancer)의 발생이다. 기능장애를 가진 텔로미어는 유전체 불안정(genomic instability)을 유도하고, 이를 가중시킴으로써 이것이 암(cancer)을 유발하는 원인이 된다. 텔로미어의 기능장애(dysfunction)는 다음과 같은 경우를 통해 나타날 수 있다:

① 반복적인 세포분열에 의한 텔로미어의 소실(telomere shortening);
② DNA damage(DNA 손상);
③ Telomere-associated protein들의 변화;

등에 의해 일어날 수 있다. 위와 같은 세 가지 경우에 DNA damage response(DNA 손상반응, DDR)를 유도하는데 이러한 DNA 손상반응의 결과는 경우에 따라 차이가 있으나 세포의 두 가지 방어기작인 세포사멸(Apoptosis, programmed cell death) 그리고 세포 노화(cellular senescence), 또는 심각한 유전적 돌연변이(genetic mutation) 축적으로 인한 암세포 출현을 유도할 수 있다.

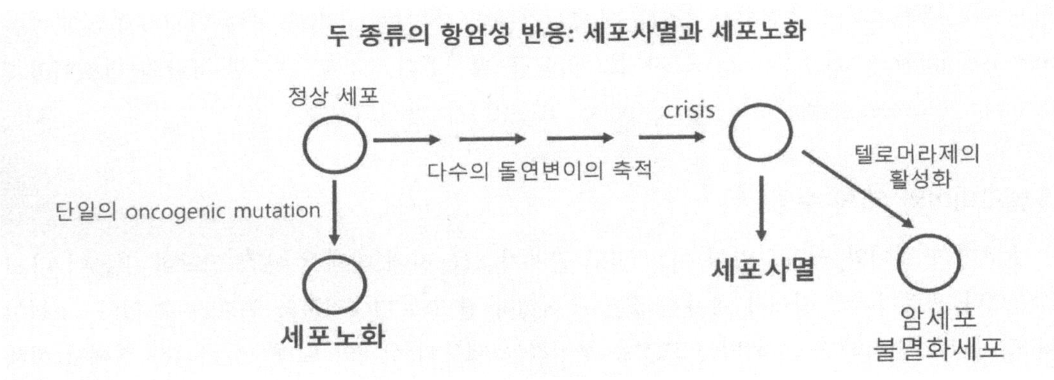

〈그림 4.7〉
단일의 발암원성 돌연변이에 의해서도 세포노화(cellular senescence)가 초래될 수 있다. 세포노화 기작은 생체의 암세포 생성을 억제하는 기본적인 메커니즘으로 생각된다. 세포주기 조절기작이 내재적으로 고장이 났다든지 돌연변이에 의하여 작동하지 못한다면 노화 한계를 지나쳐서 세포분열이 계속된다. 노화한계 이하로 텔로미어 길이가 감소하게 되면 '위기점(crisis)'에 이르게 된다. 위기점에 도달한 세포는 텔로미어의 기능상실에 의하여 염색체 접합(fusion) 등이 일어나고 결국 대부분의 세포는 세포사멸로 인하여 사멸한다. 아주 드물지만 일부 세포는 텔로머라제 활성을 다시 획득함으로써 불멸화세포(immortalized cell) 또는 암세포(cancer cell)로 나타나게 된다.

텔로미어 기능장애(Telomere dysfunction)로 인해 일어날 수 있는 가장 중요한 결과 중 하나는 유사분열세포(mitotic cell)로부터 유래되는 암(cancer)의 발생이다. 기능장애를 가진 텔로미어는 유전체 불안정(genomic instability)을 유도하고, 이를 더욱 가중시킴으로써 암(cancer)을 유발하는 원인이 된다. 그러나 악성종양(malignant tumor)의 경우 텔로미어의 길이를 유지하기 위하여 텔로머라제 활성을 이용하거나 또는 재조합을 통한 텔로미어 길이 유지 방법을 이용한다. 이에 덧붙여, 텔로미어 기능장애가 노화 표현형(aging phenotype)의 발생에도 기여할 것이라는 주장이 있으며 그 증거가 늘어나고 있는데, 그 증거에 대한 예를 들어보자면, 텔로미어 길이의 단축이나 기능장애(telomere dysfunction)가 혈관 질환, 상처치료의 결손, 면역노화(immunosenescence) 등과도 관련이 된다는 점이다. 많은 연구를 통해서 텔로미어가 짧을 경우 각종 질병에 더 취약하게 되는데, 텔로미어가 짧아지면 노화가 더 촉진되고, 노화가 일어나면 질병이 발생하는 악순환의 고리에 빠지게 된다.

4.2 텔로미어의 구조

▌유전체를 안정화시키는 요소로서의 텔로미어

척추동물(Vertebrate)의 텔로미어는 최종 3'-말단에 단일가닥의 돌출부분과 반복염기서열 TTAGGG(human)를 포함한 수 천 base pair의 이중가닥 DNA 부분으로 구성되어 있다. 텔로미어는 염색체(chromosome) 말단 구조를 보호하기 위한 것으로 생각되고 있다.

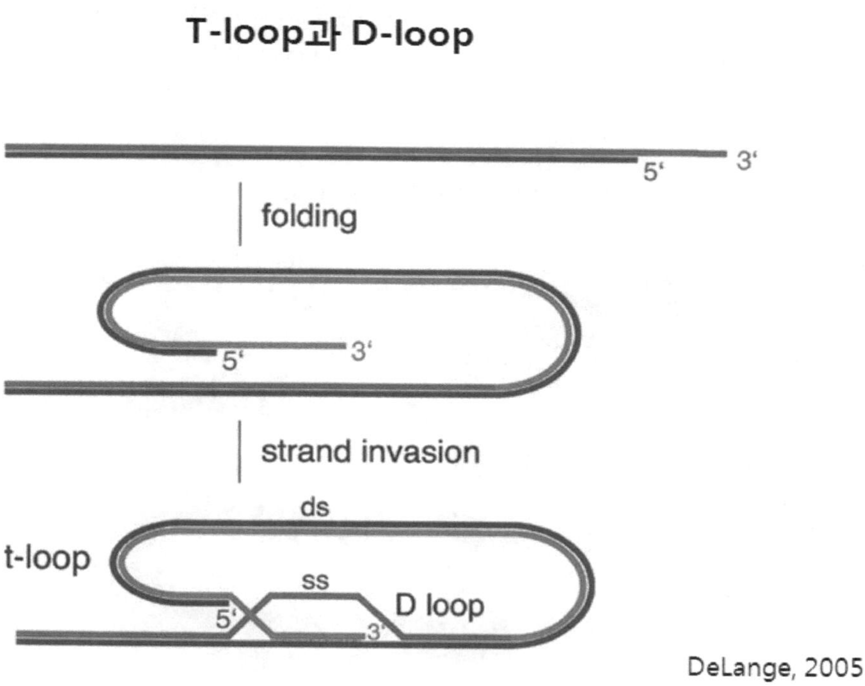

〈그림 4.8〉 텔로미어의 말단은 3 '말단이 단일가닥으로 되어있는데 이 부분은 t–loop를 구성함으로써 안정된 구조를 형성한다.

이 말단 구조는 'Lasso-like structure(올가미-유사 구조)'로 't–loop(telomeric-loop)'라고도 불리며, 3'-말단 G-rich strand('G-tail'이라고도 불림)가 이중가닥 DNA의 C-strand와 짝을 이루

어 안으로 묻히게 되어 'end-capping' 구조를 형성한다. 이중가닥(duplex strand)의 G-strand는 치환이 되어(displace) 'D-loop(displacement-loop)'를 형성하고 있다. 텔로미어는 염색체 말단이 비상동성 DNA 말단 결합(non-homologous DNA end joining, NHEJ)과 같은 DNA 수선계(DNA repair system)에 의하여 융합(fusion)을 일으키거나 분해효소에 의해 붕괴되는 것을 막아준다. 또 재조합(recombination)의 위험을 갖는 염색체 내부의 이중가닥 절단(intrachromosomal double stranded breaks, DSBs), 기능이상(dysfunctional) 텔로미어 혹은 말단이 노출된 염색체(uncapped chromosome) 등과도 구별이 될 수 있도록 해준다. 텔로미어 말단이 융합되면 유사분열을 거치는 동안 '두 개의 동원체를 갖는 염색체(dicentric chromosome)'를 만들어 낼 수 있고, 이러한 dicentric chromosome의 생성은 절단 및 융합으로 인한 궁극적인 유전자 재배열들을 일으켜 유전체의 불안정성(genomic instability)을 초래할 가능성은 더 커진다. 텔로미어 말단의 기능 이상과 유전체의 불안정성은 조기노화(premature senescence)를 일으킬 수 있다. 따라서 원래 기능을 다하는 기능적 텔로미어를 결여할 때에는 유전정보에 손실(deletion), 재배열(rearrangement), 또는 불안정화(instability)가 일어날 수 있으며, 이러한 유전체적 변화(genomic change)는 암(cancer)이나 노화(aging)를 유발할 수 있는 것이다.

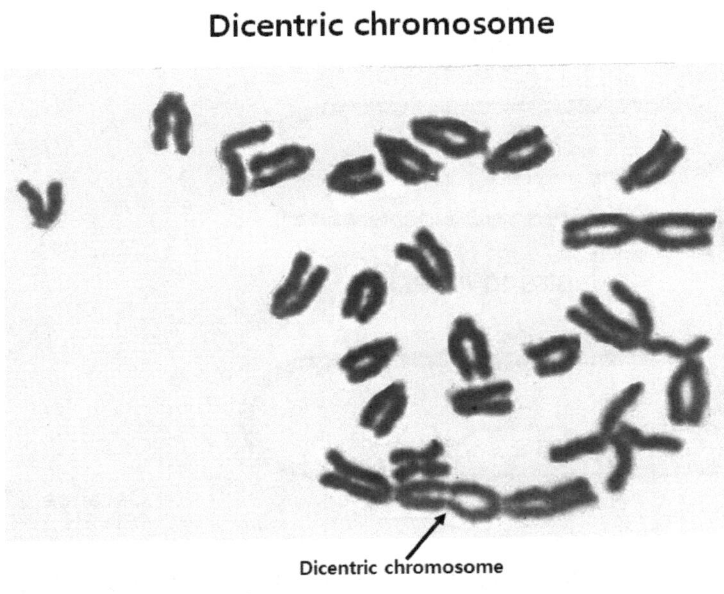

〈그림 4.9〉
텔로미어 말단의 융합으로 초래된 비정상적인 염색체(화살표)의 출현.

▌텔로미어의 구조

포유류(Mammalian)에서의 텔로미어는 세포 종류와 종(species)에 따라 길이가 차이가 있을 수 있다. 한 예로서 사람의 텔로미어는 생식세포(germline cell)에서는 9~15kb이지만, 체세포는 이 길이보다 짧고 암세포(cancer cell)에서는 대체로 더 짧다.

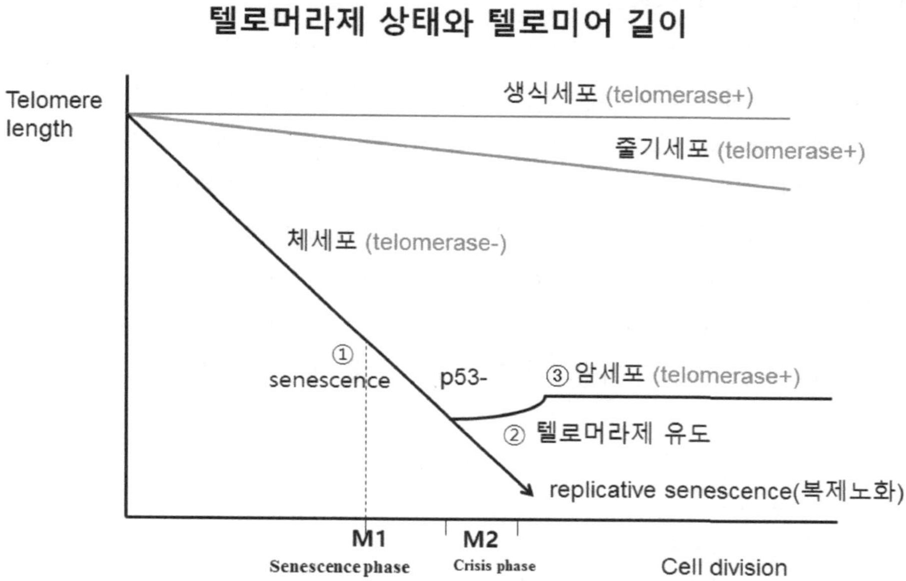

〈그림 4.10〉

정상의 세포는 텔로미어 길이가 senescence 상태에 도달하게 되면 더 이상 분열을 하지 않고 '세포노화(cellular senescence)'로 들어가게 된다. 그런데 일부 세포는 이러한 조절을 받지 않고 계속 분열을 진행함으로써 텔로미어는 더욱 짧아지게 된다. 이에 따라 유전체의 불안정성은 극도에 달하고 세포는 위기상황으로 인식되어 세포사멸을 초래하게 된다(crisis). 이렇게 대규모로 세포가 죽는 가운데 매우 낮은 확률로 텔로머라제의 재활성이 나타나는 일이 발생하여 일부 세포는 암세포가 될 수 있다.

반면에, 실험용 생쥐인 *Mus musculus*의 경우에는 빈번히 30kb를 초과하는 길이의 텔로미어를 가지고 있으며, *M.musculus*의 경우는 종에 따라 또 세포에 따라 매우 이질적이라는(heterogeneous) 특성을 나타낸다. 긴밀히 연관된 두 마우스 종류, *Mus musculus*와 *Mus spretus*에서는 텔로미어의 길이에서 세 배나 차이가 나지만 수명이나 암(cancer) 발생률에서는 별 차이가 없다. 반면, 사람의 텔로미어는 *M. spretus* 텔로미어 경우와 유사하지만, 사람이 30배나 긴 수명을 가지고 있고 암의 발생에서도 마우스보다 사람이 상대적으로 낮은 발생률을 가지고 있다. 현재까지의 연구결과에서 텔로미어 기능에 대한 개념은 텔로미어 기능은 단순한 길이(length)보다는 구조적(structural)인 면에서 그 기능이 결정될 것으로 생각하고 있다. 더욱이 세포 내부에 있는 일부 기능이상의 텔로미어(dysfunctional telomere)만으로도 세포 전체에 영향을 끼칠 수 있다. 텔로미어의 길이나 구체적 특징에 있어서는 종에 따라 서로 차이가 있을 수 있겠지만 염색체의 안정성을 이루기 위한 기본 기작에 있어서는 거의 공통점을 가지고 있을 것으로 생각된다.

▌텔로미어 구조 이상과 조로증

텔로미어의 구조에 이상이 생기면 노인에게 나타나는 질병이 이른 나이에 발생하게 된다. 아래 그림에 따르면 시간이 지남에 따라 텔로미어 말단 길이가 짧아지는데, 생식세포(Germ line) 경우는 텔로머라제(telomerase) 활성을 유지하고 DNA 복제의 정확도를 위해 에너지를 소모하므로 텔로미어 길이가 짧아지는 것을 완화할 수 있다. 반면에 체세포의 경우는 일반적으로 텔로머라제를 발현하지 않아 텔로미어 길이의 감소는 더 빠르게 일어난다. 몇몇 인간 조로증(human progeroid)의 경우는 **ATM, WRN 등과 같은 유전자 돌연변이**로 인하여 초래될 수 있는데, 이 경우는 텔로미어 말단 길이가 짧아지는 것이 정상상태에 비하여 매우 빠르게 일어나며 이에 따라서 노화하는 속도도 가속화가 일어나는 것을 볼 수 있다.

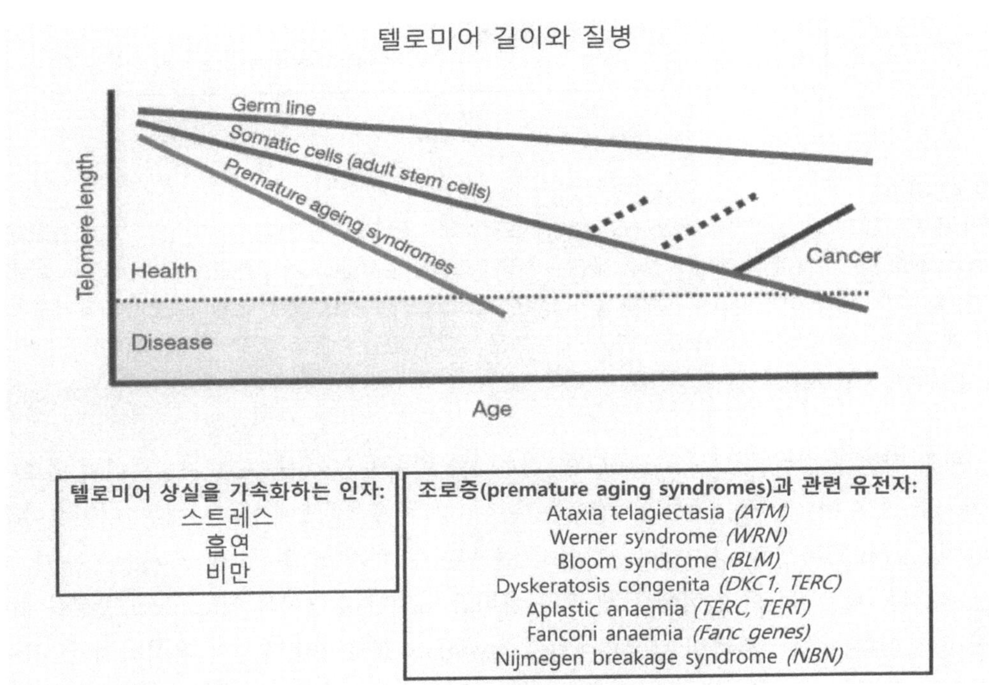

〈그림 4.11〉 텔로미어 길이와 질병.
정상의 체세포는 분열할 때마다 텔로미어가 짧아지는데 비정상적으로 텔로미어가 짧아지면 조로증 등의 질병을 초래할 수 있다.

이러한 조로증의 예로는 Dyskeratosis congenita*(DKC1 돌연변이)*, 워너신드롬*(WRN)*, Ataxia telangiectasia*(ATM)*, aplastic anemia*(TR, TERT)*, Bloom syndrome*(BLM)*, Fanconi anemia*(Fanc)*, Nijmegen breakage syndrome*(NBN)* 등이 포함된다. 이러한 조로증(progeroid syndrome)에서 돌연변이가 일어나고 있는 유전자들의 대부분은 DNA 손상에 대한 수선(repair)을 담당하는 유전자 범주에 포함된다. 이러한 돌연변이로 말미암아 DNA 손상(DNA damage)의 정도는 매우 가중되고 이에 따라 조로증 증상을 나타내게 되는 것이다. Dyskeratosis congenita(선천성이상각화증)의 경우, 텔로머라제의 활성과 안정성에 영향을 미치는 돌연변이로부터 초래된다. Dyskeratosis congenita는 골수(bone marrow)의 점진적인 기능결함이나 빠르게 증식이 일어나는 조직의 결함(defect)에 관여한다. 그리고 재생불량성 빈혈(aplastic anaemia)의 경우는 골수(bone marrow)에서 혈구세포가 생산되지 못하는 경우인데, TERT나 TERC 유전자 변이로 인한 텔로머라제의 기능장애와 관련이 있다. 이와 같은 많은 질병들이 표현형상으로 노화(aging)와 상당히 관련성이 많이 있는데, 이것은 텔로미어의 말단이 짧아져서 조직 재생(tissue regeneration)의 한계에 도달한 것이 정상적인 노화과정에서도 기여할 가능성을 시사하고 있는 것이다. 텔로미어 말단의 손실을 촉진하는 생리적 혹은 환경적 인자로는 스트레스, 담배, 비만 등의 인자가 알려져 있다.

텔로미어와 후성유전학적 조절

사람과 생쥐(mouse)의 텔로미어는 단단히 압축이 일어난 뉴클레오좀(tightly packed nucleosome) 구조로 된 염색사(chromatin) 형태를 띠는데, 이러한 발견을 통하여 텔로미어는 뉴클레오좀의 간격(nucleosomal spacing)이 조밀하게 압축된 이질염색질(헤테로크로마틴, heterochromatin) 구조를 지님을 나타낸다. 이질염색질 부위는 DNA의 침묵화(silencing)가 일어난다. 지금까지 '침묵화' 에 관한 두 가지 이상의 기작이 밝혀졌다. 우선 히스톤탈아세틸화효소(histone deacetylase, HDAC)가 히스톤 H3에서 아세틸기를 제거한다. 이후 히스톤메틸기전달효소(histone methyltransferase, HMT)가 메틸기를 H3의 9번 아미노기(리신: K)에 부착한다(이를 종종 H3K9me라고 한다). 마지막으로 세 번째 단백질은 종마다 이름이 다양한데 포유동물의 경우 HP1(heterochromatin protein 1)이 새롭게 메틸화된 히스톤 H3와 결합한다. 이런 변화가 일어난 이질염색질부위는 히스톤 모양도 변화가 일어나 더 이상 전사가 일어나지 못하도록 침묵화가 일어난다. 이러한 침묵화는 주위로 확장이 일어나기 때문에 더 넓은 부분의 침묵화를 초래한다. 생쥐(mice)에 있어서 헤테로크로마틴 형성에 요구되는 히스톤메틸전이효소(HMT, Suv39h1과 Suv39h2)에 대한 유전자를 결여할 경우, 히스톤 메틸화 감소 등의 영향을 나타내며 이러한 **후성유전학적(epigenetic) 변화**를 통해서 HP1 단백질의 텔로미어 부분에 대한 결합이 감소, 비정상적인 텔로미어의 신장, 유전체 불안정성(genomic instability) 등의 특성을 나타낸다. 이러한 발견들이 뜻하는 것은 텔로미어는 이질염색질로 구성되어 있으며 후성유전학적 조절(epigenetic regulation)이 중요한 영향을 미치고 있음을 의미한다. 후성유전학적 조절은 텔로미어 위치효과(telomere position effect, TPE)-텔로미어 주변에 있는 유전자의 전사 침묵(transcriptional silencing)을 의미-에 영향을 미치는 것으로 생각되고 있다.

▌텔로미어 말단의 구조

텔로미어의 말단은 앞서 언급한 바와 같이 t-loop 구조 그리고 D-loop을 형성하고 있는 형태임이 밝혀졌으며 말단에는 여러 DNA 수선에 관여하는 단백질들이 상호작용(interaction)을 하고 있다. 이러한 모델은 텔로미어 말단이 세포의 DNA 수선기작으로부터 어떻게 보호되고 있는지를 알려주는 증거이다. 텔로미어 말단이 DNA 수선 효소에 의하여 빈번하게 수선이 일어난다면 심각한 문제를 야기할 것이다. 어떤 경우에서든지, *in vivo*(생체 내에서) 조건에서 특수화된 텔로미어 연합 단백질(specialized telomere-associated protein)들이 텔로미어 구조를 형성하고 유지를 하는데 있어서 매우 중요한 기능을 할 것임은 분명하다.

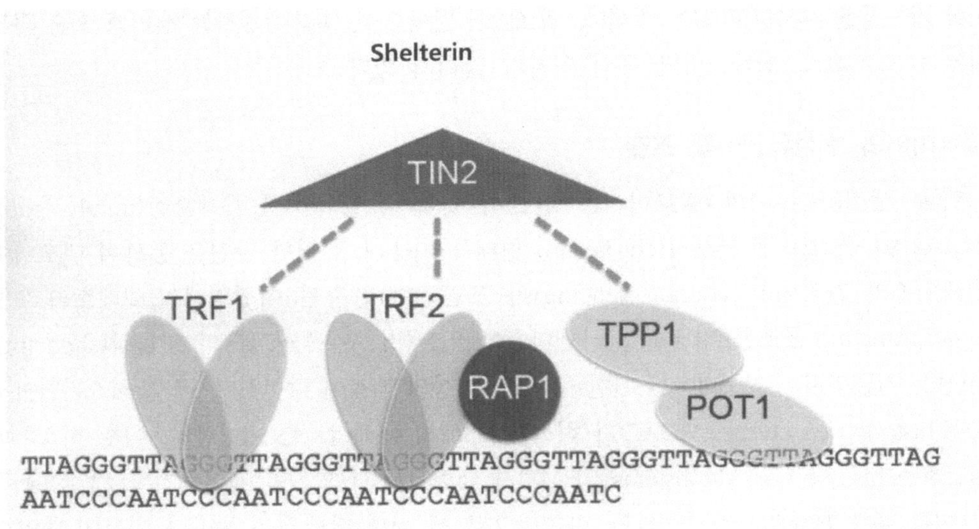

〈그림 4.12〉 텔로미어 쉘터린 복합체 구조.
포유동물의 텔로미어는 TTAGGG라는 염기서열의 반복으로 구성된다. 텔로미어 염기서열에는 TRF1, TRF2, POT1과 같은 단백질이 결합한다. TRF1과 TRF2는 DNA 이중가닥에, POT1은 단일가닥의 DNA에 서열 특이적으로 결합할 수 있다. RAP1, TIN2, TPP1은 DNA에 직접 결합하지는 못한다. TPP1은 POT1과 함께 POT1-TPP1 복합체를 형성하며, TIN2는 TPP1과의 결합으로 함으로써 TRF1 및 TRF2와 POT1을 이어주는 다리(bridge)역할을 한다.

4.3 텔로미어-연합단백질(telomere-associated proteins)

Telomere-binding proteins(텔로미어 결합 단백질)

현재까지 포유류에서 발견된 텔로미어 DNA에 염기서열 특이적으로 그리고 직접적으로 결합할 수 있는 텔로미어 단백질은 TRF1, TRF2, POT1이다.

〈표 4.2〉
텔로미어 DNA 서열에 결합하는 단백질

TRF1	텔로미어 길이 유지의 음성적 조절(negatively regulated)
TRF2	텔로미어 말단 보호에 중요한 조절 역할
POT1	단일가닥 DNA 부분인 텔로미어 TTAGGG overhang에 결합

TRF1과 TRF2는 각각 동형 이량체(homodimer)를 형성하여 TTAGGG 이중가닥(double-stranded) 서열에 결합할 수 있다. POT1(Protection of Telomeres 1) 단백질은 대조적으로 단일가닥(single-stranded) TTAGGG overhang(돌출부분)에 결합한다. 이것은 포유류의 텔로미어가 최소한 이 세 종류의 서열 특이적 단백질들(TRF1, TRF2, POT1)과 직접적으로 결합한다는 것을 의미한다. 이러한 단백질들은 텔로미어와 결합하여 텔로미어, 또는 텔로미어가 아닌 다른 부분에 결합한 다른 단백질들과의 상호작용을 위한 밑받침(platform)이 된다. 현재까지, 직접적인 텔로미어 DNA에 결합하는 단백질인 TRF1, TRF2, POT1들은 전적으로 텔로미어 부위에서만 발견되었다. 이 세 단백질들은 모두 텔로미어의 구조, 캡핑(capping), 텔로미어 길이 조절에 관여하는 조절자(regulator)로서의 중요한 역할을 담당한다. 그리고 TRF1, TRF2, POT1의 세 단백질들은, 독자적으로는 DNA에 결합하지 못하는 TIN2, TPP1 등과 같은 다른 텔로미어-연합단백질들(telomere-associated proteins)과 결합하여 텔로미어 복합체(telomere complex)를 형성한다.

쉘터린(shelterin) 복합체

텔로미어에 직접적으로 결합하는 TRF1, TRF2, POT1과 달리 직접적으로 결합하지는 못하지만 텔로미어 단백질 복합체에 참여할 수 있는 단백질도 있는데 이와 같이 텔로미어 복합체를 형성하는 단백질들을 텔로미어 연합 단백질(telomere-associated proteins)이라 한다. 여기에 포함되는 종류로는 TRF1, TRF2, TIN2, RAP1, TPP1, POT1 등 여섯 단백질들을 우선적으로 언급할 수 있는데 이들을 'shelterin' 복합체라 부른다. 텔로미어에 'shelterin' 복합체가 결합해

온전한 텔로미어를 구성하면 텔로미어에서 DNA 수선(DNA repair) 기작이 작동하여 재조합을 일으키는 것을 막아준다. 또 'shelterin' 복합체는 대개 텔로머라제가 텔로미어로 접근하여 텔로미어를 연장하는 역할을 막는 장애물(barrier) 역할 또는 '음성적 조절(negatively regulated)' 역할을 한다.

텔로미어를 구성하는 단백질에는 이 외에도 tankyrase 1과 2, Ku, DNA-PK 등의 다른 종류들도 포함이 되는데, 이들은 텔로미어의 구조, 기능, 길이 조절 등에서 중요한 역할을 할 것으로 예상된다. TRF1은 다른 단백질과의 상호작용을 통해 텔로미어 구조를 조절하는 것이 확실한 것으로 밝혀졌으며, 이러한 상호작용 중 가장 중요한 것은 바로 TIN2(TRF1-interacting protein 2) 단백질과의 상호작용이다. TIN2는 telomeric DNA 서열에 직접적으로 결합하지는 못하지만, 그 대신 다른 단백질인 TPP1과의 결합으로 TRF1 및 TRF2와 POT1을 이어주는 다리(bridge)역할을 한다. TPP1은 POT1과 함께 POT1-TPP1 복합체를 형성한다(TPP1은 텔로미어 DNA 서열에는 직접적으로 결합하지 못한다). TRF2는 TRF1의 파랄로그(paralog)이다. TRF2는 동형의 이량체(homodimer)를 형성하여 텔로미어 서열에 결합하고, TIN2와 RAP1과 같이 직접 텔로미어 서열에 결합하지 못하는 단백질들과 결합할 수 있다. TRF1은 텔로미어 길이 유지의 음성적 조절자(negative regulator)로 알려지는데, TRF1을 과발현시켰을 경우 텔로미어 길이가 더 단축되는 결과를 초래했다. TIN2는 TRF1과 직접적으로 결합하며 TRF1 활성을 조절하는 중재자(mediator) 역할을 하는데, TIN2를 과발현했을 경우도 텔로미어의 길이는 역시 짧아졌다. TIN2가 TRF1에 결합하면 TRF1은 구조적 변형을 일으키고, 이러한 변형은 텔로머라제가 텔로미어에 결합하는 것을 저해함으로써 텔로머라제를 통한 텔로미어 길이 신장을 억제하는 것이다. 이와 반대로 TIN2, POT1 등의 쉘터린 단백질들을 감소시키면 텔로머라제는 텔로미어에 더 잘 와서 결합할(recruit) 수 있고, 이에 따라 텔로미어 길이는 더욱 신장될 수 있다. 이것을 종합하면 shelterin 구조는 텔로미어의 길이 유지 및 조절에 필수적인 조절 역할을 수행함을 의미하는 것이다.

〈표 4.3〉
텔로미어 구성에 참여하는 단백질 종류

텔로미어 결합 단백질(human)	기능(추정)	텔로미어 결합 자리 이중가닥	텔로미어 결합 자리 단일가닥
TRF1	텔로미어 길이 조절, 기능적 텔로미어 유지	o	
TRF2	텔로미어 말단 보호, 텔로미어 길이 조절	o	
Ku70/80, DNA-PK 복합체	DNA 손상 수선, 텔로미어 길이와 구조 조절	o	
Tankyrase (TANK1, TANK2)	TRF1의 ADP 리보실화를 통한 텔로미어 길이 조절 (positively regulate telomere length)	DNA에 직접 결합 못하고 TRF1과 상호 작용함으로써 참여	
TIN2(TRF-interacting protein 2)	TRF1의 구조적 기능을 중재함 (negatively regulate telomere length)	TRF1과 상호 작용	
RAP1(repression and activation protein 1)	텔로미어 길이 조절 (positively regulate telomere length)	TRF2와 상호 작용	
POT1	텔로미어 길이 조절, 텔로미어 말단 보호 단일가닥 overhang 부분의 보호		o
hTERT	텔로머라제의 catalytic subunit		
Ku	DNA repair	TRF1, TRF2와 상호 작용	
MRN(MRE11/ RAD50/NBS1)	regulator of cell cycle checkpoints and DNA repair	TRF2와 상호 작용	
PinX1	telomerase inhibitor	TRF1, telomerase와 상호 작용	

텔로미어의 열린 구조와 닫힌 구조

TRF2에 의하여 세부적으로 조절되는 t-loop의 형성은 재조합(recombination), 핵산분해효소에 의한 공격, 말단-말단 융합(telomere fusion) 등의 위험으로부터 텔로미어를 보호한다. TRF2의 기능을 손상시키면 기능장애의 텔로미어(dysfunctional telomere)를 생성하고, 이에 따라 DNA 수선과 재조합(recombination) 기작을 필요로 하게 된다. 아울러 TRF2의 파괴는 텔로미어 말단-말단 융합을 초래하고 궁극적으로는 세포사멸(apoptosis) 또는 세포노화(cellular senescence)를 유도하게 된다. **"closed" 상태의 텔로미어**는 텔로머라제가 결합하여 텔로미어 길이를 신장(lengthening)하는 것을 방해하며, **"open" 상태의 텔로미어**는 텔로머라제의 결합을 쉽게 하여 텔로미어 길이 증가를 유도할 수 있다. shelterin 구조(TRF1-TIN2-TPP1-POT1)는 텔로머라제의 접근 가능성을 간접적으로 제한시킴으로써 텔로미어 길이의 음성적(negative) 조절에 관여한다. 그러므로 쉘터린 단백질들은 '닫힌 텔로미어 구조(closed telomeric structure)' 또는 'cap의 형성(capping)'을 촉진하고, 이것은 텔로미어 단일가닥 3'-overhang(돌출부분)에 텔로머라제가 접근하는 것을 저해한다. 이러한 닫혀진(closed) 텔로미어 구조는 텔로미어 보호 기능을 나타낸다.

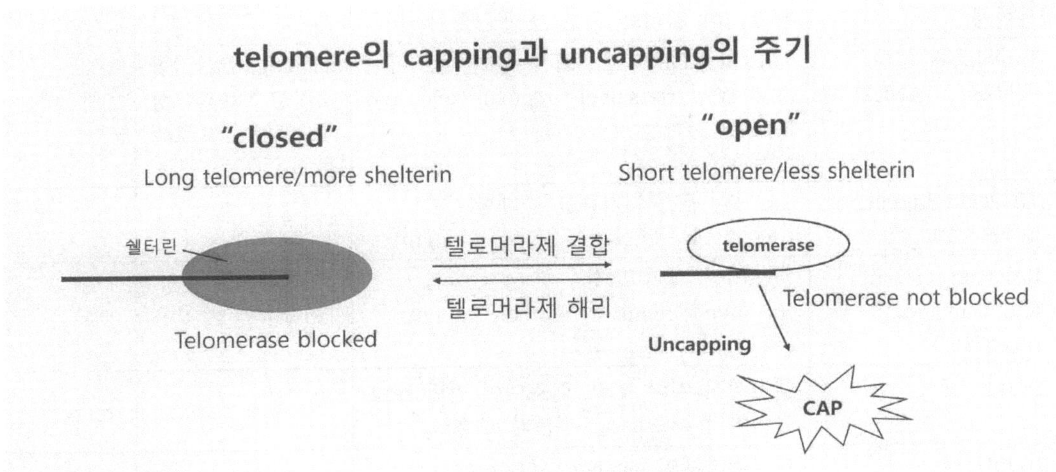

〈그림 4.13〉

긴 텔로미어와 쉘터린 단백질에 의해 텔로미어가 잘 보호가 되고 있으면 텔로머라제의 접근을 막는다. 짧은 텔로미어와 쉘터린 단백질의 보호가 허술하면 텔로머라제가 말단에 결합하는 것을 허용한다.

▌텔로미어 연합 단백질과 non-telomeric 기능들

TRF1과 TRF2는 텔로미어 말단을 보호하는 역할 외에 여러 종류의 DNA 수선 관련 단백질들과도 상호작용(interaction)을 한다. TRF1과 TRF2 둘 모두는 Ku 단백질과 상호작용한다(Ku는 NHEJ에 중요한 DNA 말단 결합 단백질이다). 또한, TRF2는 DNA 손상 감지나 DNA 수선(repair)에 참여하는 다른 여러 단백질과도 상호작용하며, 여기에는 MRN복합체(MRE11-RAD50-NBS1), BLM, ATM, WRN 등도 포함된다.

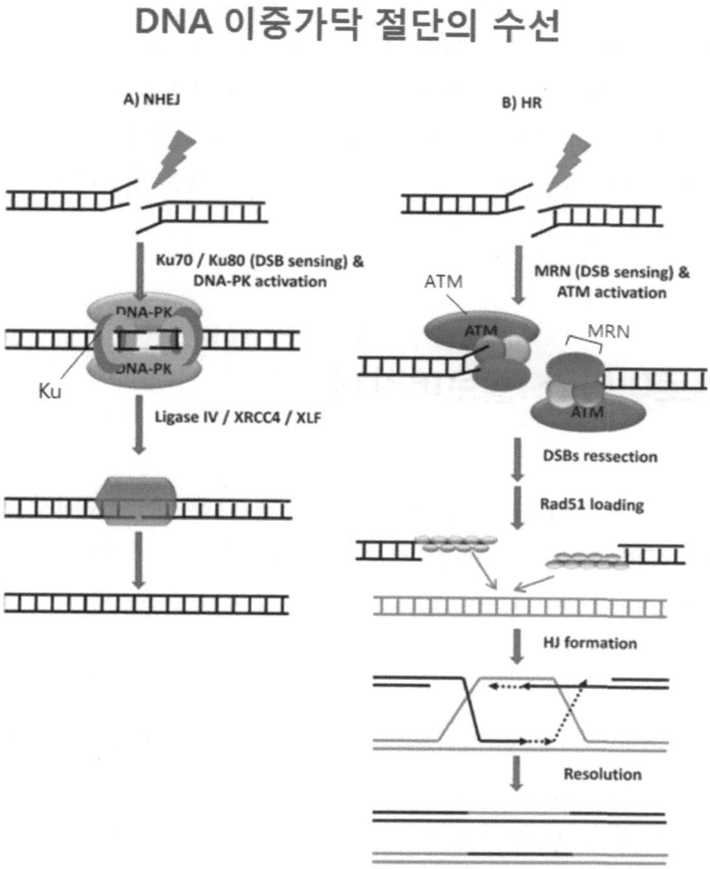

〈그림 4.14〉 DNA 이중가닥결손의 수선.
DNA 이중가닥 절단(DSB)의 수선은 NHEJ와 HR 기작에 의해 일어난다. 텔로미어 결합단백질 TRF는 이러한 기작에 관여하는 MRN, Ku 단백질, ATM 등의 수선 단백질들과 상호작용한다.

또 TRF2는 DNA 손상 감지 단백질(DNA damage sensor protein)인 ATM과 WRN 단백질과도 결합할 것으로 생각된다. 하나의 예로 TRF2와 ATM과의 이러한 결합은 텔로미어에서 특이적으로 ATM 활성을 저해하는 것으로 생각되고 있다. WRN은 NHEJ와 상동재조합수선(homologous recombination, HR) 모두에 관여하는 DNA 헬리카제(DNA helicase)와 핵산말단분해효소(exonuclease)를 코딩한다. 그러면, DNA 수선단백질들(DNA repair proteins)의 telomere 복합체내에서의 역할을 무엇일까? 텔로미어에서는 자신들의 말단끼리 수선이 일어나는 것을 방지해야 한다고 하지 않았나? 이러한 질문에 대한 답으로 가능한 설명은 텔로미어가 DNA 수선단백질(DNA repair proteins)의 저장소(storage site)로서 역할을 하며 DNA 손상의 신호가 왔을 때 유전체의 손상된 부위로 즉시 이동(mobilization)할 수 있도록 하는 것이다.

또 다른 하나의 가능성으로는 앞서 언급한 바와 같이 repair 단백질이 상호작용하는 텔로미어-연합단백질과 함께 작용함으로써 텔로미어의 재조합(recombination)이나 부적절한 융합을 차단하는 역할을 하는 것이다. 이러한 가능성을 뒷받침하는 예로는 포유동물 세포(mammalian cell)에서 Ku, MRN 복합체의 구성요소 또는 WRN 단백질 등에 있어서 결함(defect)이 일어나면 그 모든 경우에 텔로미어 상실(erosion), 융합(fusion)이나 다른 텔로미어 기능장애(telomere dysfunction)의 징후가 증가하는 것과 일치하였다.

4.4 텔로미어와 텔로머라제

염색체 말단 부위의 텔로미어는 텔로미어 반복서열의 반복으로 이루어져 있고 이러한 반복구조를 합성하고 유지하는 것은 텔로머라제(telomerase) 및 텔로미어의 여러 부속 단백질들과의 상호작용을 통해서 유지된다.

텔로머라제

인간의 텔로머라제는 telomerase reverse transcriptase(TERT), 텔로머라제 RNA('TR' 또 다른 이름으로는 'TERC'로 불림), dyskerin(DKC1) 등으로 구성된 복합체이다. 텔로머라제 소단위체(subunit)에 대한 유전자들-*TERT*, *TR*, *DKC1*, *TEP1*-은 각각 다른 염색체들에 위치하고 있다. 텔로머라제 RNA(TR)는 반복구조의 주형(template) 역할을 하는 RNA 부분을 일컬으며, reverse transcriptase 역할을 수행하는 촉매(catalytic) 부분은 TERT이다. TR을 주형(template)으로 사용하여 TERT가 6개의 반복적인 뉴클레오티드-TTAGGG(척추동물 경우)-를 텔로미어 DNA(telomeric DNA)의 3' 말단에 첨가해 나가는 것이다.

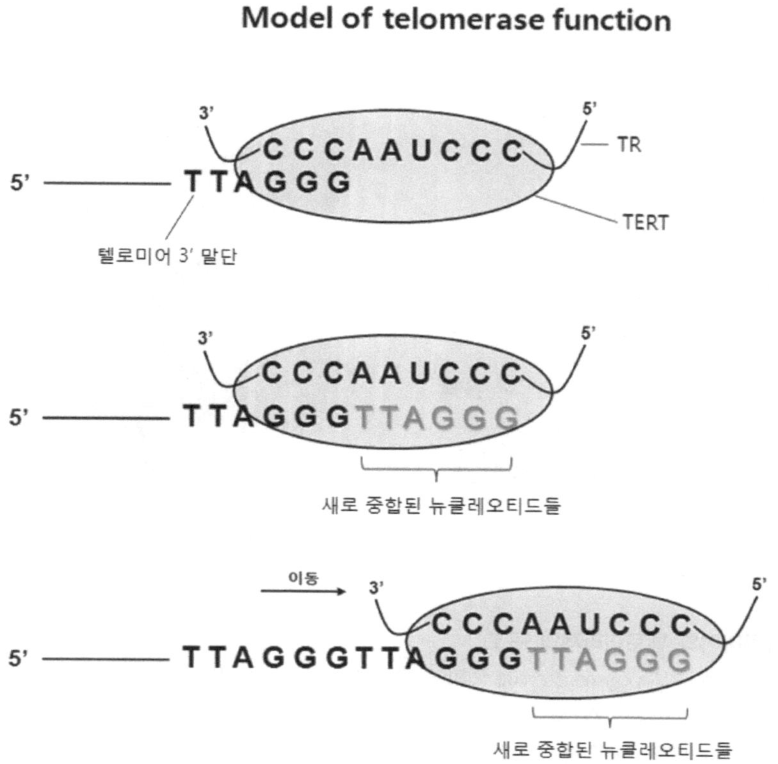

〈그림 4.15〉 텔로머라제의 역할.
텔로미어의 TTAGGG에 상보적인 AAUCCC를 반복적으로 가지는 텔로머라제 RNA(TR)가 텔로미어 3' 말단 overhang(돌출)부분에서 상보적으로 염기쌍(base-pair)을 이루고 TERT 단백질(circle)이 뉴클레오티드를 중합한다. 3' 말단의 신장 후, 반대 편 가닥의 filling-in이 가능하다.

인간의 경우 **텔로머라제 활성부위**인 TERT(hTERT)는 1132개의 아미노산으로 구성되며 451 뉴클레오티드로 된 텔로미어 RNA(hTR)와 함께 RNP(ribonucleoprotein) 복합체를 구성한다. 이와 같은 텔로머라제의 역할이 없다면 DNA 중합효소는 염색체 말단부위를 완전히 합성할 수 없는 '말단 복제 문제(end replication problem)'에 직면하여 복제를 거듭할수록 점점 더 짧아지게 되는 문제에 봉착할 것이다. 체세포(somatic cell)에서는 텔로머라제의 활성이 매우 낮게(거의 검출되지 않을 정도로) 유지되기 때문에 세포분열을 거듭함에 따라 텔로미어의 길이는 점점 더 짧아지게 되고, 반면 생식세포(germline cell)에서는 텔로머라제 활성이 높기 때문에 텔로미어의 길이는 유지가 될 수 있는 것이다.

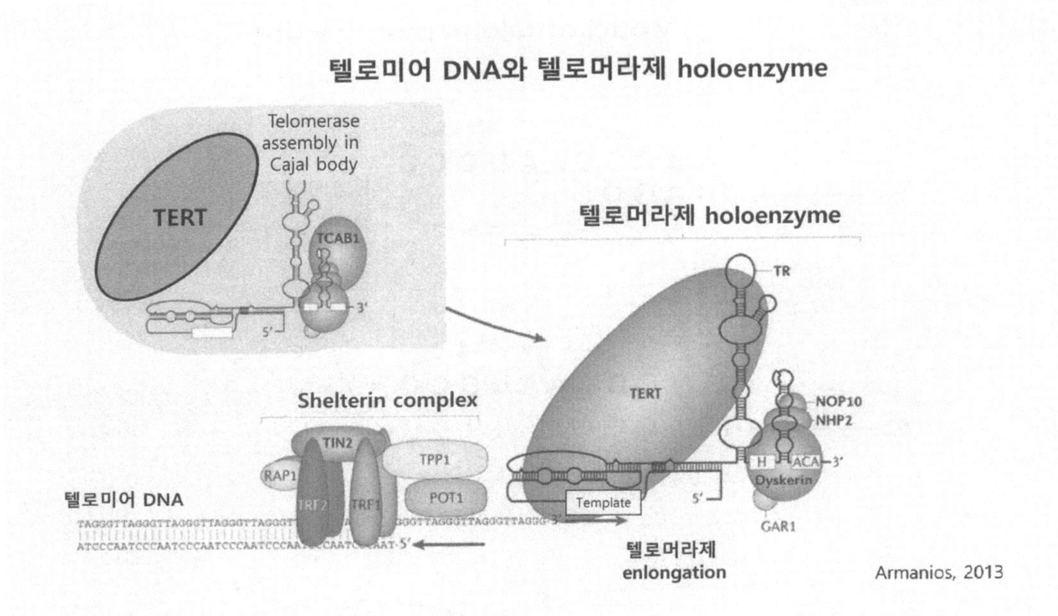

〈그림 4.16〉 텔로미어와 텔로머라제의 구조.
TR(텔로머라제 RNA)는 RNA polymerase II에 의하여 전사가 일어나고 일련의 단백질들(dyskerin, NOP10, NHP2)과 결합하여 안정화되어 Cajal body에서 TERT와 결합하여 텔로머라제 활성을 가진다. shelterin 단백질들에 의하여 텔로미어가 잘 보호가 될 때는 텔로머라제가 텔로미어에 근접할 수 없으나, 텔로미어가 짧아지고 shelterin에 의한 텔로미어 보호가 느슨해졌을 경우는 텔로머라제가 텔로미어 말단에 recruit되어 텔로미어 길이의 연장을 시도하게 된다.

사람의 경우 세포배양을 통한 연구를 통해 세포수가 두 배로 되는 더블링 타임(population doubling time, PDT)마다 약 50~300bp의 텔로미어 길이가 짧아지므로 인간 수명을 통해 볼 때 약 2kb 정도의 텔로미어 감소는 일어날 가능성이 있으며, 사람의 텔로미어가 5~15kb 정도로 생각할 때 2kb 정도가 줄어드는 것도 중요한 의미가 될 수 있는 것이다. 이렇게 짧아진 텔로미어 길이는 p53과 RB와 같은 종양억제유전자를 활성화시킴으로써 세포노화(cellular senescence)를 일으켜 세포의 증식(proliferation)을 억제할 수 있다. 그런데 사람의 세포는 섬유아세포(fibroblast)의 경우 10^{-7}(10^{7} 세포 가운데 하나), 포유동물 상피세포(mammary epithelial cell)의 경우 10^{-5}(10^{5} 세포 가운데 하나)과 같은 낮은 확률로 'crisis(위기점)'를 피해갈 수 있게 된다. 'senescence'와 'crisis'는 분명히 텔로미어 길이의 변화에 따라 발생된 결과인데 노화상태에 들어간 인간 세포에 외부 유전자 도입에 의해 텔로머라제를 발현시킨 경우 senescence로부터 벗어날 수 있었다.

텔로머라제의 전사조절

이미 90% 이상의 암 조직에서 텔로머라제 활성이 보고된 바와 같이 텔로머라제 활성은 암의 진단과 치료에 있어서 중요한 대상(target)이 되고 있다. 텔로머라제 활성이 어떻게 조절이 되는가하는 분자적 메카니즘은 매우 복잡하다. 이 효소 활성의 가장 중요한 결정인자는 촉매소단위체(catalytic subunit)인 TERT의 발현이다. 연구 결과에 나타난 바로는 TERT는 전사후조절(post-transcriptional)과 번역후 조절(post-translational regulation)에 의하여 발현 조절이 일어나고 있다. 이에 덧붙여 RNA subunit인 TR의 전사조절에 대해서도 알려진다.

TERT 유전자의 프로모터 부위 약 1kb내에는 다른 유전자의 프로모터보다도 훨씬 더 많은 전사조절인자들이 결합할 수 있는 자리들이 있어 그 조절이 더욱 복잡하게 이루어진다.

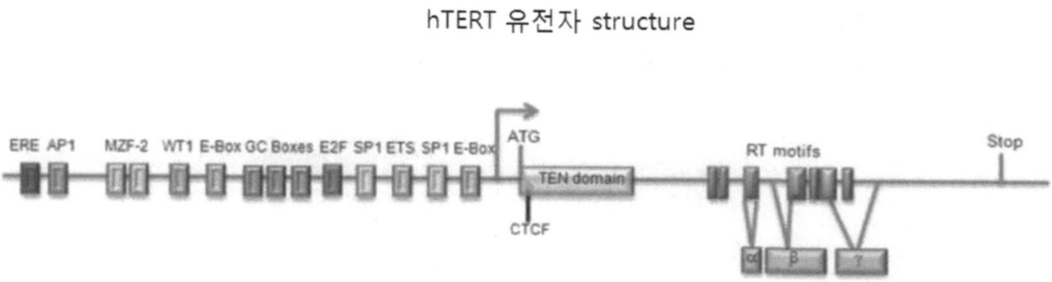

Cifuentes-Rojas, 2012

〈그림 4.17〉 hTERT 프로모터의 구조.

TATA binding protein(TBP)과 함께 상호작용하는 Sp1과 같은 경우는 프로모터부위에 결합자리가 있다. hTERT의 경우 프로모터가 TATA box를 결여하고 있는데, Sp1 binding site에 돌연변이를 초래할 경우 hTERT의 프로모터의 활성이 완전히 상실될 수 있다는 연구 결과가 나왔다. 텔로머라제의 발현은 흥미롭게도 종양억제자(예, WT1)뿐만 아니라 암유전자단백질(예, Myc)에 의해서도 조절이 일어나는 것으로 알려진다. c-Myc은 프로모터에 있는 두 개의 E-box에 결합하여 텔로머라제 발현에 영향을 준다. 암세포에서 관찰되어지는 높은 수준의 Myc 발현은 텔로머라제 활성 증가를 초래할 수 있다. WT1(Wilm's tumor suppressor)이 hTERT 프로모터에 결합할 경우 hTERT의 발현을 음성적으로(negatively) 조절한다. 만약 종양화 과정 가운데 WT1의 불활성화가 일어난다면 hTERT의 발현은 오히려 증가하게 된다. hTERT 발현을 억제하는 다른 인자로 MZF-2와 세포주기 진행에 관여하는 전사조절자인 E2F family member가 있다. MZF-2는 zinc finger 전사인자(transcription factor)이다. hTERT 전사의 억제는 c-Myc과 같은 활성자(TGF/Smad 신호전달경로를 통해)를 저해하거나, DNA repair에 관련된 BRCA1(유방암과 난소암에 관여함)을 저해함으로써 일어날 수 있다. 궁극적으로 대부분의 암에서 p53 종양억제유전자를 결여하고 있기 때문에 p53이 hTERT의 발현을 음성적으로 조절하는데 관여할 수 있다는 의견도 제안되었다. 직접적인 전사조절인자의 결합에 의한 유전자 조절 뿐 아니라 후성유전학적인 조절(epigenetic control)도 hTERT의 침묵화(silencing)에 관여할 수 있음이 알려졌다. 그리고 크로마틴 구조(chromatin structure)와 CpG 메틸화가 TERT 유전자 발현에 영향을 준다는 연구보고도 있다.

텔로머라제의 번역후 조절

촉매 소단위체(catalytic subunit)를 만드는 TERT의 mRNA 수준과 텔로머라제 전체 효소활성과 항상 일치하지는 않는다는 측면에서 텔로머라제의 번역후 조절(post-translational regulation)이 관심을 받고 있다. 아래 그림은 TERT의 번역후 수식(post-translational modification)에 대한 하나의 예를 보여주고 있는데, 어떻게 단백질의 안정화에 영향을 주는지 그리고 subcellular localization이 효소활성에 어떤 영향을 주는지를 나타낸 것이다.

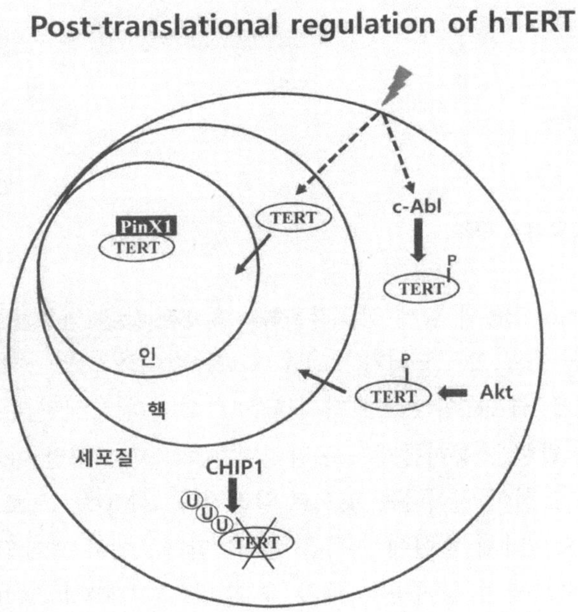

〈그림 4.18〉 hTERT의 번역후 조절.

c-Abl이 hTERT를 인산화하면 hTERT의 핵으로의 이동을 방해함으로써 텔로머라제 효소활성을 저해하고, 반면에 Akt에 의한 hTERT의 인산화는 핵으로의 이동을 도와 텔로머라제 효소활성을 증가시키는 효과가 있다. CHIP1 단백질은 hTERT에 유비퀴틴을 붙여 분해함으로써 텔로머라제 효소활성을 낮추는 역할을 한다. PinX1은 인(nucleolus)에서 hTERT와 직접 결합을 통해 효소활성을 저해한다.

포유동물과 식물의 TERT 서열 내에는 잠재적 인산화(phosphorylation) 자리가 존재하는데 hTERT의 경우 적어도 2종류의 인산화효소(kinase)가 hTERT 인산화에 관여하고 있다고 알려진다. 전리 방사선(ionizing radiation)에 의한 반응으로 c-Abl에 의해 TERT가 인산화가 일어나면 텔로머라제 활성이 3배로 감소가 일어났다. c-Abl을 결여하고 있는 생쥐에서는 텔로머라제 효소의 활성과 텔로미어 길이의 신장(enlogation)이 증가되었다. 그러므로 c-Abl은 텔로머라제 활성을 음성적(negatively)으로 조절하고 있음을 나타내는 것이다. 반대로 인산화효소 Akt에 의한 hTERT의 인산화는 텔로머라제 효소활성을 증가시켰는데 이것은 텔로머라제가 세포질에서 번역된 후 hTERT가 핵으로 이동하는 것을 도와줌으로써 나타난 결과로 생각된다. 일반적으로 텔로머라제 RNA(telomerase RNA, TR)의 반감기는 5일 정도로 생각되는데 반하여 텔로머라제 효소의 반감기는 24시간 정도로 생각한다. 따라서 텔로머라제 효소의 안정성이 텔로머라제 활성 조절에 관여할 수 있다고 추측이 된다. 최근의 발견된 CHIP(C terminus of Hsc70-interacting protein)1은 E3 ubiquitin ligase와 함께 co-chaperone 역할을 수행하는데, 세포질에서 hTERT의 안정성을 조절하는 것으로 연구결과가 나왔다. CHIP는 hTERT에 작용하여 polyubiquitination을 일으키고 hTERT가 핵으로 이동하지 못하고 세포질에서 분해되도록 한다. 흥미롭게도 CHIP1이 hTERT에 작용하는 시기가 세포주기의 G2/M기에 피크(peak)를 이루고 텔로머라제가 텔로미어에 작용하는 S기에는 감소가 일어났다. 그러므로 CHIP1은 세포주기 동안에 세포내부의 수송(trafficking)과 결과적으로 hTERT의 안정성을 조절하면서 텔로머라제의 활성을 조절하는 것으로 생각된다.

텔로머라제의 subnuclear localization이 효소활성의 조절에 기여할 수도 있다. 텔로머라제를 핵(nucleus) 내부의 인(nucleolus)으로 격리함으로써 텔로머라제 효소활성을 음성적으로 조절할 수 있다. DNA 손상반응 이후에 hTERT는 핵질(nucleoplasm)으로부터 인(nucleolus)으로 잠시 이동이 일어난다. 이와 같은 hTERT의 재배치(relocalization)는 DNA 손상 받은 자리에서 새롭게(*de novo*) 텔로미어 생성이 일어날 가능성을 낮추어 준다. shelterin 단백질 TRF1과 상호작용이 가능한 PinX1은 격리(sequestration)에 의한 텔로머라제 활성조절에 관여하는 것으로 알려진다. *in vitro*에서 PinX1은 텔로머라제 효소와 텔로머라제 RNA(hTR)에 직접적으로 결합하여 텔로머라제 활성을 낮춘다. 인간세포에서 일어난 것처럼 효모(yeast)에서도 Est2 (ever shorter telomere 2, TERT)와 PinX1의 결합으로 인하여 텔로머라제는 효모의 인(nucleolus)으로 격리를 일으켰다.

텔로머라제의 활성에 영향을 주는 단백질

1998년 de Lange 등은 사람의 세포에서 Tankyrase라는 효소를 발견했다고 발표하였다. 이 연구팀에 따르면 tankyrase는 텔로머라제가 염색체 말단에 접근하는 것을 막는 또 다른 단백질에 작용하여 텔로머라제가 제대로 역할을 수행할 수 있도록 조절한다. tankyrase는 ankyrin 반복구조가 24개 있으며, 이 구조는 단백질-단백질 상호작용에 이용된다. 그리고 tankyrase의 다른 부위는 Poly ADP ribose polymerase(PARP)의 활성부위와 비슷한 구조를 하고 있다. PARP는 NAD^+에서 ADP ribose를 떼어내어 다른 단백질에 첨가하는 역할을 하는데 이러한 반응을 'ADP 리보실화(ADP ribosylation)'라 부른다.

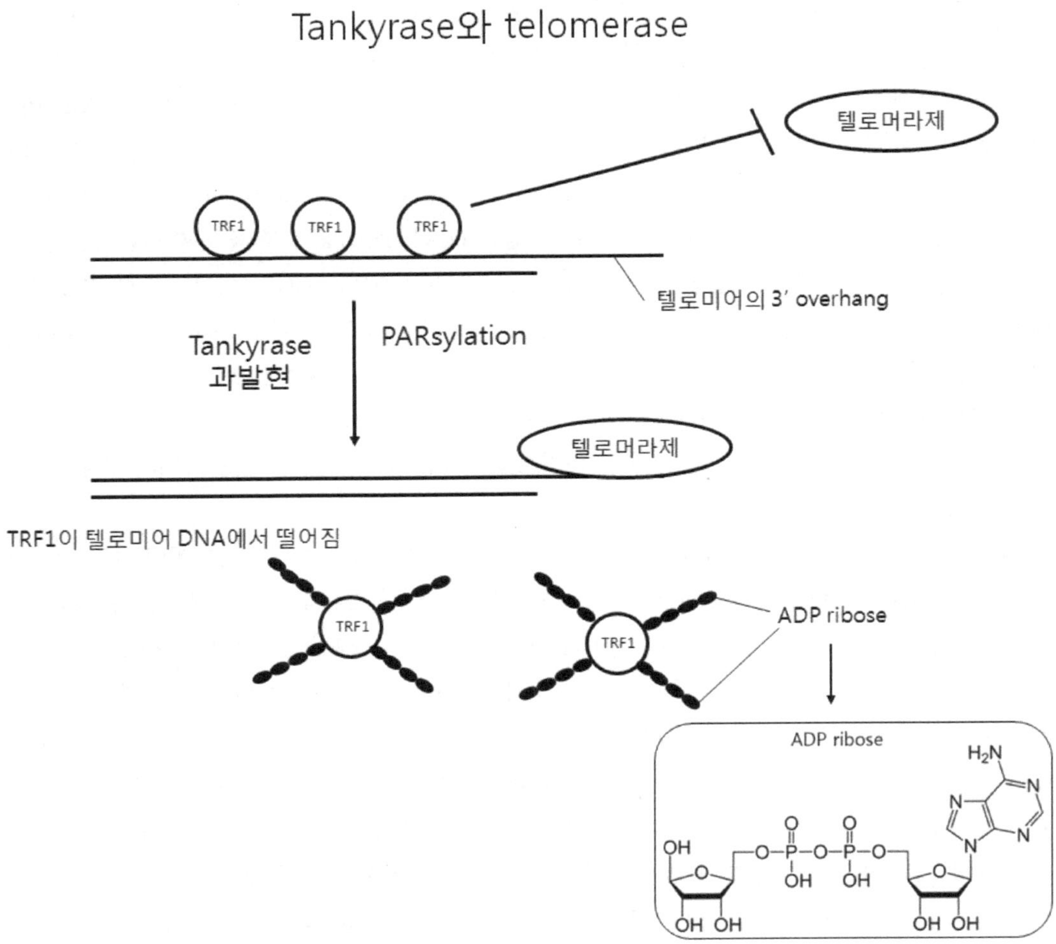

〈그림 4.19〉 Tankyrase와 텔로머라제.

TRF1은 텔로머라제가 텔로미어에 접근하는 것을 저해한다. Tankyrase는 TRF의 ADP ribosylation을 촉진하고 이에 따라 TRF1은 텔로미어는 DNA에서 떨어진다. TRF1이 떨어진 텔로미어에 텔로머라제가 결합할 수 있다.

Tankyrase도 이러한 기작을 수행하는지를 확인하기 위하여 연구팀은 NAD⁺, TRF1과 tankyrase를 혼합하여 *in vitro* 실험을 수행하였다. 이들은 tankyrase가 ADP ribose를 자신의 단백질(tankyrase)과 TRF1에 첨가한다는 사실을 발견하였다. 일반적으로 TRF1은 DNA와 결합을 하고 있지만 tankyrase가 존재하는 경우는 DNA로부터 떨어지게 된다. 그러므로 ADP 리보실화 이전에 TRF1은 DNA와 결합하여 텔로머라제의 활성을 억제하고 있다. 생식세포, 혈구세포, 암세포 등에서는 tankyrase는 TRF1을 변형시켜 DNA로부터 떨어지게 하고 DNA 복제과정에서 손상된 텔로미어 부분을 텔로머라제로 하여금 복구하도록 해줄 것이다. tankyrase는 텔로미어 길이 조절이나 신호전달 경로에서 중요한 역할을 담당하며, tankyrase는 텔로미어와 연관된 DNA 수선(DNA repair)에 관여하는 두 번째 단백질이다(첫 번째 단백질은 손상된 DNA에 결합하는 Ku 단백질이다). 이와 같은 내용이 의미하는 것은 DNA 수선과 텔로미어 합성이 서로 공통된 성분을 이용할 수 있다는 점이다.

4.5 텔로미어 단축과 복제노화

텔로미어 말단이 짧아지면서 세포분열이 멈추는 기작에 대하여는 아직 정확히 밝혀지지는 않았으나 세 가지의 가능성을 내포한다. 첫 번째 가능성은 텔로미어는 헤테로크로마틴(heterochromatin)으로 특징지어지는데 텔로미어가 짧아지면서 텔로미어 주위에 있는 성장을 조절하는 유전자들에 대해 영향을 미친다는 가설이다. 두 번째로 너무 짧은 텔로미어는 DNA 손상으로 인식되어 p53 종양억제 유전자를 활성화하고 p53이 성장 정지(growth arrest)를 비롯한 일련의 반응을 일으킨다는 가설이다. 세 번째로는 텔로미어가 짧아진 그 자체가 DNA 손상 신호로 인식되지는 않으나 p53을 활성화하여 영구적인 세포주기정지(permanent cell cycle arrest 즉 senescence)를 일으킨다는 것이다.

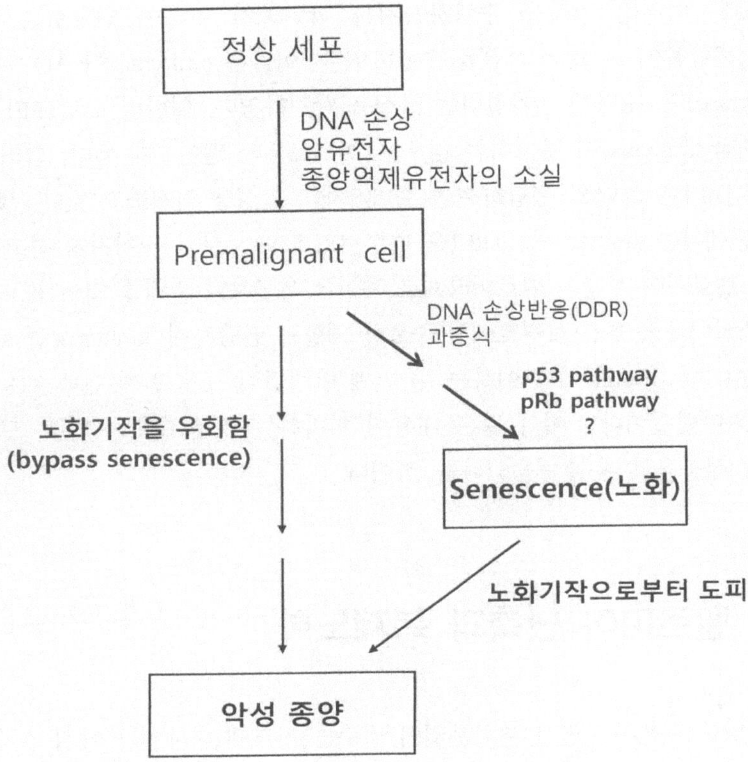

〈그림 4.20〉

정상세포는 DNA 손상, 암유전자 과발현, 종양억제유전자의 상실 등의 원인으로 전암 상태(premalignant state)의 세포로 변할 수 있다. 만약 종양억제유전자의 상실이 일어나 노화(senescence)가 초래되지 않는다면 악성종양(malignant tumor) 상태로 직접 변화될 수 있다. p53이나 pRb와 같은 종양억제유전자가 존재하는 상태라면 DNA 손상 반응(DDR)이 초래되고 p53과 pRb가 작용하여 세포노화(senescence)가 일어난다. 세포노화는 악성종양으로의 진행을 막는 장벽(barrier)과 같은 역할을 한다. 그런데 이 가운데서도 노화를 우회할 수 있는 세포들이 잘 모르는 어떤 기작을 통하여 낮은 빈도로 출현하면서 암세포들이 나타나게 된다.

텔로미어 소실과 관련된 노화

텔로미어는 세포의 복제와 긴밀한 연관이 되고 있기 때문에 텔로미어가 한계점 이하로 짧아졌을 경우는 더 이상 세포 복제는 어렵게 된다. 헤이플릭은 이러한 복제 불능의 상태를 'Hayflick's limit(헤이플릭의 한계)' 즉 '복제 노화(replicative senescence)'로 설명했다. 인간에 있어서는 적어도 두 가지 경로에 의해서 이와 같은 조절이 일어날 가능성이 있다. 첫 번째 경로는 텔로미어의 소실이 p53 종양억제 유전자를 통해 세포 복제를 억제하는 방법이다.

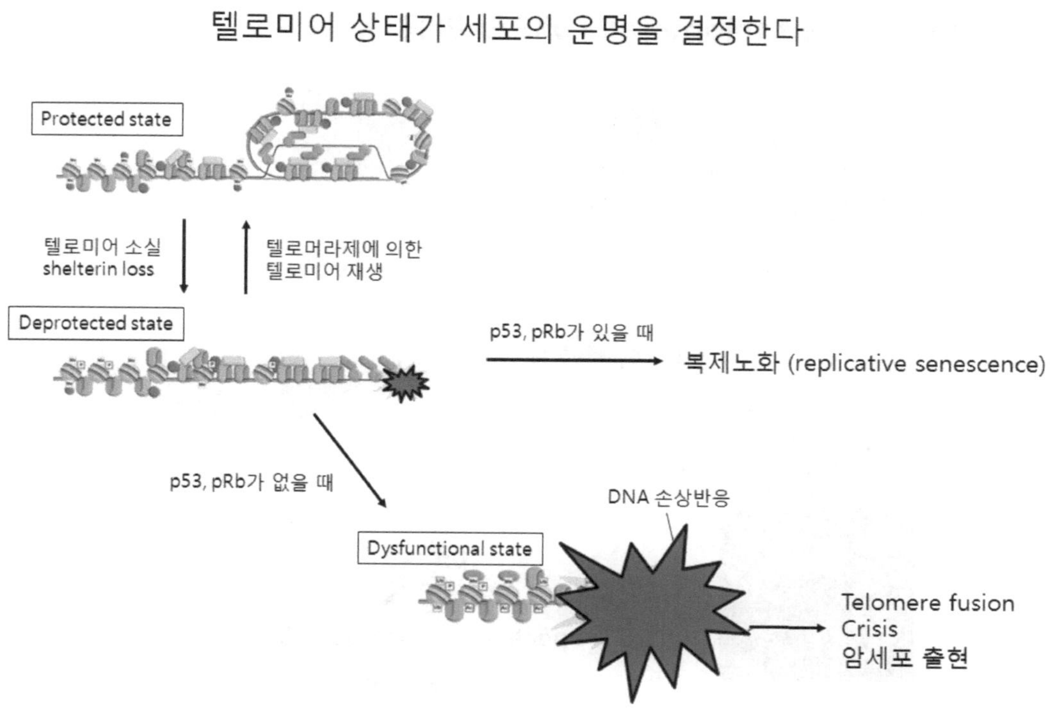

〈그림 4.21〉

텔로미어는 세포주기를 진행하면서 'protected' 상태와 'deprotected' 상태 사이에서 왔다 갔다 하게 되는데, 5개 이상의 deprotected 텔로미어 축적이 일어나면 p53/Rb경로를 통하여 복제노화(replicative senescence)를 유도하기에 충분하다. 만약 p53/Rb 신호전달경로가 불활성화가 일어난 경우는 '성장 중지 검문소(growth arrest checkpoint)'의 감시에서 벗어나 더 손상이 일어난 기능장애 상태(Dysfunctional state)로 진행이 되면서 텔로미어 융합(fusion), crisis(위기점), 암세포의 출현 등을 초래할 수 있다.

Unprotected telomere와 p53의 반응

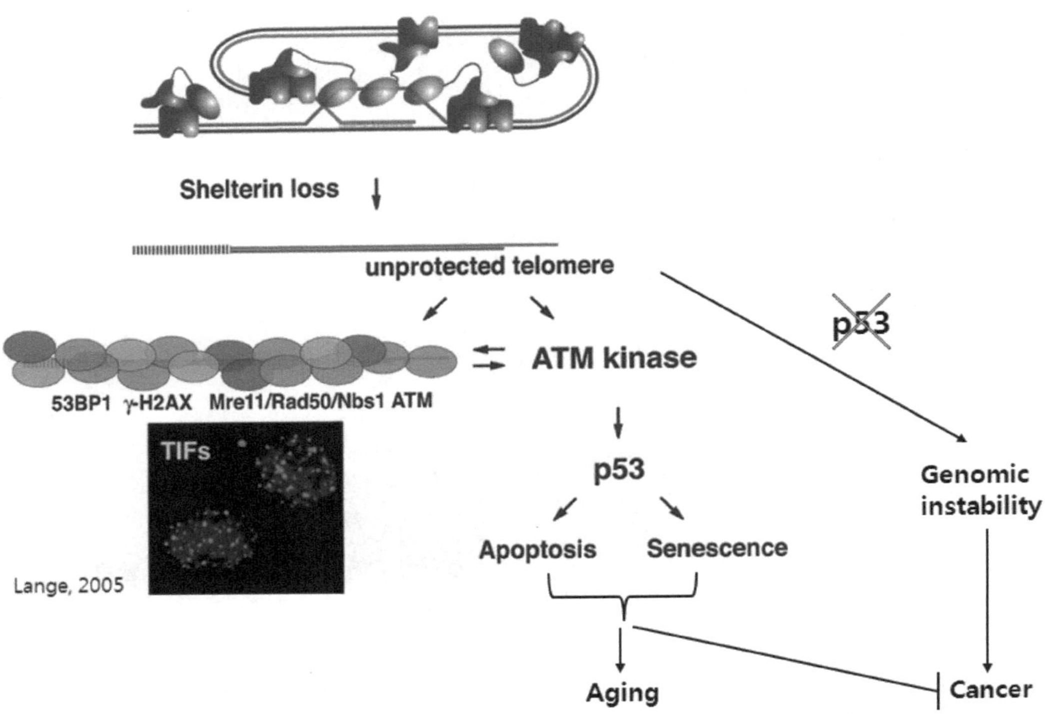

〈그림 4.22〉

unprotected telomere나 DDR 활성화는 ATM 인산화효소(kinase)를 활성화하고 p53 전사활성의 증가를 가져온다. p53은 세포사멸(apoptosis)과 세포 노화(senescence)를 유도함으로써 암(cancer)을 억제하는 barrier로 작용하는 한편, 노화(aging)는 촉진하게 된다. 만약 p53이 없는 경우라면 유전체 불안정성(genomic instability)이 초래되고 이것은 암을 촉진하는 결과를 초래한다. 텔로미어에 의해 유도되는 노화의 경우는 DNA 이중가닥 절단(DSBs)에 의해 촉진되는 여러 DDR(DNA 손상 반응) 요소들을 공유하고 있다. 이미 잘 알려진 DSB에 위치하는 γ-H2AX(histone variant H2AX의 인산화된 형태)를 포함하는 nuclear loci(핵 중점)가 생성된다. 이 foci는 ATM, CHK1, CHK2등의 신호단백질을 포함하고 있을 뿐 아니라 DSB를 인식하고 수선하는 단백질들이 결합하고 있어서 현미경적으로 확인할 수 있는 구조를 이룬다. 노화 상태에 진입한 세포에서 이러한 foci들이 종종 텔로미어에 위치하고 있음을 볼 수 있는데 이것을 'telomere dysfunction-induced foci(TIF)'라고 부른다. 'TIF'는 probe들을 형광색으로 표지하고 염색하여 γ-H2AX가 TRF1과 같은 텔로미어 단백질과 같은 위치에 colocalization(같은 위치에 있는 것)되어 있는 것을 면역형광현미경에서 찾아내는 식으로 알아낸다.

텔로미어 소실과 관련없는 노화

다른 경로는 아직 정확히 잘 이해하지 못하는 것이지만 세포에 대한 여러 가지 스트레스 신호가 $p16^{Ink4A}$(p16으로 호칭함)와 pRB 종양억제유전자를 거쳐서 노화를 일으킬 수 있다. 그렇지만 먼저 언급했던 p53 경로와 p16/pRb 경로가 서로 배타적인 것은 아니다. p53에 의한 경로와 p16/pRb에 의한 경로는 p53에 의해 유도되는 p21이 pRB 인산화를 저해함으로써 pRB를 활성화하는 효과를 나타내는 방식으로 두 경로가 서로 연결이 될 수 있다.

primary fibroblast(1차 섬유아세포)에 텔로머라제를 ectopic expression 했을 때 세포 수명의 연장이 가능하다는 것이 밝혀졌는데, 텔로머라제 활성만 가지고는 암세포화가 일어나지는 않는다. 텔로미어 소실이 세포노화(cellular senescence)를 유도할 수 있는 것은 가능하지만, 텔로미어 상태와는 독립적으로 유도되는(telomere-independent) 세포노화도 존재한다. 텔로미어가 짧아지는 것이나 DNA 손상 반응은 p53에 의존적으로 세포노화를 유도한다. 조직의 종류에 따른 차이나 세포의 유전적 배경(background)의 차이에 의해 세포노화(cellular senescence)가 아니라 세포사멸(apoptosis)이 나타나는 경우도 종종 존재한다. 여기서 의미하는 'DNA 손상'이란 X선이나 자외선(UV) 그리고 활성산소종(ROS)에 의한 손상 그리고 oncogene-induced senescence(암유전자에 의해 유도되는 노화, 'OIS'로 표기)에 의한 반응을 포함한다. 노화 유도의 또 다른 경로는 $p16^{Ink4A}$를 경유하는 것으로 '**스트레스가 유도하는 조기노화**(stress-induced premature senescence, SIPS)'로 알려진다. 'SIPS'를 일으킬 수 있는 스트레스 종류들에 대해서는 확실히 알려지지는 않으나, human diploid fibroblast 세포배양에 에탄올, 과산화수소, 감마선 조사, 호모시스테인 등에 노출했을 때와 같은 조건들에서 $p16^{INK4A}$ 유전자 발현이 유도되어 세포노화를 일으킬 수 있다. oncogene-induced senescence(OIS)는 세포내에서 종양 생성 억제 효과를 나타낼 수 있는데, 이것은 p53과 DNA 손상반응경로(DDR)를 통해 일어나지만 텔로미어의 소실과는 독립적이다.

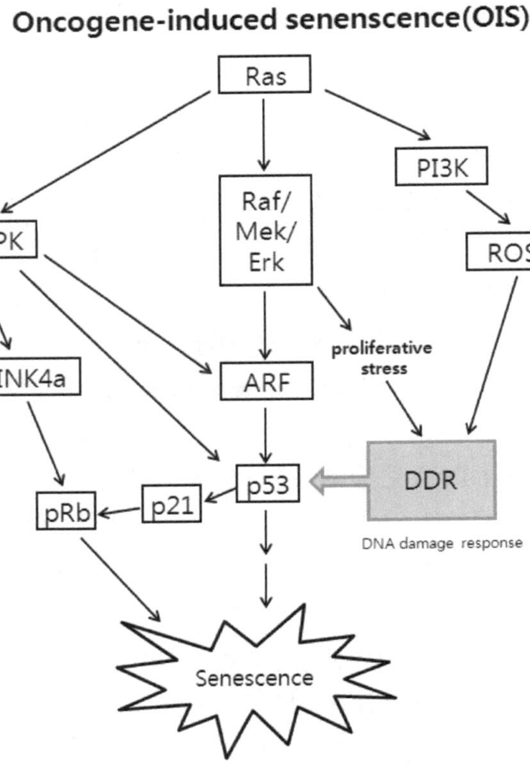

〈그림 4.23〉

복제노화에 의한 텔로미어 손상 그리고 활성산소에 의한 손상은 DNA 손상반응(DDR)을 통하여 p53-의존적으로 세포노화를 일으킨다. Ras와 같은 암유전자를 과량 발현할 경우 Raf/Mek/Erk 경로를 거쳐 ARF를 자극하고 ARF는 p53을 활성화한다. Ras는 p38MAPK를 활성화함으로써 p16을 자극할 수 있고 이것은 pRB를 활성화함으로써 노화를 일으킬 수 있다. p53을 활성화하는 신호는 p21을 통하여 pRB를 활성화할 수 있다. OIS에는 p53 경로와 p16/pRB 경로가 함께 관여한다.

4.6 텔로미어 연관 질병

Dyskeratosis congenita(DKC)

Dyskeratosis congenita(DKC)는 '**선천성이상각화증**'이라는 다소 생소한 용어로 번역이 되는데, 1906년 Zinsser 등이 처음 보고한 희귀한 유전성 질환이다. 조로증과 비슷한 조기 노화(premature aging)를 야기하는 질병으로 주로 integumentary system(외피계)에 영향이 있으며 골수의 이상을 야기하여 백혈병을 비롯한 혈액암(급성골수성 백혈병)의 위험이 크다. 이 질병은 또한 폐섬유증(pulmonary fibrosis), 상처치유의 지연, 소화기 장애, 골의 연화, 백발, 대머리, 학습장애, 재생불량성 빈혈(aplastic anemia), 그물 피부 착색, 손톱 영양 장애 등의 질병을 야기한다. 이러한 증상들은 전반적으로 노인질병의 특징을 반영하며 수명의 단축에 영향을 미친다. 비록 이 병의 정확한 병리학적 원인은 아직 밝혀지지 않았지만 dyskeratosis congenita의 주요한 원인은 텔로미어 기능 결함이 문제인 것으로 나타났다. 특히 이 질병은 직접적으로나 간접적으로 척추동물의 telomerase RNA component(TR)에 의해 영향을 받는다. 상염색체 위에 있는 TR 유전자의 이상은 텔로머라아제의 활성을 감소시키기 때문에, DKC 질병을 갖는 사람은 텔로머라제 활성에 결점을 갖게 되므로 텔로미어(telomere)가 점점 짧아지게 된다. 따라서 DKC는 나이가 들면서 자연스럽게 생겨나는 골다공증의 속도도 더욱 빠르게 만든다. dyskeratosis congenita와 관련된 유전자는 *TR* 이외에도 *DKC1*이 있다. *DKC1* 유전자는 X 염색체 위에 존재하며 'Dyskerin'이라는 단백질을 코딩한다. 일반적으로 *DKC1* 유전자의 돌연변이는 dyskeratosis congenita를 초래할 뿐만 아니라 텔로미어 단축(shortening)을 가속화한다. Dyskerin은 pseudouridine synthase 기능을 가지면서 텔로머라제 RNA 부위에 직접적으로 결합한다. 아마도 이러한 결합이 텔로머라제 RNA 부위의 안정화에 기여할 것으로 예상된다.

Werner syndrome(WS): 워너증후군

워너증후군은 조기노화의 특성을 보이는 상염색체 열성(recessive)유전의 질병이다. 워너증후군 환자는 태어나서 부터 사춘기까지 정상적으로 성장하다가 사춘기 이후에 급격히 노화가 진행되고 약 40세에 이르면 약 80세가 되어 보일정도로 몇 십 년 정도 더 늙어 보이게 된다. 성장이 빠르게 일어나는 10대에 성장이 일어나지 않으며, 워너증후군 환자 모두가 비정상적으로 체구가 작고 단신의 키를 갖게 된다. 20대나 30대에서 정상의 경우라면 아직 젊음을 유지할 시기이지만, 워너증후군 환자의 경우는 20대나 30대가 되면 늙어서나 보이는 생리적인 현상이 일어나기 시작한다. 노화 증세를 나열해 보면 머리카락이 빠지거나 백발로 변하고, 목소리는 힘이 없거나 쉰 목소리가 나고, 피부가 두꺼워지고 거칠며, 백내장(Cataracts)이 생긴다. 노환으로 인한 각종 질병이 발생하는데 암이나 심장질환 등의 발생으로 인해 보통 수명이 사십 대 후반이나 오십 대 초반까지밖에 살지 못한다. 워너증후군에 걸린 신체 모습은 전반적으로 연약하고 얇은 팔과 다리에 통통하고 두꺼운 몸통을 가지고 있다. 체질적으로 질병에 취약하다 보니 노화로 나타 날 수 있는 각종 암(Cancer)과 심장병(Heart Disease)과 아테롬성 동맥경화증(Atherosclerosis) 그리고 당뇨병(Diabetes), 백내장(Cataracts)과 같은 여러 가지 노인성 질병을 동반하며 이러한 질병이 사망의 원인과 관련이 있다. 워너증후군에서는 노인성치매와 같이 노인성 정신질환은 나타나지 않는 게 특징적이다.

워너증후군(Werner syndrome, WS)의 원인이 되는 경우에는 유전자 중에 상염색체

(Autosome)가 열성인 경우에 나타난다. 원인이 되는 유전자를 1997년에 처음 발견하였으며 '*WRN*'이라는 명칭으로 표기했다. *WRN* 유전자는 사람의 8번 염색체에 존재하며 WS와 관련되어 알려진 유일한 유전자이다. WS는 *WRN* 유전자의 기능이상으로 생겨나며, WRN 단백질은 멈춰있는 복제분기점(replication fork)과 이중가닥절단(DSB)의 수선 등에 관여한다. 또한 WRN 단백질은 텔로미어 길이 유지에도 중요한 기능을 하고, 텔로미어 기능이 이상해지는 세포노화시기에 중요한 기능을 한다. 따라서 WS을 갖는 사람은 사지(limb)쪽에서 간충직조직의 증식이 느려져, 때 이른 골다공증을 유발한다.

Cancer

텔로미어 이상은 암의 발생과도 깊은 관련이 있다. 텔로미어 길이가 짧아졌을 때 대부분의 세포는 사멸하거나 또는 노화(senescence)로 들어가게 된다(tumor suppressor gene이 있을 경우). 그런데 드물게 checkpoint(검문지점)를 결여하는 세포들이 나타날 경우 연속적인 세포분열을 통해 텔로미어의 'uncapping'이 초래된다. 이러한 과정(crisis)은 빈번한 염색체의 융합과 재배열(rearrangement)을 초래하며 이것은 치명적인 사건으로서 세포들의 죽음을 초래하게 된다. 그러나 낮은 확률로 텔로머라제의 재활성화(reactivation)가 일어나면서 텔로미어 길이를 유지할 수 있게 된다(인간 종양의 85~90% 정도). 텔로머라제가 아닌 다른 방법에 의해서도 텔로미어 길이 유지가 가능한데, 이것은 'recombination-based(재조합기반)' 기작인 ALT 경로(Alternative Lengthening of Telomeres)이다. 사실상 대부분의 암에서 텔로머라제 활성을 가지고 있으며, 그렇지 못할 경우 ALT 경로를 통해 우회적으로 텔로미어 길이를 유지할 수 있게 되는 것이다. ALT 경로에 의한 텔로미어 유지는 간충직(mesenchymal) 또는 신경상피(neuroepithelial) 유래의, 종양억제유전자 p53이나 $p16^{Ink4A}$의 상실이 일어나거나, 또는 cyclin D1의 활성화가 일어난 암에서 주로 나타난다. ALT에는 또 재조합과정이 관련된 DNA 복제기작이 관련이 있을 것으로 추측되나 그 자세한 기작은 알려져 있지 못하다. 이와 같이 대부분의 암에서 텔로머라제가 활성화가 일어나는 점을 생각하면 항암제를 고안할 때 텔로머라제 활성을 표적(target)으로 삼는 것은 당연할 것이다. 그러나 전체적으로 텔로머라제를 억제했을 때 다른 기능들, 즉 생식 능력, 상처의 회복, 혈구와 면역세포 생성 등에 손상을 줄 우려가 있다는 것이 단점이라고 지적된다. 앞에서 여러 번 언급한 바와 같이 텔로미어 기능상실은 세포노화(cellular senescence), 세포사멸(apoptosis), 유전체 불안정성(genomic instability)을 초래한다. 유전체 불안정성은 암세포의 발생에 기여하는 반면, 세포노화(cellular senescence)와 세포사멸(apoptosis)은 암을 억제하는 기작으로 작용할 수 있다. 따라서 텔로미어는 암(cancer)과 노화(aging)에 동시적으로 작용하는 양날의 검으로 작용할 수 있는 기작을 내포하는 것이다.

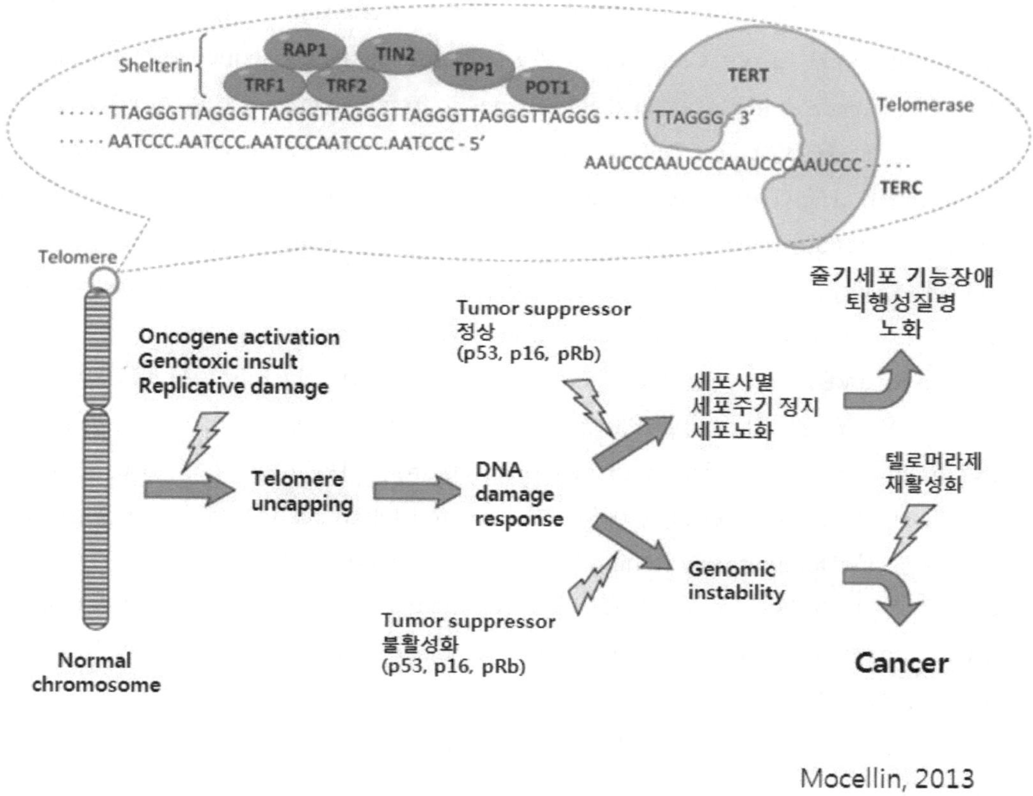

〈그림 4.24〉

텔로미어의 말단은 shelterin 복합체에 의하여 보호되며, 텔로미어 연합 단백질들과 텔로머라제와의 상호작용을 통하여 텔로미어 길이는 적절히 유지된다. 암유전자의 활성화(oncogene activation), 유전독성 손상(genotoxic damage), 복제에 의한 손상 등을 통하여 텔로미어의 'uncapping'이 유도되고 이는 DDR(DNA 손상) 반응을 활성화한다. 정상적인 종양억제유전자가 존재할 경우 세포사멸(apoptosis), 세포주기 정지(cell cycle arrest), 세포노화(senescence)를 일으켜 암의 발생을 예방할 수 있으나 이러한 반응의 결과로 줄기세포 기능장애, 퇴행성질병, 노화 등은 촉진된다. 종양억제유전자가 불활성화가 일어났을 경우는 유전체의 불안정성이 초래되고 텔로머라제의 재활성화가 일어나 암이 발생하게 된다.

참고문헌

1. Armanios, M. (2013). "Telomere and age-related disease: how telomere biology informs clinical paradigms." *J Clin Invest* 123:996-1002.
2. Armanios, M. and E. H. Blackburn. (2012). "The telomere syndromes." *Nat Rev Genet* 13:693-704.

3. Aubert, G. and P. M. Lansdorp. (2008). "Telomeres and aging." *Physiol Rev* 88:557-579.
4. Blackburn, E. H., J. G. Gall. (1978). "A tandemly repeated sequence at the termini of the extrachromosomal ribosomal RNA genes in Tetrahymena." *J Mol Biol* 120:33--53.
5. Blackburn, E. H. (2005). "Telomerase and cancer." *Mol Cancer Res* 3:477-82.
6. Blackburn, E. H., C. W. Greider, et al. (2006). "Telomeres and telomerase: the path from maize, Tetrahymena and yeast to human cancer and aging." *Nat Med* 12:1133-1138.
7. Bodnar, A. G., M. Ouellette, et al. (1998). "Extension of life-span by introduction of telomerase into normal human cells." *Science* 279:349-352.
8. Calado, R. and N. Young. "Telomeres in disease." *The Scientist*, May 1, 2012.
9. Chen, L. Y., Y. Zhang, et al. (2012). "Mitochondrial localization of telomeric protein TIN2 links telomere regulation to metabolic control." *Mol Cell* 47:839-850.
10. Cherif, H., J. L. Tarry, et al. (2003). "Ageing and telomeres: a study into organ- and gender-specific telomere shortening." *Nucleic Acids Res* 31:1576--1583.
11. Chiang, Y. J., S.-H. Kim, et al. (2004). "Telomere-associated protein TIN2 is essential for early embryonic development through a telomerase-independent pathway." *Mol Cell Biol* 24:6631-6634.
12. Cifuentes-Rojas, C. and D. E. Shippen. (2012). "Telomerase regulation." *Mutat Res* 730:20-27.
13. Collins, K. and J. R. Mitchell. (2002). "Telomerase in the human organism." *Oncogene* 21:564-79.
14. DeLange, T. (2005). "Shelterin: the protein complex that shapes and safeguards human telomeres." *Genes Dev* 19:2100-2110.
15. Donate, L. E. and M. A. Blasco. (2011). "Telomeres in cancer and ageing." *Phil Trans R Soc B* 366:76-84.
16. Galati, A., E. Micheli, et al. (2013). "Chromatin structure in telomere dynamics." *Front Oncol* 3:1-16.
17. Hambleton, L. "Investigating telomeres and what they mean for aging-related diseases." *The Washington Post*, December 11, 2012.
18. Hayflick, L. and P. S. Moorhead. (1961). "The serial cultivation of human diploid cell strains." *Exp Cell Res* 25:585-621.
19. Hayflick, L. (1998). "How and why we age." *Exp Gerontol* 33:639-65.
20. Hemann, M. T. and C. W. Greider. (2000). "Wild-derived inbred mouse strains have short telomeres." *Nucleic Acids Res* 28:4474-4478.

21. Lendvay, T.S., D. K. Morris, et al. (1996). "Senescence mutants of Saccharomyces cerevisiae with a defect in telomere replication identify three additional EST genes." *Genetics* 144:1399-412.

22. Lee, J. H., P. Khadka, et al. (2010). "CHIP promotes human telomerase reverse ranscriptase degradation and negatively regulates telomerase activity." *J Biol Chem* 285:42033–42045.

23. Lorite, P., J. A. Carrillo, et al. (2002). "Conservation of (TTAGG)n telomeric sequences among ants (Hymenoptera, Formicidae)." *J Hered* 93:282-285.

24. Lu, W., Y. Zhang, et al. (2013). "Telomeres-structure, function, and regulation." Exp *Cell Res* 319:133-141.

25. Lundblad, V. (2012). "Telomere end processing: unexpected complexity at the end game." *Genes Dev* 26:1123-7.

26. Mocellin, S., K. A. Pooley, et al. (2013). "Telomerase and the search for the end of cancer." *Trends Mol Med* 19:125-33.

27. Moyzis, R.K., J. M. Buckingham, et al. (1988). "A highly conserved repetitive DNA sequence, (TTAGGG)n, present at the telomeres of human chromosomes." *Proc Natl Acad Sci U S A* 85:6622-6626.

28. Oeseburg, H., R. A. de Boer, et al. (2010). "Telomere biology in healthy aging and disease." *Pflugers Arch* 459:258-268.

29. Osterhage J. L. and K. L. Friedman. (2009). "Chromosome end maintenance bt telomerase." *J Biol Chem* 284:16061-16065.

30. Richards, E. J. and F. M. Ausubel. (1988). "Isolation of a higher eukaryotic telomere from Arabidopsis thaliana." *Cell* 53:127-136.

31. Rubin, H. (2002). "The disparity between human cell senescence in vitro and lifelong replication in vivo." *Nature Biotechnology* 20:675-681.

32. Shampay, J., J. W. Szostak, et al. (1984). "DNA sequences of telomeres maintained in yeast." *Nature* 310:154-157.

33. Shay, J. W., Y. Zou, et al. (2001). "Telomerase and cancer." *Human Mol Genet* 10:677-685.

34. Shay, J. W. and W. E. Wright. (2011). "Role of telomeres and telomerase in cancer." *Semin Cancer Biol* 21:349-353.

35. Smith, S., I. Giriat, et al. (1998). "Tankyrase, a poly(ADP-ribose) polymerase at human telomeres." *Science* 282:1484-7.

36. Soohoo, C. Y.-Y. (2008). "Structure and function of the telomerase inhibitor PinX1." 박사학위논문, Harvard University.

37. Sabourin, M. and V. Zakian. (2008). "ATM-like kinases and regulation of telomerase: lessons from yeast and mammals." *Trends Cell Biol* 18:337-346.

38. Verdun, R. E. and J. Karlseder. (2007). "Replication and protection of telomeres." *Nature* 447:924-931.

39. Wright, W. E. and J. W. Shay. (2000). "Telomere dynamics in cancer progression and prevention: fundamental differences in human and mouse telomere biology." *Nat Med* 6:849-51.

40. Xi, H., C. Li, et al., (2013). "Telomere, aging and age-related diseases." *Aging Clin Exp Res* 25:139-146.

41. Young, N. S. (2010). "Telomere biology and telomere diseases: implications for practice and research." *Hematology Am Soc Hematol Educ Program* 2010:30-5.

42. Zaug, A. J., E. R. Podell, et al., (2010). "Functional interaction between telomere protein TPP1 and telomerase." *Genes Dev* 24:613-622.

43. 김미경. (2008). "Regulation of telomere by TRF1 binding proteins." 박사학위논문, 연세대학교.

44. 정철호. 이한웅. (2001). "Telomerase: Unraveling our ends." *Biochemistry News* 21:194-198.

CHAPTER 05

세포노화와 노화

인체의 세포는 약 100조 개 이상의 세포로 구성되어 있다. 그 가운데 일부 세포는 계속 손상되고 노후화하여 죽어가고 있으며 그것을 보충하기 위하여 매일 수십억 개의 세포들이 분열함으로써 보충해나가고 있다. 그러나 실험실에서 인간의 세포를 배양하면 세포분열이 수십 차례 진행된 이후엔 더 이상 진행되지 못하고 수 주 안에 죽고 만다. 'senescence(노화)'라는 용어는 라틴어로 'senex'는 '늙은 사람' 또는 '노인세대'를 의미하며 'aging'과 함께 '노화'라는 의미로서 사용이 된다. 'senescence'라는 용어는 세포배양 상태에서 분열을 영구히 중단한 세포에 적용이 가능하다. 인간의 섬유아세포(fibroblast)를 배양하였을 때 일정한 분열횟수를 거치고 나면 세포의 형태가 커지고 납작해지며(flattened) 다각형의(polygonal) 형상을 띄는 등 형태학적 변화를 수반하는 '**노화(senescence)**' 현상을 나타낸다. '세포노화'란 세포내 대사는 계속 진행되어 세포를 구성하는 분자들의 합성은 일어나지만 세포분열은 비가역적으로(irreversibly, 다시는 세포분열을 할 수 없다는 의미) 그리고 영구적으로 중지된 상태로서, 세포의 크기가 커지고 세포내에 리포퓨신(lipofuscin)이라는 형광물질을 축적하는 등 특정한 세포학적 형질을 수반하는 현상을 말한다. 정상세포의 배양시 어떤 일정기간이 지나게 되면 더 이상 분열하지 않고 정지가 일어난 것을 볼 수 있는데 이러한 현상은 세포간의 'contact inhibition(접촉저지)'에 의한 것이다. 이러한 분열정지가 일어난 세포를 따로 분리해서 그 일부분을 새로운 배지에 옮겨 배양하게 되면 다시 분열을 시작할 수 있다. 그런데 이렇게 분열할 수 있는 능력도 영원히 반복되는 것은 아니다. 헤이플릭(Hayflick)은 이러한 현상을 '마치 세포가 분열한 횟수를 기억하고 있는 것처럼 서서히 분열 속도가 줄어들다가 50~60번 분열을 하면 결국 분열을 정지한다'라고 표현했다. 이와 같이 일정 횟수 이상 계대 배양하여 더 이상 세포 분열이 일어나지 않는 상태를-복제가 반복되고 그 마지막에 도래되는 현상이라는 의미에서-'**복제노화(replicative senescence)**'라고 부른다. 복제노화는 헤이플릭의 실험에서는 섬유아세포(fibroblast)를 사용해서 관찰했으나, 다른 여러 종류의 세포들-케라티노사이트(keratinocyte), 내피세포(endothelial cell), 림프구(lymphocyte) 등-에서 그리고 다른 여러 동물들-쥐, 닭, 거북이 등-에서 추출한 세포에서도 관찰이 가능했다.

in vivo(생체 내)에서 세포노화가 가지는 의미는 크게 두 가지라고 할 수 있다. 그 하나는 세포수준의 노화와 개체수준의 노화의 관련성인데, 세포노화는 개체 노화, 조직 재생, 노화관련 질환 등 다양한 생리 및 병리현상에 관여하는 것으로 알려진다(Hayflick, 1985). 그리고 젊은 사람으로부터 유래한 세포보다 늙은 사람으로부터 유래한 세포가 *in vitro*(시험관 실험)에서 더 적게 분열하고 노화로 들어간다는 사실은 세포노화가 개체노화(organismal aging)와 관련성이 있음을 의미하는 것이다. 또, 거북이와 같이 수명이 긴 동물로부터 유래한 세포는 110번 분열 후 복제노화가 시작되었으나 쥐와 같이 수명이 짧은 동물의 경우는 10번 내외의 세포분열이 가능했다. 그리고 워너증후군이나 HGPS와 같은 조로증 환자로부터 유래한 세포는 항상 정상 세포보다 더 적은 횟수(약 10번 정도)의 분열을 할 수 있었다. 세포노화가 지니는 다른 하나의 중요한 의미는 *in vivo*(생체 내)에서 암을 억제하는 기작으로서의 중요성을 가진다. 세포노화는 배양된 세포에서 처음으로 발견된 현상이지만 세포내외의 스트레스(텔로미어 단축, 활성산소종, DNA 손상, 자외선 등)에 대한 반응으로 *in vivo*(생체 내)에서도 일어날 수 있으며, 손상을 받은 세포나 잠재적으로 나쁜 효과를 낼 수 있는 세포들의 증식을 제한하는 세포증식 억제반응이다. 이러한 과정을 통하여 조직의 항상성(tissue homeostasis)을 유지하고 종양발생을 억제(tumor suppression)할 수 있는 방법을 제공한다는 점에서 의미가 있다.

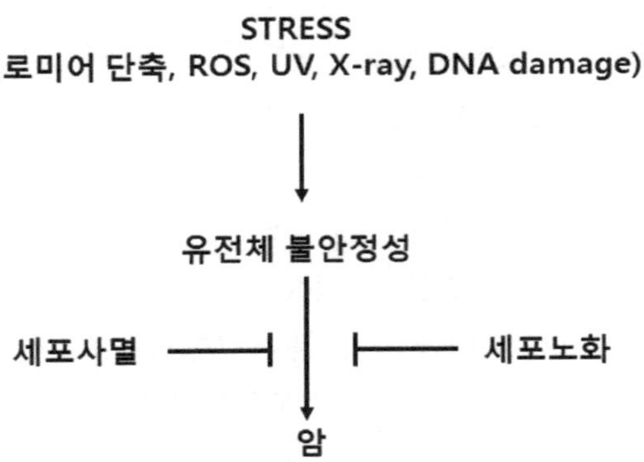

〈그림 5.1〉 세포노화는 암을 억제하는 기작이다

5.1 세포노화란 무엇인가?

'세포노화(cellular senescence)' 또는 '복제노화(replicative senescence)'는 약 50년 전에 헤이플릭(1961년)에 의하여 주장되었으며 세포수준(cell level)에서의 노화 모델로서 제안되었다. 헤이플릭은 유산된 태아의 기관으로부터 조직을 떼어내어 배양액이 든 배양용기에서 배양했으며 며칠 후 배양용기 속에 있던 조직들로부터 섬유아세포(fibroblast)들이 빠져나와 배양용기의 바닥에 붙어서 자라기 시작했다. 섬유아세포(fibroblast)는 방추체 모양을 하고 있으며 기관에서 세포와 세포 사이를 채워주는 콜라겐(collagen)이나 피브로넥틴(fibronectin)과 같은 기질을 생산하는 세포이다. 헤이플릭은 이들 세포들을 길게는 11개월 동안 지속해서 배양했는데, 모두 예외 없이 일정기간 기하급수적인 증식을 하다가 서서히 증식속도가 느려지며 어느 시점에 도달해서는 더 이상 증식을 못하는 상태에 도달하는 것을 발견했다. 헤이플릭은 정상세포가 성장과정에서 일정한 횟수 분열한 후에는 더 이상 분열을 하지 않는 한정된 증식능력(replicative life span, 복제수명)을 가진다는 사실을 발견했으며, 분열능력의 상실과 함께 모양과 물리적 성상도 같이 변화가 일어남을 확인하였다. 이와 같이 세포가 유한한 분열 수명을 다하여 더 이상 DNA를 복제하지 못하고 비가역적으로 세포분열 정지가 일어난 세포노화 상태를 '**복제노화**(Hayflick, 1965년)' 또 그 후에는 'cellular aging(세포노화)'이라고 불렀다. G_1기에 성장 정지(growth arrest)가 일어난 노화세포는 G_0기에 정지가 일어난 휴지기 세포(quiescent cell)와는 달리 성장인자(growth factor)로 자극을 줘도 다시 세포주기로 재진입(cell cycle reentry)하지 않는다. 사람의 태아에서 분리한 섬유아세포는 세포배양에서 대개 50~60번 가량(최대 100번까지)의 세포분열을 한 후 성장을 정지한다. 성장을 정지한 이후에는 세포의 대사(metabolism)는 유지가 되지만 DNA 합성은 일어나지 못하는 상태로 오랜 동안(경우에 따라 수개월에서 수년까지) 안정적으로 생존할 수 있다.

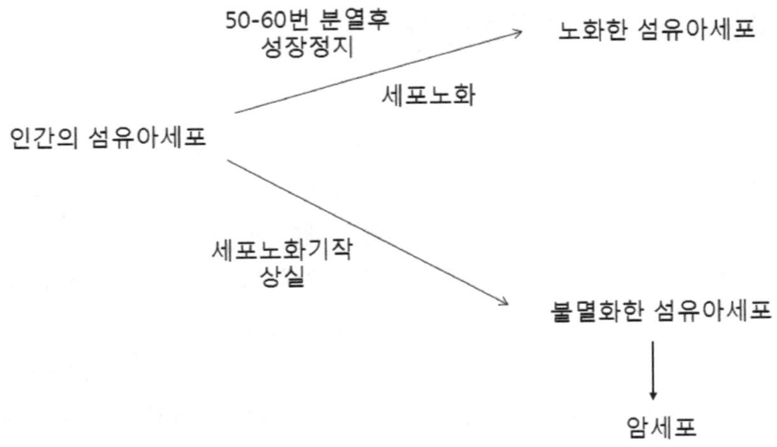

〈그림 5.2〉
정상적인 섬유아세포는 50~60번의 분열 후 더 이상 분열하지 않는 세포노화에 도달한다

▌노화세포의 표현형

정상적인 포유동물의 증식 수명(replicative life span)은 복제노화의 제한을 받게 되는데, 이러한 현상은 정상 체세포가 분열하면서 염색체의 텔로미어가 점차적으로 짧아지는 것으로 설명할 수 있다. 텔로미어는 염색체 말단의 반복되는 DNA 염기서열과 텔로미어-연관 단백질들(telomere-associated proteins)로 구성된 복합체이다. DNA 중합효소가 텔로미어 지연가닥(lagging strand)의 말단을 완전히 복제할 수 없다는 이유로 세포분열에 따라 텔로미어의 단축이 일어난다. 점차적으로 텔로미어의 길이가 짧아지다가 텔로미어가 어떤 기준점 이하로 짧아지게 되면 이것이 DNA 손상으로 인식이 되어 DNA 손상반응(DDR, DNA damage response)을 자극하게 되어 일정한 시간이 경과 후에는 거의 모든 세포가 세포노화로 들어가게 된다.

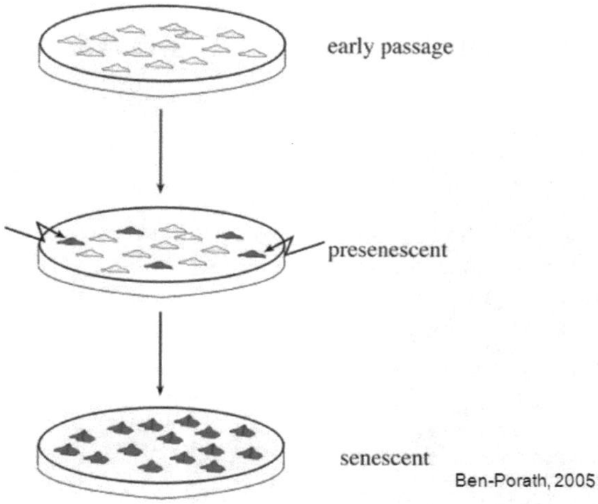

〈그림 5.3〉

배양 초기의 세포는 계대를 반복하면서 세포내 또는 외부적 스트레스들이 점차적으로 축적됨으로써 종양억제유전자(tumor suppressor gene)인 p53, p16/pRB 경로가 활성화된다. 종양억제유전자의 활성화로 노화가 일어난 세포가 늘어나고 궁극적으로는 세포집단 전체의 노화가 초래되어 증식을 멈춘다.

텔로미어 단축과 같은 세포 내부적인 요인(endogenous factors) 외에도 DNA 손상, 심한 염증반응, 산화스트레스, 자외선 또는 방사선 조사, 항암제 노출, 영양분 고갈 등과 같은 다양한 물리적, 그리고 화학적 자극에 의해서도 세포노화는 일어날 수 있는데, 이들을 '**스트레스-유도 조기노화(stress-induced premature senescence, SIPS)**'라고 부른다. 세포노화가 일어난 세포의 가장 큰 특징은 세포가 비가역적으로 증식을 중지(growth arrest)한다는 것이다. 그러나 오랜 기간 살아있는 상태로 존재하며 분열은 일어나지 않아 세포의 크기는 커지면서 납작한 모양을 나타낸다. 크기가 커지면서 납작해지는 것은 핵(nucleus)과 인(nucleoli)의 크기 증가도 포함한다. 노화세포는 세포이동을 조절하는 세포골격의 구성성분에 있어서 변화가 있을 뿐 아니라 세포내의 리소좀(lysosome), 액포(vacuoles), 미토콘드리아의 수와 크기에 있어서도 증가가 일어나는 것으로 알려진다. 더군다나 노화한 세포는 노화 또는 노화관련 질병에 영향을 줄 수 있는 여러 가지 용해성 인자들을 분비하며, 이로 인하여 유전자와 단백질 발현(protein expression)에 변화가 초래된다. 최근에 늙은 섬유아세포(old fibroblast)에서 발현되는 유전자들을 조사해보니 젊은 섬유아세포(young fibroblast, 대조군)와 다른 양상으로 발현이 일어나는 유전자가 약 600개 이상이 되는 것으로 조사되었다.

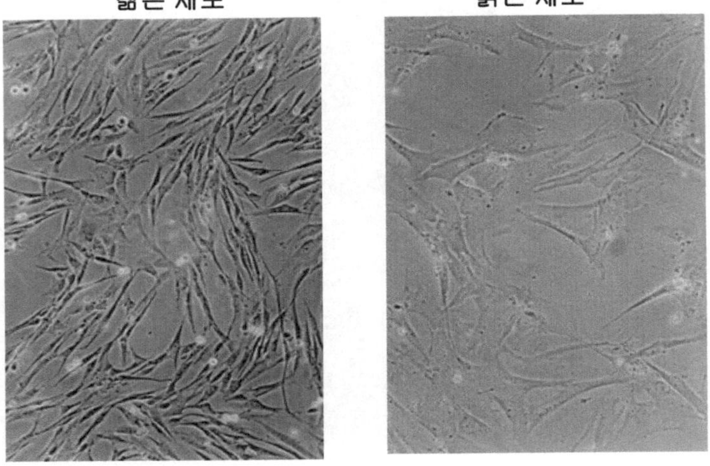

〈그림 5.4〉 인간 섬유아세포의 노화

노화된 세포의 가장 큰 특징은 비가역적인 증식의 정지이며, 이외에도 세포사멸에 대한 저항성(resistance to apoptosis)을 가진다는 점도 있다. 1995년 Wang은 복제노화에 의해 노화 상태에 들어간 인간의 섬유아세포가 세포사멸(아폽토시스)에 대해 저항성을 가진다는 내용을 보고했다. 정상의 mouse 3T3 섬유아세포의 경우는 혈청을 제거할 경우 하루 이내에 DNA 분절화(DNA fragmentation)를 거쳐 세포사멸이 일어나지만, 노화된 인간의 섬유아세포(aged human fibroblast)는 4주가 지나도록 죽지 않고 생존했다. 저자는 그 원인에 대하여 조사하기 위하여 항세포사멸(anti-apoptotic) 인자인 Bcl-2 수준을 두 그룹으로부터 각각 측정했는데, 노화된 세포들은 젊은 세포로 구성된 대조군에 비해 Bcl-2 단백질의 농도가 눈에 띄게 높게 나왔다. 실제로 노화세포의 유지에 중요하다고 알려진 **'노화세포의 분비활성(SASP, senescence-associated secretory phenotype)'**으로 인한 인터류킨-1, 인터류킨-6, 세포외기질 단백질분해효소, 사이토카인 등과 같은 염증성 인자들의 분비로 주위의 미세환경(microenvironments)의 변화를 초래한다. NF-κB와 같은 전사인자는 염증반응에 관련이 있으며 세포의 생존(survival)반응에 관여한다. 이러한 복합적인 상황들이 종합되어 노화세포는 오랜 동안 살아남을 수 있다. 노화세포 내부에는 여러 손상된 분자들과 소기관을 포함하며, 조직 또는 기관에서 정상세포에 대해 노화세포 비율이 커지면 커질수록, 세포 그리고 조직의 기능에는 나쁜 영향을 끼치게 된다.

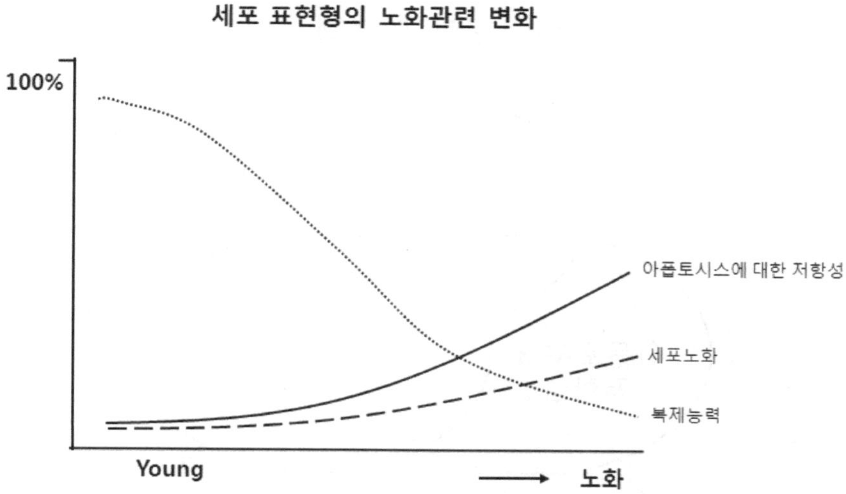

〈그림 5.5〉 세포노화가 일어나면서 아폽토시스에 대한 저항성도 증가한다

세포노화는 여러 가지 기능적 저하를 수반한다. 그 중에서 다양한 외부의 자극에 대한 반응성이 저하되는 무반응성(irresponsiveness)의 특성을 나타내며 세포의 성장과 생존에 관여하는 중요한 신호전달체계 전반에 이상이 나타난다. 세포의 성장을 촉진하는 성장인자(growth factor)를 어린 세포에 처리할 경우 성장관련 신호전달이 원활하게 잘 이루어지지만 노화세포에서는 아무 반응을 나타내지 않는다. 노화하면서 세포는 성장인자(growth factor) 또는 혈청(serum)에 대응하지 않게 되고, 세포주기의 G_1기에서 주로 성장을 멈춘다. 이 성장 정지(growth arrest)는 비가역과정으로 일단 노화 상태로 유도된 세포는 어떤 성장인자나 성장조건을 바꾸어 주어도 다시 자라게 할 수는 없다. 반면에 휴지기(quiescence, G_0)에 있는 세포는 성장인자에 의하여 다시 성장을 할 수 있다. 노화한 세포가 성장인자 또는 혈청에 대응하지 않게 되는 것은 혈청에 의해 활성화되는 여러 유전자들이 노화한 세포에서는 활성화가 일어나지 않은 때문으로 밝혀졌다. AP1(activator protein 1), CREB(cAMP response element-binding protein), ID1(inhibitor of DNA binding), ID2 등과 같은 전사인자(transcription factor)의 발현도 세포의 성장촉진과 관련이 되어있으며 세포가 노화할 때 그 발현이 감소하고, DNA 결합능력도 감소하여 노화에 따른 세포의 성장속도 둔화에 기여하는 것으로 보인다. 세포의 성장을 억제하는 인자인 $p21^{Cip1}$(앞으로 p21로 표기)과 $p16^{INK4A}$(cyclin dependent kinase inhibitor, CDKI, p16으로 표기)과 같은 CDKI의 발현은 노화가 진행될수록 점진적으로 증가한다. 이들은 세포주기의 가장 중요한 조절점인 G_1기에서 cyclin D-CDK4/6, cyclin E-cdk2에 의한 pRb의 인산화를 억제하여 세포가 S기로 진행하지 못하고 G_1기에 머무르도록 한다. 노화하는 섬유아세포에서는 지방 및 세포막 생성의 중간체인 세라미드(ceramide)가 많이 생성되는 것으로 알려져 있으며, 열충격단백질인 HSP70이 감소하여 환경의 변화에 대한 대응이 둔해진다.

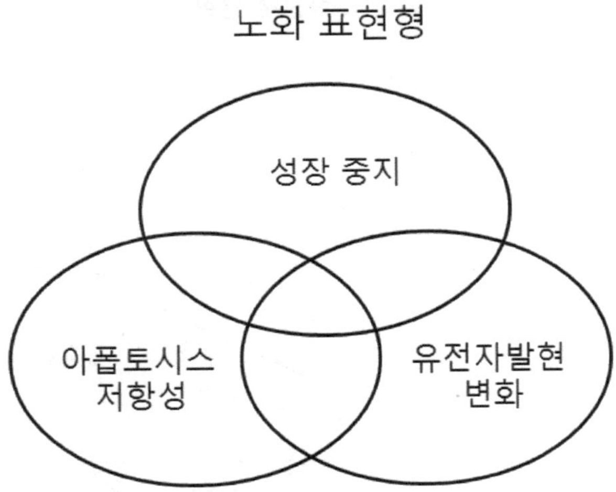

〈그림 5.6〉
세포노화의 가장 큰 특징은 성장 중지, 아폽토시스 저항성, 유전자발현에 있어서의 변화이다

▌세포노화의 표지자(바이오마커)

그동안 생체 내에서 세포노화를 연구하는 데 있어서 가장 취약한 점은 노화된 세포를 휴지기 등의 세포와 구별할 수 있는 바이오마커가 별로 없었다는 것이다. 증식이 정지된 것을 확인할 수는 있으나 이것이 비가역적(irreversible)이라는 것을 증명하기는 쉽지 않았다. 그런데 Campisi(Dimri, 1995)의 연구실에서 아마도 우연히 좋은 노화 표지자(marker)를 발견하게 되었다. 소위 노화-관련 베타 갈락토시다제(senescence-associated β-galactosidase, SA β-gal) 활성이란 것인데, 노화된 세포에서는 pH6.0에서 감지될 수 있는 β-galactosidase 활성이 나타난다는 것이다. X-gal을 포함한 pH6.0의 PBS를 배양용기에서 배양중인 세포에 가한 후, 다음 날 관찰할 때 푸른(blue) 염색의 침착여부로 그 활성을 판정하는 매우 간단한 방법이다. SA β-gal은 리소좀 β-gal을 코딩하는 *GLB1* 유전자발현 산물인데, 많은 노화세포에서 일어나고 있는 리소좀의 생합성(lysosome biogenesis)을 반영하고 있는 것이다. 리소좀에서 작용하는 리소좀의 β-gal 수준이 증가하여 리소좀 효소들의 최적 pH인 4.5가 아니라 pH6.0에서도 활성이 나타나는 것이다. 그런데 이 방법은 일부 비노화(nonsenescent)상태의 세포도 활성을 나타낼 수 있는 'false positive(거짓 양성)'가 나타날 수 있다는 것이 단점으로 지적된다(SA β-gal 활성이 있다고 해서 100% 노화라고 확신할 수는 없다는 의미임). 그렇지만 이 노화의 마커를 통하여 노화세포를 쉽게 확인할 수 있게 된 것은 노화연구에 큰 진전을 가져 오게 되었다. 이 분석방법에 통해서 외부 스트레스에 의해서 정상세포는 물론이고 암세포(cancer cell)에서도 세포노화가 유도될 수 있다는 것이 알려지게 되었다. 이것은 암세포에 세포노화를 유도하여 암을 치료할 수 있는 근거가 된다.

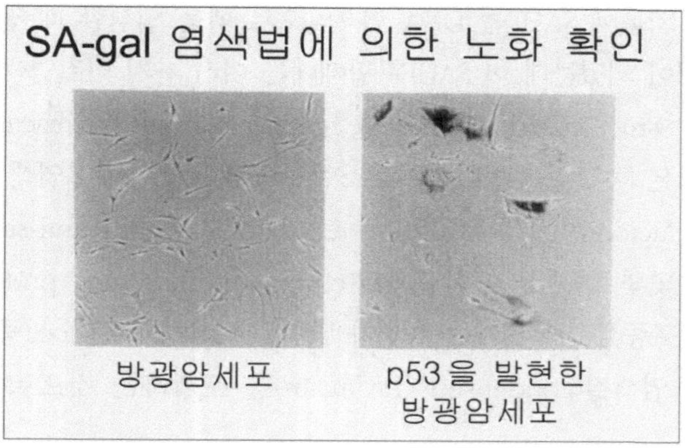

〈그림 5.7〉 노화-관련 베타 갈락토시다제(senescence-associated β -galactosidase, SA β -gal) 활성. 무한정 빠르게 분열하는 방광암세포(p53 유전자가 상실됨)에 p53 종양억제유전자를 발현시키면 세포주기의 정지가 일어나고 세포모양이 납작하게 바닥에 달라붙는 노화세포의 특성을 나타내었다. 세포노화의 지표로 많이 사용되는 senescence-associated β -galactosidase(SA β -gal) 마커로 확인한 결과 p53을 발현한 경우는 뚜렷한 SA β -gal 반응이 나타난 것으로 보아 p53이 노화프로그램을 다시 작동시킴으로써 암세포를 노화시켜 죽게 만드는 것이다.

세포노화의 표지자로서 p53과 p16과 같은 종양억제유전자(tumor suppressor gene) 발현이 증가되고, 또한 세포외기질 단백질분해효소, 사이토카인 등의 증가도 특징적이다. 노화세포의 핵에서는 **노화-연관 이질염색질 부위**(senescence-associated heterochromatin foci, SAHF)와 DNA 손상 마커인 γ-H2AX와 같은 DNA damage foci(DNA 손상 중점) 등이 특징적으로 나타나게 된다. 텔로미어에 의해 유도되는 노화의 경우는 DNA 이중가닥 절단(DSBs)에 의해 촉진되는 여러 DDR(DNA 손상 반응) 요소들을 공유하고 있다. 이미 잘 알려진 DSB에 위치하는 γ -H2AX (histone variant H2AX의 인산화된 형태)를 포함하는 nuclear loci(핵 중점)가 생성된다. 이 foci(중점)는 ATM, CHK1, CHK2등의 신호단백질을 포함하고 있을 뿐 아니라 이중가닥절단(DSB)을 인식하여 수선에 관여하는 단백질들이 결합하고 있어서 현미경적으로 확인 가능한 구조를 이룬다. 노화 상태에 진입한 세포에서 이러한 foci(중점)들이 종종 텔로미어에 위치하고 있음을 볼 수 있는데 이것을 'telomere dysfunction-induced foci(TIF)'라고 부른다. TIF는 형광으로 표지한 탐침자(probe)들을 이용하여 염색한 후 DNA 손상반응으로 생성된 γ-H2AX가 TRF1과 같은 텔로미어 단백질들과 같은 위치에 공동위치(co-localization)하고 있는 것을 면역형광현미경에서 찾아내는 식으로 알아낸다. TIF는 세포배양실험에서 텔로미어에 의존적으로 시작되는 세포노화를 찾아내는데 매우 유용한 방법이다(배양세포 뿐 아니라 조직의 단면에서도 분석 가능). 세포노화는 염색질(chromatin) 구조의 광범위한 변화 및 유전자 발현의 변화를 동반한다는 것이 여러 연구에서 확인이 되었는데, 어떤(모든 노화세포에서 반드시 나타나는 특성은 아니다) 노화세포에서는 **노화연관 이질염색질 부위**(senescence-associated heterochromatin foci, SAHF)

의 축적이 일어난다. 처음에 SAHF는 DNA 염색약으로 핵을 염색할 때 점(dot)과 같은 형태로 나타나는 것으로 인식이 되었는데 이 SAHF복합체에는 여러 가지 이질염색질 관련 단백질들(예: HP1α, β, γ, lysine 9-methylated histone H3, histone H2A variant macroH2A 등)이 포함되어 있다. SAHF의 형성은 히스톤 메틸전이효소인 Suv39h1과 이질염색질 조립인자(heterochromatin assembly factors)인 HIRA(histone repressor A), ASF1(anti-silencing function-1a), HP1 등을 포함하는 몇몇 염색질 수식단백질(chromatin-modifying proteins)의 중재를 통해 일어난다. SAHF는 세포증식을 촉진하는 유전자 발현을 억제하며 각 foci(중점)는 하나의 염색체로부터 유래한 농축 염색질(condensed chromatin)을 포함하는 것으로 알려진다.

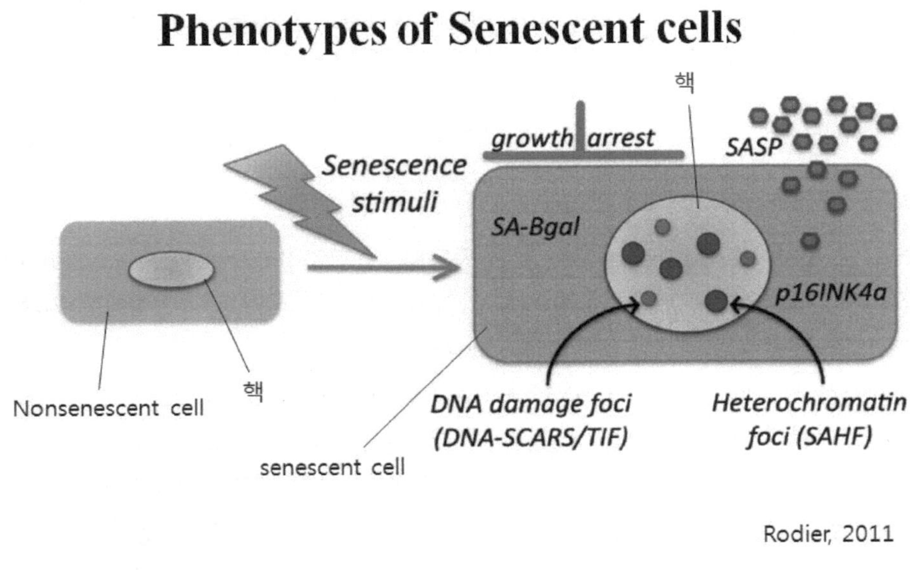

〈그림 5.8〉
노화세포는 휴지기세포나 또는 다른 비분열 세포(nondividing cell)와는 차이가 있다. 노화세포의 가장 큰 특징은 비가역적으로 정지가 일어난 세포분열 중지, SA-Bgal과 p16^{INK4a}를 발현하고, 다양한 종류의 성장인자를 분비하는 SASP, DDR 단백질들을 포함하는 DNA-SCARS/TIF와 같은 핵중점(nuclear foci) 또는 SAHF와 같은 이질염색질 중점(heterochromatin foci) 등을 포함한다.

5 2 세포노화를 일으키는 원인들

무엇이 세포를 노화하게 만드는가? 그 첫 번째 실마리는 세포배양 중인 정상적인 인간세포가 유한한 수명을 가진다는 헤이플릭의 실험결과를 이해함으로써 시작된다. 가장 우선적으로 세포분열시 필연적으로 길이가 짧아지게 되어있는 텔로미어의 단축이 원인이 된다. 현재는 텔로미어 이외에도 여러 다른 자극들도 세포노화를 일으킬 수 있다고 알려진다. 이와 같이 세포노화를 유발할 수 있는 요인들로는 방사선 및 자외선(UV) 조사, 활성산소종(ROS), 영양불균형(nutrient imbalance), 부적당한 배양 조건(inappropriate culture conditions) 등을 열거할 수 있다. 활성산소종은 핵 DNA의 불안정성을 증가시키고 보호되지 않는 텔로미어(uncapped telomere)를 유도함으로써 유전체 불안정성(genomic instability)을 증가시킨다. 유전체의 불안정성은 p53을 활성화하고, p53은 세포주기의 억제자인 p21을 활성화함으로써 세포노화를 일으킬 수 있다. 또는 DNA 및 히스톤을 수식하는 단백질의 발현에 의하여, 그리고 약품 처리에 의한 염색질(chromatin)의 변화에 반응하여 세포노화를 초래할 수 있다. H_2O_2와 같은 활성산소종을 배양세포에 처리할 경우 p16/pRB 경로를 통해 세포노화를 일으킬 수 있다. 마지막으로 정상세포에서 **암유전자를 활성화**(oncogene activation)시키면 세포노화의 유도가 가능하다.

세포노화를 일으키는 원인들

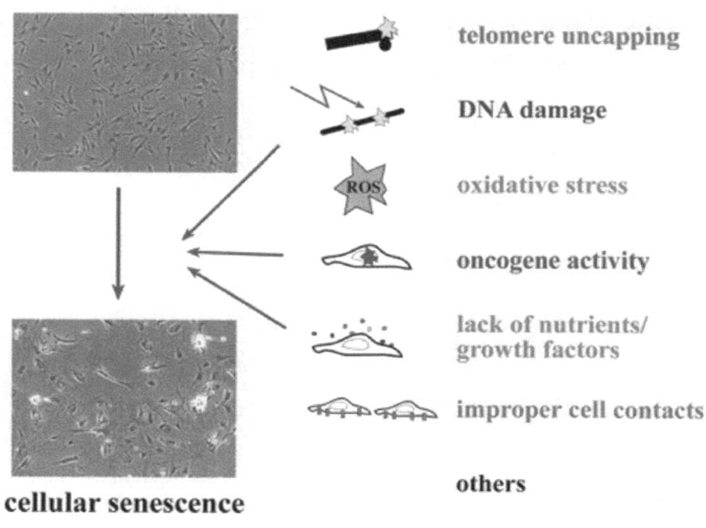

Ben-Porath, 2005

〈그림 5.9〉 다양한 원인이 세포노화를 유도할 수 있다.
합쳐진 스트레스의 수준에 따라 얼마나 빨리 노화로 들어갈 수 있는가를 결정할 것이다.

세포노화는 수많은 다양한 원인들에 의해 일어날 수 있지만 세포노화의 기작은 p53과 pRB 두 종양억제유전자(tumor suppressor gene)를 주축으로 하는 경로를 통하여 일어난다. 이 두 경로는 노화(senescence)를 일으키고 유지하는데 필요하다. 이 두 경로의 효과기(effector)는 p21과 p16인데, 각각 *CDKN1A*와 *CDKN2A* 유전자에 의해 코딩된다. CDK(cyclin-dependent kinase)를 포함해서, CDK의 활성자 역할을 하는 사이클린(cyclin) 그리고 이것들을 억제하는 CDKI(cyclin-dependent kinase inhibitor)가 모두 세포주기의 진행을 조절하는 역할을 할 수 있다. 앞에서 언급한 스트레스 자극들에 의하여 *CDKN1A* 또는 *CDKN2A*가 각각 증가하든지, 혹은 *CDKN1A*와 *CDKN2A* 모두의 상향 조절(up-regulation)이 일어날 때 세포노화가 유도될 수 있다. p16 단백질이 CDK4/6 특이적으로 저해하는데 비하여, p21 단백질은 이와 더불어 몇 종류의 다른 cyclin-CDKs 복합체들과 결합하여 그 활성을 저해한다. 이에 따라 p16과 p21은 pRB를 저인산화된 형태를 유지할 수 있게 됨으로써 pRB가 E2F와 결합을 계속할 수 있도록 하고, 증식의 정지(growth arrest)를 유도할 수 있는 것이다.

p53-p21과 p16-pRB 경로는 각각 그들의 상위 신호요소(upstream signaling components)에 의해 구분될 수 있다. p21-p53 경로는 텔로미어-의존적인 노화와 유전자 손상을 일으키는 유전독성(genotoxic) 스트레스에 의한 세포노화의 일차적인 중재자(primary mediator)에 해당한다. p16-pRB 경로는 비유전독성(nongenotoxic) 스트레스들-가장 대표적인 것으로는 염색질 교란(chromatin perturbation)-에 의한 노화를 중재한다. 암유전자-유도 노화(Oncogene-induced senescence, OIS)의 경우는 p53-p21과 p16-pRB 경로가 모두 관여한다.

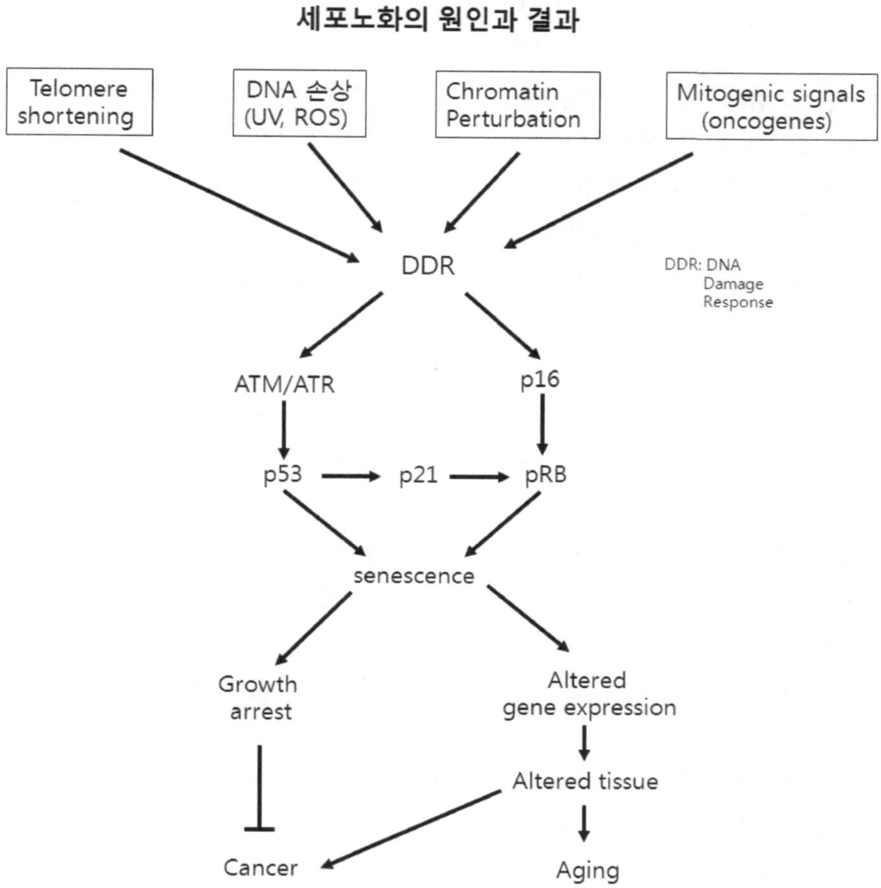

〈그림 5.10〉
세포노화를 일으키는 원인에는 텔로미어의 소모(attrition) 및 텔로미어의 기능이상(telomere dysfunction), 텔로미어 이외의 DNA 손상(예를 들면, X선, UV, ROS 등에 의한), 암유전자를 비롯한 유사분열신호(mitogenic signal), 염색질 교란(chromatin perturbation, 염색질의 후성유전학적 변화) 등이 있다. 이러한 자극은 DDR(DNA 손상반응)을 자극하여 ATM, ATR 인산화효소를 활성화하여 p53–p21 경로의 활성화를 일으키고, 그리고 다른 한편으로 p16–pRB 경로의 활성화를 통하여 노화를 유도한다. p53/p21과 p16/pRB 경로는 두 경로 상호간에 cross–talk에 의한 조절이 가능하다. 세포노화의 결과로 증식의 정지가 일어나며 이것은 암을 억제할 수 있다. 다른 한편으로 세포노화(senescence)는 유전자 발현의 변화를 초래하고 이것은 조직의 기능에 변화를 초래하여 노화를 유도하거나 암을 촉진하는 방향으로 작용할 수 있다.

텔로미어에 의존적인 복제노화(Telomere–dependent senescence)

앞서 언급한 바와 같이 정상 세포가 유한한 복제 수명을 가진 것은 '말단 복제 문제(end replication problem)' 때문에 매번 분열할 때마다 50-200 bp 씩 텔로미어가 짧아지게 된다는 것이 원인이다. DNA 중합효소는 5'→3' 방향으로 한쪽 방향으로만 중합을 할 수 있으며 RNA

프라이머(primer)를 필요로 한다. 그런데 지연가닥(lagging strand) 말단의 RNA 프라이머가 제거되었을 때 그 앞에 3'-OH를 제공할 수 있는 것이 없으므로 그 부분은 복제되지 않고 단일가닥 구조로 남게 된다. 그런데 이와 같이 매번 분열 때마다 일정한 길이의 염기서열이 텔로미어에서 소실이 되면, 세포분열 반복 후 텔로미어의 길이가 충분히 짧아져 기능의 장애를 가진 텔로미어가 초래된다는 것이다. 이와 같이 텔로미어가 짧아지는 것을 방지하기 위하여 텔로머라제(telomerase)라고 하는 'RNA-templated polymerase'가 필요하다. 텔로머라제는 단백질부분(catalytic subunit, TERT로 호칭함)과 작은 template RNA(TR로 호칭함)로 구성된, 즉 단백질과 RNA의 복합체이다. 오랜 수명을 가지거나 또는 몸집이 큰 동물들은 텔로머라제 활성을 오직 일부 줄기세포(stem cell), 생식세포(germline cell), 전구세포(progenitor cell) 등에 포함하고 있으며, 케라티노사이트(keratinocyte), 장내 상피세포, T 세포와 같이 재생가능한 조직의 증식세포(proliferation cell)에서 일시적으로 발현이 일어날 수 있다. 텔로머라제는 많은 세포형태에 있어서 S기 동안 아주 낮은 수준 발현이 일어나는데, 이것은 텔로미어가 짧아지는 것을 방지하기에는 충분하지 못하다. 대부분의 체세포(somatic cell)에서는 텔로머라제의 활성이 실질적으로 없는 것으로 나타나는데, 이것은 텔로머라제 촉매소단위(catalytic subunit, TERT)를 코딩하는 유전자가 전사적으로 억제되고 있는 것에 기인한다. TERT 유전자의 프로모터 부분에는 여러 전사 조절 단백질들이 결합할 수 있는 부위들을 포함하고 있는데, 정확한 조절기작은 아직은 확실치 않다. 놀랍게도 80~90%의 암세포는 텔로머라제 활성을 나타내고 있는데, 이와 같이 세포노화를 우회하는 기작을 통하면 암세포가 생성될 수 있다.

텔로미어의 소실은 활성산소종(ROS)에 의해 더욱 가속화될 수 있다. 태어날 때 15~20kb 길이인 사람의 텔로미어가 세포노화가 일어난 배양세포에서는 6~8kb로 줄어든다. 생체 내에서 활발한 분열을 하는 lymphoid cell이나 암세포(cancer cell)에서는 이것보다 훨씬 더 짧을 수도 있다. 최근 들어 텔로머라제는 텔로미어의 길이를 유지하는데 관여할 뿐 아니라 global DNA 손상반응(global DNA damage response)의 조절에도 관여하고 있다는 것이 알려졌다. 이와 같이 텔로머라제의 활성에 대해서는 아직 불완전하게 이해되고 있으나 암세포 생존에 도움을 줄 수 있다. 암세포의 80~90%는 텔로머라제 활성을 가지고 있으나 암세포의 일부(전체 암세포의 10% 내외)는 텔로머라제 활성이 유도되지 않고 ALT(alternative lengthening of telomere)라는 재조합(recombination)과정을 통하여 텔로미어 길이를 유지하며, 이와 같은 내용은 텔로미어-의존적인 세포노화(telomere-dependent senescence)를 피하기 위해서는 온전한 텔로미어를 갖는 것이 필요하다는 것을 의미한다.

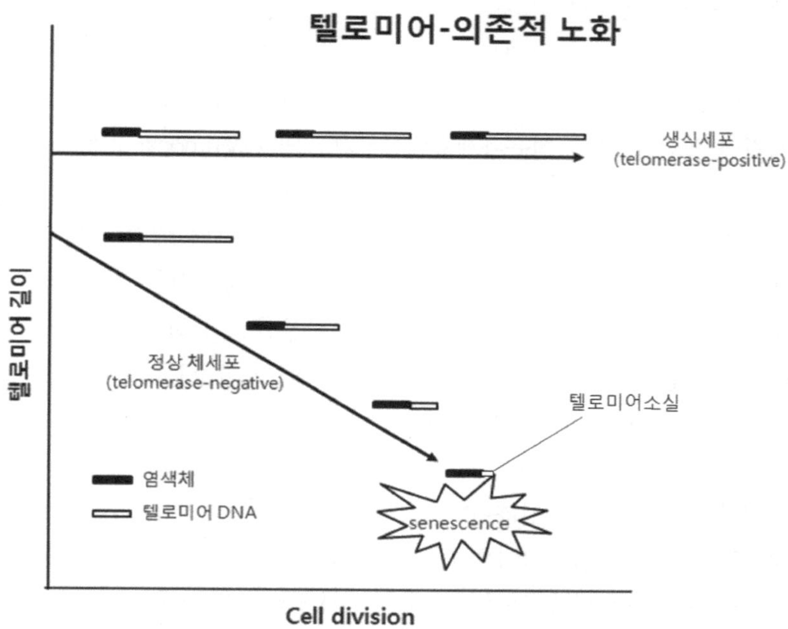

〈그림 5.11〉 텔로미어-의존적 세포노화.
정상 체세포는 한번 분열할 때마다 텔로미어가 일정한 길이만큼씩 짧아진다. 여러 조직에서 텔로미어 길이와 나이에는 역비례 관계가 성립한다. 텔로미어가 일정한 길이 이하로 짧아졌을 때 이와 같은 짧은 텔로미어가 단 하나만 있더라도 세포노화(senescence)가 유도될 가능성이 있다. 생식세포는 텔로머라제 활성을 가지고 있어서 텔로미어 길이를 일정하게 유지할 수 있다.

텔로미어 말단의 단일가닥 돌출부분은 35~105bp 정도 길이의 단일가닥(single-strand) 부분을 가진다. 이 부분은 접혀져서 이중가닥 DNA 중의 한 DNA 가닥과 염기쌍을 이루어 't-loop'를 형성하고 있다. 텔로미어는 TRF1, TRF2, POT1과 같은 텔로미어 서열 특이적 단백질들은 직접적으로 TTAGGG 반복을 인식하여 결합을 하고, 여기에 TIN2, TPP1, Rap1 등 단백질이 더해져 복합체를 형성하면서 'shelterin' 구조를 형성하고 있다. POT1은 TPP1과 이질이량체(heterodimer) 형태를 이루며, TPP1은 TIN2를 통하여 TRF1, TRF2와 연결될 수 있도록 다리(bridge)역할을 해준다. shelterin은 t-loop를 형성하는데 있어서 적극적인 역할을 하고 있는데, 만약 dominant-defective 형태의 TRF2를 발현하거나, 또는 POT1을 녹아웃(knockout) 시킬 경우 텔로미어 말단 보호(telomere end protection)의 훼손이 일어나고, 이것은 곧 DNA 손상반응(DDR)을 유도하여 증식의 정지(growth arrest)가 일어나게 한다. 세포의 분열이 자주 일어날 경우 텔로미어는 t-loop도 형성하기 어려운 정도로 길이의 단축(shortening)이 일어나는 것으로 추정된다. 텔로미어 길이의 한계(limit)가 얼마라고 정확히 집어서 이야기 하기는 어렵지만 텔로미어 중 가장 짧은 텔로미어 하나 또는 몇 개의 짧은 텔로미어의 존재는 노화를 유도하기에 충분할 것으로 예상된다.

복제노화(replicative senescence)에서 p53-p21 경로의 중요성은 이미 종양바이러스의 암단백질(oncoprotein)이 p53을 불활성화함으로써 짧은 텔로미어에서 오는 신호를 무시하고 복제수명을 연장시켰던 실험과, 인간 섬유아세포에서 p21을 녹아웃(knockout)했을 때 짧은 텔로미어로부터 오는 신호를 무시하고 세포노화를 우회(bypass)함으로써 'crisis(위기점)'라 불리는 유전체 불안정성이 극한 상태까지 도달했던 실험의 결과로 부터 예견이 될 수 있을 것이다. 기능 장애를 나타내는 텔로미어(dysfunctional telomere)는 DSBs처럼 인식되어 전통적인 DNA 손상반응(DDR)을 일으킨다. 중심적인 초기 반응은 '상위 인산화효소(upstream kinase)'인 ATM kinase가 기능 장애를 나타내는 텔로미어(dysfunctional telomere)를 찾아서 결합하고 자가인산화(autophosphorylation)를 통하여 활성화되는 것이다. ATM의 자가인산화에 의한 활성화는 CHK1과 CHK2 등의 '하위 인산화효소(downstream kinase)'가 텔로미어에 결합되도록 하고 다시 인산화를 통하여 활성화된다. ATM 활성을 억제하거나 감소시키면 DDR 신호의 차단으로 인하여 기능이상의 텔로미어를 가지고 있음에도 세포 증식이 지속될 수 있다. CHK2를 제거했을 경우 텔로미어 의존적으로 일어나는 세포노화 반응에 있어서 결함이 발생하는 것이 발견되었기 때문에 CHK2가 기능 이상의 텔로미어로부터 오는 신호반응에 매우 중요한 역할을 하고 있음을 알게 되었다. 결국 CHK1 또는/과(or/and) CHK2의 활성화는 p53의 인산화 및 활성화를 유도하고, 이것은 다시 p21을 전사적으로 상향조절(up-regulation)한다. 이와 유사한 신호반응(ATM→CHK1/2→p53→p21)이 텔로미어와 독립적으로 발생한 이중가닥손상(DSB)에 의해서도 나타난다.

인간 섬유아세포 계대 배양시 복제노화에 접근할수록 p21과 p16의 발현 증가가 일어나는데 이것은 복제가 일어나지 않는 세포의 수가 그만큼 증가했음을 의미한다. p16은 텔로미어-의존적인 세포노화(telomere-dependent senescence)에서는 직접적인 역할은 하지 않는다(어떤 섬유아세포에서는 세포노화에서 p16의 유도가 일어나지 않는 경우도 있다). 그러나 또 다른 경우는 p21과 p16의 과발현이 세포노화 가운데 일어난다. 대개의 경우 p21 증가가 p16의 증가보다 앞서서 일어나는데 이러한 증가는 독립적으로 일어나는 것으로 밝혀졌다. dominant-defective TRF2 발현에 의하여 급성(acute)의 텔로미어 uncapping을 유도했을 때 p21과 p16이 모두 상향발현이 일어났지만, 그 시기에 있어서 p21은 손상이 일어난 직후 1시간 이내에 즉시 상향조절(upregulation)이 일어난 반면 p16의 상향조절이 일어난 시점은 이로부터 며칠 후에 나타났다. 단지 p21이 상향조절이 일어난 세포에서는 p53 또는 ATM protein kinase를 삭제했을 때 세포주기로 재진입(reentry)이 가능했지만, p16의 상향조절이 일어난 세포에서 세포주기 차단(cell cycle arrest) 상태에서 다시 증식이 시작되는 일은 없었다. 기능이상의 텔로미어(dysfunctional telomere)는 DNA 손상반응을 통하여 p53-p21 경로를 재빠르게 상향조절(upregulation)하였으나, p16의 경우는 세포가 p53-의존적으로 노화상태로 들어감에 따라

간접적으로 그리고 천천히 상향조절(upregulation)이 일어나는 것으로 나타났다(이것은 p53/p21 경로와 p16/pRB 경로가 서로 cross-talk가 가능하다는 것을 의미함).

실험실 쥐의 경우 텔로미어의 길이가 40~60kb에 이르고 텔로머라제 활성까지 있어서 텔로미어에 의존적인 노화가 자연적으로는 일어날 것 같지는 않다. 텔로미어의 단축이 미치는 영향을 연구하기 위해서 텔로머라제 RNA(mTR)을 녹아웃(knockout) 시킨 쥐(*mTR-/-*)가 만들어졌다. *mTR-/-* mouse의 4세대(G4)에서 텔로미어의 단축과 aneuploidy(이수성), 염색체 말단의 융합 등의 현상이 관찰되었다. 5세대(G5)와 6세대(G6)에서는 유전체 불안정성에 근거해 p53 의존적인 성장 정지(growth arrest)와 세포사멸(apoptosis)이 나타났다. 6세대(G6) mice에서는 조기노화(premature senescence)와 관련된 여러 가지 징후가 나타났다. 이와 같은 결과를 종합하면 텔로미어의 단축이 종양을 억제하는 기작일 뿐 아니라 노화 및 노화관련 질병에 기여하는 기작이라는 것을 알 수 있다. 워너증후군이나 HGPS(Hutchinson-Gilford progeria syndrome) 환자로부터 유래한 세포를 *in vitro*에서 배양할 때 텔로미어 길이가 짧아지는 비율이 높아 일찍 조기 노화(premature senescence)에 도달하는 경향이 정상 세포에 비하여 매우 강하였다.

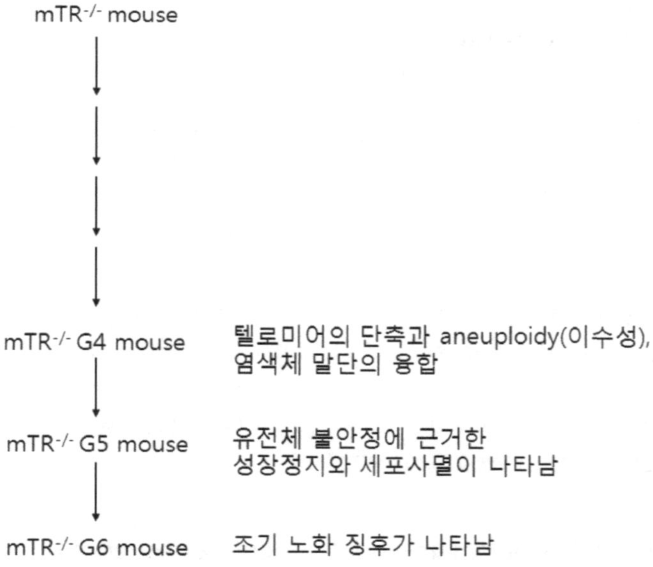

〈그림 5.12〉

텔로미어 RNA(mTR)을 녹아웃시킨 쥐의 1세대~3세대는 정상과 크게 차이가 나지는 않았으나 4세대부터는 텔로미어의 융합과 염색체 이수성 등이 나타나기 시작했다. 5세대에는 유전체 불안정성에 기인한 세포사멸이 나타났으며, 6세대에는 조기노화의 징후가 나타나기 시작했다.

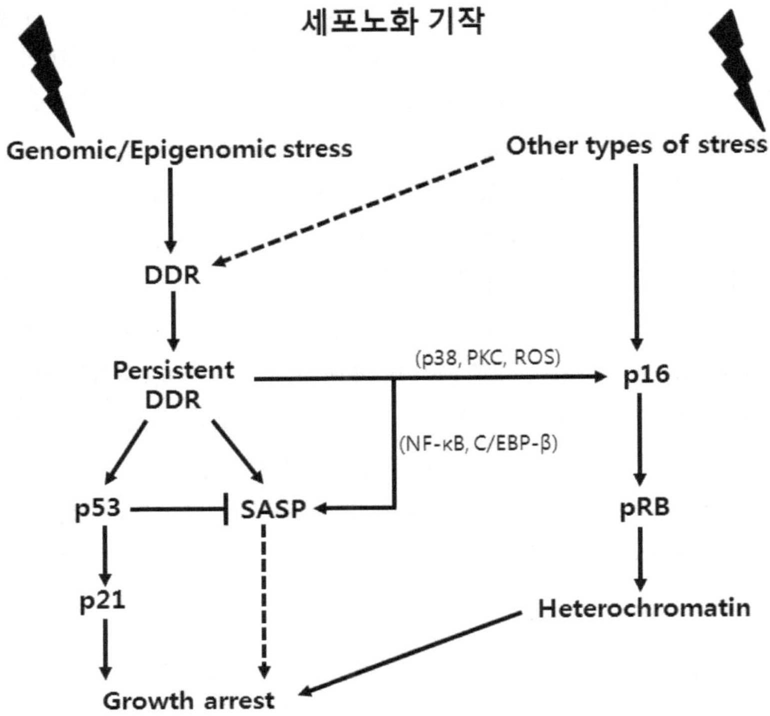

〈그림 5.13〉
세포노화의 시작은 유전체적(genomic) 또는 후성유전체적(epigenomic) stress에 의하여 시작되어 DNA 손상반응(DDR)을 활성화한다. 기능장애의 텔로미어는 수선이 지속적으로 억제되어 'persistent DDR' 신호를 일으킨다. DDR signaling은 p53을 활성화하여 세포노화를 일으키며, SASP(노화세포 분비활성)를 자극하여 증식 정지(growth arrest)를 더욱 강화시킨다. 손상반응의 지속이 일어나면 persistent DDR로서 p38MAPK나 PKC의 활성화, 활성산소종(ROS)의 증가를 초래하여 궁극적으로 p16의 발현을 촉진한다. 다른 종류의 stress들(chromatin perturbation, serum deprivation 등)도 p16을 활성화하거나 간접적으로 DDR을 자극할 수 있다(점선부분). p16은 pRB를 자극하고 이것은 이질염색질화(heterochromatinization)를 통하여 증식(proliferation)과 관련된 유전자들을 침묵화(silencing)시킴으로써 증식의 정지(growth arrest)를 초래한다. DDR은 노화세포의 분비활성(SASP)을 유도하고 어떤 형태의 OIS(암유전자-유도 노화)에서는 SASP가 성장 중지(growth arrest)를 더 강화하는 효과를 발휘한다(점선부분). p53은 노화세포 분비활성(SASP)을 억제한다.

▌텔로미어에 독립적인 노화(telomere-independent senescence)

노화반응은 유전체에 DNA 손상을 일으키는 유전독성 스트레스(genotoxic stress)에 의하여 유도될 수 있다. 예를 들어 세포를 과산화수소(H_2O_2) 또는 다른 다양한 산화제에 노출하거나 DNA 손상을 주는 항암제를 처리했을 경우 세포노화의 유도는 ATM/ATR과 Chk1/Chk2에 의해 활성화되는 p53-p21 경로를 통해 재빠르게 세포주기 차단(cell cycle arrest)을 일으킨다. 텔로미어는 G-rich 하므로 활성산소종에 의해 8-oxodeoxyguanine(8-oxo-dG)와 같은 DNA lesion(DNA 병소)이 쉽게 생성될 수 있다. 텔로미어 기능이상(dysfunctional telomere)이 아닌 다른 종류의 DNA 손상의 경우(적어도 중간 수준의 손상인 경우)는 텔로미어의 경우보다는 쉽게 수선이 될 수 있을 것이다. 산화 스트레스나 DNA 손상인자들에 의해 종종 DNA 염기의 손상이나 단일가닥절단(single strand breaks, SSBs)이 발생할 수 있는데, 이것은 DNA 복제과정이나 염기절제수선(BER)을 거치면서 종종 이중가닥절단(DSBs)으로 전환될 수 있다. 그러므로 세포는 직접 또는 간접적으로 만들어진 이중가닥절단(DSBs)에 반응하여 p53-p21 경로를 통하여 세포노화를 일으킬 수 있다. 이중가닥절단은 세포노화를 일으키는데 매우 효과적인데, 세포내에 이런 곳이 한 군데라도 존재한다면 세포노화의 유도가 가능하다. 반면에 p16은 직접적인 유전독성(genotoxic)과 상관없는 스트레스들에 의하여 유도가 일어난다. 예를 들면 히스톤 탈아세틸화효소를 억제함으로써 발생하는 '염색질 교란(chromatin perturbation)'은 p16-의존적인 경로를 통해 노화를 유도한다. 많은 상피세포들이 텔로미어 단축(shortening)이 관찰되지 않은 상태에서 p16의 유도에 의해 노화가 발생한 예가 있다. mouse 모델에서 p16의 활성화는 줄기세포를 포함하는 자기재생(self renewal) 능력의 손상을 초래했으며, p16의 결손을 시켰을 경우 자기재생(self renewal) 능력과 세포 생존 능력을 증가시켰다.

최근의 연구 결과에 의하면 **'암유전자-유도 노화(oncogene-induced senescence, OIS)'**가 인간과 쥐에서 암을 억제하는 기작으로서 중요하다는 것이 알려졌다. 세포노화는 만성적이고 강력한 그러나 불균형적인 유사분열 촉진신호(mitogenic signal)에 의해서도 유도될 수 있다. 정상세포에서 암유전자 H-RAS^{V12}를 과다발현하면 암을 유발하는 유전자이면서 동시에 세포주기를 억제하는 단백질발현을 증가시킴으로써 '암유전자-유도 노화(OIS)'를 일으킨다. RAS가 유도하는 세포노화 반응에는 p53-p21 경로와 p16-pRB 경로가 모두 관여한다. 어떻게 이런 일이 가능할까 하는 것을 생각해보면 이것은 DNA 손상반응을 유도함으로써 가능하다. Hyperproliferative signal(과증식 신호)과 같이 강력한 분열신호에 따라 무분별하게 이루어진 DNA 복제는 돌연변이와 같은 유전체의 불안정성의 증가와 활성산소 발생을 증가를 발생시킬 수 있으며, 이것은 'persistent DDR'에 의하여 p38MAPK, PKC를 활성화함으로써 p16/pRB 경로도 활성화시킬 수 있다. 초기반응이 어떤 것이든지 mitogen signal(유사분열 촉진신호)들은 p53/p21 경로와 p16/pRB 경로를 동시에 활성화함으로써 세포노화를 유도할 수 있다. p16의 유도는 pRB의 활성을 나타내도록 저인산화 상태(hypophosphorylated, under-phosphorylated)로 유지하고 이질염색질(heterochromatin) 생성을 통해 SAHF를 형성하도록 작용한다. 이와 달리 휴지기(quiescent) 세포에서는 활성화 상태의 pRB(저인산화 상태)가 SAHF 형성을 일으키지 못한다.

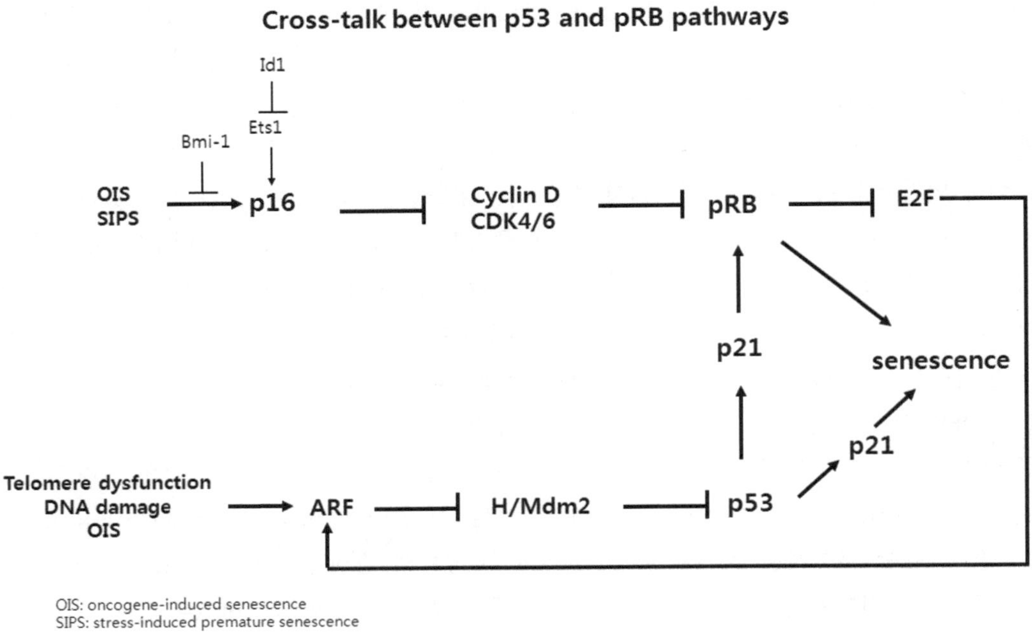

〈그림 5.14〉
인간 섬유아세포에서 p53/p21 경로는 주된 노화경로이다. p53은 p21을 유도하고, p21은 CDK2-cyclinE 복합체를 저해함으로써 CDK2-cyclinE가 pRB를 인산화하는 것을 막는다. pRB는 E2F를 억제하는데, 인산화에 의하여 pRB 활성이 내려가면 E2F 활성은 증가하고 이에 따라 ARF를 유도한다. ARF는 p53을 분해하는 H/Mdm2를 억제함으로써 p53을 안정화하고 이것은 p21 활성을 증가시킨다. Bmi-1은 노화반응을 억제하고 Ets1은 p16과 노화를 유도하며 Id1은 Ets1의 억제자이다. p16은 cyclin D-CDK4/6의 작용을 저해하여 pRB가 인산화되는 것을 막는다.

섬유아세포(fibroblast)가 아닌 사람의 유선상피세포(mammary epithelial cell)에서 p16의 높은 발현 수준은 p53과 p21의 단백질수준을 낮추었고, p16의 하향조절(downregulation)은 ARF 유도를 통하여 p53 수준을 안정화시키며 이를 통해 p21을 유도하였다. 이와 같이 두 경로의 상호조절 작용은 활성 상태(저인산화 상태)의 pRB가 E2F 전사인자를 억제하는 것으로부터 시작된다. 반대로 p16 또는 pRB 활성을 하향조절하면 E2F 활성은 증가하고, E2F는 ARF 발현을 유도한다. ARF는 p53을 분해하는 H/Mdm2 활성을 억제함으로써 p53 활성을 증가시킬 수 있기 때문이다. p16의 전사조절은 매우 복잡하며 Id1과 Ets1의 상반적 기능이 중요한 역할을 함이 보고되었는데 아직은 정확한 부분이 안 알려져 있다. 쥐, 영장류, 사람의 *in vivo* 정상 조직에서 노화가 진행될수록 p16의 축적이 일어나는 것으로 실험 결과가 나왔으며 열량제한(calorie restriction)은 p16이 축적되는 것을 지연시킬 수 있다.

5.3 종양억제유전자와 세포노화

세포노화는 텔로미어의 단축(telomere shortening)을 포함한 여러 스트레스에 의해 발생할 수 있는데 그 중심적 기작에는 p53/p21과 p16/pRB와 같은 종양억제유전자(tumor suppressor gene)의 작용이 주축을 이룬다. 그러면 종양억제유전자와 세포노화 사이에는 어떤 관계가 있는 것일까? 암(cancer)과 노화(senescence)가 서로 아무 관련성이 없는 것처럼 보이지만 사실은 동전의 앞면과 뒷면처럼 서로 밀접한 관계가 있다. 암세포가 무제한으로 증식하기 위해서는 세포의 증식을 저해하는 세포노화(cellular senescence) 기작을 비켜가거나 우회(bypass)해야 한다. 이와 같은 기작의 좋은 예로 종양바이러스가 있는데, 종양바이러스(tumor virus)들은 세포노화를 우회하면서 증식을 촉진하는 방법을 알고 있다. 종양바이러스들은 숙주세포의 분열시 생성되는 물질들을 사용해 바이러스 자손들을 대량생산할 수 있기 때문에 숙주가 지속적으로 증식 상태에 머무르게 하는 것을 필요로 한다. 그러므로 이들은 세포내에서 정상적으로 세포분열을 억제하는 기능을 가진 종양억제유전자 산물을 불활성화시킬 수 있는 방법을 진화적으로 개발하게 되었다. 종양바이러스들의 유전자에는 바이러스 암유전자(viral oncogene)가 코딩되어 있어 이 유전자가 발현됨에 따라 숙주가 가지고 있는 종양억제유전자 p53과 pRB를 불활성화시킬 수 있고 이에 따라 세포노화를 우회할 수 있는 것이다. 세포노화는 세포분열을 비가역적으로(irreversibly) 그리고 영구적으로 멈추게 함으로써 암의 진행을 차단한다. 암을 방지한다는 점에서는 세포사멸과 세포노화가 같은 효과를 낼 수 있는데, 세포사멸은 적극적으로 세포의 죽음을 촉진하고 세포노화는 비가역적으로 성장을 중지시킨다는 점에 차이가 있다. 최근의 연구에 의하면 종양억제유전자와 노화유전자 사이에 기능적으로 유사성이 있다는 의견이 제시되었고 더 나아가 노화유전자가 종양억제유전자 가운데 있을지 모른다는 주장도 대두되었다. 흥미롭게도 다양한 세포노화 현상을 유지하기 위해서는 p53, p16, pRB와 같은 종양억제유전자들의 과발현과 더불어 성장인자에 의한 세포증식 신호경로가 반드시 필요하다는 주장이 제기되었는데, 성장인자가 결핍된 상태에서는 세포주기 정지는 일어났으나 영구적인 노화로 빠지지는 않고 성장인자를 가해주면 다시 증식을 회복할 수 있었다.

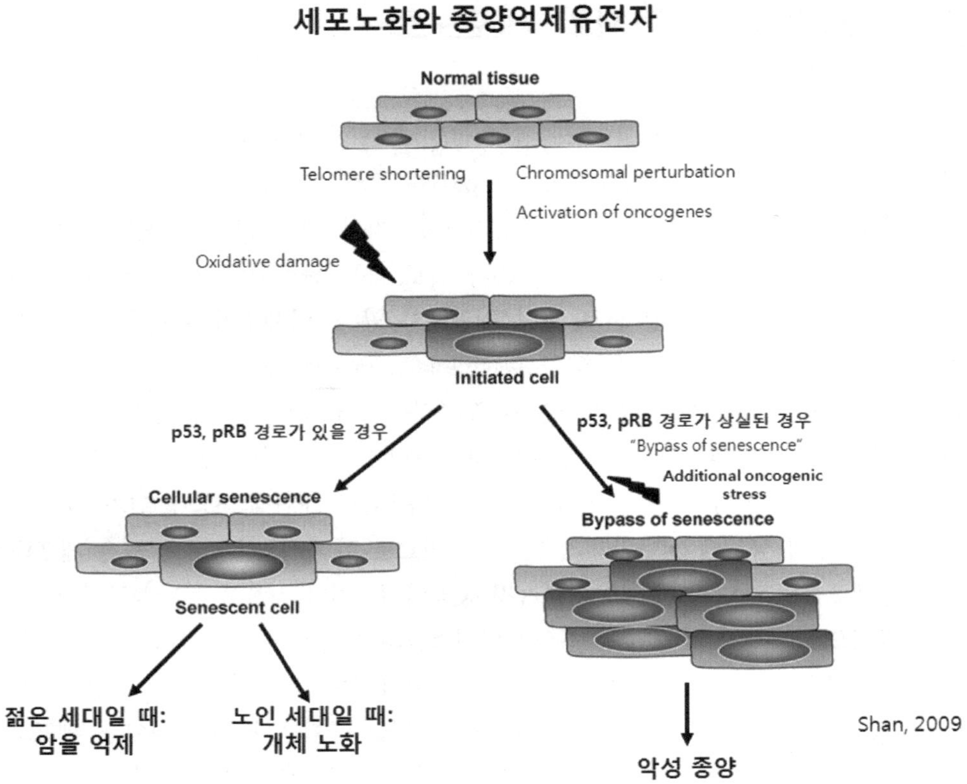

〈그림 5.15〉
텔로미어 단축(telomere shortening), 염색질 교란(chromatin perturbation), 암유전자의 활성화(oncogene activation), 산화 스트레스(oxidative stress) 등은 정상세포에서 유전체 불안정성(genomic instability)을 초래하여 돌연변이(mutation)를 축적할 수 있다. p53과 pRB 경로를 결여하고 있는 세포에서는 세포노화가 일어나지 못하여 ('bypass of senescence'를 통하여) 악성종양을 초래할 수 있다. p53과 pRB 경로가 존재하는 경우는 세포노화를 통하여 암이 형성되는 것을 막을 수 있으나 노화세포는 여러 가지 사이토카인, 세포외기질 등 다양한 요소들을 합성 분비하여 자신과 이웃에 위치한 세포들을 위한 미세환경(microenvironment)에 영향을 미쳐 노화현상을 초래할 수 있다.

세포노화는 대표적으로 p53/p21과 p16/Rb 경로가 관여하는데 p53, p16, pRB는 종양억제유전자(tumor suppressor gene)로서 세포주기 검문지점(checkpoint)에서 세포주기의 조절자(cell cycle regulator)로서 작용한다. 이 두 경로는 많은 종류의 상위 조절자(upstream regulator)들 및 하위 효과기(downstream effector)들을 포함하고 있는데 두 경로 사이의 교차조절(cross-regulation)도 가능하다. p53과 pRB는 '대장 조절자(master regulator)'로서 작용하며, p21은 p53의 하위의 효과기로 작용하고, p16은 pRB의 상위 조절자로 작용하게 된다. p16과 p21은 모두 CDK inhibitor(CDKI)로서 세포주기의 진행을 G1기에서 효과적으로 억제한다. p53, pRB, p16의 만성적인 활성화(chronic activation) 또는 과발현(overproduction)은 세포노화를 일으킬 수 있다.

p53-p21 경로

p53의 돌연변이가 인간에 발생하는 모든 암의 55% 이상에서 발견된다는 것은 p53 단백질이 암의 억제에 중요한 역할을 하고 있음을 뒷받침하는 것이다. 사람의 p53 단백질은 393개의 아미노산으로 구성되어 있으며 그 기능은 전사를 조절하는 전사인자(transcription factor)로서 여러 종류의 유전자 발현 조절에 관여하고 있다. 세포에 텔로미어의 기능이상(telomere dysfunction)과 DNA 손상과 같은 스트레스가 초래되면 p53의 수준을 증가시키고, p53은 다시 세포주기 차단(cell cycle arrest), 세포사멸(apoptosis), 노화(senescence) 등에 관여하는 유전자 발현 증가를 통하여 세포분열을 정지시키고 DNA 손상을 수선하는데 모든 힘을 집중하게 하므로 유전체의 안정성(genomic stability)을 보존하도록 한다. 이러한 이유로 p53에 '유전체의 수호자(guardian of genome)' 또는 '유전체의 수호천사'라는 별명을 붙이게 되었다. 그런데 최근의 다른 연구결과에 의하면 p53을 정상보다 높은 수준으로 과발현했을 경우 조로현상(premature aging)을 초래하였는데, 이것은 과발현된 p53이 세포노화(cell senescence) 기작을 한층 강화함으로써 암을 억제하지만 노화는 촉진함을 의미한다. 따라서 정상의 경우 p53 수준의 균형을 맞춰주고 있으나 돌연변이를 통하여 야생형 p53(wild type p53)이 부족하면 암을 발생시키고, 지나친 스트레스 상황으로 말미암아 야생형 p53이 지나치게 많이 활성화되면 노화가 촉진될 수 있음을 의미하는 것이다. p53이 포유동물에서 암을 억제하는 역할을 하는 것은 확실하지만, 수명이 짧아 암 발생이 빈번하지 않은 초파리나 예쁜 꼬마선충을 포함해서 생각해보면 p53은 종양억제 기능 외에도 발생(development), 생식(reproduction), 대사(metabolism), 수명(lifespan)등에도 영향을 미치는 것으로 예상이 되고 있다.

p53은 다기능(multi-functional) 단백질인데 그 중 가장 중요한 역할의 하나는 사이클린-의존적 키나제(cyclin-dependent kinase, CDK)의 저해제(inhibitor)인 p21을 유도하는 것이다. CDKN1A/p21은 1993년 노화세포가 발현하는 증식(proliferation) 억제인자의 하나로 발견되었는데, 이를 발견한 학자들에 의해 p21, WAF-1, Cip-1 등으로 다르게 명명되었다. 다양한 종류의 인간 세포주(human cell lines)에서 노화가 일어날 경우 p21의 발현이 어린 세포(young cell)보다 10~20배 정도 증가하고 있음이 관찰되었다. p21은 PCNA(proliferating cell nuclear antigen)에 결합하여 DNA 복제를 억제하는 기능을 하며, p21을 대량으로 발현시키면 p53 수준을 증가시켰을 때와 유사하게 세포주기 차단(cell cycle arrest)를 일으켰다. 반대로 p21 유전자를 녹아웃(knockout) 시킨 세포에서는 노화를 우회함으로써 세포수명의 연장이 일어났는데, DNA 손상 반응(DDR) 후에도 세포주기의 차단은 일어나지 않았다. 세포주기 차단은

유전체가 안정성을 갖도록 하는데 중요한 역할을 한다. 예를 들어 세포분열을 시작하는 세포에 DNA 손상이 포함되어 있을 경우, 그대로 놔두면 잘못된 DNA를 증폭시킬 것이며 이것을 그대로 놔두면 매우 치명적인 결과를 초래할 수 있다. 이것을 방지하기 위해서는 분열 전에 점검할 기회를 주고 수선(repair)을 하도록 해야 한다. 이와 같은 기능은 검문지점 단백질(checkpoint protein)들에 의하여 수행되는데 그 대표적인 단백질의 하나가 p53이다. p53은 사이클린D-CDK4/6, 사이클린E-CDK2 복합체의 활성을 저해함으로써 세포주기 진행을 정지시키는 p21의 발현을 증가시킨다.

p16-pRB 경로

pRB 유전자는 1988년 눈의 망막아세포종(retinoblastoma)이라는 암에서 돌연변이가 일어난 것을 처음으로 발견하였는데, 그 이후 여러 가지 다른 암에 있어서도 돌연변이가 일어난 것을 발견하였다. pRB는 세포주기의 G_1기에서 S기로 진행하는 것을 조절하는 세포주기 조절단백질(cell cycle regulator protein)이다. RB protein family에는 pRB, p107, p130이 속하는데 이들은 단백질-단백질 상호작용(protein-protein interaction)에 관여할 수 있는 포켓 도메인(pocket domain)을 가지고 있어서 "pocket protein"이라는 별명을 가지고 있다. pRB와 복합체를 형성하는 전사인자 E2F는 세포주기의 G_1기에서 S기로 진행하는데 필요한 유전자들의 전사를 촉진한다. G_1기에서는 pRB는 저인산화상태(hypophosphorylated)로 존재하며, E2F와 복합체를 형성함으로써 E2F의 기능을 억제한다. 따라서 세포는 G_1기에 머물게 된다. 그러나 pRB가 사이클린D/CDK4,6와 사이클린E/CDK2 복합체의 작용에 의하여 인산화가 일어나게 되면, pRB는 과인산화(hyperphosphorylated) 상태로 전환된다. 과인산화가 일어난 pRB는 E2F와 분리가 되며, pRB의 저해작용으로부터 자유롭게 된 E2F는 G_1기에서 S기로 진행하는데 필요한 유전자들-예를 들면 cyclin E, D1, A와 cdc2 단백질 등-의 전사를 촉진함으로써 G_1기에서 S기로 진입하도록 한다.

p16은 사이클린-의존적 키나제(cyclin-dependent kinase, CDK)의 저해제(inhibitor)인데, CDk4와 CDK6의 활성을 저해함으로써 pRB의 인산화를 막는다. p16과 p21은 모두 CDKI(CDK inhibitor)이지만 그 세부적 특성에 있어서는 차이가 있다. 노화세포의 일반적 특징 중 한 가지는 p16 발현 증가가 나타나고 pRB는 저인산화 상태로 존재한다는 것이다. p53 경로와 pRB 경로에 각각 속한 p21과 p16은 노화세포에서 모두 증가한다. p16 유전자 부위는 alternative splicing을 통하여 또 다른 단백질인 ARF(alternative reading frame)라는 단백질을 합성할 수 있는데 ARF는 p53 분해에 관여하는 H/MDM2를 억제하고 p53을 안정화시키기 때문에 종양억제유전자 기능을 한다.

▌세포노화의 진화적 의미

이와 같이 정상 세포가 암세포로 변하는 과정에서 세포노화의 기작이 나타나는 것은 세포노화가 암을 억제하는 중요한 기작으로 작용할 수 있다는 것이다. 세포노화에 의하여 암이 억제될 수 있기 때문에 진화적으로 '**길항적 다양성**(antagonistic pleiotropy)'의 예에 들어갈 수 있다. '길항적 다양성'이란 자연선택의 힘이 강하게 작용하는 생물체의 초년기에는 유익한 영향을 미치고 자연선택의 힘이 약해지는 노년기에는 해로운 영향을 미친다면, 노년에 미치는 그 해로운 영향이 다소 불리한 영향을 끼칠지라도 초년기에 미치는 유익한 영향 때문에 자연선택은 그것을 없애는 방향으로 일어나지 않을 것이라는 것이다. 이 개념을 구체화한 조지 윌리암스는 초년기에는 뼈를 강화하여 튼튼히 만들지만 노년기에는 동맥벽을 석회화하여 동맥경화를 일으키는 유전자를 예로 들어 그 의미를 설명했다. 세포노화도 이러한 개념으로 설명하자면 젊을 때는 세포노화가 암을 억제하기 때문에 유용하지만, 늙었을 때는 세포노화로 인해 노화된 세포가 많이 축적되기 때문에 여러 가지 노화관련 질병의 병인으로서 작용하여 해를 줄 수 있다. 복잡한 생물체들은 포식, 기아, 감염 등의 위험요인이 가득한 야생의 자연 환경 속에서 진화해 왔다. 다양한 외적인 위험요인에 의해 생존을 위협받는 상황에서 생식을 통해 자손을 생산하는 동안 종양을 억제하는 내부적 기작에 의하여 생존 수명이 보장될 경우라면 노년에 비록 해로운 효과를 낸다하더라도 그것이 진화적으로 선택될 수 있는 가능성은 매우 높을 것이다. 따라서 노년기에 종양억제기작이 오히려 해로운 효과를 나타낸다고 해도 진화적으로 그것을 제거하려는 선택압(selective pressure)은 거의 없다고 여겨진다. 모순되게도 젊었을 때는 암을 억제해주던 세포노화 기능이, 나이가 들어 노화세포의 축적이 일어난 조직에서는 여러 해로운 요인들의 축적으로 말미암아 노화와 함께 오히려 암을 촉진할 수도 있다는 것이다. 이것은 암이 노인에게서 빈번히 발생하는 이유이기도 하다.

5.4 노화세포의 분비활성(SASP)

세포노화에 의한 세포주기 차단은 앞서 말한 바와 같이 p53과 pRB 경로를 통하여 일어난다. 노화세포는 사이토카인(cytokines), 케모카인(chemokines), 성장인자(growth factors) 등을 주위의 환경으로 분비하는 능력도 가지는 것으로 알려지는데 이러한 성질에 대해서는 현재까지 정확히 이해되고 있지 못하다. 이와 같은 노화세포의 분비능력을 총칭해서 '**노화세포의 분비활성**(SASP, senescence-associated secretory phenotype)'이라고 부른다. '노화세포의 분비활성(SASP)'은 세포 주위의 미세환경(microenvironment)을 바꾸며 개체노화와 여러 노인성 질병의 병인(etiology)으로 세포노화와의 관련성을 설명할 가장 적절한 특징에 해당한다. 즉 나이가 들면서 노화세포(senescent cell)가 점차 축적되며 노화세포는 당장 죽지도 않을 뿐 아니라, 이 세포들은 조직을 손상시키며 염증을 촉진하는 물질들을 분비함으로써 노화를 더욱 촉진하는 경향을 나타낸다는 것이다. Acosta(2013) 등은 SASP가 측분비경로(paracrine)를 통하여 세포노화의 전파를 매개할 수 있음을 밝혔다. 암유전자에 의해 유도된 노화세포와 정상세포를 같이 배양했을 때 저자들은 노화의 표현형이 soluble SASP protein(용해성 SASP 단백질)들을 통하여 주변세포로 전달될 수 있음을 확인하였는데, 이것은 Wajapeyee 등(2008)이 IGFBP7의 측분비(paracrine) 기작을 통하여 이웃 세포의 세포주기 차단(cell cycle arrest)이 초래되었다는 실험 결과와 유사한 내용이다. 노화세포 분비활성은 조직 손상 신호를 증폭하여 더 많은 면역세포를 끌어들이고 세포 미세환경(microenvironment)의 변화를 초래한다. Baker 등(2011)은 노화하면서 축적이 일어나는 노화마커인 p16-positive cell들을 약을 통해 제거했을 때 지방세포, 골격근, 눈 등에서 노화연관 표현형(age-related phenotype)이 완화되는 결과를 얻었다. 이것은 세포노화(cellular senescence)가 노화연관 표현형을 생성하는데 관여하고 있으며, 이러한 노화세포를 제거하는 것은 조직의 노화를 연기시키거나 수명연장에 도움이 될 가능성이 있음을 의미하는 것이다.

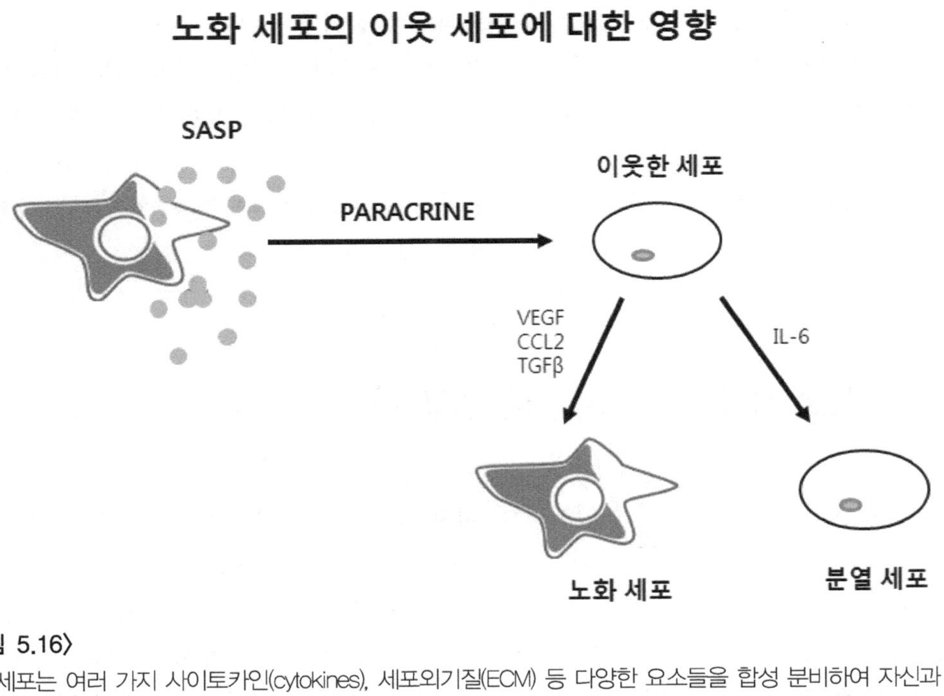

〈그림 5.16〉
노화세포는 여러 가지 사이토카인(cytokines), 세포외기질(ECM) 등 다양한 요소들을 합성 분비하여 자신과 이웃에 위치한 세포들을 위한 미세환경에 영향을 미친다. 노화세포가 분비하는 생리활성 물질은 'autocrine(자가분비)' 그리고 'paracrine(측분비)' 작용을 통해 자신과 이웃한 세포에 영향을 미치고 이들의 일부가 노화세포로 변화하도록 유도할 수 있다.

SASP가 관여하는 반응

SASP 인자는 여러 종류의 사이토카인(cytokines), 성장인자(growth factors), 단백질 분해효소(proteases), 케모카인(chemokines) 등을 포함한다. 어떤 SASP 인자(factor)는 유익한 역할을 하는 것도 있고 또 어떤 것은 해로운 역할을 하는 것도 있다(어떤 경우는 동일 분자가 동시에 해로운 역할도 하고 유익한 역할도 하는 경우도 있을 수 있다). 노화세포의 분비활성(SASP)은 복잡할 뿐만 아니라 그 생물학적 활성들도 다양하다. SASP는 VEGF(혈관내피성장인자)에 의한 혈관생성을 자극할 뿐만 아니라, GROs(Growth-regulated oncogenes, 성장 조절 암유전자)를 통해 세포증식을 촉진하기도 한다. 또는 세포가 당면한 상황(context)의 해석에 따라 활성을 결정하는 복잡한 SASP도 있는데, 이러한 부류에 포함되는 것으로는 WNT신호 경로(Wnt signal pathway) 조절자인 SFRP1과 IL-6, IL-8 등을 예로 들 수 있다. 생리학적으로 마주한 상황(context)에 따라, 이들은 WNT 신호와 세포증식을 각각 촉진하거나 억제할 수 있다. 장시간에 걸친 WNT 신호(chronic WNT signaling)는 분화세포(differentiated cell)와 줄기세포(stem cell)를 노화 상태로 유도할 수 있다. 이에 덧붙여서, 어떤 SASP 인자들은 상피세포(epithelial cell)가 중간엽세포(mesenchymal cell)로 전환하는데 관여하기도 한다. 노화와 그리고 노화관련 질병에 관해서는 많은 SASP 구성인자들이 직간접적으로 염증반응을 촉진할 수 있다는 점인데, 여기에 관여할 수 있는 것으로는 IL-6와 IL-8, 여러 종류의 MCPs(단핵구화학유인물질단백질, monocyte chemotactic proteins), GM-CSF(과립구대식세포집락자극인자), MIP(대식세포염증단백질) 등이 포함된다. 노화세포로부터 이러한 종류의 물질들이 분비됨으로 인해 국소적으로 또는 전신적으로(아마도) 만성염증이 일어날 가능성이 있는데 이러한 만성염증은 과증식이나 퇴행성의 노화관련 질환의 발생에 기여할 수 있다.

〈표 5.1〉
노화세포에서 분비가 증가되는 물질들

SASP 물질들의 분류		구체적 예
용해성 SASP 요소	인터류킨(IL)	IL-6, IL-7, IL1a, IL-1b, IL-13, IL-15
	케모카인(CXCL, CCL)	IL-8, GRO-α, β, γ, MCPs, MIP-1a
	기타 염증성 요소	GM-CSF, MIF
	성장인자와 조절인자들	amphiregulin, EGF, bFGF, HGF, VEGF, SCF, SDF-1, IGFBP-2, -3, -4, -6, -7, SFRP1
	단백질분해효소와 조절인자들	MMP-1, -3, -10, -13, -14, TIMP-2, PAI-1, -2, tPA
용해성 또는 주변에 흩어진 수용체나 리간드		ICAM-1, -3, Fas, EGF-R
비단백질성 용해성 요소들		PGE2, 활성산소종, NO
불용성 요소(ECM)		피브로넥틴, 콜라겐, 라미닌

'노화세포 분비 활성(SASP)'이 관여하는 반응

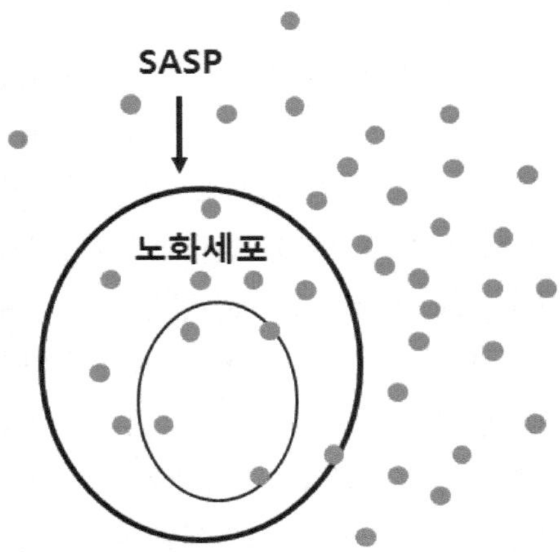

〈그림 5.17〉

노화세포의 분비활성(SASP)은 일차적으로 유전체 손상 또는 후성유전학적 혼란 등으로 인해 노화하도록 유도된 세포들의 특성이다. p21 또는 p16의 과발현에 의해 노화를 유도한 정상세포에서는 세포 형태적으로 노화의 특성들이 나타나기는 하지만 노화세포의 분비활성(SASP) 특성을 나타내지는 않는다. 반면에 DNA 손상, 텔로미어 단축, epigenomic disruption(후성유전체적 파괴), 유사분열 유발인자(mitogenic signal), 산화 스트레스(oxidative stress) 등의 자극들에 의하여 노화 유도가 일어난 세포에서는 SASP를 발현한다. SASP는 손상된 세포들이 그들의 손상된 상태를 주위의 이웃한 세포들과 교신함으로써 손상된 상태에서 회복을 꾀하려는 것으로 생각할 수 있다. 그렇지 않다면 이렇게 손상된 세포들을 면역계를 통하여 제거를 촉진하려는 시도로도 볼 수 있다.

많은 SASP 요소들은 ATM, NBS1, CHK2와 같은 DDR 단백질에 의해 촉진되는 방향으로 조절되고 있다(100% 다 적용되는 것은 아님). DDR 단백질들은 p53의 상위 신호로 작용한다. 특히 중요한 것은 이러한 DDR 단백질들은 'persistent DDR signaling'의 형성이 일어난 다음에 SASP를 촉진한다는 것이다. 강력한 단기간(short period)의 DNA 손상으로 SASP는 유도되지 않는 대신에, SASP는 천천히-배양에서 며칠에 걸쳐-초기의 DDR이 가라앉은 다음에 발생한다. 'DNA-SCARS'와 'TIF'와 같은 특징적인 핵구조(nuclear structure)가 SASP에 대한 DDR의 효과에 중요하다. 이러한 특징적인 핵 구조는 persistent DDR을 보장하기 위한 활성화된 DDR 단백질들을 포함하고 있는데, 이들은 노화(senescence)의 유도와 SASP의 유도에 필요하다. SASP는 NF-κB와 C/EBP-β와 같은 전사인자에 의해서도 역시 촉진되는데, 이러한 전사인자들은 면역세포에서 염증성 사이토카인 유전자 발현을 조절하는 신호 연쇄반응(signal cascade)의 하위에 있다. 노화세포에서 노화를 유도하는 초기반응은 IL-1의 발현증가와 연관이 있는데, IL-1은 IL1R(수용체)에 결합하여 궁극적으로 NF-κB를 활성화한다. NF-κB는 염증관련 사이토카인 IL-6나 IL-8를 유도한다. 특정 암유전자의 활성화에 의하여 유도된 노화의 경우에 이들 사이토카인은 노화에 의한 증식 정지가 지속되도록 돕는다. DDR이 SASP를 촉진적으로 조절하는 것과는 대조적으로 p53은 SASP를 억제한다. 정상적인 SASP를 발현하는 노화세포에서 RNAi나 dominant negative 단백질에 의해 p53 불활성화를 일으키면 몇 가지 SASP 인자들의 (전사수준에서의) 발현이 눈에 띄게 증가한다. p16을 발현하지 않는 세포에서 p53을 불활성화시키면 세포는 다시 증식을 시작하지만 SASP는 그대로 활성을 가진다. 물론 이런 세포들은 *in vivo*(생체내)에서 그러한 반응을 유도하기는 매우 위험한 것이다. 말 그대로 SASP만 발현하는 것이 아니라 이웃한 세포를 암화를 일으킬 수 있는 가능성을 가진다. SASP의 암 발달 과정에서의 역할을 요약하면 다음과 같다.

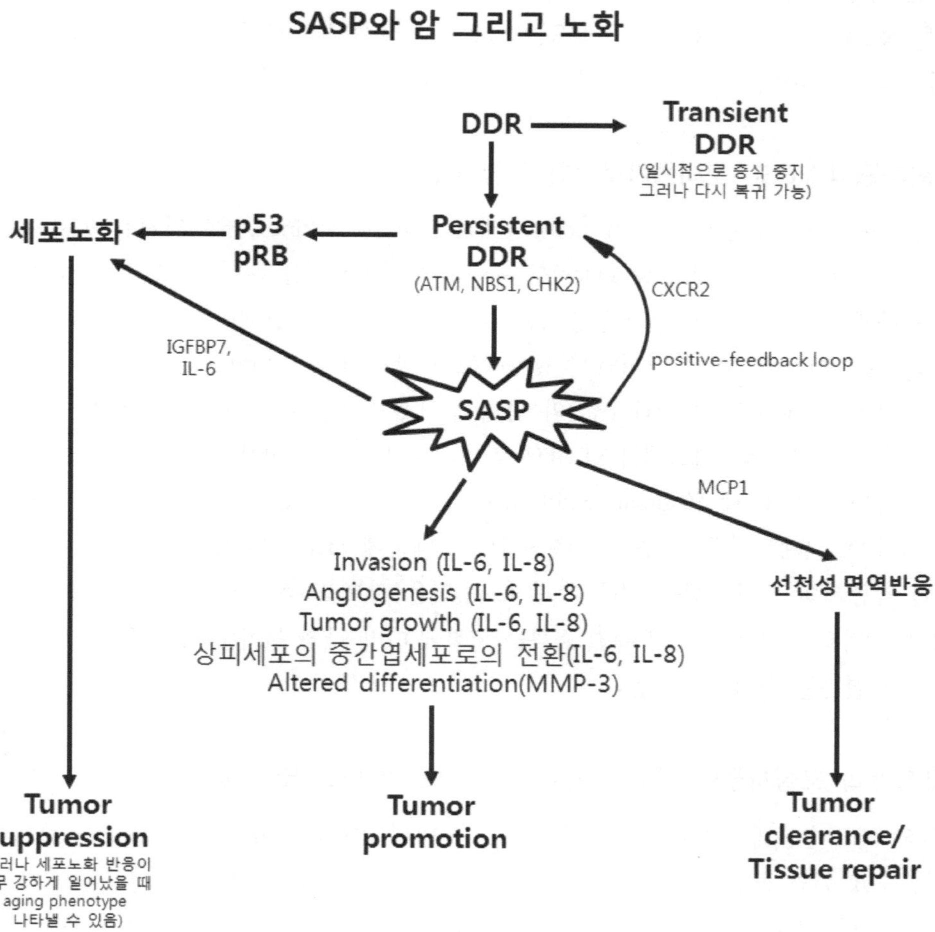

〈그림 5.18〉 SASP와 암, 그리고 노화.

지속적인 DDR(DNA 손상반응)은 p53이나 pRb를 통하여 세포노화를 유도하여 암을 억제할 수 있다. 한편 persistent DDR은 노화세포 분비활성(SASP)를 유도할 수 있는데, SASP는 선천성 면역반응을 통하여 종양을 제거하는 기능도 할 수 있으나 세포내 미세환경의 변화를 일으켜 종양의 발생에 기여한다.

▌SASP와 세포증식 촉진

용해성(soluble) 생리활성물질로 작용하는 GROs(Growth-regulated oncogenes)의 성장촉진효과와 MMPs와 ECM의 성분들의 도움으로 세포증식(proliferation)과 전이(metastasis)의 촉진이 일어날 수 있다. 한편 전립선 상피세포 증식은 엠피레귤린(amphiregulin)의 분비와 상관성이 높고, 결합조직 성장인자(CTGF, connective tissue growth factor)는 전립선종양의 진행에 관여하며, SDF-1α(CXCL-12)는 전립선암을 키우는 역할을 한다. 과량으로 분비된 IL-1은 피부상피의 케라티노사이트를 증식시켰으며, GROα와 IL-8은 CXCR-2 수용체를 과발현하고 있는 악성 멜라닌세포를 증식시킬 수 있었다. 또 VEGF, IL-8은 내피세포(endothelial cell)의 증식을 촉진하며, IL-7은 림프구 증식을, GM-CSF는 골수성 억제세포(myeloid suppressor cell)의 증식을 유도하여 암세포의 진행에 영향을 미친다.

▌노화세포의 VEGF 분비증가로 혈관신생이 증가

섬유아세포는 성장인자(growth factor), 케모카인(chemokine), 세포외기질(ECM)을 생성하여 혈관내피세포와 주피세포(pericytes)를 유인하여 혈관생성을 촉진한다고 알려져 있다. 따라서 섬유아세포는 암의 악성 전이에 중요한 결정인자로 작용할 잠재력이 있다. 실제로 복제노화(replicative senescence)가 일어난 섬유아세포를 상피 암세포(epithelial cancer cell)와 함께 쥐에 주사했을 때 젊은 세포(대조군)와 함께 주사했을 때보다 혈관신생이 더욱 증가된 것을 관찰할 수 있었다. 노화세포에서 VEGF(혈관내피성장인자) 분비가 증가하였고 노화 섬유아세포 배양액을 HUVEC 세포(human umblical vein endothelial cells)에 처리하였을 때 이 내피세포의 기저막을 통한 이동 및 증식을 촉진하였기 때문에 *in vivo*에서도 노화세포에 의한 VEGF 생성이 암종괴의 혈관신생을 더욱 촉진할 수 있을 것으로 추정하고 있다. 노화세포에 의한 VEGF의 증가로 인한 혈관신생 촉진 효과는 노화에 따라 악성 전이를 더욱 증가시켜 암 발생을 촉진하는 결과를 초래할 수 있다.

▌IGFBPs과 조절자들의 분비 증가로 주변 세포의 노화 및 세포사멸 유도

IGF와 IGF 수용체 네트워크도 노화세포가 주변의 미세환경(microenvironments)에 영향을 미치는 주요 원인 물질이 된다. 다양한 노화세포는 여러 IGFBPs와 그 조절자들(IGFBP-rP1과 -rP2, CTGF)을 분비하는데, 특히 BRAF 암유전자에 의해 유도되는 노화세포에서 분비가 일어난 IGFBP-7은 자가분비(autocrine)나 측분비(paracrine) 경로를 통해 주변의 세포들의 노화를 유도하거나 세포사멸을 유도하기도 한다.

염증성 사이토카인 분비 증가로 암 발생을 촉진 또는 억제

노화세포에서 가장 많이 분비되는 것은 IL-6 등의 proinflammatory cytokine이다. IL-6는 다양한 세포주에서 DNA 손상(DNA damage)과 암유전자(oncogene) 스트레스에 의해 유도되는 복제노화(replicative senescence)와 관련되어 있다. IL-6의 분비는 p53 경로와는 독립적으로 DNA 손상경로인 ATM이나 CHK2에 의하여 조절이 일어난다. 세포막에 IL-6 수용체를 발현하는 다양한 이웃 세포에 직접 영향을 미칠 수 있다. 또 다른 인터류킨 family인 IL-1도 노화된 섬유아세포(fibroblast)뿐만 아니라, 노화 내피세포(endothelial cell), 노화 상피세포(epithelial cell) 등에서도 분비가 증가한다. IL-1도 세포막에 발현되는 IL-1R(IL-1의 수용체)을 통해 NF-κB 등의 신호를 유도한다. 추가적으로 IL-8을 포함하는 CXCL family 단백질들과 같은 케모카인, CSFs, 프로스타글란딘 E2 등이 고농도로 분비된다. 염증반응이 주로 암의 발생을 촉진하는 것으로 주장되어 왔지만 최근의 연구에 의하면 다양한 염증성 사이토카인들이 선천성 면역반응을 증가시켜 암을 억제하는 기능도 나타낼 수 있기 때문에 염증반응이 전적으로 해롭다고 말할 수 없다. 염증반응이 암세포에 미치는 두 가지 반대되는 역할이 종합이 되어 암발생과 전이를 촉진하든지 또는 그 반대로 억제하든지가 결정될 것이다.

MMPs 분비와 ECM 조절

복제노화가 일어난 세포나 스트레스-유도 노화세포에서 MMP-1, MMP-3, MMP-10 등의 MMP family 단백질분해효소들의 분비가 일관성 있게 상승하였다. 분비된 단백질 분해효소는 (a) 막에 결합된 수용체를 분해함으로써 가용성 분자로 전환하거나 (b) 신호물질들을 분해하거나 (c) 세포외기질을 분해하거나 수식할 수 있다. 이에 더하여 노화세포에서 분비되는 MMP 단백질 분해효소는 가용성 분자들을 분해하여 이들의 활성을 조절하기도 한다. 예를 들어 MMPs는 MCP-1, -2, -4와 IL-8을 포함하는 다양한 CXCL과 CCL family 단백질들을 분해할 수 있다. 이러한 효과들은 모두 세포의 미세환경(microenvironment)에 큰 영향을 미칠 수 있다.

한편 노화세포는 세린 단백질분해효소의 일종인 유로키나제형 플라스미노겐 활성자(urokinase-type plasminogen activator, uPA)와 tissue-type 플라스미노겐 활성자(tPA)와 uPA 수용체, 단백질분해효소의 억제자인 PAI-1/2 등을 분비하기도 한다. 실제로 노화 내피세포와 폐나 피부 상피세포에서 플라스미노겐 활성자의 활성이 50배 이상 증가하였으며, 노인에게서 얻은 섬유아세포와 내피에서도 PAI-1이 과발현된 것을 알 수 있었다. 이 PAI-1은 CXCR-2 사이토카인처럼 노화세포의 성장억제를 더욱 강화시키는 것으로 추정된다.

▌기타 물질들의 영향

복제노화가 일어난 세포나 워너증후군(Werner's syndrome) 환자의 섬유아세포에서는 피브로넥틴(fibronectin)의 분비가 증가되어 있다. 피브로넥틴은 많은 도메인을 포함하는 커다란 당단백질로서 세포표면 수용체나 세포골격, 그리고 다양한 세포외기질 성분들과 상호작용할 수 있다. 특히 세포막 수용체(예; 인테그린)와 상호작용함으로써 피브로넥틴은 세포의 점착, 생존, 증식, 또는 이동을 조절한다. 이 밖에도 노화세포는 유도성 nitric oxide synthase와 superoxide dismutase의 활성을 조절하여 각각 NO와 ROS를 증가시킨다. 이러한 반응성 물질들은 세포의 형태를 변화시키고, 암세포의 공격성을 증가시키며, 노화관련 퇴행성 변화를 촉진하는 것이 알려진다.

5.5 세포노화와 개체노화

노화세포(senescent cell)가 개체노화(organismal aging)에 기여한다는 생각은 수십 년 전부터 제안되어 왔다. 노화세포가 노화의 표현형(aging phenotype)과 노화관련 병인(age-related pathology)에 기여를 한다는 의견은 최근 더욱 확고해가고 있다. 최근에는 여러 가지 노화 표지자(marker)가 사용이 가능함에 따라 *in vivo*에서도 노화세포를 찾아내는 것이 가능해졌다. 세포배양 실험에서 계대를 거듭할수록 노화세포가 차지하는 비중이 늘어나게 되는 것처럼, *in vivo*에서도 각 기관과 조직에서 많은 세포들이 그 시기에는 차이가 있겠지만 노화세포에 도달하게 될 것으로 예측이 된다. 아래에서 언급하는 연구 결과들은 세포수준의 노화와 개체수준의 노화가 관계가 있음을 내포하는 것이다. 쥐, 영장류 그리고 사람의 많은 재생 가능한 조직(renewable tissues)에서 노화세포들이 나이와 함께 증가한다. 혈관내피세포, 조혈계, 많은 상피성 기관, 상피성기관 주위의 기질 등에서 노화세포의 증가가 관찰된다. 노화한 내피세포에서는 동맥경화, 혈전증, 염증반응 등의 증가가 관찰된다. 특히, 노화세포가 분비하는 염증반응 매개자에 의하여 혈관에 만성 염증이 초래될 수 있으므로 노화와 관련된 질병의 병인으로서 지목되고 있다. 조직 또는 기관에서 작은 부분의 노화세포를 포함하는 것으로도 조직의 재생(renewal)과 항상성(homeostasis)을 손상시키거나, 기관 기능을 저하시키고 노화 표현형에 기여할 수 있다. 따라서 노화세포의 축적은 노화관련 질병 또는 적어도 조직에 대한 손상에 기여할 것으로 예측된다. 실제로 노화된 사람의 피부(Dimri, 1995)에서, 그리고 원숭이의 망막에(Mishima, 1999), 인간의 간에서, 노화세포의 축적이 보고됐다. 노화 마커를 발현하는 세포들이 골관절염(osteoarthritis)이나 동맥경화(atherosclerosis)와 같이 만성적인 노화관련 질병과 관련된 위치에서 많이 발견된다. 그러므로 노화세포는 배양중인 세포뿐만 아니라 *in vivo*에서의 노화, 그리고 노화관련 질병과 연관이 있다고 말해도 크게 과장되지 않을 것이다. 그런데 각 기관 또는 조직에서 노화세포가 발견되는 정도에는 차이가 존재하는 것으로 알려진다. 매우 늙은 개코원숭이(baboon)의 경우 15% 이상의 진피 섬유아세포(dermal fibroblast)가 노화 상태였다. 반대로 골격근에서는 노화세포의 증가가 관찰되지는 않았다. 매우 나이가 많은 동물에서 흥미롭게도 chromatin remodeling protein인 HIRA를 마커로 사용하여 변화된 이질 염색질을 시각화하는 방법으로 노화세포를 검사하면 80% 이상의 진피 섬유아세포가 이질염색질 형성이 일어난 것으로 결과가 나왔다. 이러한 큰 차이가 일어나는 이유에 대해서 구체적으로 그 이유를 설명하지는 못한다. 다양한 종(species)에 따라 그리고 조직(tissues)의 종류에 따라 노화세포의 축적 비율은 상당한 차이가 있을 수 있음을 예상할 수 있다.

노화세포와 퇴행성 표현형

노화세포는 많은 노화관련 퇴행성 변화(정상적 또는 병으로서)의 원인으로 지목되어 왔다. 이것은 주로 노화세포가 가지는 노화세포의 분비활성(SASP)이 관계가 있는 것으로 생각된다. 노화세포는 정상조직(normal tissue) 구조의 변형을 초래할 수 있는데, 조직의 구조는 정상 기능을 하기 위해서 매우 중요한 선결조건이다. 이와 같은 구조의 변형은 SASP 인자 가운데 하나인 MMPs의 분비와 관련이 있다. 노화된 폐동맥의 smooth muscle cell은 IL-6와 IL-8의 분비의 영향으로 증식과 이동이 촉진되는데 이로 말미암아 폐동맥의 비대가 초래되며 이것은 고혈압(hypertension)과 연관된다. 노화된 피부에서 나타나는 현상인데 노화된 세포에서 분비되는 MMPs는 콜라겐의 분해를 초래하여 진피와 표피를 얇게 만드는 원인이 된다.

노화세포와 SASP는 공공연하게 노화관련 질병에 연루되기도 한다. 간접적인 증거에 의하면 알츠하이머병이나 파킨슨병의 원인으로 중추신경을 지지해주는 성상세포(astrocytes)의 노화나 SASP(분비활성)에 의한 노화관련 신경퇴행성(neurodegeneration) 변화가 관련이 있는 것으로 밝혀졌다. 노화 연골세포(aged chondrocytes)의 존재와 SASP(분비활성)는 노화관련 퇴행성 골관절염(degenerative osteoarthritis)이나 퇴행성 추간판 질환(degenerative disc disease)을 악화시킬 수 있는 것으로 알려진다. 하나 더 예를 들자면 노화된 내피세포(aged endothelial cell)나 평활근세포(smooth muscle cell)는 노화관련 심혈관질환을 촉진하는 것으로 알려진다. 이와 비슷하게 눈의 황반변성이나 인슐린 저항성도 노화세포(senescent cell)가 관련이 있다.

Baker 등(2011)은 세포노화의 표지자 역할을 하는 p16 프로모터에 세포사멸 유전자를 발현시킴으로써 (이 방법은 'INK-ATTAC'로 불려짐) 노화된 세포를 선택적으로 사멸시켰을 때 그 조직의 기능을 살펴보니 노화와 관련되어 나타나는 특성의 완화가 일어남을 확인하였다. 여기서 논문의 저자들은 쥐를 이용한 모델에서 조기에 노화된 세포를 제거함으로써 대표적인 노화표현형인 백내장과 근육소실이 발생하지 않았으며 운동능력도 더 뛰어남을 연구결과로 얻었다. 그러므로 이 연구는 세포노화와 개체노화와의 직접적으로 관계가 있음을 입증한 것으로 의미가 있다.

▌세포노화와 암의 억제

앞서 언급한 바와 같이 노화반응은 세포배양이나 동물모델 실험을 통하여 악성 종양의 발생을 억제하는 많은 증거들을 가지고 있다. 첫째, 실질적으로 모든 노화반응을 유도할 수 있는 자극은 특정 환경에서는 암을 촉진할 수 있는 잠재적인 능력을 가지고 있다. 둘째로, 실질적으로 많은 암은 발암작용이 진행이 될 때 p53/p21 또는 p16/pRB 경로의 상실을 필요로 한다. 이러한 결과로 대부분의 암세포들은 훨씬 연장된 복제 능력을 보유할 수 있게 되고 거기에다 텔로머라제의 상향조절이 이루어지면서 불멸화(immortalization)가 가능하게 되었다. 이와 더불어 p53/p21 또는 p16/pRB 경로의 돌연변이는 유사분열성 암유전자(mitogenic oncogenes)에 반응하여 노화(senescence)를 유도할 수 있는 능력에 심각한 손상을 부여한다.

p53/p21과 p16/pRB 경로의 종양억제(tumor suppressor) 활성은 세포노화를 유도할 수 있는 능력에만 한정되지 않는다. 이들 경로는 세포사멸(apoptosis), 최종 분화(terminal differentiation), DNA repair 및 다른 경로에도 관계하고 있다. 세포노화에 의한 암의 억제는 많은 *in vivo* 실험의 결과로 세포노화의 중요성이 더욱 강조되고 있다. 예를 들어 몇 종류의 쥐 strain에서 세포노화 기능을 제거되도록 조작하고 여기에 적절한 자극을 주어 실험했을 경우 이들 쥐는 거의 확실하게 암을 일으키는 경향이 강하게 나타났다. 다른 예로 p53 또는 CHK2 유전자에 돌연변이를 가진 Li-Fraumeni 증후군 환자의 세포에서는 자발적으로 세포노화(cellular senescence)를 극복하는 경향이 증가했으며, 이들 환자는 암의 발생 빈도가 더 높았다. 적절히 반응하는 노화반응을 갖춘 mouse model에서 암유전자의 과발현(oncogene overexpression)을 통해서 강력한 세포분열 신호를 유도했을 때 노화세포로 구성된 양성 병소(benign lesion)가 초래되었다. 이와 같은 *in vivo* 실험 증거는 암유전자를 발현하는 세포가 만발한 악성종양(malignant tumor)으로 변화하는 것을 세포노화(cellular senescence)반응이 차단했음을 시사하는 것이다. 또 양성 병소로부터 자라나오는 악성 종양의 경우 노화반응의 불활성화(inactivation) 또는 우회(bypass)가 일어났음이 확인되었다.

세포노화는 암의 발생을 억제하는 기능을 가진다고 말할 수 있다. 그러나 세포노화의 실패 그 자체가 악성종양을 형성하기에 충분하다는 의미는 아니다. 또 텔로머라제의 발현은 텔로미어로부터 시작된 노화를 막을 수 있는데 이것은 세포로 하여금 악성종양으로의 진행할 수 있는 특성을 부여한 것은 아니다. 이와 유사하게 p53/p21 and/or p16/pRB 경로의 불활성화가 복제수명의 연장을 가능하게 하지만 그 자체로 형질전환(transformation)이 일어나는 것은 아니다. 오히려 이러한 세포들은 유전체 불안정성이나 텔로미어 기능이상이 초래되고, 오직 아주 낮은 빈도로 불멸화세포가 나타날 것이다. 이러한 상황에서 조차도, 불멸화세포(immortal cell)가 바로 종양을 형성할 수 있지는 않다. 왜냐하면 악성 종양이 되기 위해서는 RAS와 같은 암유전자가 활성화되든지 또는 PTEN과 같은 종양억제유전자의 소실을 필요로 하거나 세포노화 기작을 피해가는 유전적 또는 후성유전학적 사건들을 필요로 한다. 그러나 세포노화 기작을 잃은 것은 종양세포의 일반적 특징이라 볼 수 있다.

개체노화와 종양억제유전자

*in vivo*에서 노화세포가 나이와 함께 증가하고 노화관련 질병의 병인과 연관된 위치에서 축적이 일어나는 것으로 볼 때, 노화세포들이 정확한 시간에 정확한 장소에 존재했음을 의미하는 것이다. 그런데 노화세포들은 그들이 지닌 노화 표현형(aging phenotypes)을 활발하게 유도한 것으로 생각되지는 않는다. 왜냐하면 노화세포는 증식 능력이 없기 때문에 재생하는 조직에서는 조직의 재생 및 수선능력이 감소할 수밖에 없다. 최근의 발견이 이러한 가능성을 뒷받침하고 있는데 'p16-의존적인 노화가 신경발생, 혈액생성, 췌장기능에서 노화관련 감소에 책임이 있다'는 것이다. 이 연구에서 p16의 발현이 쥐의 뇌, 골수, 췌장의 줄기세포와 전구(progenitor) 세포에서 증가했다(middle aged animal에서도 증가가 뚜렷했음). 더구나 p16 knockout mice에서는 조직재생의 노화로 인한 기능 감소가 실질적으로 늦추어졌다. 그렇지만 예상된 바와 같이 중요한 종양억제유전자를 상실한 쥐는 암에 의하여 조기에 사망하기에 이른다. 나이 증가에 따라 줄기세포와 전구세포에서 p16이 증가한 것은 줄기세포 노화, 뇌와 골수에서 노화 관련 감소, 제2형 당뇨의 발생 등과 적어도 부분적이라도 연관이 된다고 설명이 가능하다. 그렇지만 p16-양성(positive)인 세포와 노화세포(senescent cell)가 100% 일치하는 것인지 여부는 확신할 수 없다. p16이 종양억제의 기능을 가지고 있고, p16이 p53과 같이 '길항적 다면형질(antagonistic pleiotrophy)'이라고 한다면 p16의 종양억제기능은 pro-aging(노화 초래) 효과와 불가분의 관계를 갖게 될 것이다. p53의 경우에도 이런 트레이드 오프(trade-off) 예가 있는데, p53의 기능이 강화된 형태를 항상 발현하고 있는 쥐에서는 암은 확실히 없어졌지만, 여러 가지 가속화된 노화의 증거들이 나타났다. 적어도 일부 가속화된 노화는 노화-유도 자극에 대해 지나치게 증가된 민감도로 인한 결과로 볼 수 있다. p53의 기능이 약할 경우는 암으로 인해 사망을 초래할 것이고, p53의 기능이 너무 강하게 작용할 경우는 조기 노화(premature aging)가 초래되어 이 또한 사망빈도가 높아질 것이다. 가장 유익한 것은 p53이 많지도 않고 적지도 않은, 균형을 유지하는 상태(balanced state)가 개체에게는 가장 바람직할 것이다.

참고문헌

1. Acosta, J. C., A. Banito, et al. (2013). "A complex secretory program orchestrated by the inflammasome controls paracrine senescnece." *Nat Cell Biol* 15:978-990.
2. Aubert, G. and P. M. Lansdorp. (2008). "Telomeres and aging." *Physiol Rev* 88:557-579.
3. Baker, D. J., T, Wijshake, et al. (2011). "Clearance of $p^{16Ink4a}$-positive senescent cells delays ageing-associated disorders." *Nature* 479:232-236.
4. Bartkova, J., N. Rezaei, et al. (2006). "Oncogene-induced senescence is part of the tumorigenesis barrier imposed by DNA damage checkpoints." *Nature* 444:633-637.
5. Beausejour, C. M., A. Krtolica, et al. (2003). "Reversal of human cellular senescence: Roles of the p53 and p16 pathways." *EMBO J* 22:4212-4222.
6. Ben-Porath, I. and R. A. Weinberg. (2005). "The signals and patheays activating cellular senescence." *Int J Biochem Cell Biol* 37:961-76.
7. Campisi, J. and d'Adda di Fagagna F. (2007) "Cellular senescence: when bad things happen to good cells." *Nat Rev Mol Cell Biol* 8:729-740.
8. Campisi, J. (2013). "Aging, cellular senescence, and cancer." *Annu Rev Physiol* 75:685-705.
9. Collado, M., J. Gil, et al. (2005). "Tumour biology: senescence in premalignant tumours." *Nature* 436:642.
10. Collado, M. and M. Serrano. (2006). "The power and the promise of oncogene-induced senescence markers." *Nat Rev Cancer* 6:472-476.
11. Collado, M., M. A. Blasco, et al. (2007). "Cellular senescence in cancer and aging." *Cell* 130:223-233.
12. Coppe, J. P., C. K. Patil, et al. (2008). "Senescence-associated secretory phenotypes reveal cell-nonautonomous functions of oncogenic RAS and the p53 tumor suppressor." *PLoS Biol* 6:2853-2868.
13. Coppe, J. P., F. Rodier, et al. (2011). "Tumor suppressor and aging biomarker $p16^{INK4a}$ induces cellular senescence without the associated inflammatory secretory phenotype." *JBC* 286:36396-36403.
14. Dimri, G. P., X. Lee, et al. (1995). "A biomarker that identifies senescent human cells in culture and in aging skin in vivo." *Proc Natl Acad Sci U S A* 92:9363-9367.
15. Donate, L. E. and M. A. Blasco. (2011). "Telomeres in cancer and ageing." P*hil Trans R Soc B* 366:76-84.

16. El-Deiry, W. S., T. Tokino, et al. (1993). "WAF1, a potential mediator of p53 tumor suppression." *Cell* 75:817-825.

17. Finkel, T., M. Serrano, et al. (2007). "The common biology of cancer and aging." *Nature* 767-774.

18. Harper, J. W., G. R. Adami, et al. (1993). "The p21 Cdk-interacting protein Cip1 is a potent inhibitor of G1 cyclin-dependent kinases." *Cell* 75:805-816.

19. Hayflick, L. and P. S. Moorhead. (1961). "The serial cultivation of human diploid cell strains." *Exp Cell Res* 25:585-621.

20. Hayflick, L. (1965). "The limited in vitro lifetime of human diploid cell strains." *Exp Cell Res* 37:614-36.

21. Hayflick, L. (1985). "Theories of biological aging." *Exp Gerontol* 20:145-159.

22. Itahana, K., J. Campisi, et al. (2004). "Machanism s of cellular senescence in human and mouse cells." *Biogerontol* 5:1-10.

23. Jeyapalan, J. C. and J. M. Sedivy. (2008). "Cellular senescence and organismal aging." *Mech Ageing Dev* 129:467–474.

24. Kuilman, T., C. Michaloglou, et al. (2010). "The essence of senescence." *Genes Dev* 24:2463-2479.

25. Masutomi, K., R. Possemato, et al. (2005). "The telomerase reverse transcriptase regulates chromatin state and DNA damage response." *Proc Natl Acad Sci U S A* 102:8222-8227.

26. Mishima, K., J. T. Handa, et al. (1999). "Senescence-associated beta-galactosidase histochemistry for the primate eye." *Invest Ophthalmol Vis Sci* 40:1590-1593.

27. Morgan, R. G., S. J. Ives, et al. (2013). "Age-related telomere uncapping is associated with cellular senescence and inflammation independent of telomere shortening in human arteries." *Am J Physiol Heart Circ Physiol* 305:H251-H258.

28. Narita, M., S. Nunez, et al. (2003). "Rb-mediated heterochromatin formation and silencing of E2F target genes during cellular senescence." *Cell* 113:703-716.

29. Paradis, V., N. Youssef, et al. (2001). "Replicative senescence in normal liver, chronic hepatitis C, and hepatocellular carcinoma." *Hum Pathol* 32:327-332.

30. Rodier, F. and J. Campisi. (2011). "Four faces of cellular senescence." *J Cell Biol* 192:547-556.

31. Salama, R., M. Sadaie, et al. (2014). "Cellular senescence and its effector programs." *Genes & Development* 28:99-114.

32. Sedivy, J. M., U. M. Munoz-Najar, et al. (2008). "Cellular senescence: A link between tumor suppression and organismal aging?" In *Molecular Biology of Aging*, Cold Spring Harbor Laboratory Press.
33. Shan, W., G. Yang, et al. (2009). "The inflammatory network: bridging senescent stroma and epithelial tumorigenesis." *Front Biosci* 14:4044-4057.
34. Sugawara, O., M. Oshimura, et al. (1990). "Induction of cellular senescence in immortalized cells by human chromosome 1." *Science* 247:707-710.
35. Tasdemir, N. and S. W. Lowe. (2013). "Senescent cells spread the world: non-cell autonomous propagation of cellular senescence." *EMBO J* 32:1975-1976.
36. Vousden, K. H. and C. Prives. (2009). "Blinded by the Light: The growing complexity of p53." *Cell* 137:413-431.
37. Wajapeyee, N., R. W. Serra, et al. (2008). "Oncogenic BRAF induces senescence and apoptosis through pathways mediated by the secreted protein IGFBP7." *Cell* 132:363–74.
38. Wang, E. (1995). "Senescent human fibroblasts resist programmed cell death, and failure to suppress bcl2 is involved." *Cancer Res* 55:2284–2292.
39. Xiong, Y., G. J. Hannon, et al. (1993). "p21 is a universal inhibitor of cyclin kinases." *Nature* 366:701-704.
40. Xue, W., L. Zender, et al. (2007). "Senescence and tumour clearance is triggered by p53 restoration in murine liver carcinomas." *Nature* 445:656-660.
41. Zhang, H., K. H. Pan, et al. (2003). "Senescence-specific gene expression fingerprints reveal cell-type-dependent physical clustering of up-regulated chromosomal loci." *Proc Natl Acad Sci U S A* 100:3251-3256.
42. Zhang, R., M. V. Poustovoitov, et al. (2005). "Formation of MacroH2A-containing senescence-associated heterochromatin foci and senescence driven by ASF1a and HIRA." *Dev Cell* 8:19-30.
43. Zhang, R., W. Chen, et al. (2007). "Molecular dissection of formation of senescent associated heterochromatin foci." Mol Cell Biol 27:2343-2358.
44. 곽은석. (2013). "암세포의 세포노화를 유도하는 세포추출물의 탐색." 박사학위 논문, 영남대학교.
45. 오상진. (2005). "인체노화" 탐구당.
46. 여의주. (2010). "노화와 암 발생 기전." *생화학분자생물학회소식*, 9월호.
47. 황은성. (2008). "Cell mortality, immortality 그리고 senescence." *분자세포생물학 뉴스* 20:33-39.

CHAPTER 06

아폽토시스와 노화

인체는 100조(兆)개 내외의 세포가 모여서 이루어진 다세포 생명체이다. 인체를 구성하는 생명의 기본단위인 세포(cell)는 흥미롭게도 새롭게 만들어지며, 다른 한편으로는 지속적으로 사멸하는 과정을 거치게 된다. 세포의 유전자에는 개체(organism)를 위해서라면 세포 자신이 능동적으로 죽는 길을 선택하도록 하는 프로그램이 들어가 있다. 이러한 방법은 궁극적으로 효율성을 높여 생명의 질(quality)을 향상시키려는 필연적인 전략이 진화적으로 보존된 경우라고 볼 수 있다. 예를 들면 배아발생시 수많은 분열을 거치게 되는데 발생하는 동안 잘못된 방향성을 가지고 성장하는 세포들이 만들어질 수도 있는데 이러한 세포들이 빨리 제거되지 않으면 생명체 전체에는 해를 주는 방향으로 작용할 수 있기 때문에 아폽토시스(세포사멸)기작에 의하여 제거되어야 한다. 아폽토시스는 세포의 자의적인 죽음이라고 말할 수 있는데 면역반응을 일으키지 않는 것이 큰 특징이다. 아폽토시스는 생명체에서 크게 두 가지 역할을 가지는데, 그 첫째로는 발생(development)과 분화(differentiation) 과정 가운데 중요한 역할을 한다. 아폽토시스가 발생에 관여하는 예로 손가락 형성을 들 수 있는데 초기에는 물갈퀴처럼 서로 붙어 있던 것이 손가락사이에 존재하는 세포들이 아폽토시스에 의하여 제거되면서 정상적인 손가락을 형성하게 된다. 또 다른 예로는 올챙이가 개구리가 될 때 꼬리가 없어지는 것도 아폽토시스기작에 의한다. 이러한 아폽토시스기작은 생체내의 발생(development), 항상성(homeostasis), 퇴화(degeneration) 등의 조절에 긴밀히 관여하고 있다.

아폽토시스가 관여하는 또 다른 경우는 생체내의 세포가 심하게 훼손되어 다른 세포들에 해를 줄 경우 전체 개체를 보호하기 위하여 일어나는 자기 방어의 한 형태이다. 예를 들어 바이러스가 감염된 세포는 그대로 놔두면 많은 바이러스를 생산해 더 커다란 해를 줄 수가 있다. 또는 세포가 돌연변이를 일으켜 암세포로 되었을 경우도 그대로 두면 암세포가 확대 재생산되기 때문에 개체에 해를 끼친다. 이와 같이 개체에 해로운 영향을 줄 수 있는 상황이 세포에 발생하게 될 때 세포는 이러한 변화를 스스로 인식하고 스스로 사멸하는 기작인 아폽토시스를 작동시키는 것이다. 유사분열(mitosis)에 의한 세포의 생성과 아폽토시스에 의한 세포의 사멸은 균형이 맞아야 하는데, 나이가 들면서 세포사멸의 불균형이 발생되기도 한다.

노화하면서 신경뉴런(neuron)이 과다하게 세포사멸을 일으키게 되면 인지기능이 떨어지고 이에 따라 신경퇴행성 질병이 일어나게 된다. 과다한 세포사멸이 초래하는 질환으로 후천성면역결핍증(AIDS), 신경퇴행성질환인 알츠하이머병(Alzheimer's disease)과 파킨슨병(Parkinson's disease)이 있다. 반면에, 아폽토시스 역할이 부족하게 일어나면 암(cancer)과 같은 질병이 초래될 수 있다. 비정상적인 아폽토시스기작은 자신의 세포를 외부침입자로 잘못 인식하여 공격함으로써 류마티스 관절염과 같은 자가면역질환(autoimmune disease)을 초래하기도 한다. 이와 같은 아폽토시스기작을 잘 이해하고 응용한다면 암과 노화의 조절에 유용하게 이용될 수 있을 것이다.

6.1 아폽토시스와 괴사

생명체의 기능을 적절히 유지하기 위해서는 전체적인 세포수가 균형 잡히게 유지되어야 하는데 이러한 세포 수(cell number) 조절은 세포가 죽는 기작에 의하여 조절이 될 수 있다. 인체의 세포는 소장의 상피세포의 경우는 7일, 적혈구는 120일, 간세포(liver cell)의 경우는 18개월 정도의 세포 생존 수명을 가지며, 신경이나 심장, 골격근 등에 있는 세포는 생명체와 운명을 같이 한다. 세포가 죽는 현상은 괴사(니크로시스, necrosis)와 아폽토시스(apoptosis)로 크게 둘로 나눌 수 있다. 괴사는 Na^{+}나 Ca^{2+}이온들의 유입 등으로 인하여 세포막이 터져서 죽는 것과 같이 심각한 외상에 반응하여 일어난다. 괴사는 세포자신의 의도와는 관계없는 것으로, 자동차사고와 같은 외부적인 원인에 의하여 사람이 사망하는 일종의 '사고사(accident)'에 비유할 수 있다. 반면 **세포예정사(programmed cell death, PCD)**라는 것은 세포의 다양한 신호전달기전을 조절하고 그로 인해 세포사멸을 유도하여 항상성을 일으키는 세포 내 기전인데, 아폽토시스(PCD type I)와 자가포식(PCD type II)으로 구분할 수 있다. '아폽토시스'라는 것은 세포 내부에 존재하는 엄격한 신호조절에 의하여 작동되기 시작하여 짧은 시간에 능동적으로 죽는 '세포의 자살'에 해당하는 것이다. 자가포식(autophagy)은 '세포가 자기 살을 먹는다'는 뜻을 가지고 있는데 영양분이 부족하거나 외부에서 미생물이 침입했을 때 세포 스스로 생존을 위해 세포 내부 단백질을 재활용(recycle)하는 현상을 말한다.

세포죽음의 분류

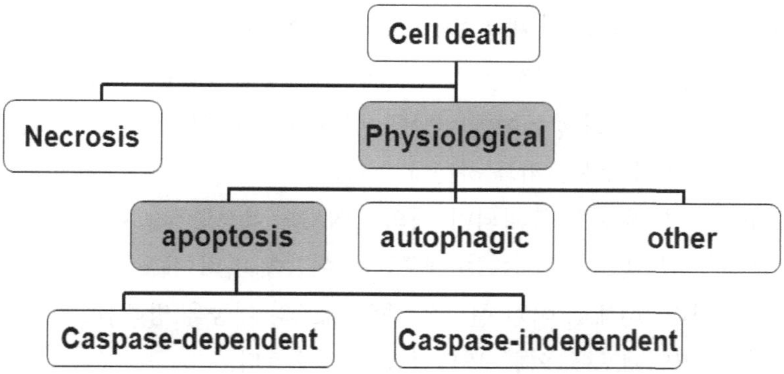

〈그림 6.1〉 세포죽음의 분류

자가포식은 지질 이중층(lipid bilayer)으로 구성된 membrane vacuole이 제거대상의 세포질과 함께 미토콘드리아, 소포체, 골지체 등과 같은 세포소기관(organelle)을 둘러쌈으로써 자가포식소체(autophagosome)를 형성한다. 자가포식소체에 의해 둘러싸인 내부 물질은 리소좀(lysosome)에 존재하는 산성 가수분해효소에 의하여 분해되고 부산물은 세포 구성성분을 만드는데 재사용되게 된다.

〈표 6.1〉
아폽토시스(세포사멸)와 자가포식의 비교

Apoptosis(세포사멸)	Autophagy(자가포식)
PCD type I	PCD type II
cellular shrinkage	cellular vacuolation
Nuclear condensation	No nuclear change
Mitochondrial membrane permeabilization	No mitochondrial change
Cytoskeleton collapse	Cytoskeleton preserved
Organelles preserved	Organelles degraded
Nuclear blebbing	
DNA fragmentation	

괴사(necrosis)

괴사는 타의적인 세포가 손상돼 어쩔 수 없이 죽음에 이르는 과정을 말한다. 세포 안팎의 삼투압 차이가 수만 배까지 나면 세포 밖의 물이 세포 안으로 급격히 유입돼 세포가 터져 죽게 된다. 세포의 관점에서 물리적인 심한 파열이나 심한 대사적 독소에 의해 유발될 수 있는 이러한 반응은 자동차끼리 충돌이 일어났을 때 대처할 수 있는 시간이 거의 없듯이 괴사에 대하여 세포 자신이 결정하거나 준비를 하는데 소요되는 시간은 거의 없다. 이러한 세포 죽음은 세포벽과 세포소기관이 빠르게 붕괴되며 핵의 DNA는 비정형적으로 응축되거나 무작위적(random)으로 분해가 일어난다. 괴사하는 세포는 죽어감에 따라 세포가 파열되어 세포 구성성분을 세포외로 방출한다. 대체로 이런 현상은 주위 세포의 기능을 방해함으로 조직이 정상적인 기능을 회복하도록 면역세포에 의한 면역반응을 일으킨다.

〈표 6.2〉
아폽토시스와 세포괴사의 비교

	세포사멸(apoptosis)	세포괴사(necrosis)
핵	chromatin의 응축	irregular chromatin clumping
세포내 소기관	형태적으로 온전함	파괴됨
세포막	기능적으로 온전하여 효소의 방출 없음	membrane으로부터 효소의 누출이 일어남
세포 용적	세포가 수축	세포가 팽창함
조직에서	각각의 세포 단위로 일어남	세포의 그룹으로 일어남
조직의 반응	없음	염증반응

아폽토시스

'아폽토시스(APOPTOSIS)'라는 용어는 Kerr과 Wylie에 의하여 1972년에 British *Journal of Cancer*에 기고한 논문에서 처음 사용되었다. 'apoptosis'의 어원은 'apo'(away from)과 'ptosis'(falling)가 합쳐져서 만들어진 복합어로 가을에 나뭇잎이 떨어져 죽는 것과 세포가 죽는 것을 비유하여 만들어진 용어이다. 한국어로 아폽토시스는 **'세포고사'** 또는 **'세포사멸'**로 번역이 된다. 아폽토시스는 형태학적, 생화학적인 구조로 정의될 수 있다. 아폽토시스 과정에서 세포의 부피는 작아지고, 세포질내의 내막은 수축되어진다. 세포소기관(organelle)들은 죽음의 매우 늦은 단계까지 손상되지 않고 남아있으며 상당 기간 동안 세포의 대사활성은 유지된다. 아폽토시스는 특징적으로 세포 집단이 아닌 개별의 세포 단위로 일어난다. 아폽토시스에서는 DNA가 절편으로 쪼개지는 과정이 수반되는데, 염색질 응축(chromatin condensation)이라 불리는 'pyknosis(핵농축)'가 일어나고 핵산분해효소(endonuclease)가 뉴클레오좀(nucleosome) 사이를 절단한다. 그 결과 DNA는 대략 200개 또는 그 배수로 된 염기쌍을 포함한 절편(fragment)

으로 절단이 일어난다. DNA가 쪼개지는 동안 핵도 쪼개지고 세포 또한 조각으로 쪼개져, 아폽토시스가 일어나는 세포는 몇 개의 '아폽토시스소체(apoptotic body)'를 형성하게 된다. 이와 같은 과정을 '핵용해' 또는 '핵붕괴(karyolysis 또는 karyorrhexis)'라 부른다. 아폽토시스소체는 본래의 핵 그리고 약간의 DNA를 지닐 수도 있거나, 또는 지니지 않을 수도 있다. 마지막으로 아폽토시스소체는 대식세포와 함께 '파고좀(phagosome)'을 형성하여 소화(digestion)된다. 반면에 괴사(necrosis)는 세포막이 깨지고 그 내용물이 쏟아져 나와 주위의 면역세포를 유인하고 염증반응을 초래한다. 따라서 아폽토시스에 의한 세포사멸은 부작용을 초래하지 않으며 세포를 적극적으로 죽어가도록 하기 때문에 항상성 유지와 스트레스에 대항하는 기작으로서 효과적이다. 괴사와 달리, 아폽토시스는 에너지의 생성과 단백질의 합성을 필요로 하는 능동적인 과정이다.

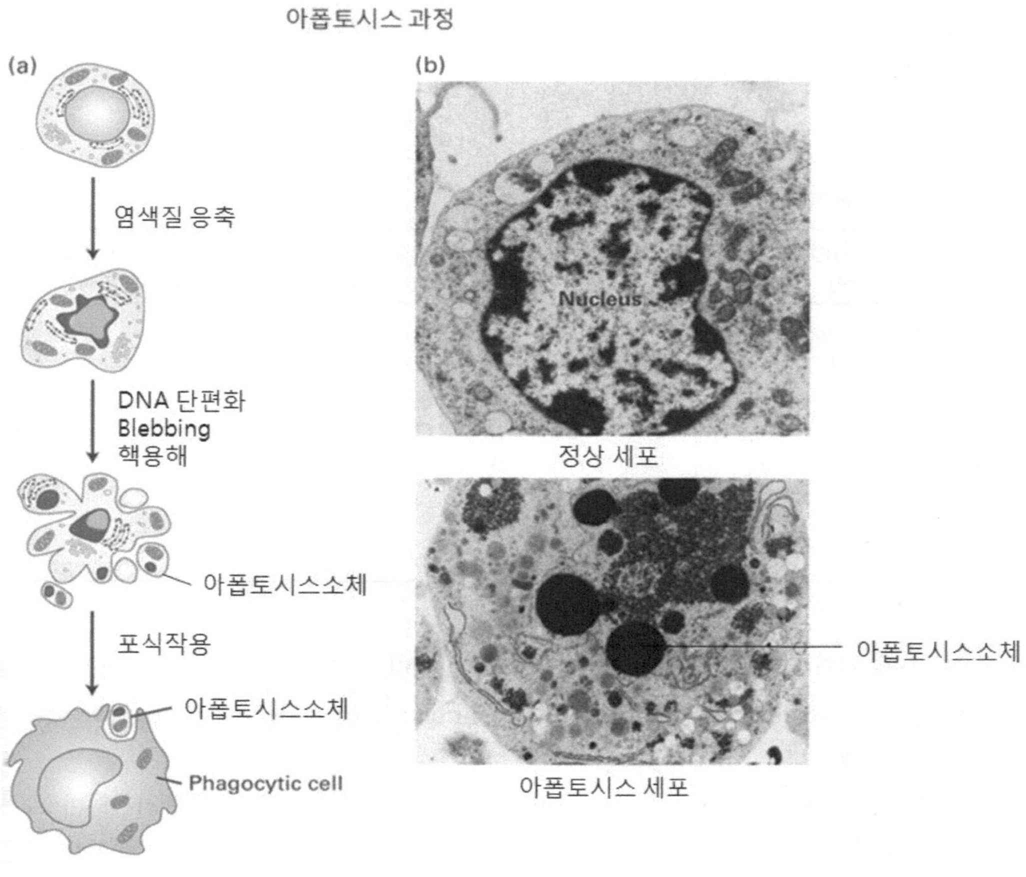

〈그림 6.2〉 아폽토시스 과정

6.2 아폽토시스 기작

세포가 죽느냐 또는 사느냐 하는 결정은 생리적 또는 환경적 요인들에 의하여 조절되는 단백질들의 양적인 균형에 의존하는 일련의 신호전달기작(signal transduction)에 의한다. 기본적으로 아폽토시스가 일어나는 기작을 세 단계로 구분할 수 있다. 첫째는 유도기(induction phase)로 죽음유도 신호가 아폽토시스를 촉진하는(pro-apototic) 신호전달 연속단계(cascade)를 자극하는 단계로, 죽음 신호(death signal)를 유도할 수 있는 인자로는 활성산소종, 과도한 칼슘 유입, TNF-α, Bax 등이 있다. 두 번째 단계는 효과기(effector phase)인데, 죽음 도메인(death domain, DD)의 활성화, 미토콘드리아의 시토크롬 *c* 또는 proapoptotic 단백질의 방출을 통하여 카스파제를 비롯한 분해효소가 활성화되는 과정이다. 세 번째 단계는 유도된 분해효소에 의하여 다양한 세포내의 기질들이 분해되면서 핵막의 붕괴, DNA의 단편화(fragmentation) 등의 과정을 통해 **아폽토시스소체(apoptotic body)**를 형성하고 세포죽음을 진행하는 분해기(degradation phase)이다.

〈표 6.3〉
아폽토시스 연쇄반응(Apoptosis cascade)

아폽토시스 Triggers (방아쇠)	아폽토시스 Regulators (조절자)	아폽토시스 Executioners (실행자)
DNA damage cytokine starvation hypoxia detachment temperature death receptor Ca^{2+} ROS	p53 death domain factors Bcl-2 family Myc/oncogenes cytokine-responsive kinase cytochrome c	Apaf-1 Caspases 그란자임B

아폽토시스가 시작되는 경로는 죽음신호의 유래가 어디로부터 오는가에 따라 **외인성 경로**(death receptor-dependent pathway)와 **내인성 경로**(mitochondria-dependent pathway)로 크게 두 가지로 구분한다.

외인성 경로(extrinsic pathway)는 세포의 외부 신호에 반응하여 세포표면에서 시작하며 '수용체-매개 아폽토시스'라고 부르기도 한다. 수용체-매개 아폽토시스의 하나의 예를 들면 죽음신호(death signal)인 Fas 리간드(FasL)와 TNF가 세포막에 있는 Fas 수용체(FasR)와 TNFR에 각각 결합하는데, 이 수용체들을 '세포사멸 수용체(death receptor, DR)'라 부른다. 수용체는 동형삼량체(homotrimer)를 구성하여 죽음도메인(death domain, DD)을 노출시킨다. 이 DD와 세포내에 있는 어댑터 단백질인 FADD(Fas-associated protein with death domain)가 결합하고, 다음으로 어댑터 단백질은 DED(death effector domain)을 통하여 프로카스파제-8과 결합하면서 DISC(death-inducing signaling complex)를 형성한다. 그 결과로 프로카스파제-8의 일부가 떨어져 나가며 카스파제-8의 활성화가 일어난다. 카스파제-8은 카스파제-3 활성화를 유도함으로써 세포사멸을 일으킨다.

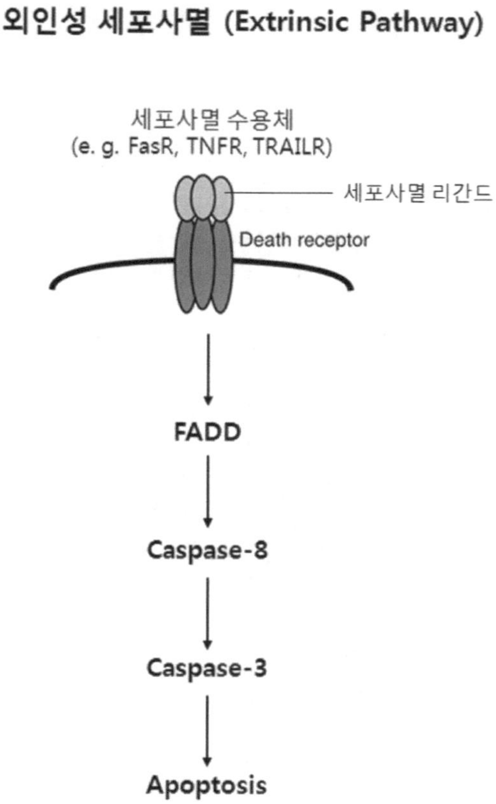

〈그림 6.3〉 수용체-매개 아폽토시스(외인성 세포사멸)

내인성 경로(intrinsic pathway)는 '미토콘드리아-의존적인 경로'로도 불리며, 미토콘드리아의 외막으로부터 시작된다. 세포의 건강상태를 반영하는 세포내 신호 그리고 심각한 DNA 손상, 활성산소종(ROS), 원형질막을 통과하는 독성물질 등이 내인성 경로를 일으키는 신호를 발생시킬 수 있다. 일련의 스트레스(사이토카인 제거, DNA 손상 등)작용에 의해 미토콘드리아 막투과성(mitochondrial membrane permeability, MMP)의 비정상적인 증가가 일어나고 시토크롬 *c*가 세포질로 유출되면서 일어난다. 내인성 경로에서는 미토콘드리아에서 아폽토시스를 촉진하는(proapoptotic) 물질들이 세포질로 새어 나오는 점이 가장 큰 특징을 나타낸다. 아폽토시스를 촉진단백질(proapoptotic)인 Bax는 세포질에서 미토콘드리아로 이동하여 시토크롬 *c*의 유출을 유도하게 된다. 미토콘드리아에서 유출된 시토크롬 *c*는 Apaf1 및 프로카스파제-9과 결합하여 **아폽토좀**(apoptosome) 복합체를 형성하며 카스파제-9을 활성화시키고 최종적으로 실행카스파제인 카스파제-3를 활성화시켜 아폽토시스를 일으킨다.

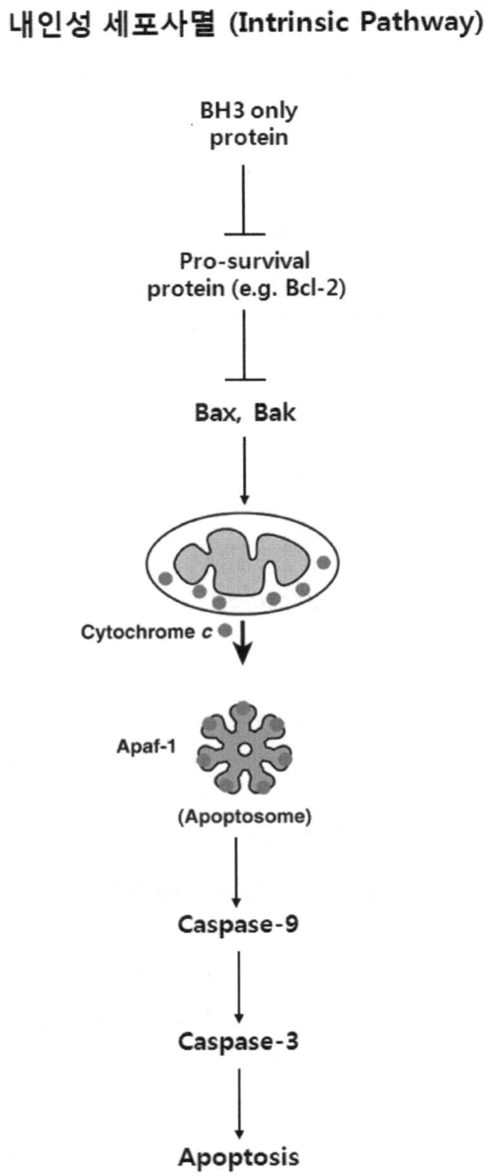

〈그림 6.4〉 미토콘드리아-매개 아폽토시스(내인성 세포사멸)

아폽토시스의 유전적 조절

선충류인 *Caenorhabditis elegans*의 유전체 분석이 끝났으며 세포 운명지도(cell fate map)도 확립이 되어 아폽토시스 연구에 광범위하게 이용되었다. *C. elegans* 자웅동체(hermaphrodite)는 1090개의 체세포로 구성이 되며 이 가운데 131개의 세포는 아폽토시스를 통하여 세포죽음을 맞이한다. 과학자들은 선충류와 초파리 등에서 자신의 몸에 있는 세포들을 선별적으로 죽여 버리는 몇 가지 유전자를 발견해냈다. 이중에서도 특히 유명한 것은 *ced-3*과 *ced-4*로 불리는 두 개의 자살 유전자로 이 유전자는 선충의 모든 체세포에서 발견된다. 어린 선충이 자라는 동안 선충 내부에서는 예상할 수 있는 시점에 특정한 세포들의 사멸이 일어난다. 살아남은 959개의 세포가 세부적 조직으로 발생이 일어나게 된다. 세포죽음이 일어나는 131개의 세포 가운데 116개는 신경계와 그 외 외배엽(ectoderm) 세포들이다.

*C. elegans*에서 아폽토시스의 조절

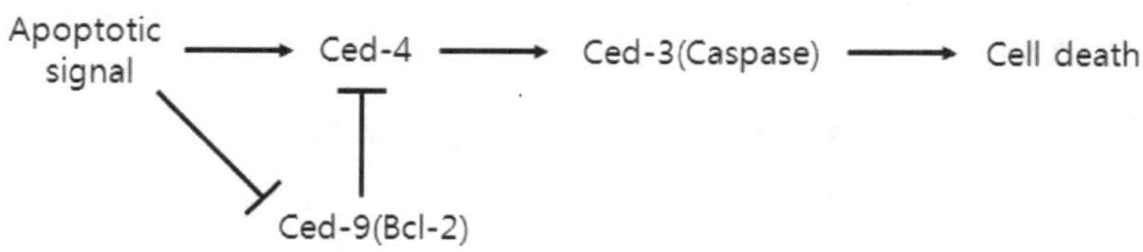

〈그림 6.5〉 예쁜꼬마선충의 아폽토시스 조절

*C. elegans*의 *ced-3*, *ced-4*는 세포죽음을 유도하는 죽음실행(death execution) 유전자로, 이 유전자에 돌연변이가 일어나면 아폽토시스가 억제된다. *ced-9* 유전자 산물은 *ced-3*와 *ced-4* 유전자 산물의 작용을 저해한다. *ces-1*, *ces-3*, *ces-4*, *egl-1* 등의 작용은 세포가 죽을 것인지 또는 생존할 것인지를 결정한다. 일련의 유전자들(예, *ced-1*과 *ced-6*)이 죽은 세포들을 포식하는데 관여한다. 최종적으로 DNA 분해에 관여하는 핵산분해효소(*nuc-1*)가 필요하다. *C. elegans*에서 "genetic regulation of organ development and programmed cell death"이라는 발견의 공헌으로 2002년 노벨상이 시드니 브렌너, 로버트 호비츠, 죤 설스틴에게 수여되었다. 아폽토시스에 관여하는 유전자는 *C. elegans*, 초파리 및 포유동물에서 유전적으로 잘 보존되어 있으며, *C. elegans* 죽음유전자에 대한 포유동물의 동족체(homologue)들이 밝혀져 있다. CED-9은 anti-아폽토시스 기능을 하는 Bcl-2계 단백질(예, Bcl-2/Bcl-XL)이고, CED-4는 Apaf-1과 그 연관단백질들, CED-3는 카스파제, 그리고 EGL-1은 BH3-only 단백질들(예, Bik/Bad/Bim)에 각각 해당한다. 세포사멸 기작은 세포사멸을 억제하는 anti-apoptotic 단백질과 세포사멸을 촉진하는 pro-apoptotic 단백질들의 상호 작용에 따른 활성도에 의하여 결정이 된다.

〈표 6.4〉
포유동물과 *C. elegans*의 아폽토시스 유전적 조절 비교

	C. elegans	포유동물(Mammals)	
		내인성 경로	외인성 경로
아폽토시스 촉진자	EGL-1	Bax BH3-only protein	Fas/FasL, TNFR1/TNF-α, DR4,5/TRAIL
아폽토시스 억제자	CED-9	Bcl-2, Bcl-XL	FLIP
어댑터	CED-4	Apaf-1	FADD, TRADD
개시 카스파제	CED-3	Caspase-9	Caspase-8
카스파제 저해제		IAP	IAP
IAP의 저해제		Smac/Diablo Omi/HtrA2	Smac/Diablo
실행 카스파제	CED-3	Caspase-3 Caspase-7	Caspase-3 Caspase-7

카스파제(Caspases)

앞에서 내인성과 외인성의 아폽토시스에 대하여 설명을 했는데 이들은 모두 카스파제의 역할을 필요로 한다. 세포사멸을 실행하는 역할을 하는 카스파제(CASPASE)는 cysteine dependent aspartate-specific protease을 줄여서 만든 약어인데, 효소의 활성부위가 시스테인 잔기이며 아스파르트산(aspartate) 다음의 펩티드결합을 끊는 분해효소임을 나타내는 것이다(Asp-Xxx). ICE(Interleukin-Converting Enzyme, caspase-1)와 CPP32(caspase-3)가 처음으로 발견된 카스파제에 해당된다. 세포사멸기작에 관한 연구는 초기에 예쁜꼬마선충(*C. elegance*)을 사용하여 많이 이루어졌다. 예쁜꼬마선충은 회충과 비슷하나 아메바를 포식하며 자유생활을 하며, 발생과정의 전체 세포계통계가 완전하게 알려져 있어서 발생과 관련된 세포사멸의 유전학적 연구에 많이 이용되고 있다. 예쁜꼬마선충의 배아(embryo)는 1,090개의 세포로 구성되며 이중에 131개 세포는 세포사멸에 의하여 사라지고 성체에는 959개의 세포만이 존재한다. 예쁜꼬마선충에서 Ced(*C. elegans* death를 의미)-9, Ced-4, Ced-3은 중요한 세포사멸 조절인자로 생각되는데, Ced-9은 세포사멸을 저해하는 반면, Ced-4와 Ced-3는 세포사멸을 촉진하는 죽음실행 유전자에 속한다. 예쁜꼬마선충과 포유류에서 서로 상응하는 동족체(homologue)는 Ced-3와 카스파제, Ced-4와 Apaf-1, Ced-9와 Bcl-2가 각각 해당된다. 아포토시스를 연구하는 많은 연구자들이 아포토시스에 관련된 유전자들을 많이 발견하였는데 처음에는 이러한 이름들이 실험실에 따라 제각각 붙여져 많은 혼란을 초래하였다. 본질적으로 같은 유전자가 다른 이름으로 불려지는 것이 혼란을 일으키자 나중에 '카스파제'라는 명칭으로 통일하게 되었다. 카스파제는 세포에 중요한 기능(essential function)을 하는 세포 구성성분을 분해할 수 있는

효소로, 활성을 가지는 상태는 세포의 생존에 매우 위협적이기 때문에, 평상시에는 전구체(zymogen) 상태인 프로카스파제(pro-caspase)로 존재한다. 전구체 상태에서는 분해 기능을 갖지 않는다. 카스파제는 세 부류로 나눌 수 있다. 첫째는 DED 도메인(카스파제-8, 카스파제-10)이나 CARD 도메인(카스파제-2, 카스파제-9)을 지닌 비교적 긴 프로도메인(90개 이상의 아미노산)을 지닌 개시 카스파제(initiator caspase)이고, 둘째는 짧은 프로도메인을 지닌 실행 카스파제(카스파제-3, 카스파제-6, 카스파제-7), 셋째로는 아폽토시스 기능보다는 사이토카인 성숙 등 다른 역할을 하는 염증 카스파제(inflammatory caspase) 등이 있다.

죽음신호가 전달되면 개시 카스파제의 활성화가 일어나고 이것은 다시 실행 카스파제의 활성화를 유도한다. 실행 카스파제(effector caspase) 중 하나인 카스파제-3은 여러 종류의 세포 기질을 분해함으로써 아폽토시스를 이끌어낸다.

〈표 6.5〉
카스파제의 기질

카스파제의 기질	기능적 특징	아포토시스에서 역할
Caspase-activated DNase	DNA 분해효소	DNA 절단
Nuclear lamins	핵막 단백질	Nuclear shirinking and budding
Fodrin, actin, gelsolin	세포구조단백질	Loss of overall cell shape
p21 activated kinase 2	키나제	Mediates active blebbing

이와 같은 카스파제의 기질에 들어가는 것에는 ICAD(inhibitor of caspase-activated DNase), ROCK1(Rho-associated coiled-coil forming kinase 1), poly(ADP-ribose)polymerase(PARP, DNA 수선효소 중 한 종류), 액틴, fodrin, lamin 등이 포함된다. 이러한 기질들의 분해에 따라서 membrane blebbing, 세포구조의 분해, DNA fragmentation 등의 표현형(phenotype)이 유도되며 궁극적으로는 세포의 죽음을 일으킨다. 몇 종류의 세포성 단백질 및 바이러스성 단백질들이 카스파제 저해제(caspase inhibitor)로 작용한다. 예를 들어 IAP(inhibitor of apoptosis protein, 세포사멸 억제단백질)를 지닌 세포는 활성화된 카스파제의 작용을 저해할 수 있다. 이 단백질을 가진 신경세포는 때 이른 세포사멸로부터 보호될 수 있다. 많은 바이러스들은 바이러스성 IAP, 항-아폽토시스 Bcl-2계 단백질, 다른 아폽토시스 저해제를 포함하고 있어 세포의 사멸을 억제할 수 있다. 아래의 IAP들은 카스파제 효소 활성을 저해함으로써 아폽토시스를 저해하는 작용을 한다.

〈표 6.6〉
IAP(세포사멸 억제단백질) 종류

IAP 종류	기능
c-IAP1 c-IAP2	caspase-3, -7, -9와 결합
XIAP	caspase-3, -7, -9를 저해
Survivin	mitosis and cytokinesis regulation Binds XIAP, c-IAP1, c-IAP2
Apollon	caspase-9과 결합
Livin/ML-IAP	caspase-9과 결합

Bcl-2 단백질 family

Bcl-2 단백질은 **원발성 암유전자(proto-oncogene)**로서 B cell lymphoma 2의 약자이다. Bcl-2는 사람의 림프종(lymphoma)의 발생과 밀접한 관련이 있고 분자량은 29kDa이다. 주로 미토콘드리아의 외막에 존재하며(소포체나 핵막에도 역시 존재), 산화 스트레스(oxidative stress)에 저항하는 역할을 비롯하여 다양한 기능을 수행함으로써 세포의 사멸과 생존(survival)을 조절하는 중요한 역할을 담당한다. 림프구에서 세포사멸의 조절은 Bcl-2, Bcl-XL 그리고 Fas/Fas ligand의 발현 수준에 의해서 결정된다. Bcl-2와 Bcl-XL의 발현 수준이 높을 때는 세포의 증식이 왕성하게 나타난다. Bcl-2와 Bcl-XL는 Bcl-2 family 가운데 가장 중요한 anti-apoptotic 기능을 하는 두 개의 단백질이다. 어떤 B-세포 림프종에서 Bcl-2 유전자가 면역글로불린 heavy chain enhancer의 downstream에 위치하였을 때, Bcl-2가 높은 수준으로 발현하고 형질전환(transformation) 표현형을 나타낸다. Bcl-2는 막의 산화(membrane peroxidation)를 방지하는 역할을 하고 미토콘드리아 내막과 외막사이에 존재하는 시토크롬 c나 아폽토시스 유도인자(apoptosis-inducing factor, AIF)와 같은 물질들이 미토콘드리아로부터 세포질로 새어나오는 것을 막음으로써 미토콘드리아 외막을 안정화시킨다. 따라서 Bcl-2는 아폽토시스를 방지하는 역할을 하며 세포사멸 신호를 차단한다. 세포사멸을 조절하는 가장 중요한 표적 중 일부는 Bcl-2 계열(bcl2 family protein)의 단백질인데 이 계열은 각 단백질들이 가지고 있는 bcl 유사도메인[bcl homology(BH) domain]의 수와 종류에 따라서 세 가지 그룹으로 나누어진다.

(1) 항-아폽토시스 단백질

세포사멸을 억제하는 역할 (대부분은 C-말단 membrane anchor 부분과 BH1, BH2, BH3, BH4 4개의 BH 도메인을 포함함). 대표 예: Bcl-2와 Bcl-XL

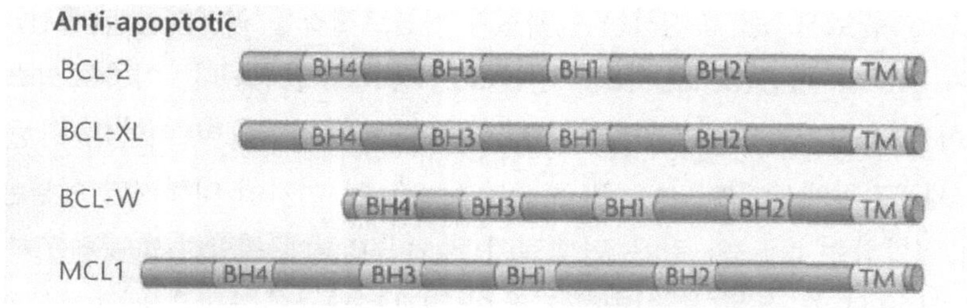

〈그림 6.6〉 Anti-apoptotic protein

(2) 아폽토시스 촉진 단백질들

세포사멸을 유도함 (4개의 BH 도메인 가운데 세포사멸을 억제하는 BH4 도메인은 결여하여, BH1, BH2, BH3 3개의 도메인만을 포함한다). 대표 예: Bax와 Bak

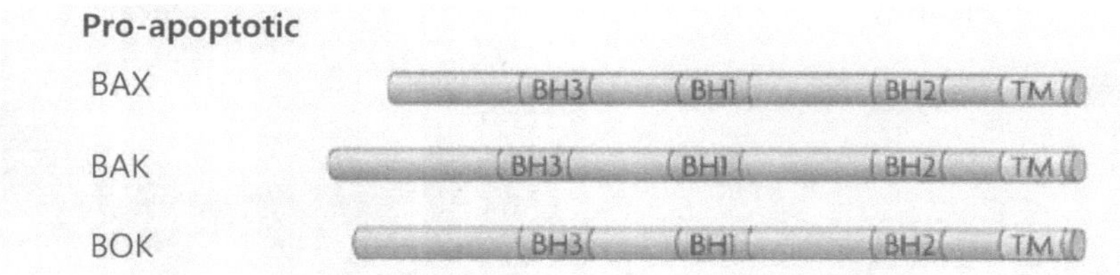

〈그림 6.7〉 Pro-apoptotic protein

(3) BH3-only protein

이들의 이름에서 나타나듯이 BH3 도메인 만을 포함하는 분자들이다. BH3 도메인은 아폽토시스를 촉진하는 도메인이다. 대표 예: Bad, Bik, Bid, Bim.

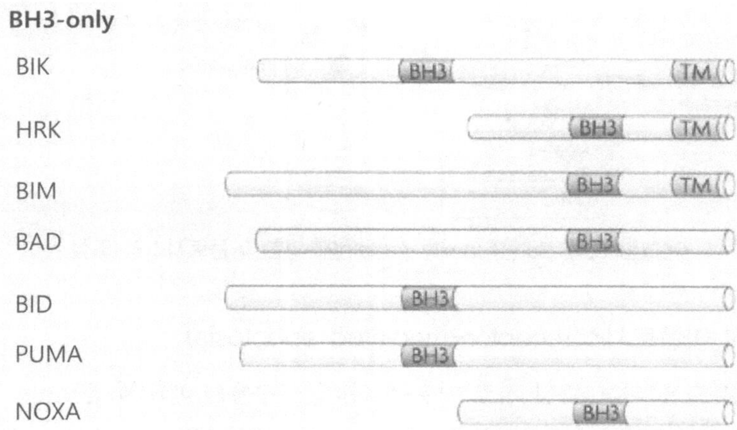

〈그림 6.8〉 BH3-only protein

전체적으로는 아폽토시스를 촉진하는 단백질과 아폽토시스를 억제하는 단백질들의 상대적인 수준에 의하여 세포의 죽음(death) 또는 생존(survival)이 결정된다. 아폽토시스를 억제하는 bcl-2 단백질이 아폽토시스 유도단백질인 Bax 및 Bak과 결합하여 이들의 활동을 억제하며 이 모든 것은 세포기질에서 일어난다. BH3-only protein이 여기에 더해지면 이들은 아폽토시스 억제단백질에 결합하여 bcl-2와 같은 단백질이 Bax나 Bak에 결합하지 못하도록 막음으로써 아폽토시스가 일어나도록 돕는다. 이러한 도움의 결과로 Bax와 Bak은 세포기질로부터 미토콘드리아 외막으로 이동하며 여기에 채널-유사구조를 형성하여 미토콘드리아의 막간 공간에 있는 단백질이 세포기질로 새어 나오도록 한다.

Bcl-2 패밀리 단백질에 의한 아폽토시스의 조절

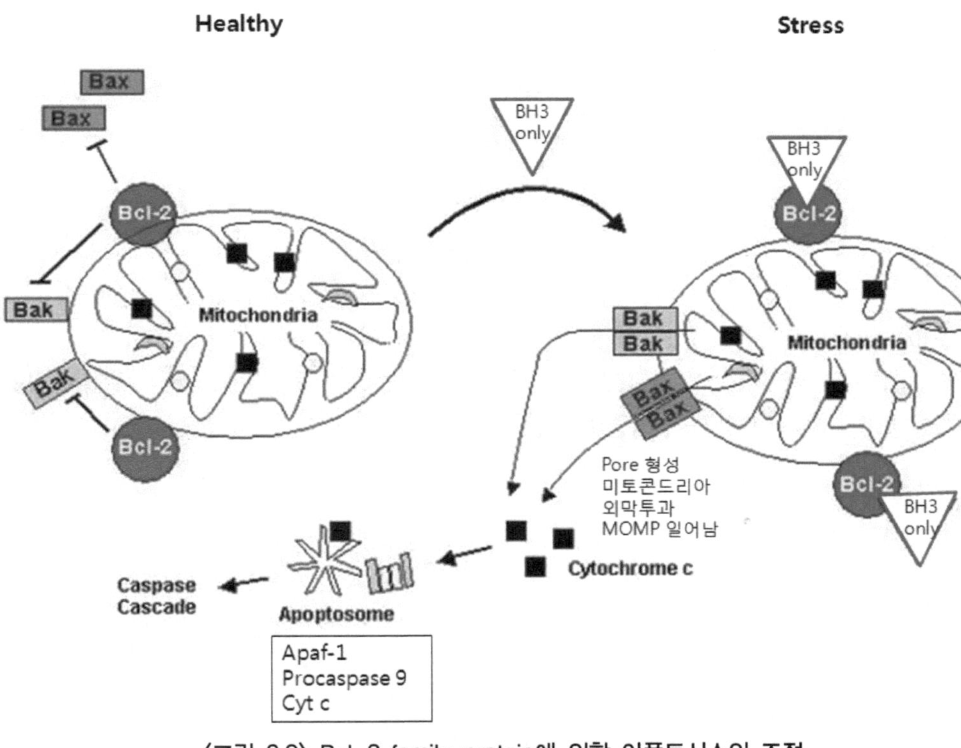

〈그림 6.9〉 Bcl–2 family protein에 의한 아폽토시스의 조절

▌수용체–매개 아폽토시스(receptor–mediated apoptosis)

아폽토시스 유도를 위한 주된 경로 가운데 하나는 '수용체-매개 아폽토시스' 또는 '외인성 경로(extrinsic pathway)'이다. 외부의 리간드(ligand)가 원형질막에 존재하는 수용체에 결합함으로써 활성화가 일어난다. 전형적인 죽음수용체(death receptor)는 Fas(Apo-1 또는 CD95로

불리기도 함)와 tumor-necrosis factor receptor(TNF-R)1이다. 이들은 모두 TNF-R family에 속하며 cytosolic death domain(DD)을 포함한다. 죽음 신호를 받으면 수용체는 동질삼량체(homotrimer)를 구성하여 죽음도메인(death domain, DD)을 노출하게 된다. 이 DD와 세포내에 있는 어댑터 단백질인 FADD(Fas-associated protein with death domain)가 결합하고, 다음으로 어댑터 단백질은 DED(death effector domain)을 통하여 단백질분해효소(procaspase-8)와 결합하면서 DISC(death-inducing signaling complex)를 형성한다. 그 결과로 프로카스파제-8을 카스파제-8로 활성화를 일으키게 된다. 활성화된 카스파제-8은 다시 프로카스파제-3를 카스파제-3로 활성화시키면서 세포사멸을 일으키게 된다. 활성화된 실행 카스파제(caspase-3, caspase-7)는 세포 내 수백 종의 단백질을 분해한다.

DISC (death-inducing signaling complex)

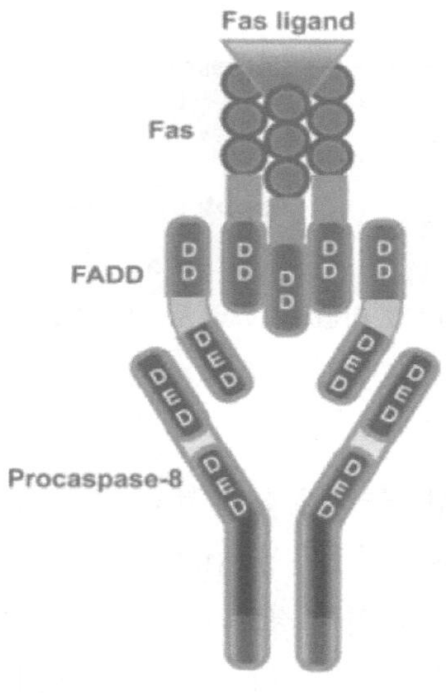

〈그림 6.10〉 수용체-매개 아폽토시스에서 작용하는 DISC의 구조

개시 카스파제인 caspase-8은 BH3-only protein인 Bid를 직접 잘라 만들어진 truncated Bid(tBid)가 미토콘드리아 막으로 이동하여 시토크롬 *c*를 방출하게 함으로써 내인성 경로(intrinsic pathway) 활성화에 기여할 수 있다. DISC signaling은 c-FLIP(아폽토시스 억제자)에 의해 억제된다. 세포독성 T 림프구는 Fas 신호에 더하여, 표적세포를 죽이기 위하여 그란자임B(granzymeB)/퍼포린(perforin) 시스템을 가지고 있다. 그란자임B(Granzyme B, GrB)는 serine protease이고, 퍼포린(perforin)은 세포막에 구멍을 낼 수 있는 분자인데, 이들은 표적세포에 의하여 흡수된다. 흡수된 그란자임(GrB)은 직접 카스파제를 활성화하거나 세포막에 구멍을 뚫는 우회 반응을 통하여 아폽토시스를 유도할 수 있다.

아폽토시스의 유도와 조절

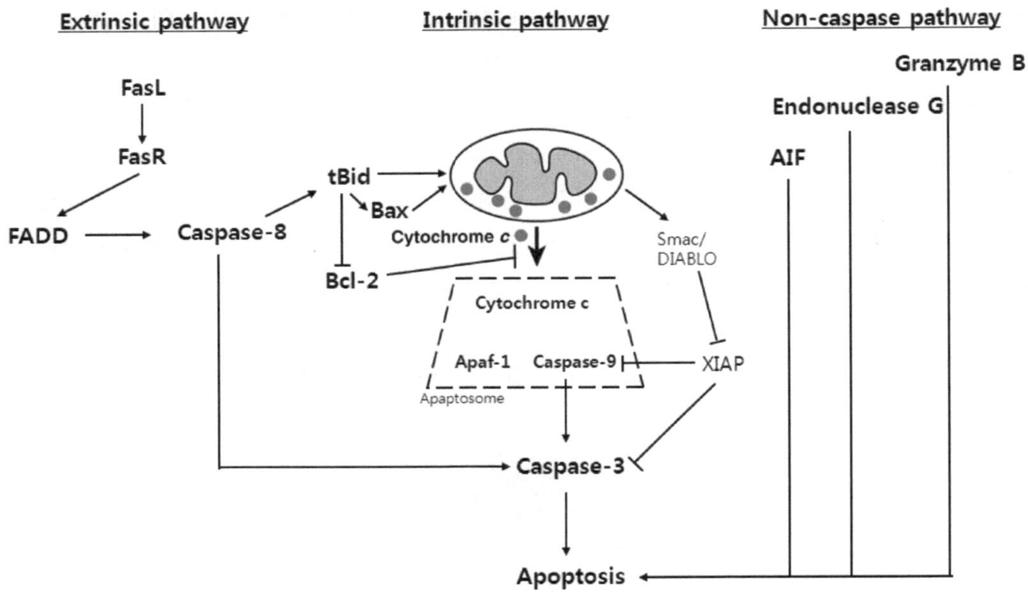

〈그림 6.11〉 아폽토시스의 유도와 조절

▌미토콘드리아-매개 아폽토시스

미토콘드리아 경로 또는 내인성 경로는 다양한 종류의 외부 또는 내부의 스트레스들, 예를 들면 산화 스트레스(oxidative stress), 세포독성(cytotoxic)약물, 자외선 조사(UV radiation) 등의 요인에 의해 활성화가 일어난다. 내인성 경로의 신호는 미토콘드리아 외막으로부터 시작이 되는데 이 신호에 의하여 미토콘드리아 막 공간에 존재하는 시토크롬 c를 세포질로 방출되도록 한다. 미토콘드리아 막에 구멍을 형성하여 시토크롬 *c*가 방출되도록 하는 Bax, VDAC, MPTP 등과 같은 경로들이 알려져 있다. 시토크롬 *c*를 방출하는 구멍의 형성에 Bax와(또는) VDAC(voltage-dependent anion channel)가 관여한다는 여러 증거들이 있다.

초기 결과에 의하면 시토크롬 *c*의 방출에는 미토콘드리아 막전위(membrane potential)가 상실되고 **미토콘드리아 투과성 구멍**(mitochondrial permeability transition pore, **MPTP**)이 열리는 과정이 요구된다. 시토크롬 *c*가 세포질로 방출되는 과정은 칼슘-의존적인 기작과 칼슘과 독립적인 기작이 있다. 칼슘-의존적인 기작에서는 미토콘드리아로 한꺼번에 많은 칼슘이 들어오면서 미토콘드리아 내막과 외막이 MPTP를 형성하게 함으로써 미토콘드리아 기질과 세포질 사이에 열린 통로가 형성되는 것이다. MPTP는 세 종류의 단백질-외막의 VDAC, 내막의 ANT

그리고 cyclophilin-D(CyD)-이 복합되어 만들어진다. CyD는 ANT에 결합함으로써 MPTP 형성을 촉진하는 역할을 하며 이렇게 MPTP가 형성되게 되면 일시적으로 커다란 분자와 물이 미토콘드리아 기질로 들어오게 되고 미토콘드리아는 터져서 시토크롬 *c*가 세포질로 방출되게 된다.

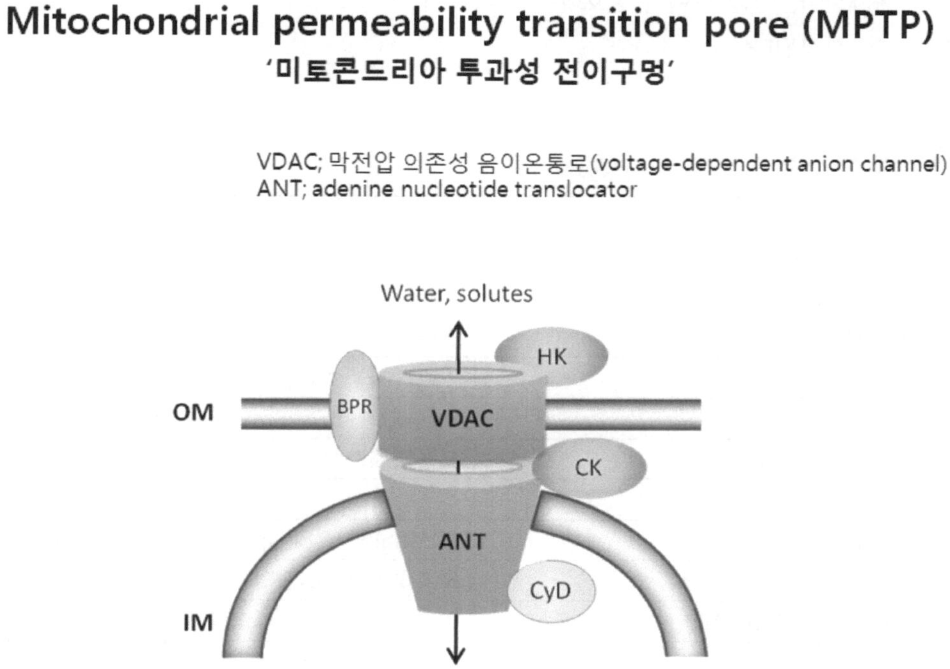

〈그림 6.12〉 미토콘드리아 투과성 구멍(MPTP)

칼슘과 독립적인 경우는 미토콘드리아 외막에 Bax/Bak 단백질들에 의해 커다란 구멍이 형성되고, 이어서 미토콘드리아 내막으로부터 시토크롬 *c*가 방출이 일어나는 것이다. 시토크롬 *c*가 세포질로 방출이 일어나면, 세포질에서 시토크롬 *c*, Apaf1(Apoptotic Protease Activating Factor-1), 프로카스파제-9과 결합하여 **아폽토좀(apoptosome)**을 형성한다. 아폽토좀은 1 MDa에 이르는 큰 복합체로서 카스파제를 활성화한다. 아폽토좀은 7개의 Apaf-1, 7개의 시토크롬 *c*, 7개의 dATP, 7개의 프로카스파제-9 분자를 포함한다. 프로카스파제-9은 아폽토좀의 개시 카스파제(initiator caspase)이다. 아폽토좀과 결합한 프로카스파제-9은 카스파제-9으로 활성화가 일어나며 실행 프로카스파제를 잘라 실행 카스파제(effector caspase, 예: caspase-3, -6, -7)로 활성화시킴으로써 아폽토시스를 일으키기 위해 필요한 세포 기질들을 절단할 수 있다. 내인성 경로가 활성화되면서 시토크롬 *c*에 덧붙여서 일련의 아폽토시스 촉진

(proapoptotic) 물질들이 미토콘드리아로부터 방출이 일어나는데, 이러한 분자 가운데 하나가 Smac/Diablo이다. 이것은 IAP(inhibitor of apoptosis protein)의 저해제(inhibitor)이다. 미토콘드리아는 또 AIF(apoptosis inducing factor)을 방출할 수 있는데 이것은 카스파제와 독립적인 방법으로 아폽토시스-유사 세포죽음을 유도할 수 있는 것으로 보인다. 세포에는 아폽토시스를 촉진하는 pro-apoptotic 물질과 아폽토시스를 저해하는 anti-apoptotic(pro-survival) 물질들이 다양하게 존재한다. 이들 사이의 상호작용에 의하여 아폽토시스가 일어날 것인지 아니면 생존할 것인가가 결정된다.

〈표 6.7〉
아폽토시스의 조절인자

조절인자	기능
Pro-survival(anti-apoptotic)	
Bcl-2, Bcl-xL, Bcl-w, Mcl-1	미토콘드리아 막을 안정화
c-FLIP	caspase 8의 활성을 차단
IAP	카스파제를 억제
Hsp72	스트레스 kinase인 JNK를 억제
텔로머라제 활성	아폽토시스에 대한 저항성을 증가시킴
Pro-apoptotic	
Smac-Diablo	IAP(inhibitor of apoptosis)를 저해
Bax, Bak, Bok	Bax-like, 미토콘드리아 막을 불안정화
Bim, Bad, Bmf, Bid, Puma, Bik	BH3-only, Bcl-2를 억제
Apoptosome	procaspase 3를 활성화

생존신호와 아폽토시스

아폽토시스는 세포주기(cell cycle)의 혼돈으로부터도 초래될 수 있다. 이러한 증거로 세포주기 조절에 참여하고 있는 여러 유전자들이 아폽토시스에도 관여하고 있다(예; *c-myc*, *c-fos*, *c-jun*, p53, 여러 kinase와 phosphatase). 따라서 증식(proliferation)을 조절하는 신호는 세포사멸에 관여할 수 있는 것이다. 만약 생존신호(survival signal)에 의하여 아폽토시스가 중단되었을 경우 세포 수(cell number)의 증가를 초래할 수 있고 이것은 암의 발생에도 연관될 수 있다. 종종 신호의 의미는 두 번째의 신호가 어떤 것이냐에 따라 달라질 수 있다. 예를 들어, *c-myc*과 함께 *bcl-2*와 같이 생존 반응에 관련된 두 유전자가 동시에 발현될 경우 증식(proliferation)을 이끌어낼 수 있다. 반면 증식과 관련된 *c-myc*과 함께 반대의 신호를 내는 p53 신호와 같이 서로 상반된 신호가 동시에 나타날 경우 아폽토시스가 유도될 수 있다. p53은 DNA 손상에 의해 유도되어 아폽토시스를 일으키는데 중심적 역할을 하는 분자이다.

p53은 유비퀴틴 리가제(ubiquitin ligase)인 MDM2에 의해 음성적으로(negatively) 조절되며, MDM2 단백질은 ARF(Alternative Reading Frame)와의 결합에 의하여 불활성화가 일어난다. 화학치료(chemotherapy)나 방사선 조사(ionizing irradiation)와 같은 세포 스트레스(cell stress)는 MDM2를 저해함으로써 직접적으로 p53을 활성화하기도 하며, ARF를 활성화함으로써 간접적으로 p53을 유도하기도 한다. ARF는 Ras와 같은 증식성 암유전자(proliferative oncogene)에 의해서도 유도될 수 있다. p53의 활성화가 일어나면 아폽토시스를 촉진하는 유전자들(예, Bax, Noxa, CD95, DR4 등)의 전사촉진(transactivation)이 일어난다. 또 p53은 미토콘드리아로 직접 이동하여 아폽토시스를 촉진하는 반응을 나타낼 수도 있다. 이에 반하여 Akt는 생존 반응에 관여하는 주된 kinase이다. Akt를 knockout 시킨 mice에서는 자발적인 아폽토시스가 증가된 것을 보여준다. Akt의 중요한 기질 가운데 하나는 BH3-only protein Bad인데, 인산화가 일어난 후 14-3-3 protein과 결합한다. 이러한 반응은 Bad가 아폽토시스 촉진 반응을 유도할 수 있는 미토콘드리아로 이동하지 못하게 방해함으로써 아폽토시스를 저해한다. 더욱이, Akt는 forkhead(FH) 전사인자들을 인산화하고 14-3-3 단백질들과 결합함으로써 핵으로부터 방출이 일어나, FasL이나 BH3-only protein Bim과 같은 아폽토시스 촉진유전자들의 전사를 시작할 수 없게 된다. 그리고 cAMP-response element binding protein(CREB)의 인산화와 NF-κB의 활성화를 통해서 Akt는 Bcl-2나 IAP와 같은 세포사멸에 반대하는(anti-apoptotic) 유전자들의 전사를 일으켜 세포의 생존을 증진시킬 수 있다.

생존신호와 아폽토시스

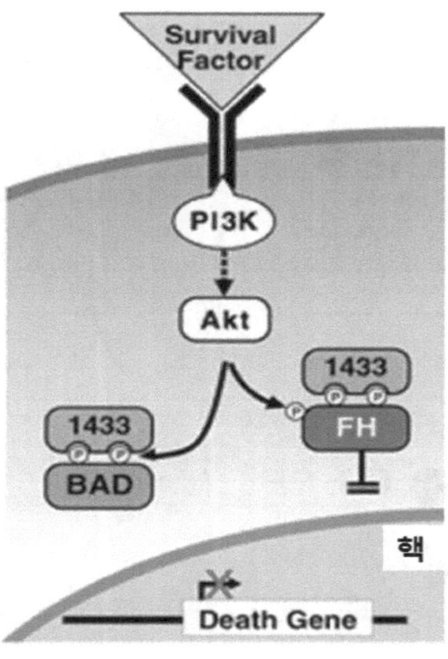

〈그림 6.13〉 생존신호와 아폽토시스

Akt는 생존신호로써 아폽토시스 촉진 유전자들의 전사를 방해한다.

▌포식작용에 의한 아폽토시스소체의 제거

실행 카스파제가 활성화되면 점차적으로 세포 구조 변형이 일어난다. 그 변화 중 하나는 핵 안의 염색질이 응축(chromatin condensation)하고 DNA가 단편(fragment)으로 잘려 '사다리 형태(ladder-like)'의 전기영동 패턴을 보인다. 이것은 카스파제-3과 카스파제-6과 같은 실행 카스파제에 의하여 활성화가 일어난 카스파제-활성 DNase(caspase-activated DNase, CAD)에 의해 DNA 절단이 일어났기 때문이다. 포스파티딜세린(phosphatidylserine, PS) 같은 것이 막 바깥쪽에 풍부하게 나타나는 식으로 원형질막의 인지질 구성도 변화가 나타난다. 대부분의 세포에서 세포소기관은 세포사멸 기간 동안 유지되다가 천천히 원형질막 단편으로 둘러싸여 아폽토시스소체(apoptotic body)를 형성한다.

생체 내에서 아폽토시스소체는 근처에 있는 대식세포(macrophage)의 포식작용(phagocytosis)에 의하여 제거된다. 포스파티딜세린(phosphatidylserine, PS) 수용체가 아폽토시스에 의해 사멸된 세포를 포식하는데 관여한다. 일반적으로 정상세포에서는 포스파티딜세린(PS)이 원형질막의 안쪽에 위치하고 있는데, 이것은 ATP-의존적으로 작용하는 flippase의 역할 때문이다. 그런데 아폽토시스가 일어나면 이 flippase가 카스파제에 의해 작용을 못하게 되면서 PS가 원형질막의 외층(outer layer)에서 나타나게 된다. 이와 같이 PS가 원형질막의 외부로 드러나게 되면 annexin V와 결합할 수 있으므로 유세포 측정기(FACS) 분석에 의한 아폽토시스의 확인이 가능케 해준다.

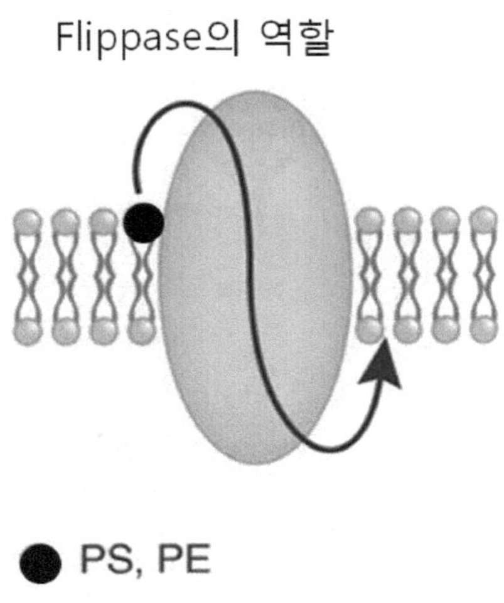

〈그림 6.14〉 막에서 flippase의 역할

flippase는 ATP-의존적으로 포스파티딜세린(ps)을 원형질막의 안쪽에 위치하도록 해준다.

일련의 세포 표면 분자들(예; thrombospondin 1과 그 수용체, 아폽토시스소체 인식에 사용되는 CD36)과 세포 내부 분자들(DOCK180/CRKII/RAC complex)이 포식작용(phagocytosis)의 진행과 관련이 있는 것으로 알려지는데 이들은 *C. elegans*의 호몰로그(homologue) 들이다. 여기서 포식작용은 단순히 불필요한 죽은 세포를 제거하는 의미 이상을 가진다. 수지상 세포(dendritic cell)에 의해 종양세포 찌꺼기들의 포식작용이 일어날 경우 염증과 면역 반응을 유발하는데 반하여, 아폽토시스소체는 주변의 대식세포에 의해 포식작용이 일어나는데 세포 내 항원 물질이 세포 밖으로 새어 나오지 않아서 염증반응을 유도하지 않는다.

아폽토시스소체(apoptotic body)의 형성

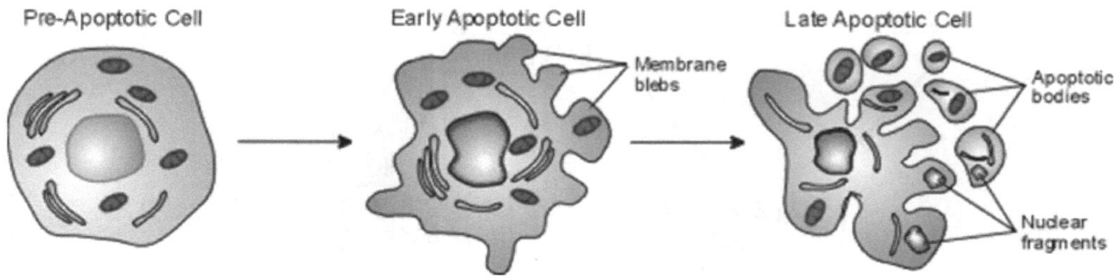

〈그림 6.15〉 아폽토시스소체의 형성

6 3 아폽토시스와 노화

노화 가설에는 여러 종류가 있다. 노화란 생리적 기능이 나이가 들면서 계속해서 떨어지면서 궁극적으로 죽음에 도달하는 과정이다. 아폽토시스의 생물학적 기능은 병원체에 감염된 세포나 제 기능을 하지 못하는 세포를 제거함으로써 항상성을 유지하는 것이다. 그런데 많은 논문에서 노화 및 노화관련 질병, 그리고 아폽토시스 사이에는 의미 있는 관련성이 있다고 지적하고 있다. 즉 노화가 진행되면서 아폽토시스의 가속화가 일어나는 경우가 있다. 비정상적인 아폽토시스는 종종 질병과 연결이 된다. 후천성 면역결핍증(AIDS)의 경우, 비정상적으로 이루어지는 T 세포의 아폽토시스가 노화관련 자가면역질환이나 암 등의 발생에도 기여하고 있다. 노인관련 질환인 알츠하이머병이나 파킨슨병의 경우도 특정한 집단의 회복 불가능한 뉴런세포 조기사망(premature death)이 일어나고 이러한 신경세포의 세포사멸이 알츠하이머병이나 파킨슨병의 병리학적 원인을 제공한다는 것이다. 유사분열 후 세포(post-mitotic cell)로 이루어진 골격근이나 심장 등의 조직은 노화와 관련된 세포사멸 변화를 나타내고 있으며 이렇게 사멸된 세포의 뒤를 이을 새로운 세포가 공급이 되지 않으면서 근육의 상실이나 심장기능 부전을 초래하여 노화를 가속화한다는 것이다. 비정상적으로 활발한 아폽토시스 뿐만 아니라 비정상적으로 작동하지 않는 아폽토시스 기작도 문제를 야기할 수 있다. 비정상적으로 아폽토시스 기능이 작동하지 않을 경우 암의 발생이 일어날 수 있다.

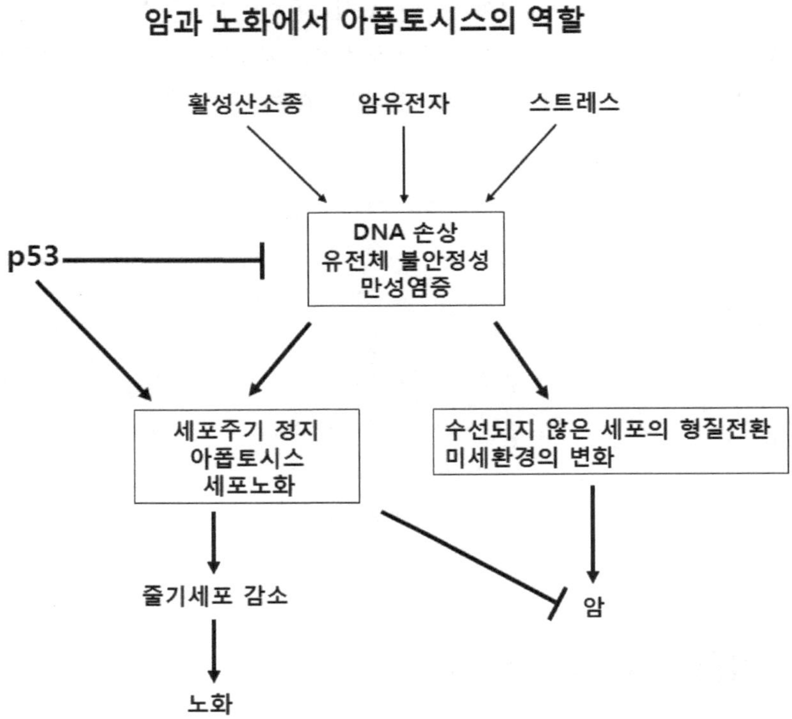

〈그림 6.16〉 아폽토시스의 역할.
아폽토시스는 암을 억제하는 기능을 하며 줄기세포 등의 감소를 통해 노화에 기여하게 된다.

쥐를 모델 시스템으로 삼아 카스파제의 역할을 연구한 실험이 있다. 몇 가지 카스파제를 제거한 생쥐를 만드는 시도가 있었는데, caspase-3, caspase-8, caspase-9를 없앨 경우 배아단계 또는 출생을 전후해서 사망하게 되는 결과를 초래하였으며, caspase-1, caspase-2, caspase-11, caspase-12를 없앤 경우에는 생존이 가능했다. 정상 개체에서 나이가 들어가면서 카스파제의 활성이 어떻게 변화되는가를 측정한 실험이 있다. Fisher 344 rat를 대상으로 한 실험에서 생후 6개월 그룹을 'young'으로, 12-14개월 된 rat는 'middle age'로, 24~36개월 된 rat는 'old'로 구분하였다. rat에서 여러 종류의 조직(간, 비장, 폐 등)에서 카스파제-3과 카스파제-6 활성을 측정한 결과, young group과 middle age group에서는 큰 차이를 나타내지는 않았지만, old group에서는 활성이 실질적으로 증가했다. 사람을 대상으로 한 유사한 실험으로 'old group(70세에서 89세까지)'과 'extremely old group(90세 이상)'의 카스파제 mRNA 수준을 측정한 결과, 카스파제-1과 카스파제-3 mRNA의 경우 'extremely old group'에서 높은 수준으로 발현이 일어났으며, 'old group'에서는 카스파제-8 mRNA의 발현이 다른 그룹보다 높았다. *in vitro*(시험관 실험) 실험의 결과에서도 카스파제-3의 활성이 세포배양 횟수(passage)가 증가함에 따라 활성의 증가가 관찰이 되었다. 그런데 F344 rat를 이용한 실험에서 나이든 조직의 종류에 따라 카스파제 수준과 활성이 감소가 된 예도 찾을 수 있었는데, 예를 들면, old group의 대장 점막세포에서 카스파제-3, 카스파제-8, 카스파제-9의 수준이 young group의 점막세포보다 수준이 낮게 나왔다. 이런 경우는 나이든 개체에서 종양의 발생과 더 관련이 있는 것으로 해석이 되었다. 결론적으로 말해서 나이가 증가하면서 항상성을 저해하는 비정상적인 아폽토시스(너무 과다하거나 너무 적게 일어나는)가 초래될 수 있으며 이러한 반응은 노화의 촉진과 관련이 있는 것으로 생각할 수 있는데 많은 실험 결과들이 이를 뒷받침하고 있다.

아폽토시스와 노화관련 질병

아폽토시스는-적어도 부분적으로는-노화나 암 발생에 있어서 중요한 역할을 하고 있다. 노화가 진행되면서 아폽토시스의 조절에 변화가 일어난다는 많은 증거들이 있는데, 예를 들면 면역기능의 감소, 악성종양으로의 이환률의 증가, 자가면역성질환 등의 문제는 아폽토시스의 기능장애와 관련이 있는 것이다. Mother 등(2000)은 노화한 생쥐의 뇌와 간세포(liver cell)에서 **미토콘드리아외막투과**(mitochondrial outer membrane permeabilization, **MOMP**) 성향이 증가한 것을 확인했는데, 이것은 미토콘드리아 외막이 더 쉽게 파열이 일어나고 이로 인하여 아폽토시스를 촉진하는 pro-apoptotic 물질들이 미토콘드리아 막을 통과해 새어 나오기가 더 쉽다는 것을 나타낸다.

〈표 6.8〉
노화된 세포에서 나타나는 변화

아폽토시스 증가를 초래하는 변화:
림프구에서 Fas 발현 증가
림프구에서 Bcl-2 감소
감소된 텔로미어 길이
열충격단백질 Hsp72의 감소
미토콘드리아 기능감소

여러 연구 결과에서 노화된 세포집단, 또는 조직에서 아폽토시스 비율의 증가가 일어난 것이 보고되는데, 이러한 예는 뇌, 심혈관계, 면역계, 내분비계, 위장, 생식계, 눈 등에서 볼 수 있다. 이러한 사건들은 조직의 구조와 기능면에서 퇴보를 초래한다. 신경퇴행성질병인

알츠하이머병이나 파킨슨병의 경우 과도한 신경세포의 사멸이 중요 원인이 될 수 있다. 골격근이나 심장과 같은 post-mitotic(예; 뉴런, 심장 근육세포) 조직의 경우 아폽토시스를 통한 세포사멸이 질병의 원인이 될 수 있다. 반대로 적절한 신호경로를 통하여 제대로 아폽토시스가 일어나 제거가 일어나야 할 경우에도 노화된 세포는 이러한 과정이 비효율적으로 일어나기도 한다. 아폽토시스는 항상성을 위해 나쁜 영향을 주는 "불필요한(unwanted)" 세포를 염증반응 없이 효과적으로 제거함으로써 생체에 효율성을 증가시키는 효과를 낼 수 있다. 노화 세포(senescent cell)의 경우 아폽토시스에 대하여 저항성(increased resistance to apoptosis)을 갖게 되는 경우가 많이 있는데 이것은 세포 기능을 제대로 하지 못하는 세포를 제거할 수 없기 때문에 항상성 유지에는 마이너스 요인이 되는 것이다. 설상가상으로 노화된 세포는 이러한 나쁜 영향을 주위로 전파할 수 있다. 돌연변이를 가진 세포나 나쁜 영향을 주는 세포는 적절하게 제거가 일어나야만 한다. 이러한 기작은 암을 조절하는데 있어서 매우 중요한 역할을 하는데, 암은 노화가 일어날수록 증가한다. DNA 손상을 가진 세포, 바이러스가 감염한 세포, 암세포 등과 같이 죽어야 할 세포들이 죽지 않고 살아남는 것은 아폽토시스 기작이 제대로 작동하지 않기 때문이다. 적절한 아폽토시스가 일어나는 것은 암에 대한 방어 역할을 한다. 나이가 들어가면서 신호전달 경로의 비효율성으로 인하여 아폽토시스가 감소하는 것은 암의 발생을 증가시킬 수 있다. p53은 아폽토시스와 세포주기 정지 등의 기작에 있어서 중요한 조절자(regulator)인데 나이 들어가면서 스트레스 반응에 대한 p53의 반응이 감소하게 되면 암의 발생이 증가하게 되며, 이러한 것은 나이가 증가할 때 암 발생율이 증가하는 것을 설명해 준다.

〈표 6.9〉
아폽토시스 기능장애와 인간의 질병

아폽토시스의 감소와 연관된 질병	아폽토시스 증가와 연관된 질병
암	골수이형성증후군
전신성홍반성루프스(림프구에서)	신경퇴행성질환
자가면역성 림프증식성 질환	인슐린의존성당뇨병
많은 바이러스성 감염질환	후천성면역결핍증(AIDS)
(허피스바이러스, 아데노바이러스)	알코올성 간질환
만성염증	조직 허혈손상
	심혈관 질환

세포노화는 아폽토시스에 저항성을 준다

세포노화(cellular senescence)란 세포가 비가역적으로 증식하는 능력을 상실하는 것을 말하는데, 그들은 항상성(homeostasis)을 유지하는데 결함을 나타낸다. 노화 세포(senescent cell)

는 정상세포와 비교하여 여러 특징을 나타내는데, 이러한 특징으로는 증가된 활성산소종 생산, 산화손상(oxidative damage)의 증가. 당화(glycation) 손상 증가, 감소된 열충격 단백질(heat shock protein) 발현, 결함이 있는 단백질의 축적, 아폽토시스에 대한 저항성 등이 있다. 아폽토시스에 대한 저항성은 노화 세포가 어떻게 그렇게 안정적인지를 일부 설명해 줄 수 있는데, 몇 개월 또는 몇 년에 걸쳐 분열은 하지 않으면서 노화 세포는 생존할 수 있다. 아폽토시스에 대한 저항성은 개체에 나이가 증가하면서 노화 세포가 증가하는 것을 설명해 줄 수 있다. 그런데 노화세포가 어떻게 아폽토시스에 더 저항성을 가지게 되는지에 대해서는 명확한 기전은 알려져 있지 못하다. 어떤 세포의 경우에는 아폽토시스 기작을 조절하는 유전자 발현에 변화가 생겨서 일어날 수 있고, 또 다른 경우에는 p53이 아폽토시스를 일으키는 것보다는 세포주기를 차단(cell cycle arrest)하거나 노화(senescence)를 일으키는 방향으로 유전자들을 전사 활성화하기 때문으로도 생각할 수 있다. 그러나 배양세포의 경우의 예를 보더라도 아폽토시스, 노화, 성장 중지에 대하여 세포 형태 특이적인 차이점이 존재한다. 예를 들어 피부 섬유아세포(skin fibroblast)가 UV에 의해 유도된 아폽토시스에 저항성이 있는 것과 같이 노화 각질세포(senescent keratinocyte)도 UV에 의한 아폽토시스에 저항성을 가진다. 그러나 노화 내피세포(endothelial cell)는 배양세포 상태에서는 아폽토시스에 대해 더 취약한 특징을 나타내지만 나이든 설치류 내피세포의 경우는 아폽토시스에 저항성이 증가된 예도 보고되었다. 여기에 대한 설명으로 세포배양 중인 노화 내피세포는 아폽토시스 보다도 'anoikis'를 경험한다. 'anoikis'란 세포외 기질(extracellular matrix)과 상호작용이 상실됨으로 인한 특별한 아폽토시스를 말한다.

참고문헌

1. Bender, C. E., P. Fitzgerald, et al. (2012). "Mitochondrial pathway of apoptosis is ancestral in metazoans." *PNAS* 109:4904-4909.
2. Chipuk, J. E., T. Moldlveanu, et al. (2010). "The BCL-2 family reunion." *Mol Cell* 37:299-310.
3. Conradt, B. and H. R. Horvitz. (1998). "The C. elegans protein EGL-1 is required for programmed cell death and interacts with the Bcl-2-like protein CED-9." *Cell* 93:519-529.
4. Favaloro, B., N. Allocati, et al. (2012). "Role of apoptosis in disease." *Aging* 4:330-49.
5. Galluzzi, L., O. Kepp, et al., (2012). "Mitochondrial control of cellular life, stress, and death." *Circ Res* 111:1198-1207.
6. Goldstein, J. C., N. J. Waterhouse, et al. (2000). "The coordinate release of cytochrome

c during apoptosis is rapid, complete and kinetically invariant." *Nat Cell Biol* 2:156–162.

7. Green, D. R. and J. C. Reed. (1998). "Mitochondria and apoptosis." *Science* 281:1309-1312.
8. Joaquin, A. M. and S. Gollapudi. (2001). "Functional decline in aging and disease: A role for apoptosis." *J Am Geriatr Soc* 49:1234-40.
9. Kerr, J. F., A. H. Wyllie, et al. (1972) "Apoptosis: a basic biological phenomenon with wide-ranging implications in tissue kinetics." *Br J Cancer* 26:239–-257.
10. Lu, B., H. D. Chen, et al. (2012). "The relationship between apoptosis and aging." *Advances in Biosci Biotech* 3:705-711.
11. Mother, M. and H. Rottenberg. (2000). "Aging enhances the activation of the permeability transition pore in mitochondria." *Biochem Biophys Res Commun* 273:603-608.
12. Muradian, K. and D. O. Schachtschabel. (2001). "The role of apoptosis in aging and age-related disease: update." *Z Gerontol Geriatr* 34:441-6.
13. Oberst, A., C. Bender, et al. (2008). "Living with death: The evolution of the mitochondrial pathway of apoptosis in animals." *Cell Death Differ* 15:1139–1146.
14. Ow, Y. P., D. R. Green, et al. (2008). "Cytochrome c: functions beyond respiration." *Nat Rev Mol Cell Biol* 9:532-42.
15. Pollack, M. and C. Leeuwenburgh. (2001). "Apoptosis and aging: Role of the mitochondria." *J Gerontol* 11:B475-B482.
16. Sakahira, H., M. Enari, et al. (1998). "Cleavage of CAD inhibitor in CAD activation and DNA degradation during apoptosis." *Nature* 391:96–99.
17. Salminen, A., J. Ojala, et al. (2011). "Apoptosis and aging: increased resistance to apoptosis enhances the aging process." *Cell Mol Life Sci* 68:1021-1031.
18. Warner, H. R., R. J. Hodes, et al. (1997). "What does cell death have to do with aging?" *J Am Geriatr Soc* 45:1140-6.
19. Wu, M., H. F. Ding, et al. (2001). "Apoptosis: Molecular mechanisms." *Encyclopedia of Life Sciences* 5:1-8.
20. Zhang, J. H., Y. Zhang, et al. (2003). "Caspases, apoptosis and aging." *Ageing Res Reviews* 2:357-366.
21. Zou, H., Y. Li, et al. (1999). "An APAF-1.cytochrome c multimeric complex is a functional apoptosome that activates procaspase-9." *J Biol Chem* 274:11549–11556
22. 오상진. (2005). "인체노화" 탐구당.

CHAPTER 07 DNA 손상과 노화

생물체가 지니는 DNA는 생명체 자체와 종의 유지를 위해서 가장 안정적으로 보존되어야 할 생체물질이다. 그런데 내부적 또는 외부적 요인에 의해서 DNA의 손상이 일어날 경우 노화의 가속화가 일어날 수 있다. 이와 더불어 노화된 세포의 특징인 DNA 손상(damage)의 축적은 암 발생의 확률도 높인다.

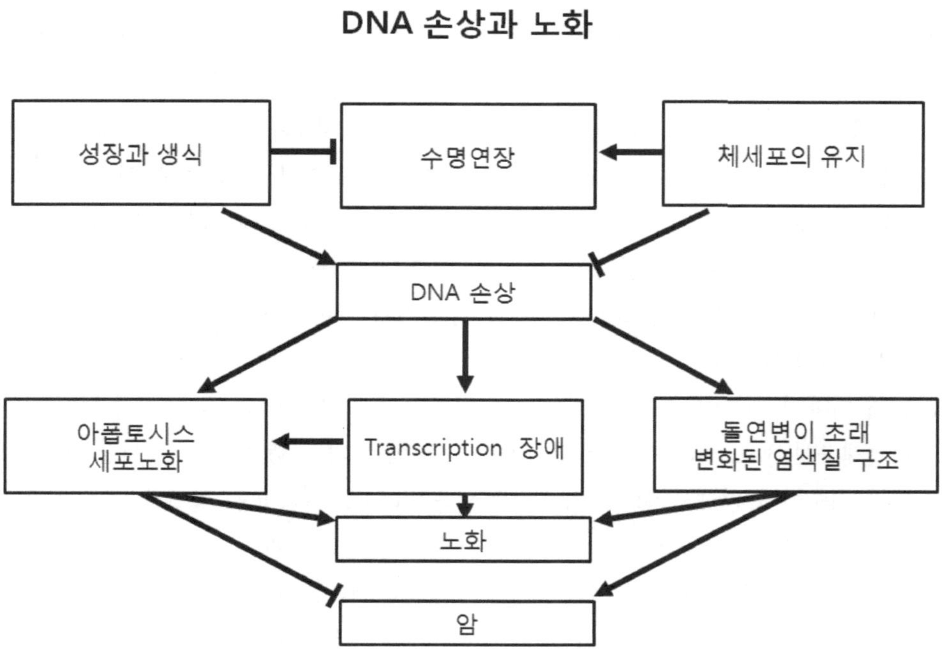

〈그림 7.1〉 DNA 손상과 노화

DNA 수리(DNA repair)기전의 이상은 종종 암의 발생과 관련이 있다. 뉴클레오티드절제수선(NER)의 이상에 의해서 발생되는 유전병인 색소성건피증(Xeroderma pigmentosum, XP) 환자의 피부는 자외선에 극히 민감한 반응을 보이며 결국 피부암을 일으키게 된다. 불일치수선(mismatch repair, MMR)에 관여하는 단백질 중 MSH2와 MLH1을 만드는 유전자의 돌연변이는 직장암 또는 자궁내막암을 잘 일으키는 유전병인 HNPCC(hereditary nonpolyposis colorectal cancer)의 원인이 되기도 한다. 유방암이나 난소암의 원인 유전자로 잘 알려진 BRCA1/2 또한 손상이 일어난 DNA의 수리에 관여한다.

DNA 손상의 원인은 환경적인 요인과 정상적인 대사 활동으로 인한 원인이 맞물려 있다. 중요한 유전자가 손상되어 회복이 불가능해졌을 때에는 세포의 정상적인 기능을 기대할 수 없을 뿐만 아니라 종양(tumor)형성 위험 또한 상승하게 된다. 알려진 DNA 손상의 대부분은 이중나선(double helix)의 1차 구조(primary structure)에 영향을 주며, 이는 DNA를 구성하는 염기 자체에 화학적인 변형(chemical modification)이 가해짐을 의미한다. 이와 같은 변형으로 인해 기존의 이중 나선 구조에 정확히 들어맞지 않는 비정상적인 화학 결합 또는 많은 부피를 차지하는 부가물(adducts)이 첨가되어 결과적으로 DNA 분자 전체의 이중나선 구조에 변화를 초래할 수 있다. 가수분해(hydrolysis)나 탈아미노화(deamination)에 의한 자연적인 손상(spontaneous damage)으로 돌연변이가 일어나거나, 알킬화(alkylation), 산화(oxidation), 이온화 방사선(ionizing radiation)에 의해 DNA 손상이 초래되기도 한다. 생물체에게 있어 산소는 생명유지에 필수적이면서도 유해한 영향을 미치는 이중성을 갖는다. 산소가 갖는 유해한 영향이 바로 생체 내 활성산소 라디칼(radical)의 생성에 있으며, 이 라디칼에 의해 생물체는 큰 손상을 받는다. 자외선조사(UV radiation)도 DNA 손상을 일으킬 수 있는데, 약 260nm 파장은 DNA 염기에 의해 강하게 흡수가 되고, 그 결과 같은 폴리뉴클레오티드 사슬의 인접한 두 피리미딘 염기 간에 광화학적 결합이 일어날 수 있다. 가장 대표적인 경우가 티민 이량체(thymine dimer)인데, 이들은 인접한 티민(thymine)염기 사이의 5번 및 6번 탄소 간에 형성된 싸이클로부탄(cyclobutane) 고리를 형성한다. 손상된 DNA는 세포가 가지고 있는 여러 겹의 수복 기능에 의하여 회복이 일어나는데, DNA 염기의 소실이 일어난 경우 염기 하나를 회복시키는 염기절제수선(Base Excision Repair, BER), 자외선에 의해 생성된 티민 이량체(T-T dimer)를 주로 치환해주는 뉴클레오티드 절제수선(Nucleotide Excision Repair, NER), DNA 이중가닥 절단을 수선하는 HR(homologous recombination), NHEJ(non-homologous end joining) 등의 DNA를 수리하는 방식은 상황에 따라 다양하다. 생화학, 분자생물학 및 세포생물학적으로 이와 같은 방어기작이 어떻게 작용하는지에 대한 이해는 아직 많이 부족하여 앞으로 지속적인 연구가 필요한 분야이다.

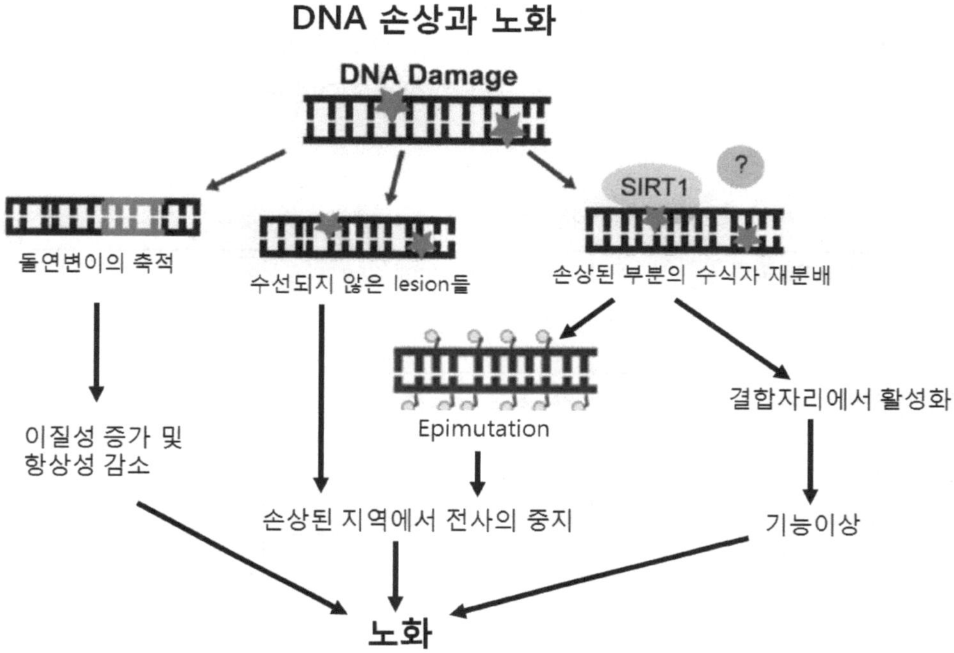

〈그림 7.2〉

여러 원인들에 의해 DNA 손상이 일어나면 유전자 발현에 이상을 일으키고, 항상성을 감소시켜 노화를 촉진한다. DNA 손상은 염기서열의 변화는 아니지만 후성돌연변이(epimutation), 염색질의 수식(chromatin modification) 등을 초래할 수 있고 이러한 변화들도 노화의 원인이 될 수 있다.

7 1 DNA의 손상

세포의 DNA는 외부로부터 유입된 인자들, 세포 내의 신진대사에 의해 형성된 자유 라디칼, 또 전리방사선 등의 빈번한 공격을 받는다. 쥐에서 매일마다 하나의 세포 당 DNA 손상이 일어나는 건수를 예상하면 약 36,000~160,000번에 이른다. 인체가 가지고 있는 세포가 100조 개라고 생각한다면 전체 개체로 볼 때 엄청난 숫자의 DNA 손상이 일어나고 있는 것이다. 손상을 받는 DNA의 양은 전체 60억 염기(base)서열 또는 30억 염기쌍(base pair)으로 구성된 인체 게놈(genome)의 0.000165%에 불과하지만, 종양억제유전자(tumor suppressor gene)를 비롯하여 인체 기능에 중요한 유전자들이 손상되어 회복이 불가능해졌을 때에는 세포의 정상적인 기능을 기대할 수 없게 되며 종양(tumor)이 형성될 위험이 매우 높아지게 된다. 아래의 표는 DNA 손상의 종류와 하루 동안에 하나의 세포(events/cell/days)에서 일어나는 손상

(damage)의 건(event)수를 비교한 것이다. DNA의 단일가닥 절단(single-strand break, SSB), 구아닌 염기에 메틸기가 첨가된 것(methylguanine), 퓨린 염기가 DNA에서 떨어져 나간 것(depurination) 등의 손상이 전체 손상의 95% 이상을 차지한다.

〈표 7.1〉
DNA 손상의 종류와 세포 당 하루에 일어나는 예상 건수

손상의 종류	events/cell/day	전체에 대한 %
single-strand break	120,000	50.9
7-methylguanine	84,000	35.6
depurination	24,000	10.2
O6-methylguanine	3120	1.3
oxidized DNA	2880	1.2
depyrimidation	1320	0.5
cytosine deamination	360	0.2
double-strand breaks	9	0.01
interstrand cross-links	8	0.01

DNA 손상의 원인

사람의 유전물질인 DNA는 체내에서 일반적으로 구조적인 힘과 물리적, 화학적인 메커니즘을 통하여 안정화되어 있다. 그러나 DNA는 여러 인자들(factors)의 공격을 받아 변이를 일으킬 수 있는데 DNA에 손상을 줄 수 있는 요소들을 다음과 같이 요약할 수 있다. 첫째, 자외선(UV)이나 전리방사선(ionizing radiation)과 같은 외적인 요인이 있다. 자외선이나 방사선에 오래 노출이 되면 DNA가 손상을 받을 수 있다. 둘째, 유전자 독성(genotoxin)을 나타내는 여러 종류의 화학물질들이 DNA에 영향을 미칠 수 있다. 환경에 존재하는 제노톡신(genotoxin)들로는 알킬화화합물(alkylating compounds), 다환 방향족탄화수소(polycyclic aromatic hydrocarbons, PAH), 헤테로사이클릭아민(heterocyclic amines, HCA) 등이 대표적인데, 이들은 DNA 염기에 달라붙어 염기쌍의 변화를 초래할 수 있다.

PAH의 한 종류인 벤조피렌이 DNA에 Bulky adduct를 형성하는 반응

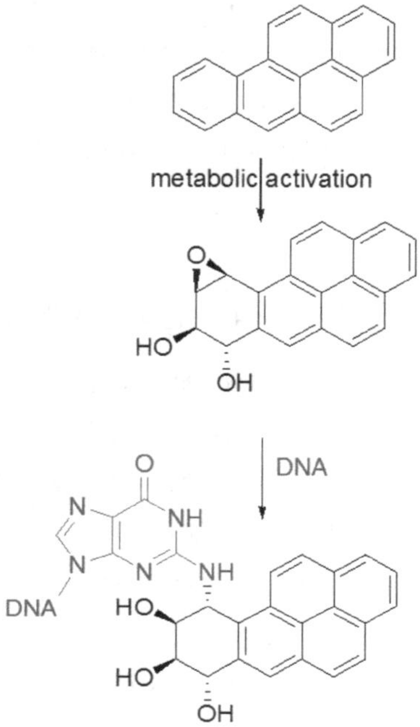

〈그림 7.3〉
벤조피렌이 대사적으로 활성화가 일어나고 에폭시드기는 DNA에 화학반응이 일어날 수 있는 위치를 직접 공격한다. 그 위치는 구아닌의 ring nitrogen 2개와 O^6 그리고 extracyclic amine을 포함한다. 이렇게 부가물(adduct)이 달라붙은 DNA의 변화는 암 발생의 유도에 기여하게 된다.

또한 프로모터(promoter) 지역에 메틸기나 알킬기가 결합을 하게 되면 전사인자들이 적절하게 결합을 할 수 없기 때문에 전사를 원활하게 이루어지지 못하도록 한다. 셋째, 일반적인 세포의 대사를 통해 나오는 산물에 의해 공격을 받을 수 있는데 가장 대표적인 것이 활성산소종(ROS)이다. 활성산소종은 산화력이 굉장히 높기 때문에 DNA를 공격하여 손상을 줄 수 있다. 마지막으로, 지속적으로 유도되는 탈아미노화(deamination)로 인해 염기의 변화가 있을 수 있다. 만약 이런 DNA 손상을 받았을 때 DNA 수선기작(DNA repair mechanism)에 의하여 복구가 되지 않는다면 결과적으로 노화(aging) 또는 암(cancer)을 촉진하게 된다.

정상적인 DNA 대사로 인해서도 돌연변이가 발생할 수 있다

자발적돌연변이(spontaneous mutation)란 인위적 처리(물리적, 화학적, 생물학적)없이 자연적으로 발생하는 돌연변이를 말하고, 유도돌연변이(induced mutation)는 인위적으로 물리적, 화학적, 생물학적 돌연변이원(mutagen)을 처리하였을 때 일어나는 돌연변이를 말한다. 유도돌

연변이는 자발적돌연변이보다 돌연변이를 일으킬 확률이 훨씬 높다. 자발적돌연변이는 DNA 복제과정 가운데 실수(error)로 나타날 수도 있고 전위인자(transposon) 등의 활동으로 생길 수도 있다. 또 활성산소(oxygen free radical)가 DNA 염기를 변형시켜 나타날 수도 있다. 예를 들어 활성산소는 구아닌에 산화를 일으켜 8-옥소구아닌(8-oxoG)으로 변화시킬 수 있는데, 8-oxo-G는 정상적인 GC 염기쌍이 아니라 아데닌(A)과 염기쌍을 형성함으로써 돌연변이를 유발할 수 있다.

DNA는 가수분해와 탈아미노화에 의해 자연적 손상이 일어난다

돌연변이는 복제 실수(replication error) 뿐 아니라 DNA 손상에 의해서도 일어난다. 손상은 방사선이나 돌연변이원(mutagen)이라 불리는 돌연변이 빈도를 증가시키는 화학물질 등과 같은 환경 요인에 의해 일어날 수 있다. 그러나 DNA는 물의 작용에 의한 자연적 손상도 일어날 수 있다. 가장 빈번하고 중요한 가수분해에 의한 손상은 **시토신(cytosine) 염기의 탈아미노화**(deamination)이다. 탈아미노화란 구아닌, 아데닌, 시토신 등의 염기로부터 아미노기(amino group)가 떨어져 나가는 것을 말하며, 탈아미노화 반응 후 각각 크산틴, 하이포크산틴, 우라실이 만들어 진다. 우라실은 DNA 복제과정에서 티민으로 읽힐 수 있기 때문에 심각한 오류를 일으킬 수 있다. 우라실(U)은 아데닌(A)과 염기쌍 형성이 가능하므로, 복제 시 맞은편 가닥에 원래의 시토신(C)에 대한 구아닌(G)을 중합하는 대신에 아데닌(A)을 중합하여 G→A transition을 유도한다. 아데닌(A)의 경우는 탈아미노화에 의해 하이포크산틴(hypoxanthine, H)이 되는데, 그것은 티민(T) 대신 시토신(C)과 염기쌍을 형성하여 T→C transition을 유도한다. 구아닌(G)은 탈아미노화에 의해 크산틴(xanthine)으로 전환되는데, 이것은 수소결합이 둘 밖에 형성되지 않지만 계속 시토신(C)과 염기쌍을 형성할 수 있다. 시토신의 메틸화된 형태인 5-methylcytosine의 자발적인 탈아미노화가 자주 일어나는데 이로 인하여 티민(thymine)이 형성된다. 이 반응은 DNA 수선을 담당하는 기구들에 문제를 일으킨다. 왜냐하면 티민은 정상적인 DNA 구성물이므로 우라실처럼 DNA 수선기구에 의해 인지되지 않아서 제거가 되지 않는다. 이렇게 제거되지 않는 T:G 염기쌍은 복제과정 동안에 C:G 염기쌍을 T:A 염기쌍으로 전환시킨다. DNA는 또한 N-글리코실 결합의 자연적 가수분해에 의해 탈퓨린화(depurination) 그리고 탈피리미딘화(depyrimidation)가 일어날 수 있는데, 그 결과 DNA에 염기가 없는 부위가 생기게 된다.

염기의 탈아미노화

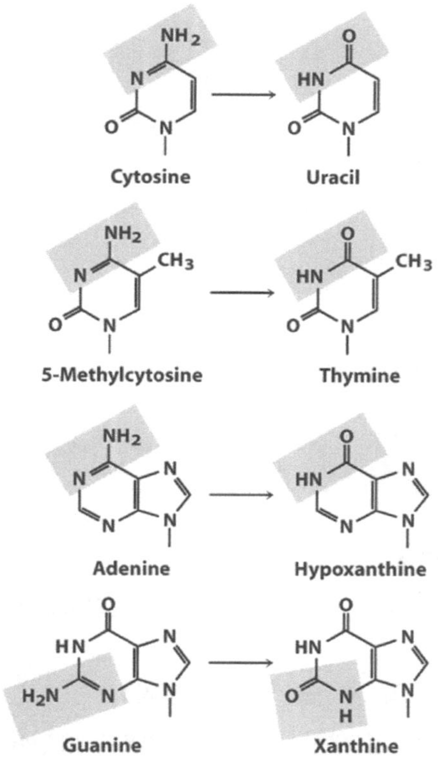

〈그림 7.4〉 염기의 탈아미노화.
메틸시토신의 탈아미노화는 티민을 형성한다.

▌DNA는 알킬화, 산화 및 자외선에 의해 손상을 받는다

• 알킬화의 경우, 메틸기 또는 에틸기의 전이가 일어난다

알킬화 화합물에는 니트로사민(nitrosamine)과 실험실에서 사용되는 강력한 발암물질인 MNNG(N-methyl-N' -nitro-N-nitrosoguanidine)가 포함된다. 니트로사민이란 식품의 제조과정 중 육류나 생선 등에 통상적으로 들어있는 2차 아민 화합물과 아질산염과 같은 산화질소 화합물이 반응해 자연적으로 생성되는 니트로소 화합물을 말한다. 알킬화에 대해 가장 취약한 부위는 구아닌의 6번 탄소 위치의 산소원자이다. 이 메틸화의 생성물은 O^6-methylguanine으로 티민과 잘못된 짝짓기(mispairing)를 하여, DNA가 복제될 때 G:C 염기쌍을 A:T 염기쌍으로 바뀌게 한다.

O^6-mG 과 티민 염기쌍의 형성

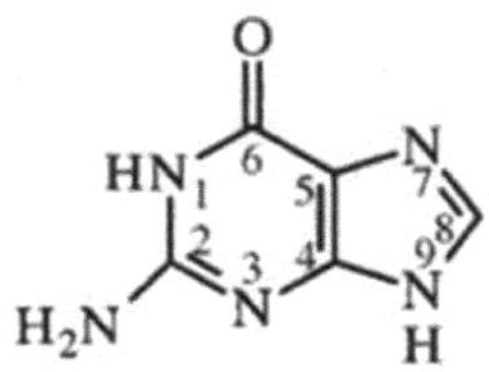

구아닌

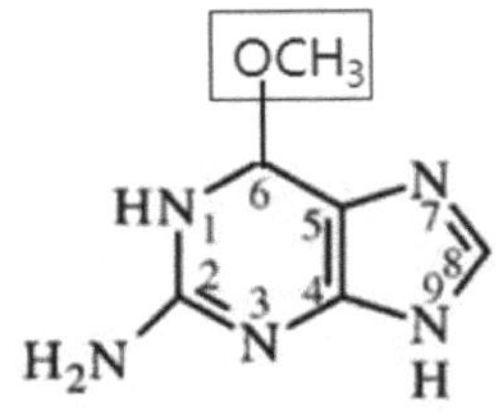

O⁶-methylguanine

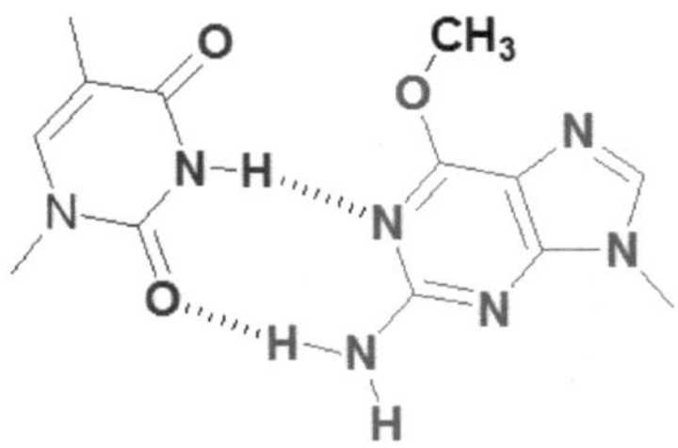

thymine　　　　O⁶mG

〈그림 7.5〉 O^6–methylguanine과 티민의 mispairing

- DNA는 활성산소종(ROS)의 공격을 당하기 쉽다.

생체대사의 과정에서 활성산소가 생성될 수 있고, 외부적 요인에 의하여 활성산소가 발생할 수 있다. 강력한 산화제는 이온화 방사선(ionizing radiation)과 자유 라디칼(free radical)을 생성하는 화학 약품들에 의해 만들어진다. 예를 들면, 구아닌이 산화되면 7,8 - 디히드로-8-옥소구아닌(8-oxoG)이 생성된다.

7,8 - 디히드로-8-옥소구아닌

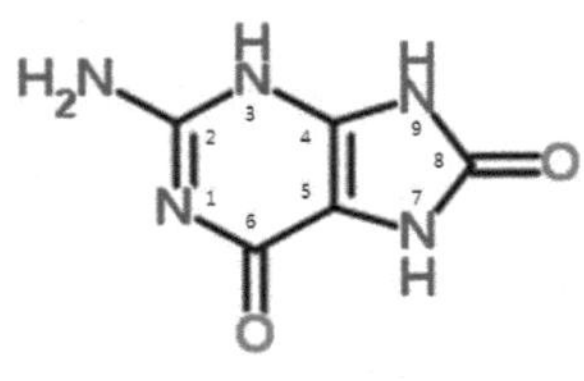

〈그림 7.6〉 8–oxo–G의 구조

이렇게 생성된 8-oxoG는 높은 비율로 돌연변이를 일으킬 수 있는데 그 이유는 이것이 시토신(C) 뿐만 아니라 아데닌(A)과도 염기쌍(base-pair)을 형성할 수 있기 때문이다. 만약 그것이 복제 중 아데닌과 염기쌍을 형성하게 되면 G:C 염기쌍을 T:A 염기쌍으로 전환시키게 되는데, 이는 사람의 암에서 나타나는 가장 흔한 돌연변이 중 하나이다. 따라서 이온화 방사선과 산화제의 발암 효과는 부분적으로는 구아닌(G)을 8-oxoG로 바꾸는 활성산소종(ROS)에 기인한다. 이렇게 변형된 염기들 중 많은 수는 DNA 수선기작에 의하여 잘려나가며 소변에서 검출될 수 있는데, 오줌 속의 8-oxoG의 양은 몸에서 생성되는 산화 스트레스의 지표로 이용되기도 한다. 아래 표는 활성산소종의 종류와 반감기를 표시한 것이다.

〈표 7.2〉
활성산소종의 종류와 반감기(37℃에서)

라디칼 종류	기호	반감기
hydroxyl	$OH^{\bullet}$	one nanosecond
singlet oxygen	$^1O_2$	one microsecond
superoxide	$O_2^{\bullet -}$	one microsecond
alkoxyl	$RO^{\bullet}$	one microsecond
peroxyl	$RO_2^{\bullet}$	ten miliseconds
nitric oxide	$NO^{\bullet}$	few seconds

• 자외선은 DNA 염기를 손상시킬 수 있다

약 260nm 파장은 염기에 의해 강하게 흡수 되는데, 그 결과 같은 폴리뉴클레오티드 사슬의 인접한 두 피리미딘 염기 사이에 광화학적 결합이 일어날 수 있다. 두 개의 티민 간에 결합이 일어날 경우, **티민 이량체**(thymine dimer)라 부르는데, 이들은 인접한 티민의 각각 5번과 6번 탄소 간에 싸이클로부탄(cyclobutane) 고리를 형성한다. 인접한 티민과 시토신 간에 결합이 일어날 경우, 티민의 6번 탄소와 시토신의 4번 탄소 간에 공유결합이 일어난다. 이들 이량체(dimer)들은 염기쌍(base-pair) 형성이 불가능하며 복제가 일어날 때 DNA 중합효소에 의한 DNA 합성을 멈추게 한다(replication stalling).

피리미딘 이량체

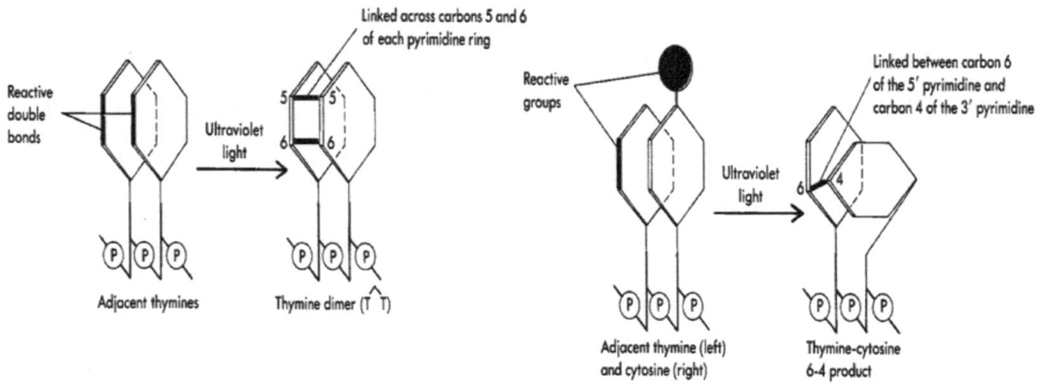

〈그림 7.7〉 피리미딘 dimer의 구조

- 감마선과 X-선은 심각하게 DNA를 손상시킨다

감마선과 X-선은 높은 에너지를 가지고 있어서 심각한 DNA 손상을 유발한다고 하였는데, 그 이유는 DNA의 이중 가닥 절단을 일으키기 때문이며 이런 손상은 수선이 어렵기 때문이다. 이온화 방사선은 DNA 골격의 디옥시리보오스 당을 직접적으로 공격할 수 있으며, 방사선은 활성 산소를 생산할 수 있기 때문에 디옥시리보오스와 반응하는 간접적인 공격도 할 수 있다. 아래 그림은 전자기 스펙트럼을 나타낸 것이다.

전자기적 스펙트럼

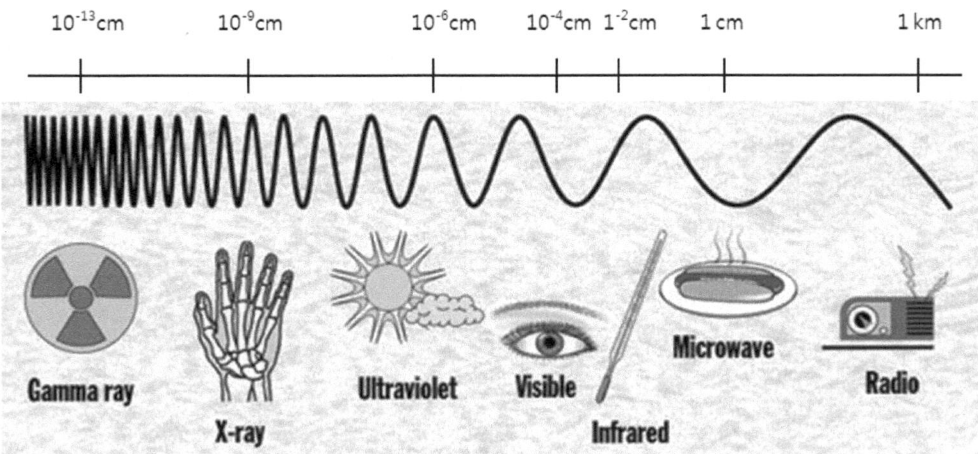

〈그림 7.8〉 전자기적 스펙트럼

7.2 DNA 수선(repair) 기작

DNA의 염기변화는 유전되는 DNA의 변화임을 고려할 때 그것이 수선되지 않는다면 세포에 치명적인 영향을 줄 수 있다. 세포 시스템은 이러한 오류를 수선하기 위한 다양한 기작을 포함하고 있다. DNA 손상이 발생하게 되면 DNA 검문지점(DNA damaging checkpoint)이 활성화되어 세포주기 차단, DNA 수선계의 작동, chromatin remodeling, 세포사멸 및 세포노화 등의 반응이 유도된다. 이러한 메커니즘들은 손상되는 DNA의 상태나 공격요소에 따라 최적의 메커니즘을 수행하여 DNA를 수선하고 보호함으로써 **유전체의 안정성(genomic stability)**을 유지하도록 해준다.

DNA 수선의 가장 간단한 방법은 손상이 일어난 부분을 도려내고(절제) 손상되지 않은 새로운 부분으로 교체하는 것이다. 이러한 전략을 절제수리시스템(excision repair system)이라고 부른다. 손상이 일어나거나 짝을 이루지 못하는 DNA가 절제수선을 통하여 수리되지 못하면, 다음 세포분열 기간 동안 새로운 DNA 복제를 완료하기 전에 문제를 해결하기 위해 최종적인 노력을 기울이게 된다. 이러한 시스템을 재조합수리시스템(recombination repair system)이라고 부른다.

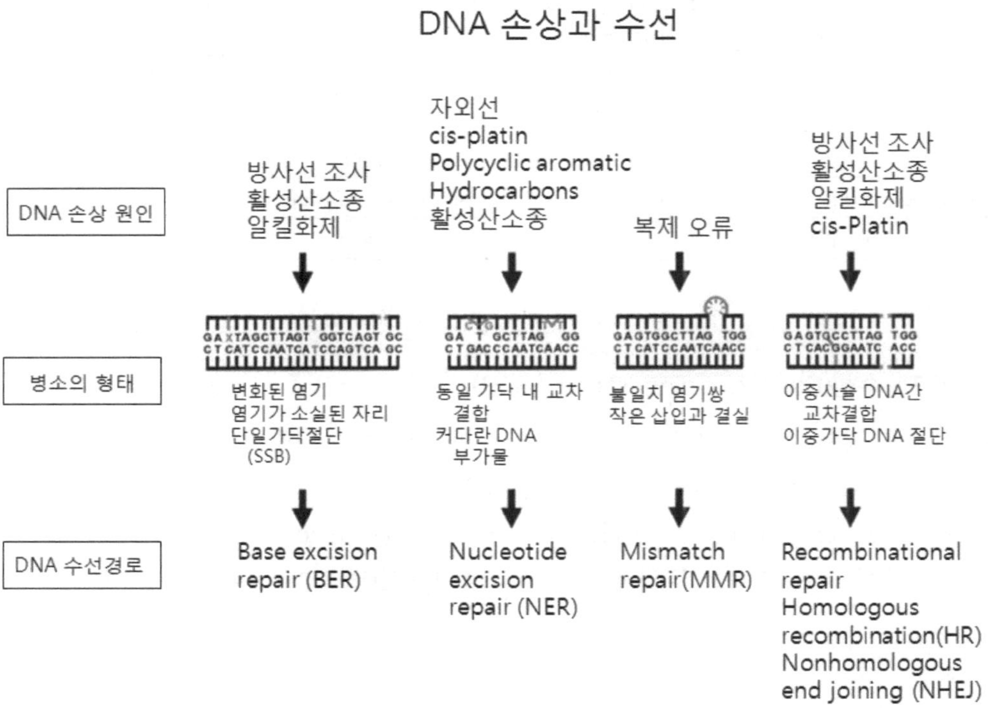

〈그림 7.9〉 DNA 손상과 수선기작

절제수선은 크게 염기절제수선(BER)과 뉴클레오티드 절제수선(NER)으로 나눌 수 있다. 절제수리시스템은 DNA 복제 직후, 오류 및 손상을 해결하는데 유용하다. DNA 복제 과정 중에 일어나는 돌연변이는 미스매치수선(MMR)에 의하여 수선이 일어난다. DNA 중합효소가 proofreading 기능을 가지는데, proofreading 기능이 수정하지 못한 오류는 곧이어 MMR이 수정하게 된다. 이중가닥 절단의 경우는 **상동재조합 수선**(homologous recombination, HR)과 **비상동 말단결합 연결**(non-homologous end joining, NHEJ)에 의하여 수리된다. 아래의 표는 DNA 손상의 종류와 그 손상의 복구를 위한 DNA 수선기작을 요약한 것이다.

〈표 7.3〉
손상의 원인과 수선 기작

손상의 원인	손상의 형태	DNA 수선 경로
UV radiation	피리미딘 이량체	NER
	bulky or helix distorting DNA lesion	NER
ionizing radiation	이중가닥 절단	HR/NHEJ
	단일가닥 절단	BER
	oxidative base damage	BER
alkylating agents	O^6-alkylguanine	BER
alkylating agents, spontaneous hydrolysis	non-helix-distorting base modification, abasic site	BER
aldehydes	DNA adducts	NER
ROS	oxidative base damage	BER
	cyclopurine making bulkylesions	NER
Replication errors	mismatches, small insertions and deletions	MMR
Collapsed replication fork	one-ended double strand breaks	HR

염기절제 수선(Base excision repair, BER)

자발적으로 끊임없이 생성되는 반응성 물질에 의한 DNA 손상에 대응하여 유전체 안정성을 유지하기 위하여 가장 우선적인 역할을 하는 것은 DNA 수선기작이다. DNA 염기가 알킬화(alkylation, 7-methylguanine), 산화(oxidation, 8-oxoguanine), 탈아미노화(deamination, xanthine) 등에 의한 손상을 받았을 경우 염기절제수선(BER)에 의해 수선된다.

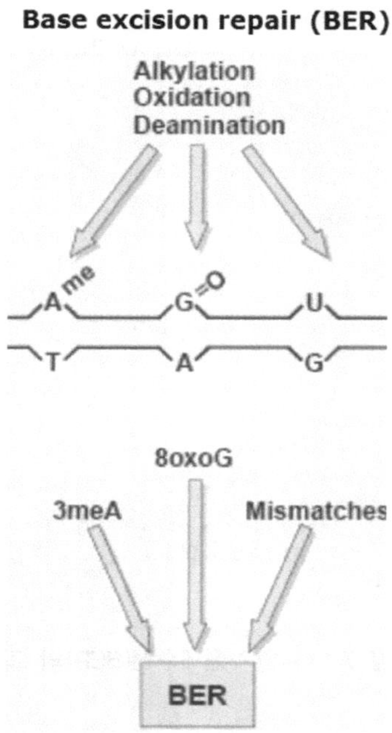

〈그림 7.10〉 염기절제수선(BER)에 의하여 8-oxo-G가 수선된다

BER에 의한 수선은 작고, 이중나선을 왜곡시키지 않는 소규모의 손상부분들을 대상으로 한다. BER에 관여하는 단계별 주요 효소 작용들로 DNA glycosylase는 손상된 부위를 인식하고 결합을 하는데, 골격(backbone)을 구성하는 당(ribose)과 인산(phosphate)은 그대로 두고 염기만을 절단하여 abasic site(염기가 없는 자리, apurinic site and apyrimidinic site)를 만들어 낸다. 그 다음 APE1(AP endonuclease 1) 단백질이 염기가 없는 자리(abasic site)로 다가와 당과 인산 그룹 사이를 절단하여 3'-OH와 5'-dRP를 생성한다. 그 뒤 polymerase β-XRCC1 (X-ray repair cross complementing group I) 복합체가 그 부위를 인식하여 다가온 뒤, gap filling하고 ligase에 의하여 DNA 연결이 일어나면 염기절제수선은 완료된다. XRCC1 단백질은 BER에서 핵심이 되는 단백질로서 polymerase β, DNA ligase III, PARP1[poly(ADP-ribose) polymerase] 그리고 PNK(polynucleotide kinase)와 결합을 하여 복합체를 이루며 단백질들이 활성을 유지하게 해주는 역할을 한다. 이러한 BER 작용은 암, 노화, 신경계질환, 천식, 관절염 등 다양한 인간질병과 연관이 있는 것으로 알려져 있다.

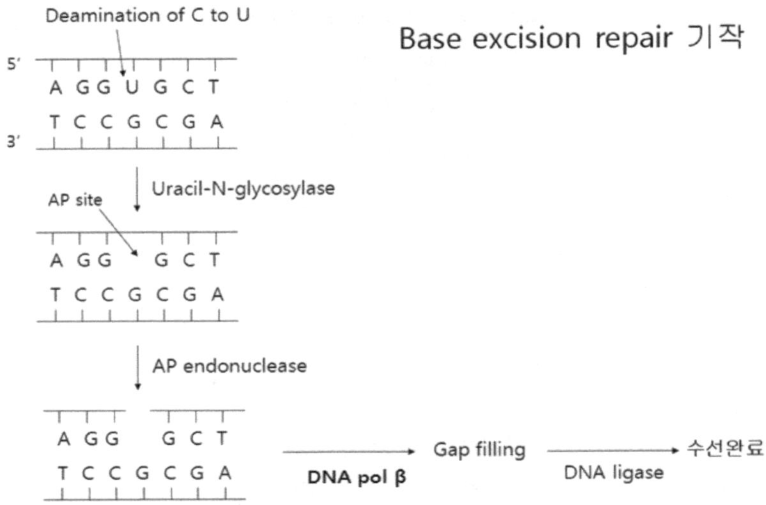

〈그림 7.11〉 염기절제수선(BER)의 과정

▌뉴클레오티드 절제 수선(Nucleotide excision repair, NER)

DNA에 피리미딘이량체나 커다란 부가물(bulky adduct)이 첨가되었을 경우에 수선은 NER에 의해 이루어진다. NER은 DNA에 문제가 생긴 부위가 있으면 그 주변까지(약 30 bp 정도) 통째로 잘라낸 다음 복구한다. 마치 살이 곪았을 때 그 부위만 도려내는 것이 아니라 그 주변까지 충분히 도려낸 뒤 치료하는 것과 유사하다. NER에는 20~30 종류의 단백질들이 관여하는 복잡한 과정이다. 뉴클레오티드 절제 수선 메커니즘은 크게 둘로 구분할 수 있는데, 하나는 global genome NER(GG-NER 또는 GGR)이고 다른 하나는 transcription-coupled NER (TC-NER 또는 TCR)이다.

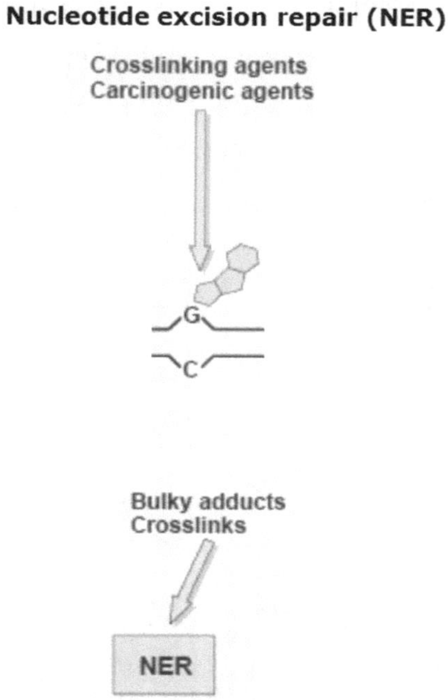

〈그림 7.12〉 뉴클레오티드절제수선(NER)에 의해 커다란 부가물의 제거가 일어난다

TCR(TC-NER)은 전사(transcription)가 활발히 일어나고 있는 주형가닥(template strand)에서 일어나며 주형가닥을 따라 앞으로 전진하는 RNA 중합효소의 기능과 연관되어 있다. GGR(GG-NER)은 TCR이 수선하지 않는 모든 부분을 담당한다. 즉 genome 상에서 전사가 일어나지 않는 부분(nontranscribed region)과 전사가 일어나는 부분의 non-template 가닥을 포함하는 넓은 범위가 그 대상이 된다. 이 두 메커니즘은 초기의 DNA 단일 가닥에 초래된 손상부위를 인식하는 방법에 따라 구분이 된 것으로, 그 이후의 메커니즘에 있어서는 동일하다. GGR에서 가장 먼저 해야 할 일은 DNA의 손상부위를 찾아내는 것이다. XPC-hHR23B 단백질은 손상된 부위를 빠르게 찾기 위해 염기 하나하나를 확인하지 않고 전체 DNA 구조를 확인하는 방법을 쓴다. XPC는 DNA를 더듬다가 정상이 아닌 구조를 만나면 달라붙는다. 뒤틀리는 정도가 심할수록 XPC가 더 신속하게 붙는다. TCR의 경우는 어떤 DNA lesion에 RNA 중합효소(RNA polymerase)가 멈췄을 때 시작이 되며, 멈춰선 RNA 중합효소는 TCR에서 손상을 인식(damage sensing)하는 신호의 일부로서 작용한다. 이 경우는 CS 단백질들(CSA와 CSB)이 XPC-hHR23B 대신에 특정 형태의 DNA 손상을 인식하는 역할을 한다. DNA 손상의 인식 후에는 GGR과 TCR의 과정이 동일하게 일어난다. 즉 손상이 일어난 그 자리에 전사인자 TFIIH가 결합하여 helicase활성을 이용하여 DNA 이중나선을 풀어주고, 그 다음에 단일가닥 결합단백질인 RPA가 추가로 결합하여 풀어진 DNA 가닥을 안정화시킨다. TFIIH는 10개의 subunit

으로 구성되어 있는 단백질복합체이다. 10개 중 7개의 소단위체(XPD, XPB, p62, p52, p44, p34, TTDA)는 중심복합체(core complex)를 형성하고, 나머지 3개의 소단위체(CDK7, MAT1, cyclin H)는 XPD를 통하여 중심복합체에 결합하고 있다. TFIIH는 전사(transcription)와 뉴클레오티드절제수선(NER)에서 동시에 기능을 수행한다. TFIIH의 XPD(5' to 3')와 XPB(3' to 5')는 DNA 나선을 풀어주는 헬리카제 기능을 한다.

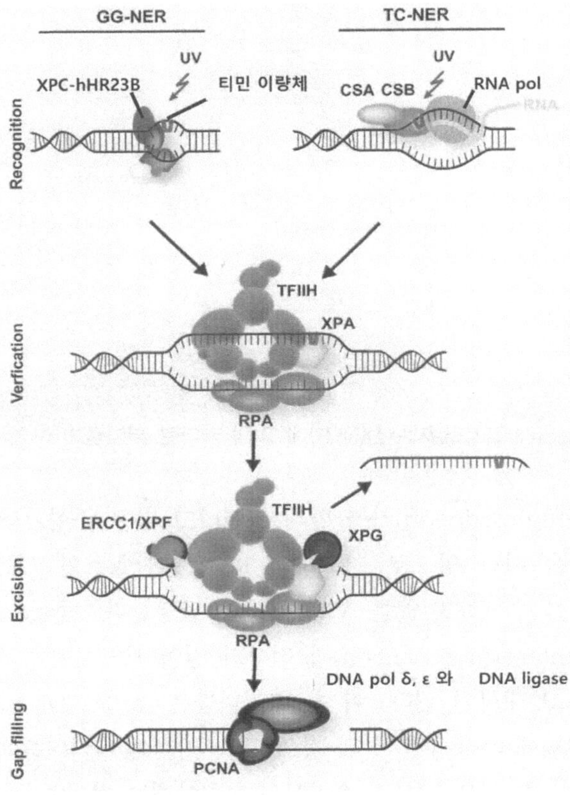

〈그림 7.13〉 뉴클레오티드절제수선(NER)의 과정.

GG–NER은 TCR이 수선하지 않는 모든 부분을 담당한다. TCR은 전사가 일어나는 주형가닥에서 일어난다.

TFIIH의 복구 명령에 의하여 핵산분해효소(endonuclease)인 XPG(5'방향)와 ERCC1/XPF(3'방향) 단백질복합체는 잘라낼 DNA의 길이를 결정하고, 손상된 부위를 포함한 DNA 가닥을 잘라낸다. 복제인자 C(Replication factor C, RFC)는 proliferating cell nuclear antigen(PCNA)을 DNA에 load하며 이것으로 인해 DNA 중합효소 δ와 ε에 의한 gap-filling이 이루어진다. 마침내 틈은 ligase(연결효소)I에 의해 봉합되고 DNA 가닥의 말단은 서로 연결된다. NER 기작에 결함이 있을 경우 유전질환인 색소성 건피증(Xeroderma pigmentosum, XP)이 초래되는데, XP는 태양광선에 노출되었을 때 과민반응을 나타내며 피부암이 증가하는 특징을 나타낸다. 만약 DNA 손상이 너무 커서 도저히 수선이 완료될 수 없는 상황이라면 세포는 자기 스스로에게 '세포자살'할 것을 명령한다. 암세포로 바뀌어 더 큰 사건이 되지 않도록 사태를 미연에 방지하기 위해서다.

세포가 손상된 DNA에 대처하는 다른 방법은 복제시 삽입될 뉴클레오티드를 대강 추측하여 중합하는 경우가 있다. 손상된 염기 등을 만났을 때 염기쌍이 제대로 맞지 않아도 대충 뉴클레오티드를 중합을 하고 넘어가는 식이다. 이런 경우는 오류의 빈도가 높기 때문에 'error-prone' replication이라 부른다. 현재까지 9개의 다른 DNA polymerase가 인간에서 발견되었다. 이런 효소 가운데 *XPV* 유전자가 만들어내는 효소는 UV에 의해 형성된 티민 이량체(thymine dimer)를 인지하고 그 반대편에 두 개의 A를 끼워 넣는 일을 전문적으로 수행한다. 복제과정에서 일반 DNA 중합효소가 오류를 일으킬 확률은 10^{-5} 정도로 낮지만 *XPV*에 의해 만들어지는 error-prone 중합효소, pol η 은 95%의 정확도를 가진다. error-prone 중합효소를 세포가 사용하는 것은 세포 스스로가 가장 절망적 상황에 도달할 때이다. 왜냐하면 정상적인 pol δ 가 티민 이량체를 만나 복제가 stalling이 일어날 경우, 이 심각한 상황을 'bypass polymerase'로서 위기를 모면하기 위한 도박을 하는 것이다. 즉 100건 가운데 95건은 그런 식으로 위기를 모면하는 것이 가능하기 때문이다.

불일치수선(Mismatch Reapir, MMR)

DNA 이중나선 염기쌍의 불일치(mismatch)는 복제가 일어날 때는 DNA 중합효소의 교정(proof-reading)기능에 의하여 일차적으로 수정이 되며, 만약 여기서 수선되지 못한 mismatch 염기쌍은 **불일치수선**(mismatch repair, MMR)에 의하여 제거되어야 한다. MMR 효소 복합체는 새로 합성되는 DNA를 다시 한 번 확인하게 되는데, 즉 DNA 중합효소가 지니는 proofreading 기능을 통해 이미 확인이 되었지만 여전히 남아 있을 수 있는 염기쌍의 불일치를 감지하는 것이다. MMR 기능은 DNA 상에서 반복서열이 존재하는 곳에서 매우 중요하다. 비슷한 서열이 여러 번 반복이 일어날 때 DNA 중합효소는 가끔씩 실수를 할 경우가 있는데 이럴 경우는 MMR에 의해 수선이 일어날 수 있다.

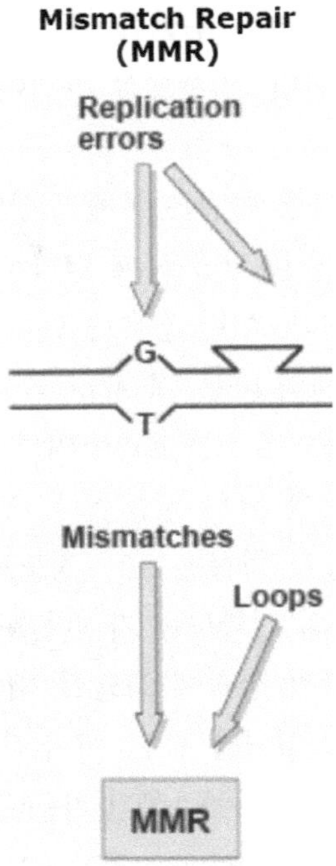

〈그림 7.14〉 불일치수선(MMR)에 의하여 복제과정에서 일어난 미스매치가 수리된다

이를 위해서는 기존의 DNA 가닥(old)과 새로 합성된 DNA 가닥(new)을 구분하는 효소가 있어야 한다. 이것은 오래된(old) DNA 가닥은 메틸기를 지니고 있지만 새로 합성된(new) DNA 가닥은 메틸기를 지니지 않기 때문에 구분이 가능하다. DNA의 메틸화는 DNA 메틸전이 효소(methyltransferase)에 의하여 아데닌과 시토신에서 일어난다. 복제분기점이 지나간 뒤 잠깐 동안은 주형(template)가닥에는 메틸기가 붙어있는 반면 새로 합성된 DNA에는 메틸기가 없어 일시적으로 반메틸화(hemi-methylated)상태를 유지한다. 불일치수선에서는 메틸화되지 않은 DNA 가닥(new)의 잘못 짝지어진 염기를 제거한다.

▌상동재조합 수선(Homologous recombination, HR)

DNA 이중가닥의 절단은 ionizing radiation 등에 의해 유도될 수 있다. 이러한 이중가닥 DNA의 절단은 전체 DNA 손상에서 작은 부분을 차지하지만 부적절하게 복구될 경우 심각한 영향을 줄 수 있으며, 이로 인해 유전체의 불안정성과 종양 발생을 야기할 수 있다. 상동재조합 수선이 일어나기 위해서는 자매염색분체(sister chromatid)의 상동 서열 사이에서 crossing -over(교차)가 일어나느냐 않느냐 여부에 따라 다르게 진행된다.

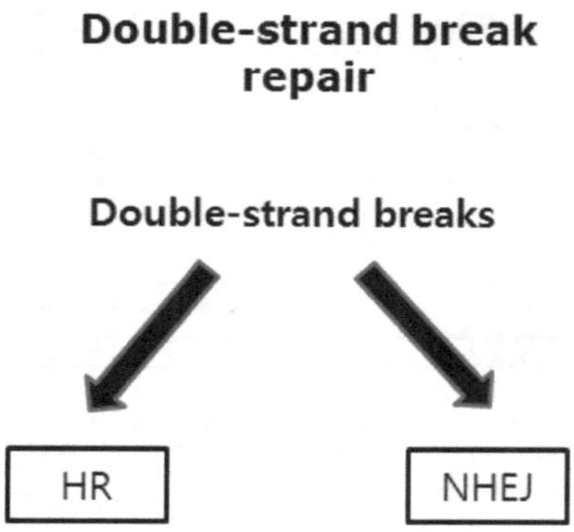

〈그림 7.15〉 DNA 이중가닥의 수리는 HR과 NHEJ에 의하여 일어난다

일반적으로 상동재조합은 늦은 S/G_2기에서 가장 활발하게 일어나며 실수가 없는(error-free) 기작으로 알려져 있다. 상동재조합 수선에는 많은 단백질들이 관여하는데 MRN 복합체, RAD51, RAD52, BRCA1, BRCA2 그리고 RAD51의 paralog들인 RAD51B, -C, -D, XRCC2, XRCC3 등이 있다. 상동재조합 수선은 pre-synapsis, synapsis, post-synapse 세 단계로 나눌 수 있는데, pre-synapse 단계에서는 상동재조합이 일어날 수 있게 하기 위해 5'→3' exonuclease 활성을 가지고 있는 MRE11-RAD50-NBS1(MRN) 복합체가 양 가닥의 3'-single -stranded DNA(ssDNA) overhangs들을 노출시키면서 시작된다. 이러한 DNA 말단 처리과정을 거쳐 생성된 3'-single-stranded DNA overhang에는 replication protein A(RPA)가 결합하고, 이를 이용하여 검문지점(checkpoint)에 관여하는 단백질들과 상동재조합수선에 관여하는 Rad51과 같은 단백질들이 연달아 리쿠르트(recruit) 된다. Rad51은 DNA-dependent ATPase로서 DNA에 nucleoprotein filament들을 형성하는데, BRCA2에 의해 DNA 이중가닥 절단부위로 유인된다. 그 다음 synapse 단계에서는 Rad51이 가닥교환(strand exchange)을 촉매하여 D-loop를 형성한다. post-synapsis 과정에서는 뉴클레오티드 서열을 합성하고 DNA를 연결해준다. 이 D-loop는 여러 가지 결과물을 생성할 수 있는데, 비교차(noncrossing-over)와 교차(crossing-over) 두 가지 방향으로 결과물이 만들어질 수 있다.

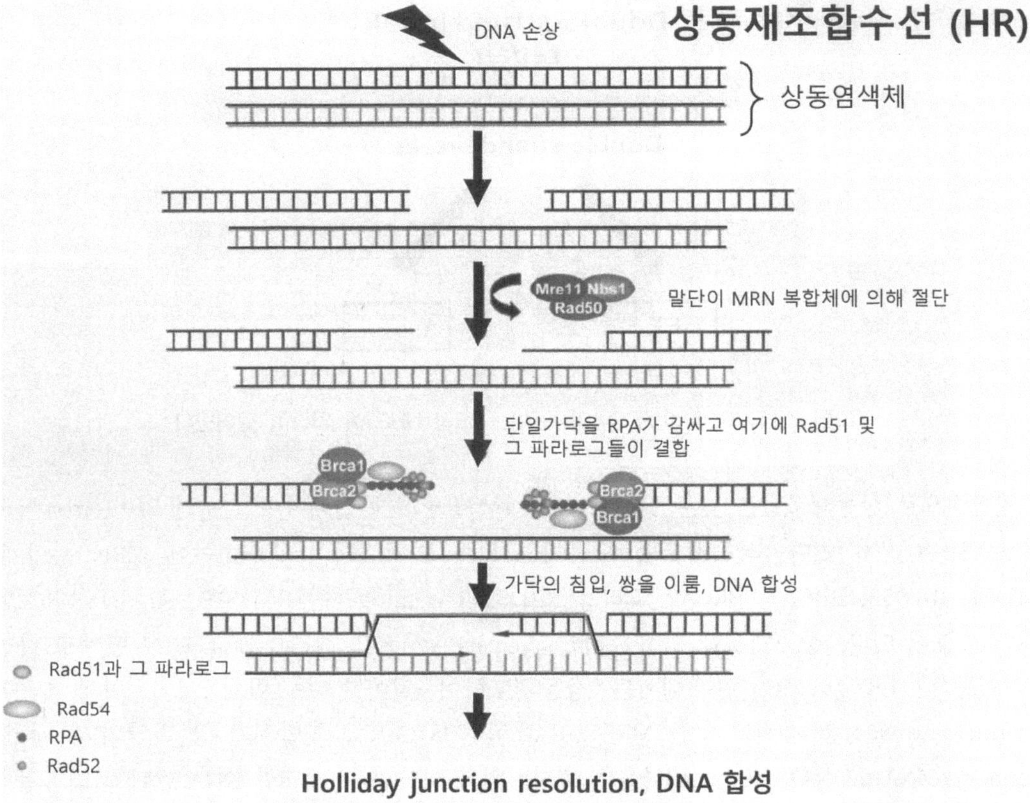

〈그림 7.16〉 상동재조합수리(HR)에 의한 수리 과정

비상동말단연결 수선(none homologous end joining : NHEJ)

DNA 이중가닥이 절단된 경우 원래의 염기서열을 재현하는 상동재조합(homologous repair, HR)과 DNA 절단면을 신속히 가공하여 접합시키는 NHEJ(non-homologous end joining)수선의 협력에 의한 복구가 일어난다. HR은 오류가 없는(error-free) 기작이지만 세포주기의 일부 기간((S/G_2기)에서 일어나며 속도가 느리다는 단점이 있다. 반면에 NHEJ는 속도는 빠르나 부정확하다(error-prone)는 문제점이 있다. HR은 일반적으로 DNA가 복제되고 자매염색체가 수선 주형(repair template)으로 사용될 수 있는 S기와 G_2기에 제한되는데 비해, NHEJ는 세포주기 전체에 걸쳐서 일어날 수 있지만 G_1기에 일반적으로 일어난다. 이러한 이유 때문에 이중가닥의 절단이 발생하면 NHEJ가 더 우세하게 일어난다고 한다. 즉 일단 DNA 절단(strand break)이 일어나면 어쨌든 빨리 DNA를 연결해주는 반응을 세포가 선호한다는 의미이다. 비상동말단연결 수선(NHEJ)의 경우는 끊어진 DNA 가닥을 바로 주위의 DNA와 접합시켰을 때 원래

상태의 DNA가 정확하게 다시 붙을 수도 있지만 그렇지 않은 경우가 더 빈번히 일어날 것으로 예측할 수 있다. 끊어진 DNA 가닥 말단에서 삽입(insertion)이나 삭제(deletion)가 초래되는 등 실수가 빈번한(error-prone) 방향으로 수리가 진행되는 경우도 다수이다. NHEJ에서 작용하는 주된 단백질로는 Ku, DNA-PKcs, DNA ligase IV, XRCC4 그리고 polynucleotide kinase/phosphatase(PNKP) 등이 있다. 가장 처음 이중가닥 절단 부위에 결합하는 단백질은 Ku70/80 heterodimer(이형접합체)이다. Ku 이형접합체는 절단부위에 결합한 후 DNA-PKcs와 상호작용하여 더욱 더 강력하게 절단부위에 결합한다. 그 다음 Ku 이형접합체는 다른 단백질들을 리쿠르트(recruit)하게 되며, 이 과정이 진행될 때 Ku 이형접합체는 인산화가 일어나며 절단부위의 가닥을 더 느슨하게 풀어주게 된다. 그 후 polymerase(μ와 λ) 그리고 ligase(XLF, XRCC4, DNA ligase IV)가 순차적으로 작용하여 비상동말단(nonhomologous ends)의 연결을 마무리한다.

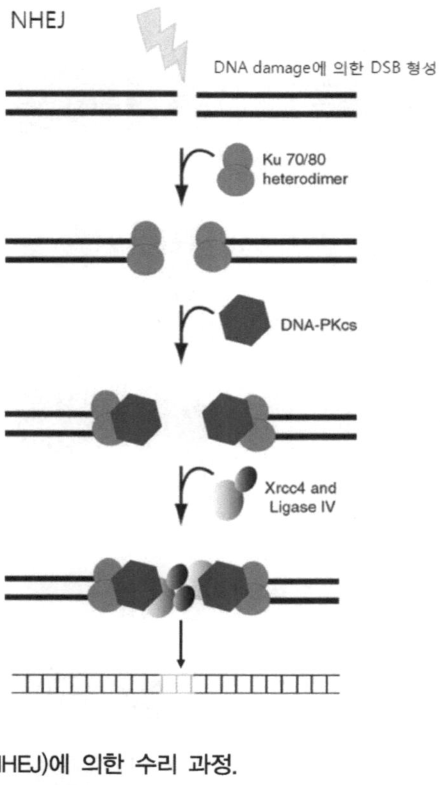

〈그림 7.17〉 비상동말단수선(NHEJ)에 의한 수리 과정.
NHEJ는 오류가 발생할 수 있다는 단점이 있다.

7.3 DNA 손상 반응(damage response)

DNA에 손상이 일어날 경우 세포는 이것을 인식하고 수선을 해야 한다. 만일 이러한 DNA 손상으로부터 회복되지 못하고 손상이 계속 축적될 경우 노화와 암을 가속화하는 결과를 초래한다. 다세포 진핵세포에서는 DNA 손상을 인식하여 보수하는 신호전달 연쇄반응(signal transduction cascade)인 DNA 손상반응(DDR) 경로가 효모로부터 사람에 이르기까지 진화적으로 잘 보존되어 있다. DNA 손상 checkpoint는 DNA 손상을 인지하는 **감지(sensor)**단백질에 의하여 활성화가 일어나고, DNA 손상 신호를 전달하는 'transducer' 단백질에 의해 신호의 증폭과 전달이 일어나며, 최종적으로 'effector'들에 의해 목표(target) 단백질들을 조절함으로써 세포반응들을 유도하게 된다.

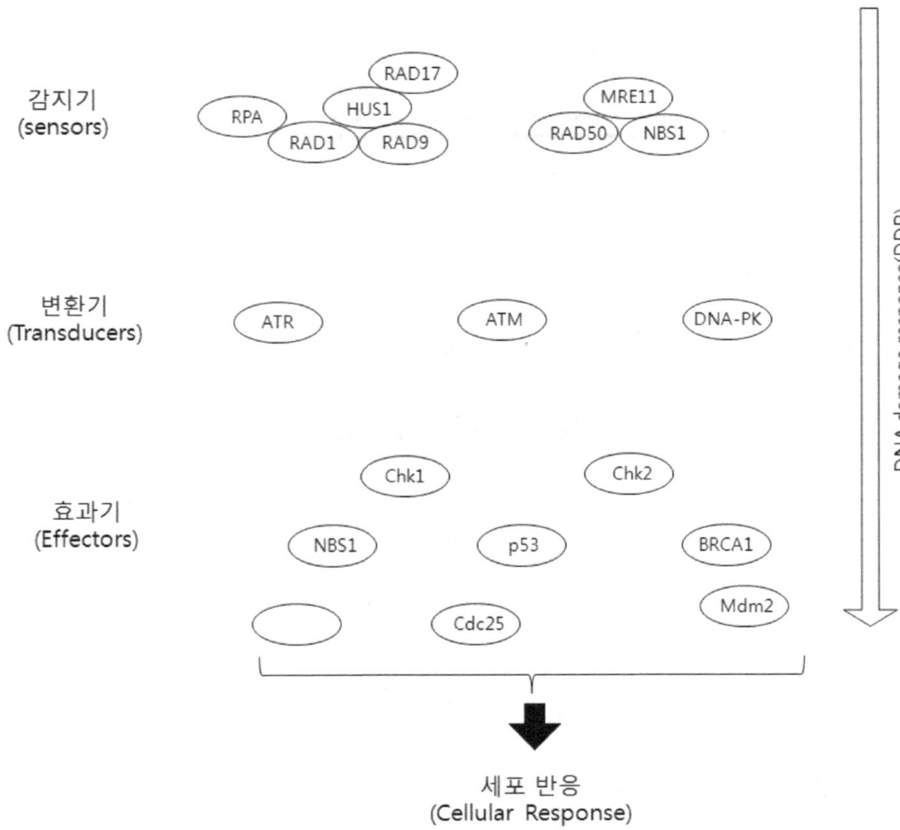

〈그림 7.18〉 DNA 손상반응의 단계는 감지기, 효과기, 변환기로 나뉜다.

▌감지기(Sensors)

DNA 손상 반응(DDR)에서 손상된 부위를 인식하는 것이 가장 우선적으로 일어나야 할 반응인데 이것은 감지(sensor) 단백질들에 의해 일어난다. DNA에 손상이 일어나면 multi -protein 복합체(구성성분은 어떤 종류의 반응인가에 따라 달라짐)가 손상된 부위에 결합한다. **MRN 복합체**를 예를 들어 보면, 3'→5' exonuclease MRE11A, Rad50 ATPase, 조절단백질 NBS1 등 세 단백질로 구성된 복합체가 이중가닥절단(DSB)을 찾아내서 가공(processing)을 시작하는 초기 역할을 담당한다. 복제시 복제포크(replication fork)의 멈춤(stalling)이나 DNA 단일가닥 절단의 경우에 다른 종류의 DNA 손상경로(DDR)를 활성화한다. DNA 중합효소가 진행을 못할 때 헬리카제는 앞쪽의 이중가닥을 지속적으로 풀어주고, 이 결과 만들어진 단일가닥 DNA는 단일가닥 결합단백질인 RPA(replicative protein A)가 결합하여 안정화시킨다. DNA 손상부위에 다중단백질 복합체(multiprotein complex)를 형성하고 재빠르게 그 규모를 확장해 핵중점(nuclear foci, DNA damage heterochromatin foci)을 형성하는데, nuclear foci(핵중점)는 많은 DNA 수선단백질들과 검문지점(checkpoint) 단백질들을 포함하고 있어 매우 역동적(dynamic)이면서 분자량이 큰(giga-dalton sized) 복합체를 이룬다. foci(중점)란 항체를 사용한 면역염색에서 점(dot) 또는 얼룩(speckle)처럼 나타나는 부위인데, 'nuclear foci(핵중점)'의 생성은 DNA 손상반응(DDR)의 가장 대표적 특징이라고 말할 수 있다. DNA 손상이 일어난 후 수분(several minutes)에서 하루 정도 중점(foci) 관찰이 가능하고 여러 단백질들의 작용에 의해 수선이 일어나 복구되면 중점은 사라지게 된다.

▌변환기(Transducers)

DNA 손상반응신호(DDR signal)는 변환기(transducer) 단백질에 의해 신호가 증폭되어 전달이 일어날 수 있다. phosphoinositide-3-kinase-related protein kinase(PIKK) family의 인산화효소가 DNA 손상반응의 일차적인 변환기(transducer) 단백질 역할을 수행한다. 여기에는 대표적으로 ATM(ataxis-telangiectasia mutated)과 ATR(ATM and Rad3-related) kinase 그리고 DNA-PK(DNA-dependent protein kinase) 등이 속한다. DNA 이중가닥절단(DSB)이 만들어진 이후 수 분 이내에 ATM은 foci(중점) 부위에 결합하고 활성화가 일어난다. 활성화되어 인산화가 일어난 ATM은 여러 시간동안 안정하게(stable) 남아있다. ATM은 ionizing radiation(IR)에 의해 생긴 이중가닥절단(DSB)에 우선적으로 반응하여 'checkpoint'를 활성화시키는 역할을 한다. ATM은 DNA에 손상이 일어나면 p53을 인산화를 통해 p21(Waf-1)을 활성화시켜 G_1기에서 S기로 진행하는데 중요한 인자인 E2F의 활성화를 막음으로써 G_1기에서 S기로 넘어가는 것을 세포주기 차단(cell-cycle arrest)시킨다. 또한 ATM은 Chk2를 인산화시키고, 인산화된 Chk2가 Cdc25를 다시 인산화해 불활성화시킴으로 결과적으로 세포주기 차단(cell cycle arrest)

을 유도하면서 DNA 수선(DNA repair) 기작은 촉진한다. AT(ataxia telangiectasia) 세포에서는 이러한 세포주기 차단 기전에 결함이 있어 DNA가 비정상적인 상황에서 세포분열이 계속 진행됨으로써 세포사멸 증가를 초래하는 것으로 생각된다. DNA 손상 신호가 없을 때 ATM은 불활성화된 이량체(dimer)로 존재하는데, DNA 손상반응에 의하여 MRN 복합체에 의해 리쿠르트(recruit)가 일어난 이후 활성화된다. MRN 복합체는 ATM에 의해 인산화가 일어나고 이 과정은 하부(downstream) target 단백질들을 활성화시킴으로써 세포의 손상반응을 유도한다.

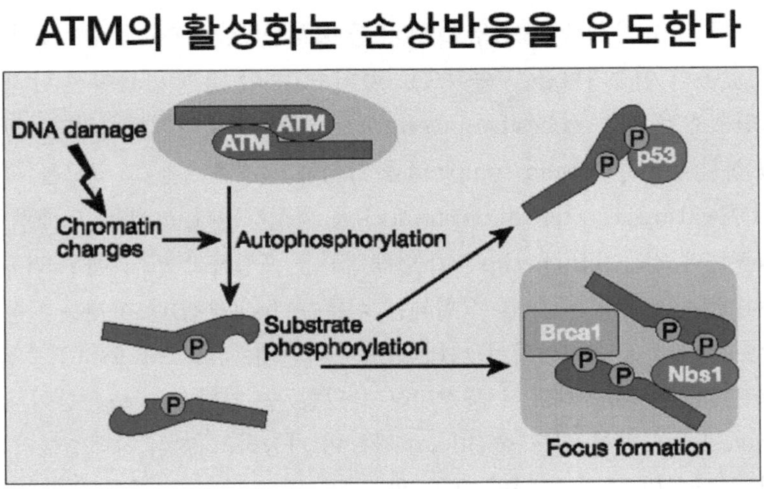

From Bakkenist and Kastan. 2003. *Nature* 421:499-506.

〈그림 7.19〉

손상신호가 없을 때 ATM은 이량체 상태로 존재하며, DNA 손상 신호가 오면 자가인산화(autophosphorylation)가 일어나고 이어서 여러 기질들을 인산화시킨다. 여러 기질들 가운데서도 ATM은 p53을 인산화함으로써 활성화시킨다. 손상된 DNA의 가장 큰 특징은 중점(foci)을 형성하는 것인데, foci는 DNA 손상의 회복에 작용하는 BRCA1과 NBS1과 같은 단백질들이 복합체를 이루고 있는 것이며 DNA에 회복이 일어나면 foci는 사라진다.

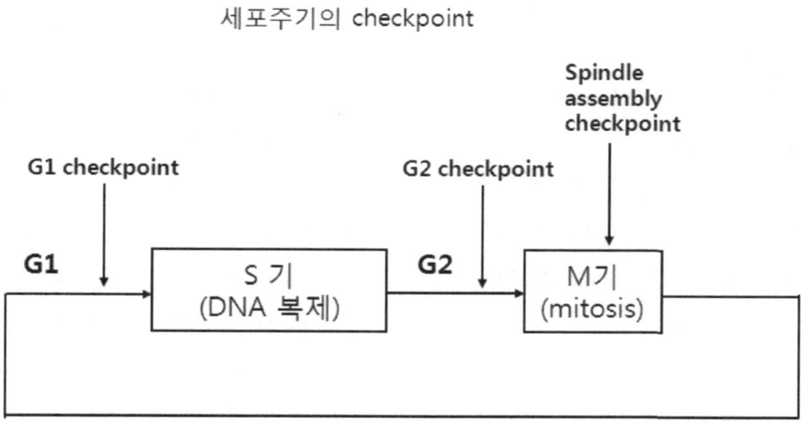

〈그림 7.20〉
DNA의 안정적인 상태를 유지하기 위하여 세포에는 DNA 손상을 인지하는 checkpoint(검문지점)가 존재한다. 이 검문지점의 종류에는 G1 checkpoint, G2 checkpoint, spindle assembly checkpoint 등이 존재한다. G1 checkpoint에서는 DNA 복제를 앞두고 잘못된 DNA가 없는가를 검사하며, G2 checkpoint에서는 DNA 복제가 끝난 뒤 제대로 DNA 복제가 정확히 일어났는가를 확인하는 역할을 한다. G1 체크포인트에서 DNA 손상이 발견되면 S기로 들어가기 전에 DNA 수선계를 이용하여 DNA를 복구한다. G2 체크포인트는 DNA 손상을 받았거나 S기가 끝나지 않았는데도 M기로 진입하는 것을 차단한다. spindle assembly 체크포인트에서는 유사분열 중에 올바르게 염색체가 분리되고 유전적으로 동일한 핵이 만들어지는가를 확인하는 역할을 한다.

이중가닥절단에 관여하는 ATM과 달리, ATR과 그리고 ATR의 고전적 기질(canonical substrate)인 Chk1은 생쥐에서 필수적(essential) 요소이며 유전체(genome)의 온전함(integrity)을 유지하는 역할을 수행한다. ATR은 이중가닥절단(DSB)에 의한 손상에 대해서는 도와주는 역할만 수행하고, DNA 복제시 유발되는 복제포크의 중단(stalled replication fork)이나 자외선에 의한 DNA 손상반응에 있어서는 일차적 중재자(primary mediator)로서 작용한다. 손상된 단일가닥 DNA에 RPA 복합체(RPA, Rad17, Rad9-Rad1-Hus1)가 결합하면 ATR의 리쿠르트가 일어나며, ATR에 의한 복합체 구성원들의 인산화가 신호전달에 중요한 역할을 한다. 이 외에도, 자외선, DNA 단일가닥손상, 알킬화제 등도 ATR 경로를 활성화시키는 요소들이다. ATR에 의하여 인산화가 일어난 Chk1은 DNA 손상 발생이나 DNA 복제의 중단(stalling)이 일어났을 경우 mitosis(유사분열) 진행을 정지시키는 역할을 하고 spindle assembly checkpoint 기능에도 연관되어 있다.

효과기(Effectors)

DNA 손상의 신호는 변환기(transducer) 단백질에 의해 증폭되어 효과기(effector) 단백질에 전달됨으로써 효과기 단백질이 최종 목표(target) 단백질들의 활성을 조절함으로써 세포반응을 유도하게 된다. 변환기 단백질인 ATM과 ATR은 효과기 단백질들을 활성화함으로써 세포주기의 진행(cell cycle progression), 세포주기 정지(cell cycle arrest), DNA 수선, 세포노화, 세포사멸 등 다양하게 세포의 운명(cell fate)을 상황에 따라 조절할 수 있다. DNA 손상반응의 활성화가 일어난 이후, ATM과 ATR에 의해 중재되는 인산화 그리고 여러 가지 종류의 전사 후 수식(예, 유비퀴틴화, 메틸화 등)은 염색질(chromatin)의 remodeling을 일으키고 이와 더불어 p53, BRCA1, Mdm2, FANCD2, NBS1 등의 다른 단백질들을 중점(foci)으로 불러 모은다. foci에 모집되는 단백질의 종류는 DNA 손상의 종류(type)와 DNA 손상이 일어난 시기(time)에 따라 달라질 수 있다. 현재까지 전리방사선이나 자외선에 반응하여 ATM이나 ATR에 의해 인산화가 일어나는 단백질들이 700 종류가 넘는다는 것이 알려지고 있는데, ATR은 Chk1을 Ser317과 Ser345에서 인산화하여 유도한다. ATM은 전리방사선에 의한 손상이 발생한 후 Chk2를 인산화시키고 인산화된 Chk2가 Cdc25를 다시 인산화시켜 불활성화 시킴으로 결과적으로 G_2기에서 M기로 세포주기가 진행하는 것을 차단한다. 효과기 단백질들은 세포주기를 멈추게 하고 DNA 손상의 회복에 관여한다. DDR 경로와는 관련이 없는 많은 경로(인슐린 신호, RNA splicing, spindle checkpoint, tumor suppressor, chromatin remodeling 등)의 단백질들이 ATM과 ATR의 기질로 사용됨이 밝혀졌는데, 이 부분에 대해서는 보다 많은 연구를 필요로 한다.

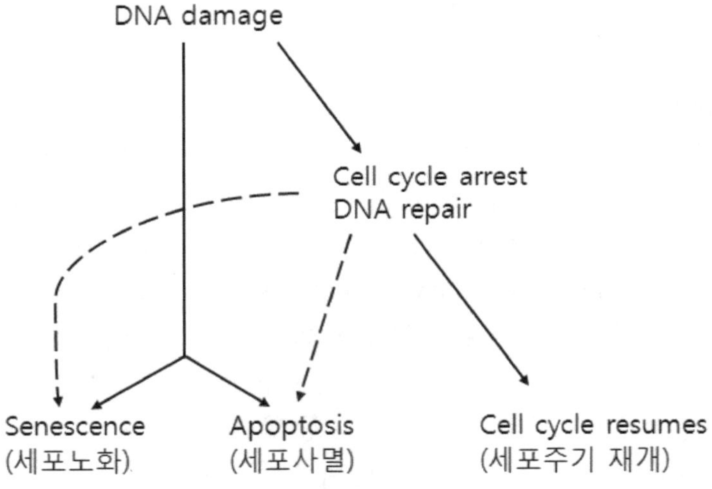

〈그림 7.21〉
DNA 손상이 일어나면 세포주기를 정지하고 DNA 손상에 대한 수선을 시작한다. DNA 수선이 성공적으로 이루어지면 세포는 그들의 세포주기를 재시작하여 증식 프로그램을 지속한다. 심각한 유전적 손상에 의하여 DNA 손상이 성공적으로 회복되지 못했을 경우 세포는 세포주기를 지속적으로 정지하거나 세포사멸을 통해 제거가 일어난다.

7.4 노화와 DNA 손상

▌노화세포와 유전자의 손상

ROS에 의한 산화적 스트레스 때문에 노화된 세포에서는 DNA 손상이 더 축적이 될 것이라는 예측이 있는데 실제로 여러 보고서에서 노화된 세포에서 DNA 손상이 증가하였다고 보고하였다. DNA 손상은 염기의 소실, 교차결합(cross-link), DNA 절단, 염기의 변형 등 여러 종류의 형태로 나타난다. 이러한 DNA 손상은 결국 유전자의 기능 저하, 돌연변이에 의한 단백질의 변형, 단백질 발현 이상, 효소기능의 변화, 대사 기능 및 조절 기능의 이상 등으로 나타나서 세포의 기능 소실 및 이상, 조직 기능의 소실, 노화, 암세포화 등을 초래한다. 종합해보면 노화된 개체에서는 노화된 세포의 축적으로 기관과 조직의 기능이 점차 감소되어 노화의 현상이 인체에 나타나고, 노화된 세포의 경우는 암발생 확률도 증가한다. 사람의 각각의 세포는 하루에도 수십 만 건의 DNA 손상이 일어나는데 대부분은 세포가 보유한 다양한 수선 기작에 의하여 복구가 일어난다. DNA 손상과 복구의 속도가 서로 균형이 맞을 때는 건강한 상태를 유지하고, DNA 손상의 속도가 복구되는 속도보다 빠를 때는 노화 또는 암을 촉진하게 된다.

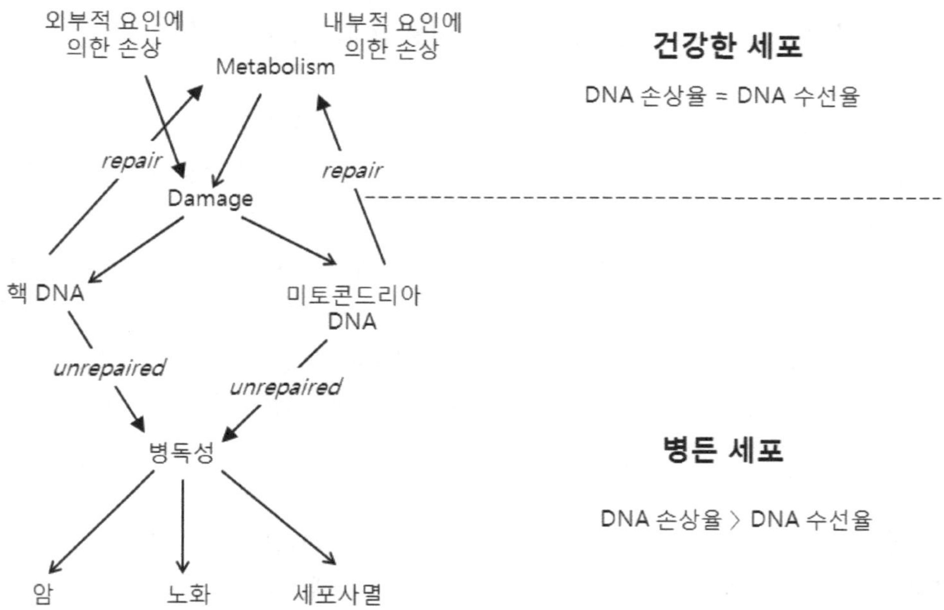

〈그림 7.22〉
핵 DNA 및 미토콘드리아 DNA는 외부적 요인이나 대사과정 중 발생하는 활성산소 등에 의해 변이를 일으킬 수 있다. DNA 손상이 일어난 만큼 수선이 일어나면 건강한 상태를 유지할 수 있다. 만약 손상된 것을 완전히 수선하지 못할 경우는 병독성을 가지게 되고 이러한 병독성은 암과 노화를 촉진하는 원인이 된다.

노화세포의 DNA 수선

포유동물의 DNA 수선 활성은 크게 DNA 염기의 치환, 염기의 소실이 일어난 경우에 염기를 바꾸어주는 염기절제수선(BER), 자외선에 의해 생성된 피리미딘 이량체를 주로 수선하는 뉴클레오티드 절제수선(NER), 이중가닥의 절단을 수선하는 DSBR, 복제후 미스매치가 있을 때 불일치 수선(MMR), DNA 복제가 일어날 때 strand exchange에 의해 잘못된 부분을 회복시켜주는 상동재조합 수선(HR), DNA 중합효소가 중합을 할 때 인식되지 못하는 뉴클레오티드는 임의로 아무 뉴클레오티드나 집어넣는 translesion repair(TR) 등을 들 수 있다. DNA 이중가닥의 절단은 종종 심각한 결과를 초래할 수 있다. 이와 같은 이중가닥 절단을 수선하는 데는 정확하게 수선이 일어나는 상동재조합 수선(HR)과 오류가 많이 일어날 가능성이 있는 비상동말단 수선(NHEJ)에 의한다. NHEJ는 빠르게 일어나지만 부정확하다는 단점이 있다. 세포의 입장에서는 끊어진 상태에 남아있는 것보다는 일단은 잘못이 있더라도 연결된 것을 선호한다는 것이다. 따라서 포유동물에 일어나는 대부분의 DNA 이중가닥 절단은 대부분 NHEJ에 의해서 수선이 일어난다. 동일한 DNA 손상에 대해서 두 종류 이상의 DNA 수선 활성이 관여할 수도 있으며 각각의 활성에 대하여 5개 이상의 단백질 인자들이 관여하는 것으로 알려져 있다. 노화함에 따라 이중가닥 절단수선(DSBR)의 활성이 급격하게 감소하는 것이 세포노화의 과정에서 보고가 되었다. 또 염기절제수선(BER), 그리고 뉴클레오티드 절제수선(NER)의 경우도 노화하는 세포에서 그 활성이 감소하는 것이 밝혀졌다(다른 수선 기작도 노화에 따라 감소가 일어난다).

아래 그림은 젊은 세포와 늙은 세포에서의 DNA 수선을 나타내는 것이다. DNA 이중나선 손상이 일어나면 ATM, ATR, DNA-PK 등에 의하여 histone variant인 H2AX에 인산화가 일어나는데, H2AX의 인산화된 형태를 'γ-H2AX'라 부른다. H2AX는 실질적으로 모든 뉴클레오좀에 존재하는 풍부한 H2A 히스톤의 변형된 형태이며, 염색질 전체의 H2A 히스톤을 대체한다. 염색체 DNA에 이중가닥절단이 일어나면 다른 히스톤이 아닌 H2AX 분자가 주로 ATM과 ATR kinase에 의해서 인산화가 일어난다. 이것은 H2AX 분자의 카복시말단 4번째 있는 세린기에서 일어나며, 이렇게 인산화가 일어난 H2AX는 break 주변의 광범위한 염색체 주변에서 관찰된다. 인산화된 H2AX, 즉 γ-H2AX는 DNA 손상이 일어난 부위로 BRCA1과 NBS1과 같은 DNA 복구단백질들을 유도하고 축적하는 역할을 하여 손상의 회복을 돕는 것으로 알려진다. 젊은 세포의 경우 DNA 손상이 일어났을 때 DNA 수선기작을 나타내는 γ-H2AX foci의 수가 DNA 손상이후 급격히 증가하여 효율적으로 수선이 일어나는 것에 반하여, 늙은 세포에서는 소수의 γ-H2AX foci가 형성되고 오랜 시간에 걸쳐 축적이 일어난다. 이것은 늙은 세포에서 DNA 수선이 오랜 시간에 걸쳐 느리게 일어남을 나타내는 것이다.

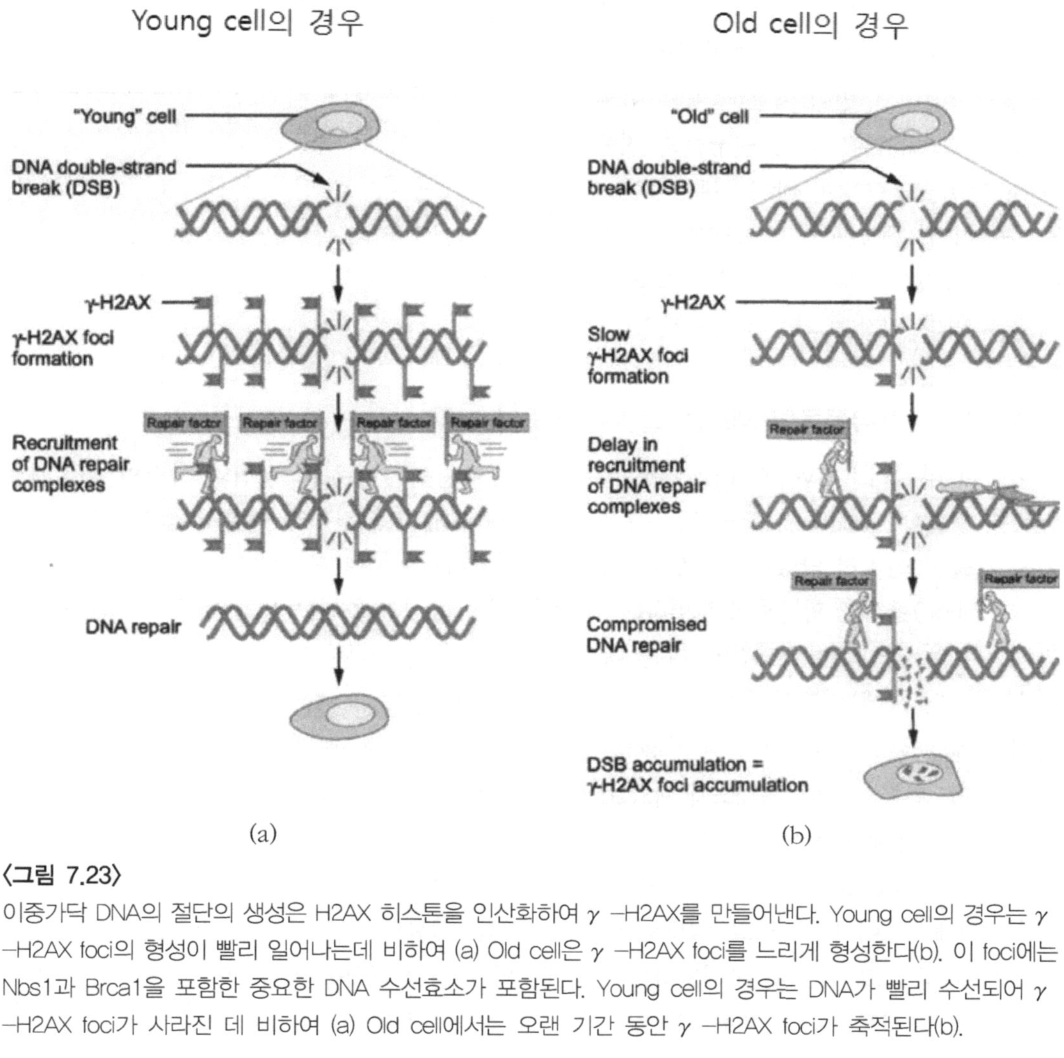

(a) (b)

〈그림 7.23〉

이중가닥 DNA의 절단의 생성은 H2AX 히스톤을 인산화하여 γ –H2AX를 만들어낸다. Young cell의 경우는 γ –H2AX foci의 형성이 빨리 일어나는데 비하여 (a) Old cell은 γ –H2AX foci를 느리게 형성한다(b). 이 foci에는 Nbs1과 Brca1을 포함한 중요한 DNA 수선효소가 포함된다. Young cell의 경우는 DNA가 빨리 수선되어 γ –H2AX foci가 사라진 데 비하여 (a) Old cell에서는 오랜 기간 동안 γ –H2AX foci가 축적된다(b).

노화된 세포에서는 DNA 손상이 더 많이 축적되기 때문에 당연히 이를 회복하기 위한 DNA 수선기작도 더 많이 필요하지만 실제로는 그렇지 못하다. 그러므로 유전자의 손상과 그 손상의 축적은 노화가 진행됨에 따라 더욱 더 증가할 수밖에 없다. 어떻게 노화가 진행할수록 DNA repair 활성의 저하가 일어나는지 그것에 대한 자세한 기작은 아직도 잘 알려지지는 않는다.

개체의 수명과 DNA repair 활성도는 비례한다

1974년 Hart와 Setlow는 수명이 긴 동물의 섬유아세포는 수명이 짧은 동물의 섬유아세포보다 자외선에 의한 DNA 손상을 더 빨리 회복한다고 보고하였다. 세포에 자외선(UV)을 조사하면 피리미딘 이량체 등 크로스링크를 수반하는 손상을 유발하는데 이러한 손상은 주로 뉴클레오티드 절제수선(NER)에 의하여 수선이 일어난다. 이 말의 뜻은 수명이 긴 동물의 뉴클레오티드 절제수선이 수명이 짧은 동물의 뉴클레오티드 절제수선보다 더 효율적으로 일어난다는 것이다. 그 뒤 많은 다른 연구들의 진행에 의해서 수명이 긴 동물의 다른 수선 기작(BER, DSBR 등)들도 수명이 짧은 다른 수선 기작보다 더 효율적으로 일어난다는 것이 밝혀졌다. 즉 수명이 긴 동물은 미토콘드리아에서 만들어내는 ROS에 의해 끊임없이 일어나는 DNA 손상을 더 효율적으로 회복함으로써 노화의 진행 속도를 낮추고 암의 발생률도 낮추어 결과적으로 개체 수명의 연장을 가능케 한 것으로 보인다.

▌수명이 긴 포유동물의 세포는 불멸화 확률이 낮다

원숭이 바이러스 SV40의 oncogene인 large T 항원을 이용하여 생쥐와 사람의 조직배양 세포를 불멸화(immortalization)하는 실험을 하였을 때 사람의 경우가 생쥐의 경우보다 불멸화되는 확률이 현저히 낮았다. 세포의 불멸화(immortalization)란 동물세포가 반영구적인 증식(proliferation)활성을 획득하여 사멸하는 일 없이 계속 증식하게 되는 상태를 말하며 암 발생과 관련이 있는 상태이다. 생쥐와 인간 태아의 fibroblast(섬유아세포)를 계대배양하면 일정한 횟수의 분열 후에는 분열을 멈추고 더 이상 분열을 하지 않고 세포의 모양이 넓게 퍼지면서 커지고, senescent-associated β-galactosidase(SA-β-gal) assay에 의해 세포가 파랗게 염색이 되는데 이 상태가 바로 '**복제노화(replicative senescence)**'로 불리는 비가역적인 성장정지이다. 복제노화란 사람의 정상 세포가 무한히 분열하지 못하고 일정 횟수 분열 후에는 세포노화(cellular senescence) 상태로 들어가는 것을 말한다. 즉 세포가 제한된 수의 분열 후 더 이상 세포분열에 들어가지 않고 있게 되는 상태를 '복제성 세포노화(replicative cellular senescence)' 라고 부른다. 복제노화는 정상세포의 분열 잠재력을 제한하여 암 발생을 억제하고 있는데, 암세포가 되기 위해서는 반드시 이 과정을 우회(circumvent)해야만 한다. 복제노화가 일어날 때에 전형적인 성장정지 연관 단백질인 phospho-p53, p21, p16의 발현이 모든 포유동물의 노화된 섬유아세포에서 증가가 일어나므로 복제노화의 현상은 여러 포유동물 사이에서 유사한 과정으로 생각된다. 이 복제노화에 이르기까지 최대분열 횟수는 포유동물의 수명과 비례하여 사람이 50~70회로 가장 많고 생쥐는 8~10번으로 사람보다 훨씬 작았다. 즉 수명이 긴 포유동물 일수록 노화도 늦게 진행이 됨을 나타내는 것이다. 사람과 생쥐의 차이는 사람의 체세포에는 염색체 말단을 보호하는 구조인 텔로미어 길이를 유지해주는 텔로머라제 활성(telomerase activity)이 세포 내에는 존재하지 않으나, 생쥐의 경우는 세포내에 텔로머라제 활성이 존재한다는 것이다. 생쥐의 세포에는 텔로머라제 활성이 있기 때문에 불멸화 확률은 높은 것으로 관찰된다. 왜냐하면 지금까지의 보고에 의하면 텔로머라제의 활성은 암세포와 같이 계속 자라는 세포에서 활성이 나타나기 때문이다. 결론적으로 수명이 긴 포유동물의 세포는 복제적 노화에 이르기 전까지의 최대 분열 횟수가 많아 노화가 늦게 진행이 되고, 또한 텔로머라제 활성은 없어 불멸화 또는 암발생률이 낮아 긴 수명을 갖게 되는 것으로 설명이 가능하다.

참고문헌

1. Bakkenist, C. J. and M. B. Kastan. (2003). "DNA damage activates ATM through intermolecular autophosphorylation and dimer dissociation." *Nature* 421:499-506.
2. Gensler, H.L. and Bernstein H. (1981). "DNA damage as the primary cause of aging." *Q Rev Biol* 56(3):279-303.
3. Hart, R. W. and R. B. Setlow. (1974). "Correlation between deoxyribonucleic acid excision-repair and life-span in a number of mammalian species." Proc Natl Acad Sci U. S. A. 71(6):2169-73.
4. Lombard, D. B., K. F. Chua, et al. (2005). "DNA repair, genome stability, and aging." *Cell* 120:497-512.
5. McKinnon, P. J. (2009). "DNA repair deficiency and neurological disease." *Nature* 10:100-12.
6. Menck, C. F. and V. Munford. (2014). "DNA repair diseases: What do they tell us about cancer and aging?" *Genet Mol Biol* 37:220-233.
7. Misteli, T. and E. Soutoglou, E. (2009). "The emerging role of nuclear architecture in DNA repair and genome maintenance." *Nat Rev Mol Cell Biol* 10(4):243-54.
8. Sedelnikova, O. A., I. Horikawa, et al. (2008). "Delayed kinetics of DNA double-strand break processing in normal and pathological aging." *Aging Cell* 7:89-100.
9. 김창준. (2014). "플로퍼 세포생물학." 범문에듀케이션.
10. 오상진. (2012). "일반미생물학." 전남대학교 출판부.
11. 이재용. (2009). "유전자 손상과 회복 (DNA damage and repair)에 의한 노화." *Bioin 스페셜 WebZine* 2009년 8호.
12. 이한웅. (2012). "암의 생물학." 월드사이언스.

CHAPTER 08

유전체 불안정성과 노화

유전체불안정성(genomic instability)이란 염색체가 소실되거나 짧아지는 등 염색체의 수(number)나 구조(structure)의 이상 또는 염기서열 변이(nucleotide sequence change) 등으로 말미암아 유전체의 안정성(genome stability)이 저해되는 현상을 의미하며 노화와 암에 공통적으로 관여한다. 체세포는 활성산소종(ROS), 자외선(UV), 환경에 존재하는 여러 돌연변이원(mutagen)에 지속적으로 노출되어 있으며 지속적으로 위협을 받고 있다. 하나의 세포에는 하루 동안에도 수 만~수십 만 건(event)의 DNA 손상이 일어나고 있는데, 세포는 이에 대하여 이러한 손상을 제거하고 원래에 가지고 있던 정확한 유전정보를 유지하기 위하여 진화적으로 정교한 시스템을 지향하게 되었다. 그러나 때때로 이러한 시스템이 제대로 또는 효율적으로 작동하지 않아 돌연변이(mutation)와 후성변이(epimutation)가 발생하기도 한다. 사람, 쥐, 초파리 등의 여러 기관과 조직에서는 노화가 일어나면서 많은 돌연변이가 축적이 되어 가고 있으며 이러한 돌연변이들이 노화와 암에 영향을 끼칠 수 있다는 것이 여러 실험을 통해 입증되었다. 특히 유전체 불안정성은 암의 직접적인 원인으로서 잘 알려져 있다.

유전체 안정성과 노화

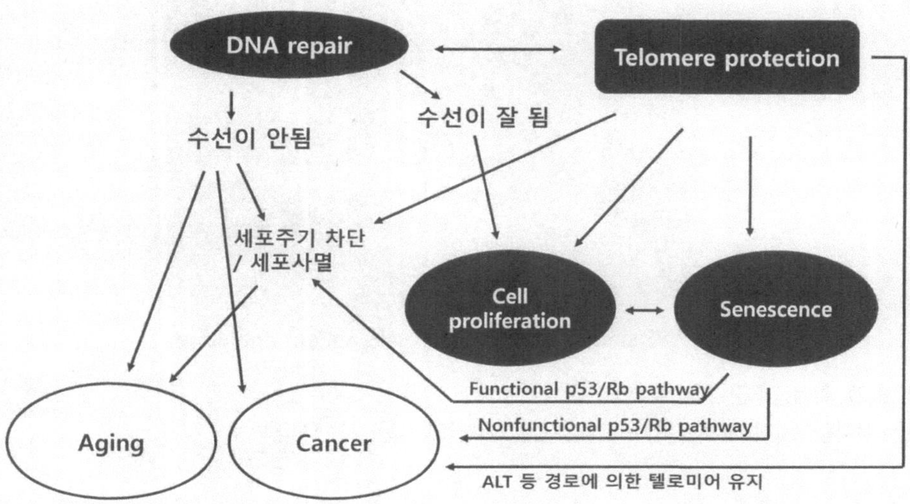

〈그림 8.1〉 유전체 안정성과 노화.
유전체의 불안정성은 노화와 암에 관여한다.

생물체에서 노화 자체는 생물의 자연스러운 과정이지만 유전자 손상의 발생에 의해서 노화가 가속화되는 질병이 있는데 이를 조로증(progeroid syndrome)이라고 부른다. 조로증은 조기노화(premature aging)의 여러 특징을 나타내는 질환이다. 조로증은 매우 낮은 빈도로 나타나는데, 소아 초기에 발병하여 20대가 되기 전에 대개 사망하는 허친슨-길포드증후군(Hutchinson-Gilford progeroid Syndrome, HGPS) 그리고 좀 더 늦은 시기에 발병하는 워너증후군(Werner Syndrome, WS)이 가장 대표적인 예이다. 적어도 10개 이상의 선천성 조로증에서 DNA 복구 시스템의 일부 구성요소에서 유전적 결함을 나타낸다. 유전체의 안정성을 유지하는데 중요한 유전자의 변이는 다양한 유전병의 원인이 되고 이런 유전병들을 대개 암 발생을 동반하는 경우가 많다. 결과적으로 암과 노화는 나이가 들어가면서 초래되는 유전체의 불안정성이 공통적인 원인으로 작용할 가능성이 높다.

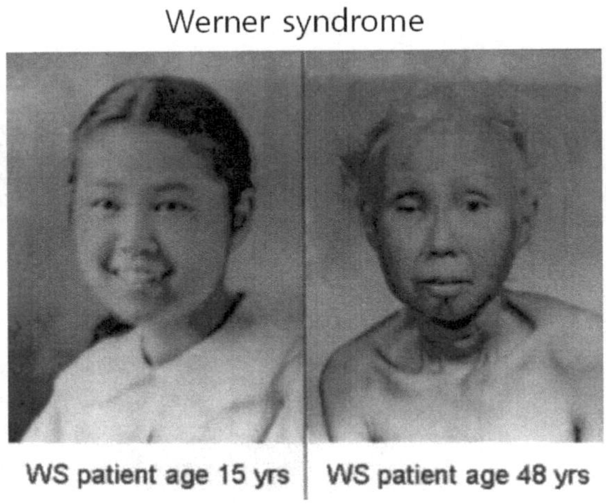

〈그림 8.2〉 워너증후군 환자.
왼쪽은 환자의 15세 때 사진이며 오른 쪽은 48세 때 찍은 사진이다.

〈표 8.1〉
유전체 안정성에 관여하는 유전자들의 돌연변이에 의해 초래되는 질환

증후군(syndrome)		돌연변이된 유전자	영향을 받는 경로
조로증	코케인증후군(CS)	CSA, CSB	TC(transcription coupled)-NER
			GG-NER
	TTD	XPB, XPB, TTDA	partial GG/TC-NER
	Dyskeratosis congenita(DC)	DKC1, TERC1	telomere maintenance
	HGPS	LMNA	nuclear lamina function
암	유방암	BRCA1, BRCA2	DSB repair(HR)
	Li-Fraumeni	p53	checkpoint control
	hereditary non-polyposis colectal cancer(HNPCC)	Msh2:Mlh1	Mismatch repair
	XP	XP 유전자들	GG-NER
조로증 + 암	Fanconi anemia(FA)	FANC, BRCA2	DNA crosslink repair
	Ataxia teleagiectasia	ATM	DSB repair
	Bloom	BLM	mitotic recombination
	Werner	WRN	telomere maintenance, DNA recombination end repair

8.1 조로증

인간에 있어서 최초로 조로증 환자를 발견한 것은 약 100년 전으로 거슬러 올라간다. 소위 '**부분적 노화증후군(segmental progeroid syndrome)**'이라 불리는 질병은 DNA 구조가 발견되기 훨씬 이전부터 보고되어 왔다. '부분적 노화증후군'이라 함은 인체 노화의 보편적 변화가 모두 나타나지 않고 질병에 따라서 부분적으로 나타난다고 하여 이런 명칭을 붙이게 되었다. 이와 같은 조로증의 원인을 살펴보면 Hutchinson-Gilford syndrome의 경우 핵 구조의 안정화에 기여하는 **lamin A**, Werner syndrome(WS)의 경우 DNA 이중가닥 절단을 수선하는 **WRN 단백질**, Cockayne syndrome(CS)의 경우는 transcription-coupled NER(TCR)에 관여하는 **CSA와 CSB**, Ataxia telangiectasia(AT)의 경우는 DNA 손상 반응에 관여하는 **ATM 유전자** 등이 그 원인이었다. 이와 같이 다양한 여러 유전자가 원인으로서 관여하지만 공통적인 점은 이 유전자들이 체내의 유전체 안정성(genomic stability)에 기여하고 있다는 점이다. 이러한 유전자들에서 돌연변이가 발생할 때 유전체 유지에 결함이 발생하게 되고 이것이 조로증을 일으킬 수 있는 것이다. 본 장에서는 여러 조로증 가운데 하나이며, WRN 유전자의 돌연변이가 원인인 워너증후군을 통해 유전체의 불안정성과 노화의 관계를 알아보기로 한다.

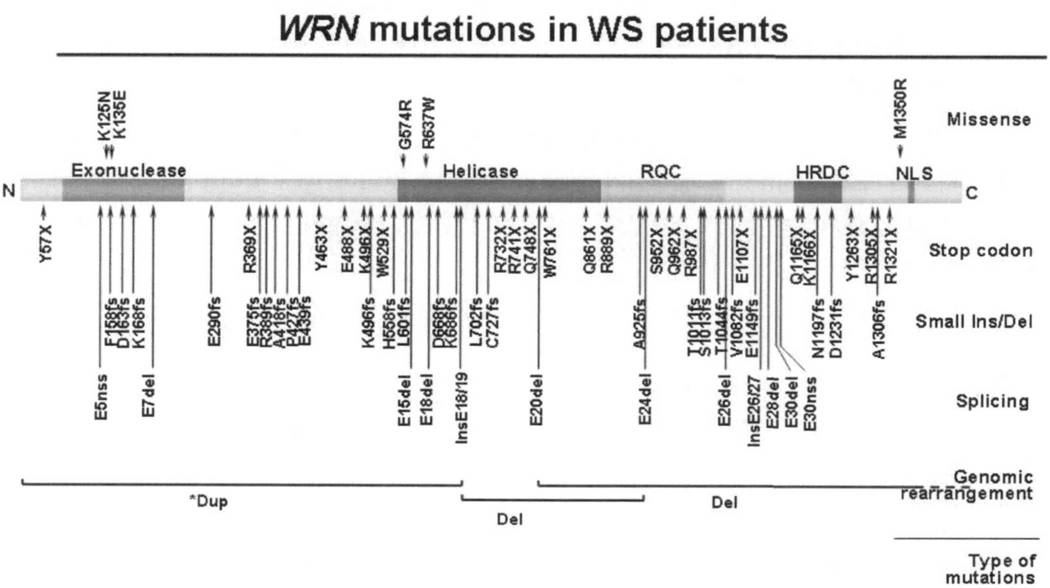

〈그림 8.3〉 보고된 WRN 돌연변이.

인간의 WRN 단백질은 1432개의 아미노산으로 구성되어 있는데, 워너증후군(WS) 환자로부터 다양한 돌연변이가 보고되어 있다. WRN 유전자 돌연변이는 텔로미어 상실, DNA 복제 및 수선시스템에 종합적으로 문제가 발생하는 형태의 유전체 불안정성을 초래한다.

워너증후군

워너증후군(Werner syndrome, WS)은 상염색체(autosome) 열성(recessive) 유전을 하는 성인 조로증으로 사춘기 후 조기 노화(premature aging) 현상을 보이는 질환이다. 워너증후군은 Otto Werner에 의하여 1904년 질환의 특징이 처음으로 보고되었으며, 그 이후 1934년 오펜하이머(Oppenheimer)와 쿠겔(Kugel)에 의하여 워너증후군(WS)으로 명명 되었다. 워너증후군은 1904년 이래 1300여명 정도의 환자가 보고되었으나, 그 중 1000명 이상이 일본으로부터 유래한 것이었다. 이는 과거 일본에서 근친결혼 등의 풍습이 있어서 그것이 빈번한 원인인 것으로 추측이 되며 한국에서는 매우 드물게 보고되었다. 워너증후군은 대부분 상염색체 열성 유전질환이나 드물게 상염색체 우성으로 질환이 유전되기도 한다(열성 유전질환이라 함은 사람이 가지는 두 개의 유전자 모두에서 돌연변이가 일어날 때 그 질환의 표현형이 나타나는 경우를 말한다). 약 90% 이상에서 워너증후군 유전자(*WRN*, RECQL2 또는 REQ3)의 돌연변이에 의해 워너증후군이 발생하며, 이 돌연변이는 WRN 단백질(WRN)의 기능적 이상을 유발한다. WRN 단백질은 재조합(recombination), 복제(replication), 수선(repair) 등의 DNA 대사에 관여하고 있는 것으로 알려지지만 그것의 자세한 기작은 아직도 정확히 알려지지 않고 있으며, 재조합(recombination)의 경우 WRN은 과도하고 부적절한 recombination(illegitimate recombination)의 차단에 기여한다는 보고도 있다. WRN 단백질은 ATPase, helicase, exonuclease 활성을 지닌다. WRN은 DNA 가닥을 풀어주는 효소인 DNA helicase의 RecQ family 가운데 하나이며, DNA 손상이나 정상적인 복제과정에서 발생한 DNA 결함(defect)을 복구시키는 역할을 한다. 이와 같은 WRN 헬리카제의 결함으로 DNA 복구가 제대로 이루어지지 않을 경우 **유전체의 불안정성(genomic instability)**은 증가하게 되고 이에 따라 암(cancer)의 촉진이나 조기 노화(premature aging)가 초래될 수 있는 것이다. WS(워너증후군) 세포적 특징은 다음과 같은 사건들로 인해 유전체의 불안정성이 초래되는 것이 가장 큰 문제점으로 요약할 수 있다.

〈표 8.2〉
워너증후군 유래 세포에서 나타나는 유전체 불안정성의 특징

유전체 불안정성	염색체의 rearrangement(재배열) 자발적인 유전자 결손
텔로미어 유지	텔로미어의 짧아짐 일부 세포에서 WRN 단백질이 텔로미어에 colocalize
Recombination (재조합)	높은 빈도의 재조합이 발생 재조합시 결함이 발생
Replication (복제)	reduced replicative lifespan extended S-phase reduced frequency of initiation sites WRN 단백질은 replication complex의 일부
DNA repair(수선)	4-NQO에 과민반응
	DNA crosslinking agent에 대해 과민반응
	psoralen crosslink에 대한 수선 감소
	camptothecin에 대해 과민반응
	텔로미어 손상이 일어났을 때 수선이 감소
	전사와 병행하는 DNA 수선(TC-NER)은 감소

여러 종류의 연구를 통하여 WRN 단백질의 세포 내 기능이 DNA 수선(DNA repair)에 관여하는 것이 알려졌으며, 세포 수준의 연구를 통하여 워너증후군의 원인은 세포의 유전체 불안정성이라는 것이 알려졌다. 워너증후군(WS)과 워너증후군 단백질(WRN)에 관한 연구는 DNA 수선과정을 포함한 여러 가지 중요한 DNA 대사경로에 대한 지식을 넓혀주므로, 이러한 연구를 통하여 노화와 암에 대한 이해를 돕는다. 실제로 WRN 단백질은 DNA 복제, DNA 수선, 전사(transcription), 텔로미어와의 상호작용 등에 관여하며 암과 노화에 중요한 역할을 수행하는 것으로 생각되고 있다.

8.2 DNA 복제기작에서 WRN 단백질의 역할

여러 가지 세포학적, 생화학적 증거가 DNA 복제에서 WRN 단백질 역할의 중요성을 뒷받침한다. 워너증후군(WS) 환자로부터 유래한 세포는 조기 복제노화(premature replicative senescence)-복제노화란 동물의 체세포 배양에서 일정한 횟수의 분열을 한 다음 세포가 노화하여 더 이상 분열을 못하고 비가역적으로 성장정지에 들어가는 현상을 말한다-를 겪게 된다. WRN 단백질은 RPA, p53, polδ, topoI, PCNA, DNA-PK, Ku70/80, BLM, protein kinase A, TRF2 등과 같이 DNA 대사에 관여하는 여러 단백질들과 상호작용한다.

〈표 8.3〉
워너증후군 단백질(WRN)과 상호작용하는 단백질들

WRNp 상호작용하는 단백질	물리적 상호작용	기능적 상호작용
RPA	o	WRN 헬리카제의 활성을 촉진
p53	o	WRNp는 p53에 의한 세포사멸을 완화함 WRNp를 과발현시키면 p53가 중재하는 전사 활성을 높인다.
polδ	o	WRNp과 polδ의 p50 소단위와 상호작용
Topo I	o	unknown
PCNA	o	unknown
DNA-PK	o	WRNp 인산화와 DNA-PK interaction에 의하여 WRN 헬리카제와 exonuclease의 negative 하게 조절됨
Ku 70/80	o	WRN exonuclease 활성을 촉진함
BLM	o	WRN exonuclease 활성을 억제함
Protein kinase A	o	핵에서 WRNp의 분배를 조정함
TRF2	o	WRN 헬리카제 활성을 촉진함

*Xenopus laevis*의 WRN homolog가 replication foci에 함께 위치하므로 WRN이 RPA 복합체 형성에 필요함을 알 수 있다. WRN은 물리적, 기능적으로 DNA 복제에 중요한 다른 효소와 상호작용을 한다. RPA는 복제에 필요하며, WRN 헬리카제 활성 촉진을 통하여 이중가닥을 1000bp 가량 풀어지게 한다. 또 WRN은 RPA와 같이 위치(colocalize)하며, hydroxyurea 처리된 세포의 복제포크를 중지(replication fork stalling)하게 한다. DNA 복제의 중요한 역할로서, WRN은 토포이소머라제 I(Topo I) 그리고 정제된 PCNA와 상호작용한다. WS 세포는 Topo I 억제제인 캄프토세신(CPT)에 과다하게 민감한 반응을 나타낸다. WRN 단백질의 정상적인

기능은 Topo I과 작용하여 DNA 복제가 일어날 동안 DNA 위상적(topological) 문제로 인하여 DNA 복제가 방해되는 일이 없도록 막아준다. WRN은 복제포크(replication fork) 주변에 나타나는 방해를 제거하거나, 복제를 재시작하는 과정에 참여하는 것으로 보인다. WRN 헬리카제는 생화학적으로 복제포크(replication fork)를 효율적으로 풀어줌으로써, 복제에 중요한 역할을 한다. WRN 헬리카제는 주된 DNA 중합효소인, DNA polymerase δ (pol δ)와 물리적, 기능적으로 상호작용한다. 효모 시스템을 이용한 two-hybrid 분석에 따르면 WRN은 DNA pol δ 의 p50 소단위체(subunit)와 결합하는 것으로 나타나며, 면역침강(immunoprecipitation) 실험에 의하면 WRN이 pol δ 의 dimeric active core(p50과 p125의 소단위체)와 관계되어 있는 것으로 결과가 나왔다. WRN과 FEN-1(구조특이적 flap endonuclease 1)의 물리적, 기능적 상호작용은 WRN이 지연가닥(lagging strand)에서의 오카자키 절편의 합성에도 관련이 있음을 시사하고 있는 것이다.

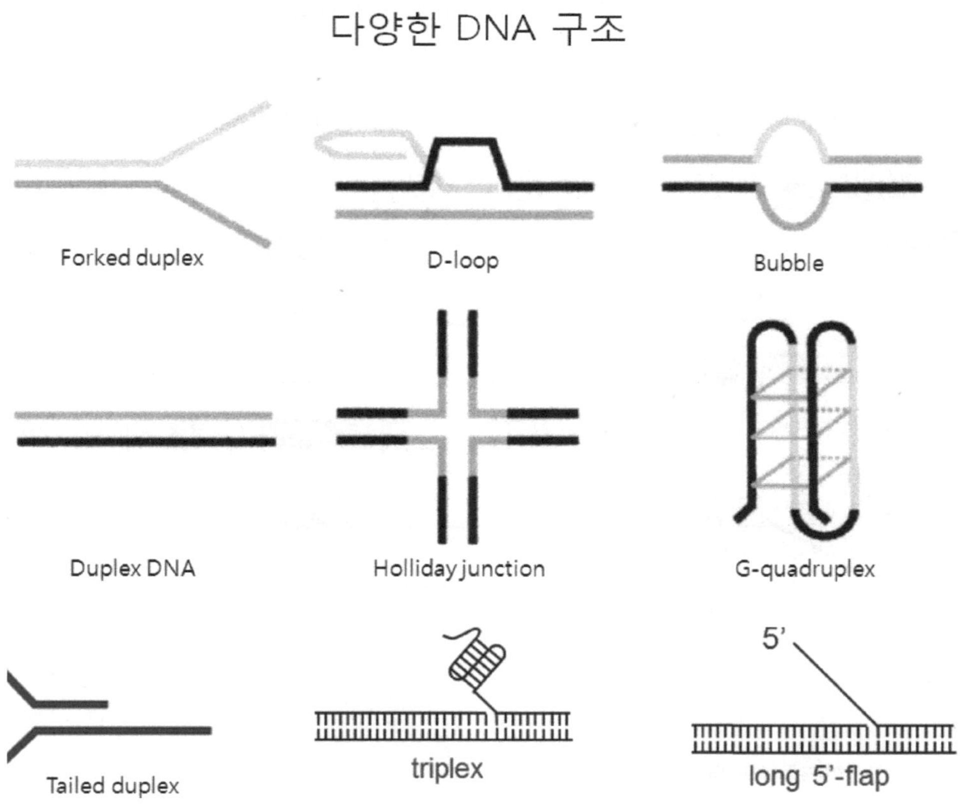

〈그림 8.4〉 DNA 대사(metabolism)과정에서 나타날 수 있는 여러 종류의 DNA 구조들.

8.3 DNA 수선기작에서 WRN 단백질의 역할

▌RecQ helicase와 WRN

WRN은 RecQ family에 속하는 DNA 헬리카제로서 유전체 온전함(genomic integrity) 유지와 여러 종류의 재조합(recombination) 과정에서 중요한 역할을 한다. 인간은 5종류의 RecQ helicase들을 포함하는데, 5종류 중 3종류의 RecQ helicase 결함이 인간의 질병(human disease)과 관련되어 있다. WRN, BLM, RECQL4의 유전자 결함은 인간의 조로증과 암과 관계가 있는 것으로 나왔는데, WRN 돌연변이는 워너증후군, BLM의 상실은 유전체 안정성과 관련된 질병인 Bloom 증후군(BS), RecQL4 돌연변이는 Rothmund-Thompson 증후군(RTS)과 관련이 되어 있다. RECQL1과 RECQL5의 경우 아직까지는 질병의 초래에 관계하지 않는 것으로 나왔다. 이 중 WRN 유전자는 개체(organism)에서 수명을 단축과 함께, 세포수준(cellular level)의 연구에서도 노화관련 특징들을 보여주기 때문에 많은 주목을 받고 있다.

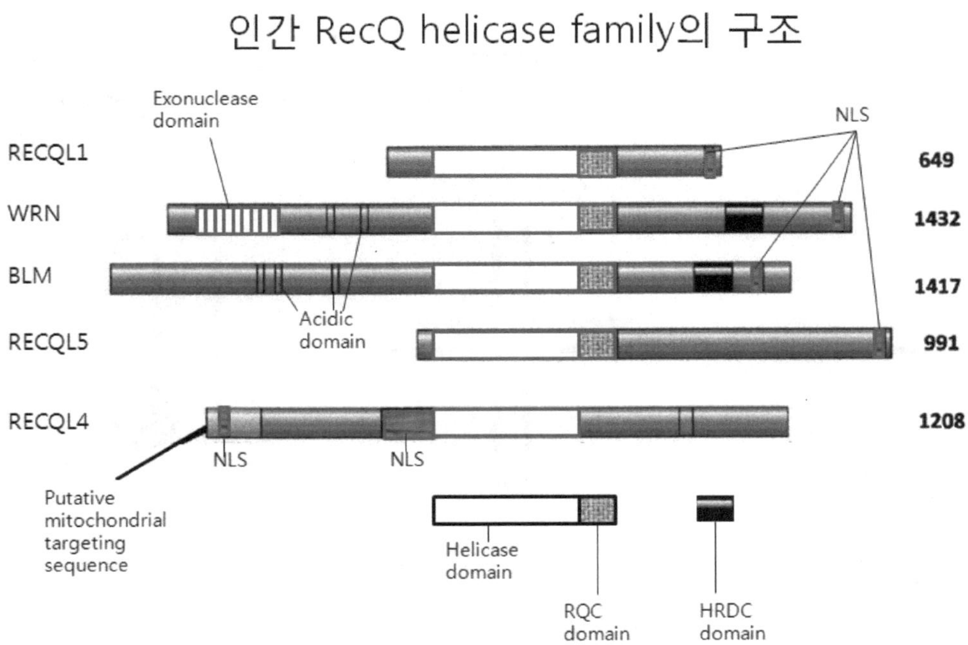

〈그림 8.5〉 인간의 5종류의 RecQ helicase.
이 가운데 WRN, BLM, RECQL4 돌연변이는 인간의 질병과 관계가 있다.

WRN 단백질의 돌연변이를 포함하는 워너증후군 환자와 그들의 세포를 이용한 연구를 통하여, 정상의 WRN 단백질 기능은 조기노화(premature aging)를 방지하는 역할을 하고 있음을 알 수 있다. WRN 단백질의 역할에 대한 결정적인 진전은 1996년 *Wrn* 유전자의 클로닝(cloning)된 다음부터 일어났다. WRN 단백질은 1432개의 아미노산으로 구성되며(~162 kDa) 아미노말단(N-terminal)에 exonuclease domain과 중앙 부분에 helicase domain을 포함하고 있다. WRN 단백질은 5 종류의 RecQ helicase 가운데 유일하게 3'→5' 핵산말단가수분해효소(exonuclease) 활성을 포함하고 있는 것이 특징적이다. WRN 단백질은 ATP 의존적인 방법으로 3'→5' 방향으로 DNA 이중가닥을 풀어내는 헬리카제(helicase) 활성을 가진다. 이와 같은 헬리카제(helicase)와 핵산말단가수분해효소(exonuclease) 활성은 DNA 수선(repair)과 DNA 복제 동안 만들어지는 여러 종류의 중간산물(intermediate)에 작용할 수 있다. 예를 들어 이와 같은 중간산물에는 tailed duplex 그리고 forked duplex, 작은 틈(gap)과 flap(일반적으로 DNA 수선과 재조합에서 발견되는), bubble substrate, displacement-loop triplex, Holliday junctions, 텔로미어의 G-rich 가닥에서 종종 발견되는 G-quadruplexes(G4 DNA) 등은 그림 8.4에 도식되어 있다. 텔로미어 길이 유지를 위하여도 WRN 단백질은 다른 단백질들과의 협력(cooperation)을 통하여 관여하는 것으로 알려진다.

WRN protein의 기능

- DNA-dependent ATPase
- 3'→5' helicase
- 3'→5' exonuclease
- DNA strand annealing
- interacts with factors in DNA metabolic pathways

〈그림 8.6〉 WRN 단백질 기능 요약

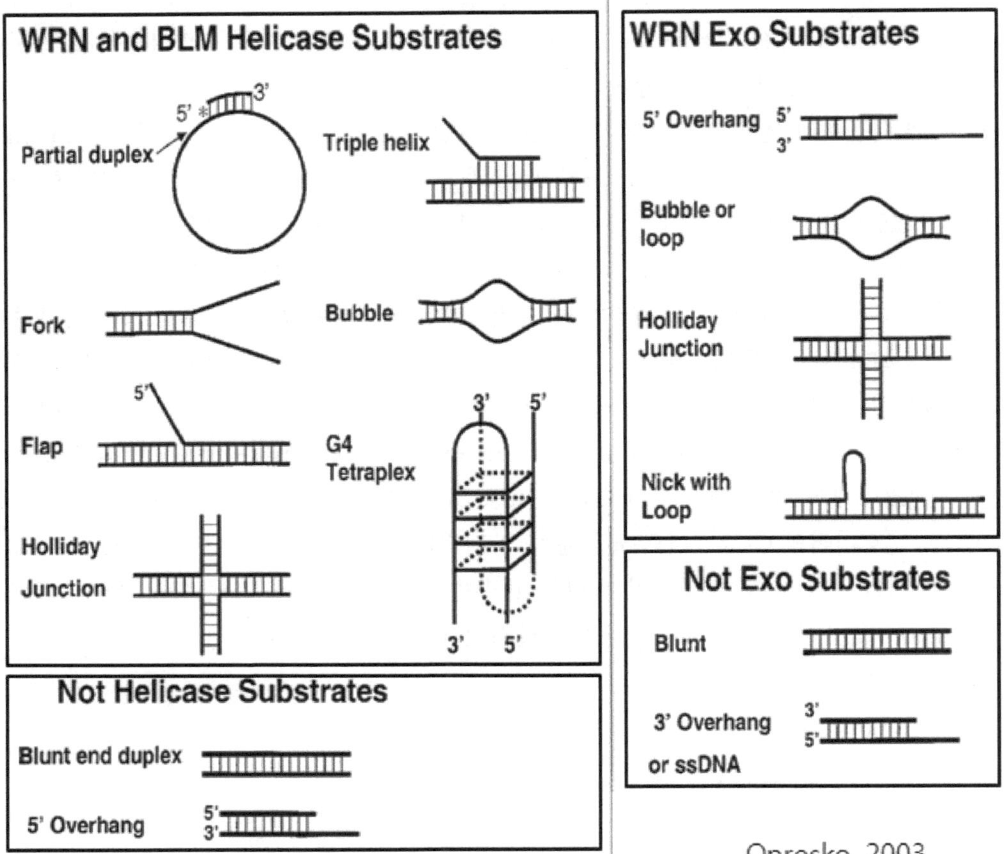

Opresko, 2003

〈그림 8.7〉

WRN과 BLM 헬리카제의 기질로 사용될 수 있는 것과 없는 것, 그리고 WRN exonuclease의 기질로 사용될 수 있는 DNA 구조와 사용될 수 없는 기질 DNA 구조를 나타내고 있다.

WRN 핵산말단가수분해(exonuclease) 반응은 3' 말단 DNA로부터 일어나고, 기질(substrate)이 bubble이나 forked duplex, holiday junction과 같은 구조가 있을 때 분해를 시작한다. WRN 헬리카제 단독으로는 잘 풀리지 않는 긴 forked duplex의 경우는 WRN 헬리카제와 핵산말단가수분해효소가 동시에 작용하여 DNA 가닥을 제거한다. 이러한 연구는 DNA repair(수선)와 recombination(재조합)의 중간산물을 제거하기 위하여 WRN 헬리카제와 핵산말단가수분해효소 활성이 동시에 사용됨을 의미한다. DNA 가공에 관여하는 다양한 중간체로서 RecQ 헬리카제는 여러 가지 단백질들과 상호작용하는데 그림 8.8은 그것을 요약한 것이다.

WRN과 상호연관 반응을 나타내는 단백질들

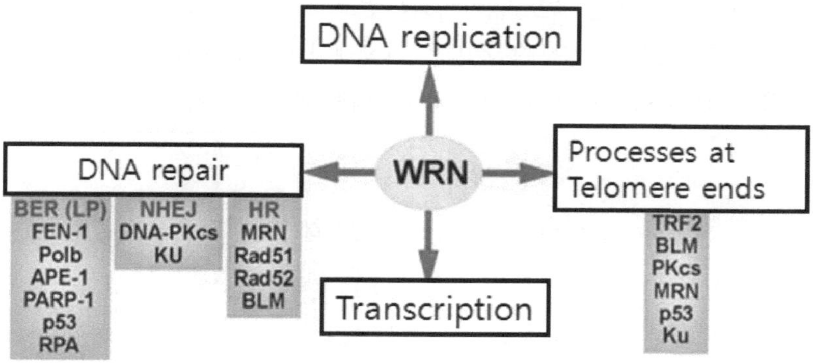

〈그림 8.8〉 WRN은 DNA 복제, 전사, DNA 수선, 텔로미어 유지 등에 관여한다.

WRN 단백질은 DNA 복제와 전사, DNA 수선, 텔로미어 길이 유지 등에 관여한다. 염기절제수선(BER)에서 FEN-1, pol β, APE-1, PARP-1, p53, RPA 등과 상호작용하며, NHEJ에서는 Ku와 DNA-PKcs와 상호작용을 일으킨다. 텔로미어 말단의 길이유지에는 TRF2, BLM, PKcs, MRN, p53, Ku 등의 단백질과 상호작용한다.

그 중 몇몇은 중요한 기능적 상호작용을 하는데, 예를 들면, Ku70/80 heterodimer는 강력하게 WRN 핵산말단가수분해효소(exonuclease)를 자극하고, 텔로미어 결합단백질인 TRF2는 WRN 헬리카제(helicase)의 활성을 증진시킨다. 이러한 예들은 WRN이 DNA 수선과 텔로미어 길이 유지에 중요한 역할을 하고 있음을 나타내는 예이다.

p53-매개 경로(p53-mediated pathway)에서 WRN의 역할

DNA 손상 반응 기작에서 WRN의 역할은 p53 단백질과도 물리적, 기능적 상호작용이 있음을 뒷받침한다. p53은 세포주기를 차단하고 세포사멸을 이끄는 중요한 조절자이다. WRN은 면역침강실험(immunoprecipitation)에 의해 p53과 물리적으로 상호작용함이 밝혀졌다. 지금까지 알려진 WRN과 p53의 기능적 상호작용은 다음과 같다.

① WRN을 과발현시키면 p53이 중재하는 전사 활성이 증가한다.
② p53-매개 세포사멸이 WS(워너증후군) 세포에서 감쇠하였다.
③ WRN 핵산말단가수분해효소 활성은 야생형 p53에 의해 억제된다.

p53 유전자 자연돌연변이의 경우, 두 개의 예에서 WRN 핵산말단가수분해효소 활성 억제가 감소되었다. WRN 헬리카제가 S기에 hydroxyurea 처리(treatment)에 의해 nuclear foci(핵중점)로 이동하도록 유도될 때 p53도 함께 이동하는 것이 관찰되므로, 두 단백질은 replication fork(복제포크)에서 함께 작용함을 알 수 있다. *Wrn* knockout 생쥐와 p53-null 생쥐를 혼성 교배하여 나온 자손 생쥐는 사망률에서 증가했다. p53-null 돌연변이와 *Wrn* knockout 생쥐 strain을 유도한 결과, 종양 발달 속도가 가속화되었고, neoplasm type(종양 형태)의 다양성도 증가하였다. 이를 종합해보면 DNA 손상 반응 기작에서 WRN 단백질과 p53은 상호작용하며, 이러한 상호작용은 **유전체의 온전함(genomic integrity)**을 유지하는데 매우 중요하다는 것을 알 수 있다.

DNA damage에 의한 p53 활성화에 WRN 단백질의 관여

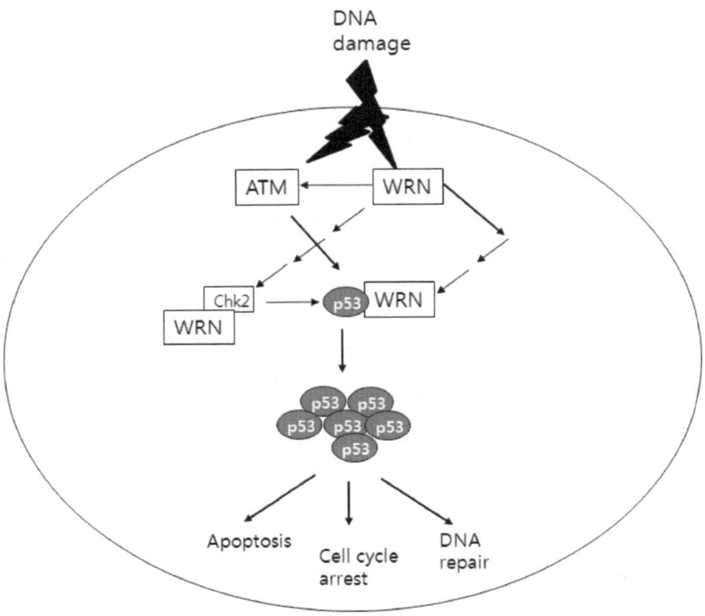

〈그림 8.9〉 DNA 손상반응에서 WRN은 p53 활성을 증가시킨다.

▌DNA repair 경로에서 WRN의 기능

WRN protein(WRNp)이 DNA 수선과정에 중요한 역할을 한다는 것이 여러 가지 증거를 통하여 알려진다. WS cell(워너증후군 세포)은 염색체의 결손(deletion)과 역위(inversion) 그리고 상호 전좌(reciprocal translocation) 등으로 특징지어지는 여러 가지 유전체 불안정성(genomic instability)을 나타낸다. 더욱이 WS 세포가 캄프토세신(camptothecin)과 같은 특정 DNA 손상인자(damaging agent)에 대하여 과도하게 민감한 점과, WRN이 DNA 수선에 관련된 많은 단백질들과 상호 작용을 할 수 있다는 점은 WRN 단백질이 DNA 수선과정에서도 중요한 역할을 수행하고 있음을 뒷받침하는 증거가 된다.

• 이중가닥 손상복구(DSBR)에서 WRN의 역할

DNA 이중가닥이 절단(DSBR)되었을 때 수선은 상동재조합(HR)과 비상동말단결합(NHEJ)에 의해 이루어진다. RecQ 헬리카제는 상동재조합(HR)에서 중간생성물의 해리(intermediate resolution)와 가닥의 교차(crossover)를 촉진시킨다. **상동재조합**은 염색체의 이중가닥절단을 수선에 중요한데, WRN은 상동재조합의 초기 단계와 마지막 단계에 모두 참여한다. WRN 헬리카제는 Rad52와 상호작용하면서 같이 위치(colocalize) 하는데, 최근 *in vivo*(생체내) 실험 결과를 볼 때 상동재조합 해리(resolution)의 마지막 단계에 관여함을 예측할 수 있다.

비상동말단결합(NHEJ) 경로의 중요한 구성성분 단백질들이 WRN과 상호작용하는 것으로 밝혀졌다. WRN의 카복시말단 구역에서 상호작용하는 단백질은 Ku heterodimer로 알려져 있다. Ku heterodimer의 결합은 WRN의 3'→5' exonuclease 활성을 증진시킨다. Ku는 DNA-PK 복합체의 한 부분으로, DNA와 DNA-PK 효소활성소단위(DNA-PKcs)와 관련되어있어 활성을 가진 kinase를 형성한다. WRN 헬리카제의 DNA-PK-의존적 인산화(DNA-PK-dependent kination)는 *in vitro*(시험관 실험)와 *in vivo*(생체내) 모두에서 관찰이 되며, 이에 따라서 WRN 헬리카제와 exonuclease의 활성이 나타난다. 비상동말단결합(NHEJ) 반응에서도 WRN의 참여 역할과, NHEJ에서 다른 RecQ helicase 역할에 관하여는 앞으로 더 많은 연구가 필요하다.

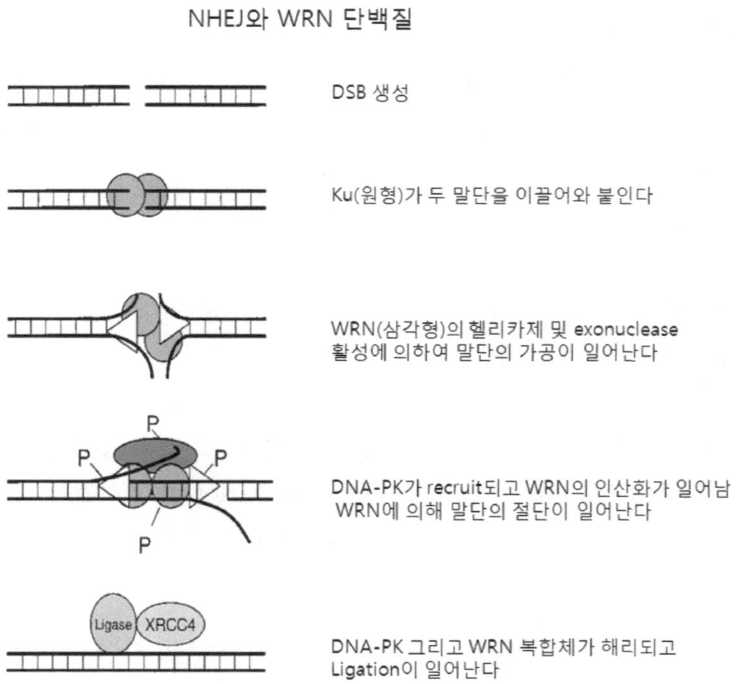

〈그림 8.10〉 WRN은 NHEJ에 관여한다

• 단일가닥 손상수선(SSBR)/염기절제수선(BER)에서 WRN의 역할

단일가닥 손상(single-strand break, SSB)에서 RecQ 헬리카제의 역할에 대하여 여러 가지가 제안되었다. WS(워너증후군) 세포는 4-nitroquinolone 1-oxide(4-NQO)과 이온화 방사선(ionizing radiation) 조사(irradiation)에 의하여 민감한 반응을 나타냈다. 최근 연구 결과를 보면 *Wrn* knockdown 세포는 메틸화인자(methylating agents)인 렉시트롭신(lexitropsin)과 테모졸로마이드(temozolomide) 등의 약제처리에 대하여 과민반응(hypersensitivity)을 나타낸다. 또한 WRN은 단일가닥 손상수선(SSBR)/염기절제수선(BER)과 관련하여 물리적으로 여러 가지 단백질들과 상호작용한다고 알려진다. 상호작용하는 단백질들의 예를 들어보면 DNA polymerase δ(polδ), DNA polymerase β(polβ), PCNA, replication protein A(RPA), flap endonuclease 1(FEN-1)과 poly(ADP-ribose) polymerase 1(PARP-1) 등을 포함한다. WRN은 FEN-1 flap cleavage를 자극하며, pol β의 중합반응에도 관여한다. WRN 헬리카제 활성은 pol β strand displacement DNA 합성을 증진시키고, 3' 말단의 불일치(mismatch) 부분에서 pol β와 함께 작용한다. Replication protein A(RPA)는 WRN 헬리카제 활성을 증진시키며, PARP-1의 poly(ADP-ribosyl)ation에 의하여 WRN 헬리카제와 exonuclease 활성이 조절을 받는다. PARP-1은 손상된 가닥과 강력하게 결합하고 DNA 손상에 반응한 여러 nucleoprotein을 부분적으로 리보실화(ribosylation)함으로써 DNA 손상 네트워크 안에서 자신의 기능을 감당한다. WS 세포는 과산화수소수(H_2O_2)와 methyl methane sulfonate(MMS)에 대하여 poly(ADP-ribosyl)ation 활성의 결함을 나타내며, 이는 WS 세포의 손상 DNA 가닥이 적절히 수선되지 못함을 의미한다. 그리고 이런 발견은 WRN 단백질, 그리고 상호작용하는 단백질 파트너들이 함께 작용함으로써 단일가닥손상수선/염기절제수선(BER)에 관여함을 나타내는 것이다.

염기절제수선(BER) 경로는 short-patch(SP) repair와 long-patch(LP) repair로 크게 나눌 수 있다. 아래 그림은 염기절제수선에 관여하는 단백질들을 보여주는데 이 과정에 WRN의 작용이 관여하고 있다. AP endonuclease 1(APE1)은 WRN의 helicase 활성을 억제하는데, 이런 억제과정은 pol β의 존재로 인해 안정화가 일어난다. 그러므로 WRN이 염기절제복구(BER) 경로에 참여한다고 볼 수 있으며, 이 과정에서 다른 단백질에 영향을 미치고, 기능의 조절도 일어난다고 할 수 있다. WRN의 helicase 활성은 pol β dependent strand displacement synthesis와도 관련되어 있다. 이 모델은 *in vitro*(시험관) 연구결과를 기초로 하고 있으나, 최근 연구 결과 WS 세포의 경우 정상세포에 비하여 산화된 DNA 염기 8-oxoG를 과다하게 축적하고 있음이 밝혀졌는데, 이는 WS 세포의 염기절제수선(BER)이 제대로 일어나고 있지 않음을 반영하는 것이다.

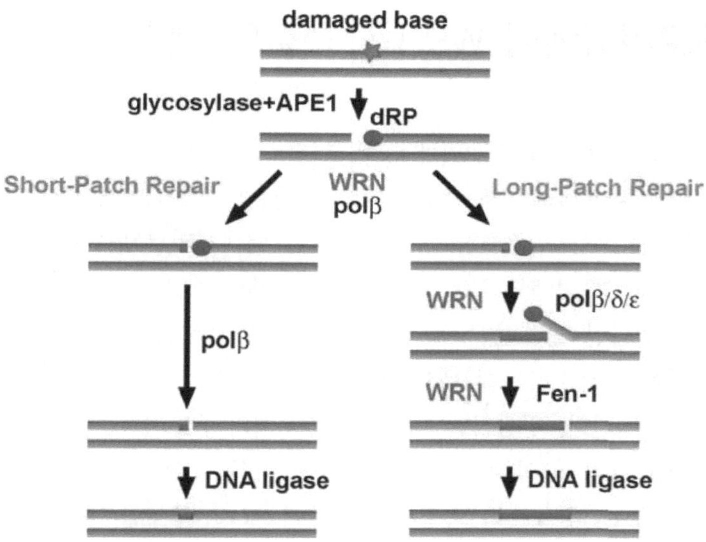

〈그림 8.11〉 WRN과 BER.

염기절제수선(BER)은 크게 short-patch repair(SP)와 long-patch repair(LP)로 나눌 수 있다. WRN 단백질은 BER의 여러 단계에서 관여하고 있다.

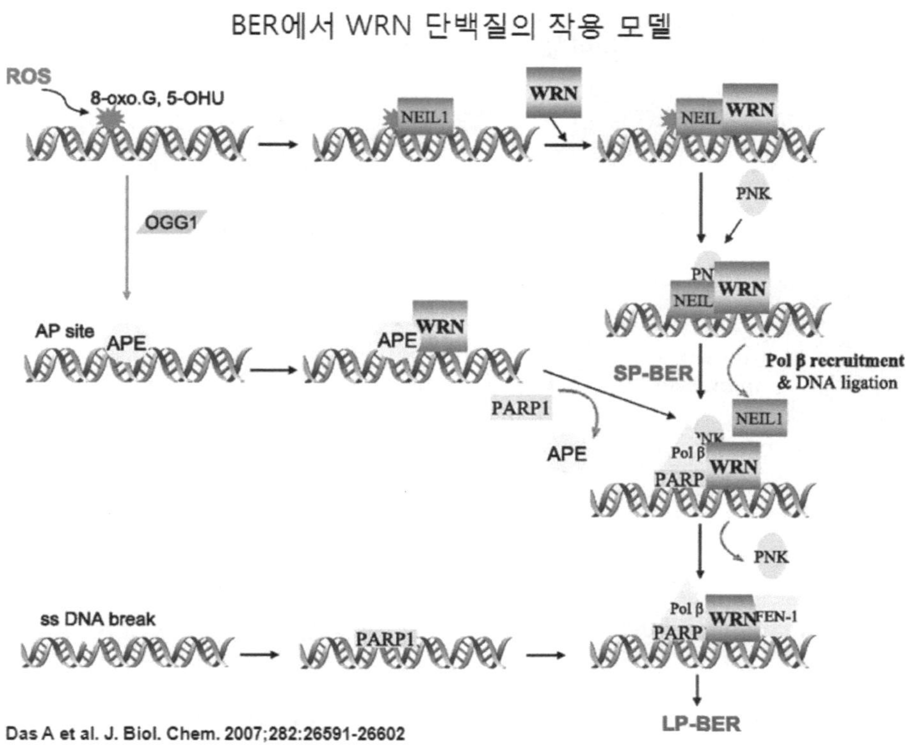

〈그림 8.12〉 BER에서 WRN단백질 작용 모델

8.4 텔로미어에서 WRN 단백질의 역할

유전적 불안정성(genomic instability)과 증식 능력(proliferative competence)의 감소를 포함한 워너증후군 표현형(Werner syndrome phenotype) 중에는 텔로미어 대사(telomere metabolism)에 관련된 부분도 존재한다. 텔로미어는 염색체의 끝부분에 해당하는 구조로서, 포유동물의 경우 TTAGGG 반복서열(repeated nucleotides) 수 kilobase (척추동물에서는 대개 15kb 정도)와 이와 결합한 쉘터린(shelterin) 단백질들로 구성된다. 이 구조는 세포가 분열을 할수록 점차 그 길이가 감소하는데 텔로미어 길이의 감소로 말미암아 개체 수명의 단축이 일어나는 것이라고 추정한다. 정상적인 포유동물 염색체의 텔로미어는 단일가닥으로 이루어진 수백 nucleotide(130~210 nt)의 돌출부위를 염색체 양쪽 말단에 가진다. 이 DNA 단일가닥 부분은 shelterin complex의 Pot1 단백질과 결합하여 t-loop 구조를 통하여 안정화된다. 만약 WRN 단백질 기능 손상이 일어날 경우 기능이상(dysfunctional)의 텔로미어가 만들어지고, 이것은 DNA 손상반응(DNA damage response, DDR) 신호를 일으켜 조기 세포노화(premature cellular senescence) 또는 세포사멸을 초래한다.

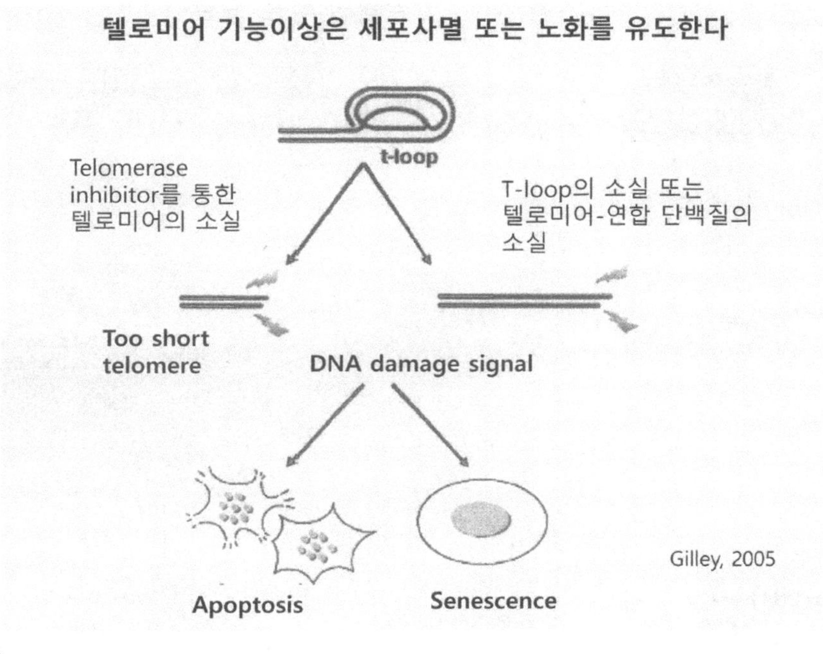

〈그림 8.13〉
텔로미어가 너무 짧거나 텔로미어 결합단백질의 손상은 DNA 손상으로 인식되어 아폽토시스나 세포노화를 유도한다.

▌WS 세포에서 보이는 스트레스 반응과 텔로미어 기능장애

사람이나 동물로부터 얻어진 섬유아세포(fibroblast)는 조직배양을 할 때 한정된 횟수의 세포분열을 거치게 된다. 수명이 긴 동물에서 얻어진 섬유아세포의 분열 능력은 수명이 짧은 동물에 비해 더 활발하며, 같은 동물의 경우에는 동물 연령이 증가할수록 세포의 총 잔여분열 횟수는 감소하게 된다. 세포분열이 계속됨에 따라 염색체의 텔로미어 반복구조의 길이가 점점 짧아져서 어느 한계점에 이르면 더 이상 DNA 복제가 일어나지 않고 세포분열 능력을 잃게 되는 복제노화(replicative senescence) 상태에 도달하게 된다. 반면에, 생식세포, 줄기세포, 종양세포 또는 암세포에는 텔로머라제(telomerase) 효소가 있어 텔로머라제 자체 내에 보유된 RNA를 주형(template)으로 이용하여 텔로미어 반복서열을 재생하는 것이 가능하므로 복제노화(replicative senescence)에 이르지 않고 세포분열을 지속할 수 있는 것이다.

복제노화(replicative senescence)는 조직배양에서 뿐만 아니라 세포 내외의 과도한 스트레스에 대한 반응으로 인해 *in vivo*(생체 내) 에서도 일어날 수 있다. WS(워너증후군) 세포는 *in vitro*(시험관 실험) 복제수명 감소와 조기 복제노화(premature replicative senescence)가 일어남을 보여주는데, 이러한 세포의 복제노화는 과도한 스트레스에 대한 반응으로 볼 수 있다. 이를 세포노화(cellular senescence)라 하고, 세포노화를 유도할 수 있는 스트레스들로는 텔로미어의 기능 결함(dysfunctional telomere), 복제관련 스트레스(replication-related stress), 산화적 스트레스(oxidative stress), 암유전자의 과다발현(oncogene overexpression) 등이 요인으로 작용할 수 있다. WS 섬유아세포(fibroblast)는 세포에 스트레스를 주는 물질들에 대하여 특별히 더 민감한 것으로 나타났다. 즉, WS 섬유아세포는 interstrand cross-linker(ICLs, 다른 DNA 가닥과 교차결합) 등을 비롯한 다양한 DNA 손상물질에 대하여 과민성(hypersensitivity)을 나타낸다. interstrand crosslink는 전사와 복제동안 DNA 가닥이 분리되는 것을 저해한다.

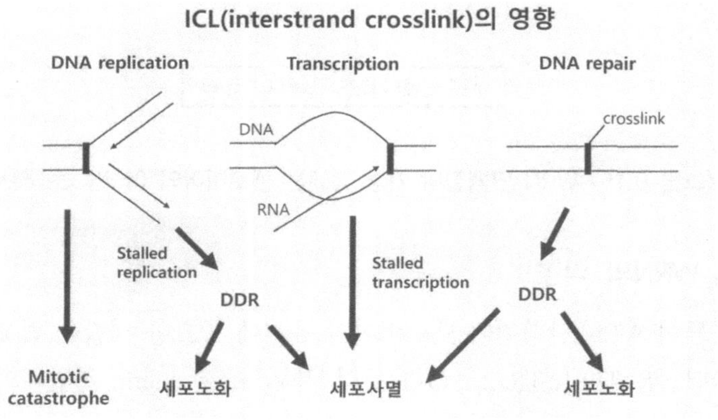

〈그림 8.14〉 Interstrand crosslink(ICL)의 영향.
DNA 이중가닥 사슬 간의 교차결합은 적절히 수선되지 못할 경우 DDR에 의하여 아폽토시스나 세포노화를 유도한다.

증가된 스트레스 반응은 p38 MAPK(mitogen-activate protein kinase)의 활성과 관계되어 있다. p38이 활성화하면 p21을 안정화하여, 세포노화를 증가시킨다. WS(워너증후군) 섬유아세포에 p38의 저해제(inhibitor)를 처리해주면 p21 수준을 정상 섬유아세포 정도로 낮추어 WS 섬유아세포의 복제수명이 연장된다. 이러한 결과는 p38 MAPK-mediated stress 반응이 *in vitro*(시험관 실험)에서 WS 섬유아세포의 세포 수명 감소에 큰 역할을 한다는 것을 의미한다. 복제 초기 세포의 세포 스트레스를 가져오는 중요한 원인은 기능 결함을 가진 텔로미어의 존재이다. 텔로미어의 결함은 직접적으로 DNA 손상 반응(DDR)을 이끌어내고 이는 세포노화를 일으킬 수 있다. 텔로미어 길이가 점점 짧아져서 특정한 길이 이상으로 소실이 일어나면 텔로미어 capping 기능이 감소하여 유전체 불안정성은 더욱 증가한다. 워너증후군의 발병에 있어서도 텔로미어의 온전함(integrity)이 중요한 역할을 한다. WS 섬유아세포에서 나타나는 유전체 불안정성은 텔로미어의 손실로 일어난 것이며 이것은 텔로머라제(telomerase) 과발현에 통하여 안정화될 수 있다. 그러므로 WRN 단백질 기능장애는 텔로미어의 기능장애를 초래하며, 세포노화에 이르게 하는 한 가지 원인으로 볼 수 있다.

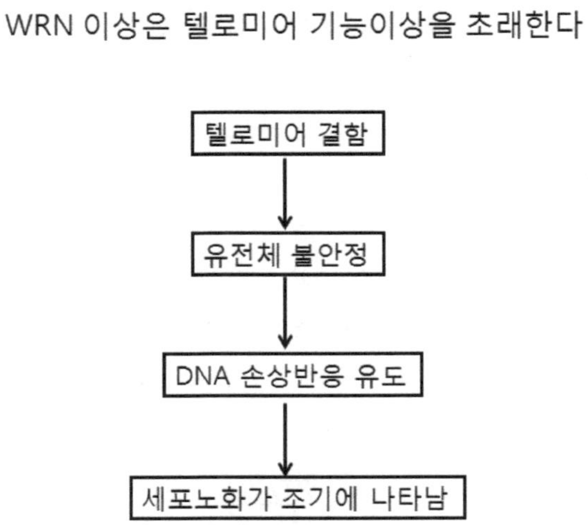

〈그림 8.15〉 WRN 단백질의 기능 장애는 텔로미어의 이상을 초래한다

텔로미어에서 WRN의 역할

많은 연구결과들이 WRN 단백질이 텔로미어의 유지에 중요한 역할을 하고 있음을 나타내고 있으며, WRN 단백질은 TRF1, TRF2, POT1 등의 telosome/shelterin 복합체의 여러 구성요소와 기능적으로 상호작용(interaction)하며 유전체의 안정성(genomic stability)에 기여한다.

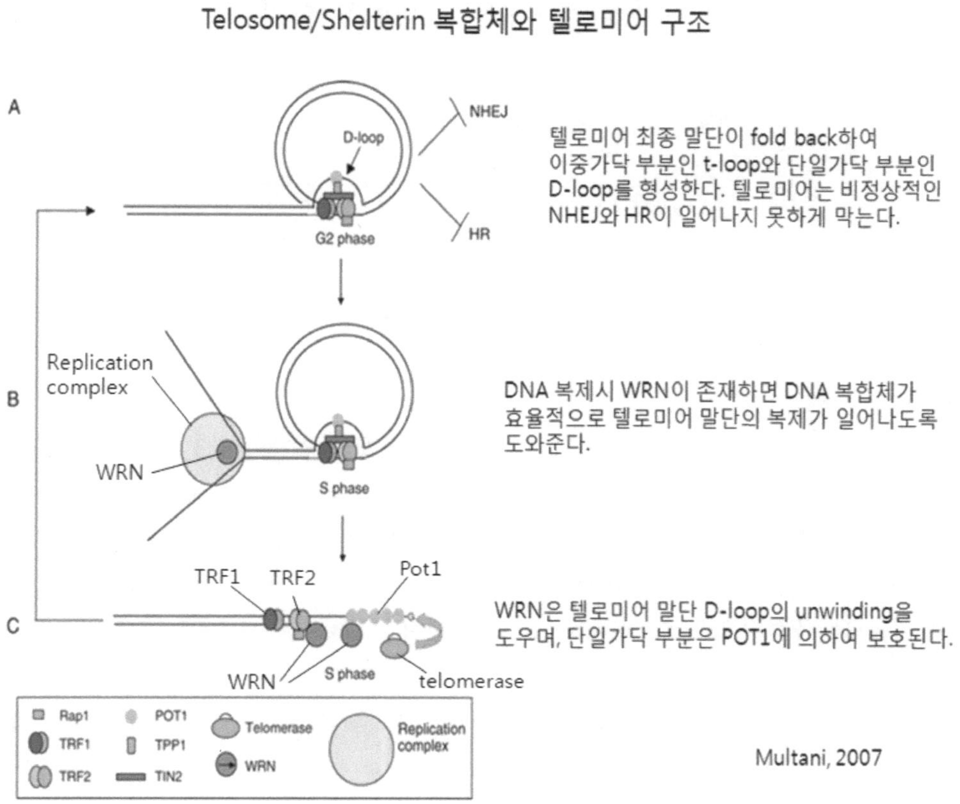

〈그림 8.16〉 텔로미어의 구조와 WRN의 기능.
WRN은 텔로미어 유지를 위하여 필요하다.

• TRF1과 TRF2

텔로머라제가 존재하는(telomerase-positive) 인간 세포주(cell line)에서 WRN 단백질은 현저히 핵에서 나타난다. 세포주기의 S기의 살아있는 세포의 이미지화(imaging)와 synchronized cell의 direct chromatin immunoprecipitation(ChIP, 염색질 면역침강분석법)을 통해 텔로미어에서 WRN 단백질이 TRF 단백질들과 공통으로 위치(colocalizaion)함이 밝혀졌다.

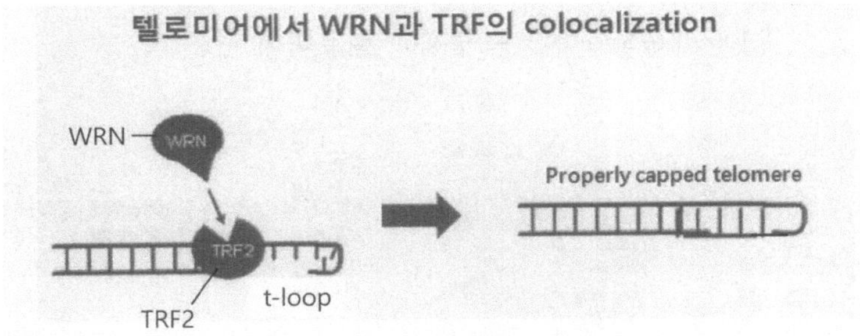

〈그림 8.17〉 텔로미어에서 TRF와 WRN의 colocalization

• POT1

POT1 단백질은 telosome/shelterin 복합체에서 유일하게 단일가닥의 3' G-rich overhang과 결합하는 구성원이다. 구조적 분석에 따르면 overhang의 말단 G-residue에 결합이 가능한 공간에 존재할 것이라고 본다. 이 residue들은 텔로머라제가 텔로미어의 길이 연장을 하는데 매우 중요하고, POT1은 telomeric substrate를 접근하는데 있어서 텔로머라제와 경쟁함으로써 텔로미어 길이를 음성적으로(negatively) 조절을 한다.

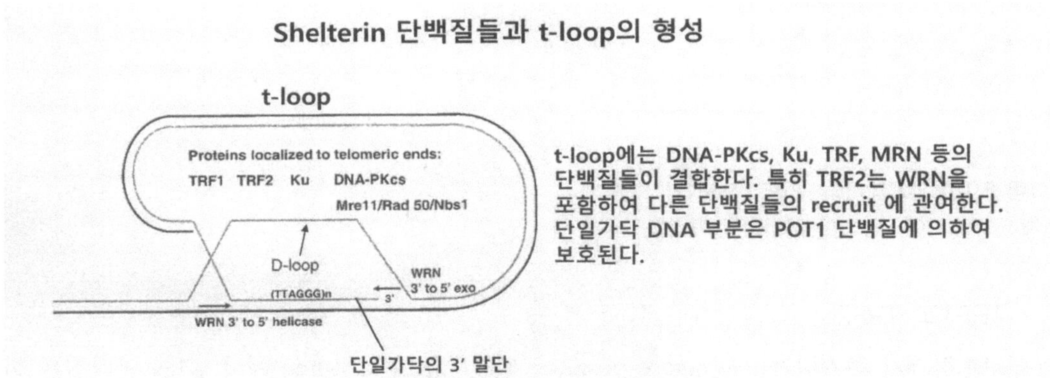

〈그림 8.18〉 텔로미어 쉘터린복합체와 WRN 단백질

RNAi 기술로 POT1 발현 수준을 억제하거나, 생쥐의 *Pot1a* 유전자를 삭제(deletion)한 결과 유전체 불안정성의 정도가 증가하였는데, 이는 POT1이 텔로미어 말단을 보호하는데 중요한 역할을 함을 의미하는 것이다. 최근의 연구 결과에 의하면 POT1은 물리적으로 WRN 단백질과 상호결합하고, WRN 헬리카제 활성을 증가시킨다. POT1이 존재함으로써 WRN은 효과적으로 forked telomeric duplex의 말단에 위치하게 되고, WRN은 D-loop의 숨겨진 꼬리를 방출하게 한다. POT1과 WRN의 상호작용은 텔로미어가 복제과정이 일어나는 동안 부적절한 DNA 복구 반응이 활성화하는 것을 막아준다.

• Ku70/80

Ku70/80 heterodimer는 NHEJ 경로에 필요한 중요 구성성분으로 이중가닥절단의 수선에 참여한다. Ku70/80은 WRN 단백질의 카복시말단 도메인과 상호작용하여 WRN exonuclease 활성을 증진시키고 손상된 DNA 부분으로 활성화된 WRN 단백질을 리크루트(recruit)한다. Ku70/80은 또한 텔로미어의 길이를 유지하는데 필요하며, 텔로미어 DNA가 염색체의 fusion junction에 위치하기 때문에 Ku70/80의 삭제는 염색체끼리의 end-to-end 융합을 초래하게 된다. 이러한 결과는 Ku70/80이 부적절한 염색체 말단 결합 방지를 조절함에도 불구하고, WRN 단백질이 Ku70/80과 상호작용함으로 텔로미어 이중가닥 DNA 절단의 수선에 참여한다.

텔로미어 대사과정에서 WRN의 역할

WRN 단백질이 텔로미어 복제과정에서 중요한 역할을 한다는 직접적인 증거는 WRN 단백질이 결여된 상태로 텔로미어 복제를 관찰함으로써 알 수 있다. 텔로미어 가닥의 3' G-rich overhang은 지연가닥(lagging strand)으로 복제가 일어나고, C-rich 가닥은 선도가닥(leading strand)으로 복제가 일어나게 되는데 그 결과 G-rich 텔로미어 지연가닥(lagging strand)의 텔로미어 DNA 감소가 초래된다. WRN 단백질이 정상($Wrn^{+/+}$)일 경우, WRNp는 텔로미어 전반에 걸쳐 복제포크 진행을 막는 부적절한 구조(예를 들어 G-quadruplex 등)를 WRN 헬리카제 의존적으로 분해하여 G-rich 텔로미어의 지연가닥 합성이 정상적으로 일어나도록 조치한다. 최근에 POT1도 G-quadruplex를 해리할 수 있다는 것이 알려졌는데, WRN과 POT1은 G-quadruplex를 해리하여 복제포크(replication fork)가 진행할 수 있도록 하는데 서로 협동하는 것으로 보인다. 이러한 주장은 POT1 결손의 경우 G-rich 텔로미어 말단이 우선적으로 소실이 일어나는 것으로 보아 신뢰를 얻고 있다. WRN이 없을 경우($Wrn^{-/-}$)는 G-quadruplex의 분해가 제대로 일어나지 못하므로 replication fork stalling을 초래하여 결국 dysfunctional telomere를 생성하게 된다. 이것은 DNA 손상으로 인식되어 p53-의존적 DNA 손상반응을 유도함으로써 조기의 복제노화(premature replicative senescence)를 일으키게 된다. 아래 그림(adopted from Multani, 2007)은 WRN이 있을 경우는 G-rich telomere에 있는 G-quaduplex가 WRN에 의하여 효과적인 제거가 이루어져 정상적인 텔로미어를 형성하게 되지만, WRN이 없을 경우는 G-quadruplex의 제거가 이루어지지 못하여 복제 중지(stalled replication)와 텔로미어 지연가닥 결손을 일으키게 되고 이것은 결국 p53-의존적인 복제노화를 초래하게 된다.

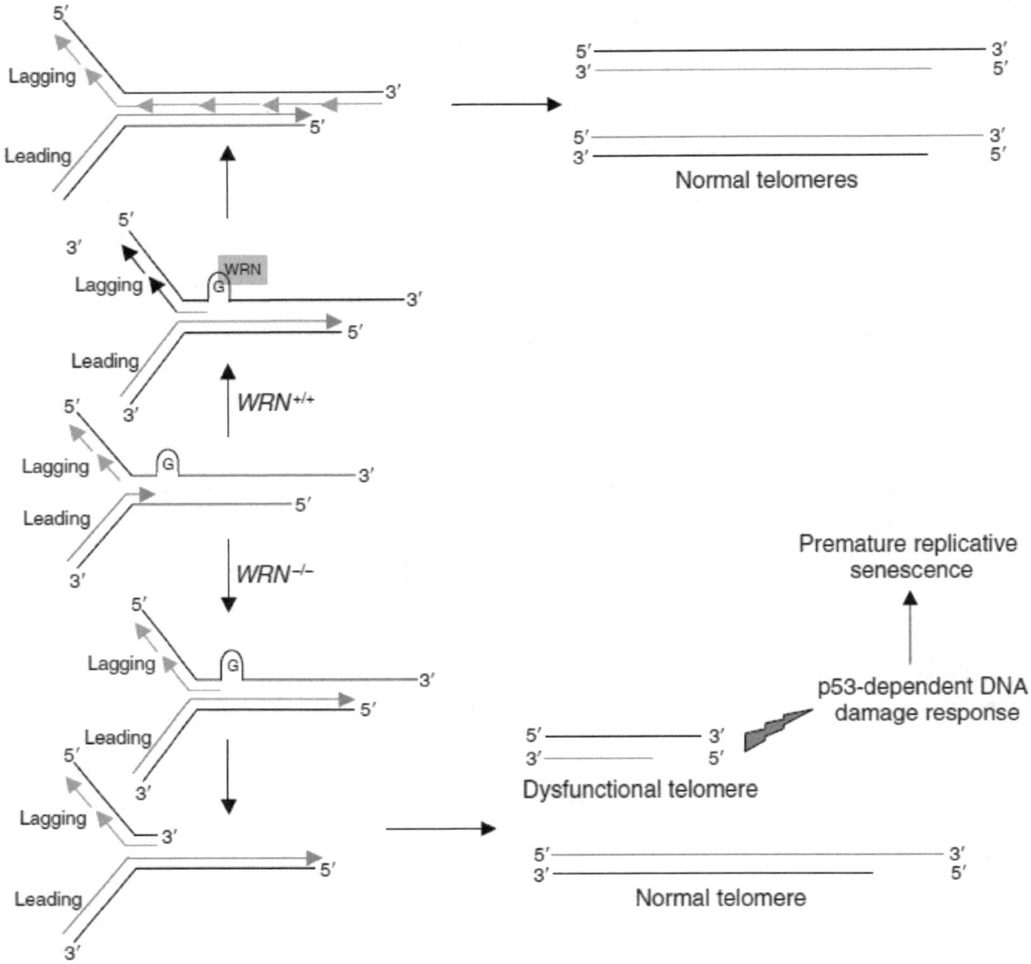

〈그림 8.19〉 WRN의 상실은 텔로미어 기능장애를 초래한다.

WRN 단백질이 있을 경우는 G quadraduplex 구조를 해소하여 정상적으로 replication fork가 진행할 수 있으며 정상의 텔로미어를 가진다. WRN 단백질이 없을 경우는 G quadraduplex 구조를 제거할 수 없고 텔로미어 기능이상을 초래한다. 이럴 경우 텔로미어는 DDR(DNA 손상 반응)을 촉진하여 조기 복제노화(premature replicative senescence)로 들어가게 된다.

노화가 일어난 인간 섬유아세포(fibroblast)에서는 인산화된 γ-H2AX, 53BP1, NBS1, CHK2 등과 이와 더불어 다른 종류의 분자들이 텔로미어에 공통으로 위치(colocalize)하는 분자마커(molecular marker)를 나타낸다. WRN 단백질이 고갈된 섬유아세포에서도 이와 유사한 분자마커를 보여주고 있는데, 이와 같은 DNA 손상반응은 세포 복제노화 또는 세포사멸과 같이 p53-의존적 검문반응(checkpoint response)을 시작함으로써 기관의 퇴화(organ degeneration) 또는 **조기노화 표현형**(premature aging phenotype)을 유발하게 된다.

▌*mTerc*$^{-/-}$ *Wrn*$^{-/-}$ 돌연변이 생쥐는 인간 WS(워너증후군) 모델이 된다

텔로머라제(telomerase)-knockout 생쥐의 생리학적 분석 결과 *mTerc*$^{-/-}$ 동물 자손(이들은 작고 기능부전인 텔로미어를 포함한다)들은 수명이 감소하고, 탈모가 일어나거나 털이 하얗게 변하고, 스트레스에 민감해지고 암에 걸릴 위험이 증가하는 노화 표현형(aging phenotype)이 증가함을 볼 수 있다. 이러한 노화유도 동물의 초기세대는 긴 텔로미어를 소유하여 노화 표현형을 많이 나타내지는 않으나 차차로 텔로미어 기능이상이 나타나면서 노화 표현형(aging phenotype)을 나타내기 시작하는데, 이것은 텔로미어의 기능이상이 노화 표현형을 발생하게 하는 중요한 요인임을 시사한다. 인간과 유사한 노화 표현형이 쥐에서도 동일하게 나타남으로써 쥐가 인간의 노화 연구의 모델로 사용될 수 있음을 나타내는 것이다.

인간의 세포에서는 WRN 헬리카제가 다양한 범위의 활성을 나타냄에도 불구하고, *Wrn*-null(Wrn$^{-/-}$) mice의 경우에는 어떠한 세포적, 병리학적으로 인간에서 나타나는 워너증후군과 유사한 특징을 나타내지 않는 점이 매우 흥미롭다. 관찰 결과 WRN은 텔로미어 길이 유지에 요구되는데 실험한 생쥐는 대체적으로 긴 텔로미어를 가지고 있어 *Wrn*-null의 경우도 즉각적으로 표현형으로 나타나지 않는 것이다. 이것은 *Wrn*-null mice에서 조기노화 표현형이 나타나기 위해서는 짧은 텔로미어가 요구되는 것을 의미하는 것이다. 이러한 가정은 WRN과 텔로머라제가 동시에 부족한 생쥐를 통하여 유전학적 지지를 얻고 있다. *mTerc*$^{-/-}$ *Wrn*$^{-/-}$ 생쥐의 자손 세대는 상처의 치료가 잘 안된다거나, 골다공증, 뼈가 잘 부서지고, 백내장, 저혈당, 제2형 당뇨병, 중배엽유래 암의 높은 발병률 등의 표현형을 나타내고 정상의 쥐보다 조기 사망에 이르게 된다. 이것은 인간의 워너증후군의 병리학적 증상과 매우 유사하다고 볼 수 있다. 정량적 *in situ* hybridization의 결과 m*Terc*$^{-/-}$ *Wrn*$^{-/-}$ 생쥐의 자손세대는 텔로미어의 길이가 대체로 굉장히 짧으며, 염색체의 융합(fusion)과 전위(translocation)가 증가함을 알 수 있었다. m*Terc*$^{-/-}$ *Wrn*$^{-/-}$ 생쥐의 자손세대로부터 유래한 배아 섬유아세포(embryo fibroblast)를 살펴보면 53BP1과 γ-H2AX와 같은 DNA 손상 마커들이 관찰된다.

기능 결함의 텔로미어(dysfunctional telomere)가 DNA 손상반응(DDR)을 유발하기 위해서는 WRN의 결핍이 함께 작용하는 것으로 사료되며, DNA 손상반응의 결과로 복제노화(replicative senescence)가 진행된다. m*Terc*$^{-/-}$ *Wrn*$^{-/-}$ 이중돌연변이 쥐에서 관찰되는 표현형은 단순히 telomerase-null 쥐에서 관찰되는 노화 표현형의 악화가 나타났다고 하기 보다는, m*Terc*$^{-/-}$ 생쥐의 자손세대에서 관찰이 되지 않는 워너증후군 환자의 특징적 표현형을 관찰할 수 있다는 것이 특징적이다. 이러한 생쥐모델로부터 워너증후군(WS)에서 관찰되는 다양한 병리적, 생리적 표현형을 관찰하기 위해서는 기능이상의 텔로미어(dysfunctional telomere)와 함께 WRN의 결핍이 있어야(m*Terc*$^{-/-}$ *Wrn*$^{-/-}$)함을 알 수 있다.

▌m*Terc*$^{-/-}$ *Wrn*$^{-/-}$ 세포의 텔로미어에서는 상동재조합 증가와 ALT 경로의 진행이 일어난다

m*Terc*$^{-/-}$ *Wrn*$^{-/-}$ 생쥐는 워너증후군의 병리적 분자기작을 나타낸다. 예를 들어 워너증후군 환자에서는 육종이나 골육종(osteosarcoma)과 같은 중배엽(mesenchymal) 유래의 암 발생의 증가가 특징적인데 그 분자기작에 대해서는 자세히 연구된 바 없었다. 상피세포암(carcinoma)과 달리 중배엽성 종양의 경우는 텔로미어 길이를 유지하기 위하여 ALT(alternative lengthening of telomeres) 경로가 우선적으로 사용된다. 많은 육종(sarcoma)에서 텔로미어의 길이 유지가 ALT 경로를 통해 유지됨이 밝혀졌는데, ALT 경로는 재조합(recombination)이 관련된 텔로미어 재조합(recombination-mediated telomere recombination)이 관여한다. 기능이상의 텔로미어를 가지고 있는 m*Terc*$^{-/-}$ *Wrn*$^{-/-}$ 세포 유래의 육종(sarcoma)에서는 ALT가 활성화됨이 나타났는데 이것은 텔로미어에서 상동재조합을 통한 T-SCE(telomere sister chromatid exchange) 때문인 것으로 보인다. G5 m*Terc*$^{-/-}$ *Wrn*$^{-/-}$ mouse cell line에서 자발적인 세포노화(cellular senescence)를 거치도록 했을 때, WNR의 상실은 놀랍게도 세포노화로부터 도피를 촉진하여 불멸화된 클론(immortalized clone)이 출현하도록 하였다. 이러한 클론들에서는 텔로미어가 지속적으로 짧아지고 염색체의 비정상도 크게 증가했다. 그러나 이들 세포에서 자매염색분체(sister chromatid) 간의 상동재조합 지시자(indicator of homologous recombination)로 쓰이는 **텔로미어 자매염색분체 교환**(telomere sister chromatid exchange, T–SCE)은 크게 증가하였다.

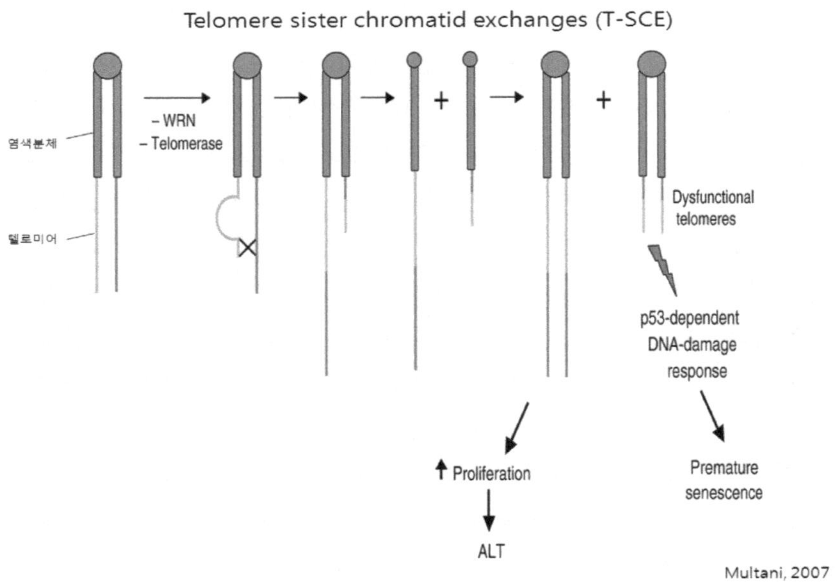

〈그림 8.20〉 텔로미어 자매염색분체 교환(T–SCE).

재조합에 의하여 긴 텔로미어를 가지게 된 클론은 지속적으로 자라 불멸화된 클론을 형성할 수 있으나 그렇지 못한 경우는 조기 노화로 들어간다.

G5 m*Terc*$^{-/-}$ *Wrn*$^{-/-}$ 세포주에서 WRN을 야생형으로 복구하였을 때 T-SCE 수준은 감소하였는데 이것은 WRN의 헬리카제 도메인이 부적절한 텔로미어 재조합(telomere recombination)을 억제하는데 꼭 필요함을 나타낸다. 효모에서 WRN ortholog인 Sgs1은 상동서열 재조합(homologous recombination)을 억제하였는데, 이러한 관찰은 WRN이 상동의 텔로미어 서열에서 상동재조합(homologous recombination)을 억제한다는 것과 일치한다. human ALT 세포주에서 T-SCE의 증가가 나타난 것은 ALT 표현형으로의 전환에 HR-mediated telomere recombination mechanism(상동재조합 관련 텔로미어 재조합 기작)이 중요한 선결조건임을 의미한다.

이와 같은 내용을 보았을 때 WRN이 유전체 안정성을 유지하기 위하여 하는 기작에 대하여 정확히는 아직도 알 수 없으나 WRN 유전자의 상실로 인하여 유전체의 불안정성이 초래되었을 경우 조기 노화가 일어날 수 있음은 분명해 보인다. WS(워너증후군) fibroblast의 가장 큰 특징인 **복제노화로의 조기 진입**(premature entry into replicative senescence)은 p53-의존적 DNA 손상반응(p53-의존적 경로)과 p38-의존적 cellular stress response(p53-비의존적 경로)에 의하는 것으로 추정된다. 아래의 그림은 WRN 단백질이 상호작용하는 DNA replication, DNA repair, recombination, 텔로미어 길이의 유지, 세포사멸, 전사(transcription) 등에 관여하는 단백질들을 요약한 것이다.

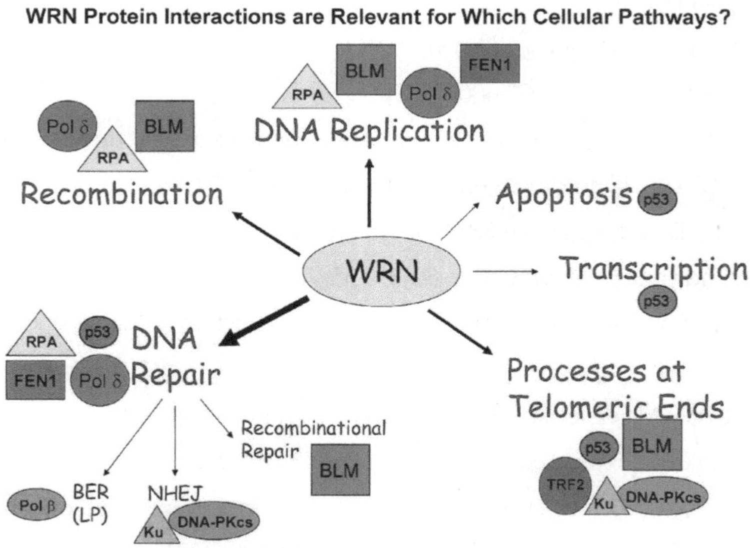

〈그림 8.21〉 WRN은 다양한 세포단백질과 상호작용하면서 다양한 세포반응에 관여한다.
WRN 단백질은 DNA 복제와 재조합과정에서는 RPA, pol δ, BLM 등과 상호작용하며, 텔로미어 말단 길이 유지를 위하여 TRF, Ku, DNA-PKcs, BLM등과 반응한다. p53이 매개하는 반응에 WRN이 관여하며, WRN은 DNA 수선기작에도 관여한다. DNA 수선 기작에는 RPA, FEN1, p53, pol δ 등의 단백질과 반응하며, BER에서는 pol β, NHEJ에서는 Ku, DNA-PKcs, recombinational repair에서는 BLM 단백질과 상호작용함으로써 유전체의 안정성을 유지하는데 중요한 역할을 한다.

참고문헌

1. Agrelo, R., W. H. Cheng, et al. (2006). "Epigenetic inactivation of the premature aging Werner syndrome gene in human cancer." *Proc Natl Acad Sci USA* 103(23):8822-7.
2. Cesare, A. J. and R. R. Reddel. (2010). "Alternative lengthening of telomeres: models, mechanisms and implications." *Nature Reviews Genetics* 11:319-330.
3. Chung, L., D. Onyango, et al. (2014). "The FEN1 E359K germline mutation disrupts the FEN-WRN interaction and FEN1 GEN activity, causing aneuploidy-associated cancers." *Oncogene* 2014 March 10 doi: 10.1038/onc.2014.19. [Epub ahead of print]
4. Conomos, D., H. A. Pickett, et al. (2013). "Alternatve lengthening of telomeres: remodeling the telomere architecture." *Frontiers in Oncology* 3:1-7.
5. Croteau, D. L., D. K. Singh, et al. (2012). "RECQL4 in genomic instability and aging." *Trends in Genetics* 28:624-631.
6. Das, A., I. Boldogh, et al. (2007). "The human Werner syndrome protein stimulates repair of oxidative DNA base damage by the DNA glycosylase NEIL1. *J Biol Chem* 282(36):26591-602.
7. Deans, A. J. and S. C. West. (2013). "DNA interstrand crosslink repair and cancer." *Nature Reviews Cancer* 11:467-480.
8. Du, X., J. Shen, et al. (2004). "Telomere shortening exposes functions for the mouse Werner and Bloom syndrome genes." *MCB* 24(9):8437-8446.
9. Gebhart, E., R. Bauer, et al. (1988). "Spontaneous and induced chromosomal instability in Werner syndrome." *Hum Genet* 80(2):135-9.
10. Gilley, D., H. Tanaka, et al. (2005). "Telomere dysfunction in aging and cancer." *IJBCB* 37:1000-1013.
11. Goto, M., R. W. Miller, et al. (1996). "Excess of rare cancers in Werner syndrome(adult progeria)." *Cancer Epidemiol Biomarkers Prev* 5:239-246.
12. Lombard, D. B., C. Beard, et al. (2000). "Mutations in the WRN gene in mice accelerate mortality in a p53-null background." *MCB* 20(9):3286-3291.
13. Mason, P. A. and L. S. Cox. (2012). "The role of DNA exonucleases in protecting genome stability and their impact on ageing." *AGE* 34:1317-1340.
14. Multani, A. S. and S. Chang. (2007). "WRN at telomere: implication for aging and cancer." *J Cell Sci* 120(5):713-721.

15. Opresko, P. L., W. H. Cheng, et al. (2003). "Werner syndrome and the function of the Werner protein; what they can teach us about the molecular aging process." *Carcinogenesis* 24:791-802.

16. Passos, J. F., G. Saretzki, et al. (2007). "DNA damage in telomeres and mitochondria during cellular senescence: is there a connection?" *Nucleic Acids Res.* 35:7505-7513.

17. Peng, W., H. Takai, et al. (2012). "Telomeric 3' overhangs derive from resection by Exo1 and Apollo and fill-in by Pot1b-associated CST." *Cell* 150:39-52.

18. Popuri, V., J. Hsu, et al. (2014). "Human RECQL1 participates in telomere maintenance." *Nucleic Acids Research* 2014 Mar 12. [Epub ahead of print].

19. Reddy, S., B. Li, et al. (2010). "Processing of human telomeres by the Werner syndrome protein." *Cell Cycle* 9(16):3137-3138.

20. Sidorova, J., K. Kehrli, et al. (2013). "Distinct functions of human RECQ helicases WRN and BLM in replication fork recovery and progression after hydroxyurea-induced stalling." *DNA repair* 12:128-139.

21. Yu, C. E., J. Oshima, et al. (1996). "Positional cloning of the Werner's syndrome gene." *Science* 272:258-262.

CHAPTER 09

면역계 퇴행과 노화

면역기능은 외부에서 침입하는 미생물과 체내에서 생긴 불필요한 산물 제거하여 개체의 항상성을 유지하는 현상을 말한다. 좀 더 자세히 말하면 생체가 자기(self)와 비자기(non-self)를 식별하여 비자기(non-self)를 항원으로 인식하고 이에 대한 항체를 만들며, 일련의 반응을 통하여 병원성 세균, 바이러스, 암세포와 같이 해로운 영향을 줄 수 있는 것을 제거하는 과정이다. 면역계(immune system)는 세포, 단백질, 림프계 등이 어우러져 특정 병원균이나 이상이 생긴 체세포를 찾아내고 제거하는 역할을 한다. 100세 노인과 장수지역에 대한 연구를 통하여 면역기능과 장수는 밀접하게 관련이 있다고 알려진다. 그 예로써 일본의 오키나와와 같은 장수지역의 80세 이상 노인의 면역능력을 다른 지역 노인과 비교하였을 때 면역능력이 우수하다고 밝혀져 있다. 면역기능은 노화하면서 변하게 되는데 골수(bone marrow)내 간세포(stem cell, 줄기세포)의 혈구세포 생산능력은 감소하고 흉선(thymus)은 사춘기 이후 계속 위축되어 노년에 이르면 거의 없어진다. 이러한 흉선의 위축은 T 세포의 분화에 장애를 초래하며 B세포의 생산에도 영향을 미치며 결국 노년에 이를수록 면역기능의 저하가 현저해져서 감염성질환이나 암을 비롯한 각종 질병의 발생이 증가하고 면역계의 착오에 의해 발생하는 자가면역질환(autoimmune diseases)도 증가하게 되어 수명 단축에 영향을 미친다.

9.1 우리 몸의 면역체계

우리가 살고 있는 환경에는 매우 다양한 병원체 즉 바이러스, 세균, 곰팡이 그리고 질병을 일으키는 기타 병원체들이 포함되어 있다. 그러나 인간을 포함한 척추동물들은 이들이 체내로 들어오더라도 방어하는 수단을 가지고 있다. 우리 몸의 면역조직으로는 흉선(thymus), 골수

(bone marrow), 림프절(lymph node), 비장(spleen) 등을 꼽을 수 있다. 흉선은 심장의 전방에 위치하고 있는데 골수에서 만들어진 미성숙한 T 세포(immature T cell)가 흉선으로 이동하여 성숙해지고 분화를 거치는 곳이며, 골수(bone marrow)에서는 여러 종류의 혈구(blood cells)들이 만들어진다. 혈액과 림프계는 서로 연결되는 회로를 형성하고 있으며 림프액은 림프관과 혈관을 마음대로 드나들 수 있다. 림프액이 혈액으로 들어가기 전에 림프절(lymph node)에서 여과가 일어나는데 병원체나 암세포가 포함되어 있을 경우 주위에 있는 림프구(lymphocytes)와 대식세포(macrophages)에 의하여 제거된다. 대식세포(macrophage)에 의한 식세포작용은 원시적이지만 T 세포나 B 세포 등의 림프구보다 훨씬 보편적인 특성을 보인다. 대식세포는 감염(infection) 말기에 죽은 미생물이나 죽은 세포들의 잔해를 청소하는 역할을 한다. 낭포에 둘러싸여 식세포내로 들어간 미생물은 가수분해효소에 의하여 분해가 일어나고 그 찌꺼기는 밖으로 배출된다. 비장은 혈액 안에 있는 낡은 혈구와 병원체를 걸러내서 제거하는 역할을 한다. 면역반응은 비특이적 반응과 특이적 반응으로 나눌 수 있다. 비특이적 반응은 모든 침입자와 손상된 세포를 공격한다.

〈표 9.1〉
비특이적(nonspecific) 방어기작

비특이적 방어	기능
대식세포(macrophage)*	침입한 병원체를 잡아먹는다
자연살해세포(NK cell)*	암세포나 바이러스에 감염된 세포들을 공격한다
염증반응(inflammation)	손상이 확산되는 것을 막으며 상처치유를 촉진한다
보체계(complements)	다른 면역 방어기작을 도와준다
인터페론(interferon)	바이러스 증식을 방해한다
발열(fever)	약한 열은 세균이 살기 어려운 환경을 만든다

*비특이적 반응이지만 특이적 반응에 영향을 미칠 수 있다.

병원체가 비특이적 면역반응을 극복했다 하더라도 더 정교한 특이적 면역반응을 상대해야 한다. 특이적(specific) 면역반응은 특정한 공격목표를 갖기 때문에 그와 같이 부르며, 다음과 같은 세 가지 특징이 있다. 첫째, 특정 병원균과 이물질을 인식하고 공격한다. 둘째, 기억장치가 있어 다음에 또 다시 침입했을 때는 더 빨리 반응한다. 셋째, 몸의 특정 부분만을 방어하는 것이 아니라 몸 전체를 방어한다. 특이적 면역반응에는 중요한 역할을 담당하는 것은 림프구(lymphocyte)이다. 림프구는 골수에서 유래된 백혈구의 일종인데, 전체 순화중인 백혈구의 30% 정도를 차지하며 혈액은 물론, 림프, 림프절, 편도, 비장, 흉선 등에서 발견된다. 림프구는 두 가지 종류가 있는데 각각 B세포와 T세포라고 부른다. 이들은 각각 완성되는 곳, 즉 골수(bone marrow)와 흉선(thymus)의 맨 앞 철자를 따서 붙인 이름이다. 두 종류

모두 항원을 가진 세포를 인식하고 공격을 할 수 있지만 그 방법에는 차이가 있다. B세포는 항체성 면역(antibody-mediated immunity)에 관여하며, 항체를 만든다. 이들은 림프액, 혈액, 체액 등을 통해 다니면서 만나는 항원에 대한 항체를 만들어 방출한다. T세포는 세포성 면역(cell-mediated immunity)에 관여하며, 세포성 면역반응은 기생충, 세균, 바이러스, 균류, 암세포, 자신으로 인식되지 않는 모든 세포들을 공격한다. T세포는 암화되거나 바이러스를 방출할 가능성이 있는 세포를 찾아내 죽이는 능력을 가진다.

〈표 9.2〉
특이적 방어기작에 관여하는 세포와 단백질

세포/단백질		기능
B세포	형질세포	특정 항체를 분비함
	기억 B세포	특정 항원에 다시 노출되면 형질세포로 되어 항체를 생산함
	면역글로블린	5종류의 항체, 각 항체는 특정 항원에 맞는 특별한 구조를 가짐
T 세포	보조 T세포	사이토카인 생산, 다른 면역세포를 자극하여 면역반응을 증진시킴
	세포독성 T세포	비정상 세포를 공격하여 파괴함
	기억 T세포	특정 항원에 다시 노출되면 보조 T세포나 세포독성 T세포로 분화함

면역체계의 작동원칙은 자기(self)와 비자기(non-self)를 구분하는데 있다. 자신의 세포는 독특한 형태로 표시되어, 면역세포는 자신의 세포를 인식하지 못하지만 외부로부터 미생물이 들어오면 비자기로 인식이 되고, 이에 따라서 림프구가 자극되고 반복하여 분열이 일어난다. 림프구의 분화를 유발하고 림프구의 표적이 되는 분자구조를 항원(antigen)이라고 한다. B 림프구는 항원에 대하여 결합하는 항체(antibody)를 대량생산한다. 항원이 항체를 만나면 서로 결합하여 항원-항체 복합체(antigen-antibody complex)를 만들며 이것은 보체나 대식세포가 파괴하도록 표시해놓는 셈이다. 항원과 항체반응(antigen-antibody reaction)이 일어난 미생물은 대식세포에 의하여 쉽게 제거될 수 있다. 미생물을 식세포작용(phagocytosis)으로 소화시킨 대식세포는 그 표면에 항원을 제시하여 보조 T세포를 활성화시키며, 보조 T세포는 이러한 신호에 의하여 여러 가지 물질을 합성하고 이것을 바깥으로 분비한다. 이들은 효과적인 면역반응이 일어나도록 중요한 역할을 하는데 이러한 물질을 '사이토카인(cytokines)'이라고 부른다. 사이토카인은 대식세포, 자연살해세포, CD8을 발현하는 T세포 등 다른 면역세포들의 작용을 돕는 역할을 한다. 세포독성(killer) T 세포는 바이러스가 감염된 세포(virus-infected cells)나 암세포(cancer cells)와 같이 몸에 해로운 세포를 퍼포린(perforin)이라는 단백질을 가진 소낭을 이용하여 살해한다. 그런 다음 세포독성 T세포는 떨어져 다시 다른 표적을 찾아 이동한다. 장기이식(organ transplant)을 할 때 다른 사람의 장기를 비자기로 인식하여 거부반응을 일으키는 것도 세포독성 T세포(cytotoxic T cell, CTL) 때문이다.

9.2 노화에 따른 면역기능의 변화

노화에 따른 면역기능의 변화는 감염에 대한 방어력을 감소시키며, 면역체계의 착오에 의해 자기세포를 공격하는 자가면역질환, 그리고 암의 발생을 증가시킨다. 면역기능에 영향을 주는 변화들로는 유전체 불안정성, 미토콘드리아의 기능 감소, 샤페론 기능의 변화, 산화적 스트레스, 호르몬의 변화, 만성염증의 증가 등을 꼽을 수 있다. 이러한 요인들에 의하여 다음과 같은 면역요소들에서 변화가 초래된다:

〈표 9.3〉
노화에 따른 면역계의 변화

항목	종류	기능	변화	초래하는 결과
흉선	흉선단백질	T세포 성숙	**퇴축**	흉선 퇴화
사이토카인	IL-2	T세포 성장인자	**감소**	미생물 감염
	IL-4	B세포 자극인자	**증가**	자가면역반응
	IL-6	Pro-inflammatory, 흉선 퇴축	**증가**	염증반응
	TNF-α	Pro-inflammatory	**증가**	
T 세포	Naïve T 세포	면역기능의 잠재적능력	**감소**	특이적면역반응 감소
	Memory T세포	면역반응의 기록	증가	
	T세포 활성인자	T 세포 활성화	**감소**	T세포 활성 감소
B세포	항체	항원에 대한 반응성	감소	
CD4세포와 CD8 세포의 비율	CD4 세포 CD8 세포	CD4 세포: 보조T세포 CD8 세포: 세포독성T세포	비율 변화	면역계 부조화
점막면역	IgA	미생물의 감염을 막음	**감소**	장내 세균감염

흉선(thymus)의 퇴축

골수에서 생성된 T 세포의 전구체(precursor)는 혈류를 타고 흉선으로 이동하여 그곳에서 성숙이 일어나게 된다. 흉선의 크기, 흉선에서 분비되는 흉선단백질의 양은 사춘기 이후 크게 떨어져 면역기능의 감소를 초래한다. 흉선의 퇴화기작에 대해서는 확실하지는 않으나, 골수세포, 흉선세포, 흉선 내부의 미세환경, 호르몬 등이 영향을 줄 것으로 추정된다.

〈표 9.4〉
흉선의 퇴축

	사람	마우스	흉선내 주세포
출생시	10~15g		림프구
사춘기	30~40g	70mg	림프구
장년기 이후	2-4g	5mg	거식세포 지방과립 비만세포

CD4:CD8 비율의 변화

CD는 T 세포 표면에 존재하는 세포막 단백질(cell membrane proteins)을 말한다. CD4 T세포는 보조T세포(Helper T cell)를 말하며, CD8 T세포는 세포독성T세포(cytotoxic T cell)를 의미한다. 노화하면서 CD4 보조T세포가 감소하여 CD4:CD8세포 비가 달라지는데 이러한 변화가 항원에 대한 T 세포의 반응을 감소시키리라 추측된다. 면역능력의 유지를 위하여 보조T세포의 기능이 꼭 필요하기 때문에 보조T세포가 감소하면 면역기능의 저하를 초래한다. 후천성면역결핍증(AIDS)의 경우 바이러스에 의하여 CD4 보조T세포가 선택적으로 파괴가 일어나 면역기능이 파괴된다. 또한 T세포 활성화에 co-stimulatory 역할을 하는 CD28은 노화가 진행함에 따라서 감소한다.

Memory T세포의 증가

노화하면서 naive(새로 형성되어 아직 면역반응에 참여하지 않은 세포) T세포는 감소하고, 면역반응에 대한 기록을 기억으로 가지는 기억 T세포는 증가한다. 효율적인 면역기능을 위해서는 naive T세포가 더 많이 요구된다. naive T세포가 많은 상태는 면역반응의 잠재력이 큰 상태이며, 나이가 들었을 경우는 상당수의 세포들이 기억세포(memory cell)나 효과기 세포(effector cell)로 전환이 일어나 면역기능의 잠재력이 감소한 상태가 된다.

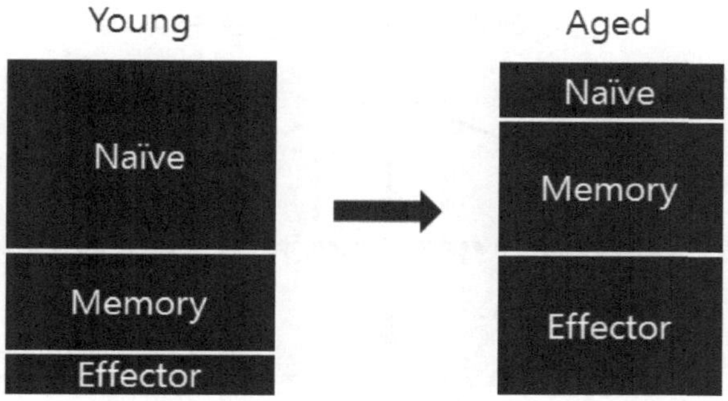

〈그림 9.1〉 나이에 따른 흉선세포 집단의 변화.
Naive cell은 면역기능의 잠재력인데 나이든 개체의 경우 Naive cell의 감소가 뚜렷하여 면역력의 다양성이 감소한다.

▌사이토카인의 변화

IL-2(인터루킨-2)는 외부로부터 침입하는 미생물에 대항하기 위하여 면역능력을 강화시키는 역할을 한다. IL-2의 분비가 노화하면서 감소되어 면역기능의 약화를 초래한다. 'T세포 성장인자' 또는 'thymocyte stimulating factor'로 불리는 IL-2는 CD4 T세포가 만들어 내며 그 기능은 T세포가 G_1상태에서 S기로 진행하도록 하는 'T세포 성장인자' 역할을 한다. 또 자연살해세포(NK세포)에 작용하여 NK세포의 성장을 촉진하며 살해능력을 강화하며 B세포에 작용해서 그 성장을 촉진한다. IL-2의 분비 감소는 AP-1과 NF-AT 전사촉진인자 감소와 관련이 있다. 반면에 TNF-α, 인터루킨-6(IL-6), 인터루킨-4(IL-4)는 염증을 촉진하는 pro-inflammatory cytokine으로써 노화함에 따라 증가한다. 인터루킨-6와 TNF-α는 노화의 진행에 따라 만성염증반응을 증가시키는 역할을 하며, 인터루킨-4는 자가면역반응의 증가와 관련이 있다. 이러한 염증 사이토카인을 쥐에서 증가시켰을 때 쥐의 수명을 단축시켰다.

▌점막면역(mucosal immunity)반응의 감소

점막면역반응은 1차적인 면역체계이며, 외분비액(타액, 콧물, 눈물, 기관지분비액, 위장 분비액 등)에 포함된 면역글로부린(Ig)A에 의하여 항원의 중화가 일어난다. 위장으로 들어오는 음식물에는 수많은 미생물들이 포함되어 있는데, IgA는 소화기계에서 리소좀(lysosome) 등과 함께 박테리아 등의 미생물을 분해함으로써 방어기능을 할 수 있다. 점막을 통한 방어기능이 떨어져 노화하면서 감염이 증가한다.

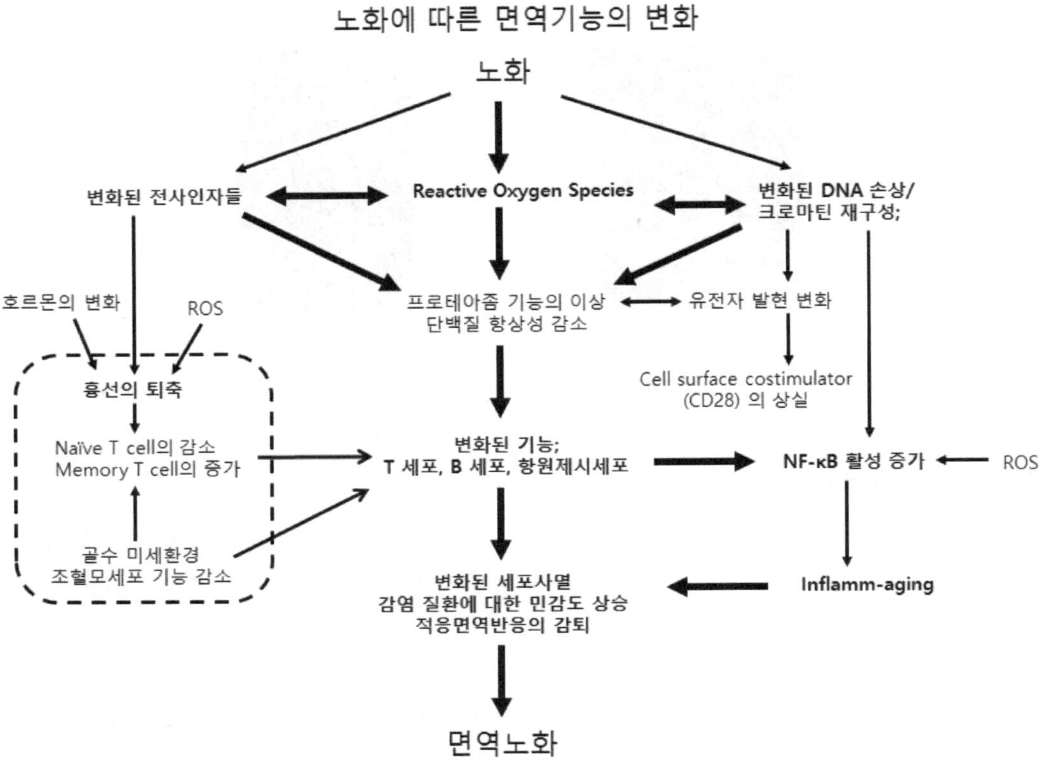

〈그림 9.2〉 노화에 따른 면역기능의 변화.

노화하면서 유전자 발현의 변화와 전사인자들의 변화가 초래되며 흉선의 퇴축이 일어난다. 흉선의 퇴축으로 B세포와 T세포 비율이 변화하며, 골수에서는 조혈모세포의 기능이 저하한다. 활성산소종의 발생은 증가하고 프로테아좀 기능이 점차로 감소하면서 단백질 항상성에 영향을 미치고, 이러한 요인들은 T세포, B세포, 항원제시세포(APC) 등에서 기능의 변화를 초래한다. 노화하면서 증가한 신체의 각 부분에서의 미세한 만성적인 염증은 신체 각 부분에서 장기의 노화를 촉진하여 'inflammaging'을 초래한다. 이에 따라 감염질환에 대한 대응의 효율성이 감소하고, 적응면역(특이적 면역)의 효율성 감소로 면역노화가 초래된다.

9.3 염증반응

염증반응은 조직에 손상이 일어나거나 세포가 죽게 되었을 때 시작되는데, 예를 들면 감염, 화상, 장천공 등에 의해 염증반응이 유발된다. 염증은 수분과 혈장단백질, 보체단백질 그리고 식세포들이 혈관에서 세포간극으로 빠져 나오기 때문에 유발되는데, 이러한 물질들이 빠져나오는 이유는, 혈관벽 세포들을 수축시키는 화학요인에 의하여 혈관벽의 물질투과성이 커지기 때문이다. 이러한 화학요인 중 가장 잘 알려진 것은 비만세포(mast cell)로부터 방출되는 히스타민이다. 세균이 침입하면 식세포와 혈장단백질들이 그 조직주위로 모이게 되며 침입자를 비활성화하고 파괴시키며, 대식세포 등은 그 침입자와 그 잔해를 청소한다. 조직으로부터 새어나온 혈장단백질 중에는 보체단백질과 혈액응고 인자가 포함되어 있는데 이들은 염증조직 주위에 벽을 만들어 조직주위로 침입자와 독성물질의 확산을 방지한다. 그리고 염증반응이 끝나면 모세혈관으로부터 방출된 항응고인자에 의해 응괴를 용해한다.

염증반응(inflammation)이란?

내외부로부터 받는 공격에 대한 우리 몸의 일차적인 방어가 바로 염증반응이라고 이해하면 된다. 호흡기(respiratory organ)와 장(intestine)의 점막상피와 피부는 침입하는 병원체에 대한 제1차 방어선으로서 감염에 대한 물리적 그리고 화학적 장벽을 이룬다. 이런 방어를 뚫은 미생물은 즉각 선천면역반응(innate immune reaction)을 일으키는 세포 및 분자들과 만나게 된다. 염증 초기단계에서 보이는 주된 세포는 대식세포(macrophage)와 호중구(neutrophil)로서 박테리아 표면의 공통 성분과 결합하는 수용체(receptor)에 의해서 인지할 수 있다. 호중구는 가장 처음의 염증반응을 매개하며 조직에 들어오면 과립으로부터 단백질분해효소(protease), 인지질가수분해효소(phospholipase), 엘라스타제(elastase), 콜라게나제(collagenase) 등의 분비를 통해 병원체를 사멸시킨다. 또한 케모카인(chemokine)은 손상이 일어난 조직세포에서 분비되는데, 감염에 반응하여 유도되며 병원체와 접촉하거나 TNF-α와 같은 proinflammatory 사이토카인의 작용으로 염증 발생부위에서 염증성 사이토카인의 발현을 상향 조절(upregulation)한다. '**케모카인**'이란 대식세포와 T 세포에 대해 유인제 기능을 하는 작은 단백질 그룹을 말하는데, 숙주에 해를 주는 세균산물, 바이러스 및 다른 물질 등에 대해서 반응하여 림프구(lymphocyte)와 다양한 다른 세포들로부터 만들어진다. '**사이토카인**(cytokine)'이란 백혈구에서 만들어지는 수용성 단백질(soluble protein)로서 면역계의 활성화를 위해 필요한 세포간의 통신수단이 된다. 일반적으로 사이토카인은 하나의 세포로부터 분비되어 표적세포의 특이적인 수용체(receptor)를 통하여 결합한다. 일부 세포는 자신이 만든 사이토카인을 수용체를 통하여 인식하는데, 사이토카인의 이런 능력을 '자기자극(autocrine) 능력'이라 한다. 사이토카인이 수용체에 결합이 일어나면 일반적으로 신호전달(signal transduction)을 활성화하여 단백질 합성(protein synthesis), 세포분열(cell division)과 같은 활성을 조절하는 신호를 세포막에 전달한다. 또한 케모카인(chemokine)은 백혈구들이 혈관내피에 부착하도록 유도함으로써 조직으로 이동하게 하여 감염에 적절하게 대처하는데 필수적인 역할을 한다. 케모카인은 대식세포와 T 세포를 손상된 부위로 이동시키며, 염증을 자극시킬 뿐만 아니라 특이적 면역반응도 강화시킨다. 손상된 조직세포에서 생성된 케모카인은 대식세포(macrophage)를 자극하여 사이토카인(cytokine)

을 분비하도록 한다. 활성화된 대식세포에 의해 유리되는 사이토카인은 '**염증**(inflammation)'이라 부르는 과정을 시작하게 되는데 감염부위의 조직 대식세포가 생성하는 사이토카인은 IL-1, IL-6, 종양괴사인자-α (TNF-α) 등 중요한 염증성 사이토카인으로서 주변의 혈관을 확장시키고 혈관내피세포의 막에 부착분자의 발현을 유도한다. 아래 그림은 상처가 생겼을 때 나타나는 선천성 면역반응을 나타낸 것이다.

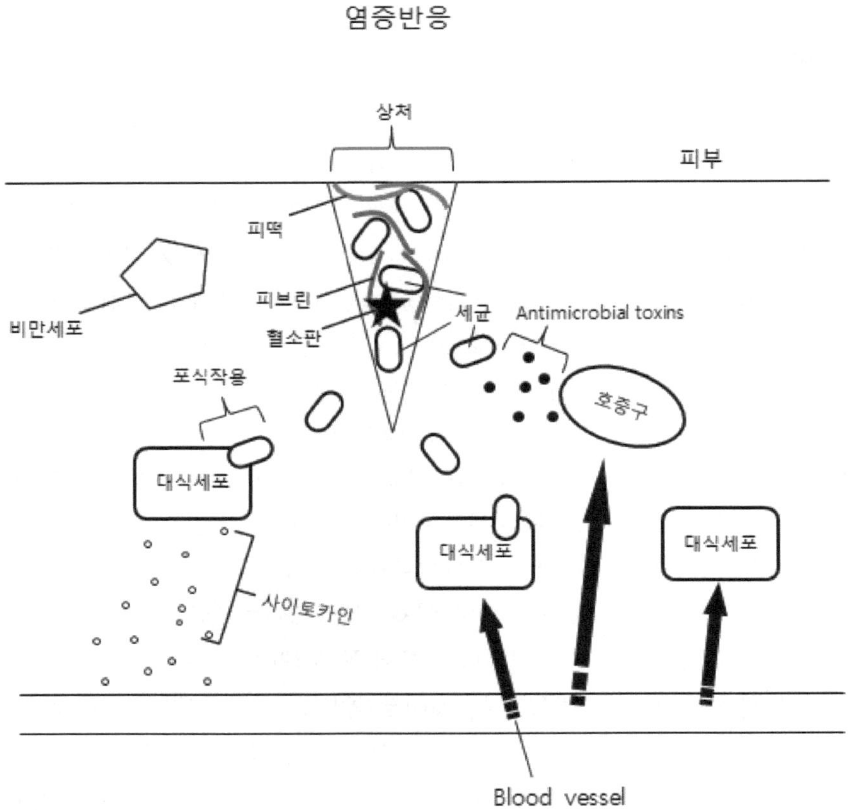

〈그림 9.3〉 염증반응.
상처가 생기면 대식세포, 호중구, 비만세포 등의 선천성 면역세포들이 세균에 집중함으로써 세균을 제거할 수 있다. 일부세포는 사이토카인(cytokine)이라는 신호물질을 분비함으로써 방어작용을 상호조절한다. 그러는 동안 혈소판과 피브린은 피떡을 형성하여 상처로부터 출혈을 막는다.

감염의 후기 단계에서는 호산구(eosinophil)와 림프구(lymphocyte) 같은 또 다른 백혈구들이 혈액으로부터 감염된 조직으로 이동할 수 있는데 이것은 내피세포(endothelial cell)의 부착분자(adhesion molecules)와 결합함으로써 일어난다. 내피세포의 부착분자는 네 종류의 단백질로서 셀렉틴(selectin), 뮤신(mucin), 인테그린(integrin), 면역글로불린 수퍼패밀리(ICAM-1)

이다. 그래서 감염 부위의 후모세관정맥(postcapillary venule) 안쪽에 위치한 내피세포들은 미생물과 결합한 대식세포에 의해 생성된 사이토카인(IL-1, IL-6, TNF-α)에 반응하여 셀렉틴의 발현을 급격하게 증가시킨다. 내피세포는 P-셀렉틴, E-셀렉틴을 발현하고 백혈구는 내피세포 표면의 P-셀렉틴, E-셀렉틴과 상호결합을 촉진시키는 P-selectin ligand, E-selectin ligand와 결합하게 된다. 이러한 결합은 혈류의 흐르는 힘에 의하여 쉽게 분리될 수 있으며 결과적으로 백혈구는 떨어져 분리되고 다시 결합되는 과정의 반복을 통하여 내피세포의 표면을 따라서 회전(rolling)하기 시작한다. 그 이후 감염부위에서 생성된 케모카인이 내피세포 표면으로 옮겨져 회전하는 백혈구의 표면의 특정 케모카인 수용체(chemokine receptor)와 결합한다. 그 결과로 백혈구의 인테그린(integrin)이라 불리는 부착분자를 발현하여 상피세포의 ICAM과 결합할 수 있게 되고, 백혈구는 혈관 내피세포 사이로 빠져나가 조직으로 이동하여 병원체나 손상된 세포를 제거할 수 있게 된다. 염증현상은 발열(heat), 통증(pain), 홍조(redness), 부종(swelling)과 같은 부작용을 동반하는데 이는 곧 국소 혈관에 대한 사이토카인 및 염증매개물질들의 효과를 반영하는 것이다. 시간이 경과함에 따라 이러한 과정은 조직 복구를 통해서 완화되며 이후 생리적 항상성(physiological homeostasis)을 유지하게 된다.

염증반응의 분자기작

대식세포를 비롯한 면역세포들에서 다량으로 생성되는 활성산소(ROS, reactive oxygen species)와 활성질소(RNS, reactive nitrogen species)는 외부의 침입자들을 제거하는데 중요한 역할을 한다. 이들은 또한 면역계를 활성화시키는데 중요한 역할을 하지만, 장기간 지속적으로 생성되어 축적하게 되면 세포와 조직의 구성성분의 손상을 초래한다. 대식세포는 염증반응을 지휘하는 TNF-α를 만들어낸다. TNF-α는 염증반응을 오랫동안 지속시키는 실행분자를 유도해내 염증반응을 지휘한다. 백혈구 또한 활성산소종(ROS)과 활성질소종(RNS)을 만들어내 감염에 대처하는데 이 물질들은 peroxynitrite를 만들어내어 DNA 돌연변이를 유발하기도 한다. 만성염증은 ROS와 RNS를 증가시켜 DNA 손상을 증가시킨다. NF-κB는 활성산소종(ROS)에 의해 활성화가 일어나는 산화-환원감수성 전사인자이다. 특히 NF-κB는 iNOS, COX-2, 다양한 염증성 사이토카인(TNF-α 및 인터루킨-6)의 발현을 조절한다. NF-κB의 활성화와 그것에 의한 유전자발현은 노화, 암, 동맥경화증, 방사능에 의한 조직의 손상, 바이러스성 복제, 급성염증상태, 조직이식숙주반응, 독성/부패성 조직손상 등을 포함하는 여러 가지 병리학적인 상태와 관련이 있다.

▌노화와 염증반응

보편적 노화의 생화학적인 현상이 아직도 완전하게 밝혀진 것은 아니지만 많은 질병은 노화의 원인 또는 노화의 결과와 관련되어있다. 인간 암(human cancer)의 발생률은 노화와 함께 기하급수적으로 증가하고 있기 때문에 암은 노화의 과정과 복잡하게 연결되어 있다고 생각할 수 있다. 최근 드러난 연구의 증거로 암과 같은 만성적인 질병과 염증, 그리고 노화 사이에는 서로 긴밀한 상관관계가 있음이 알려진다. 암과 같은 만성 질환의 발달은 만성염증과 긴밀한 관련이 있는 한편 만성염증은 조기노화(premature aging)를 초래할 수도 있다. 이러한 사실은 노화, 만성염증 그리고 암 사이의 상호 연관성을 분석하기 위해 장기적인 관점의 연구 전략이 사용되어야한다는 것을 의미한다. 염증반응(inflammation)은 우리 몸에 외부로부터 유해인자(병원체나 독소 등)가 들어오면 이에 대해 생체를 방어하는 선천성 방어기작에 속하며, 여기에는 여러 종류의 염증세포, 염증성 사이토카인(cytokines) 및 중재자(mediator)들이 관여한다. 사람의 선천성 면역은 병원체에 특이적으로 존재하는 병원체 표면을 인식하여 비자기(nonself)를 분별해 낼 수 있다. 예를 들어 대식세포(macrophage)는 병원체의 표면 패턴을 읽어 비자기(nonself)라는 것을 인식할 때 병원체 표면에 달라붙어 포식작용(phagocytosis)을 할 수 있다. 병원체가 생체의 물리적 장벽을 부수고 몸속으로 침입하면 염증반응이 일어나 병원체를 퇴치하게 되며 그 결과로 고름이나 농이 생기게 된다. 유아기와 유년기 등 인생의 초반기에는 병원체의 감염 등에 의한 급성염증(acute inflammation)이 흔히 일어나 외부로부터 들어오는 병원체에 대항하여 우리 몸을 보호하는 역할을 하며 염증은 곧 진정된다.

인생의 후반기로 들어가면서 급성염증이 치료가 되지 않고 오래 동안 지속되거나, 동일한 부위에 반복적으로 염증이 일어나는 경우, 외부적으로 드러나지 않는 미세한 염증들이 우리 몸의 여러 부분에서 **만성염증(chronic inflammation)**을 초래한다. 미세한 만성염증은 자각할 수 있는 증상이 없어서 우리도 모르는 사이에 매일매일 조금씩 우리 몸을 갉아먹다가, 그 한계점에 달하는 시점에 이르러 드디어 임상적인 병증(clinical symptoms)으로 나타나게 된다. 만성염증을 일으키는 물질들은 세포들을 변성시키고 유전자변이 촉진과 면역계를 약화시켜 자신의 정상적인 세포들을 공격하게 함으로써 노화를 가속화시킨다. 만성염증이 발생한 조직은 활성산소의 발생이 많아 인체의 노화 및 퇴행화를 촉진하는데, 이와 같은 노화관련 질병에는 죽상동맥경화증(atherosclerosis), 치매(dementia), 암(cancer) 등이 대표적이다.

• 염증반응과 혈관변성

노화과정에서 염증과정은 혈관내피세포와 평활근세포의 나이에 따른 변화에서 잘 나타나는데 동맥경화증과 당뇨병의 혈관변성은 좋은 예가 된다. 혈관 내피세포는 조직과 혈장간의 인터페이스를 형성하기 때문에 외적 스트레스에 혈관내피세포는 쉽게 노출되어 손상되기 쉽다. 혈액속의 콜레스테롤 수준이 높아지면 콜레스테롤은 저밀도지방단백질(LDL)과 함께 동맥의 벽 속에 스며들어 내피와 외피사이에 있는 평활근에 축적된다. 그 위에 칼슘이 축적되어 미세한 섬유조직이 전체를 감싸고 있는 동맥경화성 플라크가 동맥의 내강에 튀어나와 있게 된다. 플라크에 미세한 조각들이 부딪쳐 상피세포에 상처를 주게 되면 혈소판이 상처부위에 모여 혈병을 형성하게 된다. 플라크의 지방덩어리가 산화됨에 따라 상태가 더 나빠지는데 지방의 덩어리가 세균표면으로 잘못 인식되어 염증을 유발한다. 이어서 플라크와 혈병, 내피사이에 축적된 지방이 유출되어 동맥은 막히게 되며, 조직에 공급되는 혈액의 양은 줄어들거나 끊어지게 된다. 이러한 반응이 심장에 일어날 때 심근경색이 되고, 뇌에서 일어날 때 뇌졸중을 일으킨다.

- 염증반응과 알츠하이머병

알츠하이머병 환자의 뇌를 조사하면 뇌신경세포가 죽어 감소하고 뇌 전체의 크기가 위축돼 있다. 알츠하이머병 환자의 뇌 표본을 염색하여 현미경으로 관찰한 결과 아밀로즈(amylose)나 전분과 유사한 아밀로이드(amyloid)라 명명한 것이 중심부에 있고 그 외부를 신경돌기가 감싸고 있는 구조가 많이 관찰되는데 이것을 '노인반'이라고 부른다. 아밀로이드는 '아밀로이드 전구체'가 절단되어 형성되는데, 정상의 경우는 독성을 나타내는 부위인 베타아밀로이드 부분의 중간에 절단이 일어나 독성을 나타내지 않으나, 알츠하이머병의 경우는 독성을 나타내는 베타아밀로이드 부분이 절단되지 않은 상태로 외부로 방출된다. 축적된 베타아밀로이드가 모여 응집이 일어나면 신경세포독성을 나타내며 산화적 스트레스를 생성하고, 염증에 관여하는 NF-κB 전사인자를 활성화함으로써 염증반응을 촉진하게 된다. 이러한 반응의 반복으로 뇌신경세포는 손상을 입게 된다.

9.4 염증반응과 NF-κB 전사인자

염증이 노화과정을 촉진하는 원인으로 보아야할지 또는 노화가 일어난 결과로 보아야할지는 논란의 여지가 있다. 그러나 노화가 진행되면서 면역계가 염증을 촉진하는 방향으로 치우침이 일어나고, 이러한 사건들은 노화의 가속화를 촉진한다. 이러한 의미로 'inflammation(염증)에 의한 aging(노화)의 가속화'라는 두 단어를 결합해 만든 '**염증노화(inflamm-aging)**'라는 용어로 표현되기도 한다. 면역 및 염증반응에 중요한 전사인자로 NF-κB가 있는데 NF-κB는 염증조절의 메인스위치(main switch)와 같은 역할을 한다. 노화가 진행되면서 NF-κB의 비정상적인 발현(abnormal expression)이 관찰되기 때문에 노화에 대한 NF-κB의 관련성은 긴밀해 보인다. NF-κB는 우리 몸이 위험 상황에 처했을 때 화재경보기처럼 위험을 감지해 염증반응을 일으켜 위험에 대처하게 하는 방편으로 볼 수 있다. NF-κB는 1986년 처음으로 보고되었는데, 발견 당시 NF-κB는 B 림프구에서 kappa chain enhancer protein으로 발견되어, 인핸서(enhancer element)에 결합하는 전사인자(transcription factor)로서 알려졌다. 지속된 연구를 통하여 극소수의 세포를 제외하고 각종 조직 거의 어디에나 발현되는 보편적 유전자(ubiquitous gene)라는 것이 밝혀졌는데, 염증(inflammation), 면역(immunity), 세포사멸(apoptosis), 발암(carcinogenesis), 조직 재생(tissue regeneration) 등 다양한 기능을 하는 400개 이상의 유전자를 NF-κB 전사인자가 조절할 뿐만 아니라, 또 수많은 인자들에 의하여 NF-κB 활성 조절이 일어나고 있다. 특히 세포사멸에 관한 기능은 NF-κB가 비면역계 세포에 있어서 어떤 기능을 수행하는지에 대한 중요한 단서를 제공할 수 있다. 위에서 언급한 바와 같이 최초에 NF-κB가 면역세포에서 발견되었기 때문에 NF-κB가 염증과 면역에 관여한다는 것은 쉽게 유추될 수 있었지만, 비면역계 세포에서도 NF-κB가 발견되면서 그 기능과 역할에 관한 의문은 더욱 증가해왔다.

최근 연구에서 노화와 NF-κB 활성의 연관성에 대한 보고가 증가하였는데, NF-κB 경로가 유전독성(genotoxic), 산화적(oxidative) 그리고 염증 스트레스에 의해 활성화가 일어나고 노화과정에서 중요한 역할을 할 것이라는 의견이 점차로 확산되었다. NF-κB 경로는 노화가 진행되면서 활성화가 일어날 뿐 아니라, 노화 관련 병리(aging-associated pathology)와 직접적으로 연관되어 있다. 노화에서 NF-κB의 역할에 대한 직접적인 증거에 덧붙여서 NF-κB는 insulin/IGF-1, FOXO, SIRT, mTOR, DNA repair 등을 포함하여 '건강하게 살 수 있는 기간(healthspan)'과 '수명(lifespan)'의 결정에 관련된 많은 경로들과 직접적으로 연관이 되어 있다. 알츠하이머병, 당뇨병, 골다공증, 죽상동맥경화증 등과 같은 많은 노화관련 질병에 있어서 비정상적인 NF-κB 발현이 중심적인 특징이다. 그렇기 때문에 NF-κB는 노화의 후유증을 약화시키는 가능한 치료법으로서 제안이 되고 있으며, 또 NF-κB는 암의 치료와도 관련성이 있다. 더구나 NF-κB 경로를 억제했을 때 어떤 경우에는 역설적이게도 암의 진행을 촉진하는 경우가 나타난다는 것은 NF-κB의 신호전달기작이 매우 복잡한 기작으로 일어나며 인위적인 NF-κB 활성 조절이 간단하지 않음을 시사한다.

NF-κB란 무엇인가?

노화는 항상성을 유지하는 조직의 기능을 잃어가는 것이 특징이다. 심혈관 질환, 신경질환, 당뇨, 관절염, 골다공증과 같은 다양한 만성질환들은 노화와 관련하여 기하급수적으로 늘어난다. 적어도 어떤 부분에 있어서 노화는 세포손상(cellular damage)의 축적과 관련하여 연관이 있다고 생각된다. 이는 단백질의 손상, 미토콘드리아를 통한 호흡과정과 만성 염증을 통해 유발되는 활성산소종(ROS) 등을 포함한다. 그러나 세포손상이 노화를 촉진하는 구체적인 메커니즘은 아직 분명하게 밝혀지지는 않았다.

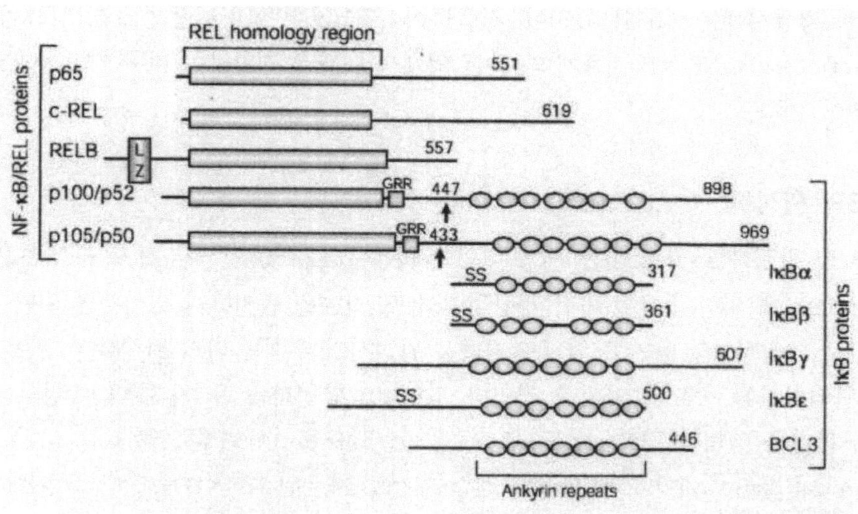

〈그림 9.4〉 NF-κB family members와 IκB members에 대한 설명.
NF-κB는 아미노말단 부위에 DNA와 dimer로 붙을 수 있는 REL homology region을 가지고 있다. p65/RelA, c-Rel, RelB는 transactivation domain을 가지고 있으며 이는 유전자 발현조절에 양성(positively)으로 관여한다. 전사적으로 억제 집단인 p52, p50은 glycine-rich regions(GRR)을 가지고 있는데 이는 proteolytic 절단에 필수요소이며, 안키린(ankyrin) 반복을 가지고 있어서 Nuclear localizing signal을 가린다(mask). 따라서 세포질에서 NF-κ B의 저해자로서 작용한다. 추가로 RelB는 leucine-zipper motif(LZ)를 포함한다. (adopted from Karin, 2002)

전사인자(transcription factor)인 NF-κB는 염증, 스트레스, 손상에 대한 세포반응의 중심적인 요소이다. 포유류에서 NF-κB 계(family)는 5개의 소단위체(subunit)-즉 RelA(p65), c-Rel, RelB, NF-κB1(p50), NF-κB2(p52)-로 구성된 전사인자 집합체이다. NF-κB family는 공통적으로 300개의 아미노산으로 구성된 Rel homology region을 지니고 있는데, 이 부분은 이량체(dimer) 형성과 IκBα 단백질과의 상호작용 및 표적 유전자(target gene)의 프로모터(promoter)에 결합하는데 관여하여 NF-κB 신호전달기작에서 중요한 역할을 한다. 또한 핵내로 이동하여 전사인자로 작용하기 위한 nuclear localization signal(NLS)도 포함하고 있다. NF-κB family는 카복시말단의 전사활성부위의 존재여부에 따라 class I(NF-κB1, NF-κB2)과 class II(RelA/p65, RelB, cRel)로 구분할 수 있다. class II인 p65, RelB, c-Rel은 전사 활성 도메인(TAD)을 C-말단에 가지고 있어서 다른 단백질의 도움 없이도 전사인자로 작용할 수 있다. class I인 p50과 p52 집단은 더 큰 단백질인 p105, p100 으로부터 각각 단백질 분해과정

(processing)을 통하여 생성되며 카복시말단에 전사활성부위(TAD)를 포함하지 않는다. NF-κB family 단백질들은 서로 동형이량체(homodimer) 또는 이형이량체(heterodimer)의 형태로 다양한 복합체를 구성하고 있는데, 이중에서 가장 풍부한 형태는 p65/p50의 형태이다. 자극을 받지 않은 평상시에는 p65와 p50이 결합하여 p65/p50 이형이량체를 형성하며 IκBα (inhibitor of NF-κB, NF-κB 저해제)와 같은 억제 단백질과 결합하여 비활성의 상태로 세포질에 격리되어 있다.

NF-κB의 활성화

NF-κB 의 활성화(activation)는 세포 내외의 리간드(ligand) 및 과도한 물리적 또는 화학적 스트레스(stress)에 의하여 유발된다. 정상적인 세포 기능을 유지하기 위해서는 일단 활성화된 NF-κB 경로는 일정시간 동안 표적 유전자들을 발현시킨 후에는 다시 활성화 이전으로 회복되는 것이 활성화만큼 중요한 의미를 지닌다. NF-κB 활성화는 두 가지 다른 경로를 통해서 일어난다. 하나는 전형적 경로(canonical-activated pathway)이고 다른 하나는 비전형적 경로(non-canonical pathway)이다. 손상/스트레스 매개로 자극된 NF-κB는 전형적 경로(canonical pathway)를 통해 노화(aging)에 관여한다.

• 전형적 NF-κB 경로 (canonical NF-κB pathway)

TNF-α, IL(interleukin)-1, LPS(리포폴리사카라이드) 등의 자극을 받으면 IκB kinase(IKK)가 활성화되어 IκBα를 인산화(phosphorylation)하면 IκBα는 NF-κB와 분리되고 유비퀴틴화에 의해 분해가 일어난다. IκBα와 결합했던 p65/p50 heterodimer는 분리되어 세포질에서 핵으로 자리를 옮기게 된다. 핵에서 NF-κB는 반응요소(GGGRNNYYCC)를 가지고 있는 여러 가지 유전자 발현에 작용하는 전사인자로 작용하게 된다. NF-κB는 면역반응(immune response), 스트레스(stress)에 대한 반응 그리고 세포의 생존(survival)과 발생(development)에 관여하는 등 최소한 200여개 이상의 다양한 반응을 촉매한다. NF-κB에 의하여 활성화가 일어나는 물질에는 TNF-α를 포함하여 염증성 사이토카인 (IL-1, IL-6), 면역조절 사이토카인(IL-2, IL-13), MHC class I, II 및 세포부착분자(adhesion molecules) 등이 포함된다. NF-κB 활성화에 관여하는 요소들은 박테리아의 리포폴리사카라이드(lipopolysaccharide, LPS) 이외에도 활성산소종(ROS), 산화된 지단백질(oxidized lipoproteins), 염증성 사이토카인(TNF-α, IL-1 등) 들이다.

NF-κB를 활성화시키는데 있어서 가장 중요한 것은 IKK 복합체에 의해 IκBα를 인산화시키는 단계인데 이 때 IKK 복합체는 3가지 요소-즉 IKKα, IKKβ 그리고 NEMO(NF-κB의 필수 조절자)-로 구성된 heterotrimer(이형삼량체)이다. IKK는 IκBα를 인산화시켜 유비퀴틴

NF-κB signaling

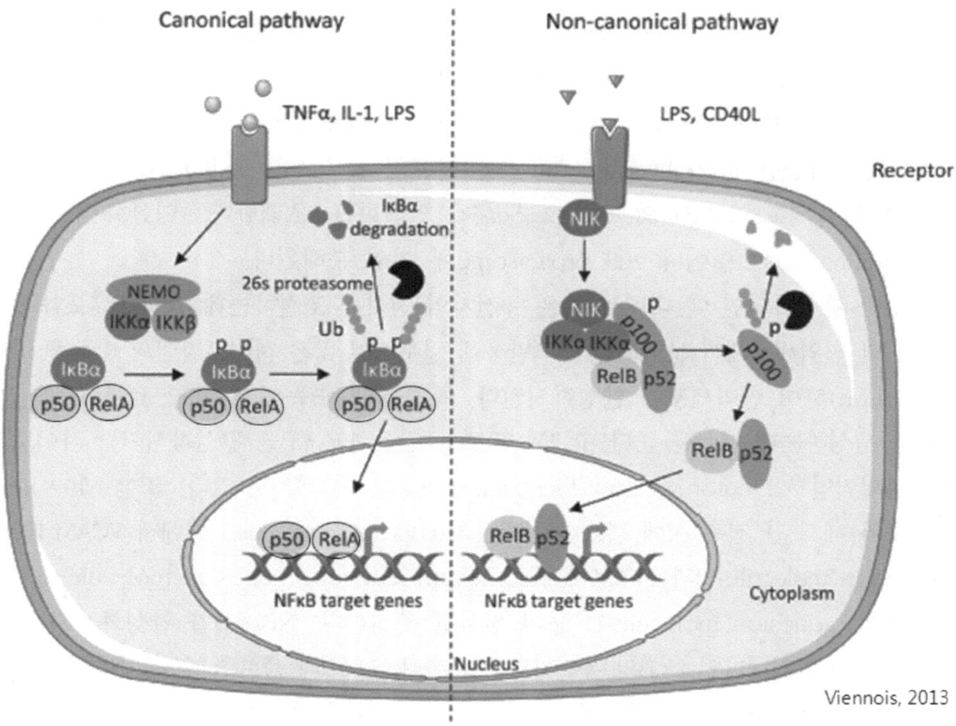

Viennois, 2013

〈그림 9.5〉 NF-κB 신호전달기작: Canonical pathway의 경우.

IKK 복합체 (NEMO, IKKα , IKKβ)는 다양한자극과 신호인자들을 공유함을 통해 활성화될 수 있다. 세포외부의 수용체들은 그들의 ligand와 결합하고 IKK subunit들을 인산화하는 것을 통해 결과적으로 IκBα 를 인산화한다. 이것은 IκBα 의 유비퀴틴화를 초래하고 유비퀴틴이 붙은 IκBα 는 프로테아좀에 의해 분해된다. p50/RelA는 IκBα 의 저해작용에서 벗어나 핵으로 이동하여 타겟유전자의 전사를 촉진한다.

Non-canonical pathway의 경우.

비전형적 NF-κB 신호 전달 경로는 염증반응보다는 B 또는 T 세포 분화(B or T cell differentiation)에 관여한다. 비전형적 경로는 IKKβ 와 NEMO에 독립적인 경로이다.

화를 유도하여 IκBα가 분해되도록 함으로써 결과적으로 NF-κB의 활성화를 유도한다. IκBα의 분해로 말미암아 자유로워진 NF-κB는 핵으로 들어가서 관련된 많은 유전자의 전사를 촉진한다. proinflammatory cytokine, 병원체, 산화 스트레스, 성장인자(growth factor) 등과 같은 다양한 요소에 의하여 IKK 복합체는 활성화가 일어나 IκBα를 인산화하게 된다. IKK의 세 단백질은, IKKα와 IKKβ는 catalytic 활성을 지니는 소단위체(subunit)이고, 나머지 하나는

'IKKγ' 또는 'NEMO(NF-κB essential modulator)'라 불리며 upstream으로부터 내려오는 활성화 신호를 서로 연결시켜주는 역할을 한다. 많은 신호연쇄반응이 IKK 복합체의 상위에 존재한다. 한 예로 LPS(리포폴리사카라이드)는 TLR4에 붙어 MyD88(myeloid differentiation marker 88), IRAK(IL-R-associated kinase)를 붙게 하고 TRAF6(TNF receptor associated factor 6)를 통해 IKK 복합체를 활성화 한다. 다른 signaling 단백질들은 MyD88, RIP, NIK, TRAF 등을 포함한 TLR, IL-1R, TNFR, TCR signaling pathway를 포함한다. IKKγ(NEMO)는 upstream의 RIP, NIK or TRAF 단백질과 상호작용(interaction)하여 IKKα와 IKKβ subunit의 인산화 혹은 가능한 autophosphorylation을 유도한다. 그 후 IKKγ(NEMO)로부터 촉매 subunit이 방출되고, IκBα의 Ser-32 Ser-36 인산화를 초래한다. 인산화 후 IκBα는 poly-ubiquitination이 일어나 26S proteasome에 의해 분해된다.

NF-κB가 활성화되면 핵 내에서 많은 유전자의 전사를 조절하는데 먼저 T세포와 B세포의 면역발생 및 면역세포에서 분비되는 면역반응에 필수적인 많은 사이토카인의 발현을 상향조절(upregulation)하여 면역세포를 활성화시킨다. 특히 NF-κB는 IL-1, IL-2, IL-6, IL-8, TNF-α, TNF-β를 생성하는데 자극을 준다. IL-1과 TNF-α 같은 NF-κB을 활성화시키는 사이토카인은 '자가조절되먹임루프(autoregulatory feedback loop)'를 시작할 수 있다. 또한 NF-κB의 활성화는 세포와 세포 간 접촉 시에 필요한 부착분자(adhesion molecule) 중에서 VCAM-1(Vascular cell adhesion molecule-1)과 ELAM-1(endothelium leukocyte adhesion molecule-1), ICAM-1(intercellular adhesion molecule-1) 등의 전사를 촉진한다. NF-κB가 활성화시키는 유전자 중에는 NF-κB의 억제자인 IκB의 유전자도 존재한다. 그 결과 충분한 수의 단백질이 축적되면 IκB가 NF-κB에 결합하여 세포질에서 이들을 격리시킨다. 이러한 음성되먹임(negative feedback)작용은 염증반응의 종결에 매우 중요한 역할을 한다.

- 비전형적 NFκB 경로 (Non-canonical NFκB pathway)

비전형적 NF-κB 신호 전달 경로는 p52/RelB heterodimer의 활성을 통한 B 또는 T 세포 분화(B or T cell differentiation)에 필요한 림프기관분화에 크게 관여한다. 림프독소(lymphotoxin) 또는 B-세포 활성화 인자(B-cell activating factor, BAFF)로 자극이 되는 비전형적 경로는 IKKβ와 NEMO에 독립적인 경로로써, IKK1(IKKα) 동형이량체(homodimer)가 관여한다. IKKα는 NF-κB 구성단백질 가운데 RelB와 연관하여 p100을 인산화하고 분해시켜 p52로 전환한다. 활성화된 p52/RelB 이량체는 핵 안으로 이동하여 target gene들을 전사한다. 비전형적 NF-κB 경로는 림프계 기관형성 및 발생 중에 중요한 역할을 하는 것이 나타난 반면에, 포유류의 질병과 노화의 병리학과 가장 관련있는 것으로 나타나는 것은 전형적 NF-κB 경로(canonical-activated pathway)이다.

• IKK and IκB signaling components

IκB와 IKK단백질들은 NF-κB 신호전달 활성에 중추적인 조절자들(regulators)이다. IKK 복합체는 IKKα/β/γ의 삼합체로 구성되어 있다. IκB kinase(IKK) α, β는 52% 서열의 상동성(homology)을 공유한다. 그러나 유전적으로 knockout 연구들을 통해 두 단백질의 역할은 서로 다르다는 것이 알려졌다. 예를 들면, IKKα(IKK1)는 전형적 그리고 비전형적 NF-κB 경로에서 모두 관련되어 있으며 IKKβ(IKK2)는 전형적 NF-κB 경로에만 관여한다.

IKK 단백질의 주요 타겟(target)들은 IκB 세포질저해자이다. IκB 단백질의 주요요소는 ankyrin 반복서열인데, ankyrin 반복서열은 IκBα(inhibitor of kappa B), β, γ, δ, ε, Bcl-3 그리고 p50, p52, p100, p105 단백질에서 발견된다. 이 ankyrin 반복서열들은 NF-κB 이량체와 결합하여 이들이 가지는 핵 위치신호(nuclear localization signal, NLS)를 가리고(masking) NF-κB 이량체가 핵으로 이동하는 것을 억제함으로써 NF-κB의 활성을 조절하는 역할을 한다. IκBα는 IκB 단백질들(α,β,ε)중 가장 특징 있는 단백질로써, p65/p50 NF-κB heterodimer의 활성에 주요저해자로 작용한다. 이와 반대로 Bcl-3, IκBδ는 핵에서 NF-κB에 붙는 것에 의해 NF-κB의 전사를 저해하는 것으로 생각된다. 예를 들어, Bcl-3는 DNA에 p50 homodimer로 안정화되는데, 다른 NF-κB subunit로부터 NF-κB promoter 자리를 막고, consensus 서열에 붙음으로써 NF-κB subunit의 전사활성 도메인을 방해한다.

NF-κB에 의한 전사적 조절

수많은 유전자들이 NF-κB에 의해 전사적으로 조절된다. NF-κB에 의해 조절되는 유전자에는 사이토카인(cytokine), 케모카인(chemokine), 면역수용체(immunoreceptor) 뿐만 아니라 세포부착(cell adhesion), 스트레스반응(stress response), 성장인자(growth factor), 전사인자(transcription factor) 등을 포함한다. NF-κB에 의한 사이토카인 발현의 전사적인 조절은 병리학적인 상태에서 NF-κB의 역할을 평가할 때 가장 중요한 요소 중 하나인 것처럼 보인다. 이 사이토카인들 중 일부는 TNFα, IL-1α/β, IL-2, 3, 6, 12, GM-CSF, M-CSF, 그리고 G-CSF이다. 또한 NF-κB는 chemokine들 (MCP-1, KC, MIP-1 그리고 몇몇 CCL)과 염증면역세포에 관여하는 부착분자들 (ICAM-1, E-selectin, VCAM-1)의 발현을 조절한다. 더욱이, NF-κB는 receptor (CD80/81, IL-2Rα chain, TLR-2)와 면역 세포에서 항원제시(MHC class I, β2 microglobulin)에 관여하는 단백질을 상향조절(upregulation)한다.

면역반응유전자의 조절에 더해, NF-κB는 몇몇 생물학적 과정을 조절한다. 흥미롭게도 NF-κB는 세포사멸촉진(proapoptotic)유전자(Bim, Bax, Fas, Fas-ligand, caspase11)와 항세포사멸(anti-apoptotic)유전자(XIAP, bcl-2, c-Flip) 양쪽 모두의 전사적 조절에 관여하고 있다. NF-κB는 대식세포(macrophage), 수지상세포(DC), T-cell, B-cell, 호중구(neutrophil)를 포함한

염증세포의 세포사멸(apoptosis)을 막는다. 이와 반대로 염증반응은 apoptotic 세포죽음을 유도할 수 있는데, 이 염증세포 죽음 반응은 세포죽음 receptor (Fas, FasL)의 생산에 의해 시작된다. 이 apoptotic 죽음은 granzyme 분비, 퍼포린(perforin), 산화질소(nitric oxide), NF-κB에 의해 조절되는 모든 apoptosis 유도요소들과 같은 면역세포의 활성에 의해 도움을 받는다. 또 다른 NF-κB의 카테고리는 신경성장인자(NGF), 혈관내피성장인자(VEGF), 인슐린유사성장인자 결합단백질(IGFBP), 골 형성단백질(bone morphogenic protein, BMP), fibroblast 성장인자 (FGF) 등을 포함하는 유전자들을 전사적으로 조절한다. 이 성장요소를 위한 많은 receptor들은 세포 성장과 성숙에도 관여한다. 노화표현형과 관련된 많은 다른 경로들이 insulin/IGF-1, mTOR, SIRT 등과 관련되어 있다. 세포가 유해 신호를 받으면 NF-κB가 증가하고 NF-κB는 세포 스트레스에 반응하며, 염증, apoptosis(세포사멸), 세포성장 등에 관여하는 것으로 생각된다.

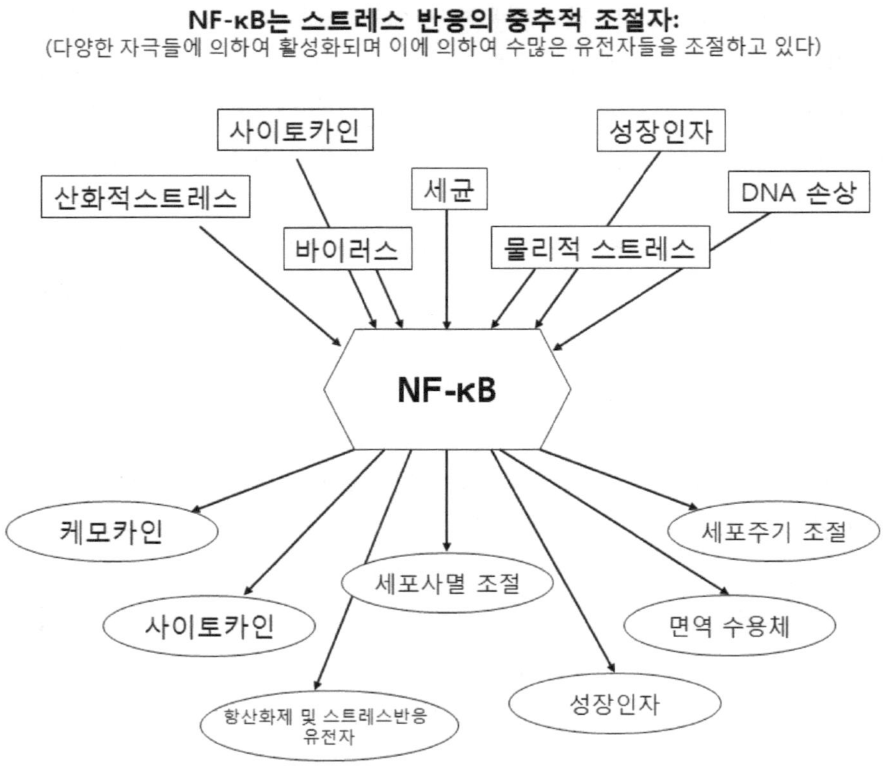

〈그림 9.6〉 NF-κ B는 다양한 자극에 의하여 반응하여 수많은 유전자를 조절하고 있다.

9.5 NF-κB와 노화

노화의 시작은 효율적인 조직체계가 시간의 경과에 따라 낡게 되는 과정으로서 이러한 기능의 변화는 생물체 내외의 요인으로부터 초래되는 산화적 스트레스를 견뎌낼 수 있는 능력을 상실하게 만들고, 그를 통해 세포내의 항상성(homeostasis)을 잃게 만든다. 노화의 과정은 궁극적으로 다양한 만성질병이나 질환과 연관되어지는데, 활성산소종(ROS)과 활성질소종(RNS)은 생체 내 여러 가지 세포의 작용을 조절하는 염증반응과 깊이 관계하고 있다. 수퍼옥사이드($^{\bullet}O_2^-$), 과산화수소(H_2O_2), 하이드록실이온($^{\bullet}OH$) 등과 같은 활성산소종(reactive oxygen species, ROS)은 다양한 세포내 생성원, 예를 들어, 미토콘드리아, 퍼옥시좀, xanthine oxidase(XO)를 포함하는 oxidase 종류, NADPH dehydrogenase, cyclooxygenase(COX) 등과 관련하여 생성된다. 또한 호중구(neutrophil), 단핵구(monocyte), 호산구(eosinophil), 대식세포(macrophage) 등과 같은 세포들에 있어 NADPH oxidase에 의한 과다한 $^{\bullet}O_2^-$의 생성으로 산화스트레스를 초래하게 되면 염증반응이 유발하게 된다. ROS와 RNS의 파괴적 성향 때문에 이들이 과다 생성되거나 상향조절 되면 그 결과로 인해 세포와 조직손상의 주원인이 되는 것으로 알려져 있다. 특히 노화된 생물(aged organism)에 있어서 생리적 조절이 손상된 것으로 알려진 염증반응은 초기염증단계가 지속적 그리고 반복적으로 일어나는 만성적인 염증반응을 의미하며, 이들 만성염증반응이 잘 조절되지 못할 경우 노화촉진이나 노인성 질환으로 연결되는 것이다. 염증세포에서 NF-κB의 활성화는 염증(inflammation)의 증폭기(amplifier)로 작용하여 자가면역(autoimmunity)을 증가시키고 질병의 진행을 촉진할 가능성이 있다. 몸의 한 부분에서 염증촉진인자는 한 곳에만 머물러 있는 것이 아니고 몸의 여러 다른 곳, 즉 몸 전체에서 그 영향을 끼칠 수 있게 된다. 그러므로 염증 자체가 다른 염증을 불러 염증을 더 악화시키는 경향이 있는 것이다. 예를 들어 치주염이 있을 때 심장병, 당뇨병 및 조기분만 등으로 연결될 뿐만 아니라 당뇨병이 있는 사람들은 심장병, 치주염에 더 잘 걸리고 마찬가지로 심장병이 있는 사람은 치주염에 더 잘 걸린다. 노화가 된 조직에서는 염증이 더 잘 일어날 수 있게 되는 것이다. 즉 염증과 노화는 떼어놓으려야 뗄 수 없는 밀접한 상관관계를 가지고 있는 것이다. 설치류를 이용한 실험에 의하여 NF-κB가 DNA에 붙는 경향은 젊은 설치류보다 나이든 설치류에서 증가가 일어났고, 유전자 발현패턴에 근거했을 때 포유류의 노화에 가장 관련있는 전사인자(transcription factor)가 NF-κB라는 것이 밝혀진 것은 노화에서 NF-κB 역할의 중요성을 가늠할 수 있는 것이다. NF-κB의 지속적 활성화는 근육위축증(muscular dystrophy), 다발성 경화증(multiple sclerosis), 아테롬성 동맥경화증(atherosclerosis), 골관절염(osteoarthritis), 심장질환, 당뇨(diabetes), 치매(dementia), 골다공증(osteoporosis), 암(cancer) 등을 포함한 노화와 관련된 다양한 질병에서 관찰되었다. 보통(normd)과 나이든

(ages) 세포에 있어서 NF-κB의 활성을 저해하면 다양한 노화관련 증상의 시작이 지연된다는 실험 결과도 보고되었다.

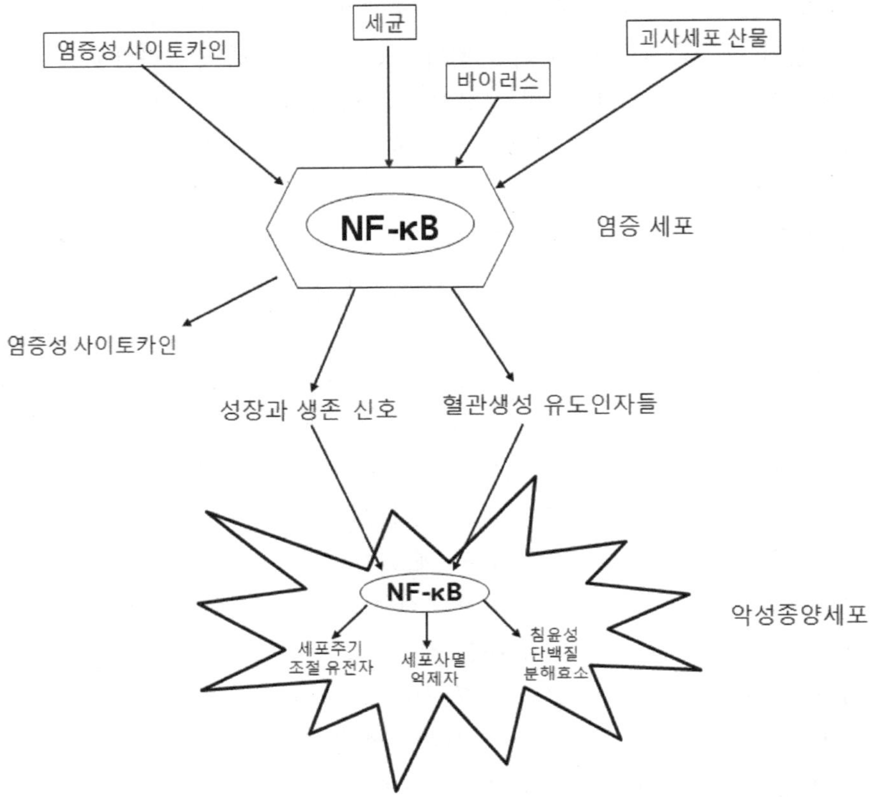

〈그림 9.7〉 NF-κB의 활성화는 암의 진행을 촉진할 수 있다.
감염인자 등에 의한 반응으로 염증 세포에서 NF-κB의 활성화는 성장, 생존, 종양세포 혈관신생인자 등의 factor들의 생성을 이끈다. 악성종양세포에서 NF-κB의 활성은 cell-cycle 유전자(예, cyclin D1), 세포사멸경로의 저해자(예, Bcl-2), 전이를 촉진할 수 있는 protease의 발현 등을 증가시키는 결과를 초래하여 악성종양세포로의 전환을 가속화한다.

NF-κB는 세포에서 생성되는 활성산소에 의해서도 활성화가 일어난다. NF-κB는 여러 가지 자극에 대하여 민감하게 반응하는 산화-환원 감수성 전사인자(redox-sensitive transcription factor)로서, NF-κB의 활성화는 염증반응을 더욱 촉진하게 만든다. 염증성 사이토카인 IL-1β, IL-6, IL-8, TNF-α의 활성화에 의해 염증반응은 더욱 더 증폭이 일어난다. 활성산소종(ROS)은 NF-κB를 활성화하는 최대 인자인데, NF-κB와 IκB의 결합을 억제함으로써 NF-κB의 핵 내 침투를 쉽게 한다. NF-κB의 자극에 의해서 활성산소종을 생성할 수 있는 효소들의 생성이 증가한다. 최근 들어 암 발생과 증식(proliferation) 및 전이(metastasis)에도 NF-κB의 역할이 대두 되고 있다. 즉, 여러 종류의 암세포에서 NF-κB의 과발현(overexpression)과 지속적인 활성화가 알려져 있어 NF-κB의 암 발생과 증식(proliferation)과의 연관성이 대두되고 있는데, NF-κB의 항세포사멸(anti-apoptotic) 기능이 암세포 생존(survival)에 중요한 역할을 하는 것으로 알려진다. 또한 ICAM-1, VCAM-1 등 세포부착물질(cell adhesion molecules)의 발현에도 영향을 끼침으로써 암 전이(metastasis)와의 관련성도 보고되고 있다. NF-κB 단백질은 암세포에 항암제를 처리하였을 때 세포 생존을 촉진하는 유전자 발현을 유도하는 전사인자로서 암세포에 항암제 저항성(chemoresistance)을 부여한다.

식이제한과 NF-κB

식이제한(CR, calorie restriction)은 수명연장뿐 아니라 당뇨, 심혈관질환, 근육감소증, 자가면역질환을 포함한 노화관련 질병들을 개선한다. 식이제한이 다양한 생쥐모델과 최근 영장류에서 좋은 효과로 면역반응 및 NF-κB의 저해를 포함하여 다양한 메커니즘이 나타났다. 이는 활성산소종(ROS)에 의존하는 메커니즘을 통해 설명이 가능하다. 마이크로어레이(microarray) 실험을 통하여 식이제한은 NF-κB에 의해 전사적으로 조절되는 56개의 염증 유전자들의 발현을 하향조절(downregulation)하는 것으로 나타났다. 짧은 기간 식이제한한(10-days) old mice의 신장에서도 NF-κB의 활성을 줄이는 결과를 가져왔다. 그러므로 식이제한은 삶을 향상시키며 적어도 어떤 부분들에서 NF-κB를 통한 염증을 억제하는 것으로 알려진다.

Insulin/IGF-1 signaling과 NF-κB

Insulin/IGF-1 신호전달경로는 노화와 관련된 명백한 첫 번째 세포 신호전달 메커니즘이다. IGF-1은 성장호르몬에 반응하여 생산되는 유사분열촉진(mitogenic) 펩티드이며, 수용체(IGF-1R)에 붙어서 생존에 필요한(pro-survival), 세포증식(proliferation), 분화(differentiation), 신호전달 연쇄반응(cascades)을 활성화한다. *C. elegans*에서는 IGF-1 수용체가 DAF-2인데, Kenyon 등(1993)은 *daf-2* 유전자에 돌연변이를 일으켰을 때 개체 수명이 2배로 연장됨을 보였다. IGF-1/insulin을 통한 신호, 그리고 성장호르몬(GH) 경로는 포유류에서 노화와 연관이 있다고 알려진다. Ames mice, Snell mice, GHRKO mice 등은 모두 낮은 레벨의 IGF-1을 발현하고 성장에서는 왜소증을 나타내었으나, 수명은 오히려 20~70% 증가함을 보여준다. 추가적으로 식이제한을 통해 성취된 수명연장은 IGF-1 수준 감소와 혈청(serum)에 있어서의 인슐린 농도 감소와 연관이 된다. 스트레스반응(stress response)과 세포생존(cell survival), 증식(proliferation)에 있어서 NF-κB의 역할을 보면, 그것을 통해 NF-κB 신호전달경로와 insulin/IGF-1 신호전달경로는 서로 링크(link)되어 있다는 것을 알 수 있다. insulin/IGF-1 signaling은 PI3K/AKT 경로를 통해 NF-κB 경로를 활성화 한다. 이 NF-κB

신호전달의 상향조절(upregulation)은 IKKβ의 활성, 인산화 뿐 아니라 p65 전사촉진을 자극하는 것을 포함한 몇몇 메커니즘을 통해 일어난다. 많은 연구결과는 GH, IGF-1, NF-κB를 통한 인슐린의 항세포사멸(anti-apoptotic) 반응의 활성화를 보여준다. 그리고 IGF-1R은 NF-κB를 통해 면역반응을 활성화 할 수 있다.

SIRT signaling and NF-κB

SIRT1은 class III histone deacetylase이며, 몇몇 연구에서 수명을 조절하는 것으로 나타난 sirtuin family이다. 선충이나 초파리에서 SIRT1의 발현을 증가시켰을 때 수명연장이 나타났다. 추가로 *sirt6*$^{-/-}$ mice는 노화를 가속화하는 표현형을 나타낸다. resveratrol과 같은 SIRT1의 활성자는 노화관련 질병을 치료하기 위한 것으로 생각되는데, 실제적으로 수명연장의 효과를 보기 위해서는 레스베라트롤이 포함된 하루 수십 병의 적포도주 섭취가 필요하다. 폴리페놀계 물질인 레스베라트롤은 강력한 항산화 작용을 하며 수명을 연장하며 알츠하이머병, 루게릭병과 같은 신경퇴행성질환 예방에도 효과가 있다. 또한, 골다공증을 예방하고, 고지방식단에 의한 건강 결함도 AMPK 활성을 높이고 SIRT1 혈중 농도를 높여 위험성을 줄여준다. 이와 같이 SIRT1에 의한 노화관련 변화의 초래에는 다음과 같은 여러 메커니즘이 관여하고 있다. PGC1-α의 deacetylation을 통한 미토콘드리아 생합성(mitochondria biogenesis), FOXO1/4를 통한 산화적 스트레스에 대한 생존반응을 향상하는 것, p53 deacetylation에 의해 매개되는 증식억제 및 세포사멸을 바꾸는 것, NF-κB를 저해하는 것 등을 통해 염증반응을 줄이는 것이다. SIRT1의 노화방지 효과는 NF-κB 신호전달경로와도 상관관계가 있는 것으로 추측되는데, 즉 SIRT1은 p65와 직접적으로 반응하여 lysine-310의 deacetylation을 초래하고 전사기작과 관련하여 NF-κB를 감소시킨다. 또 SIRT1은 NF-κB의 전사적 co-repressor인 TLE1과 상호작용 하는 것을 통하여 NF-κB를 저해한다. SIRT6과 p65/RelA는 NF-κB promoter 자리에 상호작용하며, 전사적 활성 억제를 유도한다. SIRT1 치료의 좋은 효과가 어떤 특정한 메커니즘에 의한 것인지 판단하는 것은 어렵지만, SIRT1 활성자(activator)와 NF-κB 저해치료제는 당뇨, 골다공증, 신경퇴행성 질환(neurodegeneration), 염증질환(inflammatory diseases)을 포함한 비슷한 병리학적 질병들에 있어서 공동으로 효과가 있다.

FOXO/Daf16 and NF-κB

FOXO/Daf16은 insulin/IGF-1 신호전달 경로와 SIRT 신호전달경로에서 모두 하위(downstream) 인자로 나타난다. *C. elegans*의 Daf-16과 그것의 포유류 homologue인 FOXO는 모두 수명을 조절하는 전사인자들로 정리되어있다. Daf-16은 *C. elegans*의 수명연장을 조절하는 것으로 나타났다. 유전적 연구를 통해 FOXO3A와 FOXO1이 수명 연장과 연관이 있다고 밝혀졌는데, 인간의 오래 사는 것에 연관된 FOXO3A는 NF-κB 활성의 저해와 관련이 있다. 게다가 FOXO는 NF-κB의 IκB 세포질 저해자를 전사적으로 조절하여 NF-κB의 억제를 초래한다.

TOR signaling and NF-κB

mammalian target of rapamycin(mTOR)은 serine/threonine protein kinase 활성을 나타내는데 세포의 물질대사 조절, 세포의 성장 및 생존에 중요한 역할을 담당한다. mTOR는 세포내에서 mTORC1과 mTORC2의 두 가지 단백질 복합체로 존재하는데, mTORC1은 성장인자, 아미노산, 에너지 등에 의해 활성화되어 단백질과 지질의 합성을 촉진시키고 세포소기관(organelle)들의 생성을 촉진하여 세포 성장(growth)과 증식(proliferation)에 관여한다. 또 자가소화작용(autophagy)은 제한하여 세포내 이화작용을 조절하며 스트레스에 의해서는 이들 활성이 억제된다. mTORC2는 성장인자(growth factor)에 의해서 활성이 이루어지며 mTORC1보다 기전이 잘 알려져 있지 않지만 주로 세포골격의 조직화와 액틴 리모델링 작용에 관여하는 것으로 추정된다. mTORC1은 두 개의 하위인자인 4EBP1(eukaryotic initiation factor 4E binding protein 1)과 S6K(ribosomal S6 kinase)를 인산화시켜 단백질 번역을 개시함으로써 단백질 합성(protein synthesis)에 기여한다. mTOR는 각각 S6K1과 4EBP1의 아미노말단과 카복시말단에 위치한 Raptor와 TOS motif 들과 상호작용을 통하여 S6K1과 4EBP1을 인산화한다. mTOR는 IGF-1/insulin 경로를 통해 활성화 되며, TOR 신호전달경로의 저해는 많은 종(species)들에 있어서 수명의 연장에 기여한다. 예를 들어 TOR과 S6K1의 dominant-negative 형은 초파리에서 수명연장을 초래한다. TOR/4EBP에 의해 조절되는 eIF4E의 결손은 *C. elegans*의 수명을 증가시킨다. mTOR 저해자로 잘 알려진 라파마이신(Rapamycin)은 mice에서 수명 연장에 관여함이 알려진다. 따라서 노화에서 mTOR의 역할은 노화를 촉진하는 것이다. 다른 노화관련경로로서, mTOR signaling과 NF-κB 신호전달은 서로 연관되어있다. IKKα, IKKγ는 직접 mTOR에 상호작용 하는 것으로 알려져 있는데, 이에 더하여 siRNA 방법에 의하여 NF-κB binding 활성을 줄이면 mTOR와 Raptor도 저해된다. 이 mTOR/NF-κB 신호전달은 Akt의 하위(downstream)에서 일어난다. mTOR에 의해 NF-κB가 조절되는 것에 더해, IKKα/β는 mTOR을 조절하기 위한 두 가지 메커니즘을 통해 활성화된다. mTOR 저해자인 TSC1을 저해하는 동안에 IKKα/β는 직접적으로 mTOR을 활성화한다. 이것은 그들이 mTOR과 NF-κB사이의 co-regulation이 있다는 것을 암시하는 것이다.

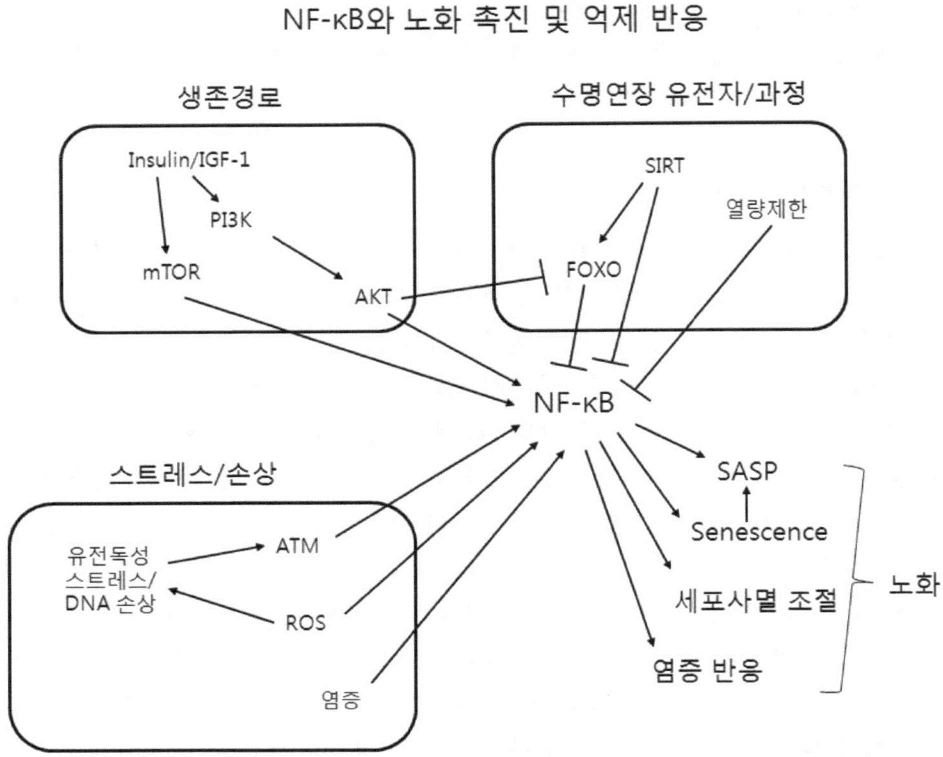

〈그림 9.8〉 NF-κB와 세포반응.

성장과 생존을 촉진하는 경로(Pro-growth survival pathways)는 노화를 촉진하는 것으로 알려져 있다. Insulin/IGF-1, mTOR는 NF-κB를 자극(stimulation)하는 것으로 생각되며, Insulin/IGF-1은 AKT, mTOR 신호전달 두 가지 메커니즘을 통해 NF-κB를 활성화시킨다. AKT는 FOXO를 저해하는 것에 의해 수명 연장을 방해한다. SIRT, CR(열량제한), FOXO는 NF-κB 신호전달을 저해한다.

Cancer and NF-κB

종양은 세포 내부 또는 세포 외부의 많은 신호전달과정들 간의 상호작용의 결과로서 초래된다. 이러한 내외부의 과정들에는 유전체 불안정성(genome instability), 증식의 비정상(abnormal proliferation), 상피(epithelium)와 중간엽(mesenchyma) 상태사이에 비정상적인 분화(abnormal differentiation) 등이 관련되어 있다. 암의 성장은 조직 구조에 있어서 항상성 상실의 결과이다. 조직의 구조와 기능은 대부분 용해성의 성장인자(growth factor)와 그 수용체에 의한 조절에 의해 지배되고 있다.

• NF-κB는 세포 생존반응에 관여한다

성장인자 수용체 타이로신 키나제(tyrosine kinase)는 세포의 분화, 접착, 이동, 대사 뿐 아니라 세포증식(cell proliferation) 및 생존경로(cell survival)와 관련이 있다. 이 가운데 signal transducer and activator of transcription(STAT)-특히 STAT3-의 활성화는 많은 조직에서 종양이 만들어지는 것과 연관이 있으며, 위, 대장, 간, 폐, 췌장 등과 같은 장기에서 염증의 진행과도 긴밀히 연관되어 있다. STAT3는 골수(myeloid) 세포에서 생성된 IL-6(인터류킨-6)에 의해 활성화되며, NF-κB는 마이크로 RNA(miRNA)인 *let-7*의 전사를 감소시킴으로써 IL-6를 유도한다. NF-κB-IL-6-STAT3 신호전달 케스케이드(cascade)는 암 생성의 시작(initiation) 또는 진행(progression)을 초래한다. 세포 생존 효과, 성장의 촉진, 신생혈관생성 인자들에 추가로 NF-κB는 cyclin D1 같은 cell-cycle 유전자들의 전사적인 활성을 통해서 직접적으로 세포주기(cell-cycle) 진행(progression)을 자극한다. 항세포사멸(anti-apoptotic) 작용을 하는 Bcl-2와 Bcl-XL를 촉진하는 NF-κB는 anti-apoptotic 유전자의 활성자(activator)이다. 지속적인 염증성 자극을 통하여 발생하는 대부분의 종양에서 NF-κB의 활성화는 빈번히 일어나며, 이것은 염증(inflammation)촉진성, 증식성(proliferation), 생존(survival)촉진성 유전자 발현을 상향조절(upregulation)한다.

NF-κB 활성화는 자가증식성(autocrine) 신호에 의하여 종양 생성을 촉진하기도 하는데, IL-1, IL-1R, myeloid differentiation primary response 88(MyD88)을 통한 autocrine loop가 그 한 예에 해당한다. 염증성 사이토카인 IL-22는 상피세포의 생장과 생존에 중심적인 역할을 하는데, 최근의 결과에 의하면 IL-22 합성이 STAT3를 활성화함에 의하여 상처치료반응을 중재한다는 사실이 밝혀졌다. 염증성 신호(inflammatory signal)는 증식성 반응을 촉진함으로써 종양생성을 촉진하는 역할을 한다. 노화된 조직에서의 변화된 사이토카인 분비 패턴은 '**노화-관련 분비 표현형(senescent-associated secretory phenotype, SASP)**'이라는 용어에 의하여 대표되는데 노화의 미세상태도 NF-κB에 의해 조절된다. 역설적인 것은 NF-κB는 종양을 억제하는 반응에도 또한 요구되고 있다는 것이다.

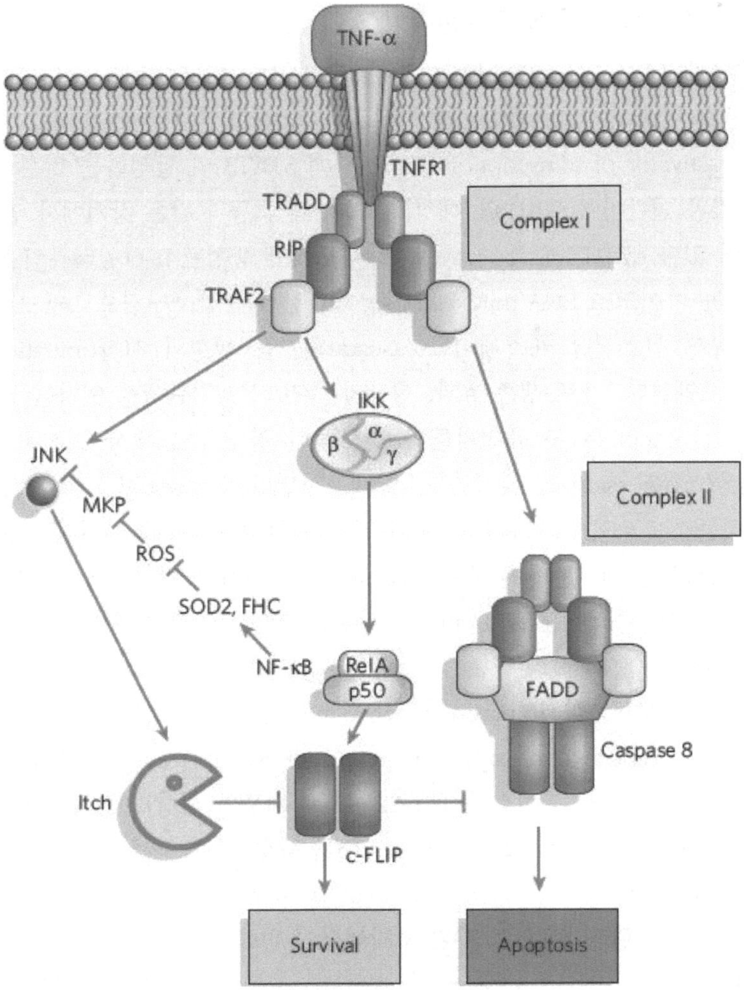

〈그림 9.9〉 TNFR1 신호경로는 NF-κB와 JNK와 상호작용을 통하여 세포 생존(cell survival)과 세포사멸(apoptosis)을 조절할 수 있다.

TNF-α 의 결합에 의해 TNFR1의 활성화가 일어나고 이것은 complex I을 빠르게 조립하는 결과를 가져온다. 이 complex I은 IKK와 JNK를 활성화시킨다. IKK의 활성화가 일어나면 NF-κB가 핵으로 전이(translocation)되도록 하며, NF-κB는 핵에서 항세포사멸(anti-apoptotic) 유전자들을 상향조절(upregulation)한다. NF-κB는 또한 antioxidant 단백질들인 SOD2, FHC를 암호화 하는 유전자들의 발현을 상향조절한다. 전반적으로 이것은 JNK 활성의 빠른 종결을 촉진하고, complex I을 통한 신호전달은 세포 생존을 강화한다. 약간의 시간 후 complex I은 분리되고, soluble complex II가 생성된다. 이후 caspase 8를 활성화하며, 세포사멸(apoptosis)을 야기한다. 그러나 이것은 c-FLIP의 레벨이 높은 상태에서는 일어나지 않는다. NF-κB의 활성 결손은 *de novo*에서 c-FLIP의 합성을 막는다. 결과적으로 ROS의 축적, MKP의 저해를 초래하고, JNK 활성의 연장을 촉진한다. 이것은 인산화를 확장하고, c-FLIP 분해를 촉진하는 ubiquitin ligase Itch의 활성화를 야기한다. 결과적으로 c-FLIP의 레벨이 떨어지면, caspase 8은 활성화되고, 세포는 세포사멸(apoptosis)을 겪는다(자료 출처; Chang, 2006).

• NF-κB는 유전체 불안정성을 증가시킨다

종양세포에서의 비정상적인 증식패턴과 항세포사멸 능력과 더불어 유전체의 돌연변이를 통해서 나타나는 유전체 불안정성(genomic instability)은 암(cancer)을 촉진하는 중요한 인자이다. 염증은 DNA 손상률을 증가시키는 반면 DNA repair 능력은 감소하도록 함으로써 체세포 돌연변이를 증가시키는 결과를 초래한다. 염증과정 동안에 유도되는 체세포 돌연변이의 원인은 여러 가지일 수 있다. 첫째로, 대식세포와 호중구로부터 방출되는 활성산소종(ROS)과 활성질소종(RNS)은 DNA 절단(breakage)과 단일염기 돌연변이(single base mutation) 또는 더 복잡한 DNA 손상들을 초래한다. 둘째로, TNF, IL-1β, IL-4, IL-13과 TGFβ 등을 포함하는 몇 가지 사이토카인은 시티딘 디아미나제(activation-induced cytidine deaminase, AID)를 유도함으로써 p53과 같은 종양억제유전자(tumor suppressor gene) 그리고 *myc*과 같은 암유전자(oncogene)의 돌연변이를 증가시킨다. 염증과 관련한 유전자발현은 DNA repair에 관련한 효소발현을 감소시키거나 세포주기의 검문점(checkpoint)을 파괴함으로써 **유전체의 불안정성**(genomic instability)을 증가시킨다. 또한 불일치수선(mismatch repair, MMR)을 억제함으로써 DNA replication error 율은 증가시킨다. TNF, IL-1β, 프로스타글란딘, ROS 등과 같은 염증과정의 중재자들은 hypoxia-inducible factor(HIF1α)를 유도함으로써 *MSH2*와 *MSH6*와 같은 불일치수선(MMR)에 관여하는 유전자 발현을 하향조종(downregulation)하여 유전체의 불안정성은 더욱 증가된다.

• NF-κB는 전이를 증가시킨다

전이(metastasis)의 단계는 여러 단계로 구성되어 있다. TNF, IL-6, IL-1에 의한 NF-κB와 STAT3의 활성화는 E-cadherin 발현을 억제하고 기질단백질분해효소(MMP) 생성과 활성을 증가시킴으로써 'epithelial–mesenchymal transition(EMT)'이라는 프로그램을 증가시킨다. EMT란 세포간의 강력한 결합을 가지는 표피세포(epithelial cell)가 움직이기 쉬운 중간엽세포(mesenchymal cell)로 전환되어 다른 지역으로 암세포가 침투할 수 있게 되는 것을 말한다. 염증은 종양괴사인자(TNF)에 의해 초래되는 혈관벽 투과성 증가를 통해서 이 과정을 돕는다. 더구나 염증의 중재자들은 순환하는 '전이의 씨앗(metastasis seed)'의 생존률을 증가시키고, 접착분자의 상향조절(upregulation)을 통해서 순환하는 암세포가 관외로 방출되도록 촉진한다. 특히 염증촉진 사이토카인에 반응하여 여러 조직의 악성세포(malignant cell)로부터 CC-와 CXC-케모카인 수용체(CCR1, CCR4, CXCR-1-5 등)들이 발현된다. 최근에 CC-케모카인 리간드 2(CCL2)는 유방암세포의 전파와 전이를 용이하게 하는 중요한 인자라는 것이 밝혀졌다. 사이토카인은 암 생성 신호를 전달하는 염증 전사인자를 활성화한다.

9.6 NF-κB와 죽상동맥경화증

죽상동맥경화증은 무엇인가

고혈압, 당뇨병, 흡연, 지단백질(lipoprotein) 장애 등의 위험요소는 동맥의 만성 염증성 질환의 발병원인이다. 그 중에서 죽상동맥경화증(atherosclerosis)을 포함하는 심혈관질환(Cardiovascular disease, CVD)은 인간의 사망원인 중 큰 비중을 차지하며, 죽상동맥경화증의 병태생리에 대해서는 여러 의견이 존재하지만, 현재는 혈관내피세포의 손상에 의한 만성염증 질환으로서 인식이 되고 있다. 심혈관질환의 주요 질병으로는 혈관내막에 콜레스테롤의 침착으로 섬유화가 진행되어 혈관의 탄력이 줄고 경화반이 형성되는 죽상동맥경화증과 혈관의 탄력이 떨어지거나 혈관이 좁아지게 되어 혈액공급이 원활하게 되지 않아 심근에 충분한 양분과 산소의 전달 부족으로 발생하는 허혈성심장질환(ischaemic heart disease) 그리고 동일한 원인으로 심근세포의 괴사가 일어나는 심근경색(myocardial infarction) 등이 있다.

건강한 상태에서 내피세포(endothelial cell)는 항혈전성(anti-thrombotic), 항염증성(anti-inflammatory), 혈관확장(vasodilation)을 촉진하며 꽉 조이는, 불침투성(impermeable)의 세포연접(cell junction)을 유지하고 있다. 혈관내피세포는 산화질소(Nitric oxide) 및 여러 가지 혈관수축인자들 그리고 혈관확장인자들을 분비하여 혈관을 유지시키는데 중요한 역할을 한다. 스트레스 자극 하에서는 내피세포의 형태적 변화와 염증성 수용체의 발현, 그리고 세포연접 투과성 증가, 혈관수축의 촉진 등의 변화를 수반하게 된다. 이와 같이 손상을 주는 자극이 지속될 때 만성염증이 초래되고 대식세포와 림프구들이 그 부위로 더욱 침투하며 염증성 사이토카인의 분비를 증가시켜서 죽상동맥경화증을 더욱 악화시킨다. 이와 같은 반응이 지속될 때 내피세포는 섬유조직(fibrotic tissue)의 형성, 혈관벽의 비후(thickening), 혈관벽의 기능이상(dysfunction)을 초래하게 된다. 이러한 변화는 단지 혈관에만 한정된 것이 아니고 신장(kidney)을 비롯한 여러 장기에서 유사한 현상이 나타날 수 있으며, 부분적으로는 약간의 기능상실이라도, 작은 것들이 전체적으로 종합되면 몸 전체적으로는 큰 불균형이 초래될 수 있는 것이다.

죽상동맥경화증을 일으킬 수 있는 위험요소로는 산화적 스트레스(oxidative stress)가 있는데, 세포의 손상이 일어날 때 생성되는 활성산소종($^{\bullet}O_2^-$, H_2O_2, $^{\bullet}OH$)은 미토콘드리아, 퍼옥시좀과 xanthine oxidase (XOD)를 포함하는 산화효소, NADPH dehydrogenase, cyclooxygenase (COX)등의 다양한 효소들로부터 생성이 된다. 과다한 활성산소의 생성은 세포와 조직의 손상을 초래하는 원인이 될 수 있다. NF-κB는 세포의 산화-환원 상태에 따라 제어될 수 있는 전사인자 중 하나이다. 사실, 활성산소종의 생성은 IκB 분해 및 NF-κB의 핵 내로 이동 및 결합으로 이어지는 신호전달경로를 촉진할 수 있다. 활성화된 NF-κB는 apoptosis, 종양형성,

세포증식, 염증, 면역반응 등을 조절한다. 또 NF-κB의 활성화 및 그에 따른 유전자 발현은 노화, 암, 동맥경화증, 방사능에 의한 조직 손상, 급성염증상태, 조직이식 숙주반응, 독성/부패성 조직 손상 등을 포함하는 여러 가지 병태적인 상태와 관련되어 있다. 또 다른 위험요소로는 이상지질혈증(dyslipidemia)으로 혈액속의 지방은 세포의 기능 유지와 에너지 대사에 여러 가지 일을 하고 있으므로 당연히 존재해야 하는 것이지만 이것이 너무 과다해서 생기는 질환으로서 혈중에 총콜레스테롤, LDL 콜레스테롤, 중성지방이 증가된 상태거나 HDL 콜레스테롤이 감소된 상태를 의미한다(LDL은 간에서 합성되었거나 음식물 섭취를 통해 얻어진 콜레스테롤을 체내 각 조직으로 운반하는 역할을 하며, HDL은 체내 각 조직에 존재하는 여분의 콜레스테롤을 회수하여 간으로 운반해 담즙산 형태로 배설을 도와준다). 동맥 내막에서의 LDL(저밀도지단백)의 축적은 병변형성 초기 사건으로 LDL은 여러 조직 세포에 콜레스테롤을 공급하는 역할을 하고 있는데 혈중의 LDL이 너무 많으면 동맥벽의 혈관내피세포에서 지방성분의 산화가 일어나고 내막에 반복적인 물리적 또는 생물학적 손상에 의해 내막층이 갈라지거나 얇아져서, 혈액속의 단핵구와 림프구 등의 세포들이 내막의 틈을 비집고 들어가서 혈관 내막 아래에 위치할 수 있게 된다. 또한 동맥벽에 침윤한 단핵구(monocyte)는 산화된 LDL에 자극받은 혈관 내피세포가 생산한 monocyte colony stimulating factor (M-CSF)에 의해 대식세포(macrophage)로 분화하게 된다. 분화된 세포의 강력한 산화가능성에 따라 LDL은 산화상태(ox-LDL)가 되어 대식세포의 표면수용체인 LDL receptor에 결합하는 능력을 상실하게 되며, 대신에 scavenger receptor (SR)를 통하여 대식세포에 수용됨으로써 이들 세포 내의 콜레스테롤 농도를 조절하는 되먹임(feedback) 조절기전에 이상을 초래하게 되며 혈액 내 LDL의 축적으로 혈관 내부의 지름이 급격하게 좁아지는 현상이 나타난다.

죽상동맥경화증의 발생과정

사람의 죽상동맥경화증 병변에서 혈관내피세포, 대식세포, 혈관평활근세포에서 NF-κB가 활성화되어 있다. 또한 쥐의 대동맥에 손상을 준 후에 혈관 평활근세포의 활발한 부위에서 NF-κB의 활성이 관찰된다. 죽상동맥경화증은 오랜 시간에 걸쳐 발생이 일어나는데, 초기 병변의 발생, 혈액중의 단핵세포 또는 일부 혈관 평활근세포에서 유래된 지질을 섭취한 거품세포(foam cell)의 혈관벽 침착, 염증반응, 세포사멸, 혈관평활근세포 증식과 섬유뚜껑(fibrous cap) 형성의 단계가 있다.

동맥경화 병변의 형성에 앞서 초기 변화는 내피세포에서 일어난다. 이러한 변화는 산화질소(NO), 프로스타사이클린(prostacyclin), 혈소판유래 성장인자, 안지오텐신2(angiotensinII) 그리고 엔도텔린(endothelin)에 의해 매개되는 지단백질(lipoprotein) 및 기타 혈장성분으로 내피세포 투과성이 증가된 것을 포함한다. 백혈구의 부착분자인 L-selectin, integrins, plateletendothelial-cell adhesion molecule 1의 발현을 유도하고 내피세포의 부착분자인 E-selectin, P-selectin, intercellular adhesion molecule-1(ICAM-1), vascular-cell adhesion molecule (VCAM)의 발현을 유도한다. 산화된 LDL, interleukin-8, platelet-derived growth factor (PDGF), macrophage colony-stimulating factor(M-CSF) 그리고 osteopontin에 의해 매개되어 동맥으로 백혈구가 이동한다. 정상적인 내피세포는 백혈구 부착을 잘 일으키지 않으나, 염증자극 인자들에 의해 내피세포가 자극을 받으면 내피세포 표면에 부착분자들의 발현이 증가되어 병변 동맥혈관에 단핵세포가 모이게 되는데 산화된 LDL에 의해서도 단핵세포가 내피세포 안으로 유도된다.

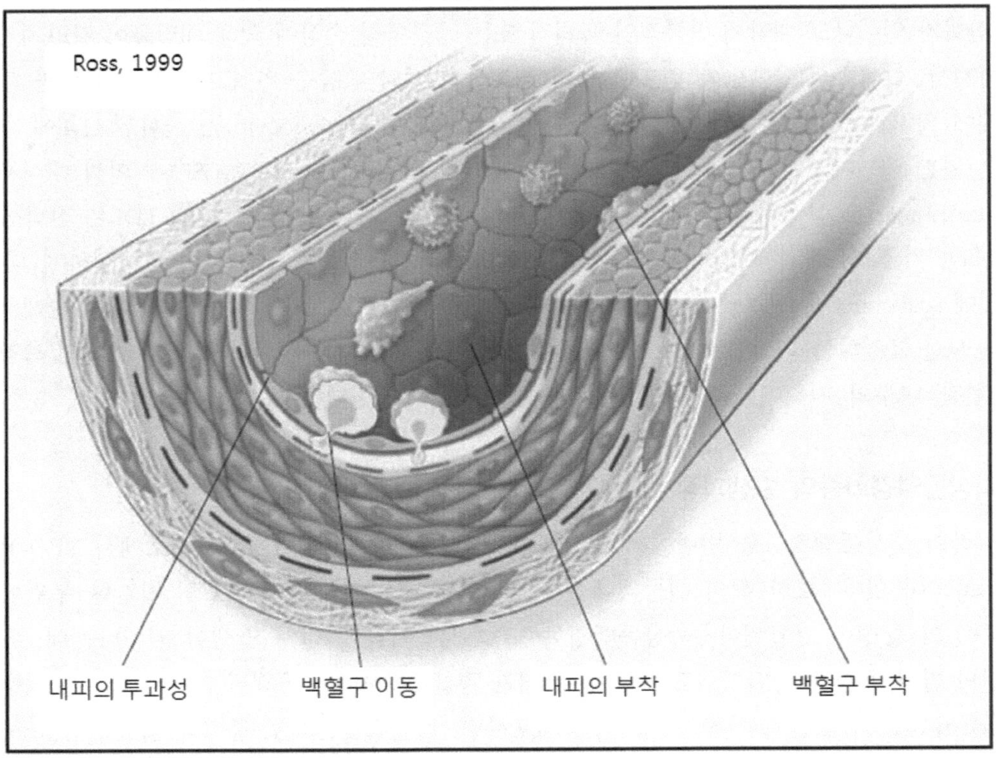

〈그림 9.10〉 죽상동맥경화증의 초기단계.
내피의 투과성이 증가하고 백혈구가 내부로 이동한다.

즉 초기 단계에서는 혈류의 전단응력(shear stress)과 같은 기계적인 자극이나 LDL의 변형이 내피세포의 손상에 관여하여 혈장내 콜레스테롤이 내피하조직으로 침투한다. 변형된 LDL은 혈관벽에서 국소적인 염증반응을 일으킨다. 이 때 NF-κB는 LDL 변형과 염증성 지방 중재자(mediator) 생성에 관여하는 5-리포옥시게나제(lipoxygenase), 12-리포옥시게나제를 조절한다. 변성된 LDL은 내피세포에서 NF-κB를 활성화시켜서 monocyte chemoattractant protein-1(MCP-1) 분비를 증가시켜서 병변에 단핵세포의 침투를 유도하고 부착분자(adhesion molecule)를 조절하여 혈관벽에 붙게 한다. 단핵세포(monocyte)가 내피세포층 밑으로 들어오게 되면 분화를 거쳐서 혈관조직의 대식세포(macrophage) 특성을 지니게 되는데 대식세포증식자극인자(macrophage colony-stimulating factor, M-CSF)에 의해 대식세포로 분화되며 이를 NF-κB가 조절한다. 대식세포증식자극인자(M-CSF)의 중요성은 대식세포증식자극인자가 없는 동물모델에서 죽상동맥경화증이 발생하지 않는다는 점에서 확인되었다. 약간 산화된 LDL은 LDL 수용체에 인지되지만 많이 산화된 LDL은 대식세포의 scavenger receptor class A(SR-A)에 의해 변성된 LDL(low density lipoprotein)과 결합한다.

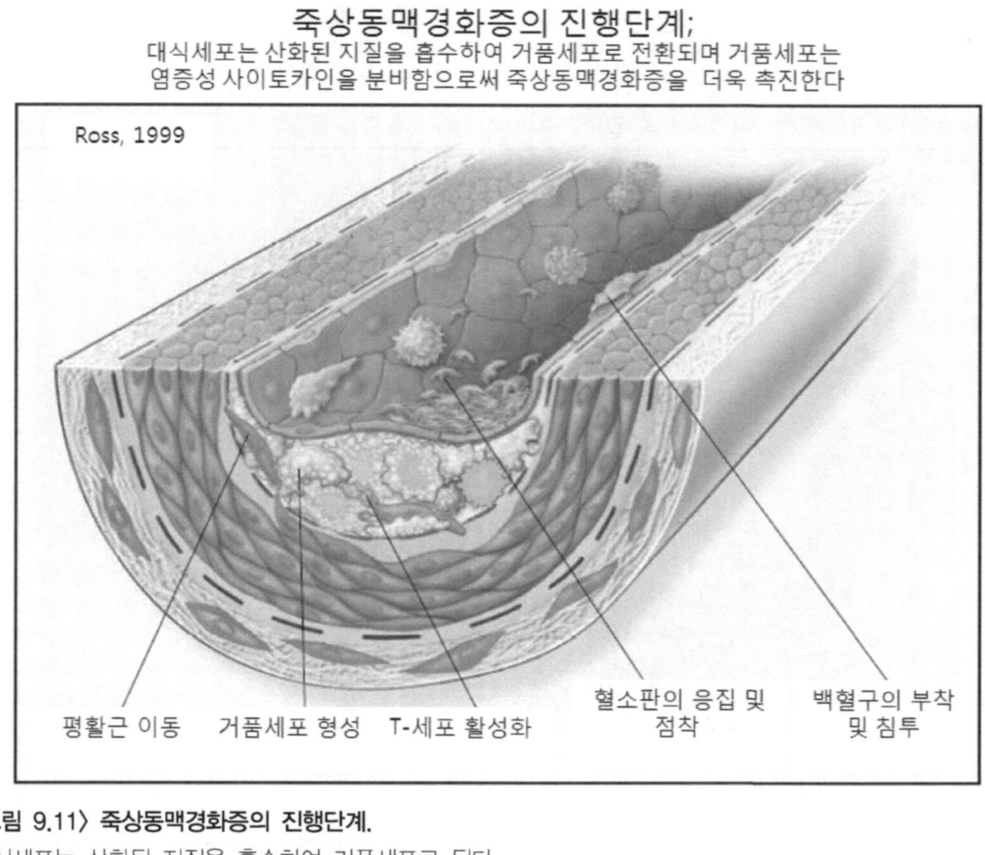

〈그림 9.11〉 죽상동맥경화증의 진행단계.

대식세포는 산화된 지질을 흡수하여 거품세포로 된다.

이 과정을 통해 대식세포 내에 LDL(low density lipoprotein)이 축적되면서 대식세포는 거품세포(foam cell)로 전환된다. 거품세포(foam cell)는 여러 가지 염증성 cytokine과 성장인자, 기질단백질분해효소(matrix metalloproteinase, MMP) 등을 분비하며 죽상경화과정을 더욱 촉진시킨다. 대식세포에서 유리된 사이토카인과 성장인자(growth factor)는 T세포와 더불어 평활근세포를 내막으로 이주시키고 증식하여 콜라겐, 엘라스틴, 글리코사민글리칸 등 많은 세포외 기질을 만들어낸다. 증식된 평활근세포 내에 있는 작은 지질이 모여 큰 지질 핵(lipid core)을 형성하게 되고, 대식세포는 세포사멸(apoptosis)을 통해 사멸하여 지질 핵과 함께 괴사중심(necrotic core)을 형성하게 된다. 즉, 혈관의 내강과 경계를 이루는 동맥경화반(atherosclerotic plaque)의 상층은 치밀한 섬유뚜껑(fibrous cap)을 형성하게 되고 그 아래로 세포외기질과 기질사이에 평활근세포가 섞이며 괴사된 핵이 혈관 평활근세포의 증식에 의해 섬유뚜껑(fibrous cap)으로 덮이면 fibrous plaque(섬유성 죽상반)가 만들어진다.

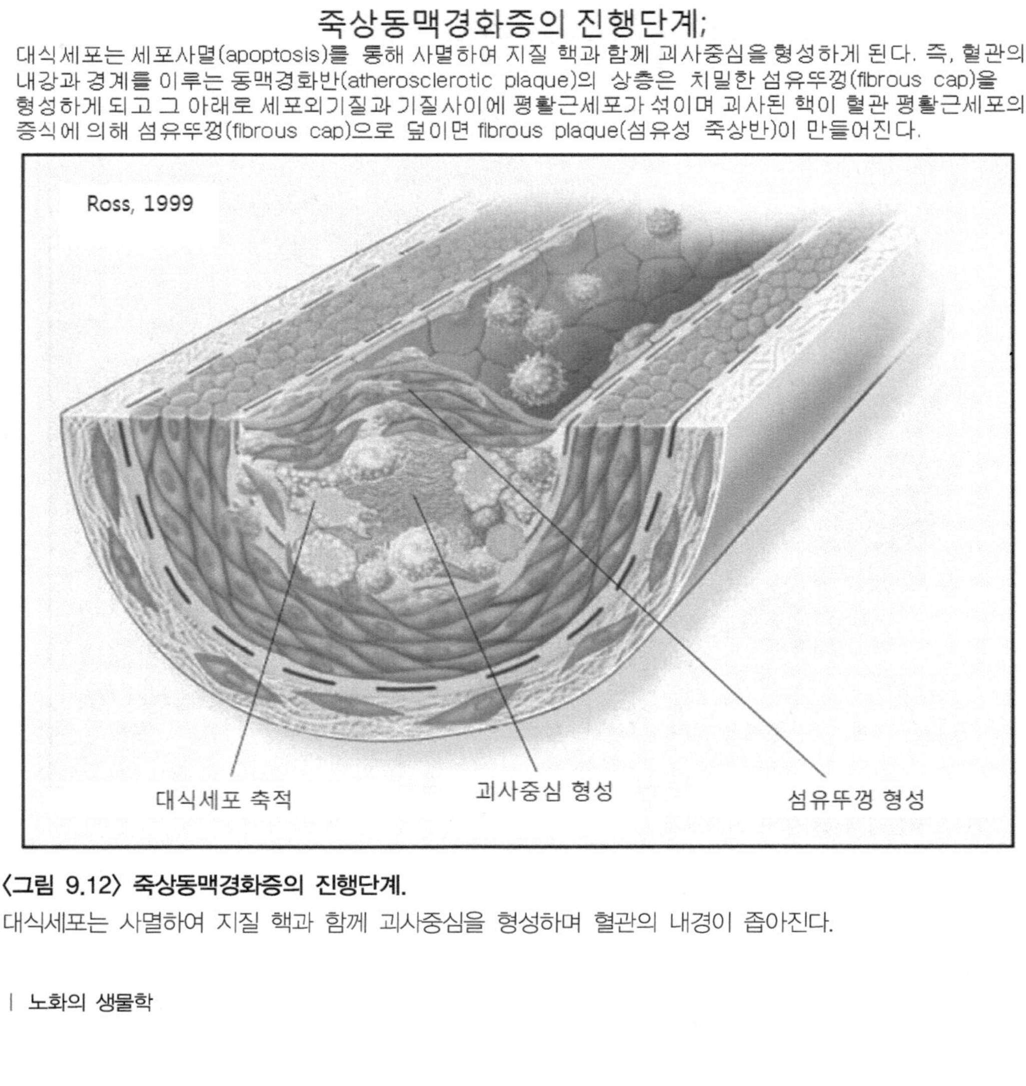

〈그림 9.12〉 죽상동맥경화증의 진행단계.
대식세포는 사멸하여 지질 핵과 함께 괴사중심을 형성하며 혈관의 내경이 좁아진다.

죽상동맥경화증이 진행됨에 따라 섬유성 죽상반의 부피가 커져 혈관의 내경이 좁아지면 혈류의 속도가 증가해서 상층부의 내피세포의 손상이나 죽상반의 파열을 초래하고 따라서 대식세포에서 유리된 혈액응고 물질들이 혈액과 접촉하면서 혈전을 형성되거나 죽상반 내로의 출혈로 동맥의 내경을 더욱 좁게 만들거나 완전히 막을 수 있다. 혈관의 내경이 좁아지면서 불안정한 협심증이 생기거나 이 현상이 지속되면 급성 심근경색이나 뇌졸중을 일으킬 수 있다. 대식세포에 의해 분비되는 기질단백질분해효소(matrix metalloproteinase)는 동맥경화반(atherosclerotic plaque)의 섬유뚜껑 강도에 영향을 주고 세포외 기질을 분해시켜 플라크 안정성을 약화시키며 플라크 파열된 부위에서 많이 관찰된다.

죽상동맥경화증;
죽상반의 파열, 혈류의 차단, 동맥 경색이 발생

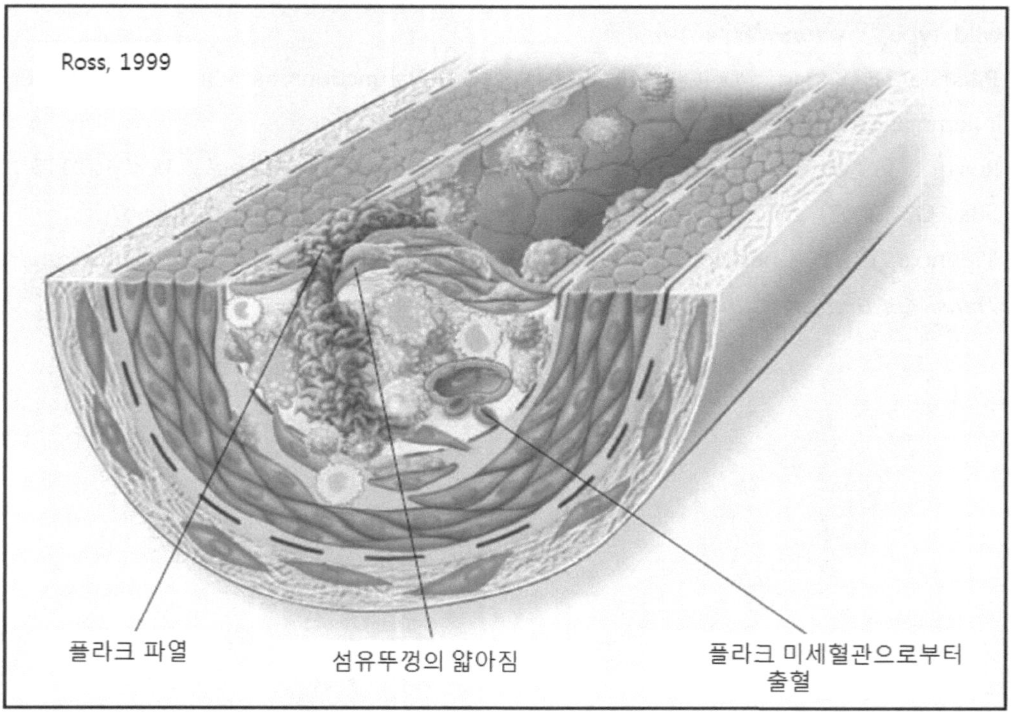

〈그림 9.13〉 죽상동맥경화증의 동맥 경색 발생.
플라크의 파열로 내부에 있던 죽과 같은 지질성분이 혈관을 막는다.

참고문헌

1. Chang, L., H. Kamata, et al. (2006). "The E3 ubiquitinin ligase Itch couples JNK activation to TNFα-induced cell death by inducing c-FLIPL turnover." *Cell* 124(3):601-613.
2. Elinav, E., R. Nowarski, et al. (2013). "Inflammation-induced cancer: crosstalk between tumours, immune cells and microorganims." *Nature Reviews Cancer* 13:759-771.
3. Haigis, M. C. and B. A. Yankner. (2010). "The aging stress response." *Mol Cell* 40(2):333-44.
4. Karin, M. and F. R. Greten. (2005). "NF-κB in cancer: From innocent bystander to major culprit." *Nature Reviews* 2:301-310.
5. Kenyon, C. J. Chang, et al. (1993). "A *C. elegans* mutant that lives twice as long as wild type." *Nature* 366:461-4.
6. Pikarsky, E., R. M. Porat, et al. (2004). "NF-κB functions as a tumour promoter in inflammation-associated cancer." *Nature* 431:461-466.
7. Ross, R. (1999). "Atherosclerosis-An inflammatory disease." *N Engl J Med* 340:115-126.
8. Stix, G. (2007). "A malignant flame." *Scientific American* July 2007:60-67.
9. Viennois, E., F. Chen, et al. (2013). "NF-κB pathway in colitis-associated cancers." *Transl Gastrointest Cancer* 2(1):21-29.

CHAPTER 10

열량제한과 노화

1930년대 미국 코넬대학교의 맥케이(McCay, C. M.)박사는 쥐를 이용하여 '식이제한(dietary restriction)'이 수명에 어떤 영향을 주는가를 실험하였다. **'식이제한'**이란 필수 영양소 결핍 없이 칼로리 섭취를 줄여 수명을 연장하려는 시도를 말하며, **'열량제한**(calorie restriction)' 또는 '절식', '소식' 등의 의미와도 같이 혼용하여 사용될 수 있는 용어이지만 단순히 적게 먹는 것만을 의미하지는 않고, 영양분을 골고루 갖춘 음식을 정상적인 식사양보다 30~40% 정도 적게 섭취하는 것을 의미한다. 멕케이 박사는 18세기 버폰(Buffon)이라는 사람이 주장한 '포유동물의 최대수명은 신체적으로 성숙이 이루어지는 기간의 5배 정도-사람의 경우 신체 성숙이 이루어지는 기간이 20년이라면 최대수명은 100살에 해당-라는 이론을 확인하고 싶었다. 이것은 신체적으로 빨리 성숙이 끝난 동물의 최대수명은 더 짧고 신체적으로 느리게 성숙한 동물의 수명은 그만큼 길다는 것을 의미한다. 멕케이 박사는 신체 성숙의 속도를 제어하는 한 가지 방법으로서 식이제한법(Dietary restriction, DR)을 사용하였는데, 한 집단의 쥐는 영양의 균형을 갖춘 식단을 마음대로 먹게 하였고(*ad libitum*) 또 다른 집단의 쥐는 섭취량의 경우는 반(1/2)으로 줄였으나 영양장애를 막기 위해 비타민과 미네랄을 첨가해 주었다. 예상대로 식이제한을 적용한 쥐는 느리게 성장하였으며 크기에 있어서 마음대로 먹게 한 쥐의 크기만큼 성장하지 못하였다(성장기가 끝난 후에 마음대로 먹을 수 있게 하더라도 그 크기에는 도달하지 못하였다). 식이제한을 한 쥐는 몸의 크기는 작았으나 식이제한을 하지 않은 쥐보다 건강한 상태를 유지하였으며 운동에 있어서도 더 활발하였다. 또 여러 가지 미생물에 의한 감염증과 암에 대하여 식이제한을 하지 않은 쥐보다 저항력을 나타내었다. 결국 식이제한을 적용한 쥐는 평균수명을 50~80%나 초과하여 생존하였다. 이러한 식이제한 실험을 다른 연구자들이 다른 동물을 이용하여 실시했는데 대부분 멕케이 박사와 비슷한 결과를 얻게 되었다. 수명에 관한 중요한 인자로 매끼로 제공되는 칼로리의 양과 식사횟수가 연관이 있었다. 그 이후 단순히 식이제한보다는 칼로리(calorie)를 기준으로 식사를 제한하는 **'열량제한**(Calorie restriction, 칼로리 제한, CR)'이 더 과학적이라고 결론짓게 되었다(음식양은 많지만 칼로리는 낮은 음식이 있고, 음식양은 적지만 칼로리는 높을 수가 있으므로 칼로리에 의해 제한을 하는 것이 더 정확한 방법이라는 의미임). 열량제한법에 의하여 식이제한을 하였을 때 40% 칼로리를 적게 섭취한 쥐는 평균적으로 40% 수명연장 효과가 있었다. 식이제한이 수명 연장에 영향을 주는 것은, 생체내에는 일반적으로 위급상황에 대응하는 'stress response(스트레스 반응)'에 관련한 유전자들이 있는데 식이제한시 이들의 사용이 더 효율적으로 이루어질 수 있는 것에 기인한다. 여기서 말하는 '스트레스'란 인간의 정신적인 스트레스 개념보다는 광범위한 것으로 활성산소에 의한 산화스트레스(oxidative stress), DNA 손상에 의한 유전독성스트레스(genotoxic stress)와 같은 생체에 위해를 가할 수 있는 반응들이 나타나면 생체는 이러한 문제를 해결하고 유지와 보수하는 기능을 가진 유전자군들의 발현에 의하여 더 효율적인 조절이 이루어지도록 한다는 것이다.

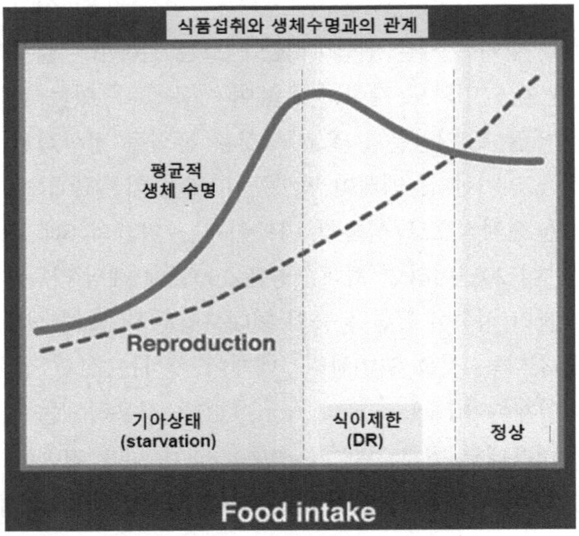

〈그림 10.1〉 식이제한과 생체수명.

식이제한의 경우 수명증가를 가져올 수 있다.

10.1 식이제한의 효과

식이제한의 일반적 효과

동물실험에 따르면 식이제한을 통해서 신체노화를 늦추는 것이 가능하다. 면역기능이 노화에 미치는 영향에 대해서는 비교적 많이 연구가 되었으므로 식이제한이 면역계에 미치는 영향을 알아보는 것도 흥미가 있을 것이다. 식이제한은 흉선(thymus)의 퇴화를 늦추어주며, 식이제한 후 T 세포의 활성은 식이제한을 하지 않은 쥐보다 더 높았다. 특히 여러 면역반응을 촉진하는데 중요한 역할을 담당하는 CD4 보조T세포가 비율이 높았다. 종양세포와 바이러스 감염세포를 찾아내어 세포표면의 특정분자구조를 인식하여 살해하는 자연살해세포(natural killer cell, NK)의 기능도 식이제한 쥐에서 더 강력하였다. 자연살해세포의 기능도 노화에 따라 감소하지만 이러한 감소추세가 식이제한에 의하여 완만하게 되었다. 식이제한은 활성산소종(ROS) 발생을 감소시키며 염증을 억제하는 효과가 있다는 사실도 확인되었다. 식이제한을 한 실험동물에서 분리한 미토콘드리아를 연구한 결과 식이제한은 활성산소종(ROS)의 발생을 줄이며 호흡반응에서 전자흐름을 더욱 원활하게 해준다.

〈표 10.1〉
식이제한의 효과

조직	식이제한의 효과
liver(간)	gluconeogeneis(당신생)와 글리코겐 분해는 증가함 해당과정(glycolysis)은 감소함
muscle(근육)	미토콘드리아 생합성과 호흡은 증가함 베타-산화에 의한 지방산 분해는 증가함 인슐린 민감도 증가
Fat(지방)	중성지방(triglycerides)의 저장 감소함 렙틴의 분비는 감소함 아디포넥틴의 분비는 증가함
뇌	성장호르몬을 비롯한 뇌하수체 호르몬 분비는 감소함 부신의 코르티코이드 분비는 증가함 신경퇴행성 감소
심장	염증 감소, 심장 보호
개체 전체	인슐린 민감도가 상승 혈당은 감소 개체의 대사(metabolism)는 증가

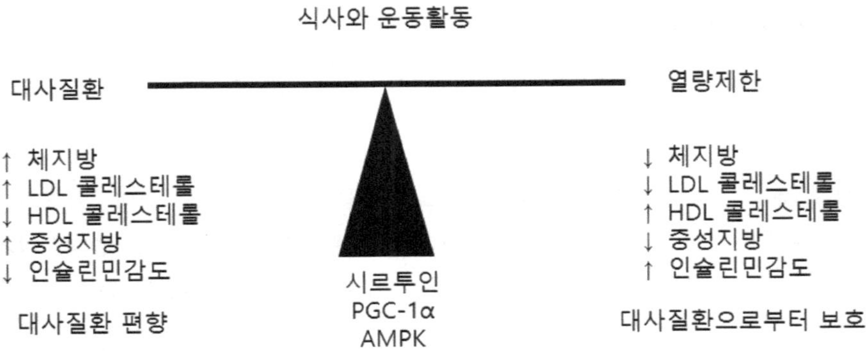

〈그림 10.2〉 식이제한의 효과

자가면역모델(autoimmune model)의 쥐를 가지고 실험한 결과 식이제한 쥐는 식이제한하지 않은 쥐보다 자가면역(autoimmune) 증상에 있어서 개선이 되었으며 더 활동적이었다. 영장류에 속한 원숭이를 실험대상으로 했을 때, 식이제한시 몸무게와 지방이 감소하였으며 인슐린에 대한 민감도가 증가했고 심혈관계의 질환이 감소하였다. 사람의 경우 칼로리 제한은 백색지방조직(white adipose tissue, WAT)의 지방성분을 감소시키고, 체온을 낮추며, 인슐린에 대한 민감도(insulin sensitivity)를 높인다. 칼로리 제한은 대사작용을 감소시킴으로써 활성산소를 낮추는 수동적인 의미의 수명연장효과 이외에도 또 다른 영향을 줄 가능성이 효모(yeast)를 이용한 연구를 통하여 입증되었다. 효모에서 칼로리를 제한하면 *SIR2*라고 하는 유전자(이 유전자가 만드는 효소의 이름은 'NAD-dependent deacetylase')의 발현이 증가함으로써 다른 유전자의 발현을 조절한다. 사람에서도 SIR2와 유사한 유전자가 발견되었는데 그 유전자는 시르투인1(Sirtuin 1, *Sirt1*)이라 부른다. 쥐의 경우 백색지방조직(WAT)의 양이 수명에 영향을 미친다는 결과를 얻었는데 그 이유는 백색지방조직의 양이 유전자의 발현에 영향을 미치기 때문이다. 사람의 경우 몸무게가 증가할 때, 지방전구세포(preadipocytes)들이 분화되어 결합조직을 채우며 지방을 잠재적 에너지원으로 저장할 수 있는 지방세포(adipocyte)를 형성한다. 너무 지나친 지방의 저장은 비만과 제2형 당뇨병을 포함한 비만관련 질병을 유발할 수 있다. 사람이 식이제한을 하면 시르투인(Sirt1) 유전자 발현 증가를 초래하고 이것은 또 지방세포생성(adipogenesis)에 관여하는 유전자발현(예, PPAR-γ)을 억제함으로써 백색지방조직을 감소시키며 지방분해효과를 일으킬 수 있으므로 수명연장 효과를 낼 수 있다. 식이제한에 의한 지방의 감소는 성인병의 발생을 감소시키기 때문에 건강과 수명에 긍정적으로 영향을 준다. 그러나 건강과 수명연장을 위해 인생의 먹는 즐거움을 포기할 것인가 하는 것은 인간이 선택해야 할 몫으로 남아있다.

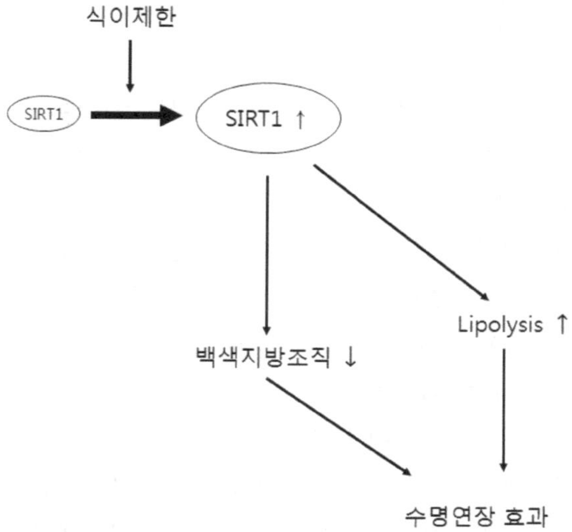

〈그림 10.3〉 식이제한과 수명연장.
식이제한의 경우 SIRT1을 증가시켜 지방축적을 줄임으로써 수명을 연장시킨다.

▌영장류에 대한 식이제한 실험

붉은털원숭이(Rhesus monkey)에 대한 20년에 걸친 추적연구(위스콘신국립영장류연구소, Wisconsin National Primate Research Center, WNPRC)에서 열량섭취를 30% 낮춘 원숭이 집단의 수명이 길었을 뿐 아니라 암, 심장질환, 당뇨병 같은 질환에 걸릴 가능성도 낮았다고 보고했다(Colman, 2009). 그런데 미국 국립보건원(NIH)산하 국립노화연구소(National Institute on Aging, NIA)는 23년간 붉은털원숭이에게 열량이 적은 식단을 먹인 결과 일반원숭이들보다 더 오래 산다는 유의미한 결과를 얻을 수 없었다는 내용의 논문을 2012년 8월 30일자 네이처 온라인판에 실었다(Mattison, 2012). 비록 실험 개체의 반 이상이 아직 살아있는 상태이므로 식이제한이 최대수명을 연장을 해준다는 것이 불가능하다고 단정 지을 수는 없지만, 식이제한이 붉은털원숭이의 수명을 연장시키는 것으로 보이지 않았다(정상식을 한 원숭이의 20%가 노화로 인해 사망한 반면, 식이제한을 한 원숭이는 24%가 노화로 사망함). 소식을 하면 수명이 연장된다는 속설은 약 70년 전 쥐를 사용한 실험에서 의미 있는 결과가 나와 그 뒤 오랫동안 다른 동물들에서도 적용될 것이라고 여겨져 왔다. 그러나 이번에 국립노화연구소 연구팀이 20년 이상 영장류인 원숭이를 대상으로 장기간 연구한 실험 결과는 영장류들의 수명이 단순히 소식만으로는 수명에 큰 변화를 나타내지 않는 것으로 추정했다.

국립노화연구소(NIA) 연구진들은 원숭이를 14세 이하의 어린(young) 그룹과 16~23세의 나이든(old) 그룹으로 나눴다. 그 다음 두 그룹에게 일반 원숭이들이 먹는 식단보다 열량이 30% 적은 식단을 지속적으로 공급하고 그 외는 별다른 조치를 하지 않고 관찰하였다. 일반적으로 붉은털원숭이는 평균 4~5살이면 성적으로 성숙하고 27세가 되면 사망한다. 그러나 간혹 40세까지 생존하는 원숭이도 있다. 연구진이 20년 넘게 원숭이를 관찰한 결과는 소식한 원숭이가 일반 원숭이에 비해 특별히 오래 살지는 않았다. 연구팀은 소식의 효과를 확인하기 위해 원숭이들의 피를 뽑아 글루코오스, 콜레스테롤, 지방 수치를 검사했다. 그러나 혈액검사에서도 소식한 원숭이들이 일반 식사를 한 원숭이들보다 더 건강하다는 뚜렷한 경향성은 발견되지 않았다. 또 나이가 들어서 실험에 참여한 원숭이들은 포도당, 지방 수치가 확실히 낮았지만, 어렸을 때부터 실험에 참가한 원숭이들은 일반 원숭이와 별다르지 않았다. 단 심장병이나 당뇨병과 같이 노화 관련 질병 증상은 소식한 원숭이에게서 일반 원숭이 보다 늦게 나타나 소식이 신진대사에는 긍정적인 영향을 주는 것 같다고 연구진은 설명했다. 이 실험을 주도했던 라파엘 데 카보 박사는 '이전에 실시한 연구와는 달리 영장류처럼 비교적 오래 사는 동물에서는 소식이 꼭 수명연장을 유도한다고 볼 수는 없다'며 '사는 환경, 영양소의 성분, 유전적 요소 등이 수명에 복잡하게 영향을 미치는 것으로 보인다'라고 설명했다(2012 Nature, vol 489, Steven N. Austad, 210p-211p).

〈그림 10.4〉 왼쪽: 식이제한을 한 27세 원숭이, 오른쪽: 보통 식사를 한 27세 원숭이 (Austad, 2012)

국립노화노화연구소(NIA)와 위스컨신대학(WNPRC) 연구팀과의 결과가 다른 이유는 무엇일까? 무엇보다 먹이에서 차이가 있었다. 양쪽의 탄수화물, 지방, 단백질 구성비는 유사했지만 위스컨신대학 국립영장류연구소의 먹이에는 설탕의 함량이 더 높았다. 현대 서구인을 닮은 식사 탓에 당뇨병 등에 더 많이 걸렸다는 것이다. 이에 비해 국립노화연구소(NIA) 먹이에는 비타민과 미네랄, 오메가3 및 플라보노이드가 풍부했다. NIA의 식단은 WNPRC의 식단보다 열량이 더 낮으며 건강식에 해당한다. 한마디로 비만식의 경우는 칼로리의 섭취를 줄이면 수명이 늘지만 건강식에서는 이와 같은 효과가 미미했다는 것이다. 즉 식사의 열량이 높은 경우에는 소식의 효과가 있지만 식사의 열량이 적당한 경우에는 별 효과가 없다는 것이다. 종합하면 실험군은 각종 노화 관련 질병이 더 늦게 발병하며 더 건강하게 살다가 대조군과 비슷한 시기에 죽는다는 것이다.

▌다른 생물체의 예

식이제한에 의한 수명연장 효과는 단세포 생물인 효모에서부터 예쁜꼬마선충, 초파리, 개(dog) 등 여러 동물 모델계에서 공통적으로 나타남이 밝혀졌다. 단세포 진핵세포인 효모(yeast)는 가장 단순한 진핵생물로서 식이제한 관련 유전자를 검색하는데 좋은 모델시스템(model system)으로 알려져 있다. 효모의 주요 영양성분인 포도당을 4배 희석한 배지에 효모를 배양할 경우 그 수명이 3배 이상 증가했다. 예쁜꼬마선충(*C. elegans*)은 세포와 조직 간의 연구가 가능한 가장 단순한 동물모델이다. 다양한 돌연변이체를 이용한 실험에서 식이제한 경로 중의 하나인 **인슐린/인슐린-유사 펩티드 신호경로**(Ins/IGF-1 signaling, IIS)가 밝혀졌는데, 예쁜꼬마선충의 DAF-2 유전자 변이를 가진 선충은 정상 유전자를 가진 선충보다 2배 더 오래 산다는 결과를 얻었다. DAF-2는 인슐린/IGF 수용체와 유사체인 것이 확인되었으며, 또 다른 노화연관 유전자는 DAF-16인데 DAF-16은 fork-head 전사인자로서 스트레스 저항성, 대사조절, 및 발생을 조절하는 것으로 알려진다(포유동물의 경우 DAF-16에 해당하는 것이 FOXO 전사인자이다). 더 나아가 DAF-2/DAF-16 신호전달경로는 선충, 초파리, 생쥐, 사람 등에서 진화적으로 잘 보존되어 있는 것이 확인되었다. 초파리는 예쁜꼬마선충에 비해 다양한 조직을 가지고 있으며, 포유동물과 유사한 상동유전자가 많고, 진화적으로 잘 보존된 작용기전을 가지고 있는 동물모델이다. 실험적으로 초파리의 식이조절은 먹이의 희석을 통해 이루어지며, 먹이에 포함되는 당류조절에 의한 수명 증가 효과에 비해 단백질 조절에 의한 수명 연장 효과가 더 크다고 알려져 있다. 이상의 선충이나 초파리 연구에서 인슐린/IGF-1신호전달계(IIS)의 변화 및 그들에 의한 에너지 대사계의 변화가 노화와 수명을 조절하는 중요한 요인이라는 것이 밝혀진 셈이다. 실험쥐 모델계는 식이제한에 의한 수명 증가 효과를 처음 증명한 모델계이며, 초파리와 같은 무척추동물 모델계에서 밝혀진 식이조절 유전자 관련 연구결과를 사람에게 도입하기 위한 포유동물 연구모델계로 사용된다. 또한 실험쥐는 사람과 유사한 질환을 가지고 있어 노화관련 질환연구도 용이하다. 식이제한을 통하여 실험쥐의 수명을 60% 까지 연장하는 것이 가능하며 또 식이제한은 인슐린 민감도(insulin sensitivity)를 증가시켜 당뇨병 발병률을 낮추고, 알츠하이머 모델쥐의 베타아밀로이드 축적을 지연시킬 수 있다는 것이 보고되었다.

수명 조절과 관련된 또 다른 영양소 센서 경로 중 하나는 TOR(target of rapamycin) 신호전달계이다. TOR는 단백질의 구성물질인 아미노산의 센서로서 아미노산에 의해 TOR 활성화가 일어나면 번역(translation)을 관할하는 S6K/4EBP를 활성화시켜 단백질 합성을 촉진한다. 한편 TOR의 활성을 억제하면 자가포식(autophagy)을 통하여 비정상적인 단백질과 세포소기관의 분해를 촉진한다. TOR는 혈중 아미노산의 양 뿐만 아니라, 인슐린, 성장호르몬, 에너지의 양, 그리고 다양한 스트레스에 의해서도 활성이 조절되며, TOR의 기능은 효모부터 포유동물까지 보존적이다. TOR의 활성감소는 다양한 종의 모델동물에서 수명을 연장시키는 것으로 나타난다.

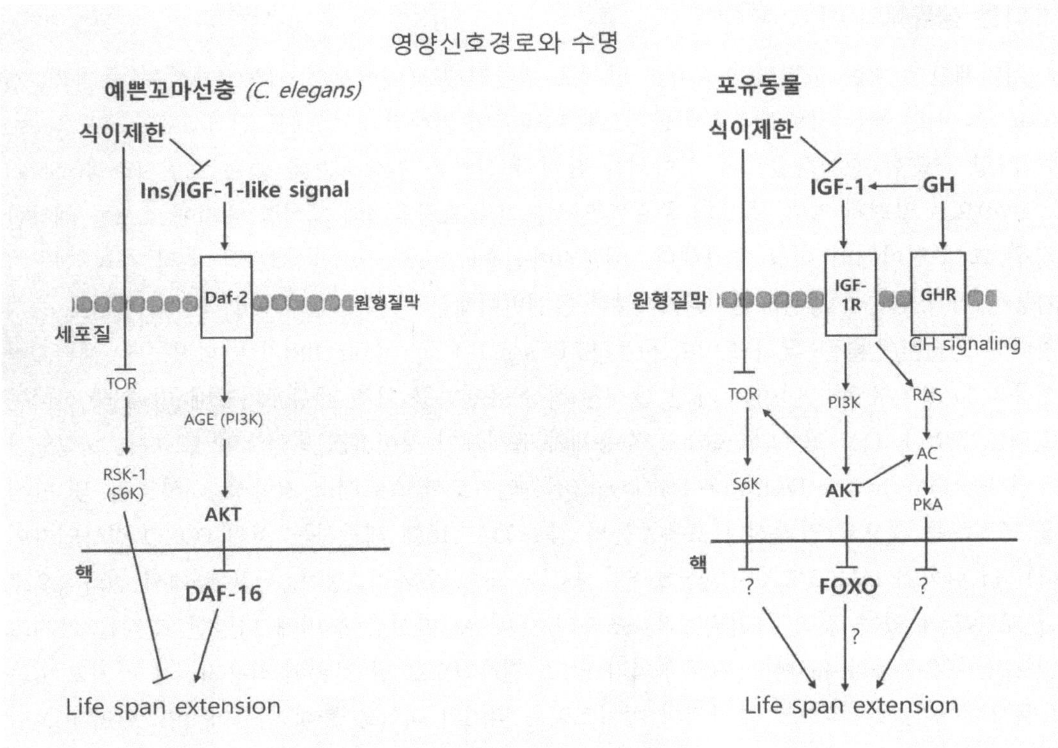

〈그림 10.5〉 예쁜꼬마선충과 포유동물에서 식이제한에 의해 작용하는 기작 비교.
식이제한의 경우 인슐린과 인슐린 유사인자는 해당 수용체를 자극하고 이것은 인산화효소 AKT를 활성화한다. 예쁜꼬마선충과 포유류의 DAF-16과 FOXO는 수명연장에 기여하는 유전자인데 활성화된 AKT는 DAF-16과 FOXO를 억제한다. TOR와 S6K는 생합성 촉진 유전자로서 수명연장을 저해한다.

10.2 식이제한의 매개자: 시르투인

식이제한의 분자적 기작에 대한 모델생물을 이용한 연구를 통해 생물학적 경로에서 효모에 존재하는 Silent Information Regulator2(SIR2) 유전자와 이의 상동체(homologue)인 시르투인이 필수적인 역할을 함이 밝혀졌다. 효모의 경우 식이제한 상태에서 Sir2 유전자를 과발현(overexpression)하면 수명이 연장되었고 이 유전자를 제거(knockout)하면 수명이 상대적으로 단축됐다. 포유류(Mammals)에서는 총 7가지 종류의 시르투인이 알려지고 있는데, 이들은 핵, 세포질, 미토콘드리아 등에 다르게 존재할 뿐만 아니라 각각의 독특한 기질과 결합하여 다양한 기능을 지니고 있다. 이 가운데 가장 활발한 연구가 진행되는 것은 SIRT1 유전자로서 항염증, 항노화 작용을 한다고 알려진다.

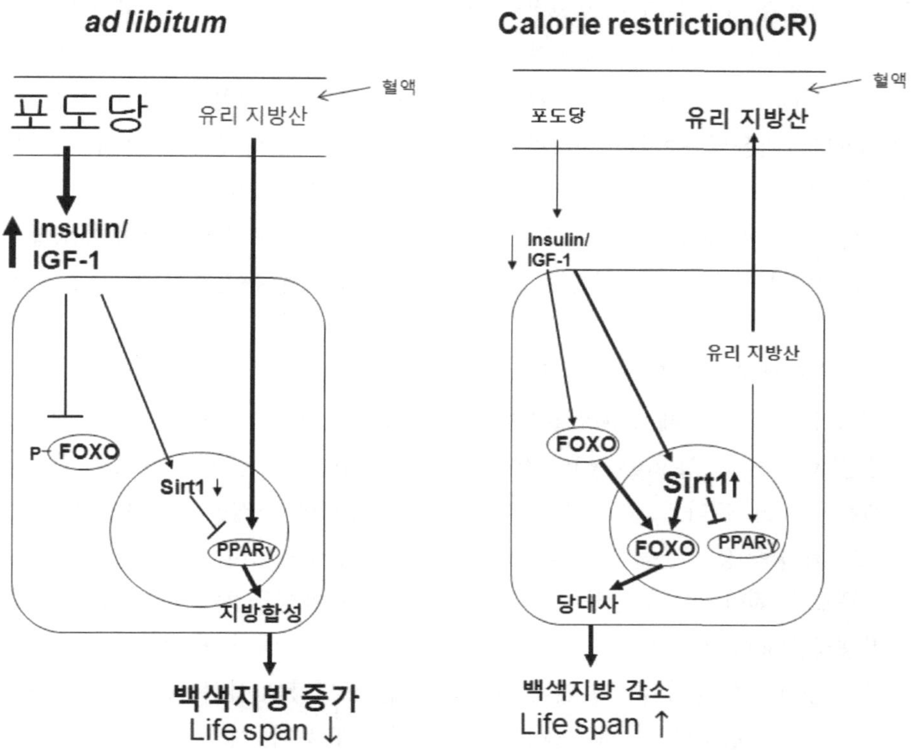

〈그림 10.6〉 자유롭게 식사를 할 경우와 열량제한을 할 경우의 비교.

마음대로 음식을 섭취할 경우 인슐린/IGF-1 신호가 상향조절되고 이것은 FOXO를 인산화시킴으로써 핵 내로 이동하지 못하게 한다. 혈액속의 유리지방산은 PPARγ 의 작용으로 지방으로 합성되어 백색지방은 더욱 증가하며 이에 따라 수명은 줄어든다. 열량제한을 할 경우 인슐린/IGF-1 신호는 감소하게 되고 이에 따라 FOXO의 인산화가 억제되기 때문에 FOXO는 핵 안으로 이동하여 스트레스 저항성과 대사의 조절에 관여하게 된다. 또 시루투인은 FOXO의 작용을 촉진시켜 백색지방을 줄이는데 중요한 역할을 하며 지방합성에 관여하는 PPARγ 의 활성은 억제한다. 체내의 백색지방이 감소함에 따라 수명은 증가하게 된다.

효모의 SIR2 유전자

출아 효모인 *Saccharomyces cerevisiae*의 수명(longevity)은 한 모세포(mother cell)가 생산해내는 딸세포(daughter cell)의 수(number)로 측정이 된다. *Sir2*는 식이제한으로 인한 수명 증가를 결정짓는 유전자로서 유전자 침묵(gene silencing)에 관여한다. *Sir2* 유전자의 결실(deletion)은 수명 감소를 초래하고 Sir2의 과발현은 수명을 증가시킴을 확인하였다. *Sir2* 유전자가 코딩하는 단백질은 NAD^+에 의존적인 히스톤 탈아세틸화효소(histone deacetylase)로서 크로마틴을 응집시키는 역할을 한다. 예를 들면, 이 효소는 히스톤의 아세틸라이신의 아세틸기를 제거하는 역할을 수행하며 이 반응과정에서 보조인자로 NAD^+를 필요로 한다. 그리고 이 반응의 생성물로 O-acetyl-ADP-ribose와 니코틴아미드(NAM)를 만들어낸다. 열량제한 상태에서 NAD^+/NADH의 비율이 Sir2의 활성에 중요한 영향을 미친다는 것을 알 수 있다. NAD^+/NADH의 비율의 증가는 Sir2의 활성을 증가시킨다. Sir2는 효모에 있어서 rDNA silencing을 유도하여 extrachomosomal ribosomal DNA circle(ERCs)의 생성을 억제함으로써 효모 유전체의 불안정성(genome instability)을 막는다. 이는 텔로미어 말단이 재조합을 통해서 유발되는 유전체 불안정성을 억제하며 크로마틴(chromatin)을 온전하게 유지함으로써 수명연장을 돕는다.

포유류가 열량제한 상태일 때, 서로 다른 조직들은 다양한 상태의 열량제한을 체험하게 된다. 음식의 양이 부족할 때 포유류들은 한정된 자원을 개체의 생존을 유지하기 위해 재분배해야하고 합성(synthesis), 성장(growth), 생식(reproduction) 등과 같이 불필요한 에너지 소비는 가능한 제한을 하게 된다. 그리고 기본적인 생존에 필요한 조직들, 즉 예를 들면 근육이나 심장 그리고 뇌의 특정 부분들은, 기아(starvation)로부터 보호되며 온화한 열량제한(mild CR) 상태에 머무르게 된다. 이에 반하여 간과 이자와 같은 합성을 하는 조직이나 생식기 등은 엄격한 열량제한(severe CR) 상태를 경험하게 된다. 순환계 내의 혈당량 수치는 대략적으로 몸 전체에서 동일하게 유지되는 반면에, 각 조직들은 포도당을 섭취하는 능력의 차이로 인해 각각 다른 상태의 열량제한(calorie restriction)을 경험하게 된다. 예를 들면 간세포(liver cell)는 GLUT2를 사용하는데 이는 높은 Km 값을 가지고 있으므로 포도당에 대한 친화도는 낮다. 그래서 간세포는 GLUT4를 사용하는 근육이나 지방세포와 비교했을 때 상대적으로 더 엄격한(severe) 열량제한을 경험한다. 온화한(mild) 열량제한과 엄격한(severe) 열량제한은 하루 동안 각각 다른 시간사이에 발생할 가능성도 제기된다. 열량제한 중인 동물들은 일반적으로 하루치 분량의 음식을 하루 한번 제공 받거나, 또는 2일치 분량의 음식을 2일마다 한 번씩 제공 받는다. 장기간 열량제한을 한 후 동물들은 식사시간의 30분 이내에 전체 음식량을 폭식해 먹도록 훈련받았다. 매 사육주기 동안, 열량제한 동물들은 배가 부른 상태, 그 다음 온화한(mild) 열량제한 상태, 그리고 엄격한(severe) 열량제한 상태를 차차로 경험할 것으로 예상된다.

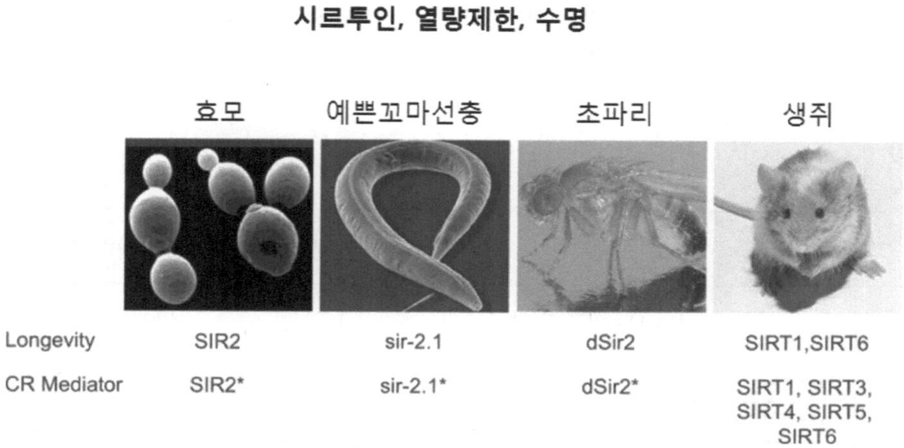

〈그림 10.7〉 효모, 예쁜꼬마선충, 초파리, 포유동물의 SIR2 상동체(homolog).

Sir2 homologs의 활성이 초파리, 선충류 그리고 포유류 등에서 수명연장과 관련이 있는 것으로 보인다. 초파리에서는 Sir2 homolog인 dSir2의 과발현이 수명을 연장시켰다. 그리고 dSir2의 결핍은 열량제한에 의한 수명연장 효과를 막아버렸다. 이렇게 시르투인의 수명 연장 효과가 효모, 선충류, 초파리, 포유류 등에 이르기까지 다양한 경로로 존재한다는 사실은 진화적 관점에서는 매우 흥미롭다. 그렇다면 포유류의 시르투인도 수명연장의 효과가 있을까?

포유류의 시르투인 그룹

효모, 초파리에서 *Sir2* 유전자는 수명연장에 효과가 있음이 증명되었고, 많은 연구자들은 SIR2의 포유류 상동체인 시르투인에 대한 연구를 계속하여, 식이제한을 적용한 설치류에서 시르투인1(SIRT1)의 발현이 유도됨을 확인하였다. 포유류에는 시르투인1(SIRT1)으로 부터 시르투인7(SIRT7)에 이르는 7종류의 시르투인이 존재한다. SIRT1~SIRT7은 각각 다양한 세포내 기질에 존재한다. 표 10.2에서 보는 바와 같이 핵, 세포질, 미토콘드리아에 서로 다르게 존재하며 각각의 독특한 기질과 결합하여 다양한 기능을 수행하는 것으로 알려진다. 핵(nucleus)에 존재하는 단백질인 SIRT1, 6, 7(SIRT1, -6, -7)은 핵 내에서도 핵질(nucleoplasm), 인(nucleolus) 등에 다르게 위치하며, SIRT3, 4, 5(SIRT3, -4, -5)는 미토콘드리아에 존재한다. SIRT6는 처음에는 생쥐에서 ADP-ribosylation 활성은 있으나 deacetylation 활성은 없는 것으로 알려졌다. 그러나 추가적인 연구에 의해서 히스톤 H3-K9 탈아세틸화(deacetylation)에도 관여하고 있음이 밝혀졌다. SIRT7은 핵인단백질로서 RNA polymerase I의 전사를 활성화시키며, SIRT7 결손 생쥐를 이용한 연구에서 심근아세포(cardiomyocyte)의 세포사멸 증가, 산화적 스트레스와 유전적 스트레스에 대한 저항성 감소, 염증성 심근증이 확인되어 심장 기능의 조절에 관여하고 있는 것으로 보고되었다.

〈표 10.2〉
인간의 시르투인 종류

시르투인 종류	위치	효소 활성	기능	Null phenotype
SIRT1	핵	NAD-의존적-탈아세틸화효소	대사, 스트레스	발생적 결함, 때로 치사
SIRT2	세포질	NAD-의존적-탈아세틸화효소	세포주기	발생적으로 정상
SIRT3	미토콘드리아	NAD-의존적-탈아세틸화효소	ATP 생산	발생적으로 정상
SIRT4	미토콘드리아	ADP-리보실전이효소	인슐린 분비	발생적으로 정상
SIRT5	미토콘드리아	NAD-의존적-탈아세틸화효소	요소회로	발생적으로 정상
SIRT6	핵	NAD-의존적-탈아세틸화효소, ADP-리보실전이효소	BER, 대사	조기노화
SIRT7	인(nucleolus)	NAD-의존적-탈아세틸화효소	rDNA 전사	작은 몸 크기, 짧아진 수명, 심장 결함

SIRT2는 유일하게 세포질에 존재하며 α-튜불린을 탈아세틸화하고, HDAC6와도 결합하며 유사분열 동안에 히스톤 H4-K16의 탈아세틸화를 통한 염색사 응축에 관여함으로써 세포주기 조절에 관여하는 것으로 보인다. preadipocyte인 3T3L-1 세포에서 SIRT2의 과발현은 FOXO1의 탈아세틸화를 촉진하여 지방세포 분화를 억제함이 밝혀져 대사질환에서도 효과가 기대되고 있다. 미토콘드리아에 존재하는 SIRT3는 미토콘드리아 기질에 특이적으로 위치하며 acetyl-CoA synthetase 2(AceCS2)를 탈아세틸화하여 아세틸-CoA 합성을 증가시키고 전자전달계 복합체 I(electron transport complex I)을 탈아세틸화하여 산화적 인산화를 향상시켜 에너지 대사를 조절한다. SIRT4는 단백질의 ADP-ribosylation을 돕는 효소이며, 최근에는 암세포의 증식에 필수적인 글루타민대사를 차단하여 종양억제 효과를 가지는 것으로 보고되었다. SIRT5는 carbamyl phosphate synthetase 1(CPS1)의 탈아세틸화를 통해 요소회로(urea cycle)를 조절함이 확인되었다.

10.3 시르투인1과 대사

인간의 SIRT1은 NAD$^+$-의존적인 class III 히스톤 탈아세틸화 활성을 가진다고 알려진 효모의 SIR2 단백질과 가장 유사하다. 포유류 SIRT1은 유전자 발현 억제와 유관한 염색질 재구성(chromatin remodeling), DNA 손상 반응, 식이제한에 동반하는 수명연장 등에 관여한다. 인간이 가진 SIRT1 단백질은 효모의 Sir2처럼 히스톤 탈아세틸화를 유발하여 염색질(chromatin)을 재구성하고 유전자의 발현을 억제한다. 또한 SIRT1은 히스톤 단백질 외에도 세포성장, 세포사멸, 염증, DNA 손상반응, 인슐린 대사, 간 및 지질대사, 심혈관질환, 세포 분화, 줄기세포, 마이크로RNA, 스트레스 반응, 내분비조절 등에 관련된 다양한 전사인자의 탈아세틸화를 유도한다.

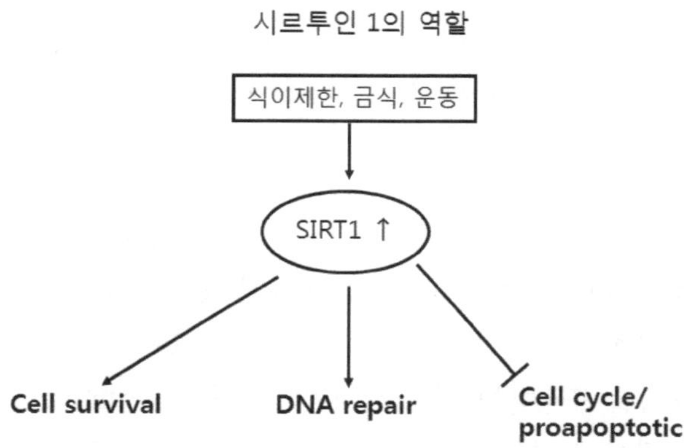

〈그림 10.8〉
식이제한, 금식, 운동 활동에 의하여 SIRT1의 증가가 초래되고, 이것은 세포의 생존반응과 DNA 수선을 촉진하고 아폽토시스(세포사멸)는 억제한다.

백색지방조직(white adipose tissue, WAT)에서 SIRT1은 PPARγ에 음성적으로(negatively) 작용하여 지방조직 감소에 기여하는데, PPARγ는 핵수용체(nuclear receptor)로서 지방세포의 분화와 지방 저장에 있어서 중요한 조절자이다. 그래서 SIRT1의 활성화는 지방 저장을 억제하고 지방조직에서 다른 조직으로 이용될 수 있도록 해준다. 근육세포에서는 SIRT1이 peroxisome proliferator-activated receptor-γ coactivator(PGC)-1α를 탈아세틸화함으로써 활성화시키는데, PGC-1α는 미토콘드리아 생합성(mitochondria biogenesis)과 지방산 산화(fatty acid oxidation)의 '대장 조절인자(master regulator)'이다. PGC-1α는 전사인자들과 상호작용하고 미토콘드리아 생합성, 에너지 대사, 체온 조절, 당대사, 지방대사 등의 광범위한 생물학적 작용을 조절한다.

PGC-1α의 아세틸화와 SIRT1에 의한 활성조절

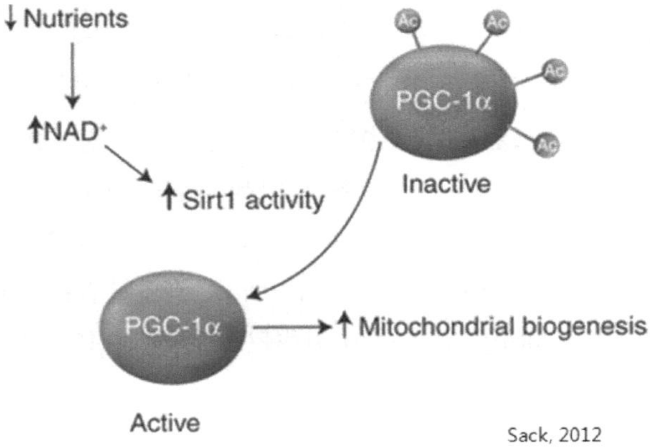

〈그림 10.9〉
식이제한을 하게 되면 NAD^+의 증가가 일어나고 이것은 SIRT1을 활성화시킨다. 활성화된 SIRT1은 PGC-1α 의 탈아세틸화를 초래함으로써 PGC-1α 를 활성화시킨다. 활성화된 PGC-1α 는 미토콘드리아의 생합성을 촉진한다. PGC-1α 는 항산화 기능도 활성화한다.

간(liver)에서는 과도한 음식 섭취가 있을 경우 남는 에너지를 저장할 수 있도록 지방을 합성한다. 그리고 식이제한이나 단식기간 중에는 비탄수화물기질(단백질, 지질 등)로부터 포도당을 생산해 낸다. PGC-1α는 포도당신합성(gluconeogenesis)의 중요한 조절인자이다. PGC-1α는 세포의 에너지 대사를 조절하는 데 중심적인 역할을 하는 transcription coactivator 중의 하나이다. PGC-1α를 탈아세틸화시키는 과정에서 SIRT1은 포도당신합성 과정을 촉매하는 효소를 활성화시킨다. SIRT1이 활발하게 열량제한(calorie restriction)을 하는 쥐의 간에서 증가하고, PGC-1α를 활성화시키며 포도당을 생성시키는 것이라면 이것은 필연적인 과정일 것이다.

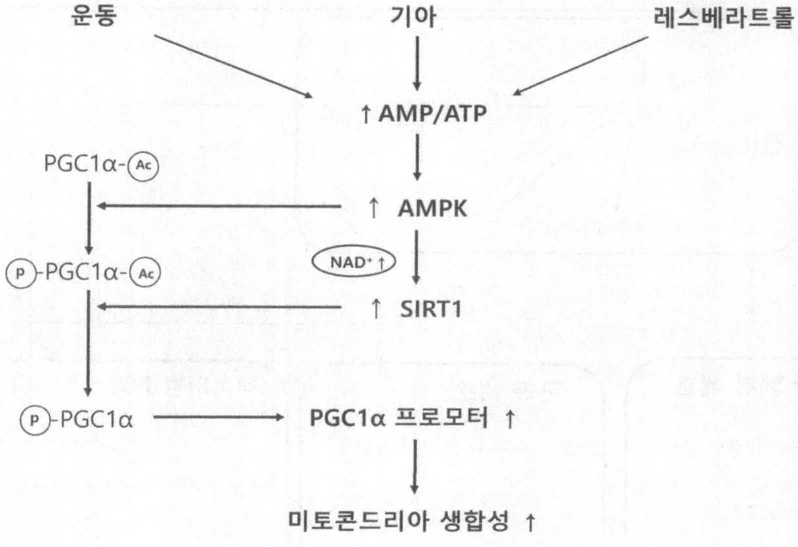

〈그림 10.10〉

운동, 기아(starvation), 레스베라트롤은 AMP의 증가를 유도하며, 이것은 AMPK 활성의 증가를 초래한다. AMPK의 활성화는 NAD^+와 SIRT1의 증가를 유도하고 이것은 PGC-1α 의 탈아세틸화를 초래함으로써 활성화한다. PGC-1α 의 활성화는 미토콘드리아 생합성을 촉진한다.

간에서 NAD^+의 농도가 증가하면 SIRT1 효소활성 증가를 초래하며 FOXO1, PGC-1α를 활성화하고 포도당신합성을 계속한다. SIRT1은 또한 간, 근육, 백색지방조직(WAT)에서 단백질 tyrosine phosphatase 1B(PTP1B)의 양을 감소시키는 한편, 혈장의 아디포넥틴 양을 증가시키는데 아디포넥틴은 비만증 뿐만 아니라 당뇨병과 동맥경화도 억제하며 인슐린 민감도(insulin sensitivity)를 높이는 것으로 알려진다.

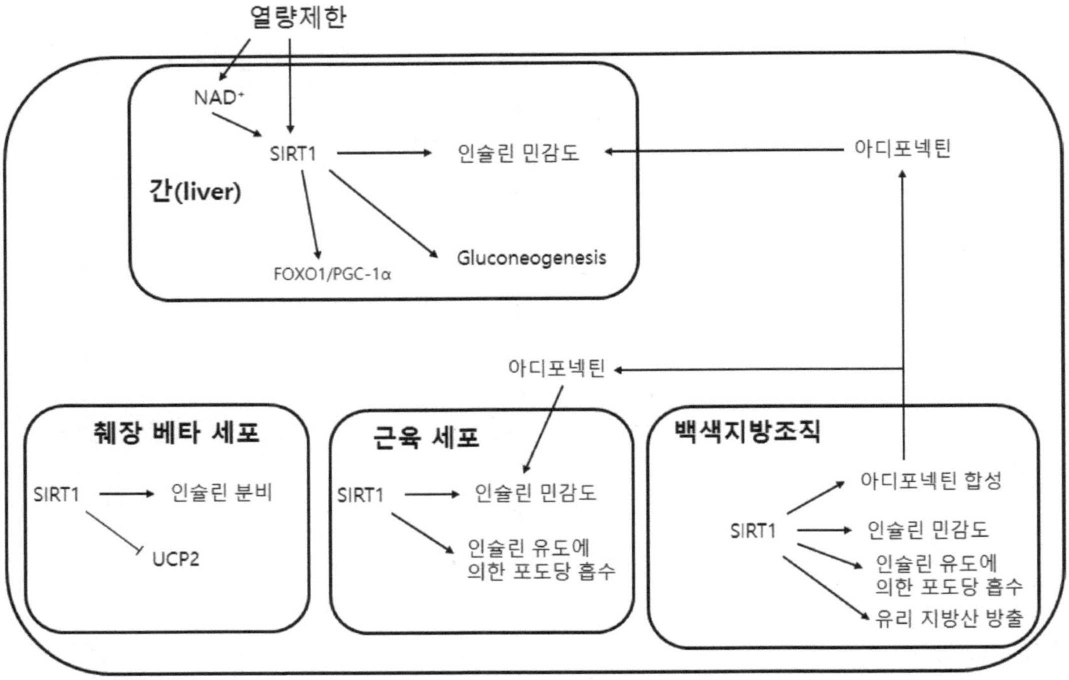

〈그림 10.11〉
열량제한(또는 단식)은 SIRT1을 활성화시켜 다음과 같은 반응을 촉진한다. 간에서 포도당신합성과 FOXO1/PGC−1α 활성화를 촉진한다. 췌장 베타세포에서 SIRT1은 짝풀림단백질 UCP2의 작용을 억제함으로써 ATP 합성을 증가시키며 FOXO1을 통하여 베타세포의 세포사멸을 억제함으로써 인슐린 분비를 촉진한다. 근육에서는 인슐린에 의한 포도당흡수가 촉진되고 대사가 증가한다. 백색지방조직에서는 SIRT1이 아디포넥틴 생성을 촉진하고 아디포넥틴은 근육과 간에서 인슐린의 민감도를 향상시킨다.

10 4 시르투인1과 콜레스테롤 이화작용

SIRT1은 지방과 콜레스테롤의 이화작용을 촉진시킨다. 단식(fasting)은 간, 근육, WAT(백색지방조직)에서의 SIRT1 단백질 발현을 증가시키고, 근육과 간에서의 NAD^+ 농도 증가는 SIRT1 효소 활성을 증가시킨다. AMPK(AMP-activated protein kinase) 활성은 단식기간 동안 증가되며 근육에서의 NAD^+의 증가를 설명해준다. SIRT1은 역콜레스테롤운반체(reverse cholesterol transport, RCT)와 콜레스테롤 담즙(cholesterol bile acid) 배출을 일으키는 핵수용체 LXRα를 활성화 시킨다. RCT는 대식세포와 간의 주변조직들로부터 콜레스테롤을 고밀도 지질단백질(high-density lipoprotein, HDL)로 가져오는 것에 의한 과정이다. SIRT1은 지방생합성

(lipogenesis)를 억제하고 PPAR γ를 막으며 백색지방조직(WAT)으로부터 유리지방산(free fatty acid, FFA) 방출을 자극한다. SIRT1은 또한 지방산 산화, 미토콘드리아 생합성, 근육, 지방, 간세포에서의 에너지 소멸을 촉진시키며, 이것은 SIRT1에 의한 PPAR α 활성과 연관이 있다. SIRT1이 아디포넥틴 합성을 촉진하며 생성된 아디포넥틴이 PPAR α 과 AMPK의 활성을 일으킨다. PPAR α 가 활성화되면 간에서 유리지방산 산화가 늘어나서 중성지방 생산이 줄어들게 된다.

PPAR

Peroxisome proliferator activated receptors(PPARs)는 핵수용체(nuclear hormone receptor) 아과(superfamily)에 속하는 전사인자로서 지방대사 및 당대사를 조절하며 세포의 증식과 분화를 조절하는 역할을 한다. PPAR은 α, β, γ 세 가지의 이성체(isomer)로 나누어지며 이들은 각각 서로 다른 세 유전자에 의해 발현된다. 현재까지 일반적으로 다수의 지방산과 지방산 유도체가 PPAR의 리간드(ligand)로 알려져 있는데 이와 같은 사실은 PPAR이 체내 주영양소인 지방대사물의 양을 감지(sensing)하고 이들의 대사를 조절하는 데 중요한 역할을 할 것이라는 것을 암시한다. 성인질환인 당뇨병과 비만, 동맥경화증과 고지혈증 등의 경우 체내 지방대사물의 과잉 축적이 동반되기 때문에, 최근 들어 PPAR이 당뇨병과 고지혈증의 치료제 개발에 있어 중요한 표적이 되고 있다. PPAR α 는 간에서 지방산의 분해를 통해 에너지 저장을 줄이는 기능을 담당하는 반해, PPAR γ 는 지방 조직에서 다량으로 발현하여 지방세포의 분화 과정 가운데 초기 단계에 그 발현이 증가되어 지방전구세포(preadipocyte)에서 지방세포(adipocyte)로의 분화에 있어 가장 핵심적인 기능을 담당하고 있다. 이 외에 인슐린 민감도(insulin sensitivity) 조절에서도 중추기능을 담당하는 것으로 생각된다.

대사경로에서 PPAR의 기능을 살펴보면 식후 축적된 지방의 증가는 지방조직으로부터 분비되는 호르몬인 렙틴(leptin)의 증가를 유발하는데, 렙틴은 과식이 장기화될 경우 지방세포에서 분비가 촉진되어 뇌의 시상하부에 존재하는 신경세포들을 자극함으로써 더 이상의 음식물 섭취를 억제하도록 함으로써 체중증가를 막는 기능을 수행한다. PPAR γ 는 이런 렙틴의 발현을 억제하여 렙틴에 의해 유도되는 지방분해(lipolysis)와 지방산 분해를 저해한다. 공복 시 나타나는 대사과정 중 다수의 유전자 발현조절은 PPAR α 에 의해 제어된다. 공복 시 PPAR α 의 발현은 증가되고 간에서 지방산이 acetyl-CoA로 산화, 이어 케톤체(ketone body)가 되는 과정을 자극한다. 이 때 지방조직으로부터 유래된 다수의 지방산이 PPAR α 의 리간드로 작용하여 PPAR α 를 활성화 시킨다.

AMPK

세포 내의 에너지 항상성 유지에 센서(sensor) 역할을 하는 효소인 AMPK(AMP-activated protein kinase)는 대사성 스트레스나 운동에 의해 세포 내의 에너지가 감소하는 경우, 즉 ATP가 고갈되어 AMP/ATP 비율이 증가하는 경우에 활성화되어 ATP를 소비하는 과정(지방산 합성과 콜레스테롤 합성)을 억제하고 ATP를 생산하는 과정(지방산 산화와 해당과정)을 촉진한다. 간에서 AMPK가 활성화되면 지방산과 콜레스테롤의 합성을 억제하고 지방산의 산화를 촉진한다. 골격근에서 AMPK가 활성화되면 지방산의 산화와 당 흡수를 촉진하며 인슐린 민감도를 증가시키며, 췌장 β세포에서 AMPK의 활성화는 인슐린 분비를 촉진시킨다. SIRT1은 PPARγ를 음성적으로 조절함으로써 지질합성(lipogenesis)을 낮추며, 뇌의 퇴행성 변화를 완화시키며 심장에서의 염증반응을 낮춰 심장을 보호하는 역할을 한다.

AMPK의 활성화는 ATP를 소비하는 과정에 필요한 효소인 ACC(acetyl CoA carboxylase)와 HMG-CoA reductase 등과 같은 효소들을 인산화 및 불활성화 시킨다. 또한 ACC와 같은 지질 합성에 관계된 유전자 발현을 억제시킨다. 근육 내 AMPK의 활성화는 PGC-1α 발현을 통해 미토콘드리아 관련 유전자들의 발현을 증가시킨다. AMPK가 세포 내 NAD^+의 함량을 증가시키고 이를 통해 NAD^+ 의존적 탈아세틸화 효소인 SIRT1을 활성화함으로써 PGC-1α의 탈아세틸화 및 활성화를 이룬다.

10 5 시르투인1과 스트레스 저항성

SIRT1은 DNA 수선인자(repair factor)인 Ku70을 탈아세틸화하여 Bax-mediated apoptosis를 억제할 뿐 아니라 p53, FOXO, Ku70 등이 매개하는 세포사멸(apoptosis) 경로를 억제하여 스트레스 저항성을 증가시킨다. 앞에서 이미 언급한 것처럼 근육(muscle)과 백색지방조직(WAT)에서 SIRT1이 특히 스트레스 저항성(stress resistance)을 증가시키는 것은 근육과 신경과 같은 유사분열 후 세포(postmitotic cell)에 있어서 매우 중요한 부분이다.

SIRT1과 FOXO 단백질

효모, 예쁜 꼬마선충, 초파리, 쥐(mouse) 등에서 Insulin/IGF-1(IIS) 경로의 결손(defect)은 난장이(dwarf)를 초래하지만 동물 수명을 연장하는 효과를 가지고 있다. 그러므로 IGF-1의 생산을 촉진하는 성장호르몬(growth hormone, GH) 또는 Insulin/IGF-1 신호전달경로의 활성화는 동물의 수명연장과 반대로 작용을 하며, 반대로 이를 차단했을 때는 동물 수명은 연장된다고 볼 수 있다. Insulin/IGF-1 신호전달경로가 수명을 제한하는 이유는 FOXO 단백질들의 기능과 연관시켜 설명이 가능하다. FOXO 전사인자들에 의해 발현 조절이 일어나는 유전자에는 MnSOD와 카탈라제, GADD45와 p27KIPI, Bim과 FasL 등이 있다. 대체로 여기서 발현되는 단백질들은 활성산소를 포함하여 외부로부터 가해지는 스트레스(stress)에 대응하여 세포를 보호하는 기능을 하는 것들로서 개체의 생장을 일시적으로 억제하지만 세포의 스트레스 저항력이 커지면서 세포와 개체의 온전함을 보존하는데 중요하게 작용한다. SIRT1은 탈아세틸화 기능을 통하여 FOXO의 활성을 조절한다.

- **Insulin/IGF-1 신호전달경로와 노화**

인슐린 유사 신호(Insulin like signaling)와 관련된 Daf-16은 forkhead 전사인자(transcription factor)로서 항산화 효소, superoxide dismutase(SOD)와 catalase(CAT)의 발현과 관련이 있다. Daf-16과 상동성을 가지는 포유류 forkhead 전사인자의 한 종류인 FOXO는 Daf-16과 비슷한 염기서열을 가지고 있다. 인슐린과 성장인자의 증가가 나타날 때 FOXO는 세포질에 위치하게 되고 유비퀴틴이 부착됨으로써 세포질에서 분해가 일어난다. 반대로 인슐린과 성장인자가 감소하면 FOXO 단백질은 분해되지 않고 핵 속으로 이동하는 것이 가능하고, 그 결과 스트레스저항성을 상향 조절하는 유전자 발현을 촉진시킨다. **FOXO 활성화**는 스트레스 저항성과 각종 조직에서 생성되는 활성산소종(ROS) 감소에 중요한 역할을 함으로써 수명연장에 기여한다. 반대로 FOXO가 활성화되지 않으면 활성산소가 늘어나고 노화는 촉진된다.

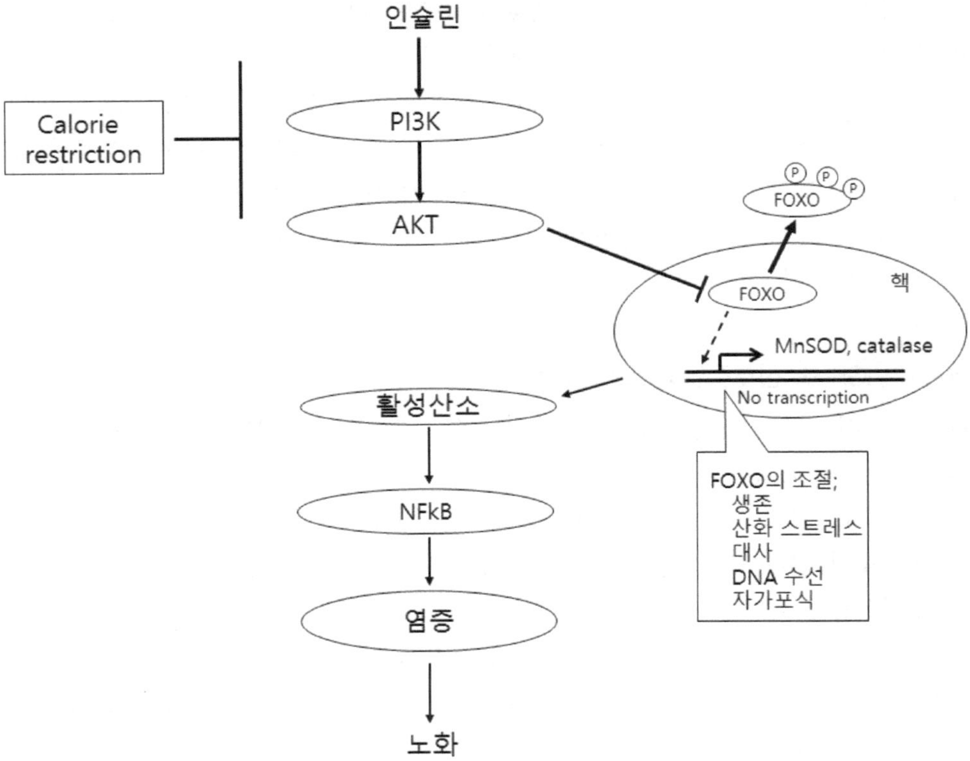

〈그림 10.12〉 열량제한은 인슐린/IGF-1 신호경로를 제어하여 노화를 조절할 수 있다.
열량제한은 인슐린/IGF-1, PI3K, AKT 신호를 감소시킴으로써 FOXO를 활성화시킨다. FOXO는 생존 및 DNA 수선, 항산화 효소 발현을 증가시킴으로써 활성산소종(ROS) 생성을 감소시키고 이것은 노화를 완화시키는 효과를 초래한다.

• FOXO 전사인자

수명을 증가시키는 데 중요한 역할을 하는 조절 유전자는 FOXO 전사조절인자이다. FOXO 전사조절인자는 여러 가지 신호전달체계로부터 조절을 받지만 그 중에서도 대표적으로 AKT/PKB 인산화 효소에 의해서 인산화가 되었을 때 활성이 저하된다. 장수를 유도하는 조건인 Insulin/IGF-1의 양이 줄어들면 AKT/PKB는 FOXO를 인산화시키지 못하게 되는데 이 상황에서 FOXO는 세포의 핵 안으로 들어가서 표적유전자들의 발현을 이끈다. Insulin/IGF-1 신호전달체계가 수명을 조절하기 위해 가장 중요한 유전자가 FOXO라는 점은 예쁜꼬마선충에서 Insulin/IGF-1 신호전달체계가 줄어든 상황에서 FOXO 유전자를 없애면 수명이 전혀 늘어나지 못한다는 결과를 통해 처음 입증되었다. 이후 예쁜꼬마선충과 초파리에서 FOXO 유전자의 과발현만으로도 수명이 증가하는 것을 보임으로써 FOXO의 활성화가 장수에 충분조건이라는 점이 입증되었다.

영양분 및 환경 조건이 좋은 경우 이를 감지한 Insulin/IGF-1 신호전달체계가 활성화하여 성장과 번식을 촉진시키게 되고 이는 평균 정도의 수명을 유지하는 방향으로 진행될 것이다. 하지만 이와 반대로 영양분(영양분의 양은 적지만 고루 갖춤) 및 환경 조건이 열악한 경우에는 Insulin/IGF-1 신호 활성이 감소하고 이는 FOXO 전사조절유전자의 활성화를 유도하게 되어 생명체는 결국 성장과 번식에 사용하는 에너지를 줄이는 대신 유지 및 보수(maintenance and repair)에 더 에너지를 집중하는 방향으로 가게 될 것이다. 이러한 조절은 생명체의 수명에 더 유리하게 작용할 수 있다.

▌SIRT1과 HSF1

HSF1(Heat Shock Transcription Factor 1)은 세포의 열충격반응(HSR: heat-shock response)을 조절하는 전사인자로서, 열충격반응은 개체가 고열, 감염, 산소부족, 독소 등의 스트레스에 노출될 때 작동하는 자기보호기구(auto-protection system)이다. 열충격반응은 수십억 년 동안 존재해 왔으며, HSF1은 세균, 초파리, 사람에 이르기까지 보존되어 있다. HSF1은 샤페론 단백질, 즉 HSPs(heat-shock proteins)의 유전자를 'TURN ON'시켜 단백질들이 잘못된 방향으로 나가는 것을 막아 준다. HSP는 분자량에 따라 HSP70, HSP90 등으로 명명된다. 단백질들이 비정상적으로 뭉친다면 HSPs가 이를 떼어 내고, 단백질의 폴딩(folding)이 잘못되면 HSPs가 이를 바로잡아 준다. HSPs는 잘못된 단백질을 파괴하는 데 관여하기도 한다. 그러나 HSFs는 세포를 스트레스로부터 보호해 주는 역할을 하는 외에, 그 밖의 세포대사 및 기능(예: 인슐린 신호전달경로와 노화)에 관여하는 유전자에도 영향을 미치는 것으로도 알려져 있다. HSF1은 DNA 결합 활성을 조절하는 핵심잔기를 보유하고 있는데, 이 잔기가 아세틸화되면 DNA에 대한 결합력이 약화된다. SIRT1을 활성화시키자, HSF1의 핵심잔기가 탈아세틸화 상태로 유지되어 DNA에 강하게 결합하였고, 이로 인하여 HSF1의 열충격프로모터(heat shock promoter) Hsp70에 대한 결합이 연장되었다. 이와 반대로 SIRT1을 하향조절(downregulation)시키자 열충격반응(HSR)이 약화되어 HSF1이 DNA로부터 유리되었다. 이는 HSF1이 수명조절의 과정에 필요하며, SIRT1이 단백질의 항상성과 열충격반응(HSR) 과정에서도 중요한 역할을 수행한다는 것을 의미한다. SIRT1은 HSF1을 활성화 상태로 유지시킨다. 활성화된 HSF1은 세포 내에서 손상된 단백질의 존재를 감지하여 분자샤페론(molecular chaperone)의 발현을 증가시키고, 분자샤페론은 단백질의 기능적 폴딩상태를 유지시켜 단백질을 보호한다.

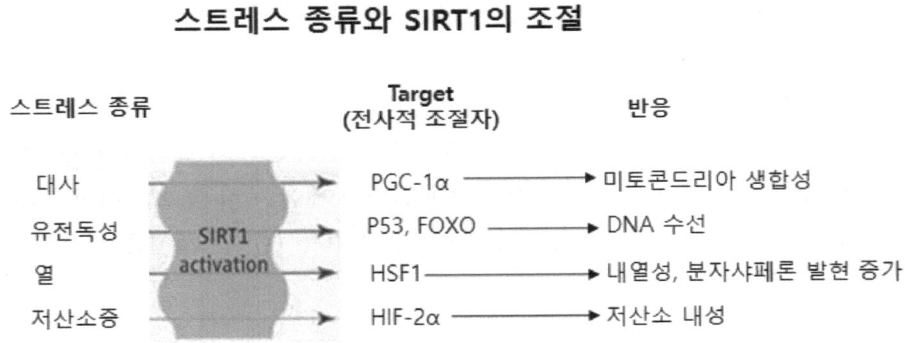

〈그림 10.13〉 스트레스에 대한 시르투인1의 조절.
대사(metabolism), 유전독성(genotoxic), 열, 저산소증 등의 다양한 스트레스에 대하여 시르투인1 활성화가 일어나 스트레스에 적절히 대응하도록 조치한다.

10.6 시르투인1과 DNA 수선

우리 몸을 구성하는 세포의 핵 속에 존재하는 DNA는 끊임없이 손상의 위험에 노출되어 있다. 방사선 및 유전독성(genotoxic) 화학물질과 같은 세포 외적인 환경 요인은 물론, DNA 복제 및 재조합과 같은 세포내의 정상적인 생명현상 과정에서도 DNA 손상이 초래될 수 있다. 산소호흡을 하는 생명체가 필연적으로 발생하는 활성산소종(ROS) 또한 DNA 손상을 유발하는 중요한 원인이 된다. 하지만 세포에는 손상된 DNA를 복구하는 체계가 잘 발달되어 있어 귀중한 유전정보를 담고 있는 DNA를 정상적인 상태로 유지할 수 있게 된다. 연구 결과에 따르면 인간을 포함한 포유동물은 노령화되면서 그 세포에 DNA 손상과 유전적 변이의 축적이 증가하고 염색체의 이상 구조가 많이 생긴다는 것이 밝혀졌다. 이 결과는 손상을 입은 DNA가 복구되지 못하여 유전적 변이가 축적이 되면 노화가 촉진된다는 사실을 암시하는 것으로 노화의 원인으로 DNA **복구체계**(DNA repair system)와의 관련성을 뒷받침하고 있다.

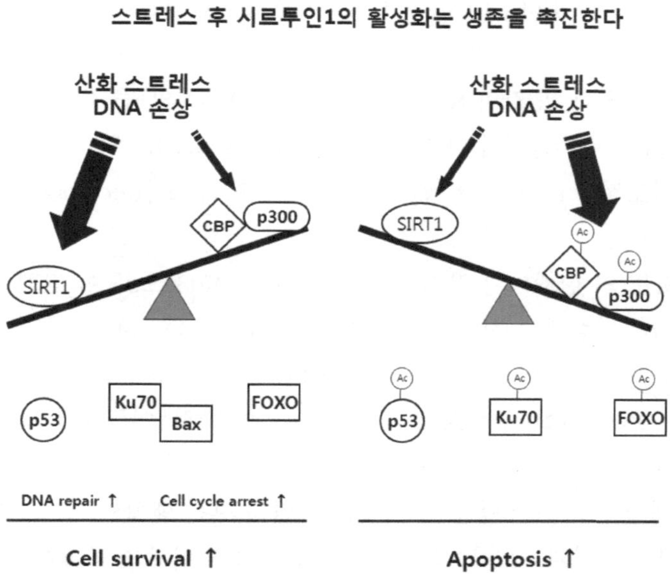

〈그림 10.14〉

산화 스트레스 및 DNA 손상 반응시 SIRT1이 CBP/p300보다 우세하면 p53, Ku70, FOXO의 탈아세틸화가 초래되어 생존반응이 우세하도록 한다. 반대로 SIRT1보다 CBP/p300의 활성이 우세할 경우는 아폽토시스(세포사멸)가 우세하게 나타난다.

산화적 스트레스나 DNA damage가 발생하면 히스톤의 탈아세틸화를 유도한다. 여러 기질들의 아세틸화 된 정도가 이러한 스트레스에 세포가 어떻게 반응할지를 결정한다. SIRT1은 NAD 의존적인 효소로서 효소의 활성이 nicotinamide adenine dinucleotide(NAD^+)의 수준에 의해 결정되므로 대사(metabolism)의 수준이 중요한 영향을 미친다. 높은 SIRT1의 활성은 Ku70, FOXO, p53의 탈아세틸화를 촉진시켜서 세포주기 중지 및 DNA 손상의 복구는 촉진하고, 세포사멸(apoptosis)은 억제한다. 반대로 낮은 SIRT1 활성은 Ku70, FOXO, p53의 아세틸화를 통해 세포사멸의 증가를 초래한다.

SIRT1과 Ku70

Ku70은 이중나선 절단(Double strand Breaks)의 형태로 DNA에 손상이 생기면 상동재조합(HR) 또는 비상동적 말단결합(NHEJ)을 통하여 DNA를 복구하는데 필수적인 Ku70/Ku80 heterodimer의 일부로서 알려지게 되었다. 만약 DNA가 적절히 복구되지 못할 경우 돌연변이가 생기거나, 암으로 진행되거나, 세포사멸(아폽토시스)이 유도될 수 있다. NHEJ는 방사선과 같은 DNA 손상을 주는 물질로부터 이중나선 손상을 수복하는 주된 경로인데 효모로부터 포유동물까지 잘 보존되어 있다. Ku70 단백질은 루푸스(systemic lupus erythematosus, 전신성 홍반성 루푸스) 환자의 경우 이 단백질에 대한 높은 수준의 자가항체(autoantibody)를 형성하는 것으로 인해 발견되었다. 인간의 Ku 단백질은 70과 80 kDa의 두 가지 단백질로 구성되어있는데, Ku 단백질은 핵 안에서 DNA 복구(DNA repair), 염색체 유지(chromosome maintenance), 전사조절(trnascription regulation) 그리고 재조합(recombination) 등의 다양한 역할에 관여하고 있다.

포유동물에서 NHEJ의 현재까지 알려진 모델은 Ku70, Ku80으로 이 단백질은 잘려진 DNA 끝으로 가서 Ku70/80 이량체(heterodimer) 형태로 결합하여 DNA-PKcs를 리크루트한 후 안정한 결합체 DNA-dependent protein kinase(DNA-PK)를 형성하여 절단된 DNA를 복구하도록 한다. DNA-PK의 DNA 결합 구성요소인 Ku70은 생화학적 연구에서 DNA-PKcs(DNA-PK catalytic subunit)의 DNA 결합력을 100배 증가시키며 말단결합(end joining)을 증가시킬 수 있는 요소들을 재배열 시키는 역할을 하는 것으로 알려졌다. 핵에서 Ku 단백질은 텔로미어에 결합하여 텔로미어의 말단과 말단사이의 융합(fusion)을 막아주는 중요한 역할을 한다. 쥐의 Ku70와 Ku80을 불활성화 시키면 유전체의 불안정성(genome instability)이 초래되므로, Ku70과 Ku80은 유전체를 온전히(integral) 유지하는데 매우 중요한 역할을 하고 있음을 의미하는 것이다. $Ku70^{-/-}$인 Knockout(KO) mice의 경우 전리방사선(ionizing radiation)에 의해 과민반응을 나타내며, 배아발생 동안 신경세포 사멸이 증가한다.

DNA에 손상을 입으면 Ku70이 DNA-PKcs와 결합하여 인산화를 통한 조절을 받게 된다. 또 세포질에 존재하는 Ku70의 카복시말단이 CBP와 PCAF에 의해 아세틸화화가 일어나는 것을 통해 Bax에 의한 세포사멸을 조정한다. CBP와 PCAF에 의한 아세틸화가 일어난 Ku70의 K539(539번 리신)와 K542(542번 리신)의 탈아세틸화가 일어나면 Bax와 Ku 단백질의 결합은 더욱 강화되어 Bax가 세포질에서 미토콘드리아로 이동하여 세포사멸을 일으키는 것을 막아준다. Bax가 미토콘드리아로 이동하지 못하면 미토콘드리아에서는 DNA 손상 신호를 받지 못하기 때문에 Bax를 통한 세포사멸은 줄어들고 생존은 증가한다.

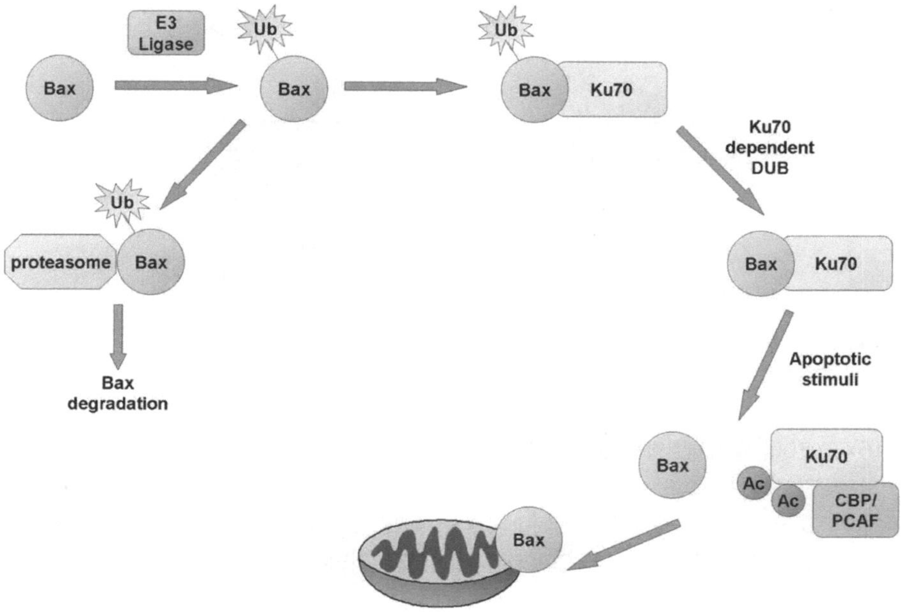

〈그림 10.15〉 Ku70의 아세틸화는 Bax가 미토콘드리아로 이동하게 하여 세포사멸을 일으킨다.
Bax는 E3 ligase에 의하여 유비퀴틴화가 일어나 분해가 일어난다. Ku70은 Bax-mediated apoptosis를 음성적으로 조절하는데, proapoptotic 물질인 Bax와 Ku70이 결합함으로써 Bax를 미토콘드리아로부터 분리한다. 정상적인 성장 조건 하에서는 Ku70은 시르투인 또는 HDAC에 의하여 탈아세틸화가 일어난 상태이며 세포사멸은 일어나지 않는다. 그런데 세포사멸을 일으키는 신호가 발생하면 CBP와 PCAF 아세틸전이효소의 작용으로 Ku70의 아세틸화가 일어난다. 아세틸화된 Ku70은 Bax와 분리되고 Bax는 미토콘드리아로 이동하며 시토크롬 c의 누출을 일으킴으로써 세포사멸을 유도한다. (자료출처: Amsel, 2008)

DNA 손상이 발생하면 손상이 생긴 곳에 SIRT1-Ku70 복합체가 증가하는데 이 복합체에서 SIRT1이 Ku70을 탈아세틸화함으로써 DNA 손상 복구 활성도를 상승하게 한다. 이는 SIRT1에 의한 Ku70의 탈아세틸화는 SIRT1에 의한 DNA 손상 복구 증가와 밀접한 관계가 있다는 것을 제시하는 것이다. 따라서 Ku70은 DNA 손상복구를 통한 생존반응과 세포사멸을 조절하는 중요한 결정을 내리는 역할을 수행하고 있는 셈이다.

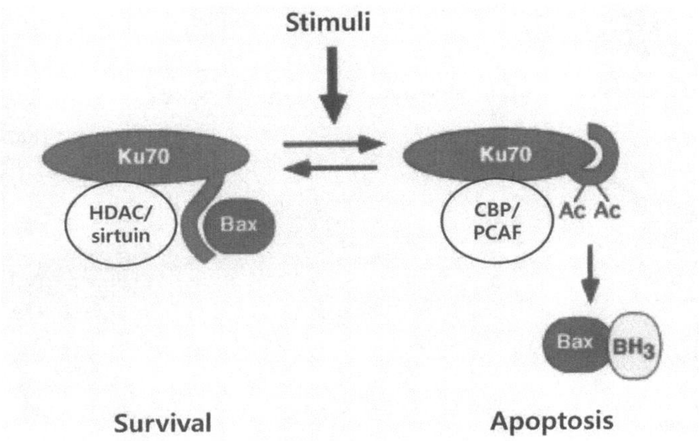

〈그림 10.16〉 Ku70의 탈아세틸화는 생존반응을 유도한다.

Ku70의 카복시말단이 HDAC와(또는) SIRT1에 의하여 탈아세틸화가 일어난 경우는 Ku70의 카복시말단이 Bax와 결합함으로써 세포사멸을 막고 세포생존에 관여한다. 반면, 아세틸전이효소인 CBP와(또는) PCAF에 의하여 Ku70의 카복시말단이 아세틸화되면 Bax는 Ku70의 카복시말단과 분리되어 세포사멸을 일으킬 수 있다. (자료출처: Cohen, 2004)

▌SIRT1과 p53

DNA 손상 검문지점은 DNA 손상을 인지하는 감지(sensor)단백질에 의해 활성화되어, DNA 손상 신호를 전달하는 'transducer(변환기)' 단백질 의해 증폭하여 전달되어 'effector(효과기)' 들을 통해 최종 표적(target) 단백질들의 활성을 조절함으로써 세포반응(cellular response)을 유도하게 된다. 현재 DNA damage를 인식하는 'sensor' 단백질에는 ATM(*ataxia telangiectasia* -mutated), ATR(ATM and Rad3-related) 등 PI3-kinase(phosphatidylinositol 3-kinase)의 활성을 가지고 있는 단백질이 존재한다. 세린-트레오닌 인산화효소(Serine-threonine kinase)인 ATM과 ATR은 일반적으로 다른 형태의 DNA 손상에 대해 반응을 한다. ATM은 주로 ionizing radiation (IR)에 노출되어 DNA 이중가닥 절단(DNA double strand breaks, DSBs)에 반응을 하는 일차적 중재자(primary mediator)로 작용하는 반면, ATR은 이중가닥절단 반응에서는 보조적 역할을 담당하고, UV damage와 DNA 복제(DNA replication)시 유발되는 손상 반응에서 주된 중재자로서 작용을 한다. DNA 손상에 의해 활성화된 ATM, ATR은 checkpoint kinase 1, 2(Chk1, Chk2), BRCA1, NBS1 등을 인산화 시키는데, 인산화가 일어나 활성화 된 Chk1과 Chk2는 p53과 같은 하부 표적(target) 단백질들을 활성화시킴으로써 세포의 다양한 DNA 손상 반응을 유도하게 된다.

p53은 세포주기조절, 세포사멸 및 손상된 DNA의 수선 등에 관여하는 단백질의 전사를 유도하는 전사인자(transcription factor)로 잘 알려져 있다. p53은 또한 몇몇 단백질의 전사를 방해하기도 하는데 최근에는 p53이 미토콘드리아에 직접 작용하여 내재적 세포사멸경로

(intrinsic apoptosis pathway)를 활성화하는 기능도 있음이 알려졌다. 정상세포의 p53은 Mdm에 의해 유비퀴틴화된 후 단백질분해(proteolysis)되기 때문에 평상시에는(손상 반응이 없을 때) 매우 낮은 농도를 유지하고 있다. 그러나 DNA 손상의 감지를 비롯한 각종 스트레스에 의하여 p53의 분해가 억제되면 p53의 양이 증가되고, 이는 p53-의존적 유전자들의 발현을 촉진하므로 세포주기 억제(cell cycle arrest) 및 세포사멸(apoptosis) 등의 반응을 유도한다. DNA의 손상은 ATM 유전자를 활성화하는데, ATM은 p53을 활성화함으로써 DNA 수선을 위해 세포주기의 진행을 억제하거나 또는 회복의 가능성이 희박할 때는 세포사멸을 일으킨다. 한편 ATM은 E2Fs를 통해 SIRT1을 활성화하며, SIRT1은 이중가닥 DNA의 회복과 관련이 있는 Ku70를 유도하거나, FOXO 전사인자를 통해 anti-apoptotic 유전자이며 DNA 수선에 관여하는 GADD5를 유도함으로써 세포생존(cell survival) 반응을 촉진한다. 또 SIRT1는 p53의 활성화를 억제함으로써 세포사멸을 줄이고 세포생존은 증가시킨다.

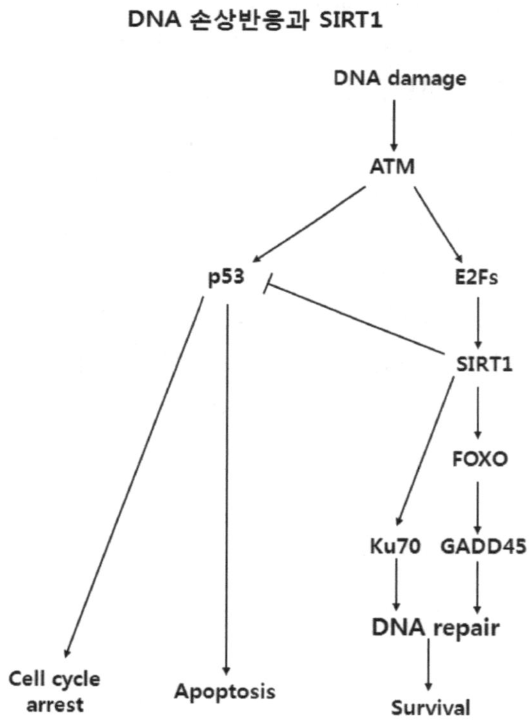

〈그림 10.17〉

DNA 손상은 ATM을 활성화하고 ATM은 p53을 활성화시켜 세포주기 차단과 세포사멸반응을 유도한다. 한편 ATM은 E2F를 유도하며, E2F는 다시 SIRT1을 활성화한다. SIRT1은 p53 활성은 억제하고 Ku70과 GADD45의 활성은 증가시킴으로써 세포생존 반응에 기여한다.

10.7 시르투인1과 암

SIRT1은 히스톤과 비히스톤 단백질을 탈아세틸화하여 염증매개물질을 조절하는 'NAD-의존성 단백질/히스톤 탈아세틸화 효소'로서 항노화 · 항염증 단백질로 알려져 있다. SIRT1은 스트레스, 대사, 생존(survival), 사멸(apoptosis) 등의 조절에 관여하는 것으로 알려진다. SIRT1는 다음과 같은 증거를 통해 암을 촉진시키는 인자로서 작용할 가능성을 내포한다. 첫째로, Deleted in Breast Cancer 1(DBC1)와 같은 종양억제인자는 특정한 SIRT1의 억제를 통해 p53-매개 세포사멸을 촉진한다. 둘째, SIRT1은 종양성장을 감소시킬 가능성이 있는 p53의 세포증식 억제와 세포사멸을 차단함으로써 세포의 생존을 돕는다. 셋째, 또 다른 종양억제자인 HIC1의 손실은 SIRT1의 활성을 통해 종양형성을 촉진시키고 p53에 의한 전사활성의 감쇄를 유도한다. 마지막으로 SIRT1 KO mice는 p53의 과아세틸화(hyperacetylation)의 증가와 방사선이 유도하는 세포사멸(radiation-induced apoptosis)을 보인다.

또한 SIRT1은 역설적이게도 다음과 같은 증거를 통해 암을 방지하는 인자로도 작용할 수 있다. 첫째, SIRT1은 히스톤의 변형을 통해 세포사멸을 억제하여 스트레스 저항성과 유전적 안정성을 증가시킨다. 둘째, Survivin을 억제해 특정 암세포의 죽음을 유도한다. Survivin이란 대부분의 인간 종양에서 발견되는 apoptosis 억제제이다. 마지막으로 베타-카테닌(β-catenin)과 같은 암유전자의(oncogene) 발현을 억제한다. 위와 같은 측면으로 볼 때 SIRT1이 암유전자(oncogene)인지 종양억제유전자(tumor suppressor gene)로서 작용하는지는 확실하게 결론내릴 수는 없으나 암화 과정에서 다양한 과정들을 조절할 것으로 여겨지며 암 제어에 중요한 기능을 가지는 것으로 생각된다. 노화가 진행되면서 염증반응에 관한 유전자들이 증가하는데 SIRT1과 SIRT6는 염증반응의 주요인자인 NF-κB를 억제한다는 것이 밝혀졌다.

SIRT1과 수명연장

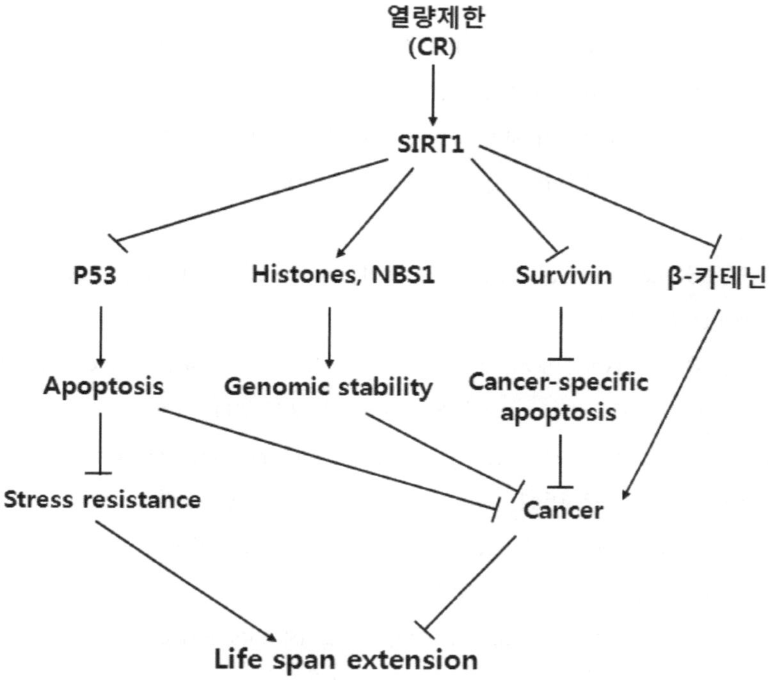

〈그림 10.18〉 SIRT1과 수명연장.
열량제한에 의하여 SIRT1이 활성화되고 SIRT1은 p53을 억제하여 세포사멸을 억제한다. SIRT1은 유전체 안정성에 기여하여 수명연장에 기여한다.

참고문헌

1. Amsel, A. D., M. Rathaus, et al. (2008). "Regulation of the proapoptotic factor Bax by Ku70-dependent deubiquitylation." *Proc Natl Acad Sci U S A* 105:5117-5122.
2. Austad, S. N. (2012). "Ageing:Mixed results for dieting monkeys." *Nature* 489:210-211.
3. Bordone, L. and L. Guarente. (2005). "Calorie restriction, SIRT1 and metabolism: understanding longevity." *Nat Rev Mol Cell Biol* 6:298-305.
4. Bordone, L., M. C. Motta, et al. (2006). "Sirt1 regulates insulin secretion by repressing UCP2 in pancreatic beta cells." *PLoS Biol* 4:210-220.

5. Borra, M. T., M. R. Langer, et al. (2004). "Substrate specificity and kinetic mechanism of the Sir2 family of NAD+-dependent histone/protein deacetylases." *Biochemistry* 43:9877-9887.
6. Brunet, A., L. B. Sweeney, et al. (2004). "Stress-dependent regulation of FOXO transcription factors by the SIRT1 deacetylase." *Science* 303:2011-5.
7. Cheng, H. L., R. Mostoslavsky, et al. (2003). "Developmental defects and p53 hyperacetylation in Sir2 homolog (SIRT1)-deficient mice." *Proc Natl Acad Sci U S A* 100:10794-9.
8. Cohen, H. Y., S. Lavu, et al. (2004). "Acetylation of the C-terminal of Ku70 by CBP and PCAF controls Bax-mediated apoptosis." *Mol Cell* 13:627-638.
9. Colman, R. J., R. M. Anderson, et al. (2009). "Caloric restriction delays disease onset and mortality in rhesus monkeys." *Science* 325:201-204.
10. Consentino, C. and R. Mostoslavsky. (2013). "Metabolism, longevity and epigenetics." *Cell Mol Life Sci* 70:1525-1541.
11. Corbi, G., V. Conti, et al. (2012). "Role of sirtuins, calorie restriction and physical activity in aging." *Front Biosci* 4:768-778.
12. Fabrizio, P., C. Gattazzo, et al. (2005). "Sir2 Blocks Extreme Life-Span Extension." *Cell* 123:655--667.
13. Firestein, R., G. Blander, et al. (2008). "The SIRT1 deacetylase suppresses intestinal tumorigenesis and colon cancer growth." *PLoS One* 3:e2020.
14. Fontana, L., L. Partridge, et al. (2010). "Extending healthy life span-from yeast to humans." *Science* 328:321-326.
15. Guarente, L. (2006). "Sirtuins as potential targets for metabolic syndrome." *Nature* 444:868-874.
16. Giannakou, M. E., M. Goss, et al. (2007). "Dynamics of the action of dFOXO on adult mortality in Drosophila." *Aging Cell* 6:429-438.
17. Grandison, R. C., M. D. Piper, et al. (2009). "Amino acid imbalance explains extension of lifespan by dietary restriction in Drosophila." *Nature* 462:1061-1064.
18. Haigis, M. C. and L. Guarente. (2006). "Mammalian sirtuins-emerging roles in physiology." *Genes Dev* 20:2913-2921.
19. Haigis, M. C. and D. A. Sinclair. (2010). "Mammalian sirtuins: Biological insights and disease relevance." *Annu Rev Pathol* 5:253-95.
20. Harrison, D. E., R. Strong, et al. (2009). "Rapamycin fed late in life extends lifespan

in genetically heterogenous mice." *Nature* 460:392-395.
21. Hursting, S. D., J. A. Lavigne, et al. (2003). "Calorie restriction, aging, and cancer prevention: mechanisms of action and applicability to humans." *Annu Rev Med* 54:131-52.
22. Kawahara, T. L., E. Michishita, et al. (2009). "SIRT6 links histone H3 lysine 9 deacetylation to control of NF-κB dependent gene expression and organismal lifespan." *Cell* 136:62-74.
23. Kennedy, B. K., E. D. Smith, et al. (2005). "The enigmatic role of Sir2 in aging." *Cell* 123:548-550.
24. Koubova, J. and L. Guarente. (2003). "How does calorie restriction work?" *Genes Dev* 17:313-21.
25. Lescai, F., H. Blanché, et al. (2009). "Human longevity and 11p15.5: a study in 1321 centenarians." *Eur J Hum Genet* 17:1515-19.
26. Lin, S. J., P. A. Defossez, et al. (2000). "Requirement of NAD and SIR2 for Life-Span Extension by Calorie Restriction in *Saccharomyces cerevisiae*." Science 289:2126-28.
27. Lin, S. J., E. Ford, et al. (2004). "Calorie restriction extends yeast life span by lowering the level of NADH." *Genes Dev* 18:12-16.
28. Liu, Y., R. Dentin, et al. (2008). "A fasting inducible switch modulates gluconeogenesis via activator/coactivator exchange." *Nature* 456:269-73.
29. Longo, V. D. and B. K. Kennedy. (2006). "Sirtuins in aging and age-related disease." *Cell* 126:257-268.
30. Mair, W. and A. Dillin. (2008). "Aging and survival: the genetics of life span extension by dietary restriction." *Annu Rev Biochem* 77:727-754.
31. Mattison, J. A., G. S. Roth, et al. (2012). "Impact of caloric restriction on health and survival im rhesus monkeys from the NIA study." *Nature* 489:318-321.
32. Maxmen, A. (2012). "Calorie restriction falters in the long run." *Nature* 488:569.
33. McCay, C. M. (1947). "Effect of Restricted Feeding Upon Aging and Chronic Diseases in Rats and Dogs." *Am J Public Health Nations Health* 37:521-8.
34. Michishita, E., R. A. McCord, et al. (2008). "SIRT6 is a histone H3 lysine 9 deacetylase that modulates telomeric chromatin."
35. Nakagawa, T., D. J. Lomb, et al. (2009). "SIRT5 Deacetylates carbamoyl phosphate synthetase 1 and regulates the urea cycle." *Cell* 137:560-70.
36. Nakagawa, T. and L. Guarente. (2011). "Sirtuins at glance." *J Cell Sci* 124:833-8.

37. Partridge, L., N. Alic, et al. (2011). "Aging in Drosophila: the role of the insulin/IGF and TOR signaling network." *Exp Gerontol* 46:376-381.
38. Picard, F., M. Kurtev, et al. (2004). "Sirt1 promotes fat mobilization in white adipocytes by repressing PPAR-gamma." *Nature* 429:771-776.
39. Picard, F. and L. Guarente. (2005). "Molecular links between aging and adipose tissue." *Int J Obes* 29:S36-9.
40. Rogina, B. and S. L. Helfand. (2004). "Sir2 mediates longevity in the fly through a pathway related to calorie restriction." *Proc Natl Acad Sci U S A* 101:15998-16003.
41. Roth, G., J. A. Mattison, et al. (2004). "Aging in rhesus monkey: relevance to human health intervention." *Science* 305:1423-1426.
42. Sack, M. N. and T. Finkel. (2012). "Mitochondrial Metabolism, Sirtuins, and Aging." *Cold Spring Harb Perspect Biol* 4: a013102.
43. Shi, T., F. Wang, et al., (2005). "SIRT3, a mitochondrial sirtuin deacetylase, regulates mitochondrial function and thermogenesis in brown adipocytes." *J Biol Chem* 280:13560-7.
44. Shinmura, K. (2013). "Effects of caloric restriction on cardiac oxidative stress and mitochondrial bioenergetics:potential role of cardiac sirtuins." *Oxid Med Cell Longev* 2013:528935.
45. Smith, D. L., C. F. Elam, et al. (2010). "Metformin supplementation and life span in Fisher-344 rats." *J Gerontol A Biol Sci Med Sci* 65:468-474.
46. Szafranski, K. and K. Mekhail. (2014). "THe fine line between lifespan extension and shortening in response to caloric restriction." *Nucleus* 5:1-10.
47. Wei, M., P. Fabrizio, et al. (2008). "Life extension by calorie restriction depends on Rim15 and transcription factors downstream of Ras/PKA, TOR, and Sch9." *PLoS Genet* e13.
48. Yang, H., T. Yang, et al. (2007). "Nutrient-sensitive mitochondrial NAD+ levels dictate cell survival." *Cell* 130:1095-1107.
49. Zhang, Q., Wang, S. Y., et al. (2007). "Metabolic regulation of SIRT1 transcription via a HIC1:CtBP corepressor complex." *Proc Natl Acad Sci U S A* 104:829-833.
50. 오상진. (2005). "인체노화" 탐구당.
51. 오지영. (2014). "Calorie restriction과 Sirtuin의 조절기작." 학사학위논문, 전남대학교.
52. 이신해. 민경진. (2012). "식이제한과 식이제한 유사체 연구 동향." Bioin 스페셜 WebZine.

CHAPTER 11

호르몬과 노화

호르몬은 신체의 여러 선(gland)에서 생성되어 혈관을 통해 신체의 각 부분과 표적 기관으로 이동하는 화학물질이다. 인간에게는 대략 25가지의 호르몬이 있는데 개체에 방출되는 방식에 따라 내분비(endocrine) 호르몬, 측분비(paracrine) 호르몬, 자가분비(autocrine) 호르몬으로 나눈다. 내분비 호르몬은 특정한 선(gland), 즉 췌장, 부신, 갑상선 등에서 생성되어 혈액순환계로 방출되어 표적기관의 세포에 있는 특정 수용체(receptor)와 결합하여 작용한다. 내분비 호르몬에는 인슐린, 부신피질 호르몬, 성장호르몬, 갑상선 호르몬, 에스트로겐, 테스토스테론 등이 있다. 내분비 호르몬 분비의 중심조절 기능은 뇌의 한 가운데 있는 시상하부(hypothalamus)로 체온, 혈압, 당, 여러 호르몬 레벨에 대한 정보가 끊임없이 전달되며 이러한 정보에 반응하여 바로 밑에 있는 뇌하수체(pituitary gland)로 방출호르몬 또는 억제호르몬과 같은 분비물을 내려 보낸다. 뇌하수체는 10가지 정도의 호르몬을 혈관계로 방출하여 다른 많은 분비선을 조절하기 때문에 '대장 분비선(master gland)'이라고도 불린다. 측분비 호르몬은 미리 정해진 짧은 경로를 통해 방출되는 호르몬으로 앞에서 언급한 시상하부에서 뇌하수체로 방출되는 호르몬이 여기에 해당한다. 우리 몸을 조절하는 것은 신경과 호르몬에 의해 일어나는데 시상하부와 뇌하수체와의 상호작용은 신경계와 내분비계 간의 밀접한 협력관계의 한 예가 된다. 호르몬이 정보를 정확하게 전달해 주어야 신체 조직이 제대로 돌아간다. 호르몬이 균형을 잃으면 신체의 균형이 깨지게 된다. 특히 인슐린의 과다생산은 노화촉진과 깊은 관련이 있다. 인간의 신체에는 나이가 들어가면서 늘어나는 것이 있다. 즉, 인슐린 내성, 심장 수축시의 혈압, 지방조직의 비중 등이다. 반면에 나이가 들수록 낮아지는 것은 신체의 산소 소비능력, 근육의 양, 근력, 체온조절 능력, 면역기능 등이다. 이러한 노화의 징후는 여러 생리적 변화를 포함하고 있지만, 노화에 관한 수많은 연구에서 결정적 요소로 항상 나타나는 것은 인슐린 생산의 증가이다. 지금까지 알려진 바에 의하면 피 속의 인슐린 레벨이 올라가면 노화과정에 광범위한 영향을 미친다.

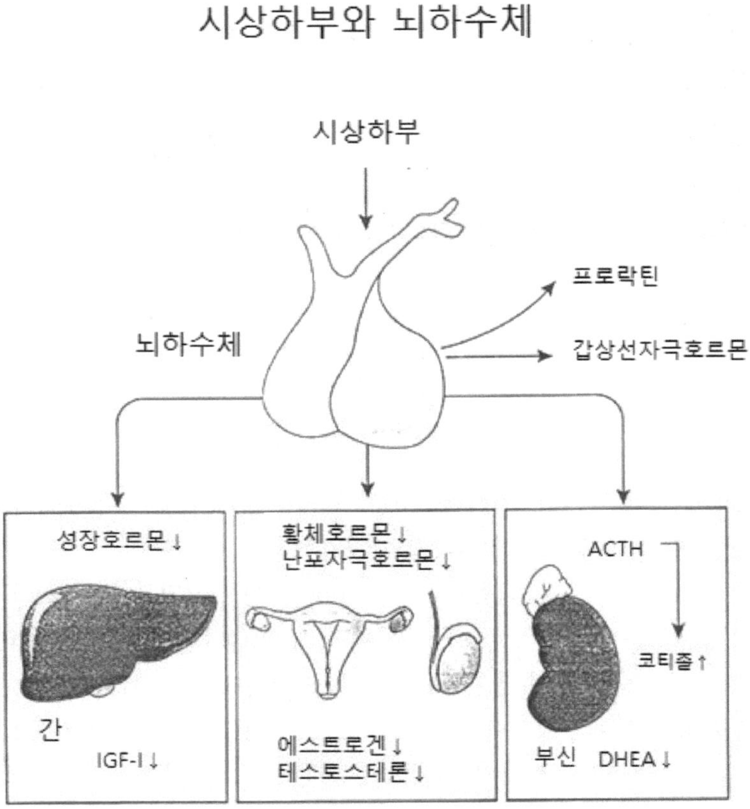

〈그림 11.1〉

시상하부는 뇌하수체를 자극하여 성장호르몬, 황체호르몬, 난포자극호르몬, 부신피질자극호르몬(ACTH) 등을 뇌하수체로부터 혈액으로 방출하게 한다. 이들 호르몬들은 혈액을 타고 각기 그들의 표적기관(간, 난소, 정소, 부신 등)에 도달하여 IGF-1, 에스트로겐, 테스토스테론, DHEA, 코티졸 등을 방출하도록 한다. 그런데 IGF-1, 에스트로겐, 테스토스테론, DHEA 등은 노화가 일어나면서 방출량이 감소하며 코티졸의 경우는 나이가 들면서 증가한다.

인슐린과 함께 인슐린과 유사한 구조를 가지고 있는 **인슐린유사성장인자**(insulin-like growth factor, IGF)가 있는데, 폴리펩티드 α 사슬과 β 사슬이 인슐린 구조와 공통성이 45%나 된다. 이들은 연골세포의 증식이나 단백질 생합성에서 성장호르몬의 작용을 매개하는 것 외에 인슐린과 유사한 생리작용을 한다. IGF는 주로 간에서 합성되며 IGF의 합성 분비는 성장호르몬에 의해 촉진되며 혈장만이 아니라 신장, 췌장, 심장, 뇌하수체, 골격근 등 대부분의 조직에서 측분비(paracrine)형태로 분비되고 IGF 결합단백질(IGFBP)과 결합한 상태로 혈류를 순환한다. '인슐린(insulin)/인슐린유사성장인자(insulin-like growth factor, IGF) 반응경로'는 생체 대사 경로 가운데 가장 잘 알려진 경로에 속한다. 이 두 가지 경로를 합쳐서 IIS(Insulin-IGF signaling)라고도 부른다. 인슐린은 잘 알다시피 혈당을 조절하는 호르몬으로서 세포로 하여금

당을 흡수하여 활발하게 에너지를 만들고 신진대사를 활발히 일어나도록 하며 동화작용에도 영향을 준다. 성장호르몬에 의하여 분비가 촉진되는 IGF-I은 세포의 증식, 성장을 촉진하는 효과를 나타낸다. 예쁜꼬마선충(*C. elegans*)에서 처음으로, 그리고 그 뒤에 쥐(mice)에서 발견된 놀랄만한 사실은 인슐린/인슐린유사성장인자1(insulin/insulin-like growth factor-I signal, IIS) 경로를 차단하면 수명이 늘어난다는 것이다. 초파리에서도 인슐린 신호전달경로의 돌연변이를 통해서 수명이 길어진 돌연변이체를 만들 수 있었다. IGF-I이나 성장호르몬의 분비가 억제된 동물은 당연히 왜소증을 나타내는데, 그런데 이들 동물의 몸 크기는 작아졌지만 수명에 있어서는 증가가 되었다. 이와 더불어 흥미로운 사실은 인슐린 반응경로가 여러 종류의 스트레스(절식, 자외선조사, 고온 및 과도한 활성산소 환경 등)하에서는 이 인슐린 반응경로는 차단되어 인슐린과 IGF-I의 본래에 가지는 성장효과가 사라진다. 이 사실이 의미하는 바는 매우 중요한데, 스트레스 대응경로가 활성화되면 세포는 증식을 멈추고 대신 스트레스에 대한 저항성을 높여서 열악한 상황에 대해 대응함으로써 위기 상황을 벗어나고자 하는 것이다. 이것은 진화적인 관점에서도 큰 의미를 가지고 있는데, 동물들이 스트레스 상황의 열악한 조건에서는 지속적으로 번식하고 성장에 중점을 두기보다는 우선 그 스트레스에 대하여 잘 저항하여 버텨내는 것이 그 종족의 보존을 위해서도 유익할 것이라는 의미가 담겨있다.

진화와 함께 포유동물은 대사적으로 그리고 발생적으로 다른 기능을 가지게 된 인슐린, 성장호르몬, IGF-1 등과 같은 특징적 호르몬들을 함께 가지게 되었다. 인간에 있어서 성장호르몬(growth hormone, GH)과 IGF-I 경로의 활성은 나이가 들면서 점점 감소하고 있으므로 항노화 치료 방법으로 성장호르몬과 IGF-I을 사용하고자 하는 시도도 존재하나, 이러한 방법이 오히려 인간 수명 단축에 기여한다는 반론도 존재한다. 과연 예쁜꼬마선충(*C. elegans*), 초파리, 생쥐 등에서 실험한 결과가 인간에 있어서도 유사한 결과를 나타낼지, 다시 말해 인슐린/IGF-I 경로를 활성화시키면 수명이 단축되는 방향으로 작용할지를 단언하기는 매우 어렵다. 그러나 그 가능성은 충분히 존재하는데, 일부 난장이(dwarf) 부족의 수명이 길다는 보고가 있고 또 거인(giant)들의 경우 수명이 짧다는 보고는 이 가능성을 뒷받침해 주는 것이다.

11.1 호르몬과 노화

호르몬은 생체 리듬을 유지하기 위한 중요한 기능을 담당한다. 호르몬은 내분비선에서 분비되어 혈액 속을 흘러 다니다가 몸이 필요로 하는 어떤 명령체계에 따라 명령을 전달해주는 역할을 하며, 우리 몸에는 이러한 호르몬들이 수십 종 있다. 사람들의 노화에 따라 이러한 호르몬 분비능력에 있어서 퇴화가 일어나며 인체의 기능이 떨어지게 된다. 일부에서는 노화가 성장호르몬(growth hormone, GH), 인슐린유사성장인자(insulin-like growth factor, IGF-I) 등과 같은 여러 성장인자의 합성 및 분비의 감소에 의한 진행적 과정으로 간주하고, 노화를 성장호르몬 결핍증으로 설명하려는 시도를 해왔다. 이러한 가정은 뇌하수체의 성장호르몬 분비와 혈중 IGF-I의 농도가 연령의 증가와 함께 감소하며, 이러한 감소가 노화가 일어나면서 나타나는 피부의 얇아짐(주름), 지방조직 과다(비만), 인슐린 저항성의 증가(당뇨병 경향), 췌장 베타세포의 기능저하, 근육량의 감소, 골밀도 감소, 정맥 혈류량의 감소, 콜레스테롤 농도의 증가 등 체형 및 기능의 변화와 유사하다는 데 근거를 두고 있다.

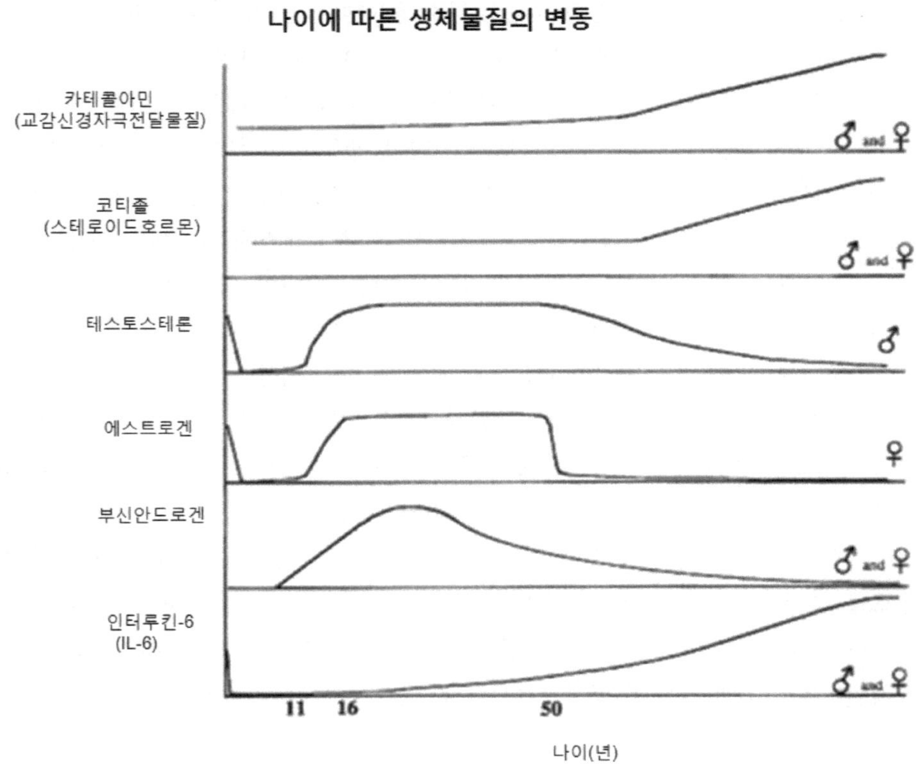

〈그림 11.2〉
나이가 들면서 감소하는 물질에는 테스토스테론, 에스트로겐, 부신 안드로겐 등이 있고, 카테콜아민, 코티졸, 인터루킨-6는 나이가 들면서 증가한다.

▌성장호르몬(GH)

성장호르몬은 뇌하수체 전엽에서 분비되는 191개 아미노산으로 구성된 펩타이드 호르몬이다. 성장호르몬의 분비는 밤에 깊이 잠들 때 왕성하게 일어나는데 성장기에 있는 어린이의 경우는 하루에 9회 정도 성장호르몬의 분출이 맥박 치듯이 분비된다. 성장호르몬이 분비되면 간에서 인슐린유사성장인자(IGF-I) 또는 소마토메딘 C(somatomedin C)를 유도함으로써 몸 전체의 모든 조직에서 대사와 성장을 활성화시킨다. 성장호르몬은 근육량의 증가, 지질 분해, 골 밀도 강화, 단백질 합성 증가 등의 역할을 수행한다. 또한 세포간의 아미노산을 이동시키고 세포로 하여금 아미노산을 합성하는데 도움을 주어 세포를 복구시키고 재생시키는 역할을 수행할 수 있다. 성장호르몬은 사춘기 전후하여 가장 높은 수치를 기록하며 20대 이후로 10년마다 14% 정도씩 감소하여 50~60대가 되면 최대로 분비될 때에 비하여 20% 정도 밖에 분비되지 않는다. 나이가 들면서 지방을 제외한 체중 및 근육의 용적이 감소하고, 지방은 증가하는 것, 면역기능의 감소는 성장호르몬과 IGF-1의 자연적인 감소와 상관관계가 있어 GH/IGF-1 axis가 원인되는 결정인자(causative determinant)로서 예상되기도 한다.

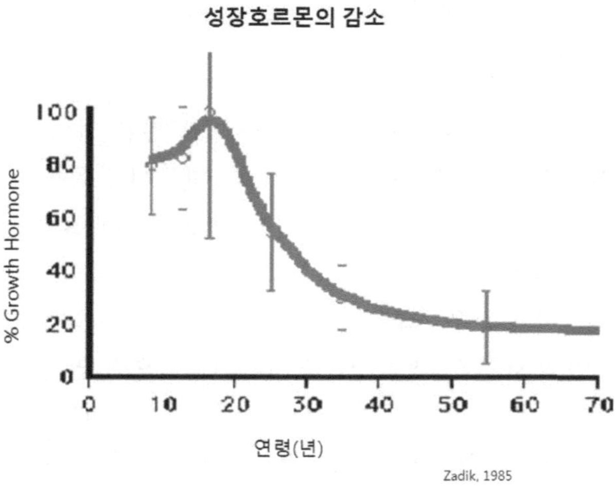

〈그림 11.3〉
성장호르몬은 10대 후반 최대로 분비되고 그 뒤로 서서히 감소하여 60대에는 최대분비량의 20% 정도만 나오게 된다.

성장호르몬이 감소하면서 근육의 소실이 촉진되고 내장지방은 복부에 축적되게 된다. 내장비만은 복부비만의 타입에 따라 분포가 달라지는데 주로 남성에게는 윗배와 아랫배가 모두 나와 둥그스름하게 연결된 남산형 비만과 윗배 볼록형이 많으며, 여성에게는 변비로 잘 생기는 아랫배 볼록형과 나잇살로 인한 옆구리 비집형이 많이 나타난다.

나이와 연관된 지방 분포의 변화

〈그림 11.4〉 나이와 연관된 지방 분포의 변화.
지방량(fat mass)은 중년 및 초기 노년기에 정점에 이르며 그 이후 감소한다. 노화가 일어나면서 피하지방(subcutaneous fat)은 점점 없어지고, 내장지방(visceral fat)과 정규 장소 이외의(ectopic) 지방 축적은 늘어나게 된다. 'open circle(○)'은 피하지방을, 'filled circle(●)'은 내장지방을, 타원형은 지방조직(adipose tissue)이 아닌 곳에 나타나는 지방을 표시한다. 중년(middle age)과 노년(old age)에는 내장 사이에 지방이 끼는 내장비만이 발생한다. 내장 사이의 지방세포는 분해되어 혈액을 타고 흐르기 때문에 혈중 콜레스테롤 수치를 높이는 주범이 된다. 이런 사람은 고혈압, 당뇨병, 고지혈증 등 각종 성인병에 걸릴 위험이 높고 장년 노년층에 접어들며 심혈관질환으로 돌연사할 우려도 있다.

나이가 들어감에 따라 성장호르몬 농도가 낮아지면서 같은 양의 고단백 식품을 먹더라도 신체가 단백질을 효율적으로 사용하는 방법을 모르기 때문에 근육을 강화하기 보다는 지방의 침착이 증가한다. 또한 노화에 따른 생리적 기능 감소와 단백질 합성의 감소, 면역기능의 감소, 지방량의 증가, 근육량과 근육강도의 감소, 골밀도의 감소를 나타내며, 이것은 삶의 질의 저하로 연결된다. 이와 같은 노화현상에 대한 성장호르몬 대체요법으로 이러한 부분이 반전될 수도 있으나 아직 논쟁의 대상이 되는 부분도 많으며 안정성에 대해서도 확립되지 않은 부분도 남아 있다. 인간이 아닌 설치류의 경우, 실험결과는 성장호르몬 요법(growth hormone therapy)에 대한 부정적 견해를 제공할 수 있다. 설치류에서는 성장호르몬(GH) 농도가 높으면 수명이 단축되고 노화가 촉진된다는 보고가 있으며, 반면 선천적으로 성장호르몬 부족에 의한 난장이 생쥐(dwarf mice)는 정상 쥐보다 수명이 길다는 연구 보고가 있다.

인슐린유사성장인자(IGF-I)

인슐린유사성장인자(insulin-like growth factor, IGF-I)는 세포성장의 가장 중요한 자극제(stimulant) 중의 하나이며 아미노산 서열이나 구조, 그리고 생물학적 기능에 있어서 인슐린을 많이 닮은 폴리펩티드이다. 혈액내 순환되는 IGF-1의 양이 대사 상태에 따라서 IGF-2의 양보다 더 민감하게 변화하기 때문에 IGF-1은 생후 삶 동안 더 중요한 조절 요소인 것으로 알려져 있다. IGF-I은 'paracrine(측분비)' 조절뿐만 아니라 국소 성장요소로서 여러 기관과 조직들에서 발현되고 있으며, 순환되는 IGF-1의 주요 공급처인 간(liver) 조직에서 50배 내지 100배나 더 발현이 일어나므로 성장을 조절하는 내분비(endocrine) 조절자로서의 역할도 한다. IGF-1은 국소적으로 작용하는 조직의 성장 및 분화의 촉진제로서 포유동물의 발육과 성장에서 중요한 역할을 하며 성장호르몬(GH)의 여러 가지 성장촉진 작용을 매개한다. IGF의 주된 기능은 성장을 조절하고 성체 몸 크기의 결정에 중요한 역할을 한다. 또한 창상 치유(wound healing), 적혈구생성 및 연골과 뼈의 재구성(remodeling)과 같은 재생과정에도 관여하는 것으로 알려져 있다. 유전자 knockout 연구를 통하여 IGFs가 중요한 태아의 성장요소들임이 밝혀졌고 특히 IGF-1은 중추신경계와 말초신경계의 조직에서도 다양한 기능을 나타내는 다면발현성(pleiotropic)의 요소로서 관심의 대상이 되고 있다.

11.2 인슐린과 포도당 대사

포도당은 항상 혈중에 존재하나 안정되어 있는 상태는 아니다. 포도당 분자는 계속적으로 혈액에서 제거되고 보충이 일어나며, 그 결과 평균적으로 5 mmol/L 정도의 농도로 일정하게 유지된다. 실제로 혈액 속에 존재하는 에너지 기질 가운데 포도당의 농도가 가장 일정하다. 그 이유는 세포외 포도당 농도에 의하여 포도당 이용률이 조절되는 조직에 일정한 에너지원 공급이 필요하기 때문이다. 예로써 뇌에서 포도당 이용률은 다양한 혈중 포도당 농도에도 불구하고 비교적 일정하다. 그러나 포도당의 농도가 3 mmol/L로 감소할 경우 포도당 이용률은 감소하고 치명적인 결과를 초래할 수 있다. 반대로 혈액의 포도당 농도가 11 mmol/L로 상승할 경우에도 역시 여러 가지 문제를 일으킬 수 있다. 포도당은 다음과 같은 세 가지 경로를 통하여 혈액으로 공급될 수 있다. 첫째는 장에서 흡수되는 포도당에 의해서 가능하고, 둘째로 간에서 글리코겐으로부터 포도당이 만들어져 공급될 수 있으며, 셋째로 간에서 포도당신합성(당신생, gluconeogenesis)을 통하여 다른 물질(단백질이나 지질)들로부터 전환된 포도당이 공급될 수 있다. 이러한 경로의 상대적 중요성은 영양 상태에 따라 차이가 난다. 포도당은 조직내부로 흡수가 일어남으로써 혈액의 포도당 농도는 낮아진다. 정상의 경우에 포도당은 소변으로 거의 빠져나가지 않는다. 포도당은 신장 사구체에서 여과가 일어나지만 근위 세뇨관에서 거의 완전히 재흡수가 일어나기 때문이다. 혈중 포도당 농도의 항상성은 당 대사의 조절에 의하여 일어난다. 이러한 조절에 인슐린의 역할이 가장 크다. 인슐린의 농도가 식후에 다양하게 변하는 것과는 대조적으로 혈액에서 포도당의 농도는 상대적으로 일정하게 유지될 수 있다. 이러한 예는 한 가지가 변하여 다른 것을 일정하게 만드는 조절이다. 그 예로 온도가 일정하게 유지되는 항온수조(water bath)를 들 수 있다. 온도조절기의 조절에 의하여 가열기(heater)가 주기적으로 작동을 하지만 물의 온도는 큰 변화를 일으키지 않는 것과 유사하다. 각 조직에서 당대사조절과 혈당의 항상성 유지에 중심적인 역할을 담당하는 것은 인슐린(insulin)과 글루카곤(glucagon)이며 두 호르몬이 서로 길항적인 작용을 함으로써 일정한 농도 유지가 일어날 수 있다. 인슐린은 혈당을 낮추고 글루카곤은 혈당을 높여준다. 혈당을 높이는 역할을 하는 호르몬으로는 글루카곤 외에도 카테콜아민(아드레날린과 노르아드레날린), 글루코코르티코이드, 갑상선호르몬 등이 있다. 그런데 혈당 강하작용을 하는 호르몬으로 유일하게 인슐린이 작용한다.

인슐린의 생합성과 분비

인슐린은 췌장의 란게르한스섬 베타세포에서 합성되는 펩티드호르몬인데 분비과립으로 저장이 되어 있다가 자극이 오면 세포외방출(exocytosis)에 의하여 세포 밖으로 분비가 일어난다. 사람의 췌장은 하루에 약 40~50 units의 인슐린을 분비하는데, 이러한 분비를 조절하는 인자들이 여럿 존재하지만, 혈당의 수준은 인슐린 분비의 가장 중요한 조절 요소가 된다. 혈당 수준이 약 90 mg/dL에서 분비되기 시작하고 360 mg/dL에서 최대가 된다. 췌장의 베타세포에는 포도당 수송을 담당하는 GLUT2와 글루코키나제(glucokinase)가 발현하고 있어 혈중농도에 비례하여 포도당을 베타세포내로 유입시킨다. 유입된 포도당이 해당과정에 의하여 ATP를 생산하면 ATP/ADP가 상승하여 ATP감수성 K^+채널(K^+-ATP 채널)이 폐쇄된다. 그러면 세포막의 막전위의 변화가 일어나고, 이에 따라 전위의존성 Ca^{2+}채널이 열림으로써 유입된 칼슘이온이 인슐린 분비과립의 세포외방출(exocytosis)을 촉진함으로써 인슐린 분비가 일어나게 된다.

〈표 11.1〉
췌장에서 만들어지는 호르몬

호르몬	화학적 특성	생산하는 세포 (췌장)	췌장 당 생산세포가 차지하는 무게(mg)
인슐린	A와 B 두 폴리펩티드가 disulfide bridge로 연결	베타세포	761~1097
글루카곤	단일 폴리펩티드로 구성	알파세포	185~355
소마토스타틴	두 개의 관련된 펩티드	델타세포	83~187

인슐린의 신호전달

인슐린은 표적세포(target cell) 표면의 인슐린 수용체(insulin receptor)를 통해 세포내로 신호를 전달한다. 혈중 포도당을 세포내로 유입하여 그 이용과 저장을 촉진하는 가장 중요한 호르몬이므로 거의 모든 세포는 인슐린 수용체를 가지고 있다. 인슐린 수용체는 분자량 135 kDa의 α-소단위와 95 kDa의 β-소단위가 S-S결합(이황화결합)으로 연결된 $\alpha_2\beta_2$ 구조를 가진 이형사량체(heterotetramer)로 β-소단위의 세포질 안쪽에는 tyrosine kinase 도메인이 존재한다. 인슐린이 인슐린 수용체에 결합이 일어나면 자가인산화가 일어나 tyrosine kinase가 활성화되어 인산화 연쇄반응에 의해 계속 신호가 전달된다. 인슐린 신호는 대사를 조절하는 대사조절신호(metabolic signal)와 세포증식을 제어하는 증식조절신호(growth signal)로 크게 구분되며, 전자는 IRS(insulin receptor substrate), 후자는 Shc(src homology 2 domain-containing protein)라 불리는 어댑터 단백질(adaptor protein)을 통하여 전달된다.

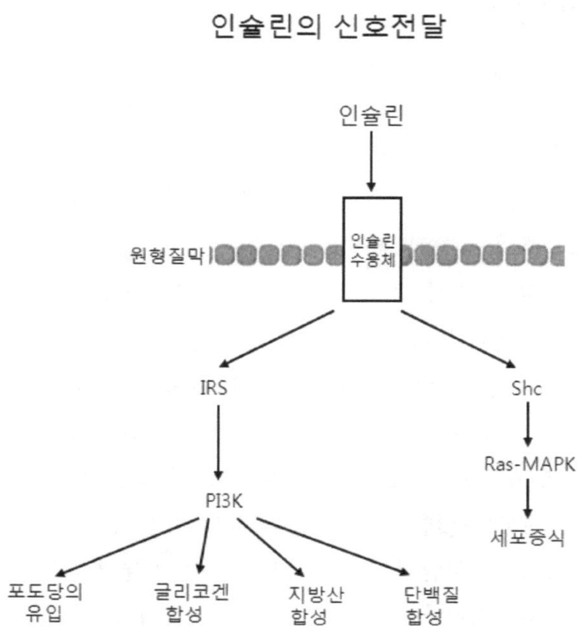

〈그림 11.5〉 인슐린의 작용.
인슐린이 인슐린 수용체(insulin receptor, IR)를 자극하면 인슐린 수용체는 자가인산화를 일으켜 티로신인산화효소를 활성화한다. 그 뒤 인슐린 신호는 대사를 조절하는 대사조절신호와 세포증식을 제어하는 증식조절신호로 크게 구분되며, 전자는 IRS, 후자는 Shc라 불리는 어댑터 단백질(adaptor protein)을 통하여 전달된다. 대사조절로는 PI3K의 활성화를 통하며 포도당의 유입, 글리코겐 합성, 지방산 합성, 단백질 합성 등을 조절한다.

인슐린과 글루카곤에 의한 혈당 조절

인슐린은 식후에, 글루카곤은 공복시에 그 분비가 일어난다. 섭취한 영양소를 체성분으로 축적하는 작용을 하는 인슐린은 포도당과 아미노산의 세포내 유입을 촉진하고 글리코겐과 지방산 합성, 나아가 단백질 합성을 진행함으로써 혈당을 낮출 수 있다. 또한 인슐린은 세포증식 신호로서의 기능을 가지고 있어 핵산 등의 생합성을 유도하고 세포분열을 일으킬 수 있으며 이러한 다양한 작용의 결과로 혈당은 감소한다. 한편 글루카곤은 공복시 저장 에너지를 분해하여 각 조직에 공급하는 역할을 한다. 주로 간과 지방조직에 작용하여 간에서는 글리코겐 분해와 포도당신합성(gluconeogenesis)을 일으키고, 지방조직에서는 중성 지방을 분해하여 에너지원을 포도당에서 지방산으로 전환시킨다. 이와 같이 인슐린과 글루카곤은 서로의 표적기관에 대하여 길항적으로 작용하며, 혈중에 작용하는 인슐린/글루카곤 비율이 혈당 수준을 결정하는 큰 요인이 된다.

당뇨병과 당뇨병 합병증

당뇨병은 크게 **인슐린의존성 당뇨병**(제1형, type 1 diabetes)과 **인슐린비의존성 당뇨병**(제2형, type 2 diabetes)의 2가지 형태로 나눌 수 있다. 인슐린-의존성 당뇨병(제1형)은 소아나 청소년기에 발병하며 비만하지 않으며, 인슐린 분비가 거의 없어 인슐린을 통한 치료를 하지 않으면 케톤산증(ketoacidosis) 등으로 사망할 수 있다. 인슐린-비의존성 당뇨병(제2형)은 인슐린-의존성 당뇨병보다 훨씬 더 흔하고 30대 후반 이후에 주로 발생하며 대개 과체중 또는 비만인 사람에서 나타난다. 인슐린-의존성 당뇨병은 자가면역기전 또는 어떤 이유를 모르는 원인에 의하여 췌장의 인슐린 분비세포가 파괴되어 인슐린을 만들지 못하는 경우를 포함한다. 인슐린-비의존성 당뇨병의 경우는 인슐린이 절대적으로 부족하다기 보다는 비교적 정상의 인슐린 농도에서 정상 효과를 나타내지 못하는 상태 즉 '**인슐린–저항성**(insulin resistance)'에 의해 발생한다. 즉 통상적인 인슐린의 양으로는 인슐린 작용이 충분히 발휘되지 못하는 상태이다. 인슐린-저항성은 비만증에서 뚜렷한 특징 가운데 하나이다. 인슐린-비의존성 당뇨병 발생에 대한 다음과 같은 가설이 있다. 사람이 비만해지면 조직은 인슐린 작용에 대한 저항성을 가지게 된다. 그 결과 초기에는 매우 적지만 혈액 내 포도당의 농도가 증가하게 되며, 그 결과 췌장에서는 상당량의 인슐린을 더 분비하게 된다. 일부 사람의 경우에는 대량의 인슐린을 분비하는 능력이 점차적으로 감소해 가면서 인슐린-저항성은 계속적으로 진행이 되기 때문에 당뇨병이 발생할 수 있다. 인슐린-비의존성 당뇨병의 경우 치료에 인슐린을 투여하는 것이 꼭 필요한 것은 아니다. 특히 발병 초기에 체중을 감량하여 유지하면 정상 혈당의 유지가 가능하며, 철저한 식사조절로도 치료될 수 있다. 인술린-비의존성 당뇨병은 유전적 요인을 많이 가지고 있는데, 일란성 쌍둥이에서 한 명이 인슐린-비의존성 당뇨병일 때 다른 한명이 당뇨병을 가질 확률은 90%가 넘는다. 또 환경적인 요인도 관련이 있는데 생활습관의 변화가 당뇨병 발생을 더 촉진하는 경우를 볼 수 있다.

당뇨병이 있어도 조절을 통하여 정상적인 사람처럼 오래 살 수 있다. 그러나 일부에서는 당뇨병성 합병증의 발생에 의하여 삶의 질 저하가 일어난다. 당뇨병성 망막병증, 신증, 신경병증 등의 당뇨병 합병증은 당뇨병의 2차적이고 장기적인 효과로 인하여 발생한다. 미세혈관, 신경과 신장의 병변은 혈관을 감싸는 구조물인 기저막의 변화와 관련될 수 있다. 당뇨병에서 기저막이 두꺼워지면서 막 투과성이 제한될 수 있다. 당뇨병에서 나타나는 이러한 변화를 설명할 수 있는 생화학적 기전 중의 하나는 단백질의 비효소적 당화(non-enzymatic glycation)를 들 수 있다. 단백질의 비효소적 당화작용이 단백질의 기능을 변화시키는 기작은 아직은 확실치 않지만 콜라겐의 구조 변화를 비롯하여 많은 단백질이 영향을 받게 된다. 당화작용(glycation)은 비효소적(nonenzymatic) 과정이며, 진행은 주로 혈중 포도당 농도에 의존적으로 일어난다. 이러한 과정은 수 년 또는 수십 년에 걸쳐서 발생하게 되며, 수년간 증가한 혈중 포도당 농도가 조직의 변성에 관여할 것으로 추측된다.

포도당 농도와 관련된 다른 생화학적 기전은 폴리올(polyol) 경로를 통한 소르비톨(sorbitol)의 생성이다. 이 경로는 정상이며 생리적이다. 예를 들면 소르비톨은 정액의 정상 구성물로 과당의 생성에 관여한다. 그러나 당의 농도가 올라가면 생성 속도가 증가한다. 소르비톨의 증가는 당뇨병성 백내장의 발생에 관여하며, 수정체에 축적되면 삼투압 증가에 의해 조직의 부종과 손상을 일으킨다. 하지의 혈액공급이상은 발의 괴저를 일으킨다. 관상동맥의 동맥경화증은 비교적 흔하며 당뇨병 환자에서 심혈관 질환은 주요 사인에 해당한다.

▌인슐린 저항성은 왜 초래되는가

인슐린 저항성이 왜 초래되는지에 대해서는 아직 명확하지 않다. 일부 유전적 요인도 관여한다고 알려진다. 그런데 인슐린 저항성은 복부 내장비만, 운동부족, 스트레스 등을 뿌리에 두고 자란다는 것은 반론의 여지가 없다. 비만과 노화 등이 인슐린 조절에 이상이 생기는데 관여하고, 고혈당 식사와 운동부족이 이것을 증폭시키는 형국이다. 이 때문에 비만 인구가 늘어나면서 대사증후군도 덩달아 늘어나고 있다. 현재 우리나라는 성인 4~5명 당 1명 이상이 대사증후군인 상태이다. 미국의 의사협회지(JAMA)에 따르면 이전에 심혈관질환, 암, 당뇨 등이 없던 1209명을 추적 조사한 결과, 대사증후군이 있는 사람이 없는 사람에 비해 심장병을 일으키는 관상동맥질환 위험도가 3.8배, 심혈관 질환으로 인해 사망할 위험도 3.6배 증가하는 것으로 조사되었다. 인슐린 저항성을 줄이려면 인슐린 부담이 적은 '저혈당지수' 음식을 먹으면서 비만을 줄이고 꾸준히 운동을 병행하는 것이 좋다.

인슐린 저항성과 주요 수명관련 요소의 관계

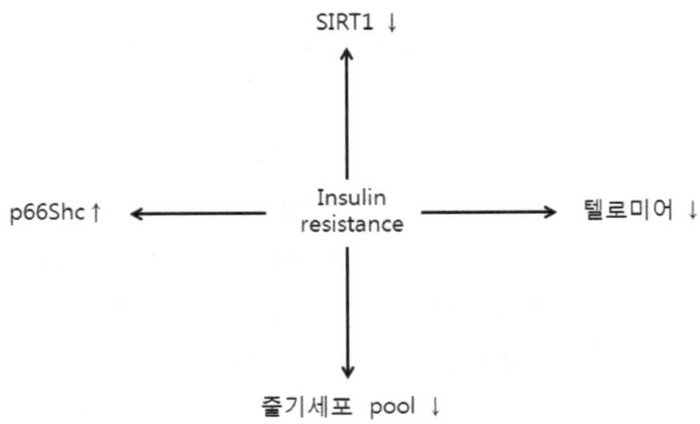

〈그림 11.6〉
인슐린 저항성(insulin resistance)은 텔로미어 길이의 감소, 시르투인 감소, 줄기세포 pool의 감소, 세포사멸에 관여하는 p66Shc의 증가 등 노화를 촉진하는 영향을 미친다.

11 3 노화의 동물모델

*C. elegans*의 경우

1993년 Cynthia Kenyon 박사 연구팀은 예쁜꼬마선충(*C. elegans*)의 Daf2 유전자 돌연변이를 가진 돌연변이체가 정상적인 Daf2 유전자를 가진 것보다 2배 더 오래 산다는 결과를 발표함으로써 하나의 유전자 발현 변화에 의하여 개체수명의 연장이 가능함을 보고했다.

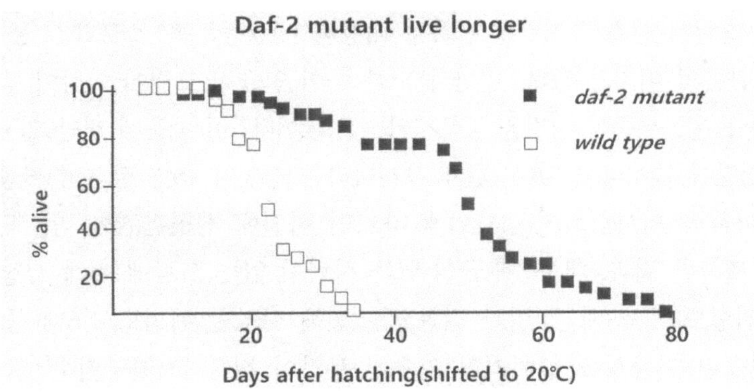

〈그림 11.7〉
Daf-2 유전자에 돌연변이를 가진 Daf-2 돌연변이체 예쁜꼬마선충(*C. elegans*)은 야생형보다 2배 정도의 수명을 가진다.

Kenyon박사는 기존에 알려져 있던 *C. elegans*의 dauer(다우어) 관련 돌연변이체들을 이용하여 수명을 결정한 결과 Daf2(dauer formation 2) 돌연변이체들은 정상의 경우보다 수명이 2배로 늘어남을 발견하였다. '다우어(dauer)'란 선충의 발달과정에서 환경이 좋지 않을 경우 스트레스 및 먹이가 없는 상황에서 오랜 기간 버틸 수 있는 대체 유충(alternative larva) 상태를 말한다. *C. elegans*의 Daf2는 포유동물의 인슐린/IGF-1 수용체 유사한 것이라는 것이 밝혀졌고 인슐린/IGF 신호전달체계 상에 존재하는 PI3K(phosphoinositide 3-kinase), PDK (phosphoinositide-dependent kinase), PTEN, AKT/PKB 등의 인산화 관련 유전자들이 모두 노화 조절에 관여한다는 것이 밝혀짐으로써 인슐린/IGF-1 신호전달체계가 *C. elegans* 노화 조절에 필수적이라는 것이 확립되었다.

또 다른 노화 및 수명을 조절하는 유전자인 Daf16은 Daf2의 조절을 받는 것으로 스트레스 저항성, 대사조절, 및 발생과정을 조절하는 유전자이다. Daf2-Daf16 신호전달경로가 *C. elegans*로부터 초파리 등 하등동물 뿐 아니라 생쥐와 사람 등 고등동물에서도 잘 보존되어 있다는 사실도 밝혀졌다. 초파리에서 IGF-1 수용체에 해당하는 INR 유전자와 인슐린 수용체 기질(substrate)에 해당하는 chico 유전자의 돌연변이 역시 수명을 연장시킨다는 보고는 인슐린/IGF-1 축(axis)의 억제가 수명의 연장과 밀접한 관계가 있음을 뒷받침하고 있는 것이다.

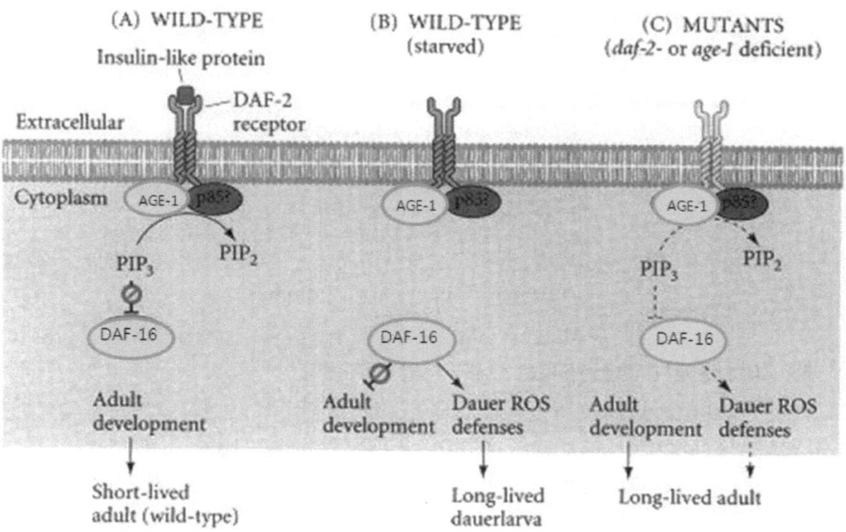

〈그림 11.8〉 *C. elegans*의 insulin-like signaling pathway.

(A) 인슐린유사단백질이 Daf-2 수용체에 결합하면서 세포질에서 AGE-1을 활성화하고 이것은 Daf16을 억제한다. 이에 따라 성체의 발달이 지속되고 수명은 짧게 유지된다. (B) 기아(starvation) 상태에서는 Daf-2 수용체에 신호가 전달되지 않으므로 AGE-1 활성은 나타나지 않는다. 그러므로 Daf16의 억제가 일어나지 않으므로 Dauer 형성이 일어나고 수명은 연장된다. (C) 만약 daf-2 또는 age-1에 돌연변이가 일어나게 되면 Daf16은 저해가 일어나지 않고 활성화될 수 있으므로 수명 연장이 가능하다.

*C. elegans*에서 Daf2 단백질은 예쁜꼬마선충에서 유일한 인슐린/IGF-1 수용체로서 이 단백질이 없어지거나 기능을 상실할 경우, 다른 주위 환경에 상관없이 dauer 상태에 돌입하게 되는데 이것은 인슐린신호가 수많은 유전자 발현에 동시에 영향을 줄 수 있음을 의미한다. 또한 성체가 된 Daf2 돌연변이체에서는 SOD(superoxide dismutase), 카탈라제, 열충격단백질 등과 같은 많은 스트레스반응 유전자들, 리보솜 단백질들, 리소자임(lysozyme)과 같은 항미생물(antimicrobial)유전자들의 발현이 증가한다. 발현이 증가하는 유전자들의 발현을 RNAi에 의하여 저해하게 되면 Daf2 돌연변이체의 수명은 도로 감소한다.

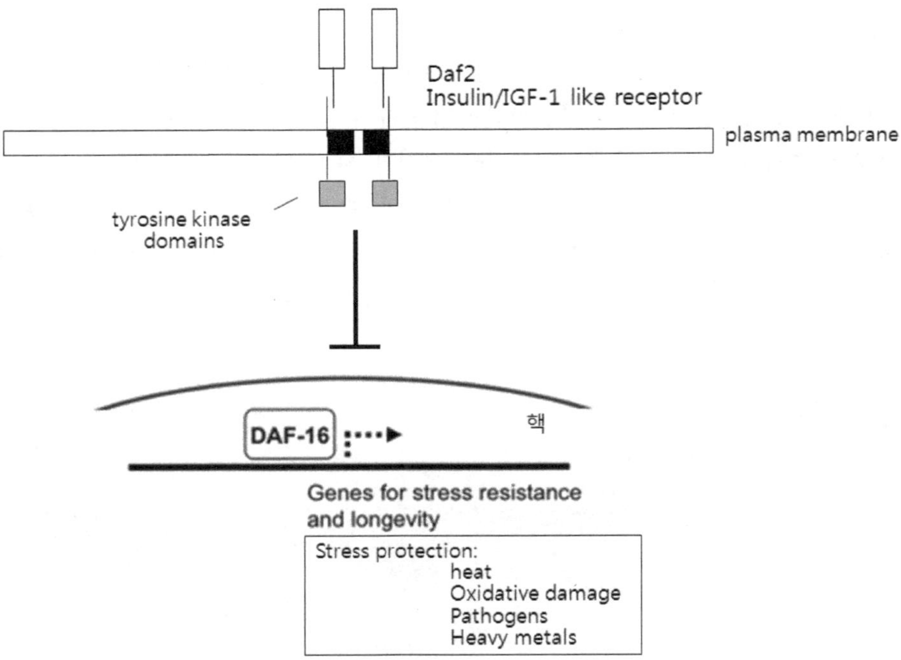

〈그림 11.9〉 예쁜꼬마선충에서 인슐린신호는 DAF-16을 억제한다.

인슐린 또는 인슐린유사단백질이 Daf-2 수용체에 결합하면 내부의 티로신인산화 도메인의 활성화가 일어난다. 인산화 활성은 연쇄반응(cascade reaction)을 통하여 궁극적으로 DAF-16을 억제하도록 반응이 일어난다. DAF-16은 여러 스트레스에 대하여 적절히 생물체가 적절히 보호가 되도록 스트레스에 저항하는 유전자 발현을 도와 수명연장에 기여한다.

인슐린이 전달하는 신호는 전사인자인 Daf16/FOXO를 인산화함으로써 핵으로 이동하지 못하게 하여 Daf16/FOXO 전사인자로서의 기능을 방해한다. Daf16/FOXO는 인산화되지 않았을 때에 핵으로 이동하여 전사인자 역할을 하며 스트레스에 대응하는 유전자들의 발현을 촉진한다. Daf16/FOXO은 열충격단백질과 항산화단백질을 포함한 100여개 유전자들의 전사를 상향조절(up-regulation)하는데 관여한다. 유전적 분석에 의하면 Daf2 knock-down에서 수명의 연장을 위해서는 Daf16/FOXO의 역할이 반드시 필요하다는 것이 밝혀졌다. Daf16/FOXO의 침묵화(silencing)와 Daf2의 활성화는 스트레스 환경에 대한 적응력을 낮추고 수명을 연장하지 못한다. 예쁜꼬마선충(*C. elegans*)에서 포도당 저해제를 사용하여 포도당 대사를 줄이면 AMPK를 통해 미토콘드리아 활성이 증가하고 이에 따라 산화 스트레스는 증가하지만 효과적인 항산화기능으로 말미암아 수명은 연장된다.

설치류의 경우

인슐린 신호가 Daf16/FOXO로 전달되어 여러 단백질의 발현을 조절하는 것은 이미 잘 알려져 있다. 인슐린, 인슐린 수용체, IRS(insulin receptor substrate), PI3K, Akt 및 FOXO로 이어지는 인슐린 신호체계는 예쁜꼬마선충(*C. elegans*), 초파리 등과 같은 무척추동물로부터 포유동물에 이르기까지 잘 보존되어 있으며 수명의 조절과 관련이 있다. 생쥐(mice)의 경우도 Insulin/IGF-1 signaling(IIS)의 감소가 수명의 연장을 가져온다는 것을 보여주었다. 여러 가지 형질전환 그리고 넉아웃마우스(knockout mice)모델을 통하여 인슐린/IGF-1 signaling 경로가 수명과 관계가 있음이 밝혀지게 되었다. 그 예로서 Ames dwarf mice와 Snell dwarf mice가 있는데 이들은 각각 '*Prop-1*(염색체 11번)'과 '*Pit-1*(염색체 16번)' 좌위(locus)의 돌연변이(homologous mutation)를 포함하고 있다. 이들은 모두 뇌하수체 발생을 조절하는 전사인자들을 코딩하고 있기 때문에 제대로 성장호르몬을 만들지 못하여 난장이 쥐를 만들게 된다.

Ames mice는 1961년에 보고가 되었는데 Snell mice와 비슷한 표현형을 나타내지만 서로 다른 유전자의 돌연변이에 의하여 탄생했다. Ames mice는 몸집은 작지만 야생형과 비교하여 수명의 연장(수컷은 50%, 암컷은 60%)을 나타내고 있다. 수명의 연장은 성장호르몬과/IGF-1 결함과 직접 관련이 있다. 이들 mice의 경우 성장호르몬(GH), 갑상선자극호르몬(TSH), 프로락틴(prolactin)을 결여한다. 이들은 태어난 직후는 정상과 비슷한 크기였지만 성체가 되었을 때는 정상의 1/3정도의 크기를 가진다. 이들 생쥐에서 혈청의 포도당 수준은 낮게 측정되며, 인슐린 민감도는 증가하였고, 카탈라제와 SOD 활성은 증가하였다.

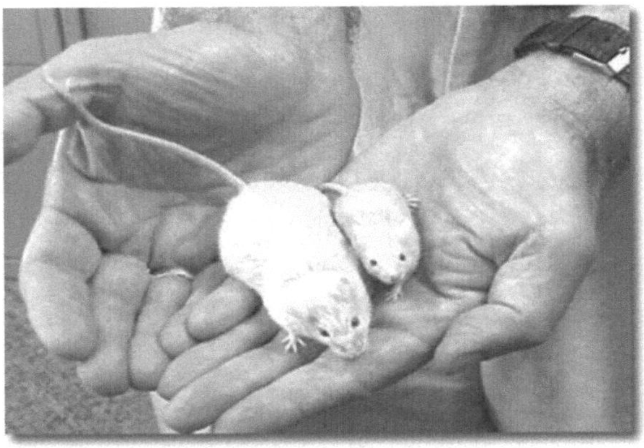

〈그림 11.10〉 정상 쥐와 난장이 쥐(dwarf mouse, 오른쪽)의 비교

Snell mice는 Ames mice와 유사한 경우인데, 1929년 Snell이 열성방식(recessive manner)으로 유전이 되는 작은 쥐에 대하여 보고하였다. Snell에 따르면 태어날 때는 정상의 크기와 유사하나 2주 후부터 성장이 매우 저해돼 정상 쥐의 1/3 정도의 몸무게를 가진다. 50년이 지나서 이것은 염색체 16번의 *Pit-1* 좌위의 열성(recessive) 돌연변이 때문이라는 것이 밝혀졌다. Pit-1은 성장호르몬(GH), 프로락틴(PRL), 갑상선자극호르몬(TSH) 등을 생성하는 뇌하수체 세포의 분화에 관련된 것이기 때문에 Snell mice는 Ames mice와 마찬가지로 성장호르몬, 갑상선자극호르몬, 프로락틴을 결여한다. 이러한 호르몬들의 결여로 Snell mice는 비만(obesity)이 초래되지만, 비만으로 인해 수명이 짧겠다는 예상과 달리, 정상보다 40% 이상의 긴 수명을 가진다.

Little(Lit) mouse는 1976년에 최초로 보고되었는데, Ames mice와 Snell mice와 유사하게 작은 몸집이 열성방식으로 유전된다. 태어날 때는 정상 크기지만 2주 후부터 성장의 저해가 나타난다. *lit/lit* mice는 성장호르몬방출인자수용체(GH-releasing hormone receptor, Ghrhr) 유전자에 돌연변이가 일어나서 성장호르몬을 결여한다. 성체의 무게는 정상의 반 정도에 이르며 지방과다(adiposity)를 나타내지만 암컷은 25%, 수컷은 23% 수명의 증가가 나타난다.

Laron mouse(GHR$^{-/-}$ mice)는 GH(성장호르몬) 수용체가 파괴된 것이며, 'Laron mouse'라는- 인간의 Laron syndrome과 유사하기 때문에 붙인 것-이름으로도 불린다. 성장호르몬 수용체 두 개가 모두 파괴가 일어났기 때문에, 성장호르몬은 만들어낼 수 있지만 만들어진 성장호르몬에 대하여 수용체의 파괴 때문에 성장호르몬이 반응을 나타내지는 못한다. 그 결과로 혈청 IGF-1 수준이 낮고, 성장속도가 느리며, 성장이 끝났을 때 몸의 크기가 정상 크기의 반 정도에 머문다. GHR$^{-/-}$ mice는 정상보다 높은 농도의 성장호르몬(GH) 농도를 가지나 IGF-1의 농도는 정상에 비해 20% 정도 밖에 되지 않는다. 그리고 낮은 포도당 농도와 인슐린 농도가 일생동안 유지된다. 인슐린 민감도는 높으며, 당뇨병과 암의 발생이 감소하고, 피하에 지방조직이 축적됨으로 인해 비만이 일어나며, 수명은 정상보다 길다. 사실상, 한 마리의 $GHR^{-/-}$는 거의 5년에 가까운 생존기간을 가져 가장 오래 생존했던 쥐로서의 세계 기록을 가지고 있다. 이와 반대로 성장호르몬(GH)을 과발현하는 transgenic mice의 경우는 노화의 가속이 일어나 수명이 감소하였다. 이와 같은 예들을 비교하면 성장호르몬 신호(GH signaling)를 감소시키면 수명의 연장을 가져올 수 있다는 결론이 예상된다.

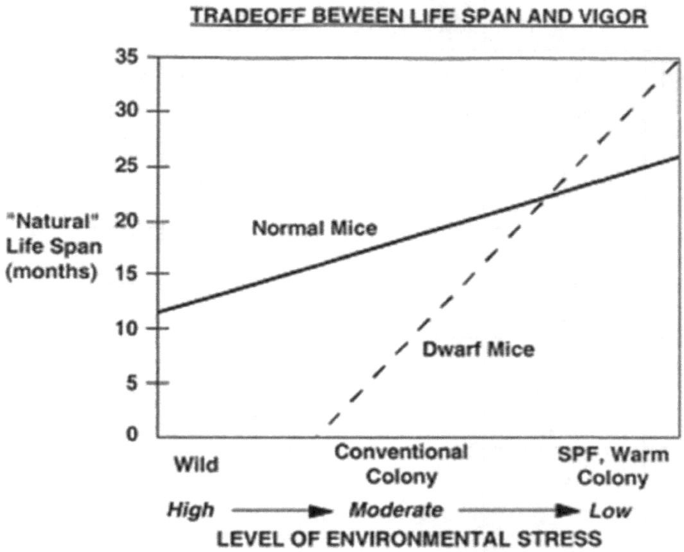

〈그림 11.11〉

정상 쥐는 야생의 환경에서는 ~12개월 정도 수명을 가지나 보호가 이루어지는 안정된 환경에서는 ~25개월 정도의 생존기간을 가진다. 난장이 쥐의 경우는 잘 보호된 환경에서의 수명은 정상 쥐보다 더 긴 ~35개월 정도의 생존기간을 가지게 되었으나, 체온이 낮고 강인함(robust)에 있어 충분치 못하여 야생의 환경에 처하면 그 유전학적 수명을 채우기는 쉽지 않을 것으로 보인다.

IGF-1 receptor의 돌연변이를 유도한 생쥐가 만들어졌는데, 2 copy 모두 돌연변이($IGF1R^{-/-}$)를 시켰을 경우 많은 경우 죽어서 태어나는 경우가 많았고, 1 copy는 정상이고 나머지 1 copy는 돌연변이를 가진 $IGF1R^{+/-}$의 경우는 몸의 크기, 생식력, 대사, 체온 등에 있어서는 대조군과 큰 영향 없지만 대조군보다 암컷의 경우 33%의 수명의 증가를 가져왔다(특이하게도 수컷의 경우는 정상과 비슷했다). 이것은 IGF-1 신호도 수명에 관여할 가능성에 대한 직접적인 증거가 될 것이다.

〈표 11.2〉

GH/IGF1 axis에 관한 dwarf mice 특성 요약

Mouse model	Ames dwarf	Snell dwarf	Little mouse	Laron mouse	IGF1R$^{+/-}$
돌연변이시킨 유전자	*Prop1*	*Pit1*	*Ghrhr*	*Ghr*	*Igf1r*
주된 효과	GH, PRL, TSH 결여	GH, PRL, TSH 결여	GH deficiency	GHR$^{-/-}$ /GH resistance	partial IGF1 resistance
대조군과 비교하여 증가된 수명	M: 49% F: 64%	M: 26% F: 42%	M: 23% F: 25%	M: 26-55% F: 16-38%	F: 33%
혈청의 GH 농도	↓	↓	↓↓	↑	ND
혈청의 IGF1 농도	↓↓	↓↓	↓↓	↓↓	↑
혈청의 포도당 농도	↓	↓	↓	↓	↔
혈청의 인슐린 농도	↓	↓	↓	↓↓	↔
몸의 size	↓↓	↓↓	↓↓	↓↓	↔
인슐린 민감도	↑	↑	ND	↑	partially IGF1 resistant
stress resistance	↑	↑	ND	↑	↑
Reproduction	↓	↓	↓	↓	↔
대사율	↓	↓	↔	↑	↔

〈기호설명〉 'ND'는 데이터가 없음을 의미함; '↑'는 상승을 의미; '↓'는 감소를 의미; 화살표 2개를 같이 사용함은 차이가 큼을 의미함; '↔'는 정상 수준을 의미함; 'M'은 male을, 'F'는 female을 의미함.

Growth hormone 경로와 인슐린/IGF-1 경로

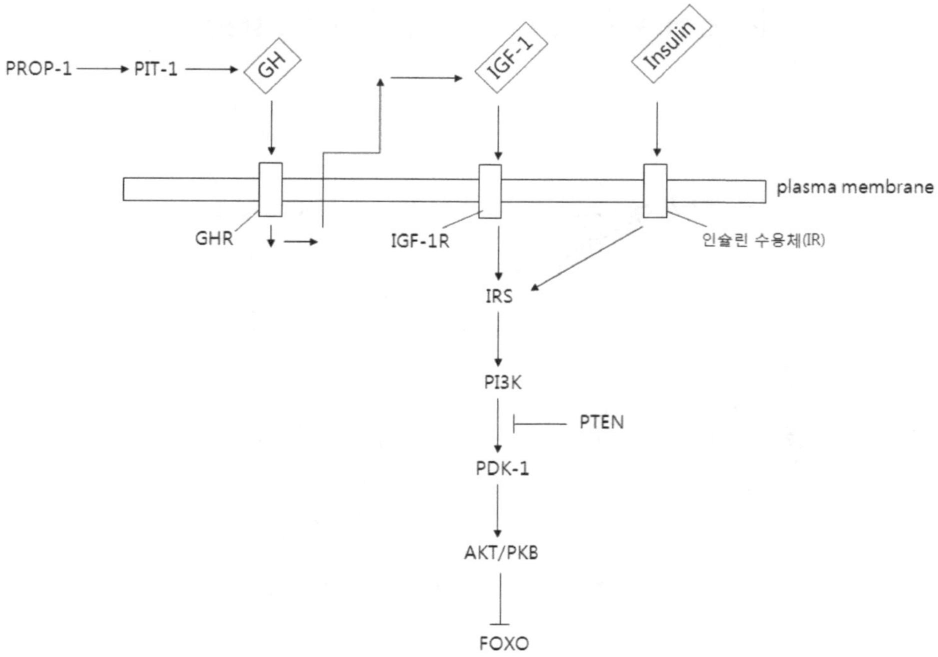

〈그림 11.12〉 성장호르몬경로와 인슐린/인슐린유사인자경로.

성장호르몬(GH)은 GHR(성장호르몬 수용체)에 결합하고 이것은 IGF-1을 유도한다. 인슐린과 IGF-1의 신호전달(IIS)은 각각 인슐린 수용체와 IGF-1R에 결합하면서 일어난다. 수용체에 리간드가 결합이 일어나면 수용체의 이량체화(dimerization) 그리고 자가인산화(autophosphorylation)가 일어난다. 이러한 신호는 IRS, PI3K, PDK, AKT를 거쳐 FOXO를 인산화하게 된다. FOXO의 인산화가 일어나면 핵으로부터 방출되고 불활성화가 일어나 수명연장 효과는 나타나지 않는다.

생쥐의 수명은 지방세포에서 인슐린 수용체 파괴를 일으킨 FIRKO(fat-specific insulin receptor knock-out) mice에서도 연장되었다. 이러한 쥐들에서는 음식의 섭취는 정상과 동일하게 했지만 fat mass를 감소시킬 수 있기 때문에 노화와 연관된 비만과 그에 따른 대사적 비정상을 차단할 수가 있으며 수명연장 효과가 있다고 생각된다. FIRKO mice의 암컷과 수컷은 134일 정도(약 18%)의 수명 연장을 가져왔으며, 평균수명과 최대수명에 있어서도 역시 증가하였다.

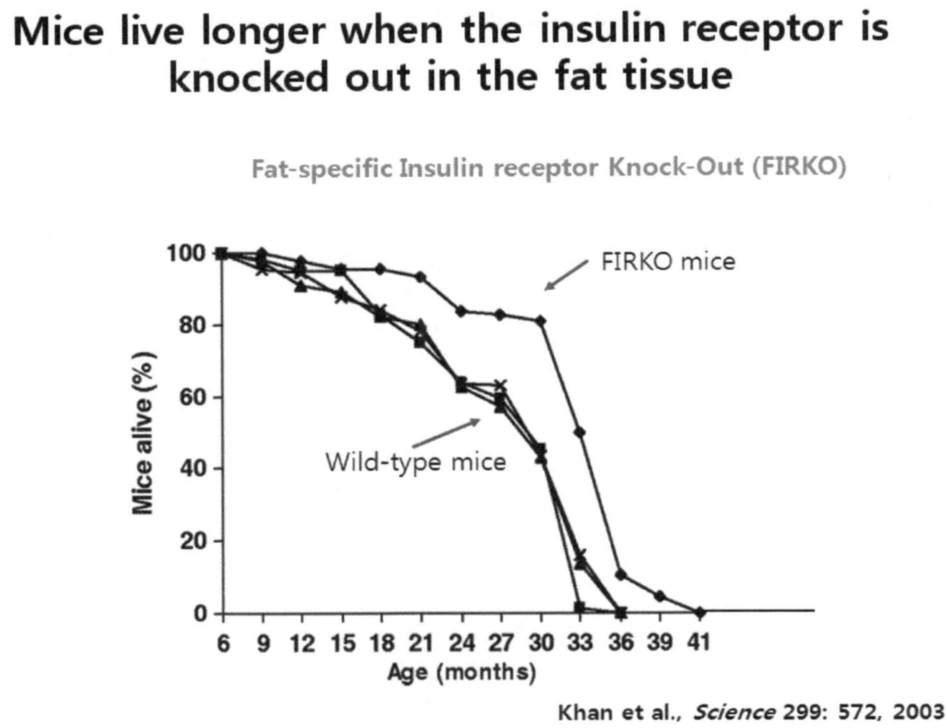

〈그림 11.13〉
지방세포에 인슐린수용체를 파괴시킨 FIRKO mice에서 수명이 야생형보다 20% 정도 늘었다.

▌사람의 경우

실험쥐의 경우와 유사하게 인슐린/IGF-1 신호전달이 인간의 수명에 관여할 가능성에 대하여 증거들이 알려지기 시작했다. 인간에 있어서 인슐린 민감도(insulin sensitivity)는 나이가 들면서 감소가 나타나며, 인슐린 저항성은 동맥경화, 비만, 고혈압 등에 커다란 위험요소로서 역할을 한다. 최근의 100세 노인에 대한 연구 가운데 발견된 흥미 있는 사실은 장수하는 100세 노인의 경우 다른 보통의 노인들과 비교하여 인슐린 민감도가 더 높으며, 혈장에서 IGF-1의 농도가 낮다는 사실이 밝혀졌다. 이러한 사실은 장수하기 위한 조건으로 효율적인 인슐린 민감도(insulin sensitivity)가 필요한 조건의 하나로 보인다.

IGF-1은 세포대사를 증가시켜 많은 조직들의 기능을 향상시키고, 특히 포도당 항상성에 참여하는 유력한 신진대사 호르몬이다. 더구나 성장호르몬과 IGF-1 처방이 일부 조직에서의 노화를 거스르는 효과를 나타낸 것은 앞에서 언급했던 감소된 혈장 IGF-1 농도가 장수와 관련이 있다고 한 것과 서로 대비되는 의미를 나타낸다. 사실상 일생을 두고 높은 수준의 IGF-1 level을 유지한다는 것은 세포분열과 대사에 있어서 유해한 효과를 유도하고 신체의 불건전한 변화를 초래할 가능성이 있다. 특히 세포의 복제에 관하여 IGF-1의 강력한 효과로 인하여 암 발생의 가능성과 연관될 수 있다. 오랜 수명을 가진 개체에서 혈중의 IGF-1의 수준을 감소시키는 것은, 관련 조직에서 세포분열 자극을 최소화하여 나이와 연관된 질병 발생을 억제하는 효과를 갖는 것으로 생각된다. 이것은 어떤 유전자는 인생의 전반부에는 매우 유용했으나 인생의 후반부에는 해로운, 그와 같은 부류의 유전자도 존재하는 것이다. IGF-1도 인생의 전반부에서는 강력한 힘의 원천으로 생존경쟁에서 우위를 차지할 방편을 제공할 수 있으나 나이가 들어서도 같은 양상을 보일 경우 질병의 발생과 연관될 가능성은 증가한다.

인슐린/IGF-1 신호의 감소는 대사의 감소로 거대분자들의 산화 스트레스를 감소시켜 수명 연장에 도움을 줄 수 있다. 건강한 백세노인의 경우 산화 스트레스의 수준은 낮고 항산화 방어체계는 효율적임을 볼 때 예쁜꼬마선충(*C. elegans*)과 초파리 등에서 나타난 것처럼 인슐린/IGF-1 신호가 수명에 관여하는 것처럼 생각된다. 그러나 *C. elegans*나 초파리에서 축적된 것처럼 실험적인 데이터의 관점에서는 인간의 경우 아직은 증거가 부족함을 부인할 수 없다. *C. elegans*와 초파리에서 긴 수명을 가진 돌연변이체와 넉아웃마우스에서 공통적으로 발견이 되는 현상은 혈중의 insulin/IGF-1 신호가 감소되었다는 사실이다. 인간에서 인슐린 수용체의 돌연변이는 생명연장이 아니라 당뇨병을 비롯한 여러 가지 대사질병을 유발할 수 있으며 신체가 작아질 가능성도 있다. 이것은 노화와 수명간의 기본적인 기작은 진화적으로 보존이 되어왔지만, 진화하는 동안 insulin/IGF-1 signaling의 생리적 차이점 및 다양성도 많이 나타나게 되었다고 추측된다. 특히 진화적인 측면으로 볼 때 insulin/IGF-1 경로가 복잡성에 있어서 크게 증가했다는 것이다. 선충이나 초파리는 오직 하나의 insulin/IGF-1 수용체를 가지고 있으나 척추동물의 경우는 최소한 3개를 지니고 있다. 포유동물에 있어서 인슐린은 주로 포도당 농도와 대사의 조절에 주로 중점을 두고 있으며, IGF-1의 주된 역할은 체성 성장(somatic growth)에 있어서 성장호르몬(GH)의 효과를 중재하는 역할을 담당하고 있다. 그런데 인슐린과 IGF-1은 각기 포함하는 수용체들에 덧붙여, 광범위한 유사성, 기능적인 중복(overlap), 상호교감(cross-talk), 세포내 신호전달기작의 유사성 등을 나타낸다. 그러므로 이와 같은 내분비계의 다른 가지들(branches)사이로 수명조절기능이 분산되어 왔을 가능성도 존재한다. 인슐린/IGF-1 신호 네트워크의 다른 가지들은 생리적으로 그리고 대사적으로 다른 여러 기능들을 조절하는, 그리고 그 중의 한 가지가 수명조절기능일 가능성도 있다고 추정된다.

참고문헌

1. Arum, O., D. J. Rickman, et al. (2014). "The slow-aging *growth hormone receptor/binding protein* gene-disrupted(GHR-KO) mouse is protected from aging -resultant neuromusculoskeletal fraility." *AGE* 36:117-127.
2. Avogaro, A., S. V. de Kreutzenberg, et al. (2010). "Insulin signaling and life span." *Pflugers Arch Eur J Physiol* 459:301-314.
3. Barger, J. L., R. L. Walford, et al. (2003). "The retardation of aging by calorie restriction: its significance in the transgenic era." *Exp Gerontol* 38:1343-1351.
4. Bartke, A., V. Chandrashekar, et al. (2003). "Insulin-like growth factor 1(IGF-1) and aging: controversies and new insights." *Biogerontology* 4:1-8.
5. Berryman, D. E., J. S. Christiansen, et al. (2008). "Role of the GH/IGF-1 axis in lifespan and healthspan: Lessons from animal models." *Growth Hormone & IGF Res* 18:455-471.
6. Berryman, D. E., E. O. List, et al. (2013). "Repression of GH signaling: One extended life to live." *Aging* 5:723-724.
7. Bluher, M., B. Khan, et al. (2003). "Extended longevity in mice lacking the insulin receptor in adipose tissue." *Science* 299:572-574.
8. Broughton, S. and L. Partridge. (2009). "Insulin/IGF-like signaling, the central nervous system and aging." *Biochem J* 418:1-12.
9. Brown-Borg, H. M., K. E. Borg, et al. (1996). "Dwarf mice and the ageing process." *Nature* 384:33.
10. Brown-Borg, H. M. (2009). "Hormonal control of aging in rodents: The somatotropic axis." *Mol Cell Endocrinol* 299:64-71.
11. Cartwright, M. J., T. Tchkonia, et al. (2007). "Aging in adipocytes: Potential impact of inherent, depot-specific mechanisms." *Exp Gerontol* 42:463-471.
12. Cohick, W. S. and D. R. Clemmons. (1993). "The insulin-like growth factors." *Annu Rev Physiol* 55:131-153.
13. Flurkey, K., J. Papaconstantinou, et al. (2002). "The Snell dwarf mutation Pit1(dw) can increase life span in mice." *Mech Ageing Dev* 123:121-130.
14. Flurkey, K., J. Papaconstantinou, et al. (2001). "Lifespan extension and delayed immune and collagen aging in mutant mice with defects in growth hormone production." *Proc Natl Acad Sci USA* 98:6736-6741.

15. Fontana, L., L. Partridge, et al. (2010). "Dietary restriction, grwoth factors and aging: from yeast to humans." *Science* 328:321-326.
16. Greer, E. L. and A. Brunet. (2005). "FOXO transcription factors at the interface between longevity and tumor suppression." *Oncogene* 24:7410-7425.
17. Hekimi, S. and L. Guarente. (2003). "Genetics and the specificity of the aging process." *Science* 299:1351-1354.
18. Holzenberger, M., M. Dupont, et al. (2003). "IGF-I receptor regulates lifespan and resistance to oxidative stress in mice." *Nature* 421:182-187.
19. Junnila, R. K., E. O. List, et al. (2013). "The GH/IGF-1 axis in ageing and longevity." *Nat Rev Endocrinol* 9:366-376.
20. Kenyon, C., J. Chang, et al. (1993). "A C. elegans mutant that lives twice as long as wild type." *Nature* 366:461-4.
21. Kinney, B. A., K. T. Coschigano, et al. (2001). "Evidence that age-induced decline in memory retention is delayed in growth hormone resistant GH-R-KO (Laron) mice." *Physiology & Behavior* 72:653-660.
22. Kinney-Forshee, B. A., N. E. Kinney, et al. (2004). "Could a deficiency in growth hormone signaling be beneficial to the aging brain?" *Physiology & Behavior* 80:589-594.
23. Laron, Z. (2008). "The GH-IGF1 axis and longevity. The paradigm of IGF1 deficiency." *Hormone* 7:24-7.
24. Liang, H., E. Masoro, et al. (2003). "Genetic mouse models of extended lifespan." *Exp Gerontol* 38:1353-1364.
25. List, E. O., D. E. Berryman, et al. (2014). "Liver-specific GH receptor gene-disrupted (LiGHRKO) mice have decreased endocrine IGF-I, increased local IGF-I, and altered body size, body composition, and adipokine profiles." *Endocrinology* 155:1793-805.
26. Palmer, A. J., M.Y. Chung, et al. (2009). "Age-related changes in body composition of bovine growth hormone transgenic mice." *Endocrinology* 150:1353-60.
27. Partridge, L. and D. Gems. (2002). "Mechanisms of aging: public or private?" *Nature Reviews* 3:165-175.
28. Partridge, L., N. Alic, et al. (2010). "Ageing in Drosophila: the role of the insulin/IGF and TOR signaling network." *Exp Gerontol* 46:376-381.
29. Piper, M. D. W., C. Selman, et al. (2008). "Separating cause fro effect: how does insulin/IGF signaling control lifespan in worms, flies and mice?" *J Intern Med* 263:179-191.

30. Selman, C., S. Lingard, et al. (2008). "Evidence for lifespan extension and delyed age-related biomarkers in insulin receptor substrate 1 null mice." *FASEB J* 22:807-818.
31. Selman, C. (2014). "Dietary restriction and the pursuit of effective mimetics." *Proc Nutr Soc* 73:260-70.
32. Shoba, L., M. R. An, et al. (1999). "Developmental regulation of insulin-like growth factor-I and growth hormone receptor gene expression." *Mol Cell Endocrinol* 152:125-136.
33. Toogood, A. A., P. A. O'Neill, et al. (1996). "Beyond the somatopause: growth hormone deficiency in adults over the age of 60 years." *J Clin Endocrinol Metab* 81:460-465.
34. Wang, H., Q. Zhang, et al. (2012). "Insulin-like growth factor-1 induces the phosphorylation of PRAS40 via the PI3K/AKT signaling pathway in PC12." *Neurosci Lett* 516:105-9.
35. Wen, Q. H. Wang, et al. (2012). "Forkhead family transcription factor FoxO and neural differentiation." *Neurogenetics* 13:105-113.
36. Zadik, Z., S. A. Chalew, et al. (1985). "The influence of age on the 24-hour integrated concentration of growth hormone in normal individuals." *J Clin Endocrinol Metab* 60:513-6.
37. 구승엽, 지병철 등. (2004). "성장호르몬 및 인슐린유사성장인자-1 결핍이 노화에 미치는 영향: 유전질환 및 동물모델." 인구의학연구논집 17:14-18.
38. 도영술, 유리나, 박건영. (2010). "분자영양학." 라이프사이언스.
39. 대한비만학회. (2005). "대사증후군의 병태적 분자생물학." 도서출판 의학문화사.
40. 안미라. (2002). "쥐의 insulin-like growth factor-1 유전자 발현의 대사조절기전에 관한 연구." *한국생물공학회지* 17:283-289.
41. 이홍규, 김영설. (1999). "대사와 영양." 도서출판 한의학.

CHAPTER 12

최종당화산물과 노화

뵈르크스텐(Johan Bjorksten, 1942년)박사는 노화가 교차결합의 증가로 인해 발생한다고 주장했다. 그는 노화연관 질병인 경화증(예, 동맥경화증)과 피부 탄력성 감소를 예로 들었다. 콜라겐은 피부와 힘줄, 인대, 뼈, 연골 등의 결합조직에서 발견되는 가장 흔한 단백질 중 하나이다. 콜라겐 단백질은 가로대(bar, beam)를 희박하게 가진 사다리에 비유할 수 있는데, 각 사다리는 가로대에 의하여 교차연결(cross-linkage)이 일어난다. 젊은 사람의 경우에는 각각의 사다리가 교차연결이 적어서 자유롭게 위 또는 아래로 움직일 수가 있어서 콜라겐은 부드러우며 유연성과 탄력성을 가지지만, 나이가 들어서 사다리 사이의 교차결합이 점점 늘어나면 피부에 수축이 일어나게 되고 피부가 덜 부드럽고 유연성은 감소하게 된다. 이러한 피부 변화는 교차결합의 발생에 의한 것이며 교차결합은 영양을 공급하거나 노폐물을 제거하는 데에도 방해가 된다. 각 세포에서의 이러한 변화가 축적될 경우 세포가 모여서 구성하고 있는 조직(tissues)이나 기관(organs)의 기능이 제대로 일어날 수 없게 되며 이것이 노화의 원인이 될 수 있다는 것이다.

교차결합은 나이든 개체의 혈액에 존재하는 지나치게 많은 포도당을 제거하는 것을 불가능하게 하며 이와 같은 높은 농도의 포도당은 단백질과 교차결합을 하거나 파괴적인 자유라디칼(free radicals)을 형성하여 산화스트레스(oxidative stress, OS)를 형성하는데 기여하게 된다. 당화반응(glycation)이란 당과 단백질 사이의 비효소적 갈변반응이 일어나는 것을 의미하는 것으로, 효소가 관여하여 당이 단백질에 결합하는 반응인 글리코실화(glycosylation)와는 다르다. 당화반응은 비가역적인 반응으로서, 몇 단계에 걸쳐서 단백질의 아미노기, 지질, 핵산 등에 당이 결합되면 **최종당화산물**(advanced glycation end products, AGEs)을 만들게 된다. 이렇게 만들어진 최종당화산물(AGEs)은 일생 동안 체내에 축적되게 된다. 오랜 세월에 걸쳐 체내에 과도하게 최종당화산물(AGEs)이 축적되면 조직 및 기관의 구조와 기능에 변화를 초래한다. 당화된 분자는 생리적 노화를 일으킬 뿐만 아니라 당뇨병, 백내장, 알츠하이머 병, 동맥경화, 파킨슨병과 연관되어 있다.

12 1 당화반응(glycation)이란 무엇인가?

당화반응이란 포도당이나 과당 등의 당 분자(sugar molecules)가 단백질이나 지질분자 등과 같은 거대분자(핵산, 단백질, 탄수화물, 지질 등을 지칭함)에 효소(enzyme)의 작용에 의하지 않고 공유결합을 형성하는 것을 의미한다. 글루코실화(glycosylation)가 분자적인 조절기작을 통하여 원하는 위치에 계획적으로 일어나는 반응이라면, 당화반응(glycation)은 우연히 그리고 비효소적 반응(nonenzymatic reaction)으로 일어난다. 당화반응은 체내의 생체반응에서 일어날 수도 있고, 요리하는 과정에서와 같이 체외반응을 통해서도 일어날 수 있다. 체외에서 일어나는 당화반응은 단백질 또는 지질을 당과 함께 120℃ 이상에서 가열할 경우나 또는 오랜 동안 낮은 온도에서 요리할 경우에도 만들어진다. 빵을 구울 때처럼 갈변현상(browning reaction, 메일라드반응)은 쉽게 눈으로 확인 가능한 당화반응이다. 메일라드반응이란 이미 선사시대부터 요리과정에 이용되어 왔지만 Louis Camille Maillard라는 화학자에 의해 그 과정이 체계화된 것이다(1910년). 식품가공업자들은 메일라드반응에 의하여 향미가 다양한 분자들이 만들어질 수 있기 때문에 이것을 유용하게 이용해 왔다. 이러한 반응을 통해 수 백 가지의 서로 다른 향미를 만들어내고 상품화에 응용이 가능하다. 당화반응에 의해 생성되는 물질 'AGEs(최종당화산물)'는 노화와 함께 증가하는 것으로 알려졌다. 최근까지 외부적으로 체내에 들어오는 당화물질이 무시할 수 있는 정도라고 여겨왔으나, 최근의 연구결과에 의하면 이들이 염증과 질병에 미치는 영향이 유의하다고 해석이 되고 있다.

당화반응과 교차결합

대부분의 고령자들은 식후에 미약하게나마 고혈당증세를 보인다. 혈당치는 근육과 같이 에너지를 필요로 하는 기관이 혈액에서 포도당을 제거하는 속도에 따라 결정된다. 또한 그 제거 속도는 인슐린의 조절을 받으며, 인슐린은 세포 표면에 있는 인슐린 수용체(insulin receptor)와 결합하여 세포의 포도당 섭취를 증가시킴으로써 혈당을 낮출 수 있다. 노화가 진행됨에 따라 근육과 다른 기관의 포도당 흡수를 증진시키는 인슐린의 효력이 약해지고 이에 따라 혈당은 올라가게 된다. 따라서 노인의 경우 고혈당 증세가 빈번히 나타난다. 또 인슐린에 대한 내성도 증가하는데, 이것은 표적세포 표면위의 인슐린 수용체의 변형으로 나타나는 흔한 증상이다.

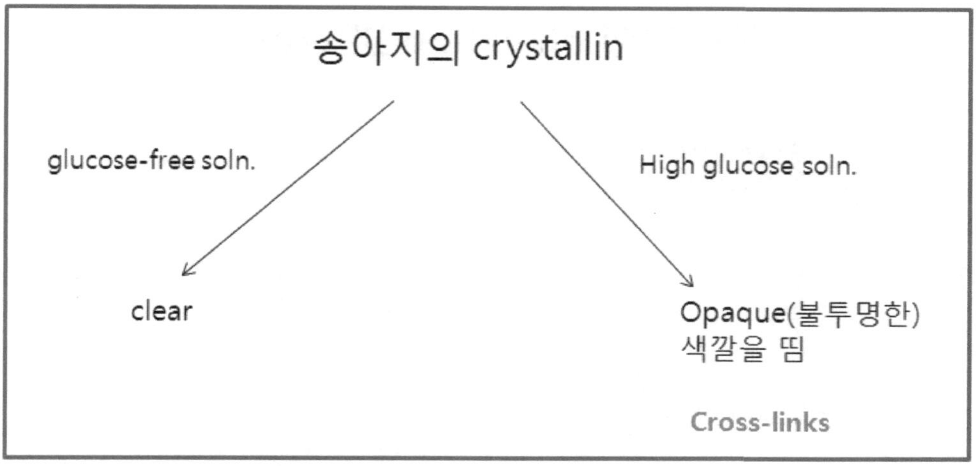

〈그림 12.1〉

송아지 눈(eye)의 수정체 단백질인 크리스탈린을 높은 농도의 포도당과 섞어 배양했을 때 오랜 시간이 경과한 후에는 불투명한 용액을 형성하게 된다. 이것은 포도당이 크리스탈린 단백질에 붙고 당화반응을 일으켜 단백질의 응집이 일어났기 때문이다.

그림 12.1은 고혈당이 세포 단백질에 미치는 영향을 실험한 하나의 예인데, 눈의 수정체 단백질인 크리스탈린(crystallin)을 포도당이 없는 용액에서(대조군) 그리고 다른 하나는 높은 농도의 포도당과 함께 놔둘 경우(실험군)를 각각 일정 시간 경과 후 관찰을 해 보았다. 그 결과를 보면 포도당이 없을 경우는 일정 시간 경과 후에도 맑은(투명한) 상태를 그대로 유지했으나, 고농도의 포도당 용액에 크리스탈린을 같이 넣었을 경우는 불투명한 액체가 형성되었다. 이것은 크리스탈린 단백질에 당화가 일어나고 그 결과로 단백질끼리 응집이 형성되었기 때문으로 해석할 수 있다. 또 다른 예로서 수명이 120일 정도인 적혈구를 들 수 있다. 적혈구 내부에는 헤모글로빈(혈색소)이라는 단백질이 많이 존재하는데, 당뇨를 방치할 경우 혈중의 과다 포도당과 헤모글로빈이 반응하고(이 경우는 비효소적 당화반응) HbA1c라는 당화혈색소를 생산한다. 그런데 한 번 포도당이 결합하여 당화혈색소가 만들어지면 그 적혈구가 수명을 다할 때까지 당화혈색소를 가지게 된다. 이러한 당화반응은 우리의 노화에 큰 영향을 미친다. 혈당이 높은 당뇨병환자의 경우 혈당이 적절히 조절이 되지 못할 때 노화가 가속화된 것과 같은 양상을 보인다. 헤모글로빈 이외에도 더 오래 생존하는 다른 단백질들, 예를 들어, 눈과 각막의 단백질, 망막, 뇌막, 췌장의 베타세포, 관절과 다른 신체 부위의 결합조직을 구성하는 콜라겐, 엘라스틴 등의 분자들도 당화에 의해 손상이 일어날 수 있다. 일정한 수명을 가지는 HbA1c와 달리, 오래 존재하는 신경세포, 망막세포, 결합조직의 콜라겐과 엘라스틴 등은 교체되지 않고 우리 몸과 같이 늙어간다.

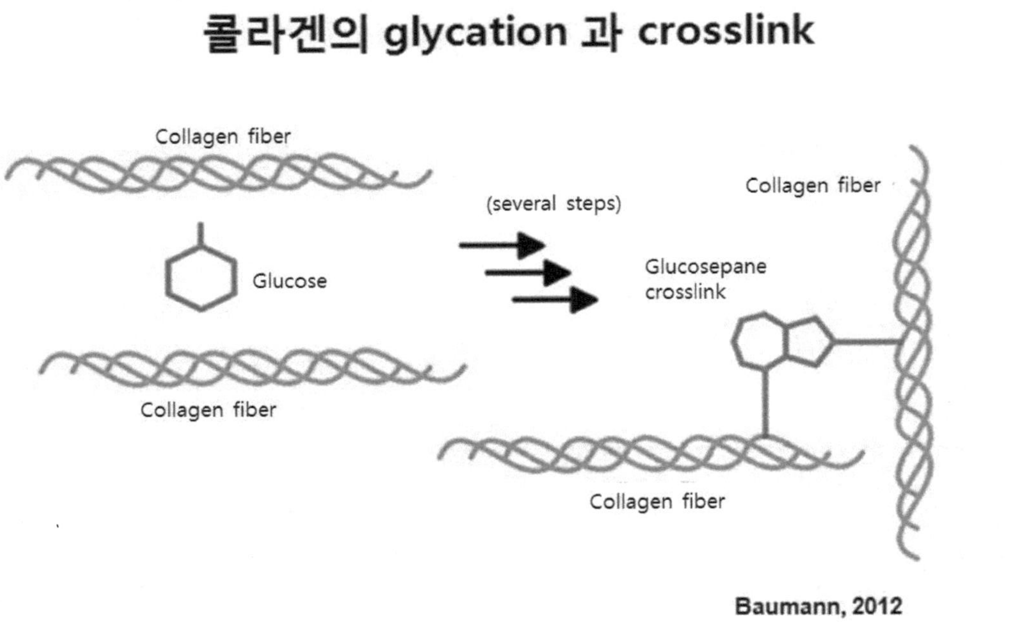

〈그림 12.2〉
대동맥의 콜라겐 섬유에 포도당의 당화반응이 일어나고 여러 단계를 거쳐 당화반응이 일어날 경우 glucosepane crosslink가 생성될 수 있다. glucosepane은 리신-아르기닌 단백질 교차결합으로 인한 생성물이며 포도당으로부터 유래한 최종당화산물의 하나이다. 최종당화산물은 콜라겐이나 눈의 수정체 단백질인 크리스탈린처럼 체내에서 분해되지 않고 오래 유지되는 단백질에 큰 영향을 미친다. 예를 들어 피부 콜라겐의 반감기는 15년에 이른다.

그림 12.3은 대동맥의 콜라겐과 젊은 쥐의 힘줄을 고농도의 포도당액에 넣고 일정한 시간 간격으로 채취하여 믹서(mixer)로 같은 수준으로 파쇄가 되는 시간을 측정할 경우, 포도당과 오랜 시간 배양할수록 파쇄시간이 점점 연장이 되는 결과를 얻었는데 이것은 포도당에 의해 당화반응(glycation)이 일어나고 교차결합이 형성된 때문이라고 해석을 하고 있다. 콜라겐은 원래는 유연성이 있어서 동맥, 정맥, 그리고 피부를 형성하기에 좋으며 힘줄과 인대를 형성하는 데도 유용하다. 그러나 콜라겐에 당이 붙기 시작하고 교차결합이 발생하면 시간이 지남에 따라 유연성은 점점 떨어진다. 그리고 동맥벽의 콜라겐은 지나가는 LDL(저밀도지단백질)과 같은 지단백질(lipoprotein)을 동맥벽에 가두는 역할을 할 수 있다. 이와 같이 변형이 일어난 단백질들은 조직에서 오래된 고무나 플라스틱이 부스러지듯이 혈관에서 동맥경화를 촉진할 수 있다. 당화와 교차결합이 일어나면 힘줄이나 건(tendon)의 경우도 더 이상 유연하게 조절할 수 있는 단계를 벗어나게 되는 것이다.

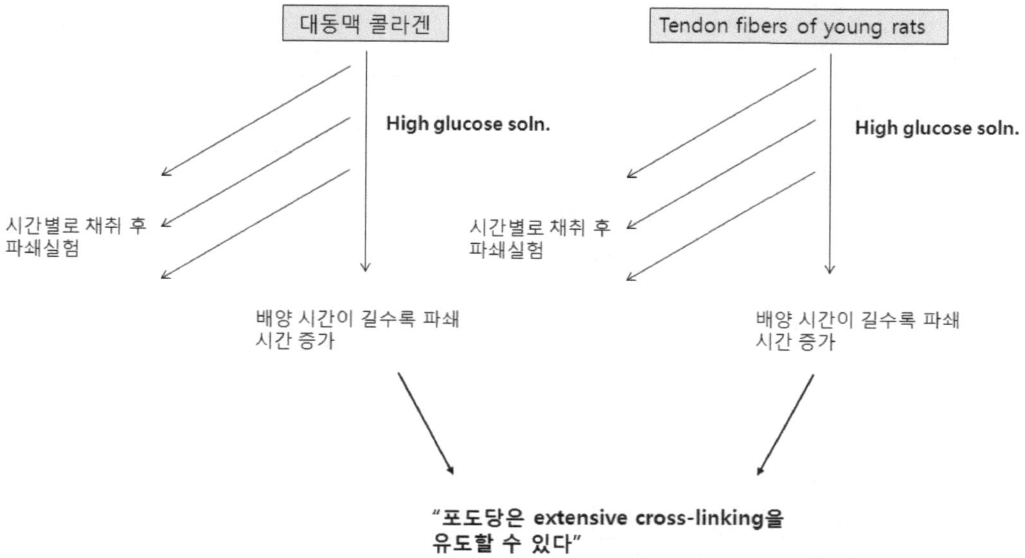

〈그림 12.3〉
대동맥의 콜라겐과 젊은 쥐의 tendon fiber를 높은 농도의 포도당 용액과 섞어 배양하고 배양시간에 따라 추출하여 파쇄를 하였다. 오래 배양할수록 파쇄시간이 증가하는 것은 당화반응과 교차결합의 결과로 추정하고 있다.

▌메일라드 반응

메일라드 반응(Maillard reaction)은 가열할 때 식품에서 자연발생적으로 일어나는 반응으로 색깔이 노랑색 또는 갈색으로 변하기 때문에 '갈변화현상'이라고도 부른다. 프랑스 화학자 메일라드가 이를 발견하여 보고하였기에 메일라드(또는 '마이야르'라고도 발음함) 반응이라고 이름을 붙였다. 메일라드는 아미노산과 당을 같이 넣고 고온에서 반응시키자 용액이 갈색으로 변화하는 것을 발견하였고, 이런 변화에 흥미를 느낀 메일라드는 용액을 분석해 아미노산과 당 사이에 반응이 일어났다는 사실을 발견하고 이에 대한 내용을 1912년 3쪽 짜리 논문으로 발표하였다. 논문 제목은 '당에 대한 아미노산의 반응: 멜라노이딘(melanoidin) 형성 방법' 즉 메일라드는 당과 아미노산의 반응생성물이 갈색으로 나타났는데 동물의 털과 피부의 갈색 색소인 멜라닌을 떠올려 이와 유사한 이름을 붙인 것이다. 대부분은 단백질의 라이신, 아르기닌 유리 아미노기와 환원당의 카르보닐기(C=O)가 반응하여 Schiff 염기를 생성한 후, 전이 및 탈수반응에 의해 푸르푸랄(furfural)을 형성하고, 그것이 2차적으로 축합하여 비가역적인 최종 당화산물(AGEs)이 된다고 생각하고 있다.

〈표 12.1〉
생체 내 메일라드 반응에 관련된 중요 논문들.

발표 시기(년)	중요 내용	저자(참고문헌)
1912	Maillard 반응 발견함.	Maillard
1953	식품에서 화학적 경로 묘사함	Hodge
1955	혈액에서 당화혈색소가 발견됨.	Kunkel and Wallenius
1968	당화혈색소가 당뇨병환자에서 증가되었음을 발견함.	Rhabar
1981	생체내에서 Maillard 반응을 발견하고 이 반응이 노화에 기여 가능성 제안함.	Monnier and Cerami
1984	Advanced glycosylation end-products의 약자로 'AGE'를 사용하였고, Advanced glycation end-products로 재명명됨.	Brownlee, Vlassara and Cerami
1985	세포 수용체가 AGE 단백질을 제거함	Vlassara, Brownlee and Cerami
1986	생체내에서 CML 발견	Ahmed, Thorpe and Baynes
1989	생체내에서 Pentosidine 발견	Sell and Monnier.
1991	glycation과 oxidation이 결합된 'Glycoxidation'이라는 용어가 논문에서 사용됨.	Dyer et al.
1992	RAGE(Receptor for AGEs) 발견함.	Neeper et al.
1996	Advanced lipoxidation end-products의 약자로 'ALEs'를 사용함.	Requena et al.
1997	식품에 존재하는 AGEs가 독성을 나타낼 가능성을 발견(glycotoxins).	Cerami et al, Koschinski et al.

1970년대와 1980년대에는 '메일라드 반응' 또는 'advanced glycation'이라 불리는 반응이 생체내에서도 일어날 수 있음을 알게 되었다. 메일라드 반응과 관련된 가장 충격적인 연구결과는 지난 2002년 나왔는데 발암물질인 아크릴아마이드(acrylamide)가 보통 사람들의 몸에도 상당량 축적돼 있음을 이상히 여긴 스웨덴의 과학자들이 추적 조사한 결과, 체내에 축적된 아크릴아마이드가 식품으로부터 유래한 것이라는 것을 밝혀냈다. 즉 식품에서 일어난 메일라드 반응의 생성물이 추가반응을 통해 아크릴아마이드로 바뀌었다는 것이다.

최종당화산물(Advanced glycation end products, AGEs)

당화반응(glycation)은 앤서니 세라미(Anthony Cerami)의 선구적인 연구가 보여주고 있는 것처럼 상당히 복잡하다. 그러나 이 반응의 마지막 결과는 '최종당화산물(AGEs)'이라고 부르는 상당히 다양한 물질들이 많은 종류의 다양한 형태의 단백질들에 달라붙는 것이다. 최종당화산물(AGE)이 형성되면 주위 분자들 사이에 교차결합이 일어난다. 콜라겐과 엘라스틴의 경우에 교차결합이 일어나면 조직의 유연성과 신축성이 감소하게 된다. 이러한 화학적 결합이 노화의 일반적인 현상 중의 하나라고 이야기할 수 있다.

당화반응은 환원당이 효소의 작용 없이 단백질의 아미노기, 지질, 핵산에 결합하며 궁극적으로 최종당화산물을 만들게 된다. 예를 들어, 단백질과 환원당 사이에서 일어나는 Maillard 반응은 단백질의 아미노그룹(NH_2)이 포도당 또는 과당과 같은 환원당의 카르보닐그룹(C=O)과 탈수 축합 반응을 일으켜 불안정한 형태의 Schiff 염기를 만드는 것으로 시작된다. 중간산물은 처음 기술한 사람의 이름을 딴 Amadori, Schiff base, Maillard products 등 여러 가지 이름으로 표시된다. 알도오스(aldose)에 속하는 포도당에서 유래한 Schiff 염기는 아마도리 재배열(Amadori rearrangement) 반응이 진행되며 최종적으로 케토오스(ketose) 형태의 아마도리 생성물(Amadori product)을 형성한다. 이것은 다시 재배열, 탈수, 축합 반응을 일으켜 비가역적인 최종산물인 최종당화산물(AGEs)을 형성하게 되는데, 이들은 종종 형광이나 노랑-갈색을 띄고, 분자 내부의 또는 분자들 사이의 교차결합을 형성한다. 만들어진 AGEs 중 대표적인 예를 들면, 메틸글리옥살(methylglyoxal), 카복시메틸 라이신(N^{ε}-carboxymethyl-lysine, CML), 펜토시딘(pentosidine), 피랄린(pyrraline) 등이 있으며 수없이 많은 최종당화산물(AGEs)가 존재한다.

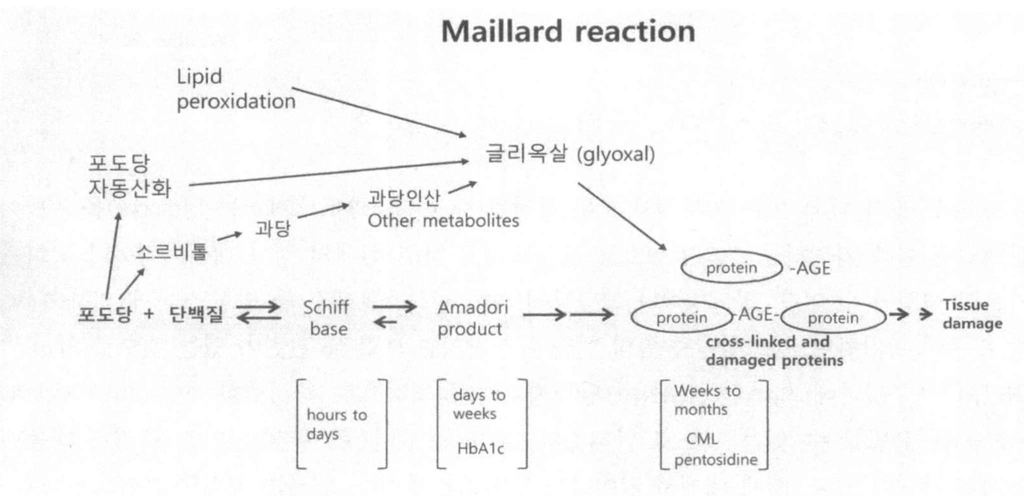

〈그림 12.4〉 AGEs가 생성되는 반응.

단백질의 아미노기와 당의 카르보닐기가 반응하여 Schiff base를 형성하는데 이 반응은 가역적으로 일어난다. 이 후 아마도리 재배열 반응을 통하여 아마도리(Amadori) 생성물이 생성되며 이것은 재배열, 응축, 탈수 과정을 거치면서 최종당화산물을 형성한다. 최종당화산물이 생성되는 반응은 반응 시작단계에서 에너지 공급 없이 거의 자연발생적으로 일어나며 비가역적인(irreversible) 특징을 가진다. 그러므로 혈당이 정상화되더라도 이미 형성이 일어난 최종당화산물의 조직 내 농도는 정상으로 되돌아가지 않는다. 고혈당은 AGE-adduct와 AGEs 교차결합 형성을 가속화시키고 다량의 플라크 형성을 촉진한다. AGEs에 의해 생성이 촉진되는 산소라디칼 형성으로 조직 손상은 더욱 심해질 수 있다.

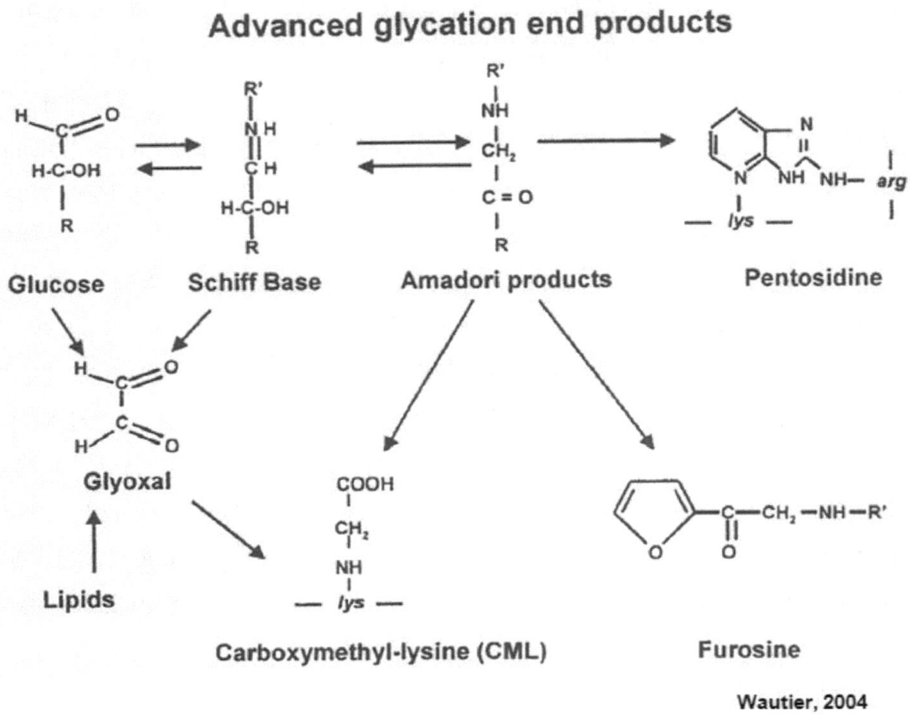

〈그림 12.5〉
최종당화산물(AGEs)에는 glyoxal, CML, pentosidine, furosine 등이 있다.

AGEs는 신체 내부 또는 외부에서 모두 생성될 수 있다. 생체 외에서는 당(sugar)을 지방이나 단백질과 함께 가열하는 조리방식으로 생성되기도 하고 신체의 정상 대사과정이나 노화과정 가운데 생성될 수 있다. 당뇨병이나 고혈당에 의한 산화스트레스 등 병적 상태에 의하여 AGEs의 수준이 증가하며, 당뇨합병증-특히 혈관과 신장기능 퇴화-에 관련이 있는 것으로 알려진다. 최근의 연구결과에 의하면 AGEs는 당뇨병과는 독립적으로 죽상경화 손상(atherosclerotic lesion)을 유발할 수 있는 것으로 밝혀졌다. AGEs는 매우 큰 활성을 가진 물질로 대동맥의 경직과 관련이 있다. 생체 내에서 일어나는 당화반응에 대한 연구는 고혈당증(hyperglycemia)을 앓고 있는 당뇨환자에서 연구된 바 있다. 한 번 생성되면 오랜 기간 존재하는 구조역할의 콜라겐이나 눈의 수정체의 크리스탈린 단백질은 AGE 과정의 중요한 병리적 타겟이 된다고 할 수 있다. 특히 혈관벽 콜라겐에서 AGE 형성이 일어나면 매우 해롭게 생각되는데, 그 이유는 콜라겐들의 결합과 순환하는 단백질들의 결합으로 인해 플라크(plaque)를 형성하거나 혈관벽의 탄력성을 떨어뜨리기 때문이다. 이러한 것은 동맥경화의 원인이 된다.

식이성 최종당화산물

체내에서 최종당화산물의 생성은 매우 천천히 일어나지만 식품에서는 동물성 지방이나 단백질이 풍부한 식재료를 고온에서 조리할 경우 최종당화산물이 많이 생성된다고 알려져 있다. 식품 중에 생성된 최종당화산물의 약 10% 정도는 흡수되어 혈액과 조직에 축적되는 것이 알려지면서 최근에 들어 식이성 최종당화산물에 대한 관심이 증가되고 있다.

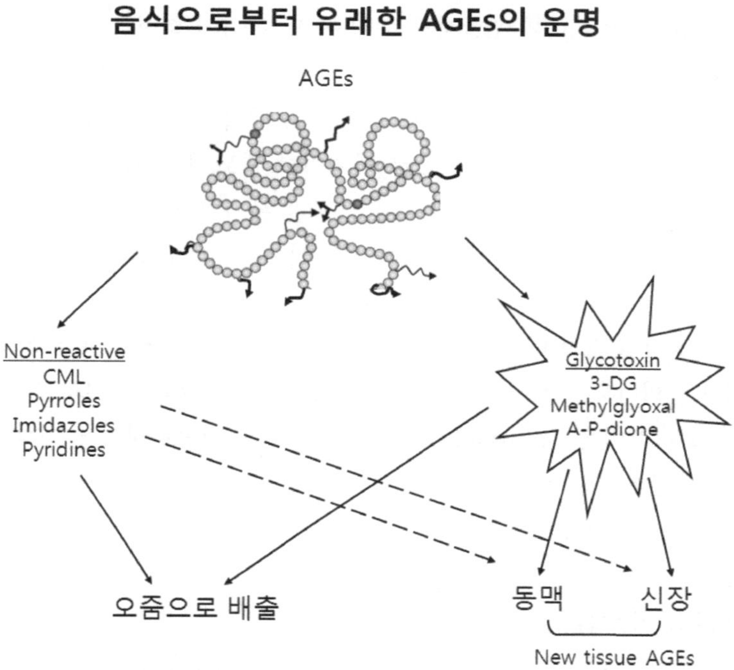

〈그림 12.6〉 식품에 존재하는 최종당화산물의 운명.
체내에 들어온 AGEs들은 대부분 오줌으로 배출되지만 그 일부는 동맥이나 신장과 같은 조직에 지속적으로 축적이 일어나면서 조직 손상을 일으키게 된다.

메일라드반응 생성물(Maillard reaction product, MRP)은 풍미를 증진시키는 갈색 성분을 형성하기도 하나, 이 반응의 최종당화산물들은 또 다른 물리화학적 특징을 지닌 고분자물질인 CML(카복시메틸-라이신)을 생성한다. CML의 생성은 직접적으로 가공 온도와 시간에 비례한다. 즉 높은 온도에 오래 노출될수록 더 많이 생성되는 것이다. 이런 조건은 특히 튀김, 로스팅, 베이킹, 재가열이 많은 패스트푸드에 적용된다. 그러므로 식품 속 CML의 양은 식품의 구성성분뿐만 아니라 요리과정의 방법과 조건, 재가열과도 연관이 되는 것이다. CML은 최종당화산물인 AGEs의 생성 정도를 나타내는 대표적인 마커(marker)로 잘 알려져 있으며, 이 AGEs의 생성

수준은 지난 50년간 서양 성인 식단에서 빠르게 증가하고 있다. 식품 속의 AGEs는 인류 건강에 있어 '잠재적 위험인자'로 간주되고 있고 이는 최근에 더욱 부각되고 있다.

12.2 교차결합설

노화의 에러 설(error theory)에 포함시킬 수 있는 또 하나의 학설로서 '가교설' 또는 '크로스링크 설'이 있다. 이 설을 제창한 뵈르크스텐은 세포 내부 그리고 외부의 여러 가지 단백질 사이에는, 시간의 경과와 더불어 차츰 교차결합(crosslink)이 생긴다고 생각했다. 최종당화산물의 형성이 일어나면 단백질의 교차결합으로 말미암아 당뇨병과 노화가 초래되는 원인이 될 수도 있다. 그 이유는 가교가 생기면 각각의 단백질 분자가 갖는 본연의 작용이 손상되고, 세포의 기능이 저하하여 기능의 감소가 일어나기 때문이다. 한 연구에 의하면 유아와 청년, 그리고 노인에 있어서 상대적인 크로스링크 지표(cross-linking index)를 측정, 비교하였는데, 유아는 0.23, 청년은 1.2, 노인의 경우는 3.7을 나타내었다. 이것은 노화가 일어날수록 교차결합이 많이 일어남을 의미하는 것이다. 하나의 예를 들면 뇌와 척수는 3겹의 막에 의해 둘러싸여 있는데, 가장 바깥쪽의 막은 경막(dura mater)이라 부르는 결합조직이 둘러싸고 있다. 나이가 먹을수록 경막의 색깔이 더 노란 색을 띠게 되는데 이것은 더 많은 AGEs와 교차결합을 포함하고 있음을 나타내는 것이다.

결합조직과 콜라겐단백질

크로스링크는 단백질분자 사이에서 뿐만 아니라 다른 거대분자들과도 일어날 수 있다. 표 12.2는 몇 종류의 결합조직에서 콜라겐(collagen), 엘라스틴(elastin), 프로테오글리칸(proteoglycan)이 차지하는 비율을 조사한 것인데, 콜라겐이 차지하는 비율이 결합조직에서 상대적으로 높음을 알 수 있다.

〈표 12.2〉

각 결합조직 성분의 비교. 콜라겐은 여러 결합조직을 구성하는 주요성분이다. 결합조직은 물과 무기질을 제외하면 주성분이 콜라겐이다.

	피부(%)	연골(%)	힘줄(%)	뼈(%)
수분(water)	65	70	63	10
기타 무기질	1	1.5	0.5	65
유기물 (유기물 명세, 아래)	34	29	37	25
콜라겐	25	16	32	23
엘라스틴	0.6		2	
프로테오글리칸	2	10	1	0.2

콜라겐(collagen)은 단백질의 일종이다. 세포속의 많은 단백질이나 혈액 속의 단백질은 물에 녹은 상태로서 존재하는 것이 보통이나 이 콜라겐은 다르다. 콜라겐은 몸속에서는 녹은 상태로서는 거의 존재하지 않고 섬유성 단백질 상태로 존재한다. 콜라겐의 섬유는 몸이나 장기를 지탱하거나, 결합하거나, 보강하거나 또는 경계면을 만드는 등 결합조직의 가장 기본적인 역할을 하고 있다. 정상적인 상태에서는 혈관벽을 형성하고 있는 콜라겐의 섬유는 다른 물질에 덮여 있어서 직접 혈액과 접촉하는 일은 없다. 그러나 상처를 받으면 콜라겐이 드러나서 혈액과 접촉하게 된다. 혈액 속의 혈소판(platelet)은 콜라겐과 만나면 응집을 하는 성질이 있다.

콜라겐의 분자형상은 매우 가느다랗고 긴 막대모양이다. 굵기와 길이의 비가 약 1:200이다. 이렇게 가늘고 긴 것이 실 뭉치와 같은 모양으로 되지 않고 막대기와 같은 형상을 하고 있는 것이 매우 흥미로운데, 콜라겐분자가 이와 같은 형상을 유지할 수 있는 이유는 그것이 독특한 복합 세 가닥 나선구조를 가진 데에 있다. 즉 콜라겐분자는 아미노산 약 1000개가 결합된 사슬 세 가닥으로써 이루어져 있고, 사슬의 하나하나가 나선을 형성하며 서로 감겨서 복합 세 가닥 나선을 형성하고 있다. 다만 분자의 양끝 즉 머리와 꼬리에는 나선을 만들고 있지 않은 짧은 사슬이 붙어있다. 피부, 힘줄, 뼈 등의 주성분인 콜라겐은 세 가닥 사슬 중 두 가닥이 같고, 다른 한 가닥이 다르다. 피부·뼈의 주성분인 콜라겐은 I형, 연골에는 II형, 혈관벽에는 III형, 신장의 사구체막에는 IV형의 콜라겐이 존재한다. 두 번째로 엘라스틴 섬유는 콜라겐 섬유와는 달라서 특징적인 줄무늬가 없으며 매우 녹지 않는 특성을 나타낸다. 따라서 결합조직을 열과 알칼리로 처리하여, 녹는 물질을 모조리 녹이고 남는 것은 엘라스틴 성분이라고 보면 된다.

1형 콜라겐의 구조

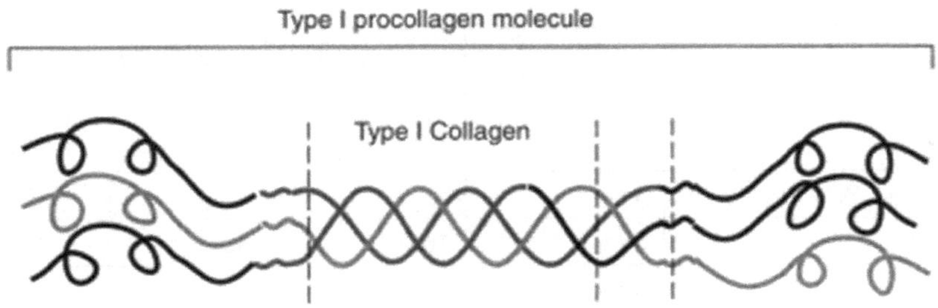

Urena, 1999

〈그림 12.7〉 콜라겐의 분자구조.
콜라겐의 분자형상은 매우 가느다랗고 긴 막대모양이며 독특한 복합 세 가닥 나선구조를 가진다. 콜라겐분자는 폴리펩티드 사슬 세 가닥으로써 이루어져 있고, 사슬의 하나하나가 나선을 형성하며 서로 감겨서 복합 세 가닥 나선을 형성하고 있다. 다만 분자의 양끝 즉 머리와 꼬리에는 나선을 만들고 있지 않은 짧은 사슬을 포함한다.

결합조직의 세 번째 중요한 성분은 프로테오글리칸이다. 프로테오글리칸은 단백질과 다당류의 복합체로서, 중량비로 말하면 다당체(polysaccharide)부분이 훨씬 많아서 약 85~90%를 차지한다(단백질의 비율이 다당체에 비해 훨씬 많을 때 이것은 당단백질이라고 하며, 반대로 단백질에 비해 다당체의 비율이 훨씬 높을 경우는 프로테오글리칸으로 호칭한다). 프로테오글리칸은 널리 결합조직에 존재하지만 특히 연골에 많다. 프로테오글리칸은 콜라겐이나 엘라스틴과 달리 섬유를 만들고 있지 않으며, 콜라겐과 엘라스틴 섬유성분의 틈새를 메우는 형태로서 존재한다. 프로테오글리칸은 여러 기능을 가지고 있는데 그 하나는 수분을 유지하는 일이다. 또 영양분이나 노폐물이 세포로 운반되거나 바깥으로 버려지거나 할 때의 통로가 된다. 관절액은 주로 프로테오글리칸이며 윤활체 역할을 하고 있다. 결합조직의 구성성분은 물과 무기물을 제외하면 콜라겐과 엘라스틴 및 프로테오글리칸이 주된 구조를 이루는 것이다.

크로스링크는 건물의 못 구실

콜라겐의 섬유는 동물이나 인간의 나이가 많아짐에 따라서 기계적인 강도가 상승하고, 효소나 약품에 대한 저항력이 증가해 간다. 콜라겐의 섬유의 이와 같은 변화는 나이와 더불어 콜라겐의 분자간의 크로스링크가 점점 늘어난다고 생각하면 잘 설명될 수 있다. 성숙한 콜라겐 섬유의 크로스링크는 Schiff 염기화합물과는 다른 안정된 화합물을 구성한다. 1977년 가교를 형성하는 물질인 피리디놀(pyridinol)이라는 벤젠고리를 포함하며 아미노산의 결합수가 3인 화합물을 발견하여 피리디놀린(pyridinoline)이라 명명하였다.

콜라겐의 피리디놀린 구조에 의한 교차결합

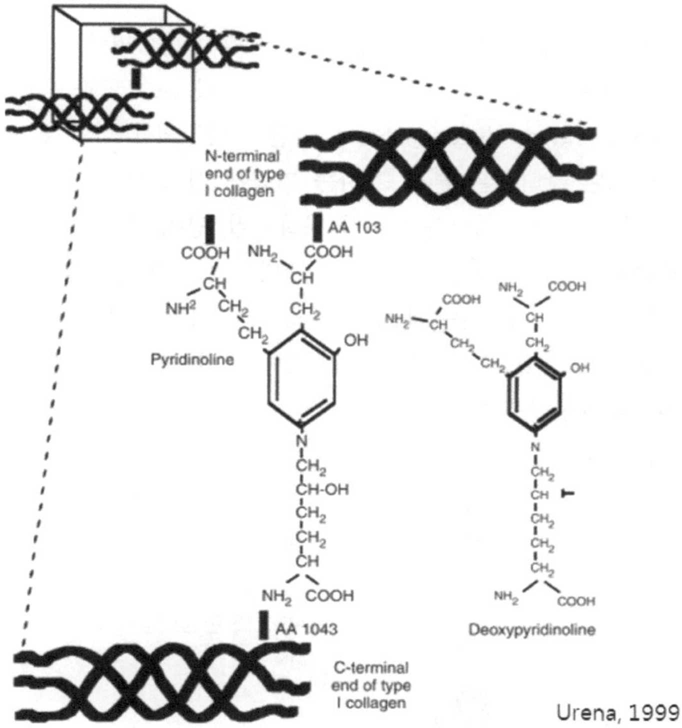

〈그림 12.8〉

콜라겐의 가교를 형성하는 물질인 피리디놀린은 세 가닥의 콜라겐 사슬을 튼튼하게 고정시킨다. 피리디놀린의 나이에 따른 변화는 갓 태어난 쥐의 콜라겐에는 거의 발견되지 않으며, 성장과 더불어 급속히 증가한다. 피리디놀린은 Schiff 염기화합물과 달라서 열이나 산에도 안정한 구조를 나타낸다.

피리디놀린은 세 가닥의 콜라겐 사슬을 튼튼하게 고정시킨다. 인간의 조직에서 비교하면 피리디놀린은 연골, 아킬레스힘줄, 이(teeth), 대동맥벽, 뼈 등의 콜라겐에 주로 존재하고 피부, 각막 등의 콜라겐에는 거의 없다. 최종당화산물은 탱탱하고 유연한 콜라겐이나 엘라스틴과 달리 뻣뻣한 형태를 띤다. 여기에 문제가 생기는데 진피층에 콜라겐이나 엘라스틴이 많을 때는 진피와 표피의 접합부가 구불구불한 형태를 띠지만 AGEs로 바뀌면서 평평하게 변하기 때문에 수분과 영양을 공급받는 면적 또한 줄어든다. AGEs가 축적된 피부는 탄력을 잃고 주름, 칙칙한 피부 톤(tone) 등 다양한 노후의 징후가 나타나게 된다. 한번 생성된 AGEs 단백질은 분해되어 사라지거나 수복이 되지 않는다.

12.3 최종당화산물과 당뇨병

노화관련 질환은 생체내 기관체계에서의 단백질의 화학적 손상의 증거로 규정된다. 이러한 현상은 동맥경화, 혈관손상과 당뇨병에서 최종당화산물(AGEs)과 최종지질산화생성물(advanced lipoxidation end products, ALEs)에 의한 단백질의 변화와 관련이 있다. 당화가 일어나거나 크로스링크된 단백질은 본래 가지는 기능을 상실한다. 당과 단백질이 AGEs를 형성하는 것과 같이 당이 지질과 결합하면 악성 당화기질, 당이 유전자 핵산과 결합하면 악성 당화핵산이라는 일련의 AGEs 유사물질이 만들어진다. AGEs가 생성되면 세포막에 AGEs와 결합할 수 있는 수용체, 즉 AGEs 수용체(RAGE: receptor for AGEs)가 만들어진다. 이렇게 만들어진 RAGE에 AGEs가 결합하면 활성산소종(ROS)을 생성하고, 이는 염증과 관련된 각종 면역인자를 활성화하여 만성질환을 유발하거나 악화시킨다. 세포 및 조직기능에 중요한 역할을 하는 단백질이 당에 의하여 해로운 물질로 변하는 것이다. 혈당이 높다는 것은 피에 설탕을 뿌려 놓은 것과 같다. 따라서 혈당치가 올라가면 이런 단백질들이 연쇄적으로 당화된다. 당뇨병에 걸리면 노화가 가속화되고 각종 합병증이 생기는 것은 당화반응과도 관련이 있다.

최종당화산물(AGEs)와 만성염증

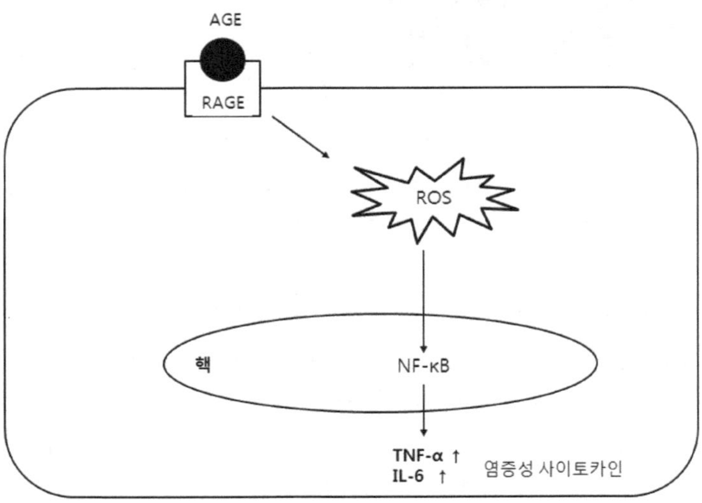

〈그림 12.9〉 최종당화산물은 염증반응을 촉진하며, 염증반응은 만성질환을 유도할 수 있다.

최종당화산물(AGEs)은 최종당화수용체(RAGE)에 상호작용하고 이것은 세포내 ROS 생성을 증가시키고, ROS는 염증반응과 세포분열을 유도하는 NF-κ B를 증가시킨다. 증가한 ROS나 NF-κ B는 다시 RAGE를 자극할 수 있으므로(RAGE→ROS→NF-κ B→RAGE) 악순환이 연쇄반응화할 수 있다. NF-κ B는 염증성 사이토카인의 증가를 초래하며 염증반응은 조직의 손상을 일으킬 수 있다. 이러한 현상은 당뇨병 합병증이나 아테롬성 동맥경화증, 알츠하이머병 등과 연관되는 것으로 알려져 있다.

변질된 당화 단백질은 우선 근육에 달라붙어 강직, 경련현상을 일으키고, 피부 콜라겐 단백질이 당화되면 피부 탄력성을 떨어뜨려 노화를 촉진한다. 또 혈관의 탄력성을 유지해주는 콜라겐 단백질이 당화되면 혈관벽이 뻣뻣해지고 탄력성을 상실한다. 당화 공격 위험이 가장 높은 신체 부위는 신체대사가 활발한 신장 사구체, 안구의 망막세포, 췌장의 베타세포 등이다. 이 때문에 당뇨환자는 신장기능, 시각, 청각, 인슐린분비기능 등에 우선적으로 문제가 생긴다.

당뇨병과 당화반응

당뇨병은 인슐린의 분비의 부족 또는 인슐린의 작용에 대한 저항력으로 인해 고혈당(hyperglycemia) 증세가 나타나는 대사적 질병이다. 당뇨병은 고혈당이 나타나는 대사적 질병이지만 이로 인해 탄수화물과 지방, 단백질의 대사도 교란되어지고, 시간이 지남에 따라 장기들의 기능장애와 손상을 초래하게 된다. 당뇨병에서는 고혈당으로 인해 환원당이 단백질의 산화적 화학변형과 교차결합을 가속화하게 되고, 자동산화적 당화반응(autoxidative glycation)에 의해 환원당과 단백질의 부가물(adduct)이 만들어지고, 이들은 결국 비가역적으로 최종당화산물의 형태로 되며, 또한 혈장과 막단백질에 있는 불포화 지질들의 자동산화에 의해 지질과산화가 가속화된다. 당뇨병에서 오래 지속된 고혈당의 결과 만들어진 AGE와 지질과산화물의 증가된 농도는 생체막의 작용에 손상을 주고 이들은 당뇨병에서 혈관질환 등의 합병증으로 나타나게 된다.

당뇨환자와 정상인에 축적된 glycoxidation product 양의 비교

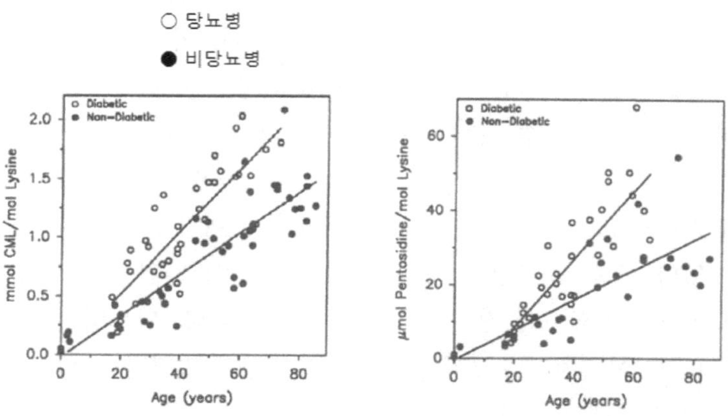

Dyer, 1993

〈그림 12.10〉 당뇨병환자와 비당뇨병인 사람의 피부 콜라겐에 농축되어 있는 최종당화산물 농도 비교.
왼쪽 그림은 N^{ε} –carboxymethyl–lysine (CML)을 측정한 것이고, 오른쪽 그림은 pentosidine의 농도를 측정한 것이다. CML이나 pentosidine은 모두 당화와 산화반응의 결과로 유래된 물질이며 이것은 '당산화 산물(glycoxidation products)'이라고 부른다. 측정된 결과는 나이에 의존적으로 콜라겐의 당산화의 증가가 일어났으며 이러한 추세는 당뇨병환자에서 더욱 가속화가 일어났음을 보여준다. 이러한 결과는 혈관이나 피부의 콜라겐처럼 수명이 긴 단백질의 수식(당화)이 노화나 당뇨병과 유의한 연관성이 있음을 나타내는 것이다.

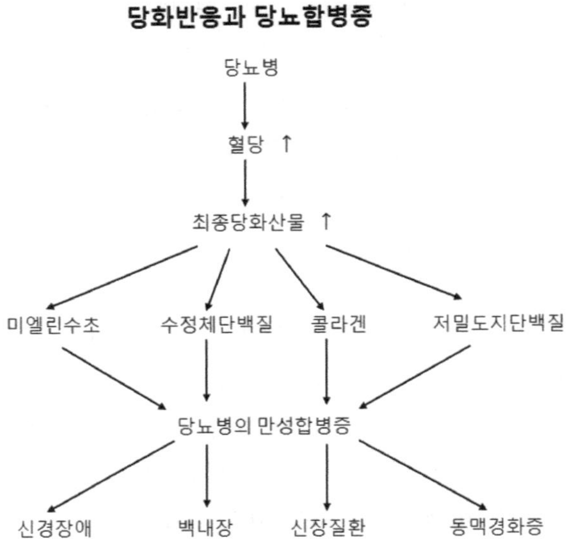

〈그림 12.11〉 당뇨합병증.
당뇨병환자의 높은 혈당은 최종당화산물의 축적을 가져오고 이것은 미엘린의 당화, 수정체 크리스탈린의 당화, 콜라겐의 당화 등을 초래하며 이는 당뇨합병증의 발병과 관계가 있다. 결국 신경장애, 백내장, 신장질환, 동맥경화증 등의 당뇨합병증이 초래된다.

AGE의 형성은 다음과 같은 세 가지의 일반적인 기작을 통하여 병리적 현상을 일으킨다. 첫째, AGE는 세포의 조직상에 리간드(ligand)를 포함하는 신호전달체계(signal transduction)를 변형시킨다. 둘째, AGE는 RAGE와의 반응을 통하여 사이토카인, 호르몬 및 자유기와 같은 가용성 시그날의 농도를 변화시킨다. 셋째, 세포내 AGE 형성은 target tissue에서 단백질 기능과 특성을 직접적으로 변화시킬 수 있는 것으로 알려진다. 당 유래의 변성물인 AGE는 결합조직, 렌즈, 혈관 및 신경조직에 영향을 준다. 당뇨환자의 경우 당화혈색소 HbA1c의 함량이 높고 이것은 산소운반력에도 변화를 주며, 당뇨병에서의 시력저하와 강하게 연관되며 망막의 손상과도 관련이 있다. 또한 포도당에 의한 수정체의 크리스탈린 단백질 변성이 용이하여 백내장 발생빈도가 당뇨병 환자의 경우 정상인보다 훨씬 높다. 당뇨병의 경우 신장 사구체 기저막의 콜라겐의 수식이 일어남으로써 생체막의 비후화와 뻣뻣해짐(stiffness)이 나타난다. 이에 따라 신장기능의 장애가 초래된다.

12 4 최종당화산물과 혈관노화

고혈당증(hyperglycemia)은 일반적인 노화현상으로 혈액 내 포도당의 농도가 지속적으로 높은 수준으로 유지되는 것을 말하며 당뇨에 의해서도 유발된다. 노화나 당뇨에 의한 장시간의 고혈당증은 콜라겐을 비롯한 여러 단백질의 물리화학적 성질을 변화시킬 뿐만 아니라, 여러 조직의 손상을 유발하게 된다. 최종당화산물은 신장과 안구, 망막 등에서 제2형 당뇨병성 합병증을 일으키는 대표적인 물질이며, 또 이와 유사하게 최종지질산화생성물(ALEs)는 혈관벽 지질 과산화와 동맥경화 발생에 의미가 있다는 중요성을 가진다.

Advanced lipoxidation end-products(ALEs)

생물학적 막(biological membrane)은 비공유적 결합에 의해 묶여진 양친매성의 분자들이 형성한 지질 이중층 구조를 가지고 있다. 인지질은 친수성 머리 부분에 소수성의 아실 사슬(acyl chain)이 연결되어 구성된다. 많은 진핵 세포에서 100여종 이상의 인지질이 발견되고 있는데, 아실 사슬(acyl chain)은 14~22개 사이의 탄소를 포함한다. 척추동물에서는 평균적으로 보면 18개 정도 탄소수를 지니며, 포화지방산과 불포화지방산이 40:60 정도의 비율로 구성하고 있다. 막의 지질은 산화적 손상의 주된 표적이 되며 이러한 손상은 긴 자유라디칼 연쇄반응의 시작점이 되기도 한다. 지질의 과산화반응(peroxidation)은 reactive carbonyl species (RCS)와 hydroperoxide(ROOH)를 생성한다. 이러한 활성이 큰 활성카보닐종(RCS)은 활성산소종보다 긴 반감기를 가지며 생물막을 자유롭게 이동할 수 있으므로, 거대분자에 미치는 파괴적인 힘은 활성산소종(ROS)에 버금간다. 이와 같이 지질의 과산화반응을 통해 만들어진 활성카보닐종(RCS)이 거대분자와 비효소적이며 비가역적인 반응을 통하여 여러 종류의 부가물(adduct)을 형성하거나, 교차결합을 이룬 물질들을 형성할 때 이것을 총체적으로 최종지질산화생성물(ALEs)라고 명명하고 있다. 그러므로 단백질의 리신, 아르기닌, 히스티딘, 시스테인과 같은 잔기와 카르보닐(carbonyl) 화합물이 반응함으로써 Malondialdehyde(MDA)-lys, Hydroxynonenal(HNE)-lys, caboxymethyllysine(CML)와 같은 ALEs를 형성할 수 있다. 단백질에 말론디알데히드(MDA) 부가물의 축적이 일어나면 리포퓨신(lipofuscin)의 형성에 관여한다. ALEs도 AGEs와 유사하게 RAGE에 결합하여 염증반응을 지속적으로 유발할 수 있다.

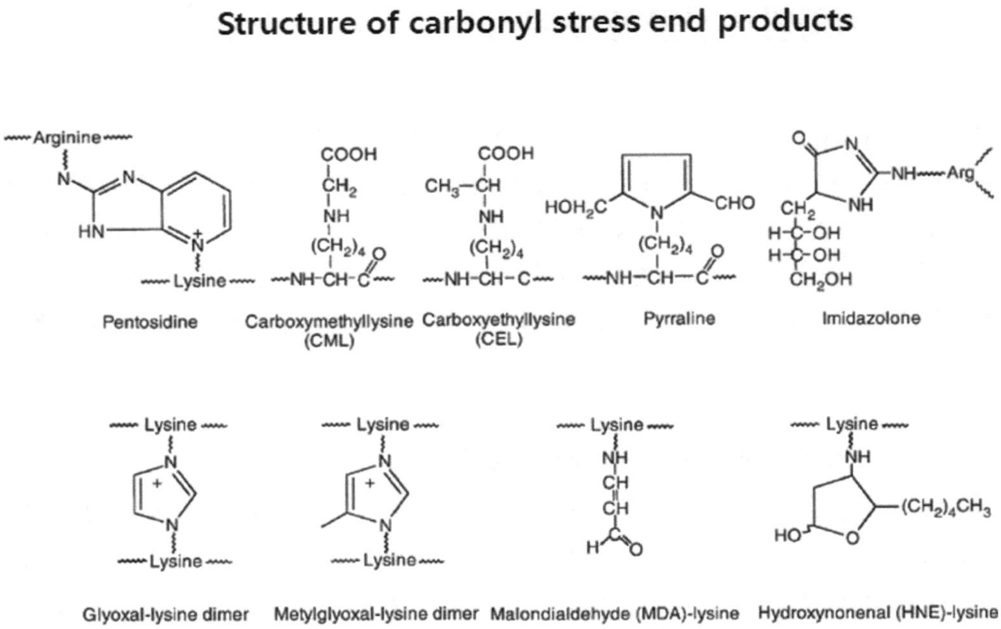

Miyata, 1999

〈그림 12.12〉 다양한 종류의 AGEs와 ALEs의 구조.

〈표 12.3〉

동맥경화적 병소 또는 산화적 지단백질(lipoprotein)에서 발견되는 ALEs(advanced lipoxidation end-products) 종류의 예

이름	구조
Malondialdehye-lysines(MDA-lys)	Schiff 염기 부가물
Hydroxynonenal-lysine(HNE-lys)	Michael adduct
Hydroxynonenal-lysine	Pyrrole

〈표 12.4〉

조직 단백질(protein)에서 발견되는 AGEs(Advanced glycation end-products)종류의 예

이름	구조
Pyrraline	lysine pyrrole carboxaldehyde
Pentosidine	arginine-lysine crosslink
3-DG-hydroimidazolone	arginine-3DG imidazolone adduct

〈표 12.5〉
조직 단백질에서 발견되는 EAGLEs(Either advanced glycation or lipoxidation end-products) 예: 당(sugar) 또는 지질(lipid)로부터 모두 생성 가능.

이름	구조
N^{ε}-carboxymethyl-lysine (CML)	N-carboxyalkyl adduct
N^{ε}-carboxyethyl-lysine (CEL)	N-carboxyalkyl adduct
5-methyl-hydroimidazolone	Arginine-MGO imidazolone
Glyoxal-lysine dimer(GOLD)	Imidazolium salt
Mthylglyoxal-lysine dimer(MOLD)	Imidazolium salt

동맥경화에서 당산화와 지질산화의 역할

동맥경화는 혈관벽에 지단백질(lipoprotein)의 보유(retention)에 의하여 시작되는 만성 질병이다. 지단백질의 축적은 다양한 이유로 일어날 수 있다. 지단백질은 혈액의 전단응력에 의해서나 효소적 수식을 통해 자발적으로 응집이 일어날 수도 있지만, 동맥경화에서 문제가 되는 것은 혈관벽 속의 과산화반응이 일어난 지단백질의 축적이다. 지질의 산화 동안에 형성되는 활성화 지질은 세포의 활성화와 증식을 유도한다. 그들은 또한 활성카보닐종(RCS)으로 분해가 일어나 단백질과 반응함으로써 최종지질산화생성물(ALEs)를 형성하기도 한다. ALEs는 지단백질을 포함하는 조직 단백질의 구조에 영향을 줄 뿐 아니라 혈관벽의 교차결합 특성에도 영향을 미친다. 여기에다가 당뇨병에서 고혈당으로 말미암은 AGEs의 축적은 동맥경화의 위험요인으로 다가온다.

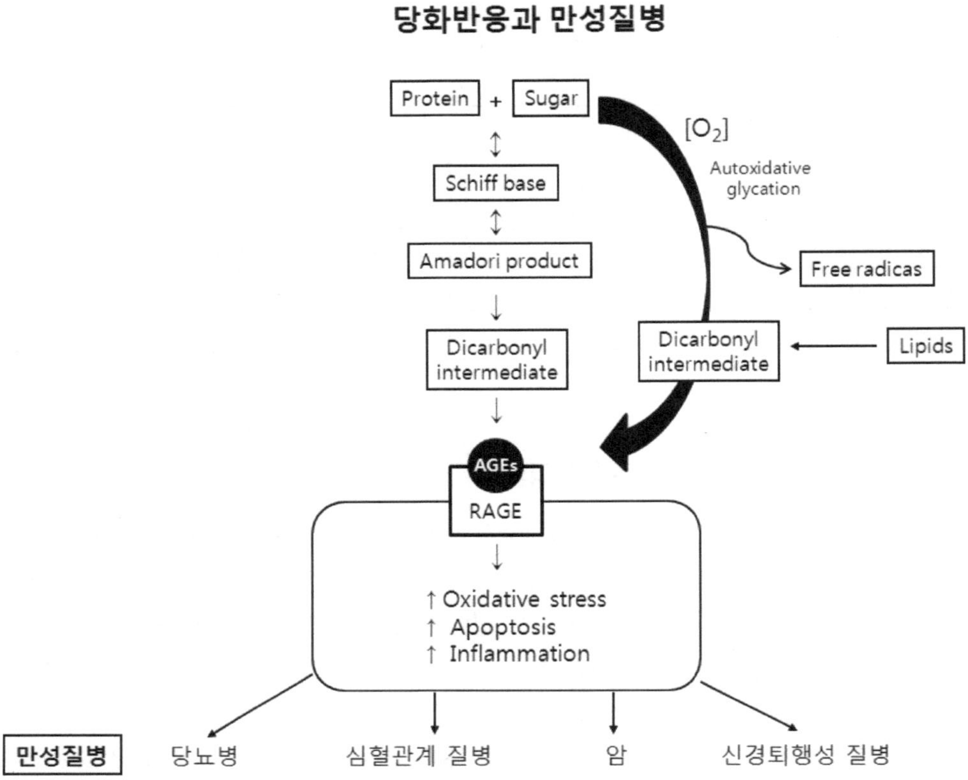

〈그림 12.13〉 당화반응과 만성질환.
당화반응은 몇 단계 스텝을 거치면서 비가역적인 AGEs를 형성하며 AGEs는 RAGE에 결합함으로써 산화 스트레스의 증가, 세포사멸의 증가, 염증의 증가를 초래하게 된다. 이것은 만성질병의 병인과 관련이 있다.

이러한 비효소적 당화반응에 의해 형성된 AGEs 또는 ALEs는 수용체인 RAGE와 결합하여 세포내 산화스트레스를 유발하여 TGF-β, PDGF 등의 사이토카인의 분비, NF-κB 같은 전사인자의 활성화를 초래하여 염증성 유전자발현을 증가시킨다. 이는 곧 혈관의 염증을 유발하고 혈관 노화로 이어진다. 혈관 노화의 결과로 혈관은 신축성과 탄력성이 저하되어 경화(sclerosis)를 일으킨다. 심장동맥에서의 AGEs 또는 ALEs의 형성은 혈관벽의 구조와 결합조직 기능을 변화시키며 혈관벽에서 지단백질 입자의 포착을 증가시키고, 죽상동맥경화증을 일으키는 초기 산화과정을 촉진한다. 이러한 혈관의 경화는 심장 혈관 같은 주요 혈관의 기능을 저하시켜 심실의 용적을 줄어들게 하며 말초기관으로의 원활한 혈액공급을 방해한다. 또한 피부의 주름을 생성하며 근육을 뻣뻣하게 하기도 한다. AGEs에 의한 조직 단백질의 계속적이고 비가역적인 변화는 노화현상의 일부이며 AGEs의 체내 형성과 외부에서 형성된 AGEs의 섭취를 줄이면 혈관노화를 억제할 수 있다. AGEs 형성을 억제시키기 위해서는 우선 고혈당을 예방해야 하며 이는 소식에 의해 과도한 에너지 섭취를 줄이고 운동을 통하여 여분의 에너지를 소모해야 함을 의미한다.

혈관벽에서 동맥경화를 촉진하는 AGEs 역할

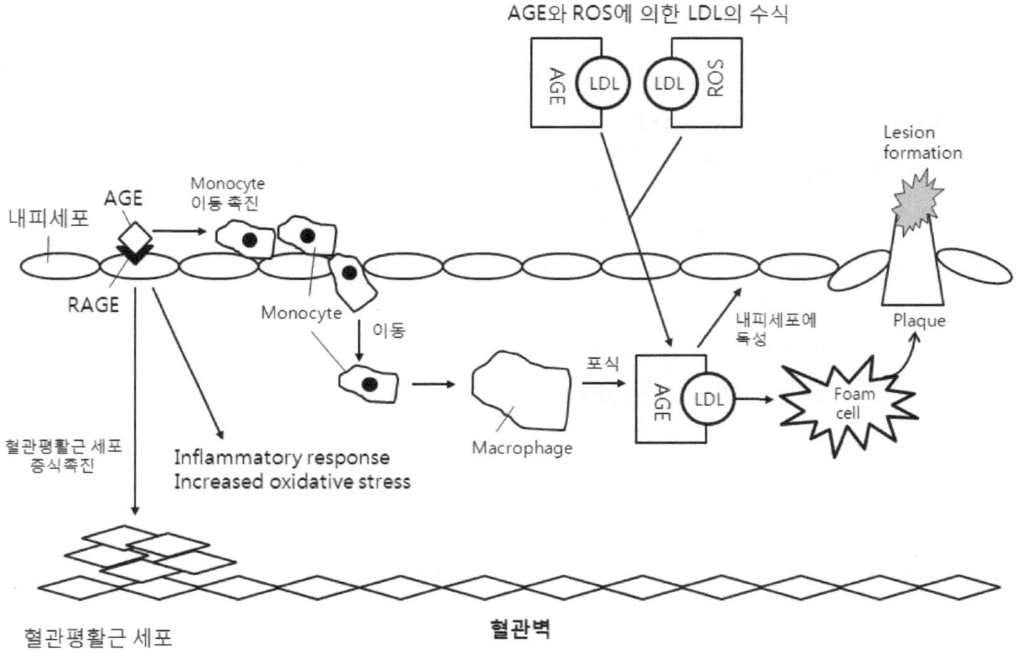

〈그림 12.14〉 최종당화산물과 죽상동맥경화증.

증가한 최종당화산물(AGE)가 RAGE(receptor for AGE)에 결합하여 염증반응을 촉진하고, 산화 스트레스를 증가시키며, 혈관평활근 세포의 증식을 촉진한다. 또한 monocyte(단핵구)의 이동을 자극하여 대식세포(macrophage)로 분화하도록 촉진한다. 대식세포는 산화된 저밀도지단백질(LDL)과 당화반응이 일어나 기능에 손상을 입은 LDL을 포식하며, 이 과정을 통해 대식세포 내에 LDL을 축적하면서 대식세포는 거품세포(foam cell)로 전환된다. 거품세포(foam cell)는 내부에 많은 변형된 LDL을 포함하며 또 여러 가지 염증성 사이토카인과 성장인자, 기질단백질분해효소 등을 분비하며 플라크 형성을 촉진시킨다. 대식세포에서 유리된 사이토카인과 성장인자(growth factor)는 T세포와 더불어 혈관평활근 세포를 내막으로 이주시키고 증식하여 콜라겐, 엘라스틴, 글리코사민글리칸 등 많은 세포외기질을 만들어낸다. 동맥경화증이 진행됨에 따라 동맥벽의 석회화와 플라크의 부피 증가로 혈관의 내경이 좁아지게 된다. 이에 따라 혈류의 속도가 증가해서 상층부의 내피세포의 손상을 일으키거나 혈전을 통한 염증반응을 통해 플라크의 파열이 초래될 수 있다. 파열이 초래되면 플라크 내부에 축적되어있던 죽과 같은 지방층이 밖으로 나와 혈류를 막음으로써 죽상동맥경화증을 초래한다.

참고문헌

1. Ahmed, M. U., S. R. Thorpe, et al. (1986). "Identification of N epsilon-carboxymethyllysine as a degradation product of fructoselysine in glycated protein." *J Biol Chem* 261:4889–4.
2. Baumann, L. (2007). "Skin ageing and its treatment." *J Pathol* 211:241-51.
3. Baynes, J. W. (1991). "Role of oxidative stress in development of complications in diabetes." *Diabetes* 40:405-412.
4. Baynes, J. W. and S. R. Thorpe. (2000). "Glycoxidation and lipoxidation in athersclerosis." *Free Rad Biol Med* 28:1708-1716.
5. Bellows J. G. and R. T. Bellows. (1976). "Crosslinkage theory of senile cataracts." *Ann Ophthalmol* 8:129-35.
6. Bjorksten, J. (1968). "The crosslinkage theory of aging." *J Am Geriatr Soc* 16:408-27.
7. Bjorksten, J. (1976). "The crosslinkage theory of aging: clinical implications." *Compr Ther* 2:65-74.
8. Bjorksten, J. (1977). "Some therapeutic implications of the crosslinkage theory of aging." *Adv Exp Med Biol* 86B:579-602.
9. Bjorksten, J. and H. Tenhu. (1990). "The crosslinking theory of aging-added evidence." *Exp Gerontol* 25:91-5.
10. Bohlender, J. M., S. Franke, et al. (2005). "Advanced glycation end products and the kidney." *Am J Physiol Renal Physiol* 289:F645-59.
11. Brownlee, M., H. Vlassara, et al. (1984). "Nonenzymatic glycosylation and the pathogenesis of diabetic complications." *Ann Intern Med* 101:527–7.
12. Bucala, R. and H. Vlassara. (1995). "Advanced glycation end products in diabetic renal and vascular disease." *Am J Kidney Int* 26:875-888.
13. Cai, W., Q. D. Gao, et al. (2002). "Oxidative stress-inducing carbonyl compounds from common foods: novel mediators of cellular dysfunction." *Mol Med* 8:337-346.
14. Cerami, A. (1985). "Hypothesis glucose as a mediator of aging." *J Am Geria Soc* 33:526-632.
15. Cerami, A., H. Vlassara, et al. (1987). "Glucose and aging." *Scientific American* 256:90-96.
16. Cerami, C., H. Founds, et al. (1997). "Tobacco smoke is a source of toxic reactive

glycation products." *Proc Natl Acad Sci U S A* 94:13915–13920.

17. Daniel, S., M. Reto, et al. (2002). "Collagen glycation and skin aging." Cosmetics and Toiletries Manufacture Worldwide.
18. Dyer, D. G., J. A. Blackledge, et al. (1991). "The Maillard reaction in vivo." *Z Ernahrungswiss* 30:29–5.
19. Dyer, D. G., J. A. Dunn, et al. (1993). "Accumulation of Maillard reaction products in skin collagen in diabetes and aging." *J Clin Invest* 91:2463-2469.
20. Furth, A. and J. Harding. (1989). "Why sugar is bad for you." *New Scientist.*
21. Grillo, M. A. and S. Colombatto. (2008). "Advanced glycation end-products (AGEs): involvement in aging and in neurodegenerative diseases." *Amino Acids* 35:29-36.
22. Gugliucci, A. (2000). "Glycation as the glucose link to diabetic complications." *J Am Osteopath Assoc* 100:621-34.
23. Hinton, D. J. and J. M. Ames. (2006). "Site specificity of glycation and carboxymethylation of bovine serum albumin by fructose." *Amino Acids* 30:425-34.
24. Hodge, J. E. (1953). "Chemistry of browning reactions in model systems." *J Agric Chem Soc* 1:928-943.
25. Hunt, J. V., R. T. Dean, et al. (1988). "Hydroxyl radical production and autoxidative glycosylation." *Biochem J* 256:205-212.
26. Koschinsky, T., C. J. He, et al. (1997). "Orally absorbed reactive glycation products (glycotoxins): An environmental risk factor in diabetic nephropathy." *Proc Natl Acad Sci U S A* 94:6474–9.
27. Knecht, K. J., Dunn, J. A., et al. (1991). "Effect of diabetes and aging on carboxymethyllysine levels in human urine." *Diabetes* 40:190-196.
28. Kristal, B. and B. P. Yu. (1992). "An emerging hypothesis: synergistic induction of aging by free radicals and Maillard reactions." *J Gerontol* 47:B107-B114.
29. Kunkel, H. G. and G. Wallenius. (1955). "New hemoglobin in normal adult blood." *Science* 122:288.
30. Maillard, L. C. (1912). "Action des acides amine ′ s sur les sucres : formation des me ′ lano ï dines par voie me ′ thodique." *C R Acad Sci* 154:66–8.
31. McCance, D. R., D. G. Dyer, et al. (1993). "Maillard reaction products and their relation to complications in insulin-dependent diabetes mellitus." *J Clin Invest* 91:2470-8.
32. Miyata, T., C. Y. Strihou. (1999). "Alterations in nonenzymatic biochemistry in uremia: Origin and significance of carbonyl stress in long-term uremic complications." *Kidney*

International 55:389-399.
33. Michaels, K. (2012). "Halt sugar-induced cell aging." *Life Extension Megazine*.
34. Monnier, V. M. and A. Cerami. (1981) "Nonenzymatic browning in vivo: possible process for aging of long-lived proteins." *Science* 211:491-3.
35. Neeper, M., A. M. Schmidt, et al. (1992). "Cloning and expression of a cell surface receptor for advanced glycosylation end products of proteins." *J Biol Chem* 267:14998-5004.
36. Pamplona, R. (2008). "Membrane phospholipids, lipoxidative damage and molecular integrity: A causal role in aging and longevity." *Biochimica Biophysica Acta* 1777:1249-1262.
37. Pamplona, R. (2011). "Advanced lipoxidation end-products." C*hemico-Biological Interactions* 192:14-20.
38. Peppa, M., J. Uribarri, et al. (2002). "Advanced glycoxidation. A new risk factor for cardiovascular disease?" *Cardiovasc Toxicol* 2:275-87.
39. Peppa, M., J. Uribarri, et al. (2008). "Aging and glycoxidant stress." *Hormone* 7:123-132.
40. Rahbar, S. (1968). "An abnormal hemoglobin in red cells and diabetics." *Clinica st Chemica Acta* 222:296-298.
41. Requena, J. R., M. X. Fu, et al. (1996). "Lipoxidation products as biomarkers of oxidative damage to proteins during lipid peroxidation reactions." *Nephrol Dial Transplant* 11:48-53.
42. Sell, D. R. and V. M. Monnier. (1989). "Structure elucidation of a senescence cross-link from human extracellular matrix: implication of pentoses in the aging process." *J Biol Chem* 264:21597-21602.
43. Stitt, A. W., C. He, et al. (1997). "Elevated AGE-modified ApoB in sera of euglycemic, normolipidemic patients with atherosclerosis: relationship to tissue AGEs." *Mol Med* 3:617-627.
44. Ulrich, P. and Cerami, A. (2001). "Protein glycation, diabetes, and aging." *Recent Prog Horm Res* 56:1-21.
45. Urena, P. and M. -C. de Vernejoul. (1999). "Circulating biochemical markers bone remodeling in uremic patients." *Kidney International* 55:2141-2156.
46. Vlassara, H., M. Brownlee, et al. (1982). "Assessment of diabetic control by measurement of urinary glycopeptides." *Diabetologia* 23:252-4.
47. Vlassara, H., M. Brownlee, et al. (1984). "Accumulation of diabetic rat peripheral nerve

myelin by macrophages increases with the presence of advanced glycosylation endproducts." *J Exp Med* 160:197-207.

48. Vlassara, H., M. Brownlee, et al. (1985). "High-affinity-receptor-mediated uptake and degradation of glucose-modified proteins: A potential mechanism for the removal of senescent macromolecules." *Proc Natl Acad Sci U S A* 82:5588-2.
49. Vlassara, H., M. Brownlee, et al. (1986). "Novel macrophage receptor for glucose-modified proteins is distinct from previously described scavenger receptors." *J Exp Med* 164:1301-1309.
50. Vlassara, H. (2001). "The AGE-receptor in the pathogenesis of diabetic complications." *Diabetes Metab Res Rev* 17:436-443.
51. Vlassara, H., W. Cai,et al. (2002). "Inflammatory mediators are induced by dietary glycotoxins, a major risk factor for diabetic angiopathy." *PNAS* 99:15596-15601.
52. Vlassara, H. and M. R. Palace. (2002). "Diabetes and advanced glycation endproducts." *J Intern Med* 251:87-101.
53. Vlasarra, H. and M. R. Palace. (2003). "Glycoxidation: the menace of diabetes and aging." *Mt Sinai J Med* 70:232-41.
54. Wautier, J. L. and A. M. Schmidt. (2004). "Protein glycation: A firm link to endothelial cell dysfunction." *Cir Res* 95:233-238.
55. Wells-Knecht, M. C., T. G. Huggins, et al. (1993). "Oxidized amino acids in lens protein with age. Measurement of o-tyrosine and dityrosine in the aging human lens." JBC 268:12348-12352.
56. Wolff, S. P. and R. T. Dean. (1987). "Glucose autoxidation and protein modification." *Biochem J* 245:243-250.
57. Wolff, S. P., Z. A. Bascal, et al. (1989). "Autoxidative glycosylation: free radicals and glycation theory." *Pro Clin Biol Res* 304:259-75.
58. 이종선. (2001). "Nε-(carboxymethyl)lysine 형성에 있어서의 glycation 반응과 free radical 반응의 synergism에 관한 연구." 박사학위논문, 연세대학교.

CHAPTER 13

신경계 퇴행과 노화

현대의학의 발전과 영양상태의 개선으로 인간의 평균수명이 증가하였으며 출생률은 낮아져 노인인구 비율이 급증하고 있다. 통계청의 자료에 의하면 우리나라는 노령화가 급속히 진행되는 대표적인 국가로 2000년에 고령사회에 진입하였고, 전체 고령인구수는 2010년 545만 명에서 2030년에는 1,269만 명까지 증가할 것으로 예상된다. 또한 인구의 고령화가 진행되면서 국내 치매 환자의 수도 급격히 증가하여 보건복지부에서 실시한 치매 유병률 조사 결과 2008년 치매 노인수가 42만 명으로 조사되었고, 2012년에는 54만 명, 그리고 2020년에는 약 80만 명, 2050년에는 100만 명에 이를 것으로 예상하고 있다. 또 한 가지 우려스러운 점은 비교적 젊은 나이에 치매 발병이 증가하고 있다는 사실이다. 젊은 치매 환자의 50~60%는 알츠하이머 치매이며, 그 다음으로 전두측두엽 치매(Fronto-temporal dementia, FTD)와 혈관성 치매가 뒤를 따르고 있다.

노화에 따른 뇌의 작용은 대부분 신경세포에서 발생한다. 치매란 뇌의 만성진행형 변성 질환으로 인해 기억력 및 기타 지적기능 등의 장애를 초래하는 임상적 증후군을 총칭하는 용어이다. 치매는 원인과 그 외의 여러 요인에 따라 증상이 다르다. 대표적인 증상으로는 인지기능 장애와 일상생활 수행능력의 장애가 있다. 인지기능 장애 중 언어장애의 흔한 초기 형태는 하고 싶은 표현이 금방 나오지 않거나, 물건 이름을 대지 못하여 대화 중 머뭇거리는 증상이 있으며, 시공간능력 저하의 경우 방향감각이 떨어져 익숙한 장소에서 길을 잃고 헤매는 경우가 생기게 된다. 또한 계산능력 저하로 돈 관리에 실수가 생기고 성격 변화가 동반되어 과거에 의욕적이던 사람이 만사를 귀찮아하고 집에서만 누워 지내려고 한다든가, 과거에는 화를 잘 낼 줄 모르던 사람이 쉽게 화를 내는 등의 모습을 보이게 된다. 이상행동으로는 망상, 환각, 공격적 행동, 반복 행동, 우울증, 수면 장애 등의 모습을 수반할 수도 있다. 치매를 의미하는 'dementia'는 라틴어인 'dementatus'에서 유래되었는데, de(out of) + mens(mind) +ia(state of)의 합성어로 '정신이 나간 상태'를 의미한다. 치매는 다양한 원인 질환으로 인해 일어날 수 있는데, 그 이유를 크게 분류하면 다음과 같으며, 이 중 노화하면서 신경세포가 지속적으로 탈락되어 나타나는 퇴행성 치매가 71%, 뇌혈관 이상에 의한 혈관성 치매가 24%, 퇴행성 치매와 혈관성 치매를 제외한 기타 치매가 5% 정도를 차지한다.

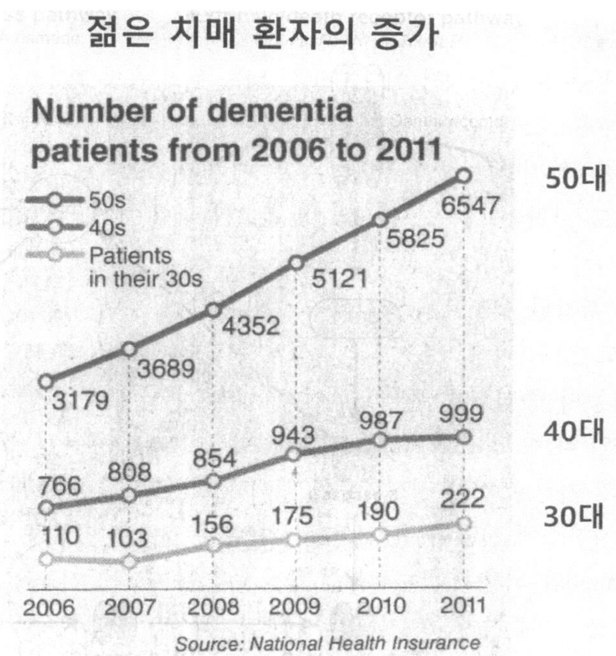

〈그림 13.1〉 젊은 치매 환자의 증가 추세.
국민건강보험(NHI)에 따르면 2006년에 4055명이던 젊은 치매 환자가 2011년에는 7768명으로 증가했다. (2012년 11월 23일 The Korea Herald 기사에서 발췌함)

퇴행성 치매의 절반 이상을 차지하는 알츠하이머병은 1907년 알츠하이머 박사에 의해 발견되었다. 미국의 제40대 대통령이었던 로널드 레이건이 알츠하이머병을 진단받으면서 일반인들에게 널리 알려지기 시작했다. 전 세계적으로는 2006년에 세계적으로 알츠하이머병으로 진단된 사람 수는 2660만 명에 이르며, 2050년에는 85명 당 1명 씩 알츠하이머병에 걸릴 것으로 예측이 되고 있다. 혈관성 치매는 뇌혈관병 때문에 반복되는 뇌경색(뇌혈관이 막히는 병)이나 뇌출혈(뇌혈관이 터지는 병)이 생기고 그 결과로 신경세포가 손상되어 나타나는 경우를 말하며 알츠하이머병보다 예방이 더 쉽다.

* **퇴행성 뇌질환** : 알츠하이머병(Alzheimer's disease), 루이소체 치매(Lewy body disease), 파킨슨병
* **뇌혈관 질환** : 혈관성 치매(vascular dementia)
* **알코올성 뇌질환**
* **감염성 질환** : 변형 크로이츠펠트야콥병(new variant CJD) 등

13.1 인간 뇌의 구조

▌뇌가 기능하는 방식

우리가 일생동안 배우고 경험하고 정서적인 감정을 교감하고 외부세계에 대해 우리 나름대로의 해석하는 기능 등은 모두 뇌에서 이루어진다. 뇌는 우리 몸의 2% 정도의 무게를 차지하지만 전체 에너지의 20%를 소모하면서, 생명력 유지의 중심역할을 하는 곳이다. 뇌는 아동기에서 성인기까지 발육을 진행하지만 성장이 끝난 이후로 매일 5~10만개의 신경세포가 죽어나간다. 이에 따라 중년이후로 사람의 이름도 잘 잊어버리고 물건을 어디 두고 기억을 못해 열심히 찾는 일이 종종 발생하게 된다.

인간의 뇌는 매우 복잡한 구조로 구성되어 있으며, 정보의 수용, 통합, 저장 그리고 자극에 반응하는 역할을 하고 있다. 뇌의 모든 기관은 상호 연결되어 맡은 바 역할을 잘 감당함으로써 인간의 모든 생명활동의 중심 역할을 하고 있다. 대뇌는 뇌에서 가장 크고 중요한 역할을 하는데 뇌 전체 질량의 약 반 정도를 차지하고 있다. 대뇌 표피의 주름진 부분을 대뇌피질(겉질)이라고 하는데 사람의 가장 복잡한 정신활동이 일어나고 있는 곳이다. 시상(thalamus)은 모든 감각정보를 모아 적정장소에 전달해 주는 대기실과 같은 역할을 담당한다. 시상 아래에 있는 시상하부(hypothalamus)와 뇌하수체는 체내의 항상성을 유지하는 기능을 한다. 시상하부에는 인간의 본능적 행동을 지배하는 중추가 있다. 대뇌, 시상, 시상하부, 뇌하수체를 전뇌라고 부른다. 소뇌는 근육운동의 미세조절을 담당하며 빠른 운동조절에 중요하다. 통상 소뇌는 전뇌에 의해 지시된 운동을 정확하게 수행하도록 하는 역할을 한다. 연수(medulla)는 생명유지에 필수적인 심장박동, 호흡조절에서 반사중심부 역할을 하며 연수의 손상은 즉각적인 사망을 초래한다.

대뇌(cerebrum)는 언어, 결정, 의식적 사고를 결정하는데, 위에서 보면 좌우대칭으로 좌뇌(좌반구)와 우뇌(우반구)로 나눌 수 있다. 좌뇌는 언어, 시간, 수리력, 표현력 그리고 분석적인 사고에, 우뇌는 공간개념, 음악성, 이미지 시각화 등 창의적이고 상상력을 발휘하는 기능과 좀 더 관련이 있다. 좌뇌와 우뇌는 각각 몸의 반대쪽으로부터 입력된 감각을 받아 반응을 나타내며 서로의 기능을 조절하는 '뇌량'이라는 신경다발의 다리가 뇌의 중간에서 교차하고 있다. 대뇌의 바깥층인 대뇌피질(cerebral cortex)은 호두알처럼 수많은 주름이 잡혀있다.

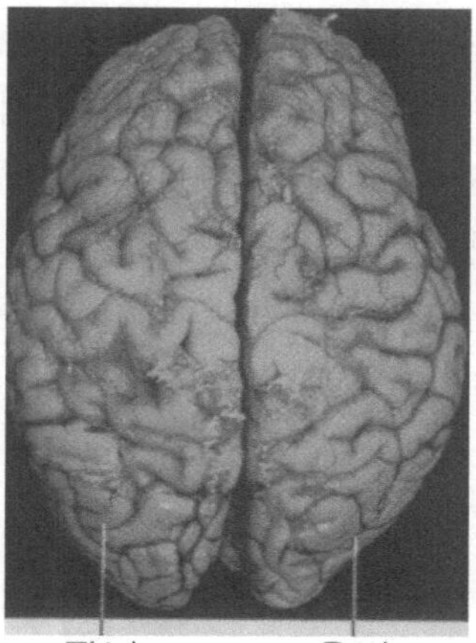

〈그림 13.2〉 대뇌피질을 위에서 본 그림

〈표 13.1〉
뇌의 명칭과 기능

뇌의 명칭	분류	기능
대뇌피질	이마엽(전두엽)	사고력, 창의력, 부적절한 행동의 억제 등에 관여함
	운동피질	근육에 수의운동을 일으키는 신호를 보냄
	일차감각피질	피부, 근육, 관절, 신체기관에서 감각에 관한 정보를 받음
	감각연합피질	감각에 관한 정보를 분석함
	시각연합피질	시각정보가 분석되면 영상을 구성함
	일차시각피질	눈으로부터 신경자극을 받음
	일차청각피질	소리의 특색을 구분함
	브로카영역	언어의 형성에 관여함
	베르니케 영역	글이나 말 등 언어를 해석함
시상		모든 감각정보를 모아 전달함
시상하부		체내 항상성을 유지함
뇌하수체		
소뇌		몸의 균형 유지와 섬세하고 복잡한 운동을 수행함
연수		심장박동, 호흡중추의 역할을 함

▌정서적 뇌의 기능

인간은 이성적 동물이지만 동시에 감정적 동물이기도 하다. 그러면 인간에 있어서 이성이 우위에 있을까, 아니면 감정이 우위에 있을까? 우리가 이성적으로 생각하지만 때로는 이성이 감정을 극복하지 못하는 경우도 있다. 그래서 어떤 심리학자는 이성이 감정의 시녀에 지나지 않는다고 주장하기도 한다. 그러면 인간의 따뜻한 감정, 분노, 공포, 불안은 과연 어떤 원리로 만들어지는 것일까? 사람의 감정은 뇌의 변연계(limbic system)와 깊은 관련이 있는 것으로 알려진다. 변연계는 뇌의 특정부분이라기 보다 뇌의 중심의 가운데를 둥그렇게 연결하는 하나의 시스템을 일컫는다. 해마(hippocampus), 편도체(amygdala), 시상하부(hypothalamus), 대뇌피질을 연결하는 일종의 '회로'를 변연계라고 부르는 것이다. 우리가 애정, 기쁨, 슬픔, 공포, 불안 등의 감정을 느낄 때 이러한 회로가 활성화된다.

• 해마

해마는 뇌의 기억센터로서 단기 기억과 몇 가지 장기 기억을 저장하고 있다. 그러나 대부분의 장기 기억은 대뇌피질로 이동시킨다. 알츠하이머 환자에서 가장 먼저 손상이 일어나는 부위가 해마이다. 알츠하이머 치매 환자들은 장기 기억을 잃기 전에 단기 기억을 잃는데 그 이유는 장기 기억은 대뇌 피질의 기억 저장고 안으로 안전하게 저장되어 있기 때문이다. 해마는 코티졸에 의한 손상에 취약하다.

• 편도체

편도체는 정서적 기억을 위한 영역이다. 편도체는 해마가 기억을 분류하고 저장하는 것을 돕지만 대부분 정서적 영향을 미치는 정보에 초점을 맞춘다. 생각에 정서를 더 많이 실을수록 장기 기억으로 옮겨갈 가능성이 많다. 공포의 감정이나 불안한 감정은 편도체(amygdala)와 관계가 깊다는 것이 밝혀졌다. 내성적인 사람과 외향적인 사람에게 낯선 사람의 사진을 보여주고 뇌에 일어나는 변화를 관찰하였을 때, 외향적인 사람은 거의 변화가 없으나, 내향성의 사람의 경우는 편도체 부위의 활성화가 관찰되었다. 동물을 사용한 실험에서 편도체를 전기로 자극하면 공포와 공격성을 표출한다. 이와 같은 현상은 어떤 위험성에 대하여 공포를 느끼고 즉각 반응하게 함으로써 당면한 위험으로부터 자기를 보호하려는 본능으로 해석된다. 편도체가 공포라는 감정에 결정적 역할을 하는 만큼 편도체의 기능이 지나치게 민감하거나 또는 기능이 떨어질 경우, 여러 가지 정서장애가 발생할 수 있다. 예를 들면, 대인공포증 환자나 스트레스 장애 환자에게는 편도체가 과잉활동 한다는 사실은 이러한 주장을 뒷받침한다.

• 시상하부

시상하부는 편도체와 가까이 연결되어 있고 다양한 상황에 신체가 어떻게 반응할지를 일러준다. 시상하부는 체온, 갈증, 배고픔, 성기능 등을 조절하며 위기상황일 때 아드레날린을 더 많이 분비하라고 명령을 내리는 부분이 시상하부이다.

신경세포의 역할

신체의 다른 기관과 마찬가지로 뇌도 많은 세포들의 집합으로 구성되어 있다. 우선 뇌에는 뉴런(neuron)이라 불리는 기본적인 신경세포가 있다. 뉴런은 다른 세포들과 마찬가지로 세포막으로 둘러싸여 있으며, 유전정보를 가진 핵이 있고, 미토콘드리아에 의해 에너지를 공급받는다. 뉴런은 수상돌기(dendrite)와 축삭돌기(axon)라는 돌기들을 가지는데, 이 돌기들은 생애에 걸쳐 자라고 변형될 수 있다. 뉴런은 두 가지 방식으로 서로 신호를 주고받는데, 한 가지는 전기적 방식이고, 다른 한 가지는 화학적 방식이다. 뉴런에서 수집된 정보는 '활동전위(action potential)'라고 하는 전기적 신호로 변환이 일어나며 이 신호는 축삭말단까지 전달된다. 하나의 뉴런과 다음 뉴런은 물리적으로 연결이 되어 있지 않다. 뉴런사이의 시냅스(synapse)라고 불리는 이음부에서 신경전달물질(neurotransmitter)이 방출되면서 전기적 메시지가 화학적 메시지로 바뀌게 된다. 각각의 뉴런은 한 가지씩의 신경전달물질을 만들어낸다. 글루탐산, 가바(GABA), 도파민, 노르에피네프린, 세로토닌, 아세틸콜린 등은 이러한 신경전달물질의 종류를 나타낸다. 분비된 신경전달물질이 건너편 뉴런의 수용체에 반응을 일으키면 화학적 메시지가 전기적 메시지로 변환되어 두 번째 신경을 타고 흘러간다. 이 과정이 계속 반복되면서 한 신경에서 다른 신경으로 메시지가 전달된다. 교세포는 신경기능을 갖고 있지 않으나 신경세포의 역할을 돕는다. 교세포의 일종인 성상교세포(astrocyte)는 뉴런의 구조와 대사를 돕는 여러 가지 일을 하며, 희돌기교세포(oligodendrite)는 뇌의 신경세포를 감싸고 있어서 마치 전선을 감싸고 있는 피복과 같아서 신경전달이 빠르고 원활하게 이루어지게 하는데 매우 중요하다. 뇌가 지속적으로 기능을 수행하기 위해서는 천억 개 이상의 뉴런이 유지되어야 한다. 만일 대뇌피질 부분의 뉴런의 수가 삼분의 일 이상 감소하게 되면 그 부분의 신경회로는 더 이상 손상된 부분을 보상할 수 없고 그 손상 부분에 해당하는 기능장애가 나타나게 된다. 40세 이후로는 10년마다 뇌의 부피와 무게가 5% 정도씩 감소가 일어나는 것으로 보고되고 있다.

신경세포의 구조와 종류

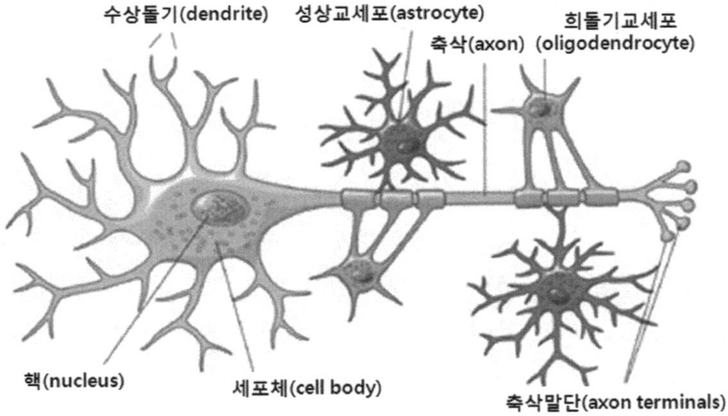

〈그림 13.3〉 신경세포의 구조와 종류.

〈표 13.2〉

신경전달물질의 종류

신경전달물질의 종류	담당 역할	부족시 증상
도파민	기분, 집중	집중력 저하, 인지기능 저하
세로토닌	기분, 불안, 식욕	우울증, 불안
아세틸콜린	기억, 학습, 집중력	기억력 저하
엔돌핀	행복, 만족	불만, 기분 저하
GABA	진정작용	신경 쇠약

노화 관련하여 뇌가 퇴행하는 주된 이유 중 하나는 신경전달물질의 유의한 감소이다. 예를 들어 알츠하이머병 환자의 경우 아세틸콜린의 감소는 뚜렷하다. 아세틸콜린이 부족하다는 것은 정보의 운송 체계가 작동하지 않기 때문에 다른 신경세포와 연결될 수 없다는 뜻이다. 노화하는 뇌에 해를 입히는 다른 요인은 손상된 혈액순환이다. 뇌는 심장에서 나오는 피의 25%를 사용하기 때문에 순환계의 결함에 특히 영향을 받을 수 있다. 노화하는 뇌의 쇠퇴에 영향을 미치는 또 다른 요인은 코티졸이다. 코티졸은 기억, 학습, 전반적인 인지 기능에 나쁜 영향을 미친다.

▌기억은 어떻게 저장되는가

기억은 과거의 감각 경험에 관한 정보를 저장하고 재방출하는 뇌의 능력을 말한다. 기억의 종류는 크게 단기기억과 장기기억으로 나눌 수 있다. 단기기억은 짧은 기간 남아 있다가 사라진다. 우리가 길을 갈 때 많은 것을 시각적으로 보지만 그것은 머릿속에 오래 머무르지는 않는다. 공부를 통해 습득한 지식이나 기억해야할 필요성이 있는 것들은 뇌의 어느 곳엔가 모아두어야 한다. 그렇게 하지 않으면 그 기억이 다시 필요할 때 도움이 되지 않기 때문이다. 몸으로 익히는 운동이나 기술 같은 것은 소뇌에 저장이 된다. 어렸을 때 배운 자전거를 오랜 기간이 지나 어른이 된 후에도 잘 탈 수 있는 것도 이와 같은 이치이다. 단기기억을 장기기억으로 옮겨주는 뇌의 주 영역은 변연계, 특히 해마와 편도체이다. 변연계의 주 역할은 어떠한 기억의 저장 필요 여부를 결정하는 것이다. 해마는 비정서적인 기억에 관하여 이런 결정을 하고 편도는 정서적인 정보에 관하여 이런 결정을 한다. 해마는 스트레스에 의한 영향을 많이 받는데 오랜 시간에 걸쳐 스트레스에 의한 손상을 받아 해마가 손상될 경우는 단기기억 능력도 상실되기 시작한다. 일반적으로 기억력 감퇴의 첫 단계는 새로운 기억을 만들 수 없다는 것이다. 흔히 알츠하이머병 환자는 오래 전의 일은 기억하면서 바로 어제 일은 기억하지 못한다.

기억의 세계

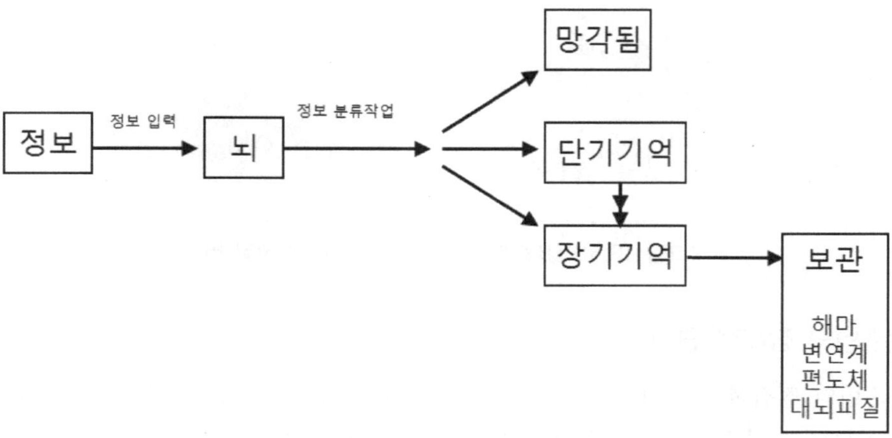

〈그림 13.4〉 기억의 저장 과정.

13.2 파킨슨병

파킨슨병의 특징을 최초로 묘사한 사람은 1817년 런던의 개업의 제임스 파킨슨이었다. 한때 프로복싱 헤비급챔피언이었으나 지금은 파킨슨병으로 고생하고 있는 모하메드 알리가 TV에 나온 적이 있었다. 얼굴이 무표정하고 행동이 느리며 손을 떠는 현상과 걸을 때 앞으로 쓰러질 듯 종종걸음으로 걷는 것 등은 전형적인 파킨슨병 증상이다. 파킨슨병은 뇌의 흑색질(substantia nigra)이라는 부위의 신경세포가 줄어드는 중추신경계 질환이다. 흑색질이란 이름은 그 신경세포들이 가지고 있는 멜라닌색소의 까만 색깔 때문에 붙여진 이름이다. 흑색질의 신경세포들은 도파민이라는 신경전달물질을 생산(dopaminergic)함으로써 섬세하고 조화로운 움직임이 가능하도록 돕는 역할을 한다. 그러나 어떤 이유로 인하여 이 흑색질에 있는 신경세포가 죽기 시작하여 50% 이상 없어져 도파민이 부족하게 되면 파킨슨병의 증상이 나타나게 된다. 파킨슨병의 원인은 도파민 부족이므로 도파민을 공급함으로써 증상을 완화시킬 수 있다. 파킨슨병은 학습능력은 상실되나 기술과 관련된 기억은 유지된다.

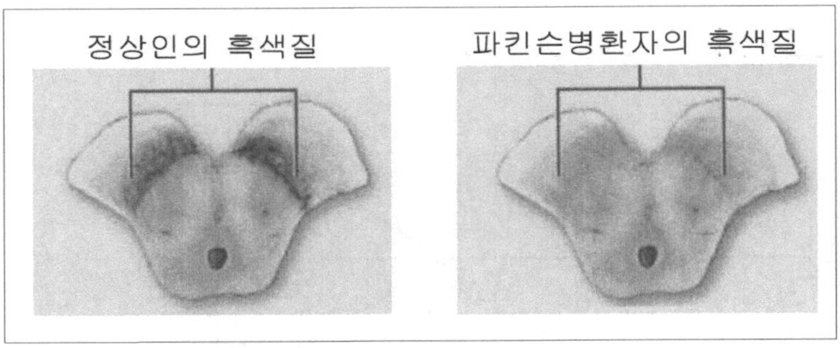

〈그림 13.5〉 정상인과 파킨슨병 환자의 흑색질 비교.

▌파킨슨병의 잠재적 원인

파킨슨병의 직접적 원인에 대하여는 잘 알려져 있지 못하다. 그러나 일부의 경우에 알려진 유전적 인자가 관여한다는 사실이 알려졌다. 파킨슨병을 일으키는 유전자가 처음 확인된 것은 1997년이다. 이탈리아계 미국인 한 가계와 그리스계 미국인 네 가계에서 발견되었는데, 이들 가족에서는 알파-시누클레인(α –synuclein)이라 부르는 단백질에 변형이 있는 것이 발견되었다. 이 유전자는 우성(dominant) 유전자이기 때문에 잘못된 유전자를 하나만 가지고 있어도 병이 발병한다. 파킨슨병을 일으키는 두 번째 유전자는 청년기에 병이 발병한 일본인 환자들에서 발견되었는데, 이들은 '파킨(parkin)'이라는 유전자의 변이를 포함하고 있었다. 파킨은 열성(recessive) 유전자 이므로 병이 발병하기 위해서는 잘못된 유전자가 두 개가 있어야 하지만,

한 개의 유전자에만 변이를 가진 환자에서도 일부 발견되는 것은 흥미롭다. 파킨슨병을 일으키는 세 번째 유전자는 유시에이치엘1(UCH-L1)이라 부르는 단백질을 코딩하는 유전자에서 발견되었다. 이 외에도 핑크1(Pink-1), 디제이1(DJ-1), 엘알알케이2(LRRK-2), 누르1(Nurr-1) 등의 다른 단백질과 파킨슨병과의 관련성이 연구되고 있다. 가족 중 두 명 이상이 파킨슨병에 걸린 경우는 병에 걸릴 위험이 증가하는데 이는 우성으로 유전되는 알파-시누클레인과 같은 유전자가 한 세대에서 다음 세대로 전달이 되기 때문인 것으로 추정된다.

대부분의 파킨슨병 환자의 경우 뚜렷한 가족력이 나타나지 않으므로 유전자가 파킨슨병 발병에 중요한 역할을 한다고 생각되지는 않는다. 그러므로 병의 발현에 영향을 미칠 수 있는 환경적 인자에 관심이 모아지고 있다. 여기에 포함될 수 있는 환경인자로는 제초제 또는 살충제에 노출되는 것, 머리 손상, 우물물 음용, 중금속에 노출 등이 있다. 베트남전 당시 'agent orange'라는 제초제가 대량으로 살포되었는데 이것이 파킨슨병 발병과도 관련이 있다고 알려진다.

파킨슨병에 관한 중요한 단서는 한 특이적 환경물질로부터 얻어졌다. 1980년대 당시 헤로인 유사약물이 제조되었을 때 메틸페닐테트라히드로피리딘(methylphenytetrahydropyridine, MPTP)라는 불순물이 섞이게 되었다. 이 약물을 헤로인 대용으로 투여한 마약 중독자에게서 1, 2주 이내에 파킨슨병과 유사한 증상이 나타났다. MPTP는 뇌에서 MPP^+라는 화합물로 변환되어 도파민을 함유한 신경세포로 흡수되는 것이 발견되었다. MPP^+는 자유라디칼(free radical)을 생성하여 손상을 입히며 강력한 독성이 있는 것으로 알려진다. 이와 같이 산화스트레스(oxidative stress)는 뇌 세포에 손상을 입히며 자유라디칼과 파킨슨병 사이에 연관성이 있음을 시사한다.

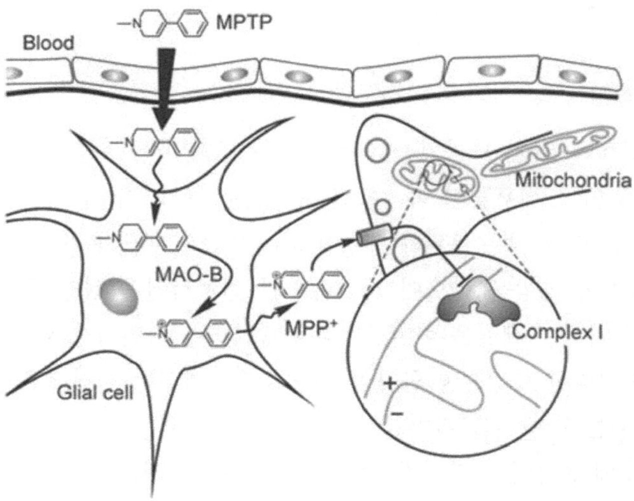

〈그림 13.6〉

뇌로 흡수가 일어난 MPTP는 MPP^+로 전환이 일어나며, MPP^+는 미토콘드리아에 축적되면 미토콘드리아 복합체 I 효소 기능이 억제된다. 복합체 I의 기능장애는 더욱 많은 활성산소종(ROS)을 생성하게 되고 이것은 신경세포의 사멸을 유도하는 악순환을 반복한다.

미토콘드리아 기능장애와 파킨슨병

세포에서 발견되는 대부분의 자유라디칼은 미토콘드리아에서 만들어진다. 특히 미토콘드리아의 효율이 심각하게 저하될 경우 자유기의 생성은 증가하며, 이것은 다른 미토콘드리아의 기능을 저해하고 그 결과 자유기의 생성은 더욱 증가한다. 이와 같은 형태로 파킨스병 환자의 뇌에서 발생하는 미토콘드리아의 손상과 자유기의 발생은 자체적으로 계속 반복이 되면서 점점 더 심한 손상을 일으키게 된다.

MPTP 독성에서 얻은 단서를 근거로, 사망한 파킨슨병 환자의 흑색질(substantia nigra)에 있는 미토콘드리아에 대한 연구가 이루어졌다. 그 결과, 에너지를 합성하는 복합체 I(complex I)의 기능장애가 분명히 나타났다. 이와 같은 연구의 결과로 MPTP 독성과 파킨슨병과의 직접적 연관성이 밝혀졌을 뿐 아니라 파킨슨병 환자의 뇌에서 자유라디칼에 의한 손상이 발생하는 이유에 대해서도 미토콘드리아의 기능장애 때문이라는 것으로 설명이 가능하다. 실제 미토콘드리아의 기능이상은 상당수의 파킨슨 환자의 혈액에서 확인이 가능하며, 몇몇 연구에서는 환자의 근육에서도 비정상적 미토콘드리아 기능이 발견되기도 했다. 이러한 결과로 미토콘드리아의 기능이상이 파킨슨병 환자의 뇌에만 국한된 것이 아니라는 사실이 밝혀졌다. 파킨슨병 환자에서 전자전달계 복합체 I의 기능장애가 나타난다는 것이 발견된 이후, 로테논이라는 제초제에 대한 연구가 시작되었다. 로테논은 강력한 미토콘드리아 복합체 I의 억제제(inhibitor)이다. 그러므로 복합체 I의 부족이 파킨슨병에 중요하다면 로테논이 동물실험에서 파킨슨병과 유사한 장애를 일으켜야 했다. 이러한 가정은 실제로 입증이 되었는데, 쥐에게 약 1개월 동안 로테논을 투여한 결과 파킨슨병 환자에서 발견되는 것과 유사한 뇌 병변이 발생했다.

파킨슨병의 병독성

파킨슨병은 흑색질에 있는 도파민을 함유하거나 도파민을 생산하는 세포의 손실 때문에 발생한다. 흑색질에 있는 세포들이 파괴되면 추체외로계(기저핵이라는 대뇌피질 하부구조는 뇌의 흑색질을 비롯한 다른 많은 부위와 연결이 되어 있는데 이렇게 상호 연결된 구조를 추체외로계라 한다)의 활동이 영향을 받으며 파킨슨병의 전형적인 특징인 수전증, 신체경직 등이 발생한다. 파킨슨 환자의 흑색질을 현미경으로 관찰하면 도파민생성 세포의 손실이 확인된다. 파킨슨병을 앓다가 사망한 파킨슨병 환자의 흑색질에 남아있는 신경세포를 관찰하면 **루이소체(Lewy body)**라 부르는 단백질을 관찰할 수 있다. 루이소체는 거의 모든 파킨슨병 환자에서 보이는 신경세포 내에 존재하는 단백질 덩어리이다. 루이소체는 알파-시누클레인, 유비퀴틴과 같은 단백질의 혼합체로 구성되어 있으며 알파-시누클레인은 루이소체의 주요 구성성분이다. 루이소체는 파킨슨병에서만 발견되는 것이 아니라 특정 종류의 치매 등 다른 질병에서도 발견이 되고 있다. 환자의 중간뇌와 뇌줄기에 있는 루이소체는 아세틸콜린과 도파민을 비롯한 신경전달물질 기능을 파괴해 파킨슨병이나 치매를 일으킨다.

파킨슨병에서 가장 크게 신경세포 손실이 나타나는 부위는 기저핵(basal ganglia)인데, 기저핵은 뇌 깊숙이 들어 있는 신경세포체로 이루어진 구조물이다. 기저핵은 다른 말로 추체외로계라고도 불린다. 추체외로계는 피라밋로(추체로)로 내려보내는 정보를 조율하는 기능을 하는데, 이와 같은 조율을 통해 뇌의 여러 영역이 서로 협동하여 부드러운 움직임이 가능하도록 해준다. 기저핵(Basal ganglia)의 한 부분인 흑색질(Substantia nigra)의 '치밀부(pars compacta)'라는 곳의 도파민 뉴런이 70%까지 사멸된 것이 관찰된다. 다른 뇌 부분에서도 신경세포의 소실과 루이소체의 축적이 일반적으로 관찰된다. 신경세포의 사멸은 성상교세포(astrocyte)의 사멸을 동반하며 미세교세포(microglia)는 활성화 된다. 기저핵은 뇌의 다른 부분과 연결되어 있으며 협동하여 기분과 신체 전체의 균형을 위한 안정성에 기여한다. 기저핵은 정상적으로 부적절한 운동을 저해하는 것으로 알려지며, 부적절한 시기에 여러 운동신경(motor system)들이 활성화 되는 것을 막는다. 일단 어떤 운동을 실행하기로 결정이 되면 필요한 운동을 위하여 이러한 억제가 감소할 필요가 있다. 도파민의 방출은 운동기능의 억제가 완화되는 것을 돕는다. 높은 농도의 도파민은 어떤 운동이 원활히 일어나도록 도우며, 파킨슨병 환자의 경우처럼 낮은 농도의 도파민의 경우는 어떤 운동을 실행하기 위해서는 더 많은 노력을 필요로 한다. 따라서 도파민이 부족한 파킨슨병 환자의 경우는 비정상적으로 운동이 안되거나 운동이 느려지는 운동감소증을 보이게 된다.

13.3 알츠하이머병

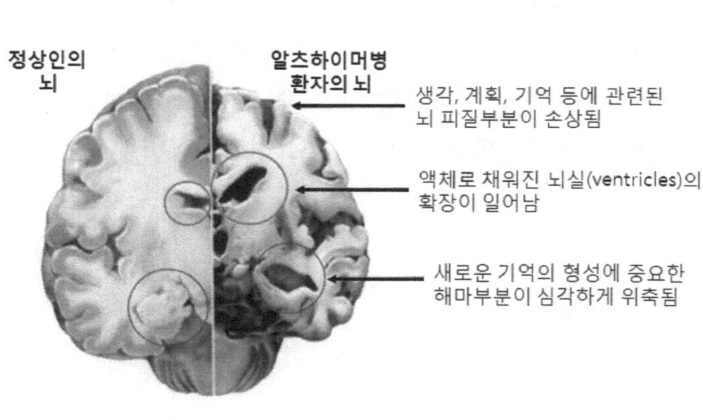

〈그림 13.7〉 정상인의 뇌와 알츠하이머병 환자의 뇌를 비교한 그림.
알츠하이머병 환자의 뇌는 뇌척수액으로 채워진 뇌실의 확장과 해마의 손상이 특징적이다.

▌알츠하이머병은 신경퇴행성질환이다

알츠하이머병은 병의 진행에 따라 점진적이고 비가역적인 인지기능의 저하와 일상생활 수행능력의 장애를 초래하는 신경퇴행성질환이다. 초기 단계의 가장 일반적인 증상은 단기 기억상실(short term memory loss)로 알려진 최근 사건을 기억하는데 어려움이 있다는 것이다. 임상적으로는 전뇌 기저부(basal forebrain)에 있는 콜린계의 광범위한 신경퇴행 및 기능장애로 점진적인 인식기능 저하와 행동장애를 유발하는 질환이다. 하지만 아직까지는 근본적인 치료책이 없는 상황으로 보다 더 연구가 필요한 상황이다. 알츠하이머병은 신경세포의 사멸과 신경세포 외부에 축적되는 **노인반**(senile plaque, 아밀로이드반) 그리고 **신경섬유농축체**(neurofibrillary tangles, NFT)를 특징으로 한다. 알츠하이머병에서는 대뇌의 측두엽, 두정엽 및 앞쪽 전두엽 부위에서 뇌위축(atrophy)이 현저하다. 현미경적으로는 광범위한 신경세포의 상실과 신경교세포의 증식이 나타난다. 알츠하이머병의 현미경적 특성으로 대뇌피질 신경원의 위축성 변화, 신경섬유농축체, 노인반 및 과립공포변성(granular vacuolar degeneration) 등이 있다. 이중에서도 해마와 편도핵이 심하게 영향을 받는다. 베타아밀로이드(β-amyloid, Aβ)는 노인반의 주요 구성성분으로 알츠하이머병의 주요 원인으로 추정되고, 활성산소종(reactive oxygen species, ROS)을 발생시켜 산화스트레스로 인한 신경세포사멸을 유발하는 것으로 알려진다. 프로권투선수처럼 반복적으로 두부 외상을 받거나 단 한차례라도 의식 소실이 동반될 정도의 심한 뇌손상은 치매의 위험을 증가시킨다.

알츠하이머병은 유전적 요인의 관련 여부에 따라 **산발성**(sporadic type Alzheimer disease, SAD)과 **가족성**(familial type Alzheimer diease, FAD)으로 구별되는데, 전체 환자의 90% 이상이 그 원인이 아직 정확히 밝혀져 있지 않은 산발성에 해당한다. 알츠하이머병에 가족력이 존재하여 발생하는 경우는 상염색체 우성유전으로, 이들 대부분이 60세 미만의 비교적 젊은 나이로부터 발병한다. 그 외의 경우는 산발적(sporadic)으로 발생한다. 유전적 요인으로 다운증후군이 있는 경우 중년이 지나면 많은 환자에서 알츠하이머병으로 이행이 일어나며, 지금까지 밝혀진 알츠하이머병 취약 유전자에는 아밀로이드 전구단백질을 만들어내는 APP 유전자(염색체 21번), γ-secretase의 구성 단백질인 프리세닐린1(presenilin 1) 혹은 프리세닐린2(preseniline 2)와 관련된 PS1(염색체 14번)과 PS2(염색체 1번) 유전자가 있다.

〈표 13.3〉
가족성 알츠하이머병에 관련된 유전자

	유전자	비율	염색체	아미노산	발생 연령
가족성 알츠하이머병 (FAD)	APP	~25 known families	21	695 714 751 770	43~62
	PS-1	~315 known families	14	467	29~62
	PS-2	~18 known families	1	448	40~88

그 외에 알츠하이머 치매 발병률을 높이는 감수성 유전자 또는 취약 유전자 가운데 대표적인 유전자가 ApoE(아포지방단백질 E, 염색체 19번)이다. apoplipoprotein E(ApoE) 유전자에는 ε2, ε3, ε4의 대립유전자형이 있는데, ε2의 경우는 알츠하이머병을 막아주며 ε4는 알츠하이머병의 중요한 유전적 위험인자로 알려진다. 40~80%의 알츠하이머병 환자들은 적어도 하나 이상의 ApoEε4 대립유전자를 포함하며 하나 이상의 APOEε4 대립유전자를 가지는 알츠하이머병 환자는 ε4 대립유전자를 가지지 않는 환자에 비하여 더 많은 베타아밀로이드 침착이 신경반과 뇌혈관에서 일어났다. 하지만 많은 연구자들은 알츠하이머병은 유전적 소인에 관계없이 신경세포를 직접 죽이거나 뇌의 정상 기능을 막는 여러 부정적인 힘에 노출되기 때문에 시작된다고 믿고 있다.

▌알츠하이머병의 증상과 특징

알츠하이머병은 유대계 독일인 신경전문의 알로이스 알츠하이머(Alois Alzheimer, 1864~1915)가 50대 여자환자의 검사, 치료, 부검까지 마친 후에 특징적인 소견을 종합하여 1907년 학계에 보고하면서 알려졌다. 그 환자의 남편은 아내의 점차 심해지는 기억력 장애와 이유없이 자신을 비난하는 것에 대하여 불평하였다. 알츠하이머박사는 그 환자가 물체에 대하여 인식하고 특징을 말할 수는 있으나 그 물체의 이름을 떠올리는 데는 장애가 있음을 기억했다. 이 후 그 환자가 사망한 후 고해상도의 현미경을 사용하여 그녀의 뇌 조직을 검사했는데, 뉴런 주변의 특이한 형태와 뉴런 내에 존재하는 엉켜있는 섬유병변을 발견하였다. 신경세포 주변에서 발견되는 것은 '**노인반(senile plaque)**'으로, 신경세포 내부에서 발견되는 섬유는 '**신경섬유농축체(neurofibrillary tangle, NFT)**'라고 명명이 되었다. 노인반의 주요 성분인 베타아밀로이드(β-amyloid)는 알츠하이머병을 발생하게 하는 주요 원인으로 지목되고 있는데, 활성산소종을 발생시켜 산화스트레스로 인한 신경세포사멸을 유발하는 것으로 알려져 있다. 1907년 알츠하이머박사의 첫 보고가 있은 후 100년이 지난 현재 알츠하이머병은 성상교세포(astrocytes)와 미세교세포(microglia) 등의 교세포(glia)를 포함한 중주신경의 염증성 질환으로 받아들여지고 있다. 알츠하이머병은 노인에서만 발병하는 것이 아니라 어느 연령대에서도 발병할 수 있으며, 여성에서 더 높은 발병률을 나타낸다. 대다수가 50세 이후 발병하지만, 젊은 환자도 최근 상당히 증가하고 있다. 50세 이전에 증상이 나타나는 경우는 드물지만 60세 이후로는 나이가 들어감에 따라 발생 빈도가 점진적으로 증가하여, 이 병의 유병율은 65~74세는 10%, 75~84세는 19%, 85세 이상에서는 47%로 나이가 들수록 증가하는 것으로 보고되고 있다.

알츠하이머병 환자 뇌 피질 세포 속에는 머리카락처럼 생긴 신경섬유농축체(neurofibrillary tangle)가 점차 밀집화되어 간다. 신경섬유농축체란 뇌 신경세포의 세포질에 비정상적인 섬유질이 널리 퍼지는 것이다. 이 병의 마지막 단계에 가면 세포 전체의 와해가 일어나고 섬유질 뭉치만 그 자리를 채우게 된다. 이 비정상적인 섬유질은 뇌기능에 나쁜 영향을 끼치고 결국 세포를 파괴시킨다. 이 다발은 원래 신경세포를 통과하는 아주 작은 관과 필라멘트로 구성되어 있는데, 건강할 때는 세포를 지탱해주고 영양을 공급해주는 역할을 한다. 그런데 알츠하이머병 환자의 경우 실타래처럼 엉망으로 뭉쳐있어서 결국 제 기능을 못하여 세포를 죽게 한다. 이러한 일들은 뇌의 주 기억 센터인 해마에서 자주 일어난다. 알츠하이머병을 의학적으로 진단하기 위해서는 심리적인 검사도 이용이 되지만 PET, MRI 등의 기기를 사용하여 뇌에서 노인반(senile plaque)이나 신경섬유농축체(neurofibrillary tangle)를 확인하는 것이 가장 확실하다. 뇌의 수축현상도 눈에 띠는데 전두엽과 측두엽의 피질, 그리고 해마(Hippocampus) 등은 수축이 일어나고, 뇌실(ventricle)은 확장이 되는 것이 특징이다. 그림 13.8에서 밝게 보이는 부분은 뇌의 활성화 부분을 나타내고 어두운 부분은 불활성화 부분을 나타낸다. 알츠하이머병의 후반으로 갈수록 뇌의 활동성이 위축되어 가는 것을 볼 수 있다.

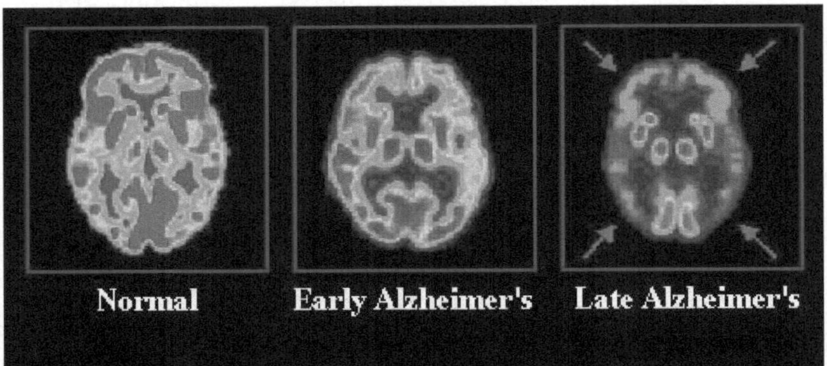

〈그림 13.8〉 Alzheimer disease 단계에 따른 뇌의 PET scan.
밝은 부분은 뇌의 활성화 부위를 나타내며 어두운 부위는 불활성화 부분을 나타낸다.

알츠하이머박사가 첫 환자를 발표한지 100년이 지났지만 알츠하이머병을 진단하는 병리적 진단은 베타아밀로이드라는 이상단백질로 이루어진 노인반이라는 구조물과 과인산화된 타우 단백질로 이루어진 '신경섬유다발' 또는 '신경섬유농축체(neurofibrillary tangle)'라 불리는 형태에 의한다. 이 두 가지 단백질은 정상적으로도 우리 체내에서 생성된다. 정상적으로는 세포 내 효소에 의하여 파괴되어야 하는 물질들이 우리가 나이가 들어갈수록 기능이 저하되기 때문에 독성물질의 제거가 불완전하게 이루어지고 점차 뇌 조직에 축적이 일어나게 된다. 광범위한 분자생물학적 연구에 의하여 이러한 이상단백질들은 40세 이후 나타나기 시작하여 20년 또는 그 이상의 기간을 거쳐 신경세포가 기능을 잃어갈 때 까지 지속적으로 축적된다고 알려진다. 즉 치매는 하루아침에 찾아오는 병이 아니며 적어도 20년 이상 서서히 반복되어 진행이 되는 작은 뇌 손상에 의해 독성단백질이 뇌에 축적되어 나타나는 만성질환이라고 볼 수 있는 것이다. 따라서 알츠하이머병도 일종의 '생활습관병'의 범주에 속하는 질환이라 할 수 있을 것이며, 일반적으로 알려진 치매의 위험인자를 조기에 발견하여 이를 차단하면 치매의 발병률을 낮추거나 이미 발병된 경우라도 그 진행속도의 완화가 가능할 것이다. 단 치매의 증상이 다른 사람이 느낄 수 있을 정도라면 그 환자의 뇌는 이미 약 70~80% 가량의 기억세포가 손상되어 있는 상태라고 볼 수 있을 것이다. 생화학적으로는 아세틸콜린(acetylcholine, Ach)의 합성효소인 콜린아세틸전이효소(choline acetyltransferase)의 활성이 저하되어 있고, γ-aminobutyric acid(GABA)의 합성에 관여하는 글루탐산탈카르복실화효소(glutamic acid decarboxylase)도 저하되었다. 이와 같은 효소활성의 저하는 콜린(choline) 작동계의 장애가 GABA, 세로토닌, 도파민 작용계에도 영향을 미치기 때문인 것으로 생각된다.

알츠하이머병의 진전은 몇 단계로 나눌 수 있다

노인성 치매증의 하나인 알츠하이머병은 일반적으로 65세 이후에 발병하여 처음에는 가벼운 건망증으로 시작하여 시간과 장소를 알 수 없게 되거나 배회, 정신 혼란, 그리고 최종적으로는 인격 붕괴에 이르는 병이다. 알츠하이머병 질환은 뇌질환으로 대개 만성적이고 진행성으로 나타나며 기억력, 사고력, 이해력, 계산능력, 학습능력, 언어 및 판단력 등을 포함하는 뇌기능의 다발성 장애를 의미한다. 서서히 발병하고 진행되는 게 특징인 알츠하이머병은 기억력만 잃게 되는 게 아니라 식사, 용변, 옷 입기 등 일상생활 능력이 떨어져 다른 사람의 수발을 필요로 한다. 망상, 환각, 불안, 흥분, 불면 등으로 가장 가까운 가족들을 힘들게 하기도 한다. 알츠하이머병 환자에게서 나타나는 또 하나의 일반적인 증상은 수면장애(sleep disturbance)로 약 45%의 환자에서 나타나는 것으로 보고되었다. 최근에 수면장애와 알츠하이머병 환자의 인지능력 저하와 연관성이 있다고 제안되었다. 알츠하이머병 초기증세는 단기기억에 대한 장애로부터 시작된다. 치매 초기의 기억장애는 최근 사건에 가장 현저하며 치매가 진행됨에 따라 기억장애는 더 심해진다. 친숙하지 않은 상황에 대하여 민감하게 반응하며 혼란을 느끼게 된다. 초기에는 아주 가까운 사람만이 느낄 수 있는 경미한 변화가 일어난다. 알츠하이머병 중기에 이르면 최근에 새롭게 배운 정보에 대해 기억하는 것에 큰 어려움을 느끼고 많은 상황에서 혼란을 느낀다. 감정을 담당하는 중추의 손상으로 공격적이고 호전적인 성향을 띠게 되고 때때로 자기에 대한 자각 능력이 흐려진다. 알츠하이머병 말기에는 같은 말을 반복하는 증상이 나타나고 언어중추의 손상으로 정상적인 대화가 어려워지며 심리적인 불안 증세와 심각한 인지장애를 겪는다. 우울증과 불안은 치매 환자들의 40-50%에서 나타나는 중요한 증상이다. 치매 환자들은 분명한 유발 요인이 없어도 극단적인 정서변화로 병적 웃음 혹은 울음을 보일 수 있다. 일부 우울증환자는 치매증상과 구별하기 어려운 인지기능의 장애를 보이므로 때때로 '가성치매(pseudodementia)'로 표현된다.

그동안 광범위하게 이루어진 역학연구에 의하면 알츠하이머병의 가장 중요한 위험인자는 '나이'라는 것이 알려졌다. 60세 이후에 나이가 5살 증가할 때마다 치매 유병률도 2배씩 증가하여, 85세 도달하면 47%, 즉 두 명 가운데 한 명은 치매 환자가 된다. 성별의 차이도 있어서 여성이 남성에 비해 약 2배 내지 3배 위험이 높은데 이는 여성의 평균 생존기간이 긴 것도 이유가 되지만 그것보다는 폐경기 이후 갑자기 사라지는 여성호르몬인 에스트로겐의 부족으로 설명하고 있다. 정상적으로 에스트로겐은 신경세포성장인자(nerve growth factor, NGF)의 기능을 가지고 신경세포 기능을 돕는 것으로 알려진다.

알츠하이머병이 진행되는 과정에는 몇 가지 공통적인 특징이 있는데 첫째, 환자의 자신이나 가족들이 증세의 시작을 깨닫지 못할 정도로 서서히 나타나 점차 심해지며, 둘째, 환자는 자신의 지적능력이 현저히 떨어져 있고 행동이 이상하다는 사실을 잘 인식하지 못하며, 셋째, 늘 접하는 환경이나 대인관계에서는 어느 정도 적응을 보여 평소와 다른 점이 두드러지지 않으나, 새로운 상황을 대하게 되면 증상이 뚜렷하게 된다.

13 4 알츠하이머병의 원인

알츠하이머질환은 뇌신경의 일시적 혹은 지속적인 손상이 발생한 것으로 정신기능의 전반적인 장애가 나타나는 것을 특징으로 하는 진행성 그리고 퇴행적 질환이다. 아직까지 발병원인에 대해서는 정확히 밝혀지지 않았지만 노화와 밀접한 관련이 있으며, 발병원인으로 추정되는 몇 가지 가설이 존재하는데 여기에는 독성의 아밀로이드반(amyloid plaque)의 축적과 뉴런 내의 신경섬유농축체의 형성에 의한 가설이 있다. 알츠하이머병은 환자가 사망한 후 부검해서 얻은 뇌 조직 연구를 통해 마지막으로 검증하는데, 과학자들이 현미경으로 알츠하이머병 환자의 뇌를 살펴본 결과 시냅스 주위에 아밀로이드라는 섬유물질이, 신경세포(뉴런) 몸체에 타우라는 단백질이 변형된 형태로 축적돼 있는 것을 관찰했다. 주의력, 기억, 학습과 같은 고도의 인식능력은 아세틸콜린, 소마토스타틴, 모노아민, 글루타메이트 같은 여러 신경전달물질이 신경세포 사이를 원활하게 교류하면서 이뤄진다. 그런데 아밀로이드와 타우단백질이 쌓여 있으면 신경전달물질이 잘 전달되지 않아 신경계의 기능에 이상이 생긴다. 이것이 알츠하이머병의 주요 원인으로 여겨지고 있다. 여러 종류의 면역과정과 사이토카인들이 알츠하이머병의 병리에 영향을 주는 것으로 나타났다. 염증은 여러 종류의 질병에서 조직 손상의 일반적인 표지자로 알려지는데 알츠하이머병에서도 조직손상 또는 면역반응의 표지자가 발견이 된다.

콜린작동성 가설(Cholinergenic hypothesis)

가장 오래된 이론이며 최근 여러 약 처방의 기본이 되고 있는 것이 콜린작동성 가설(cholinergenic hypothesis)이다. 알츠하이머병의 인지기능장애와 가장 큰 상관관계를 보이는 신경전달물질은 아세틸콜린인데, 이 가설은 알츠하이머병의 원인이 신경전달물질인 **아세틸콜린** 생산의 감소에 기인한다는 것이다. 알츠하이머병 환자의 대뇌 피질 및 해마 조직에서 콜린아세틸전이효소(choline acetyltransferase)의 감소가 현저히 나타나며, 이러한 변화는 알츠하이머병 환자의 증상과 상관관계가 있음이 밝혀졌다. 따라서 아세틸콜린 분해에 관련된 아세틸콜린에스테라제(acetylcholinesterase)를 억제하는 저해제(inhibitor)를 치료에 사용하면 중추신경계에서 아세틸콜린의 농도를 높이는 효과가 있으며 기억력에 좋은 효과를 줄 수 있다는 것이다.

베타아밀로이드 가설

베타아밀로이드 가설은 1991년에 제기되었으며 세포외에 베타아밀로이드 축적이 알츠하이머병의 원인이 된다는 이론이다. 이 이론이 발표되기까지 알츠하이머병의 분자생물학적 연구 성과는 1984년에 Glenner와 Wong이 알츠하이머병 환자의 뇌 조직에서 베타아밀로이드(β-amyloid)를 분리하고 그 단백질의 서열을 분석하였고, 1987년 Kang 등은 아밀로이드전구단백질(amyloid precursor protein, APP)의 유전자를 클로닝하는 성과를 거두었다. APP는 21번 염색체에 위치하는데, 21번 염색체가 삼중 염색체(trisomy)인 다운증후군 환자는 거의 일반적으로 40살 경에 알츠하이머병 증상을 나타낸다.

신경반(neuritic plaque) 또는 노인반(senile plaque)은 아밀로이드전구단백질(amyloid precursor protein, APP)의 절편인 **베타아밀로이드**가 신경세포 밖에서 다른 세포물질과 같이 침착되어 밀집된 불용성의 침전물을 만드는 것이다. 그리고 아밀로이드 fibril(섬유체)의 축적으로 인해 세포의 칼슘 항상성을 파괴하고 이로 인해 대뇌 신경세포가 사멸하여 알츠하이머병이 발병한다는 것이다. 또한 베타아밀로이드가 뇌 신경세포의 미토콘드리아에 선택적으로 쌓여 특정 효소의 기능을 억제하고, 신경세포에 의한 포도당 사용의 저해가 일어나는 것도 알려졌다. 알츠하이머병은 대뇌피질(cerebral cortex)과 특정 피질하 부분(subcortical regions)에서 신경 세포와 시냅스의 상실이 일어나는 것이 병리적 특성이다. 이것은 측두엽(temporal lobe), 두정엽(parietal lobe), 전두엽의 부분들(parts of the frontal cortex) 그리고 대상회(cingulate gyrus) 부분을 포함한 손상된 부분들의 위축을 초래한다.

베타아밀로이드 펩티드(분자량은 대개 4 kDa이며, $A\beta_{40}$과 $A\beta_{42/43}$ 등 몇 종의 형태가 있음)란 아밀로이드전구단백질(amyloid precursor protein, APP)이라는 type 1 internal membrane protein으로부터 만들어지는 39~43개 아미노산으로 구성된 펩티드를 지칭한다. 이 가운데 42개의 아미노산으로 구성된 $A\beta_{42}$는 올리고머(oligomer)나 원섬유(fibril)를 형성하는 경향이 크며 노인반(senile plaque)을 형성하는 주요 원인이 된다. 정상인의 뇌에서도 $A\beta$는 생성되지만 주로 $A\beta_{40}$이며 응집이 일어나기 전에 대사된다. 반면 알츠하이머병 환자의 뇌에서는 $A\beta_{42}/A\beta_{40}$의 비율이 높으며, 대사되지 않고 농도가 점점 증가한다. 가족성 알츠하이머병(FAD)을 일으키는 모든 돌연변이들(APP, PS1, PS2)을 가진 알츠하이머병 환자의 혈장에서 베타아밀로이드 펩티드 가운데 가장 응집을 잘 유발하는 $A\beta_{42}$가 증가하고, 중년기만 되면 거의 모두 알츠하이머병과 같은 뇌병리를 보이는 다운증후군 환자들의 뇌조직 신경반(neuritic plaque)에서 $A\beta_{42}$가 $A\beta_{40}$보다 먼저 증가한다.

다양한 형태의 베타아밀로이드(Aβ)

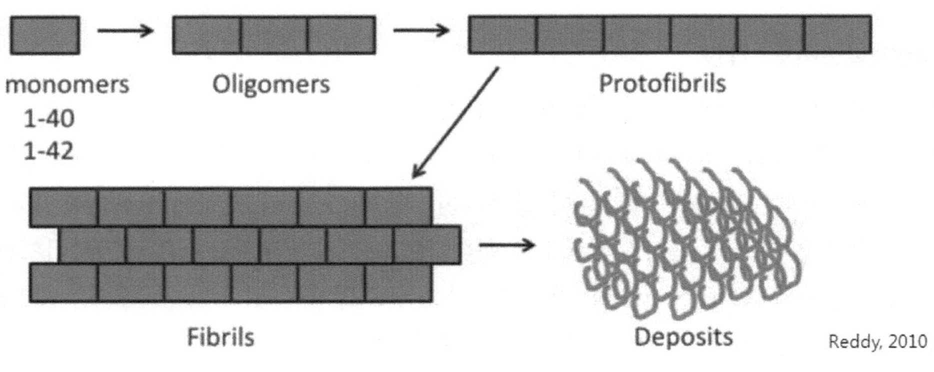

〈그림 13.9〉

베타아밀로이드(Aβ)는 응집 정도에 따라 oligomer, fibril, protofibril 그리고 senile plaque를 형성한다. 최근 연구에 따르면 Aβ oligomer와 protofibril 같은 용해성(soluble) Aβ 는 Aβ monomer 및 불용성의 fibril보다 신경세포에 독성을 보이며 알츠하이머병의 발병에 있어 결정적인 역할을 하는 것으로 보고되었다.

알츠하이머병 발병의 주요 원인으로 보고된 용해성 베타아밀로이드의 세포내 유입은 미토콘드리아의 기능상실을 초래하며 궁극적으로는 세포사멸을 야기한다. 세포내 축적된 Aβ는 소포체의 칼슘통로와 결합하여 소포체 내의 Ca^{2+}을 세포질로 방출시킴으로써 세포질의 Ca^{2+} 농도를 증가시킨다. 미토콘드리아의 투과성 구멍(mitochondrial permeability pore, MPP)는 Ca^{2+} 과부하, 산화 스트레스 등에 의해 열리게 된다. MPP가 열리면 미토콘드리아의 내부와 외부의 막전위와 pH 차이가 사라지면서 Aβ와 다양한 단백질이 미토콘드리아 내로 밀려들어온다. 또 유입된 Aβ는 사이클로필린 D(CypD)와 상호작용하여 미토콘드리아 투과성구멍(MPP)의 열림을 촉진한다. 이는 삼투압에 의한 미토콘드리아 팽창으로 이어지며, 미토콘드리아의 구조적, 기능적 이상을 초래한다. 미토콘드리아의 기능 이상은 에너지원인 ATP 생산의 중단을 의미하며, 곧 세포사멸단계를 밟는다.

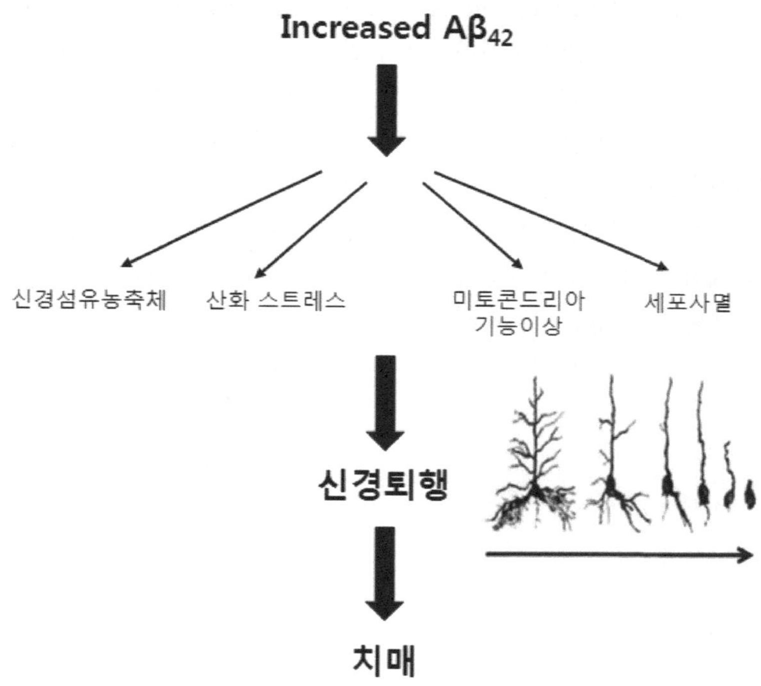

〈그림 13.10〉
증가된 베타아밀로이드는 신경섬유농축체, 산화 스트레스, 미토콘드리아 기능장애, 세포사멸 등을 촉진하며 이는 신경퇴행(neurodegeneration)을 초래한다. 신경퇴행이 더욱 축적이 되면 치매를 초래하게 된다.

아밀로이드전구단백질(APP)은 뉴런의 생장과 생존 그리고 수선에 중요한 단백질이며 막을 1번 관통한다. APP는 효소에 의하여 조각으로 잘라지게 되는데, 정상의 경우는 분해되어 다시 APP로 재생되어 사용되지만, 알츠하이머병 환자의 경우는 이러한 분해과정이 비정상적으로 일어나 베타아밀로이드의 축적이 일어난다. 이것은 아밀로이드전구단백질을 자르는 3가지 단백질분해효소가 극적으로 변하기 때문이다. 세 가지 단백질 분해효소 가운데 베타와 감마 분비효소(β와 γ-secretase)가 알츠하이머병에서는 더욱 활성화가 일어나고(인간의 경우 PS1의 돌연변이는 γ-secretase의 활성에 변화를 초래하는 것으로 알려짐) 알파 분비효소(α-secretase)는 상대적으로 활성화가 저해된다. 생성된 베타아밀로이드는 활성산소종(ROS)을 생성하여 산화 스트레스를 유발하고, 간접적으로는 소교세포(microglia)를 활성화시켜 신경에 독성을 나타내게 한다. 결과적으로 베타아밀로이드의 생성은 해마 CA1 및 CA3 구역의 피라밋세포(pyramidal cell)의 사멸을 촉진하여 점진적인 기억력 장애를 유발하는 것으로 추측된다. 이밖에도 베타아밀로이드가 시냅스 기능의 억제를 일으키는데 보조적인 역할을 한다는 보조적 이론들이 존재한다. 아밀로이드 플라크 이외에도 non-plaque 베타아밀로이드(aggregates of many monomers)도 병독성 기작에 관련이 있으리라 추측하고 있는데, 이러한 병독성 올리고머(toxic oligomer)를 ADDLs(amyloid-derived diffusible ligands)이라 부른다. 이들은 신경세포 표면에 존재하는 수용체에 결합하여 시냅스의 구조를 변화시키고, 이에 따라 신경세포 사이의 상호신호의 전달이 손상된다. ADDLs이 결합하는 수용체 가운데 하나는 광우병과 CJD(크로이츠펠트야콥병)의 프리온 단백질이 결합하는 수용체와 동일한데, 이것은 알츠하이머병을 포함한 신경퇴행질환의 보편적 작용기작과 연관이 있을 가능성이 높다. 그리고 아밀로이드전구단백질(APP)로부터 절단되어 떨어져 나온 N-APP(s-APPβ, sAPPα)는 DR6(다른 이름으로는 TNFRSF21) 수용체와 결합하여 자가용해(self-destructive) 과정을 거친다. 알츠하이머병에 걸린 환자의 뇌 부분에서는 DR6가 높게 발현이 일어나는 것이 관찰되는데, N-APP/DR6 경로가 노화된 뇌에서 손상을 일으키는 방향으로 전용되었을(hijacked) 가능성도 있다.

아밀로이드전구단백질(APP) 절단반응

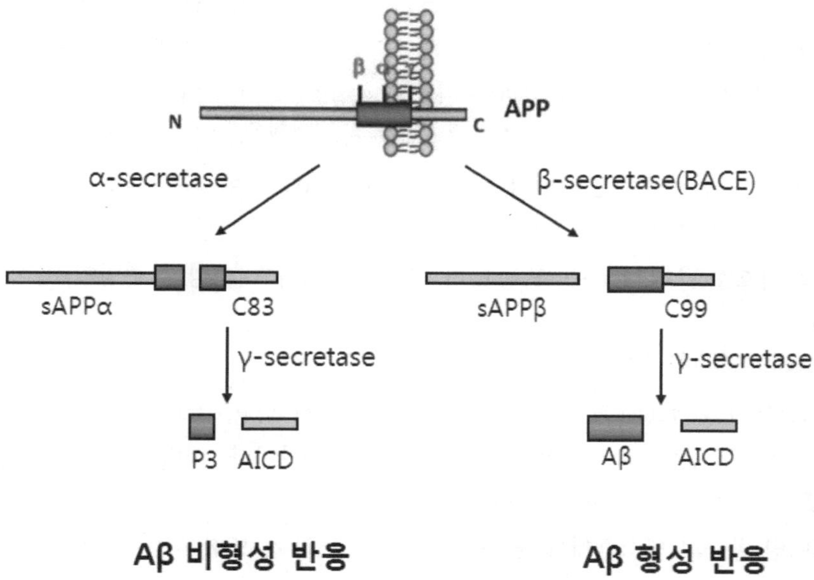

〈그림 13.11〉

Aβ 는 아밀로이드전구단백질(APP)이 β –secretase와 γ –secretase에 의하여 아밀로이드 서열의 좌, 우단을 순차적으로 절단함으로써 생성된다. APP의 아미노말단 쪽이 β –secretase에 의해 먼저 절단되면 용해성의 sAPPβ 조각과 세포내에 계속 남아있는 C99가 생성되고, C99가 γ –secretase에 의해 잘리면서 세포외로 분비되는 Aβ 와 세포질 안으로 들어가는 APP intracellular domain(AICD)을 생성하게 된다. Aβ 는 분해효소에 의하여 제거될 수 있으나 잘 알려지지 않은 이유에 의하여 Aβ 가 제거되는 속도가 저하되면 아밀로이드 플라크의 형성이 촉진된다. 반면 Aβ 비형성 반응에서는 α –secretase(아밀로이드서열의 내부를 절단함)의 활성화로 용해성의 아밀로이드전구단백(sAPPα)을 형성하고 남은 카복시말단 C83잔기는 완전한 베타아밀로이드 영역을 유지하지 못하므로 β –secretase 혹은 γ –secretase의 작용에도 베타아밀로이드를 형성하지 못한다.

• α –secretase(알파 분비효소)

알파 분비효소에 의해서는 무해한 조각이 만들어지지만, 베타와 감마 분비효소(β와 γ -secretase)의 활성화로 인해서는 알츠하이머병의 원인물질인 베타아밀로이드(Aβ)가 만들어진다. 베타아밀로이드는 그것을 구성하고 있는 아미노산의 수에 따라 여러 가지 형태가 있다. 실제 알츠하이머병 환자의 경우 40개 또는 42개의 아미노산으로 이뤄진 베타아밀로이드의 비율이 급격히 많아진다. 따라서 알츠하이머병을 생화학적 방법으로 검사할 때는 환자의 뇌척수액에서 이런 형태의 베타아밀로이드 농도를 측정한다. 베타아밀로이드(Aβ)는 불용성이고 끈적끈적한 특징을 가지고 있어서 서로 뭉치고 끌어당겨 플라크(plaque)를 형성한다. 이렇게 하여 만들어진 노인반(senile plaque)은 알츠하이머병 환자의 뇌에서 흔하게 관찰되는 물질이다.

아밀로이드전구단백질(APP)은 베타아밀로이드(Aβ)라는 독성 단백질(toxic protein)의 전구체이지만, P3라는 정상적인 단백질의 전구체가 되기도 한다. P3는 현재까지 정확한 기능이 밝혀지지 않았지만 적어도 독성은 없다고 알려져 있다. 아밀로이드전구단백질(APP)에는 여러 절단 site가 있고, 아밀로이드-베타가 만들어질지 혹은 P3가 만들어질지는 어떤 효소에 의하여 절단되느냐에 따라 결정된다. 먼저 APP가 알파 분비효소(α-secretase)에 의해 잘리면 용해성(soluble) 부분이 떨어져나가고 그 다음 감마 분비효소(γ-secretase)에 의해 잘리면 P3 단백질이 만들어진다. 반면 아밀로이드전구단백질이 베타 분비효소(β-secretase)에 의해 잘린 뒤 감마 분비효소(γ-secretase)에 의해 잘리면 베타아밀로이드(Aβ) 펩티드가 만들어지고 플라크를 생성하게 된다. 베타 분비효소(β-secretase, BACE)가 베타아밀로이드 생성의 주범인 셈이다.

- β –secretase(베타 분비효소)

베타 분비효소(β-secretase)는 1형 막 횡단 프로테아제(type I transmembrane protease)에 속한다. 베타 분비효소는 Aβ의 N-말단 부위의 APP를 절단한다. 베타 분비효소는 신경세포와 신경아교세포에서도 발현된다. 베타 분비효소의 양, 활성, 그리고 베타 분비효소에 의한 생성물은 알츠하이머병 환자의 혈소판에서 증가되는 양상을 보인다. 또한 허혈성 뇌에서 거대 혈소판의 병적 증상이 관찰된다. 게다가 베타 분비효소 발현과 활성의 변화는 뇌에서 베타 분비효소의 전사 및 번역 수준의 조절이 일어남을 알려준다. 베타 분비효소와 APP는 유사한 운송방식을 가지고, 엔도좀 내부에 비슷한 위치에 존재하기 때문에 베타 분비효소는 정형화된 활성화 패턴을 보인다. 이러한 사실은 신경세포 세포자살의 기능적, 형태적 신호 뿐 아니라 세포 내 Aβ 양의 증가가 뒷받침해준다. APP의 가공과정에서 베타 분비효소는 Aβ 응집체 형성에 중요한 역할을 한다. 지금까지 관찰된 사실에 의하면 알츠하이머병 환자 뇌에서 베타 분비효소의 과발현, 과생산, 과활성이 나타난다. 새롭게 잘린 Aβ 조각은 즉시 세포로부터 배출된다. 이와 같이 Aβ가 세포외로 배출되는 것은 알츠하이머병 치료를 위해 만들어질 약이 세포내부로 들어갈 필요가 없음을 시사하기 때문에 잠재적인 치료를 간소화할 가능성이 있다. 일단 Aβ가 세포 밖으로 나오면, Aβ는 스스로 축적되기 쉬운 베타-쉬트(β-sheet) 구조를 취한다. 이와 같은 응집된 노인반은 신경세포의 죽음을 초래하며 이러한 현상은 신경세포의 세포사멸과 괴사를 일으키기 때문에 알츠하이머병 환자에게는 치명적이라 할 수 있다. 세포의 사멸은 세포의 수축, 막의 불안정화, DNA 분해 등을 수반한다. 괴사(necrosis)는 더 단순한데 괴사로 세포내부 물질이 유출되면 특징적인 염증반응을 주변에 일으킨다. 괴사의 결과 생성되는 것을 차단하는 것은 몇몇 항염증제가 질병의 발병과 진전을 늦출 수 있다는 점에서 중요한 사실이다. 베타아밀로이드(Aβ)는 뇌세포의 소포체 수용체와 결합, 신경세포 괴사 효소인 카스파제(caspase)-3을 활성화 시킨다. 베타아밀로이드(Aβ)가 뇌에 축적되면 그 자체의 독성으로 신경세포가 위축되어 신호를 전달하지 못하고 신호전달체계가 중단되는 현상이 발생한다. 또한 베타아밀로이드는 금속과의 결합력이 뛰어나 결합한 금속을 이용하여 자유라디칼(free radical)을 생성하여 세포사멸을 촉진한다.

신경세포사멸의 병리학적 과정

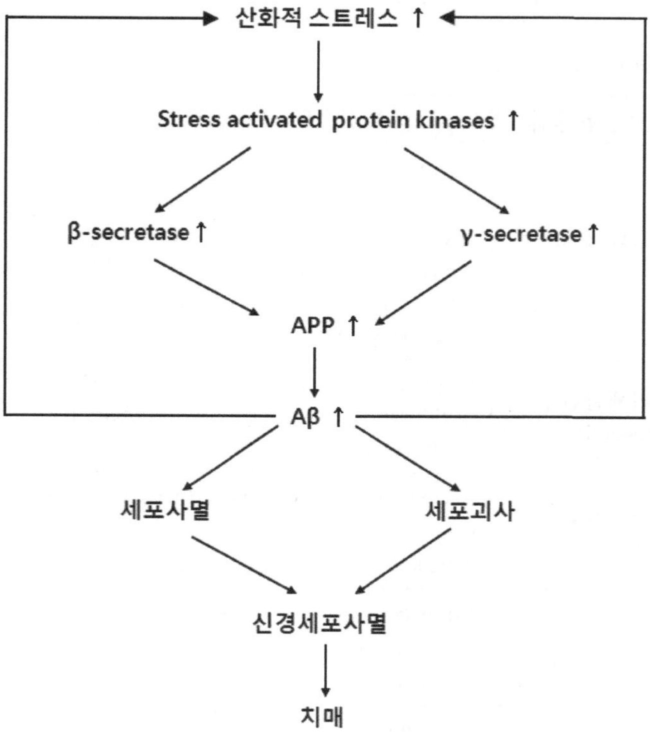

〈그림 13.12〉

산화적 스트레스는 스트레스에 반응하는 인산화효소를 활성화하고 이것은 다시 β –secretase와 γ –secretase의 활성화를 초래한다. 이것은 다시 아밀로이드전구단백질(APP)과 베타아밀로이드(Aβ)를 축적하고 신경세포의 사멸을 유도한다. 신경세포의 사멸이 축적되면 치매가 초래된다. 베타아밀로이드는 산화 스트레스를 발생시킬 수 있기 때문에 더욱 베타아밀로이드 축적을 초래하는 악순환을 일으키게 된다.

- γ –secretase(감마 분비효소)

감마 분비효소는 다른 분비효소(secretase)보다 구조와 특성이 복잡하여 동정하는 데 많은 어려움이 있었다. 알츠하이머병 가계에서 프리세닐린(presenilin, PS) 유전자에서 돌연변이가 발견되어 이 단백질이 감마-secretase 활성을 갖는 단백질일 것이라고 예상되던 중, 프리세닐린(PS)을 knockout 시킨 생쥐는 감마 분비효소에 특이적인 억제제를 처리한 것과 같이 Aβ 의 양이 현저히 감소되어 있고, APP C83과 C99가 축적된다는 결과가 보고됨으로써 이 단백질이 감마 분비효소(γ-secretase)를 구성하는 성분 중 하나임이 확실시 되었다. 감마 분비효소(γ

-secretase)는 프리세닐린(PS), 니카스트린(Nicastrin), APH-1(anterior pharynx-defective-1), PEN-2(Presenilin enhancer-2)로 이루어진 복합단백질(complex protein)로서 단백질분해효소능(proteolytic activity)을 가지고 있어 type I transmembrane protein인 amyloid precursor protein(APP)과 Notch1을 절단하는 역할을 한다.

〈표 13.4〉
신경퇴행성 질병과 연관된 단백질 종류

	단백질 종류	발생동안 가능성 있는 기능	참고문헌
신경퇴행성 질병-연관 단백질	아밀로이드전구 단백질(APP)	Regulation of neuronal cell adhesion, migration, synapse formation; neural progenitor cell proliferation, neurotrophic and neuroprotective functions (sAPP isoforms); regulation of synaptic pruning (N-APP)	Aydin(2012)
	프리세닐린 (presenilins)	Regulation of neural progenitor cell proliferation, migration, differentiation; adult neurogenesis	Selkoe(2003)
	타우단백질 (Tau)	Axonal growth/retraction (synaptic targets selection; cytoskeletal/structural plasticity	Goedert(1993)
	알파-시누클레인 (α-synuclein)	Neurogenesis; synaptic vesicle recycling, neurotransmitter synthesis and release	Cheng(2011)
	프리온 단백질 (prion protein)	Regulation of copper uptake at the synapse, cell-cell adhesion; neuroprotection, maintenance of neuronal integrity	Vassallo(2003)

프리세닐린(PS) 단백질은 약 50 kDa의 full-length로 합성된 후 presenilinase라는 현재까지 동정되지 않은 효소 활성에 의해 중간 부분(hydrophobic region)이 잘려진 후 결합된 상태로 존재하는 안정한 프리세닐린 아미노말단조각(PS-NTF, ~30kDa)과 프리세닐린 카복시말단조각(PS-CTF, ~20kDa)을 만드는데, 이것이 프리세닐린의 활성형으로 생각되었다. 그러나 프리세닐린만의 과다발현으로는 감마 분비효소 활성이 증가되지 않았고, 단독으로 과다발현될 때 프리세닐린은 세포 내에서 급속하게 분해되는 것이 관찰되었기 때문에 프리세닐린 NTF와 CTF의 양이 밝혀지지 않은 제한 요인(limiting factor)에 의해 정교하게 조절된다는 제한 요인설이 대두되었다. 또한 감마 분비효소 활성을 나타내는 효소를 순수 분리하고자 한 여러 보고에서

사용된 방법에 따라 효소 복합체의 분자량이 최소 200~250 kDa부터 440 kDa 또는 1 GDa까지 나타나 다른 복합체 구성 인자가 존재할 가능성을 강력하게 뒷받침하였다.

첫 번째 프리세닐린 결합단백질로 동정된 니카스트린(nicastrin, Nct)은 프리세닐린에 대한 면역침전(immunoprecipitation)시 함께 침전되어 감마 분비효소의 한 성분임이 드러난 1형 막단백질(transmembrane glycoprotein)로 약 80 kDa 가량의 예상 분자량을 갖는다. 합성된 단백질은 소포체(ER)에서 약 110 kDa의 N-결합 당쇄화만 일어난 상태인 미성숙형으로 변형되어 세포막으로 이동하면서 약 130 kDa으로 성숙된다. 니카스트린은 복합체에 기질 docking site를 만들거나 복합체를 안정화시키는 역할을 하며, 그것의 extracellular domain은 감마 분비효소의 기질을 인식하는데 수용체(receptor) 역할을 한다. *C. elegans*나 *Drosophila*에서 Nct 유전자의 발현을 억제하면 프리세닐린(PS)의 발현을 억제했을 때와 동일하게 Notch 신호전달 기능이 억제되었다. 또한 Nct의 성숙(maturation)은 프리세닐린에 의존적으로 프리세닐린이 없을 경우에는 정상적 세포 내 이동 경로를 따르지 못하고 소포체(ER)에 축적됨을 확인하였다. 그러나 프리세닐린과 Nct를 함께 과다발현해도 프리세닐린만의 과다발현과 마찬가지로 감마 분비효소 활성 증가를 일으키기에는 충분치 않은 것으로 나타나, 프리세닐린과 Nct 외에도 또 다른 제한 요인이 존재할 가능성이 예상되었다. 이후 *C. elegans*에 대한 유전자 탐색을 통해 anterior pharynx defective-1 (Aph-1)과 presenilin enhance-2 (Pen-2)라는 두 개의 새로운 후보 유전자가 동정되었다. 약 30 kDa의 분자량을 갖는 APH-1은 7개의 막통과부위를 갖고 그 유전자를 돌연변이 시키면 LIN-12, APH-2, 또는 SEL-12 (각각 *C. elegans*의 Notch, Nct, PS ortholog)를 돌연변이 시켰을 때와 유사한 효과를 유발했다. 이러한 효과는 Notch에 의한 신호전달 경로를 차단했을 때와 동일한 것으로 Aph-1 활성이 프리세닐린과 마찬가지로 Notch 신호전달경로 상에 필요함을 나타낸다.

PEN-2는 약 12 kDa의 2개 막통과부위를 가진 단백질로 *C. elegans*에서 제거되면 Notch, PS, Nct, Aph-1의 유전자를 knockout 시켰을 때와 유사한 표현형을 나타낸다. *Drosophilia* S2 세포에서 네 가지 단백질 (PS, Nct, APH-1, PEN-2) 각각에 대하여 RNAi로 발현을 감소시키면 감마 분비효소 활성이 감소되었고, 반대로 *C. elegans* knockout에 대한 회복실험에서도 네 가지 단백질이 모두 필요한 것으로 나타났다. 선충류나, 초파리 세포를 이용한 경우와 마찬가지로, 포유동물 세포를 이용한 면역침전실험에서도 네 가지 구성성분은 각각에 대한 항체로 면역침전 하였을 때, 다른 감마 분비효소 구성요소들도 함께 침전되어 네 가지 단백질이 복합체에서 물리적으로 결합하고 있음이 밝혀졌다. Nct와 PEN-2에 대한 RNAi는 포유동물 세포에서도 동일한 결과를 나타냈다. 또한 감마 분비효소의 활성형을 분리하여 네 가지 성분의 존재를 확인하는 실험을 통해 활성형의 효소에 네 가지 단백질이 모두 존재한다는 것이 확인되었다.

이러한 감마 분비효소 복합체의 생리적 기능에 대한 연구는 감마 분비효소가 APP 뿐만 아니라 Notch도 절단한다는 것이 보고됨에 따라 그 중요성이 다시 부각되었다. Notch는 4종류의 isoform들이 존재하고 이와 반응하는 리간드는 5종류가 있다. Notch와 리간드의 결합은 cell-cell contact에 의하여 이루어진다. 먼저 *C. elegans*에서 프리세닐린의 오솔로그(ortholog)인 SEL-12가 동정되면서 감마 분비효소가 발생단계에 관여할 것이라는 가설이 제기되었다. Notch는 *Drosophila*에서 처음 동정된 제1형 막투과 수용체로서 Notch 신호전달이 발생과정 중 세포운명결정(cell fate determination)에 관여함이 확인되어짐에 따라 감마 분비효소가 발생과정에 중요한 역할을 담당한다는 것을 알 수 있다.

감마 분비효소가 Notch를 잘라 신호를 전달한다는 사실로 볼 때 APP도 감마 분비효소에 의해 신호전달에 관여할 수 있음을 추측할 수 있다. 실제로 APP가 감마 분비효소에 의해 절단될 때 만들어지는 세포 내 절편인 AICD는 Fe65 라는 단백질과 복합체를 형성하여 핵으로 들어가 특정 유전자의 전사를 조절한다는 보고가 있었다. Notch, APP 뿐만 아니라 이전에 알려진 몇 가지 제1형 막단백질이 최근 감마 분비효소의 기질인 것으로 밝혀졌는데, 세포 결합을 매개하는 Epithelial cadherin과 CD44, EGF 수용체인 ErbB-4, Notch ligand 인 Delta와 Jagged 등이 그것이다. 이것은 감마 분비효소가 막에 존재하는 많은 단백질의 일부분이 세포 내로 방출되는데 폭넓은 기능을 가지므로 생리적인 중요성이 더욱 부각되고 있다.

감마 분비효소는 세포막에 결합하고 있는 단백질이지만 세포의 안쪽이나 바깥쪽에서 가수분해하는 다른 단백질들과 달리 막의 소수성 내부에서 단백질을 절단한다. 이와 같이 막에 결합하고 있는 단백질은 대량으로 정제하거나 결정을 만드는 것이 어려워 연구하는데 한계가 있다. 그리하여 Lawrence Berkeley National Laboratory의 연구팀은 결정을 만드는데 충분한 양의 감마 분비효소를 얻기 위해 HeLa 세포에서 전기영동으로 감마 분비효소 복합체를 분석하는 과정에서 지금까지 밝혀지지 않았던 새로운 단백질을 발견하였고 그 새로운 단백질의 아미노산 서열을 분석한 결과 이 단백질이 CD147이라는 막 결합 단백질임을 알게 되었다. CD147은 여러 조직에서 발현되며 종양의 침습, 세포 증식과 염증, 세포 내에서 단백질 이송 등 다양한 기능에 관련되어 있다. 또한 이 단백질은 신경기능과도 밀접한 관계를 가지고 있어 CD147을 제거한 생쥐는 신경 시스템이 발달되지 못하여 단기기억 상실이나 방향감각 상실 등과 같은 알츠하이머와 유사한 증상을 보여준다. 연구팀은 CD147의 기능을 상세하게 조사하기 위해 배양세포에서 RNAi 기술을 이용하여 CD147을 억제한 결과 Aβ peptide의 생산이 현저하게 증가하는 것을 발견하였다. 또한 신장세포나 신경세포와 같은 다른 세포의 감마 분비효소 복합체에도 CD147이 포함되어 있는 것도 확인할 수 있었다. 이와 같은 연구결과는 정상적인 CD147이 독성 Aβ peptides 생산을 억제하는 요소임을 보여준다.

이러한 Aβ의 형성은 APP의 분해과정에 의해 결정된다. APP는 먼저 알파 분비효소 또는 베타 분비효소에 의해 각각 α- 또는 β-site에서 절단된다. 이 두 sites는 APP의 막 관통영역의 extracellular/luminal 부분에서 발견되고, 이 부분에서의 절단은 "ectodomain shedding"이라고 알려진 과정을 야기한다. α-secretase와 β-secretase는 APP 절단을 위해 경쟁하며 두 생성물을 내놓는다. 두 생성물 중 하나는 세포 외 공간으로 방출되는 수용성 APP(sAPPα 또는 sAPPβ)이고, 다른 하나는 세포막에 박혀있는 단백질 조각(알파 분비효소에 의한 C83 또는 베타 분비효소에 의한 C99)인데, 이 단백질 조각은 감마 분비효소에 의해 절단된다. C83(알파 분비효소에 의한 생성물)이 감마 분비효소(γ-secretase)에 의해 절단되면 APP-intracellular domain(AICD)을 형성하고 세포외로 3 kD peptide(P3)를 방출하는 반면(non-amyloidogenic 반응), C99(베타 분비효소에 의한 생성물)가 감마 분비효소에 의해 절단되면 AICD와 불용성인 Aβ peptide를 형성하게 된다(amyloidogenic 반응). 결국 APP의 절단에는 알파 분비효소와 베타 분비효소가 서로 경쟁을 하기 때문에 Aβ peptide형성의 주된 장본인은 베타 분비효소와 감마 분비효소이다.

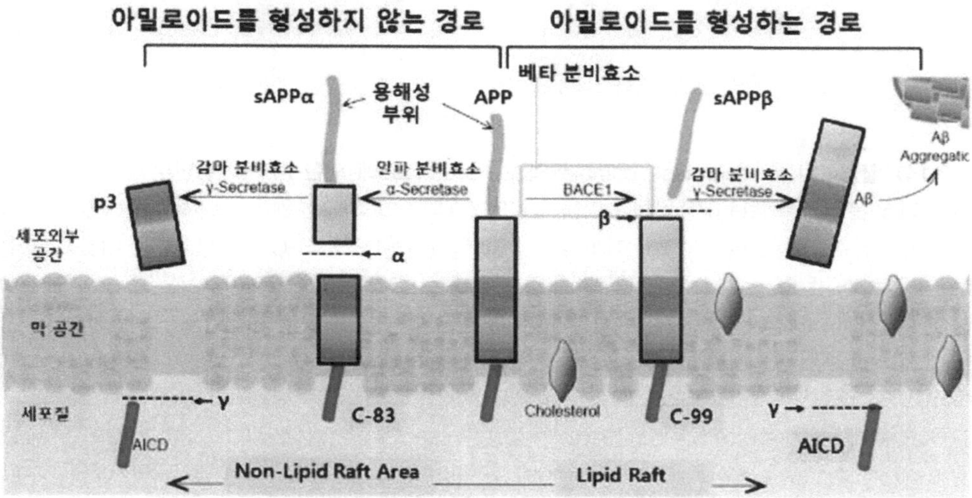

〈그림 13.13〉
베타아밀로이드를 생성하지 않는 경로와 베타이밀로이드를 형성하는 반응의 비교

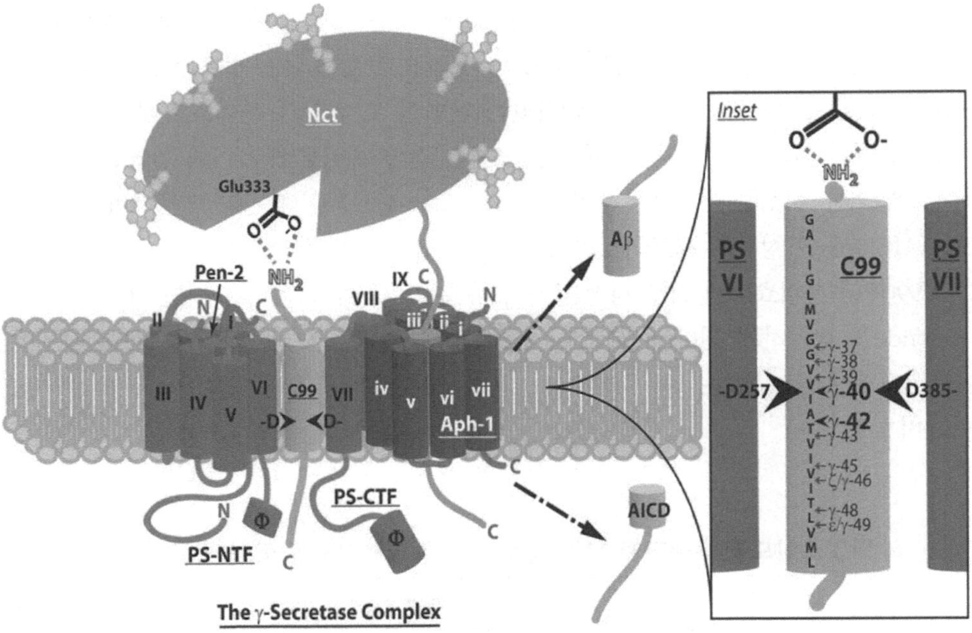

Dries, 2008

〈그림 13.14〉 활성화된 γ –secretase complex의 γ –secretase에 의한 APP의 절단부위.

(왼쪽) 활성이 있는 γ –secretase 복합체는 다음과 같은 4개의 요소로 구성된다: 프리세닐린(PS), 니카스트린(Nct), Aph–1, Pen–2. PS는 소수성부분(ϕ)에서 절단이 일어나 PS–NTF와 PS–CTF를 형성하며, 이것이 프리세닐린의 활성형으로 추정된다. catalytic 아스파르트산(D) residues인 D257과 D385가 PS–VI과 PS–VII 도메인에서 각각 발견된다. Nct의 Glu–333 residue는 기질의 아미노말단과 반응함으로써 기질이 γ –secretase 복합체의 활성부위에 정확히 위치하는 것을 돕는다. 활성을 가진 γ –secretase에서 Nct는 매우 많이 당화(glycosylated)된 상태로 이루어져 있는데, Nct의 extracellular domain과 Aph–1은 PS–CTF과 결합되어 있다. Pen–2는 PS–NTF 가운데 묻혀있는데 이들 transmembrane domain(TMD)는 γ –secretase 활성부위를 조절하는 것으로 추정된다. (오른쪽, Inset) γ –secretase는 APP를 여러 군데에서 절단하며 베타아밀로이드(Aβ) 펩티드의 이름은 아미노말단으로부터의 길이로써 표기한다. 다양한 종류의 Aβ 가운데 가장 주종을 이루는 것은 Aβ 40과 Aβ 42이다.

그러나 흥미롭게도 감마 분비효소에 의한 절단에 있어 기질들은 'ectodomain shedding'을 전제조건으로 하는 1형 막관통단백질이다. 감마 분비효소의 기질 중 두 번째로 많이 연구가 되는 기질은 Notch receptor(세포분화 과정의 주요 조절인자)이다. Notch receptors는 리간드와 결합시 수용성 Notch receptor 조각과 Notch intracellular domain(NICD)를 동시에 형성하기 위해 알파 분비효소와 유사한 단백질분해효소와 감마 분비효소에 의한 순차적 가수분해가 일어난다. Notch에 대한 감마 분비효소의 가수분해활성은 발생학적 경로에서 중요하다. 그리하여 Notch에 대한 감마 분비효소의 단백질 가수분해 활성은 감마 분비효소 억제를 기반에 둔 알츠하이머병 치료의 원치 않는 비특이적 억제효과에 해당한다.

〈표 13.5〉

γ –secretase 복합체를 구성하는 구성요소들

	유전자 이름	*C. elegans*	Mammalian	기능
γ-secretase complex members	presenilin (PS)	HOP-1, SEL-12	PS1, PS2	catalytic subunit and assembly of γ-secretase
	Nicastrin (Nct)	APH-2	Nct	assembly of γ-secretase (stabilization of PS, Pen-2)
	Aph-1	APH-1(PEN-1)	Aph1aL Aph1aS	assembly of γ-secretase (stabilization of PS/Nct)
	Pen-2	PEN-2	PEN-2	assembly of γ-secretase (proteolytic processing PS)

베타아밀로이드는 신경세포에 독성을 가지고 있으며 세포표면에 있는 단백질 분해효소 억제 수용체에 결합하여 세포막에 도달하는 세포의 단백질 분해효소를 축적시키고 종국에는 세포골격에 손상을 초래함으로써 알츠하이머병의 노인반은 베타아밀로이드를 함유하고 있다. APP 유전자는 21번 염색체 상에 있으며, 일부 가족성 알츠하이머병 환자는 이 유전자의 점돌연변이 또는 21번 염색체의 부분복제에 의한 것으로 보고 있다.

알츠하이머병 중 유전적인 이유로 발병하게 되는 일부의 환자(5% 미만)는 발병 원인이 되는 유전자가 모두 밝혀졌는데, 그 대표적인 예로서 프리시닐린(presenilins, PS)이라고 불리는 단백질 유전자에 돌연변이를 가지고 있는 환자에서는 베타아밀로이드의 생성이 증가되었다(PS1 유전자는 염색체 14번에 존재하고, PS2 유전자는 염색체 1번에 위치한다). Phosphatidylinositol 4,5-bisphosphate(PIP2)는 인지질의 한 종류로 중요한 신호전달 물질로 알려져 있는데, 프레세닐린 변이는 PIP2의 농도를 감소시킨다. 연구를 통해 PIP2의 농도가 감소하면 베타아밀로이드의 생성이 증가된다는 결과가 나왔고, 이를 통해 PIP2의 농도 변화가 베타아밀로이드 생성이 변화되는 직접적인 원인임이 밝혀졌다.

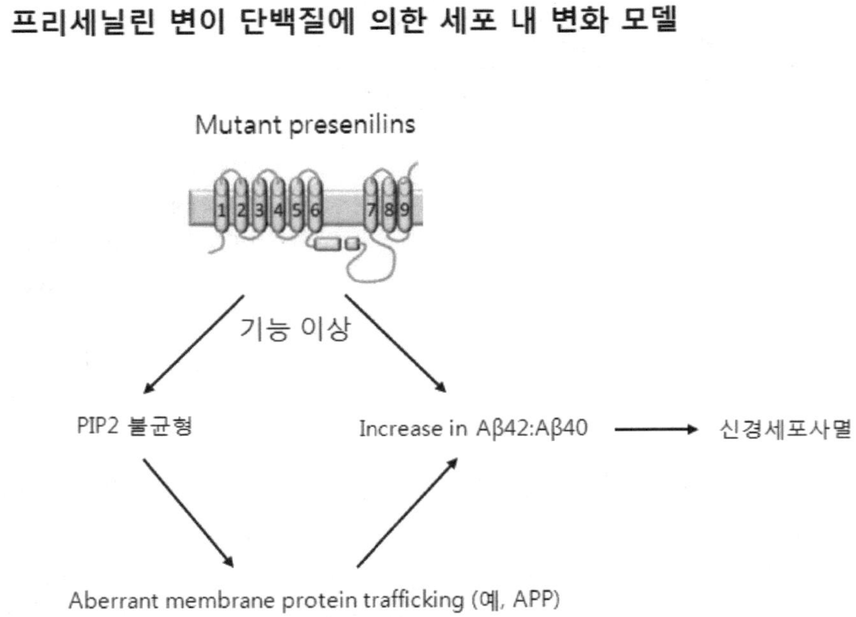

〈그림 13.15〉 돌연변이 프리세닐린이 신경세포 사멸을 유도하는 기작.
프레세닐린 변이는 PIP2의 농도를 감소시킨다. PIP2의 농도가 감소하면 베타아밀로이드의 생성이 증가된다는 결과가 나왔고, 이를 통해 PIP2의 농도 변화가 베타아밀로이드 생성이 변화되는 직접적인 원인임이 밝혀졌다.

▌Tau 가설

알츠하이머병, 파킨슨병, 헌팅턴병, 프리온병(prion diseases) 등의 신경퇴행성 질병들은 뇌에 단백질들의 비정상적인 축적이 일어난다는 공통적인 특징을 가지고 있다. 각 신경세포(neuron)는 일종의 내부지지구조인 미세소관(microtubule)을 세포골격으로 가지고 있는데, 트랙(track)처럼 세포체로부터 영양분과 분자들을 축색(axon) 말단까지 안내한다. **Tau 단백질**은 신경세포(neuron)와 신경교세포(glial cell)에서 발현이 되는 단백질로서, 축색 미세소관 조립(axonal microtubule assembly)과 안정화(stabilization) 기능을 수행한다. Tau 단백질은 인산화되었을 때 미세소관을 안정화함으로써 기본적으로 신경세포(뉴런)에서 신경신호가 잘 전달될 수 있도록 돕는 미세소관 결합단백질(MAP, microtubule-associated protein)이다. 이밖에도 MAP는 미토콘드리아 같은 소기관들의 축색수송(axonal transport)조절 등의 역할을 하는 것으로 보인다. 그런데 Tau 단백질이 과인산화되면(hyperphosphorylated) 다른 가닥들과 함께 짝을 이루어 paired helical filaments(PHF)를 형성한다. 그리고 PHF와 SF(straight filaments)가 주성분이 되는 실뭉당이처럼 엉킨 **신경섬유농축체**(neurofibrillary tangles, NFT)를 형성하면서 신경세포의 수송체계를 붕괴시킨다. 결과적으로 미세소관에 의해 보호 및 지지를 받지 못한 신경세포는 축삭수송(axon transport)에 손상이 옴으로써 사멸하게 되는 것이다. 알츠하이머병 환자에서는 이러한 신경섬유병변이 뉴런 내부에 매우 증가되어 있으며 신경세포의 정상적인 활동이 방해를 받는다. Tau 단백질을 결여하고 있는 mice 실험에서 나타나듯이 정상적인 타우단백질 기능이 상실되는 것은 신경퇴행과 밀접한 관련이 있음을 알 수 있으며, 파킨슨병 말기에 알츠하이머병이 동반되는 것은 타우(Tau) 단백질과 연관하여 설명할 수 있다.

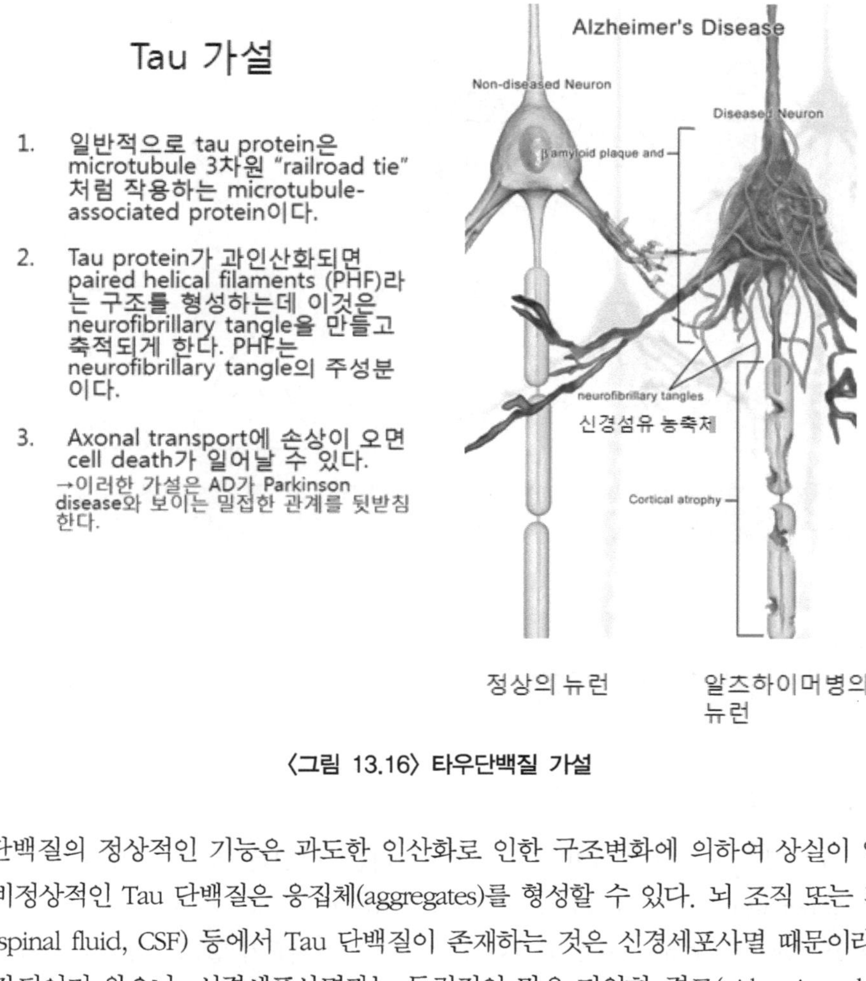

〈그림 13.16〉 타우단백질 가설

Tau 단백질의 정상적인 기능은 과도한 인산화로 인한 구조변화에 의하여 상실이 일어나며 이러한 비정상적인 Tau 단백질은 응집체(aggregates)를 형성할 수 있다. 뇌 조직 또는 뇌척수액(cerebrospinal fluid, CSF) 등에서 Tau 단백질이 존재하는 것은 신경세포사멸 때문이라고 오랫동안 생각되어져 왔으나, 신경세포사멸과는 독립적인 많은 다양한 경로(either in naked form or vesicle-associated)를 통하여 방출이 일어나는 것이 가능하리라고 생각한다. 많은 퇴행성질환의 뇌에서 발견되는 비정상적 형태의 Tau 단백질 응집체는 주위의 다른 세포들에 의하여 흡수되고, 비정상적 프리온 단백질들이 정상 단백질과 결합하여 비정상적 구조로 변환시키는 것과 거의 흡사한 방법을 통하여 10년~20년 이내에 뇌 전체에 대하여 정상 Tau 단백질을 비정상적 Tau 단백질로 변환시키는 것도 하나의 모델로 제안되었다(그림 13.17). 이와 더불어

Tau 단백질은 베타아밀로이드에 의하여 유도된 시냅스독성(synaptotoxicity)에 필수적이라는 것이 최근의 연구결과에 의하여 알려지게 되었다.

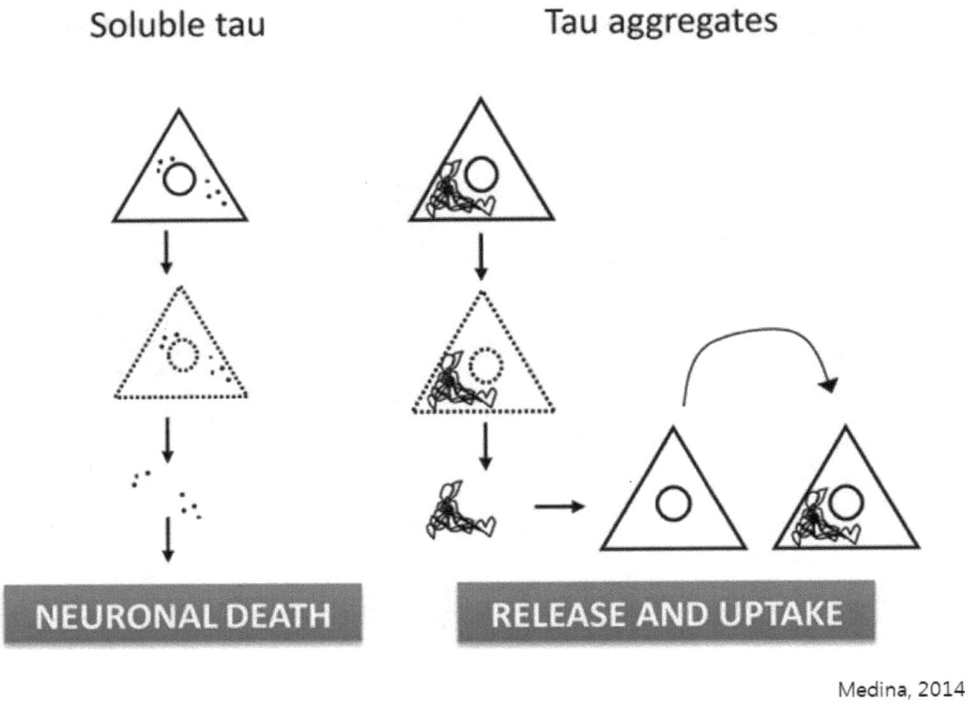

〈그림 13.17〉
비정상적 Tau 단백질이 다른 세포에 존재하는 정상적인 Tau 단백질과 결합하여 비정상적인 형태로 만든다는 이론이 있다.

▌자유라디칼 이론

산화적 스트레스가 알츠하이머병의 위험인자라는 사실은 오래 전부터 알려져 왔다. 4-hydroxynonenal(4-HNE), isoprostane, 8-hydroxyguanosine, 8-hydroxydeoxyguanosine, protein carbonyls, nitrotyrosine 등의 산화적 스트레스의 지표가 알츠하이머병 환자의 뇌에서 증가되어 있다는 보고들에 기초하여 알츠하이머병 환자의 뇌에서 보이는 자유라디칼의 축적과 산화적 손상이 베타아밀로이드와 연관되며 신경세포의 손상을 유도할 것이라고 생각되어져 왔다. 그러나 산화적 스트레스가 어떻게 병리적으로 알츠하이머병과 연관되는지에 대한 논의는 최근에 이루어졌다. 산발성 알츠하이머병(sporadic type Alzheimer disease, SAD) 환자에서 베타 분비효소(BACE1)의 발현이 증가되어 있고, 생쥐의 신경세포주인 N2a 세포(neuroblastoma cell line)에 H_2O_2를 $FeSO_4$와 함께 처리하여 산화적 조건을 만들어 주면 산화

스트레스의 산물인 4-HNE가 증가하면서 BACE1 단백질이 증가하며, H_2O_2를 처리하면 JNK의 활성화를 통해 BACE1의 프로모터 활성이 증가하는 등 산화적 스트레스에 의한 베타 분비효소의 활성이 증가하는 것에 대한 활발한 연구가 이루어지고 있다.

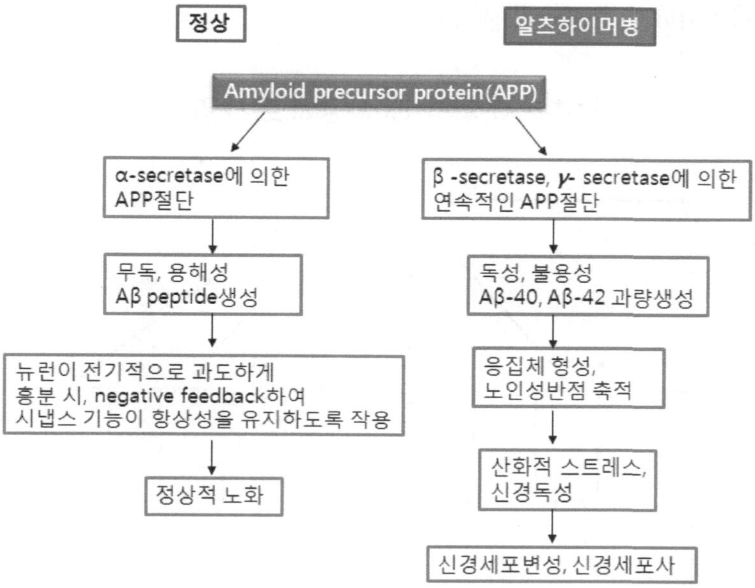

〈그림 13.18〉 알츠하이머병의 과정.

▌베타아밀로이드가 세포를 죽이는 기작

베타아밀로이드(Aβ)의 신경독성을 설명하는 과정에서 중요한 특징은, 특정한 세포막의 신경전달물질-의존성 이온통로(neurotransmitter-gated ion channel)에 대한 베타아밀로이드 응집체(aggregates)의 친화성이다. 이 채널은 글루탐산(glutamate) 존재하에서 열리지만, 인공적인 글루탐산 유사체(AMPA, α-amino-3-hydroxy-5-methylisoxazole-4-propionic acid)와도 특이적으로 결합한다. 이 채널의 AMPA에 대한 특이성은 글루탐산에 의해 조절되는 다른 채널과 구분되며 AMPA 특이적 채널은 베타아밀로이드의 영향을 받는 유일한 채널이다. 응집된 베타아밀로이드의 존재 하에 이 채널은 계속해서 열리기 시작하고 칼슘이온이 세포 내부로 들어오도록 한다. 이러한 칼슘의 유입은 세포 내부의 신호전달과정을 방해하고 결국 세포를 죽음으로 이끌게 된다.

칼슘이온은 세포 내부의 신호전달기작에 있어서 매우 중요하다. 세포 내부의 칼슘이온 농도 변화는 유전자 발현 조절을 위한 신경전달물질의 방출부터 미토콘드리아의 기능까지 거의 모든 것과 관련되어 있다. 이러한 중요한 역할 때문에 세포 내 칼슘이온 농도는 매우 정교하게 조절된다. 그러나 응집된 베타아밀로이드가 AMPA 채널을 열면 내부 칼슘이온 농도는 매우 긴 시간동안 상승을 하게 된다. 칼슘이온의 신경전달물질 방출에 대한 역할 때문에, 신경세포는 다가오는 자극에 대해 반응할 수 없게 되고 뇌로부터의 정보전달이 방해를 받게 된다. 이러한 방해는 인지적 결핍으로 나타나는데 이는 AMPA 수용체가 기억, 중요한 생각에 관련된 피질영역과 해마에 광범위하게 분포하기 때문이다.

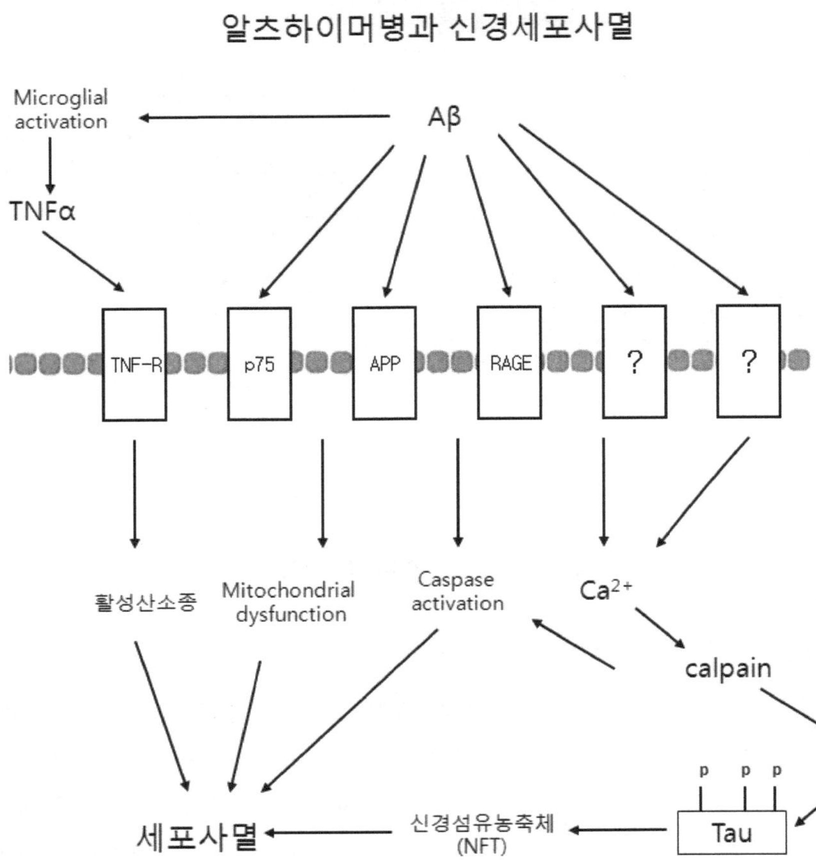

〈그림 13.19〉
베타아밀로이드는 미세교세포(microglial cell)를 활성화하여 염증반응을 중재하는 TNFα 를 활성화한다. 베타아밀로이드는 다양한 신호전달기작을 자극하여 활성산소종을 생성하고 미토콘드리아 기능장애를 초래한다. 이와 더불어 칼슘조절 장애는 Tau 인산화를 초래하고 과인산화된 Tau는 신경섬유농축체(NFT)를 형성한다. 활성산소종, 미토콘드리아 기능장애, 신경섬유농축체 등에 의하여 신경세포의 사멸이 초래된다.

신경전달망을 차단하는 것과 더불어, 칼슘 조절 장애는 신경섬유농축체(neurofibrillary tangles, NFTs) 형성에도 관련이 있다. 이러한 길고 다발화된 섬유는 인산화효소(kinase)에 의한 광범위한 화학적 수식(modification)의 결과로 집단을 이루게 된 '타우(tau)'라는 단백질로 구성되어 있다. 인산화효소는 많은 세포학적 사건들을 조절하며 이 때 칼슘이온이 종종 반응을 시작하는 역할을 한다. 결론적으로 칼슘이온 농도가 장시간 동안 증가해 있을 때, 인산화효소는 과활성화되고 타우단백질은 인산화 반응의 표적이 된다. 이러한 상황은 타우단백질의 과인산화를 초래한다. 타우단백질의 과인산화는 타우를 뭉치게 할 뿐만 아니라 타우단백질의 정상적인 기능인 세포의 구조를 온전하게 유지하는데 필요한 미세소관을 안정화시키는 역할까지도 방해하게 된다. 이와 같은 미세소관의 정상적인 기능의 상실은 신경세포를 손상시키고, 신경세포의 손상은 질병의 임상적인 진행과도 비례한다. 타우단백질의 수식(modification)의 정도는 치매의 정도와도 관련이 있는데 이는 과인산화된 타우단백질로 뇌세포가 가득 채워졌을 경우 장애를 일으킨다는 점을 뒷받침한다. 세포골격구조의 손실과 칼슘이온 농도 조절의 이상으로 세포는 기본적인 대사과정 조절 능력을 잃어버리고 결국 사멸하게 된다.

미토콘드리아 기능장애

알츠하이머병을 일으키는 주된 요인은 베타아밀로이드 펩티드의 과다한 생성과 세포 외부에 축적이 일어나는 것으로 알려져 있다. 이로 인하여 신경대사물질과 신호전달체계의 붕괴가 계속적으로 이어지기 때문이다. 커다란 베타아밀로이드 집합체 또는 섬유체(fibrils)는 알츠하이머병 환자의 뇌에서 특징적인 노인반을 형성한다. 이러한 플라크는 매우 독성이 있어 적은 양이라도 신경세포에 손상을 줄 수 있으며 이와 같은 베타아밀로이드의 독성은 미토콘드리아 기능 손상과 관계가 있다. 수용성 베타아밀로이드(Aβ)는 미토콘드리아로 들어가 자리를 잡고 활성산소종(ROS)의 과다생산을 초래하며 호흡과 ATP 생산을 방해하여 미토콘드리아 구조와 기능에 손상을 줄 수 있다. 미토콘드리아에 대한 베타아밀로이드의 독성은 세포 내 칼슘 항상성과 그 신호전달의 붕괴로 인한 것으로 나타났다. 비정상적으로 높은 칼슘의 레벨과 칼슘 신호기작의 조절 이상이 노인반 주변의 신경세포에서 관찰되었다. 또한 베타아밀로이드 중합체(oligomer)는 세포배양 신경세포에서 대량의 칼슘 유입을 유도하여 미토콘드리아의 칼슘 과부하의 원인이 되고 궁극적으로 신경세포의 사멸을 유도한다. 미토콘드리아의 과부하는 미토콘드리아 내부막(mitochondrial inner membrane)의 채널인 미토콘드리아 투과성 구멍(mitochondrial permeability pore, MPP)의 opening(개방)을 유도하여 미토콘드리아의 작용과 구조를 붕괴시킨다. MPP는 미토콘드리아 내막에 형성되는 직경 2.3-3.0 nm의 다중 단백질 집합체(multiprotein complex) 통로이며 내막에 존재하는 adenine nucleotide translocase (ANT), 외막에 존재하는 전압-의존성 음이온 채널(voltage-dependent anion channel, VDAC),

미토콘드리아 기질에 존재하는 싸이클로필린 D(CypD) 등으로 구성된다. 일반적인 상태에서 MPP는 가역적으로 MPP의 열림과 닫힘이 칼슘의 항상성을 유지하는 막전위에 의하여 조절된다. 하지만 베타아밀로이드(Aβ)가 미토콘드리아, 소포체, 세포막 등에 축적이 일어나면 세포내 칼슘항상성이 파괴되어 평상시에 닫혀있던 MPP의 열림(opening)을 유도한다. 유도된 MPP의 열림은 미토콘드리아의 전위(potential)를 변화시켜 세포의 기능장애를 발생시키고 신경세포의 사멸을 발생시킨다. Du 등(2008)은 베타아밀로이드 중합체가 MPP의 조절인자로 알려진 싸이클로필린 D(cyclophilin D, CypD)와 상호 접촉함으로써 MPP를 개방시키는 것을 확인했다. 연구팀은 치매 생쥐 모델에서 CypD를 유전적으로 제거하면 뇌의 미토콘드리아 MPP 개방이 억제됨으로써 인지기능의 개선이 향상됨을 보고하였고 이는 미토콘드리아의 장애가 알츠하이머 치매 병리의 원인이 됨을 의미하는 것이다.

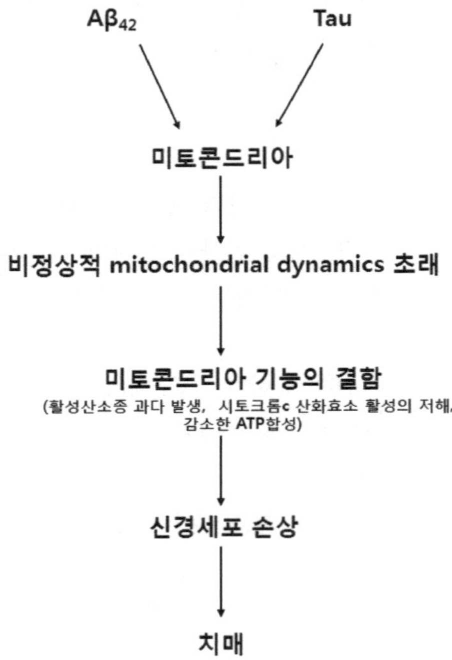

〈그림 13.20〉

베타아밀로이드와 Tau 단백질에 의한 신경섬유농축체는 신경세포의 미토콘드리아에 작용하여 미토콘드리아 기능장애를 초래하며 이것은 신경세포에 손상을 주며 신경세포의 사멸을 유도한다.

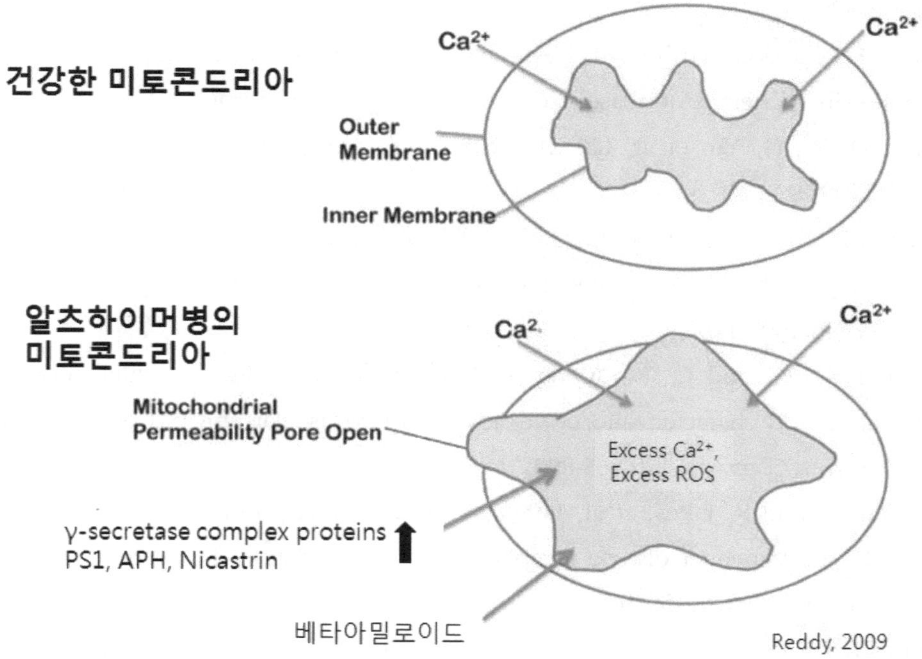

〈그림 13.21〉
건강한 미토콘드리아는 칼슘농도의 조절이 제대로 이루어지지만 알츠하이머병의 미토콘드리아는 베타아밀로이드(Aβ)가 미토콘드리아, 소포체, 세포막 등에 축적이 일어나면서 세포내 칼슘 항상성을 파괴하고 이는 평상시에 닫혀있던 MPP의 열림(opening)을 유도하여 미토콘드리아를 붕괴시킨다. 이는 미토콘드리아의 장애가 알츠하이머 치매 병리의 원인이 됨을 의미하는 것이다.

참고문헌

1. Aydin, D., S. W. Weyer, et al. (2012). "Functions of the APP gene family in the nervous system: insights from mouse models." *Exp Brain Res* 217:423-434.
2. Becker, M., R. Andel, et al. (2006). "The effect of cholinesterase inhibitors on risk of nursing home placement among medicaid beneficiaries with dementia." *Alzheimer Dis Assoc Disord* 20:147-152.
3. Cheng, F., G. Vivacqua, et al. (2011). "The role of alpha-synuclein in neurotransmission and synaptic plasticity." *J Chem Neuroanat* 42:242-248.
4. Dohler, F., D. Sepulveda-Falla, et al. (2014). "High molecular mass assemblies of amyloid-β oligomers bind prion protein in patients with Alzheimer's disease." *Brain*

137:873-886.
5. Dries, D. R. and G. Yu. (2008). "Assembly, maturation, and trafficking of the γ-secretase complex in Alzheimer' disease." *Curr Alzheimer Res* 5:132–46.
6. Dries, D. R., G. Yu, et al. (2012). "Extracting β-amyloid from Alzheimer's disease." *PNAS* 109:3199-3200.
7. Du, H., L. Guo, et al. (2008). "Cyclophilin D deficiency attenuates mitochondrial and neuronal perturbation and ameliorates learning and memory in Alzheimer's disease." *Nat Med* 14:1097-1105.
8. Glenner, G. G. and C. W. Wong. (1984). "Alzheimer's disease: initial report of the purification and characterization of a novel cerebrovascular amyloid protein." *Biochem Biophys Res Commun* 120:885-890.
9. Goedert M. and R. Jakes, et al. (1993). "The abnormal phosphorylation of tau protein at Ser-202 in Alzheimer disease recapitulates phosphorylation during development. *Proc Natl Acad Sci* 90:5066–5070.
10. Hanger, D. P., D. H. Lau, et al. (2014). "Intracellular and extracellular role for tau in neurodegenerative disease." *J Alzheimers Dis* 40:S37-45.
11. Irizarry, M. C. (2004). "Biomarkers of Alzheimer disease in plasma." *NeuroRx* 1:226-34.
12. Kang, J., H. G. Lemaire, et al. (1987). "The precursor of Alzheimer's disease amyloid A4 protein resembles a cell-surface receptor." *Nature* 325:733-736.
13. Korea Statistics. 2010 Survey of the elderly available from: http://kostat.go.kr. Accessed January 21, 2013.
14. Kovacs, G. G., H. Adle-Biassette, et al. (2014). "Linking pathways in the developing and aging brain with neurodegeneration." *Neurosci* 269:152-172.
15. Medina, M and J. Avila. (2014). "The role of extracellular Tau in the spreading of neurofibrillary pathology." *Front Cell Neurosci* 8:1-7.
16. Nationwide study on the prevalence of dementia in Korean elders. Seoul: Seoul National University Hospital:2008.
17. Padurariu, M., A. Ciobica, et al. (2013). "The oxidative stress hypothesis in Alzheimer's disease." *Psychiatria Danubina* 25:401-409.
18. Reddy, P. H., M. Manczak, et al. (2010). "Amyloid-β and mitochondria in aging and Alzheimer's disease: implications for synaptic damage and cognitive decline." *J Alzheimers Dis* 20(Suppl 2):S499-S512.
19. Rowe, W. B., E. M. Blalock, et al. (2007). "Hippocampal expression analyses reveal

selective association of immediately-early, neuroenergetic, and myelinogenic pathways with cognitive impairment in aged rats." *J Neurosci* 27:3098-3110.

20. Selkoe D. and R. Kopan. (2003). "Notch and Presenilin: regulated intramembrane proteolysis links development and degeneration." *Annu Rev Neurosci* 26:565-597.
21. Spires-Jones, T. L. and B. T. Hyman. (2014). "The intersection of Amyloid beta and tau at synapses in Alzheimer's disease." *Neuron* 82:756-771.
22. Tang, K., L. S. Hynan, et al. (2006). "Platelet amyloid precursor protein processing: A bio-marker for Alzheimer's disease." *J Neurol Sci* 240:53-58.
23. van Praag, H., T. Shubert, et al. (2005). "Excercise enhances learning and hippocampal neurogenesis in aged mice." *J Neurosci* 25:8680-86.
24. van Praag, H., G. Kempermann, et al. (1999). "Running increases cell proliferation and neurogenesis in the adult mouse dentate gyrus." *Nature Neuroscience* 2:266-270.
25. Vassallo, N. and J. Herms. (2003). "Cellular prion protein function in copper homeostasis and redox signalling at the synapse." *J Neurochem* 86:538-544.
26. 오상진. (2005). "인체노화." 탐구당.
27. 이명식. (2005). "파킨슨병." 아카데미아.
28. 장현갑 등. (2010). "치매예방과 뇌 장수법." 학지사.

CHAPTER 14

스트레스와 노화

스트레스는 과학적 연구 분야에서 뿐만 아니라 일반 대중에게도 많은 관심을 받고 있는데, 그 이유는 현대인에 있어서 스트레스는 결코 피할 수 없는 정신적 과정이며, 스트레스가 인체에 미치는 영향에 대한 많은 증거와 증상들이 보고되고 있기 때문이다. 스트레스 반응은 몸의 균형을 유지하는 노력, 즉 적당한 수준의 산소와 포도당, 산도, 체온 등을 유지하는 노력을 반영한다. 이 과정은 뇌 중앙에 깊숙이 파묻힌 아몬드 모양의 작은 구조물인 편도(amygdala)에서 시작된다. 편도는 미엘린으로 싸인 긴 축색돌기 섬유를 통해 해마(hippocampus)를 포함한 뇌의 다른 영역과 연결된다. 편도가 '긴장하라'는 메시지를 받으면 시상하부(hypothalmus)와 뇌하수체(pituitary), 그리고 부신(adrenal)으로 연결되는 HPA축(axis)의 활성화가 일어난다. **시상하부-뇌하수체-부신(HPA)축**은 굉장히 민감한 생리학적 시스템으로 스트레스에 의해서 활성화되어 스트레스에 대한 몸의 변화를 조절한다. 스트레스 반응은 부신 호르몬인 코티졸을 과잉 분비시키기 때문에 뇌에 해롭다. 코티졸은 아드레날린과 동시에 분비되나 아드레날린보다 훨씬 오래 남아 있으므로 치명적인 문제를 일으킬 수 있다. 코티졸은 뇌의 다른 부분뿐만 아니라 해마에도 파괴적인 영향을 미친다. 스트레스 반응은 놀라운 기작이지만 단기적 문제를 해결하기 위한 것이다. 갑자기 다가오는 차를 피한다든지, 위기 상황에서 초인적인 힘을 발휘하도록 해준다. 그러나 이러한 스트레스 반응이 오랜 기간 지속이 되며 반복적으로 일어날 경우는 뇌에 재앙으로 다가올 수 있다.

지금 세대는 이전 세대보다 더욱 많은 스트레스와 그로 인한 생화학적 결과 때문에 죽어가고 있다. 현재 세대는 과거 세대보다 신경학적 스트레스 요인이 확실히 더 많다. 오늘 날에는 신체적 반응을 필요로 하는 위협보다는 심리적인 요인에 의한 것이 훨씬 많다. 그 중에 하나는 과도한 정보증후군, 즉 날마다 뇌에 들어오는 정보의 홍수이다. 이와 더불어 기술에서 비롯되는 피곤함도 이젠 절정에 달했다. 전화, 휴대폰, 텔레비전과 일상적인 소음 때문에 단 10분도 고요하게 앉아 있기 힘든 세상이 되었다. 오늘날의 세상은 이전 세상에 비하여 확실히 기술적으로 편리해진 것은 사실이지만 뇌와 신경계에 가해지는 영향 면에서 본다면 지금이 훨씬 더 스트레스가 많을 것이다. 현대의 스트레스는 산업사회의 복잡성으로 매일 지속되어 만성적으로 되는 경향이 있다. 이와 같은 만성적인 스트레스는 만성적으로 높은 코티졸 수치를 유지시킨다. 슬프게도 미래의 생활에는 더 많은 스트레스가 발생할 것으로 예견된다.

14-1 스트레스의 의미 및 원인

'스트레스(stress)'는 14세기부터 사용되기 시작한 개념으로서 그 정의는 학자에 따라 다르며 분야에 따라서 의미가 다양하게 해석되었다. 스트레스는 원래 물리학에서 '물체에 가해지는 물리적 힘'을 의미하는 용어로 사용되었고, 의학에 적용되면서 개체에 부담을 주는 육체적 · 정신적 자극이나, 이러한 자극에 생체가 나타내는 반응을 의미하게 되었다. 우리가 흔히 말하는 '스트레스'의 어원은 라틴어 'strictus' 혹은 'stringere'로 strictus는 '팽팽한' 혹은 '좁은'이라는 의미를 지녔으며 stringere는 '팽팽하다'는 의미였다. 그 후 스트레스는 역경, 고난, 어려움 따위를 지칭하는 용어로 사용되었고, 17세기에 이르러서 물리학에서 '어느 고형물체가 외부의 힘에 압도되어 물체표면의 연속성을 잃게 된 상태'라는 의미로 쓰였다. 미국의 생리학자 캐논(Canon)은 생명체의 생존을 위한 시스템을 연구하면서 스트레스라는 단어를 생리학적으로 사용했다. 그는 생명체가 스트레스를 받았을 때 생존수단으로 투쟁-도주 반응(fight-flight response)을 한다는 것을 밝혔으며, 이 때 일어나는 생리적 균형(homeostasis)을 규명했다. 이후 1936년 캐나다의 학자 한스 셀리에(Hans Selye)가 스트레스란 '신체에 가해진 어떤 외부 자극에 대하여 신체가 수행하는 일반적이고 비특정적인 반응'이라고 정의하였다. 그는 살아있는 쥐를 대상으로 하여 스트레스에 대한 신체적, 생리적 반응을 연구한 결과, 1946년에 '스트레스가 질병을 일으키는 중요한 원인'이라고 발표했다. 이렇듯 학술적 정의에 따르면 스트레스는 꼭 나쁜 것만은 아니다. 스트레스는 생명체가 외부의 환경이나 내부의 변화에 즉각적이고 민감하게 반응할 수 있도록 유도하고, 싸울지 도망갈지를 빨리 결정하게 하는, 그야말로 객관적인 '생존 시스템'이라 할 수 있다. 이 시스템이 잘 작동할수록 우리는 응급상황에 잘 대처할 수 있는 것이다.

스트레스에 대한 관점은 반응으로서의 스트레스, 자극으로서의 스트레스, 인간과 환경과의 상호작용으로서의 스트레스 등을 들 수 있다. 어떤 학자들은 스트레스를 인간과 환경과의 상호작용으로 보고, 개체와 환경, 혹은 개체와 내적 요구가 적응할 수 있는 범위를 초월할 때 스트레스를 경험하게 되며, 스트레스의 외적 또는 내적 원인인 'stressor(스트레스원)'에 의해서 발생하는 생리적, 정서적 및 행동적 반응을 포함한다고 하였다. 또 다른 학자들은 스트레스 반응은 화학적 변화, 형태학적 변화, 기능적 변화에 대한 생리적 측정을 통해서 관찰 가능하다고 하였다. 이 가운데 화학적 변화는 스트레스와 관련된 내분비의 변화, 기초대사량의 변화 등으로 측정되고, 형태학적 변화는 신체 내부 기관이나 내분비선의 형태 변화, 혈구세포 및 혈액량의 변화로 측정가능하며, 기능적 변화는 뇌전도, 근전도, 심전도, 활력증후 등으로 측정될 수 있다고 하였다.

14 2 스트레스의 신경생리학적 기전

HPA (Hypothalamic–Pituitary–Adrenal) axis

HPA 축은 굉장히 민감한 생리학적 시스템으로 다양한 영역의 심리적인 경험과 생리학적인 혼란, 즉 스트레스에 의해서 활성화되며 활성화되었을 때 ACTH와 글루코코르티코이드를 분비하게 한다. HPA 축은 내분비계(endocrine system)와 신경계(nervous system)의 연결부위라고 말할 수 있는 시상하부(hypothalamus)에 의하여 조절된다. 생체시계라 할 수 있는 시상하부의 시교차상핵(suprachiasmatic nucleus)으로부터 오는 일주기적 신호는 시상하부 실방핵(PVN)을 활성화시킴으로써 부신피질자극호르몬 분비호르몬(CRH)을 포함하는 몇 가지 호르몬 방출인자(releasing factor)를 분비한다. 이런 호르몬 방출인자들은 뇌하수체(pituitary) 전엽으로 하여금 몇 가지 호르몬들을 생성하고 분비하게 한다. 부신피질자극호르몬(ACTH), 갑상선자극호르몬(TSH), 황체호르몬(LH), 여포자극호르몬(FSH), 성장호르몬(GH)등이 이런 호르몬들에 해당한다. 이런 호르몬 중에서도 부신피질자극호르몬(ACTH)은 부신피질에 작용하는 호르몬으로서 HPA 축의 중요한 호르몬 가운데 하나이다. 부신피질자극호르몬의 자극에 의해 부신피질은 가장 보편적인 스트레스 호르몬인 코티졸을 포함한 여러 스트레스 호르몬들을 분비한다. 코티졸의 분비는 뇌하수체 분비선, 그리고 시상하부와 해마에 대한 음성 되먹임(negative feedback)에 의해 조절된다. 음성 되먹임의 순효과(net effect)는 CRH와 ACTH 분비가 모두 감소되는 것이다. 결국 [그림 14.1]과 같은 하나의 순환과정회로가 완성된다.

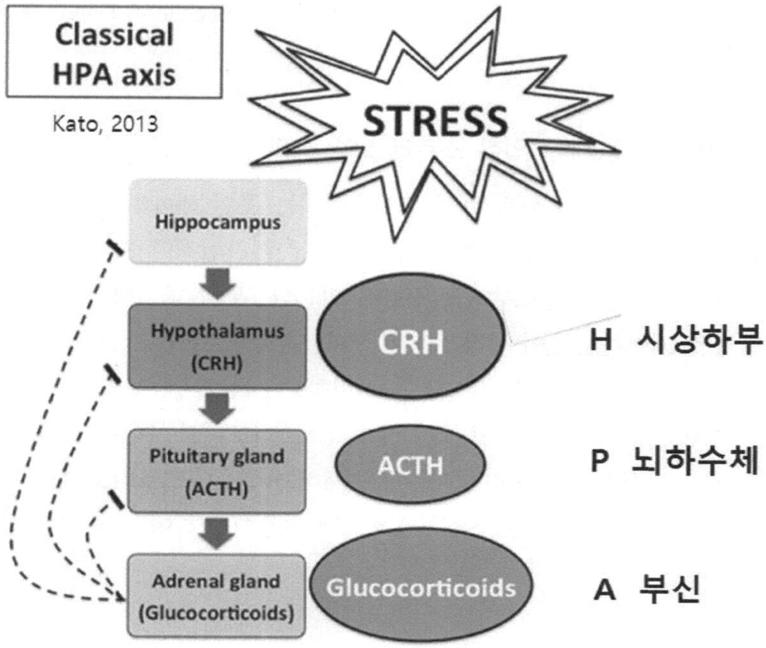

〈그림 14.1〉 스트레스에 의한 HPA axis의 활성화.

HPA axis의 활성은 다른 뇌의 영역에서부터 시상하부(hypothalamus)의 PVN(실방핵)으로 자극이 집중될 때 이루어지며 스트레스에 대한 반응으로 시상하부는 CRH를 분비한다. 시상하부에서 분비된 CRH는 뇌하수체에서 ACTH의 분비를 유도한다. ACTH는 HPA axis의 종점인 부신피질(adrenal cortex)에서 글루코코르티코이드계 호르몬(생쥐의 경우 코르티코스테론, 인간의 경우는 코티졸)의 분비를 유도한다. 이런 스트레스에 대한 반응과정은 매우 민감한 성질을 가지고 있어서 지속적이고 과도한 스트레스에 노출되면 HPA axis 평형이 붕괴되어 음성피드백이 제대로 기능하지 않으며 그 결과 글루코코르티코이드의 분비가 지속적으로 증가한다.

코티졸은 HPA 축의 마지막 단계인 부신피질에서 합성되는 글루코코르티코이드 호르몬 중 하나로 [그림 14.1]에서 볼 수 있듯이 부신피질자극호르몬(ACTH)에 의해서 분비가 유도된다. 따라서 앞서서 언급되었던 HPA 축의 연쇄적인 진행에 따라 코티졸의 분비는 스트레스에 의한다고 볼 수 있다. 여러 연구 결과들 또한 코티졸이 스트레스와 매우 큰 관련성을 가지고 있음을 제시한다. 예를 들어, 교통사고로 인하여 병원에 후송된 환자들과 건강한 정상인의 혈중 코티졸 농도를 조사하여 비교해본 결과, 교통사고군의 12시간이 지난 후의 혈중 코티졸의 농도가 대조군에 비해서 통계적으로 의미 있는 차이를 보였음을 볼 수 있었다. 즉, 스트레스가 코티졸의 농도를 증가시킨다는 것을 말해준다고 할 수 있다. 코티졸은 또한 다른 여러 스트레스 호르몬과는 달리 자극에 더 선택적으로 반응하며, 신체적 스트레스와 불안과 같은 비교적 급성 스트레스뿐만 아니라, 걱정, 우울, 통제력 결여 등의 정신적인 만성 스트레스 상황도 잘 반영한다. 이와 같이 스트레스와 코티졸에 대한 연관성 때문에 스트레스 측정에 코티졸 측정을 이용하기도 한다.

글루코코르티코이드 수용체에 의한 스트레스의 조절

풍부한 글루코코르티코이드 수용체 합성이 이루어지는 곳인 해마(hippocampus)는 글루코코르티코이드에 대한 다양한 반응을 조절하며, 시상하부로 간접적인 억제신호를 보내어 글루코코르티코이드 합성과 부신 피질로부터의 방출을 막는다. 부신 피질에서 이루어지는 글루코코르티코이드 합성을 제어하는 중추신경계는 부신피질자극호르몬(ACTH)을 분비하는 뇌하수체와 부신피질자극호르몬 분비호르몬(CRH)를 분비하는 시상하부, 그리고 거슬러 HPA 축의 상위에서 각각 해마(hippocampus)의 풍부한 글루코코르티코이드 수용체의 활동을 이용하여 이루어진다. 이 음성 되먹임 작용은 시상하부에 존재하는 글루코코르티코이드 수용체를 통하여 직접적으로 일어나기도 한다. 이와 같은 음성피드백 작용에 의하여 HPA 축은 다시금 평형상태에 이르게 된다.

뇌 기능을 파괴하는 코티졸의 영향

코티졸은 부신 피질 호르몬으로 스트레스에 반응하여 분비된다. 적당량이면 좋은 영향을 미치지만 만성적으로 그리고 계속적인 스트레스의 결과로 과잉분비가 일어나면 강한 독성으로 인해 뇌세포를 파괴하게 된다. 젊을 때는 스트레스 호르몬이 나왔다가 다시 기본 수준으로 떨어지는데 짧은 시간이 걸렸지만 나이가 들면 스트레스 호르몬이 기본 수준(basal level)로 떨어지는데 더 오랜 시간이 필요하다. 뇌가 만성적으로 코티졸 독성에 노출되는 것이 뇌 퇴화의 주요 원인으로 생각되고 있다. 수십 년에 걸쳐 과도하게 분비되는 코티졸이 뇌의 생화학적 통합성을 파괴하며 알츠하이머병과 같은 퇴행성 뇌 질환의 원인이 될 수 있는 것이다. 뇌세포가 파괴되고 있는 같은 기간에도 과도하게 분비된 코티졸은 뇌의 기능을 점진적으로 떨어뜨린다. 코티졸은 뇌의 유일한 원료인 포도당을 빼앗아가고, 뇌세포 간 화학적 전달기능을 담당하는 신경전달물질을 파괴한다. 이렇게 신경전달물질의 작용이 방해를 받고 포도당 부족으로 뇌 연료 공급이 떨어지면 집중과 기억이 힘들어진다. 결국 코티졸의 과잉분비는 신체, 뇌 신경계를 망가뜨리고 호르몬의 균형을 깨뜨려 뇌와 신경계의 기능을 퇴화시킨다.

스트레스가 뇌 기능을 파괴하는 데는 세 가지 기본적인 방식이 있다. 먼저 스트레스 상황에서 코티졸이 분비되면 뇌의 주요 기억센터인 해마가 혈당을 사용하는 것을 방해한다. 해마에 혈당이 충분치 못하면 에너지가 모자라게 되고 기억을 할 방법이 없게 된다. 둘째로 과잉분비된 코티졸이 뇌의 신경전달물질의 기능을 방해한다. 그 결과로 과거에 어떤 기억이 저장되었더라도 그 기억에 접근할 수 있는 방법이 없게 된다. 세 번째로 과도하게 분비된 코티졸이 뇌세포를 파괴하는 것이다. 이것은 코티졸이 정상적인 뇌세포 대사를 방해하여 과도한 양의 칼슘이 뇌세포로 들어가게 하기 때문이다. 과도한 양의 칼슘은 결국 뇌세포를 내부로부터 파괴하는 자유기(free radical)이라는 분자를 만들어 낸다. 이런 방식으로 오랜 시간이 경과하면 코티졸이 수십 억 개의 뇌세포를 파괴하게 된다.

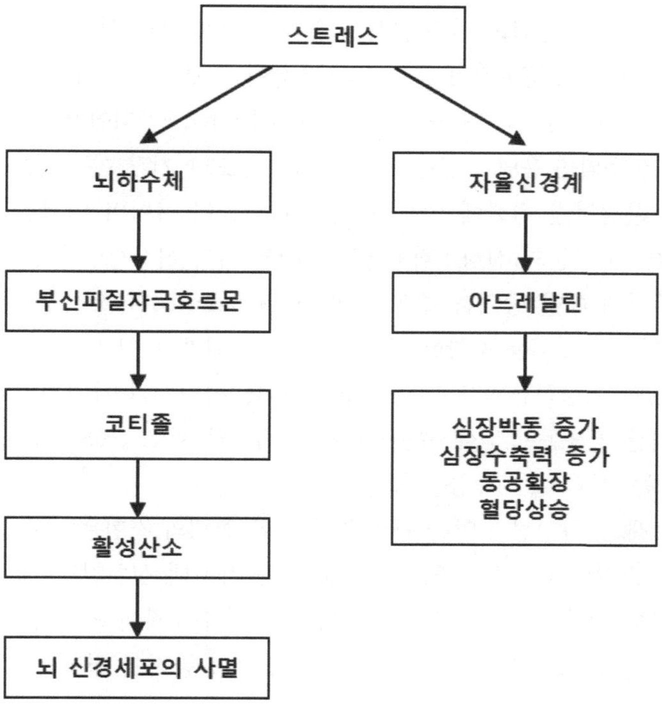

〈그림 14.2〉
각종 스트레스는 과도한 코티졸의 축적을 초래하며 이는 산화스트레스를 가중시킨다. 가중된 산화스트레스는 신경뉴런의 세포사를 초래한다.

14 3 신경가소성과 스트레스의 작용기전

스트레스로 인한 특정 뇌 부위의 신호전달경로의 장애와 뉴런 적응(neuronal adaptation)의 실패는 스트레스와 관련된 질환을 유발하게 되며, 심한 스트레스는 해마뉴런의 위축(atrophy)과 사멸(death) 뿐만 아니라 신경생성(neurogenesis, 신경발생)을 억제하여 해마(hippocampus)의 구조적 변화와 기능장애를 초래한다.

▌신경가소성(Neural plasticity)

'신경가소성(neural plasticity)' 혹은 '구조가소성(structural plasticity)'이란 한 개인이 환경과의 상호작용에 대한 반응으로 성장한 뇌에서 새로운 신경세포가 탄생하거나 또는 유전적으로 건강한 신경세포가 사망하는 등의 '뉴런적응(neuronal adaptation)'으로 정의할 수 있다. 인간의 뇌세포는 아동기에서 성인기에 들어서면서 합성이 중지하는 것으로 알려져 있으나 실제로 성인기에서도 만들어질 수 있다고 알려진다. 인간의 두뇌에 있는 신경세포들의 연결은 고정된 것이 아니며 경험에 의하여 변해간다. 뇌 **신경가소성**이란 뇌의 신경회로가 외부의 자극, 경험, 학습에 의해 구조적, 기능적으로 변화해가고 재조직화(remodel)되어가는 현상을 일컫는 것이다. 과거 과학자들은 두뇌는 유년기 같은 초기 단계의 중요한 기간 이후에는 변경되지 않는다고 믿어왔다. 그러나 환경적인 변화에 의하여 현존하는 뉴런 사이의 연결을 수정하고, 해마와 소뇌를 포함한 다른 뇌 부분의 신경조직발생을 통해서 뇌의 신경경로가 변한다는 것이 알려지게 되었다. 신경발생에 대한 증거는 주로 해마(hippocampus)와 후신경구(olfactory bulb)에 제한되지만 최근 연구는 소뇌를 포함한 다른 뇌 부분도 관계가 있을 것이라는 결과가 나왔다. 신경가소성이 어떻게 기능하는가에 대한 기본 원리는 시냅스의 가지치기와 관련되어 있다. 시냅스의 가지치기란 일생동안 뇌에서는 새로운 시냅스가 새로 만들어지고, 불필요하며 사용하지 않는 시냅스는 제거되는 과정을 말한다.

학습, 기억, 스트레스, 향정신성 약물 등의 행동 혹은 환경의 경험은 각기 고유한 신경회로를 활성화시켜, 신경가소성의 핵심적인 역할을 하고 있는 세포내 신호전달경로를 유발한다. 여기에는 신경작용인자에 의한 신호전달경로, 신경전달물질 수용체에 의한 신호전달경로, 그리고 기타의 다른 신호전달경로가 있는데, 이 경로들은 점차 공통적인 경로를 공유하게 된다(예를 들면 세포내 cAMP 신호전달경로). 이러한 공통 요인(convergent factor)들에 의해 세포의 생존 혹은 사망의 과정 즉, 신경가소성을 통해 분자 및 세포 차원에서 적응을 시도하게 된다. 이와 같이 신호전달경로는 스트레스에서 나타나는 뉴런 위축(atrophy), 뉴런 사멸(apoptosis), 신경생성(neurogenesis) 등에 있어서 중심적인 역할을 하게 된다. 뉴런기능과 활성을 저해하는 환경 혹은 유전적 요인(CREB 혹은 BDNF의 발현의 변화 또는 돌연변이)에 의하여 뉴런의 위축 혹은 사멸이 일어날 수 있다.

• 세포내 cAMP 신호전달경로

cAMP 이차전달자(secondary messenger)는 활성인자(activator)와 억제인자(inhibitor)들의 복잡한 상호작용에 의해 조절되고 있는데 아드레날린 수용체(βAR)와 5-HT4,6,7 수용체는 cAMP 경로를 활성시키고, 5-HT1A,1B,1D,1E는 cAMP 경로를 억제한다. 신경전달물질이 해당 수용체와 결합하면 G 단백질을 경유하여 아데닐 싸이클라제(adenylyl cyclase, AC)를 활성화시키고, 아데닐 싸이클라제는 ATP로부터 cAMP의 생성을 증가시키고, cAMP는 다시 cAMP -dependent protein kinase A(PKA)를 활성화시킨다. PKA는 수용체, 이온 통로(ion channel), G 단백질, 효소, 전사인자(transcriptional factor)를 포함한 특별한 단백질들의 인산화를 통하여 세포 기능을 조절한다. 특히, cAMP에 반응하여 전사를 조절하는 부위를 cAMP 반응요소(cAMP responsive element, CRE)라고 하고, cAMP 반응요소(CRE)에 결합하는 전사인자를 CREB (cAMP response element binding protein)이라고 하는데, CREB의 전사활성은 cAMP -dependent protein kinase(PKA) 인산화에 의해 증가된다. CREB는 여러 신호전달 경로에 공통적으로 사용될 수 있기 때문에 매우 중요하다. CREB의 전사활성은 Ser-133 부위에서 인산화가 일어날 때 증가된다. CREB은 PKA에 의해 조절되나 또한 protein kinase C(PKC)와 Ca^{2+}/calmodulin(CAM)-dependent protein kinase에 의해서도 활성화된다. 가령, HT2A 수용체는 포스파티딜이노시톨(phosphatidylinositol, PI) 이차전령계와 결합하여 이노시톨 삼인산 (inositol triphosphate, IP3)과 디아실글리세롤(diacylglycerol, DAG)을 활성화시켜 세포내 Ca^{2+}의 분비를 통해 PKC와 CAM kinase를 활성화시킬 수 있다. CREB는 여러 유전자들의 발현과 관련이 있는데, 특히 뇌유래신경영양인자(BDNF)와 TrkB(transmembrane receptor protein tyrosine kinase B) 등의 표적 유전자(target gene)는 표적 뉴런(target neuron)의 뉴런 가소성과 세포의 생존과 기능을 증가시키게 된다. 뉴런에서 CREB 단백질은 신경가소성과 장기기억의 형성에 중요한 역할을 한다.

해마에서 스트레스의 작용기전

뇌의 해마(hippocampus)는 인간을 비롯한 모든 포유동물에서 학습과 기억에 관한 매우 중요한 역할을 하며 뇌의 변연계(limbic system) 안에 있다. 변연계는 뇌의 중심의 가운데를 둥그렇게 연결하는 하나의 시스템을 일컫는다. 변연계는 대뇌 피질에 의하여 완전히 둘러싸여 있으며, 본능 행동과 정서 감정을 주재하며 학습과 기억에 관여한다. 그 전체적인 모습이 바다생물인 해마와 비슷하므로 '**해마**'라는 명칭으로 부른다. 또는 휘어진 모양이 양의 머리를 한 이집트의 신인 암몬의 뿔과 같은 모양이라고 하여 '**암몬각**(Ammon's horn, cornu ammonis, 약자 CA)'이라고도 부른다.

해마는 새로운 기억을 저장시키는데 결정적인 역할을 한다. 외부정보는 뇌에서 단기기억으로 저장되고 똑같은 정보에 의한 몇 차례의 학습을 통하여 단기기억이 장기기억으로 변한다. 해마의 시냅스는 자극에 대해 급격한 기능변화를 보이는데, 이러한 반복에 의한 자극의 변화를 장기학습기억(long-term potentiation, LTP)이라 하며 결과적으로 이어지는 시냅스전 세포의 단일 활동전압에 의해서도 시냅스후 세포에서 큰 반응을 불러일으킬 수 있다. 학습은 환경에 대한 정보나 지식을 얻는 과정을 의미하는데, Gould 등(1999)은 해마의 기능에 영향을 미치는 학습은 새로운 신경세포를 증가시키는 반면에 해마와 관련이 없는 학습은 해마의 신경세포 생성에 영향을 미치지 않는다고 하였다. 요약하면, 인간을 포함한 포유동물에서 해마 특히 해마의 치상회(dentate gyrus, DG)는 새로운 신경세포가 생성되는 부위로 뇌신경과학의 주요한 연구대상이 되고 있다.

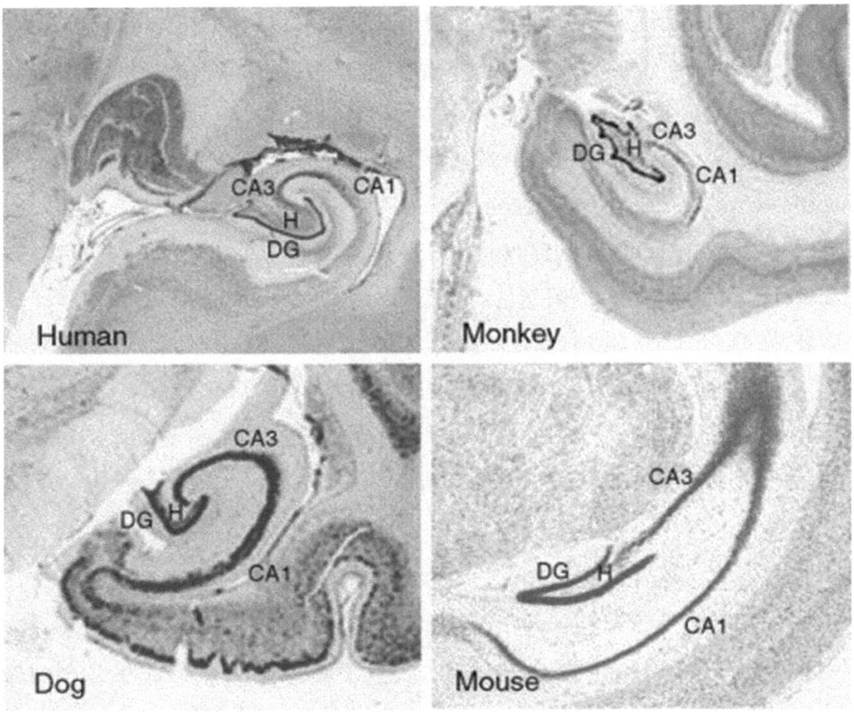

인간(human), 원숭이(monkey), 개(dog), 생쥐(mouse)에서 해마의 형성. 세포구조학적으로 상당한 유사성을 가지고 있다. (McEwen, 1999)

〈그림 14.3〉
인간, 원숭이, 개, 생쥐에서 해마의 형성과정 비교.

• 해마(Hippocampus)와 스트레스

해마는 단기적 기억을 장기적인 외현기억(long-term explicit memory)으로 확고하게 만들어 주며, 시상하부-뇌하수체-부신피질 축(HPA 축)의 음성피드백을 조절한다. 그리고 해마는 스트레스 및 스트레스로 인한 글루코코르티코이드의 작용기전과 밀접한 관계를 갖고 있는 뇌 구조물중 하나이다. 해마 신경원은 1형(mineralocorticoid)과 2형(glucocorticoid)의 두 가지 형태의 부신성 스테로이드에 대한 수용체들을 발현시킨다. 해마는 또한 생식선호르몬(gonadal hormone)에 민감하고, 세포내 안드로겐과 에스트로겐 수용체들을 발현시킨다. 또한 해마에는

5-HT1A 수용체가 많이 분포되어 있는데, 해마에 위치한 5-HT1A 수용체와 글루코코르티코이드 수용체의 기능이 스트레스와 관련이 있다. 해마는 뇌졸중과 두부외상에 의한 손상에 취약하며, 노화 혹은 반복적인 스트레스에 의해 손상되기 쉬운 구조물이다. 해마 신경원은 또한 시상하부(H)-뇌하수체(P)-부신피질(A) 축의 활성화와 글루코코르티코이드 투여에 의해 손상이 일어난다. 스트레스는 해마의 CA3 부위에서 수상돌기(dendrite)의 축소(shortening) 혹은 가지제거과정(debranching), 즉 수상돌기 개조(dendritic remodeling)를 촉진하고, 성장한 동물의 치상회(dentate gyrus, DG)의 과립뉴런(granule neuron)에서 새로운 신경세포가 탄생되는 과정, 즉, 신경세포의 생성(neurogenesis)과정을 억제한다.

이미 성장을 멈춘 성인의 해마(hippocampus)와 후신경구(olfactory bulb)에서 일생을 통해 지속적으로 신경세포가 만들어지며, 신경세포의 지속적인 생성은 학습과 기억 등의 해마 본래의 기능에 영향을 준다. 새로 만들어지는 신경세포의 수(생쥐의 경우 1,000~3,000개/day)는 해마의 과립세포층(granule cell layer)에 이미 존재하는 신경세포의 수(생쥐의 경우 100~200만 개)에 비하면 적지만, 평생을 놓고 보자면 전체의 10~20%에 이르는 수에 이른다. 이렇게 새로 생성되는 미성숙한 신경세포가 지속적으로 추가되는 해마부위, 특히 **치상회**(dentate gyrus, DG)는 갑작스런 스트레스에 노출되면 세포증식이 감소한다. 또한 해마의 CA3 추체신경세포(pyramidal neuron)는 반복된 스트레스를 받으면 위축을 유발하며 선단 수상돌기(apical dendrites)의 길이와 수도 감소한다. 해마는 스트레스와 같은 환경적인 영향에 의하여 구조변화가 일어날 수 있으며, 이러한 구조변화에 의하여 다양한 정신질환이 발생할 수 있다.

• 스트레스에 의한 수상돌기 개조

수상돌기 개조(dendritic remodeling)는 CA3 신경원의 선단 수상돌기(apical dendrite)의 수와 길이의 감소로 측정되는데, '수상돌기 위축(atrophy)'이라고도 하지만 전자의 개념에는 가역성과 적응적 과정이란 의미가 내포되어 있다는 점에서 차이가 있다. 해마의 CA3 추체신경세포(pyramidal neuron)는 스트레스 혹은 부신 글루코코르티코이드 투여에 취약한 것으로 알려져 있다.

추체신경세포
(pyramidal neuron)

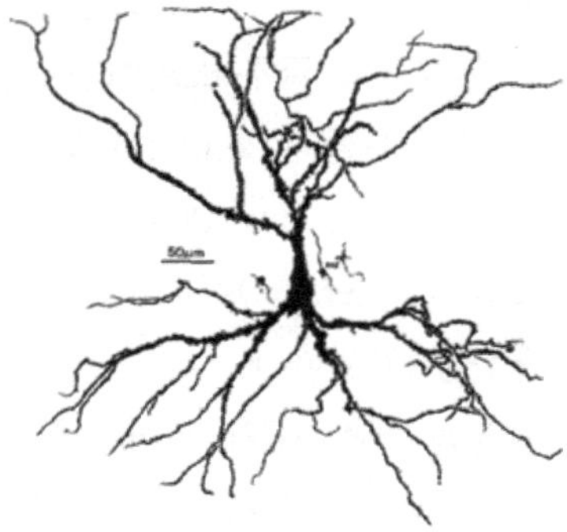

〈그림 14.4〉 추체신경세포의 모양

스트레스에 장기 노출의 CA3 신경뉴런에 대한 영향은 크게 3가지 결과로 나타나는데 첫째, 반복적인 강박 스트레스에 노출된 동물에서 보이는 CA3 신경뉴런의 위축(atrophy)현상이며, 이러한 결과는 스트레스에 의해 유발되는 수준의 글루코코르티코이드를 주입해도 유사하게 나타난다. 둘째, 장기적 스트레스 혹은 다량의 글루코코르티코이드 투여는 CA3 신경뉴런의 사멸을 유발하기도 한다. 셋째, 스트레스에 급성 노출 혹은 글루코코르티코이드는 저혈당증, 저산소증, 신경독성 등의 요인들에 의해 유발된 CA3 신경뉴런의 손상을 더욱 악화시킨다. 흥미롭게도, 최근의 한 연구에서 CA3 신경뉴런뿐만 아니라 치상회(DG)와 CA1에서도 스트레스에 의한 수상돌기의 위축(atrophy) 혹은 수상돌기 개조가 발생된다는 사실이 밝혀졌다.

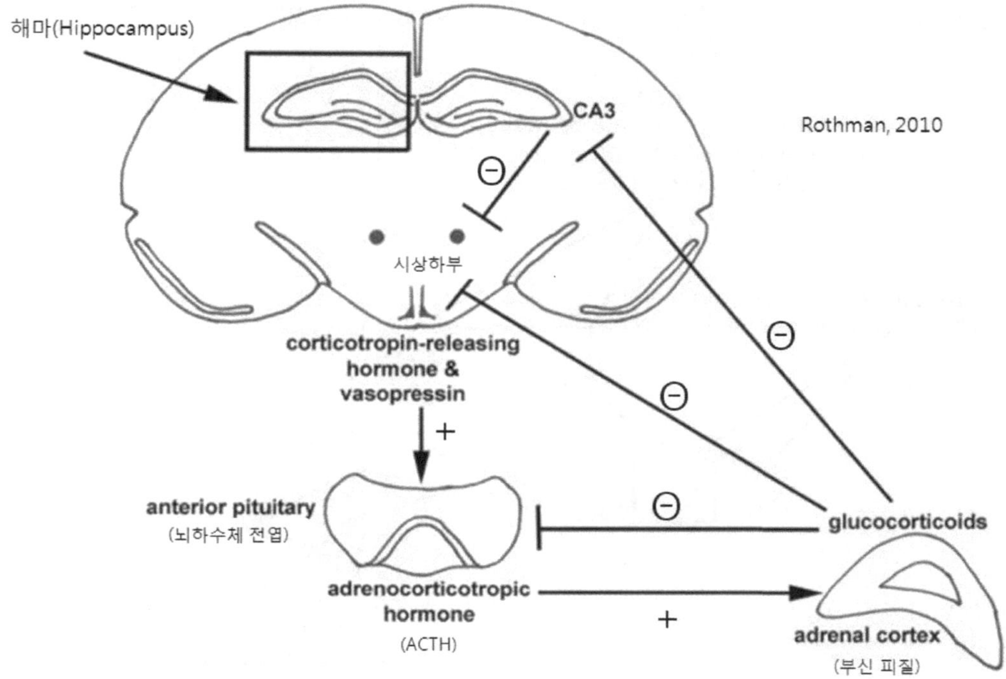

〈그림 14.5〉 해마(hippocampus)의 글루코코르티코이드 조절 기작과 반응.
스트레스 반응에 의해 HPA 축의 활성화가 일어나면 혈액 중의 글루코코르티코이드(쥐의 경우는 코르티코스테론, 인간의 경우는 코티졸)의 양이 늘어난다. 시상하부에서 분비되는 두 펩티드는 CRH와 바소프레신이며, 이것은 뇌하수체 전엽에서 ACTH를 분비하게 한다. ACTH는 부신 피질에서 글루코코르티코이드를 분비하게 한다. 해마에 있는 글루코코르티코이드 수용체는 글루코코르티코이드를 감지해 글루코코르티코이드를 줄이도록 음성되먹임(negative feedback)신호를 보낸다. 정상적인 경우 코티졸이 과잉분비되면 뇌가 이를 감지하고 음성되먹임을 통하여 코티졸 분비 기제를 정지하라고 알린다. 시상하부에 코티졸 분비를 정지하도록 알려주는 일에 가장 큰 책임을 맡고 있는 영역 중 하나가 해마이다. 그런데 해마는 코티졸에 가장 손상을 많이 받는 영역이다. 이렇게 손상된 해마는 시상하부에 적절한 음성피드백을 줄 수 없다. 이렇게 되면 시상하부는 코티졸의 과잉분비를 일으키는 화학물질을 계속 내보내게 된다. 그 결과 해마의 신경세포의 생장을 억제하고 더 나아가 세포사멸(apoptosis)을 유발하여 해마의 구조상 위축을 초래한다. 이러한 손상이 반복적으로 일어나는 악순환이 되풀이 되며 이것을 멈추기가 더욱 힘들어진다.

해마의 CA1, CA3, 치상회(dentate gyrus) 위치 표시 (위 그림의 box 부분)

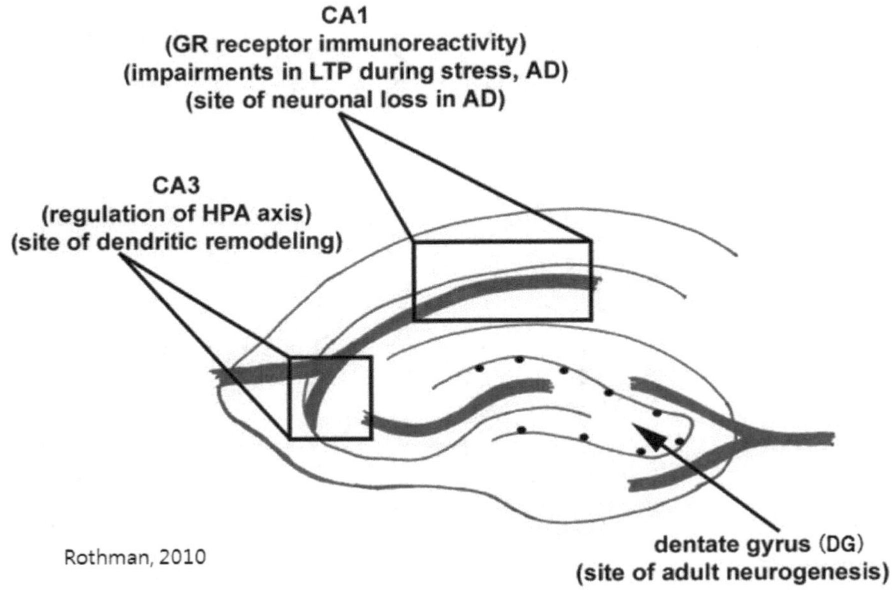

〈그림 14.6〉
이 그림은 그림 14.5의 해마(box)부분을 확대한 것이다. 해마는 뇌에서 기억과 공간개념을 관장하는 중요한 부분인데 해마를 구성하는 신경세포들의 접합부인 시냅스는 서로 끊임없이 신호를 주고받음으로써 이러한 능력을 발휘하게 된다. 뇌 안으로 들어온 지각정보는 entorhinal cortex('내후각피질' 또는 '내비상피질', '후각뇌피질' 등으로 번역됨)를 통해 해마로 들어간다. 해마로 들어온 정보는 우선 치상회(DG)로 전달되고, CA3, CA1을 거쳐 다시 내후각피질로 전달된다. 치상회는 마치 앰프와 같은 기능을 갖고 있기에 정보를 증폭하거나 감소하여 처리하는 반응을 나타낸다. 또한 치상회(dentate gyrus)는 뇌 신경세포의 생성(neurogenesis)이 왕성히 일어나는 부분이다. CA3에서 CA1 영역의 신경세포들은 해마에서 기억과 학습영역에 밀접하게 관련이 있는 부위로 알려져 있다. CA3는 수상돌기 개조가 일어나는 부위에 해당하며 HPA axis 조절에 관여한다. 해마의 CA1 부위 신경은 알츠하이머병에서 손상이 일어난 부분이다.

- 스트레스에 의한 신경조직발생 억제

과거에는 성장한 뉴런은 세포분열이 끝났기 때문에 새로운 세포로 치환될 수 없을 것으로 생각하여 왔으나, 최근의 연구들은 성장한 뇌에서 새로운 세포가 탄생하여 뉴런 기능을 유지한다는 사실을 알아내었다. 해마의 치상회(dentate gyrus, DG)는 성장한 동물의 뇌 신경세포의 생성(neurogenesis)을 보이는 뇌 부위 중의 하나이며, 성장한 동물에서 과립 신경원(granular neuron)의 뉴런생성은 설치류, 영장류 그리고 인간에서도 나타났다. 뉴런생성을 증가시키는 요인들로는 에스트로겐, 풍부한 환경 생활(enriched-environment living), 달리기 등과 같은 신체활동이 있으며, 뉴런생성을 감소시키는 요인들로는 부신성 스테로이드, 스트레스, 노화

(aging) 등이 있다. 스트레스는 부신피질 호르몬의 분비와 글루탐산(glutamate) 증가에 의한 NMDA 수용체의 활성화, GABA 분비를 통해서 신경세포의 생성을 억제함과 동시에 해마 의존적인 학습과제 수행력을 감소시키는 것으로 알려졌다. 부신제거술(adrenalectomy)에 의해 글루코코르티코이드 분비를 감소시켰을 때 나이든 쥐의 해마에서도 뉴런생성은 회복이 일어났다. 노화 역시 신경세포생성을 억제하는 주요한 요인으로 보고되었는데, 스트레스와 마찬가지로 노화된 쥐에서도 부신피질 호르몬이 증가하여 뉴런생성의 억제가 나타났다. 또 다른 연구에 의하면 노령화할수록 해마 치상회 과립세포의 생성이 급격히 감소함으로써 공간기억의 감소, 장기기억의 감소 등의 해마 기능 장애가 초래되었다.

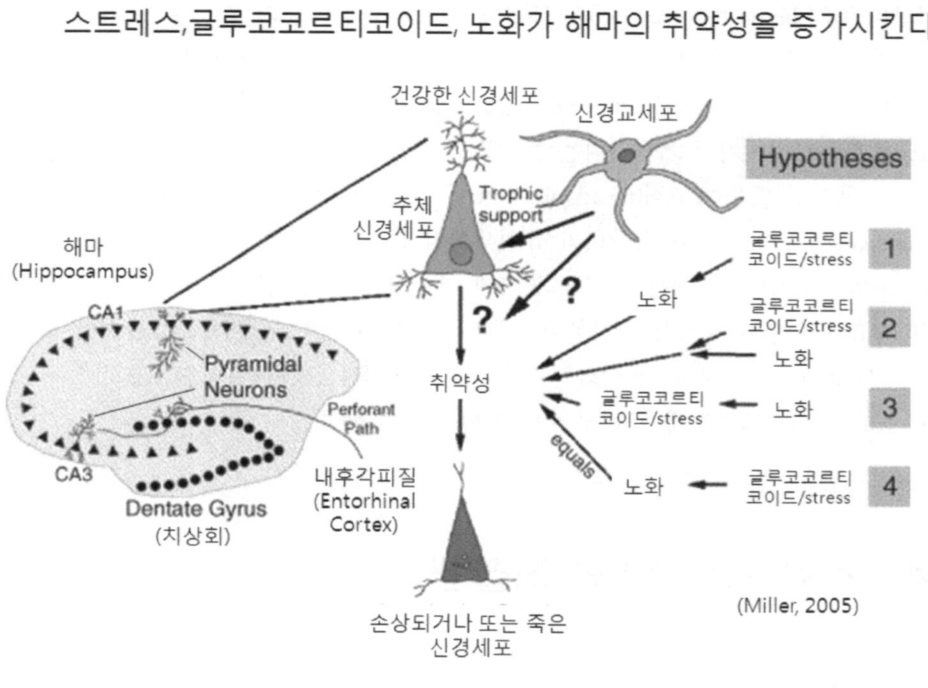

〈그림 14.7〉 해마 용적 감소에 대한 기전.

신경교세포는 BDNF를 포함한 신경영양인자를 생산할 수 있으며, 이러한 영양인자의 공급(trophic support)은 해마에서 건강한 추체신경세포(pyramidal neurons) 유지를 돕는다. 그런데 노화와 코티졸, 그리고 잘 알려지지 않은 어떤 요인들은 취약성을 증가시킴으로써 손상되거나 죽은 신경세포를 만들어 뇌구조물의 용적을 감소시킬 수 있다. 알츠하이머병 환자의 경우에는 수많은 신경세포의 수상돌기가 점차 시들어져 가며 궁극적으로 신경세포가 죽게 된다.

- 수상돌기 개조와 뉴런생성의 분자적 기전

뇌의 구조적 변화는 스트레스에 의한 부신성 스테로이드의 증가, NMDA 수용체의 활성화, 글루탐산, 세로토닌, GABA 등의 신경전달물질의 상호작용에 의해 매개되는 것으로 추정된다. 새로운 서술적 기억을 형성하는데 대뇌 안쪽에 위치한 해마(hippocampus)가 중요한 역할을 하는 것은 잘 잘 알려진 사실인데, 해마의 입출력을 관장하는 entorhinal cortex('내후각피질' 또는 '내비상피질', '후각뇌피질' 등으로 번역됨)로부터 분비되는 글루탐산(glutamate)은 치상회(dentate gyrus)의 NMDA 수용체를 통해 작용하며, 부신 글루코코르티코이드와 함께 치상회의 신경조직발생과 수상돌기 개조를 조절할 수 있다. 이러한 증거로는 첫째, 장기적인 글루코코르티코이드 투여가 해마에서 NMDA 수용체 NR2A와 NR2B의 mRNA의 발현을 증가시키고, 둘째, 코르티코스테론(corticosterone)이 CA3와 치상회에서 GABAa 수용체 발현의 조절을 통해 해마신경원의 흥분성을 변화시키며, 셋째, 글루코코르티코이드가 시냅스내로 글루탐산(glutamate)의 유리를 증가시키는데, 반복적 스트레스를 가하면 시냅스 소포(vesicle)의 구조가 변화되고, 미토콘드리아가 증가되었다는 보고는 글루코코르티코이드로 유도된 글루탐산의 유리로 인해 시냅스 소포가 재조직(reorganization)된다는 것을 의미한다. 넷째, 글루탐산이 부신제거술(adrenalectomy)로 인한 치상회의 뉴런생성의 증가를 억제한 반면, NMDA 수용체 길항제(antagonist)가 코르티코스테론의 세포 증식에 대한 억제를 방지하였다. 이것은 부신성 스테로이드와 NMDA 수용체 경로가 신경조직발생과 수상돌기 개조에 공동으로 관여할 수 있음을 의미한다. NMDA 수용체의 활성화는 세포내 칼슘을 증가시켜 수상돌기의 세포골격(cytoskeleton)을 분해하여 해마의 구조적 변화를 유발한다.

14.4 산화 스트레스와 뇌질환

산화 스트레스(oxidative stress)가 노화의 원인이며 수명을 짧게 한다는 노화가설은 노화(aging)를 설명하는 좋은 모델로서 받아들여지고 있다. 뇌는 가장 큰 에너지를 요구하는 기관으로 일반적으로 전체 산소 소모량의 20% 정도를 사용한다. 대부분의 활성산소종(ROS)은 미토콘드리아에서 산화적 인산화 과정 동안 만들어진다. 또 뇌의 일부 조직에는 활성산소종의 생산에 관여하는 비헴성 철(nonheme iron)이 풍부하고 과산화(peroxidation) 반응의 기질(substrate)이 되는 불포화지방산의 함량 역시 높을 뿐만 아니라 그러한 활성산소를 제거하는 항산화 방어 시스템은 오히려 빈약한 편이다. 따라서 노화과정에서 발생하는 자유기(free radical)에 의한 손상의 흔적은 앞서 언급한 뇌졸중, 알츠하이머병, 파킨슨병과 같은 여러 노인성 뇌질환에서 증가된 지질 과산화(lipid peroxidation)의 형태로 나타나고 있다. 산화 스트레스는 지질의 과산화뿐만 아니라 단백질과 핵산에도 손상을 가함으로써 세포내 이온항상성과 에너지 대사의 조절에 영향을 미칠 수 있다. 손상된 칼슘 항상성(calcium homeostasis)과 에너지 대사는 미토콘드리아 기능 이상을 초래하며 이는 산화 스트레스에 의한 손상들을 더욱 악화시키는 원인이 된다. 그러한 연관성은 여러 퇴행성 뇌질환에서 보고되고 있다. 파킨슨병의 가장 큰 병리학적 소견은 중뇌 흑질 치밀부(pars compacta)에 존재하는 도파민 신경세포의 손실이다. 이로 인해 떨림, 경직, 느린 행동, 자세 불안정 등의 행동장애가 초래된다. 파킨슨병에서도 도파민의 대사전구체와 철(iron)이 도파민성(dopaminergic) 신경세포에서 산화적 스트레스를 통하여 신경세포의 기능 손상을 야기한다고 알려졌다. 헌팅턴병(Huntington disease)의 원인이 되는 돌연변이 헌팅틴(mutant huntingtin) 단백질에 의하여 산화적 스트레스가 발생하며 신경세포에서 칼슘 항상성(homeostasis)이 훼손된다는 보고도 있다.

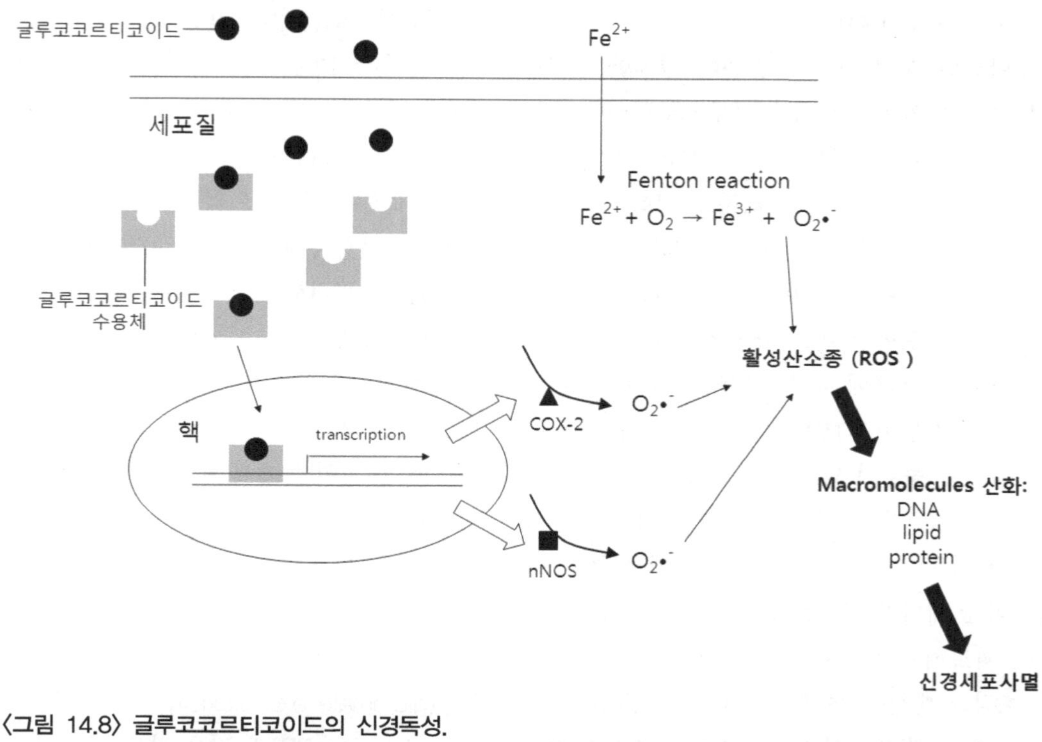

〈그림 14.8〉 글루코코르티코이드의 신경독성.
신경세포의 글루코코르티코이드 수용체가 세포내로 유입된 글루코코르티코이드와 결합하여 전사인자로 작용하여 COX-2와 nNOS(neuronal nitric oxide synthase) 등 효소 발현을 유도한다. 이렇게 합성된 COX-2와 nNOS는 각각 활성산소종(ROS) 생성에 관여한다. 이때 철 이온의 세포내 라디칼 합성반응(Fenton reaction)에 의해 생성된 초과산화물도 관여한다. COX-2 및 nNOS와 관련되어 있는 활성산소종의 발생에 의해 글루코코르티코이드의 장기적인 노출이 산화 스트레스에 의한 신경세포 독성을 민감하게 만든다.

뇌는 산소를 많이 소비하기 때문에 다른 기관보다 산화 스트레스에 취약하다. 활성산소종(reactive oxygen species, ROS)의 과도한 생성은 지질, 단백질, DNA를 산화시켜 세포가 죽게 만든다. [그림 14.8]에서 볼 수 있듯이 최근 연구에서 글루코코르티코이드에 의한 신경세포독성은 산화 스트레스를 수반하고 뇌 안의 항산화효소(antioxidant enzyme)에 양적인 변화를 가져온다. 뇌는 특히 높은 호기성 대사과정(aerobic metabolism)과 다중불포화지방산(polyunsaturated fatty acid)의 양이 많고, 손상에 대한 복구 능력이 취약하며, 높은 철분 부하(high iron load)로 산화 스트레스에 대하여 취약하다. 또한 뇌에는 우리의 호흡 과정에서 만들어진 자유기의 근원지인 미토콘드리아(mitochondria)가 풍부하다. 자유기란 짝을 이루지 못한 이온을 포함하고 있으며, 일시적으로 존재하는 고도로 반응성이 높은 분자를 말한다. 이어서 글루탐산(glutamate)에 기인한 **흥분독성**(excitotoxicity)도 산화 스트레스가 중요한 역할을 한다.

중추신경계에 있는 아스파르트산, 글루탐산, 글리신, gamma-aminobutyric acid(GABA) 등을 포함하는 30개의 아미노산중 글루탐산은 뇌의 주요 흥분성 아미노산이다. 몇 가지 막 수용체가 글루탐산의 신경 반응에 관련이 있지만 글루탐산의 흥분자극기전은 칼슘의 이동에 따른다. 스트레스에 의해 과분비된 글루코코르티코이드에 의해서 글루탐산의 양이 과도하게 증가하면 신경세포사가 초래된다. 글루탐산의 방출은 이온 채널(ion channel)의 항상성을 깨뜨려 Na^+, Ca^{2+}의 세포 내 유입을 초래하고 산화 스트레스에 의해 세포사멸을 일으키게 되는데 이러한 기작을 '흥분독성(excitotoxicity)'이라고 부른다. 신경계에서 가장 흔한 흥분성 신경전달물질로 기능하는 글루탐산은 시냅스 간극 (synaptic cleft)에서 이온성과 대사성의 두 종류의 수용체를 통해 신경세포의 시냅스 활성을 조절함으로써 기억과 학습 등과 같은 우리 뇌의 인지 기능에 관여한다. 수용체에 결합하지 않은 여분의 글루탐산은 신경세포와 신경교세포들에 분포한 글루탐산 운반자들이 ATP를 소모하며 다시 재흡수를 함으로써 시냅스 간극(synapse cleft)에서는 글루탐산의 농도가 낮게 유지된다. 한편으로 우리 뇌(brain)는 우리 몸에서 호흡을 위해 산소와 포도당의 공급을 가장 많이 필요로 하면서 동시에 에너지 저장 능력은 가장 부족한 기관이다. 그래서 뇌졸중에서와 같이 뇌에 혈액공급이 중단되어 산소와 포도당이 고갈됨으로써 세포호흡 중단이 초래되면 시냅스 간극(synaptic cleft)에 과량의 글루탐산이 축적되면서 글루탐산 수용체들이 과도하게 활성화되고 과량의 Ca^{2+}가 세포 안으로 유입이 일어나면서 신경세포 사멸과 뇌 조직의 손상을 초래하는데 이를 '**글루탐산 흥분독성**(glutamate excitotoxicity)'이라고 한다.

글루탐산 흥분독성은 뇌졸중이나 파킨슨병(Parkinson's Disease, PD)과 같은 많은 신경 질환에서 중요한 세포사멸기작으로 알려져 있다. 글루탐산 수용체에는 N-methyl-D-aspartic acid(NMDA), AMPA 수용체 등이 있는데, 특히 NMDA 수용체의 과도한 활성이 Ca^{2+}의 유입과 이에 따른 신경세포 사멸의 주된 경로로 지목된다. NMDA 수용체 기전에서 글루탐산의 작용은 기능적으로 중요성을 가진다. NMDA 수용체 활성화는 산화질소 합성효소(nitric oxide synthase, NOS)와 산화질소(nitric oxide, NO) 생성을 유도하는 칼슘 유입을 유발한다. NMDA

수용체의 과다자극(over-stimulation)은 산화질소 생성과 활성산소종(ROS)을 증가시켜 뇌졸중, 저혈당증, 손상, 간질, 헌팅톤병, 파키슨병, 알츠하이머병, 치매, 루게릭병 등과 같은 많은 신경질환과 관련이 되고 있다. 니트로글리세린(Nitroglycerin)과 같은 산화질소 생산 억제 물질은 NMDA-글루탐산 흥분 신경에서 분비되는 신경전달물질을 차단하고, 항산화제는 NMDA의 과다자극 상황에서 활성산소종의 생성을 막는다. 글루탐산 수치 상승의 원인 중 하나가 글루코코르티코이드 증가이며 이것은 스트레스에 의해서 뇌 신경세포의 사멸이 일어날 수 있음을 나타내는 것이다.

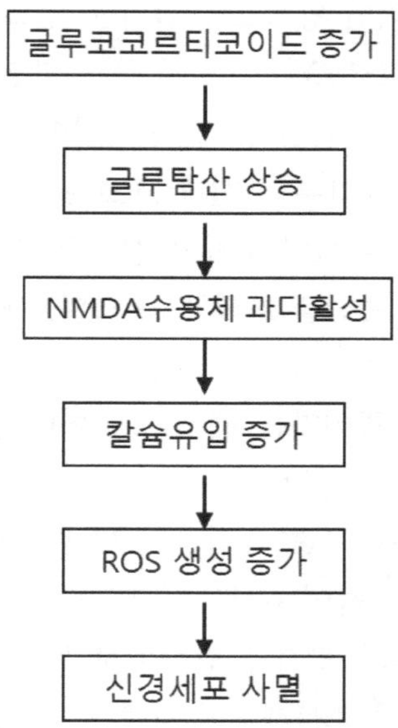

〈그림 14.9〉 글루탐산 흥분독성은 신경세포 사멸을 초래한다.

미토콘드리아의 흡수와 저장 능력 이상으로 과량으로 유입된 칼슘이온(Ca^{2+})은 미토콘드리아에 칼슘이온 과부하를 일으켜서 미토콘드리아의 막전위 탈분극(membrane potential depoloarization, MPD)을 일으키고 활성산소종의 생성을 유도한다. 또한 칼슘이온은 신경세포 산화질소 합성효소(neuronal nitric oxide synthase, nNOS)를 활성화 시켜서 과량의 산화질소(NO) 생성을 유도하는데 다시 산화질소(NO)는 수퍼옥사이드(superoxide)와 결합하여 강력한 산화제인 퍼옥시니트라이트(peroxinitrite)가 된다. 퍼옥시니트라이트는 세포 내 손상을 일으키는데 특히 DNA 손상과 이에 따른 PARP-1의 활성화를 유도한다. 지금까지 알려진 결과들을 살펴볼 때 Ca^{2+}의 과량유입 후 미토콘드리아의 기능저하, 산화적 스트레스, DNA 손상과 이에 따른 PARP-1의 활성화가 NMDA 흥분독성(excitotoxicity)에서 중요한 역할을 수행한다는 것을 알 수 있다. 특히 PARP-1은 NAD를 기질로 하여 poly(ADP-ribosyl)ation을 촉매하는데 이 과정에서 세포내 NAD와 ATP를 고갈시키면서 세포사멸을 촉진한다.

14.5 스트레스와 노화

스트레스 반응은 신체의 항상성 유지를 위해 주로 교감 신경계와 HPA (시상하부 뇌하수체 부신)축을 통해 즉각적이고 효과적인 방식으로 일어난다. 그러나 장기간의 만성 스트레스는 HPA 축의 최종적인 산물인 글루코코르티코이드계 부신 피질(adrenal cortex) 호르몬이 과분비되면서 면역기능이 억제되고 정상적인 생리조절을 파괴할 수도 있다. 과분비된 글루코코르티코이드는 다시 뇌로 전달되어 시상하부의 신경 호르몬의 작용을 변화시킬 뿐 아니라 해마(Hypocampus)에서 신경세포사를 유발하여 해마 신경회로망을 파괴하고 그 결과 공간 기억, 인지 기능 등에 회복이 불가능한 손상을 초래할 수 있다. 해마의 세포는 성체가 되어 나이를 먹어도 재생이 일어날 수 있다. 그런데 스트레스는 이와 같은 세포 재생력에 악영향을 미쳐서 재생되는 세포를 줄어들게 하고 죽어가는 세포는 늘어나게 만든다. 결국 스트레스가 뇌의 노화를 촉진시키는 것이다.

성체의 해마는 스트레스 호르몬의 주요 표적이며, 발생기간과 성체기간 중의 해마는 생식소, 갑상선 그리고 부신 호르몬에 반응하여 시냅스 형성, 수상돌기(dendrite)의 구조가 변화하고 해마 치상회(dentate gyrus, DG)의 크기가 변화하게 된다. 성체 해마에서 두 가지 형태의 **구조적 가소성 (structural plasticity)**이 스트레스에 의해 영향을 받는다. 첫째, 반복적이며 만성적인 스트레스는 CA3 영역에 위치하는 신경세포 수상돌기의 위축(atrophy)을 유발하고, 둘째, 급성 및 만성 스트레스는 치상회 과립세포(dentate gyrus granule cells)의 뉴런생성을 억제한다. 이 두 가지 형태의 구조적 가소성에는 글루코코르티코이드 호르몬과 NMDA가 관여한다. 인지능력과 관련지어서 보면, 순간적으로 분비되는 부신 스테로이드(adrenal steroids) 및 순간적인 스트레스 경험은 사람과 동물에서 단기적이며 회복이 가능한 기억의 손상을 야기한다. 이에 반하여 반복적인 스트레스나 지속적인 글루코코르티코이드의 분비는 실험동물에서 뿐만이 아니라 사람에서도 해마에 지속적 손상을 주며, 인지 능력의 지속적인 퇴화를 초래한다.

노화된 흰쥐에서는 코르티코스테론(corticosterone)의 분비가 증가하며, 심지어 스트레스의 상황이 끝난 이후에도 코르티코스테론의 분비가 지속적으로 증가한다. 노화된 뇌의 해마신경세포가 손상 받기 쉬운 이유가 바로 이러한 스트레스의 상황이 끝난 이후에 지속되는 코르티코스테론의 분비가 순차적으로 흥분성 아미노산(glutamate)의 분비를 지속시키기 때문이다. 지속적인 스트레스에 의해 해마 CA1 신경세포(기억의 획득에는 CA1 영역의 시냅스 가소성이 필요하다는 사실이 알려져 있으며, CA3 영역의 신경세포는 기억을 떠올리는데 중요하다고 알려진다)가 감소되는 또 다른 중요한 이유는 증가된 글루코코르티코이드에 의해 칼슘이온 유입이 증가하기 때문이다. 흥분성 아미노산의 증가와 혈액 중의 칼슘 농도의 증가는 세포내 활성산소종(ROS)의 생성을 촉진시켜 산화적 스트레스로 인한 세포노화를 유발한다.

해마 치상회(Dentate gyrus)에서의 세포 증식은 스트레스에 의해 분비되는 글루코코르티코이드에 의해 억제된다. 스트레스가 없는 상황에서, 코르티코스테론(primary rat glucocorticoid)을 처리하면 치상회(dentate gyrus)에서 새로운 세포들의 수가 감소한다. 반대로, 부신제거술(adrenalectomy)에 의해 부신 스테로이드(adrenal steroids)를 제거하면 과립세포(granule cell) 전구체들의 증식이 증가되고, 결국에는 치상회 과립 뉴런(granule neurons)이 증가된다. 이러한 호르몬에 의한 과립세포(granule cells) 발생의 억제는 스트레스에 의해서 뿐만이 아니라, 글루코코르티코이드의 자연적인 변화에도 기인한다.

포유동물 성체의 뇌는 지금까지 생각해왔던 것보다 더 가소성(plasticity)이 크다. '해마 형성(hippocampal formation)'과 **성체 뇌의 가소성(adult brain plasticity)**에 관한 최근의 연구 결과들을 보면 이에 대해 잘 알 수 있다. 뇌의 가소성이 일어나는 대표적인 뇌 영역은 해마(hippocampus)인데, 해마는 기억과 일시적인 공간 학습에 관여하며 코르티코트로핀 분비와 같은 자율신경계, 발육 기능의 조절에 관여한다. 또한 해마는 뇌졸중(stroke)이나 뇌 외상에 의해 손상되기 쉽고, 노화나 반복되는 스트레스에 민감하게 반응하여 손상될 우려가 있다. 해마의 신경세포 가소성과 관련된 기전의 손상은 퇴행성 신경질환을 유발하는데 기여할 것이라고 여겨지고 있고, 그 외에도 스트레스 관련 질환(stress-related affective illness)과 정신질환 등이 연관될 수 있는 것으로 추측되어진다.

참고문헌

1. Cameron, H. A. and R. D. McKay. (1999). "Restoring production of hippocampal neurons in old age." *Nature Neuroscience* 2:894-897.
2. Gass, P., O. Kretz, et al. (2000). "Genetic disruption of mineralocorticoid receptor leads to impaired neurogenesis and granule cell degeneration in the hippocampus of adult mice." *EMBO report* 1(5):447-451.
3. Gould, E., A. Beylin, et al. (1999). "Learning enhances adult neurogenesis in the hippocampal formation." *Nature Neuroscience* 2:260-265.
4. Kato, T. A., K. Hayakawa, et al. (2013). "Missing and possible link between

neuroendocrine factors, neuropsychiatric disorders, and microglia." *Front Integr Neurosci* 7(53):1-16.

5. McEwen, B. S. (1999). "Stress and the aging hippocampus." *Frontiers in Neuroendocrinology* 20:49-70.
6. Miller, D. B. and J. P. O'Callaghan. (2005). "Aging, stress and hippocampus." *Ageing Research Reviews* 4:123-140.
7. Rothman, S. M. and M. P. Mattson. (2010). "Adverse stress, hippocampal networks, and Alzheimer's disease." *Neuromolecular Med* 12(1):56-70.
8. Sapolski, R. M. (1999). "Glucocorticoid, stress, and their adverse neurological effects: relevance to aging." *Experimental Gerontology* 34:721-732.
9. Sapolski, R. M. (2000). "Glucocorticoids and hippocampal atrophy in neuropsychiatric disorders." *Arch Gen Psychiatry* 57(10):925-935.
10. Starkman, M., B. Giordani, et al. (1999). "Decrease in cortisol reverses human hippocampal atrophy following treatment of Cushing's disease." *Biol Psychiatry* 46(12):1595-1602.
11. Yehuda, R. (1997). "Stress and glucocorticoid." *Science* 275:1662.
12. 변시은. (2011). "스트레스의 신경생리학적 기작과 glucocorticoid에 의한 두뇌신경세포의 노화." 학사학위논문, 전남대학교.
13. 오상진. (2005). "인체노화." 탐구당.
14. 장선철. (2007). "21세기 현대사회와 정신건강." 동문사.
15. 장현갑 등. (2010). "치매예방과 뇌 장수법." 학지사.

찾아보기

INDEX

(8)

8-oxoG 184
8-옥소구아닌 184

(A)

adipogenesis 276
ADP ribosylation 102
advanced glycation 334
AGEs 329
AGEs 수용체 342
AIF 170
ALEs 342
ALT 128, 234
ALT 경로 110
Ames dwarf mice 319
AMPK 288, 290
amygdala 358, 394
anoikis 177
ANT 30, 389
antagonistic pleiotropy 139
Apaf1 169
APE1 191
ApoE 367
apoptosis 154, 264
apoptotic body 157
APP 371
astrocyte 359, 365
Ataxia teleagiectasia 212
atherosclerosis 266
ATM 68, 202
ATR 68
atrophy 366
autoimmune diseases 238
autophagy 154
axon 359

(B)

Basal ganglia 365
Bcl-2 164
Bcl-2 단백질 164
BER 190, 224
BH3-only protein 166
Bloom 증후군 218
B세포 239

(C)

C. elegans 161
calcium homeostasis 409
calorie restriction 273
Cancer 262
Caspases 162
CAT 49

CD4 242
CD8 242
CDK 60
CDK 억제제 62
CDKI 62
cell cycle 56
cell survival 264
checkpoints 59
Cholinergenic hypothesis 371
chronic inflammation 248
cingulate gyrus 372
collagen 338
congenita 212
crisis 84
CS 212
CS 단백질들 193
cyclobutane 187
CypD 390
cytokines 240
cytokinesis 58
cytotoxic T cell 240

(D)

D-loop 85
DAF-16 279
Daf16 317
Daf16/FOXO 318
Daf2 317
dauer 317
DDR 107, 142, 200, 226
deamination 184
dementia 355
dendrite 359
depurination 184
depyrimidation 184
dietary restriction 273
DISC 167
DKC 108
DNA damage theory 16
DNA 손상 179
DNA 손상 반응 200
DNA 손상 이론 16
DNA 수선 189
DNA 수선기작 41
DNA의 손상 181
dopaminergic 362
DSBR 206
dysfunctional telomere 77
Dyskeratosis 212
dyskeratosis congenita 109
Dyskerin 109

(E)

E2F 단백질 66
EGCG 52
elastin 338
end replication problem 78
epigenetic regulation 90
epimutation 181, 210
epithelial-mesenchymal transition 265
Error theory 2
excitotoxicity 410
extrinsic pathway 158

(F)

FAD 366
FADD 167
FIRKO 323
flippase 172
forked duplex 220
FOXO 260
FOXO 단백질 290
free radical 9

(G)

G-quadruplexes 219
gap 56
genomic instability 89, 210
genotoxic stress 274
genotoxin 182
global genome NER 192
glucagon 312
gluconeogenesis 286, 314
GLUT2 282
glutamate excitotoxicity 410
glycation 315, 330
Glycation theory 16
GM-CSF 141
GPX 48
Granzyme B 167
GROs 141

(H)

Hayflick's limit 14, 104
HbA1c 331
HDAC 89
HDL 288
heterochromatin 89
HGPS 211
HIF-1 46
hippocampus 358, 394
HMT 89
HNPCC 180
homeostasis 8
HPA 축 396
HR 190
HSF1 293
hydroxyl radical 10
hypothalamus 305, 356

(I)

IAP 170
IGF 306
IGFBPs 144
immortalization 208
immortalized cell 84
immune system 238
inflamm-aging 249
inflammation 245
INK4a 단백질 67
insulin 312
insulin resistance 314
insulin sensitivity 279, 324
Insulin/IGF-1 291
interphase 56
interstrand cross-linker 227
intrinsic pathway 159
ionizing radiation 186
IκB kinase 255

(K)

Ku70 295
Ku70/80 231

(L)

Laron mouse 320
LDL 332
limbic system 358
lymph node 239

(M)

macrophage 269
macrophages 239
Maillard reaction 333
MCPs 141
mesenchymal cell 265

metabolic rate 47
metastasis seed 265
microglia 365
mitochondria biogenesis 260
mitosis 57
MMP 159
MMPs 145
MMR 190, 195
MNNG 185
MOMP 175
monocyte 269
MPF 60
MPTP 168, 363
MPTP 독성 364
MRN 복합체 68
mutation 210
myocardial infarction 6, 266
M기 56

(N)

natural killer cell 275
necrosis 154
NER 190
neural plasticity 400
neurotransmitter 359
NF-κB 45, 249
NFT 366, 367
NHEJ 95, 190
Notch 380
nuclear foci 201

(O)

OIS 107, 133
olfactory bulb 403
oligodendrite 359
oncogene 71
organismal aging 146
osteoporosis 6
oxidative phosphorylation 31
oxidative stress 44

(P)

p16 138
p16-pRB 경로 138
p21 73
p38 MAPK 228
p53 137
p53-p21 경로 137
parkin 362
PARP 102
pars compacta 365
PCNA 194
pentosidine 335
perforin 167
PGC-1α 285
phagocytosis 240
phagosome 157
pituitary gland 305
PMF 31
postmitotic 15
postmitotic cell 64
POT1 230
PPARγ 285
pRB 138
pRb 단백질 64
premature aging 211
premature aging phenotype 232
presenilin 1 366
Programmed theory 2
proteoglycan 338
proto-oncogene 71
proton gradient 30
PVN 396
pyramidal neuron 403
pyrraline 335

(R)

R point 65
RAGE 342
receptor-mediated apoptosis 166
RecQ helicase 218
RecQ 헬리카제 220
replication fork 217
replicative senescence 208
respiratory burst 35
restriction point 60
resveratrol 53
RFC 194
ROS 23
Rothmund-Thompson 증후군 218
RPA 201

(S)

SAD 366
SAHF 123
sarcopenia 6
SASP 120, 139
segmental progeroid syndrome 213
semi-mitotic 63
senescence 115
senescence-associated β-galactosidase 122
senescent marker 71
senile plaque 366, 367
shelterin 91, 129
SIPS 107, 119
SIR2 280
Sirtuin 1 276
sister chromatids 58
Snell dwarf mice 319
SOD 48, 318
substantia nigra 364, 365
superoxide anion 10

(T)

T cell 239
T 세포 239
T-loop 85, 129
T-SCE 234
Tankyrase 101
Tau 가설 384
telomere 75
TERT 76, 128
TFIIH 193
thalamus 356
thymine dimer 180
thymus 238
TIF 123
TIN2 92
TNF-R 167
TOR signaling 261
transcription-coupled NER 192
TRF1 229
TRF2 229
T세포 성장인자 243

(V)

VDAC 168, 389
ventricle 368

(W)

WAT 276
Werner syndrome 109
WNT 신호 141
WRN 단백질 214
WRN 헬리카제 217
WS 211

(X)

X-선 188

XP 180
XPC-hHR23B 193

(Z)

zymogen 163

(α)

α-secretase 375
α-synuclein 362

(β)

β-secretase 376

(γ)

γ-H2AX 123, 206
γ-secretase 374, 377

(가)

가성 치매 370
간기 56
갈변화현상 333
감마 분비효소 377
감마선 188
개체노화 146
검문지점 59
고밀도 지질단백질 288
고혈당증 336
골다공증 6
과산화반응 345
과산화수소 25
과산화지질 26, 36
과오설 2
괴사 154
교차결합 이론 15
교차결합설 338
그란자임B 167
근감소증 6
글루카곤 312
글루코코르티코이드 405
글루타치온 48
글루타치온 환원효소 48
글루탐산 흥분독성 410
기저핵 365
길항적 다양성 139

(나)

노인반 249, 366, 367
노화 115
노화 마커 71
노화세포의 분비활성 120, 139
노화시계이론 3
노화연관 이질염색질 부위 123
뇌 356
뇌실 368
뇌위축 366
뇌하수체 305, 356
뉴클레오티드 절제수선 190

(다)

다우어 317
단기기억 361
단일가닥 손상수선 224
단핵세포 269
당뇨합병증 344
당화반응 330
당화반응 이론 16
당화작용 315
당화혈색소 331
대뇌 356
대뇌피질(겉질) 356
대사율 47
대상회 372
대식세포 239, 269

대식세포증식자극인자 269
돌연변이 210

(라)

라이코펜 52
레스베라트롤 53
루이소체 364
리포옥시게나제 33
리포퓨신 36, 115
림프절 239

(마)

만성염증 248
만성질환 348
말단 복제 문제 78
말론디알데히드 37
망막모세포종 65
메일라드 반응 333
면역 이론 17
면역계 238
면역글로불린 수퍼패밀리 246
뮤신 246
미세교세포 365
미스매치수선 190
미토콘드리아 내막 30
미토콘드리아 막 투과성 159
미토콘드리아 생합성 260
미토콘드리아 외막 30
미토콘드리아 이론 15
미토콘드리아 투과성 구멍 389
미토콘드리아 투과성 조절 구멍 168
미토콘드리아 외막투과 175

(바)

방향족탄화수소 182
백색지방조직 276, 289
베타 분비효소 375
베타아밀로이드 가설 371
베타카로틴 51
벤조피렌 183
변연계 358
복제노화 78, 115, 117, 208
복제원점 57
복제포크 217
부분적 노화증후군 213
불멸화 208
불멸화세포 84
불일치수선 195
비상동 말단결합 연결 190
비상동 말단연결 수선 198
비전형적 NFκB 경로 254
비타민C 50
비타민E 51

(사)

사이클린 60
사이클린 의존성 인산화효소 60
사이토카인 240
산화스트레스 44
산화적 스트레스 이론 12
산화적 인산화반응 31
상동재조합 수선 95, 190, 196
색소성건피증 180
생식세포 87
성상교세포 359, 365
성장 조절 암유전자 141
성장호르몬 309
성장호르몬 요법 310
세포 생존반응 263
세포노화 18, 117
세포노화의 표지자 122
세포독성 T세포 240
세포사멸 84
세포성 면역 240

세포주기 56
세포주기정지 103
세포질분열 58
셀렉틴 246
소마토메딘 309
손상이론 4
수면장애 369
수산화라디칼 10, 25
수상돌기 359
수퍼옥사이드 25
수퍼옥사이드 디스뮤타제 48
수퍼옥사이드 라디칼 10
쉘터린 91
스트레스 394
스트레스-유도 조기노화 119
시르투인1 276
시상 356
시상하부 305, 356
시토크롬 P450 34
식세포작용 240
식이제한 273
신경가소성 400
신경내분비 이론 17
신경섬유농축체 366, 367, 384
신경전달물질 359
신호전달 연쇄반응 200
실방핵 396
심근경색 6, 266
싸이클로부탄 187
싸이클로필린 D 390

(아)

아밀로이드전구단백질 371
아폽토시스 153
아폽토시스소체 157
알츠하이머병 249, 366
알킬화화합물 182
알파 분비효소 375
알파-시누클레인 362
암 210
암몬각 401
암유전자 71
암유전자-유도 노화 133
양성자 농도구배 30
양성자 동력 31
엘라스틴 338
열량제한 273
열충격 단백질 11
염기절제수선 190
염색분체 58
염색질 교란 127
염색질 재구성 285
염증노화 249
염증반응 244
예정설 2
워너증후군 109, 211
원발성 암유전자 71
위기점 84
유비퀴틴 리가제 61
유사분열 57
유사분열촉진인자 60
유전독성스트레스 274
유전체 불안정 84
유전체불안정성 210
유전체의 불안정성 77
음성 되먹임 396
이온화 방사선 186
이중가닥 손상복구 223
이중가닥 절단수선 206
이질염색질 89
인슐린 312
인슐린 민감도 279, 324
인슐린-저항성 314
인슐린유사성장인자 306, 310
인테그린 246

일중항 산소 27

(자)

자가면역질환 238
자가포식 154
자동산화적 당화반응 343
자매염색분체 196
자매염색분체 교환 234
자연살해세포 275
자외선 35
자유기 9
자유기 이론 23
자유라디칼 9
자유라디칼 이론 12, 386
장기기억 361
장기학습기억 401
저밀도지단백질 332
전압-의존성 음이온 채널 389
전이의 씨앗 265
전자기적 스펙트럼 188
전자전달계 31
전형적 NF-κB 경로 252
점막면역 243
제노톡신 182
제한지점 60
젠틴산화효소 33
조기노화 211
조기노화 표현형 232
조로증 213
종양억제유전자 72
죽상동맥경화증 266, 349
중간엽세포 265
지방갈색소 48
지방세포생성 276
지질 과산화 반응 36

(차)

최대수명 18
최종당화산물 11, 329
최종지질산화생성물 342
추체신경세포 403
추체외로계 365
축삭돌기 359
치매 355
치밀부 365
치상회 402

(카)

카복시메틸 라이신 335
카스파제 162
카테킨 52
칼슘 항상성 409
커큐민 53
케모카인 245
코케인증후군 212
코티졸 397
콜라겐단백질 338
콜린작동성 가설 371
크로스링크 340
크로스링크 이론 3

(타)

탈아미노화 184
탈퓨린화 184
탈피리미딘화 184
테트라하이메나 80
텔로머라제 96
텔로머라제 촉매소단위 128
텔로미어 75
텔로미어 연합 단백질 90
텔로미어 이론 13
텔로미어에 독립적인 노화 132
텔로미어의 소모 127

티민 이량체 180

(파)

파고좀 157
파킨 362
파킨슨병 362
퍼옥시나이트라이트 25
퍼옥시좀 34
퍼포린 167
펜토시딘 335
펜톤반응 27
편도 394
편도체 358
포도당신합성 286, 314
프로그램 가설 2
프로테오글리칸 338
프리세닐린1 366
플라보노이드 54
피랄린 335
피리디놀린 341

(하)

하버바이스반응 27
항상성 8
항체성 면역 240
해마 358, 394
핵수용체 285
핵중점 201
허친슨-길포드증후군 211
허혈성심장질환 266
헤이플릭 한계 14
헤테로사이클릭아민 182
혈관변성 248
호르몬 305
호흡사슬 30
호흡폭발 29, 35
활성산소종 9, 23
활성질소종 25
후성돌연변이 181
후성변이 210
후성유전학적 조절 90
후신경구 403
휴지기 57
흡선 238
흑색질 364, 365
홍분독성 410
회돌기교세포 359
히드록시-데옥시구아닌 42
히스톤 탈아세틸화효소 281
히스톤메틸기전달효소 89
히스톤탈아세틸화효소 89

저자약력

오상진

- 1988년 서울대 미생물학과 졸업 (학사, 석사, 박사)
- 1988~1991년 미국 프린스턴대학 분자생물학과 포스트닥
- 2001~2002년 미국 뉴욕 마운트 시나이 의과대학 방문교수
- 1991~현재 전남대학교 생명과학기술학부 교수

- 저서 : 인체노화, 탐구당 (2005)
  알기쉬운 바이러스, 탐구당 (2006)
  일반 미생물학, 전남대학교출판부 (2012)

노화의 생물학

초판 1쇄 발행 / 2015년 7월 31일
초판 2쇄 발행 / 2022년 2월 28일

지은이 오상진
펴낸이 홍정수
펴낸곳 탐구당
등록 / 1950년 11월 1일 서울 제01-00993호
주소 / 서울특별시 용산구 한강대로62 나길 6
대표전화 / 02-3785-2211
팩시밀리 / 02-3785-2272
홈페이지 / www.tamgudang.co.kr
전자우편 / tamgudang@paran.com

값 25,000원

이 도서의 국립중앙도서관 출판예정도서목록(CIP)은
서지정보유통지원시스템 홈페이지(http://seoji.nl.go.kr)와
국가자료공동목록시스템(http://www.nl.go.kr/kolisnet)에서 이용하실 수 있습니다.
(CIP제어번호: CIP2015018268)